W0267980

Altlastensanierung und Bodenschutz

Springer
Berlin
Heidelberg
New York
Barcelona
Hongkong
London
Mailand
Paris
Singapur
Tokio

A. Hugo · M. Koch
H. Lindemann · H. Robrecht

Altlastensanierung und Bodenschutz

Planung und Durchführung von Sanierungsmaßnahmen – Ein Leitfaden

Mit 52 Abbildungen
und 52 Tabellen

Springer

Dipl.-Ing. Achim Hugo
Universität Dortmund
Institut für Umweltforschung INFU
Otto-Hahn-Straße 6
D-44227 Dortmund

Dipl.-Ing. Heike Lindemann
STEG Stadtentwicklung Südwest
Gemeinnützige GmbH
Niederlassung Dresden
D-01277 Dresden

Dipl.-Chem. Martin Koch
R&K EDV und Umwelt GbR
Göllenkamp 3
D-44357 Dortmund

Dipl.-Ing. Holger Robrecht
Internationaler Rat für kommunale
Umweltinitiativen I.C.L.E.I.
Europasekretariat
Escherholzstraße 86
D-79115 Freiburg

ISBN-13: 978-3-642-64307-1

Die Deutsche Bibliothek - CIP-Einheitsaufnahme
Altlastensanierung und Bodenschutz: Planung und Durchführung von Sanierungsmaßnahmen; ein Leitfaden / von Achim Hugo ... - Berlin; Heidelberg; New York; Barcelona; Hongkong; London; Mailand; Paris; Singapur; Tokio: Springer, 1999
ISBN-13: 978-3-642-64307-1 e-ISBN-13: 978-3-642-60213-9
DOI: 10.1007/978-3-642-60213-9

Softcover reprint of the hardcover 1st edition 1999

Einbandgestaltung: de'blik, Berlin
Satz: Camera ready Vorlage durch die Autoren
SPIN 10681379 30/3136-5 4 3 2 1 0 - Gedruckt auf säurefreiem Papier

Vorwort

Im Jahre 1996 - das Zentrum für Fernstudien der Universität Koblenz-Landau war in der Vorbereitung für den neu einzurichtenden Fernstudiengang ‚Umweltschutz' - baten sie uns um einen Beitrag zur Gefährdungsabschätzung bei Altlasten. Wir arbeiteten zu diesem Zeitpunkt in der Forschungsgruppe Bodenschutz und Flächennutzung des Instituts für Umweltforschung der Universität Dortmund (INFU). Seit Mitte der achtziger Jahre befaßte sich unsere Forschungsgruppe mit unterschiedlichen Aspekten der Bearbeitung von Altlasten. Aus dieser Arbeit entstanden Standardwerke zur beprobungslosen Erstbewertung von Altstandorten für verschiedene Landes- und Bundesbehörden (KVR 1989, LfU 1992). Schritthaltend mit der Entwicklung der Altlastenbearbeitung veränderten sich die Forschungsschwerpunkte über Konzepte der anlagenbezogenen Gefährdungsabschätzung von Altstandorten über die Verknüpfung mit Stadtentwicklungsplanungen hin zum Bodenschutz.
Während der Vorbesprechungen mit der Universität Koblenz-Landau entwickelte sich die Idee, ein umfassendes Werk zu allen Phasen der Planung und Durchführung von Sanierungsmaßnahmen zu erarbeiten. Zwar gab es umfassende Literatur, die befaßte sich aber ganz wesentlich mit Einzelaspekten. Eine Arbeit, die sich nicht nur mit einzelnen Sanierungstechniken auseinandersetzte, sondern einen Schwerpunkt auf die Sanierungsplanung setzte, suchte man vergeblich. Die Idee war so reizvoll, daß die Umsetzung auf dem Fuße folgte.

Bereits zu diesem Zeitpunkt sahen wir die Veröffentlichung vor. Nachdem die Universität Koblenz-Landau nun mehrere Jahre mit gutem Erfolg mit den erstellten Materialien arbeitete, bot sich uns die Möglichkeit der Veröffentlichung in Zusammenarbeit mit dem Springer-Verlag Heidelberg. Zunächst waren wir zurückhaltend in der Entscheidung für eine Buchveröffentlichung. Einerseits standen wir mittlerweile in unterschiedlichen Arbeitszusammenhängen, andererseits lag die Erarbeitung nun immerhin drei Jahre zurück. Hatte sich in der Zwischenzeit die Altlastenproblematik nicht längst weiterentwickelt? Waren viele unserer zentralen Überlegungen nicht bereits obsolet? Könnte man die Studienmaterialien für allgemeine Zwecke umarbeiten? In genauerer Betrachtung fanden wir, daß es den Versuch wert sei und entschlossen uns zur gründlichen Überarbeitung und Aktualisierung.

Mit der Veröffentlichung möchten wir uns bei der Universität Koblenz-Landau für den Anstoß und die Freigabe der Veröffentlichung bedanken. Bedanken möchten wir uns beim Verlag für die Gelegenheit dieses Werk umzusetzen. Bedanken möchten wir uns beim Institut für Umweltforschung der Universität Dortmund für eine interessante produktive Arbeit im Bereich des Bodenschutzes. Ohne die Erfahrungen, die wir in der Zeit unserer Zusammenarbeit am Institut sammeln konnten, wäre diese Arbeit nicht möglich gewesen.

Bedanken möchten wir uns schließlich bei Eckart Grundmann und Herbert Bassek für ihre Leistungen und Unterstützungen bei der methodischen Entwicklung der ‚Sanierungsszenarien', bei Stefan Lauterbach und Holger Schulz für ihre Mitarbeit an den ‚Sanierungstechniken', bei Thomas Hüsken für seine Bearbeitung der Finanzierungmodelle und bei unseren früheren Kollegen Frank Carstensen, Armin Hardes, Monika Ismeier und Ansgar Toennes, die mit uns ihre Erfahrungen im Altlastenbereich teilten.

Dortmund, im Mai 1999

Achim Hugo, Martin Koch, Heike Lindemann, Holger Robrecht

Inhaltsverzeichnis

1 Wegweiser

Bei Hallschlag in der Eifel beginnt in den nächsten Wochen eine gewaltige Bergungsaktion: 20.000 Sprengstoff- und Giftgasgranaten aus zwei Weltkriegen müssen geborgen werden. Für 130 Einwohner beginnt ein Leben im Ausnahmezustand: Sie müssen immer eine Gasmaske griffbereit haben, Kinder in Sichtweite der Eltern bleiben. Fünf Jahre soll es dauern, bis das Gelände wieder sauber ist. (Westdeutsche Allgemeine Zeitung, Dienstag, 3. Dezember 1991)

Dezember 1991. Hallschlag in der Eifel. Hallschlag ist Grenzgebiet. Hallschlag hatte Pech. Sprengstoff und Giftgas aus zwei Weltkriegen liegen hier weit verstreut. In einer Fabrik westlich des Ortes werden im 1. Weltkrieg Sprengstoffe und Munition, u.a. TNT, hergestellt und abgefüllt. Ab 1917 delaboriert man Beutemunition. Nach dem Krieg auch Spreng- und Kampfstoffe aller Art. Frühes Recycling auf niedrigem technischen Niveau. Unfälle sind vorprogrammiert. Ein Feuer hat im Jahre 1920 mehrere Explosionen zur Folge. Die Werksanlagen werden zerstört, Munition in die Umgebung geschleudert. Die Delaborierung läuft noch bis 1928 weiter. Zeitweise sollen hier über 20.000 Kampfstoffgranaten und bis zu 180.000 andere Granaten lagern. Sorgfalt ist kein besonderer Maßstab. Munition wird vergraben, in Senken und Gräben verschüttet. Niemand weiß wieviel oder wo. Der 2. Weltkrieg bringt den Westwall. Der Ort gerät in Vergessenheit. Grenzgebiet. Zeitsprung. 1987 erkennt man die Brisanz des Gebietes. Weitere zwei Jahre gehen mit Untersuchungen ins Land. Stellenweise werden starke Bodenkontaminationen mit Arsen und TNT sowie seinen giftigen Zwischen- und Abbauprodukten nachgewiesen. 1989 werden Teile 'für Unbefugte gesperrt'. Wieder zwei Jahre später stehen vorläufige Sanierungsziele fest. Kernpunkte: Die akute Gefährdung der Bevölkerung durch die Munition und die latente Gefahr für Boden und Grundwasser durch die Kontamination mit Produktionsrückständen sind zu beseitigen. Zeithorizont der Maßnahmen: Fünf Jahre. Zeitsprung. Dezember 1996. Hallschlag in der Eifel. Ein Dorf lebt mit der Sanierung.

Ein spektakuläres Sanierungsbeispiel? Ja und Nein. Spektakulär wegen der z.T. ungewöhnlichen Schutzmaßnahmen.[1] Spektakulär auch wegen der militärischen Geschichte des Gebietes. Rüstungsaltlasten haben immer ein brisantes Beiwerk und eignen sich für eine medienwirksame Darstellung.

Allerdings sind Altlasten aus ziviler Nutzung - obschon ihnen mittlerweile fast der Ruf des 'Gewöhnlichen' anhaftet - keineswegs weniger problematisch. Nach wie vor steht die Praxis der Altlastensanierung trotz einer Flut an Forschungsprojekten, Veröffentlichungen und internationalen Kongressen noch vor einem Berg

[1] Die Bewohner des Gebietes tragen sog. Fluchthauben bei sich, um sich bei Unfällen mit Kampfstoffen schützen zu können. Für Sprengstoffunfälle reicht dies nicht. Ein solcher Fall ist aber glücklicherweise nicht eingetreten.

großer Unsicherheiten in wesentlichen Fragen der Beurteilung von Gefahren durch altlastenspezifische Schadstoffe, in der Einschätzung von Risiken und in der Entscheidung über Art und Umfang notwendiger Sanierungsmaßnahmen.

Wie denn sind vorgefundene Kontaminationen zu beurteilen? Wie ist der Schadstoff einzuschätzen, dessen Wirkungsspektrum bisher nicht bekannt ist, der aber vor Ort in 'mittleren' Konzentrationen nachgewiesen wurde? Welche Gefährdungspfade sind betroffen? Welche Nutzung ist auf der Industriebrache am Stadtrand angesichts der giftigen Hinterlassenschaften aus Jahrzehnten der Produktion noch möglich? Unter welchen Gefahren leben Menschen, deren Haus auf einer kontaminierten Fläche gebaut ist? Welche Empfehlungen sind notwendigerweise auszusprechen? Muß man die Wohnnutzung aufgeben oder ist sie aufrechtzuerhalten? Wie kann man ein Ziel für die Sanierung entwickeln, daß umsetzbar und akzeptabel ist? Welche Sanierungsverfahren stehen zur Verfügung? Welche sind effektiv? Wer übernimmt die Kosten einer Sanierung? Erzeugt die Sanierung neue Umweltprobleme?

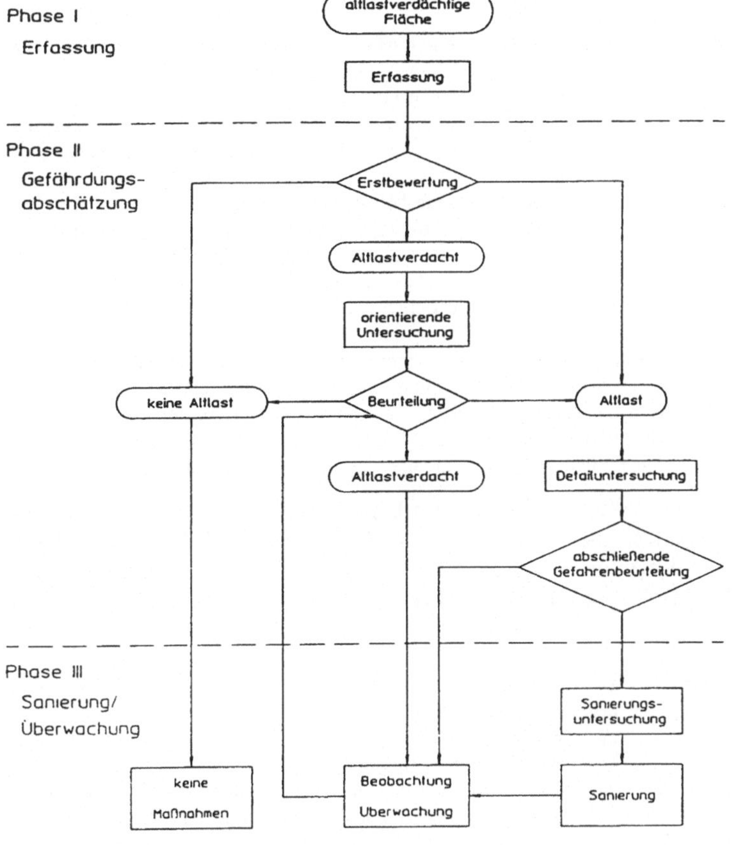

Abb. 1.1. Stellung der Sanierung im Rahmen der Altlastenbehandlung (nach SRU 1990)

Boden, Wasser und Luft sind schützenswerte Elemente unseres Planeten. Menschliche Aktivitäten haben auf vielfältige Weise dazu beigetragen, daß sich die Situation dieser Elemente und damit unsere eigenen Lebensbedingungen weiter verschlechtern. Während der Schutz von Wasser und Luft in den zurückliegenden Jahrzehnten schrittweise verbessert wurde, erfolgte die rechtliche Unterschutzstellung des Bodens erst vor kurzem. Ursächlich ist hier die Betrachtung des Bodens als privates Gut. Für das Privateigentum brauchte - so der Tenor - kein allgemeiner Rechtsschutz entwickelt zu werden. So sind Flächen z.B. durch industrielle und militärische Aktivitäten mit Schadstoffen z.T. so stark kontaminiert worden, daß Schutzgüter gefährdet und eine weitere Nutzung der Fläche selbst bzw. angrenzender Flächen nicht ohne weiteres möglich ist. Derart kontaminierte Flächen werden als *Altlasten* bezeichnet. Das *Bundes-Bodenschutzgesetz - BBodSchG* führt in § 2 aus:

„(3) Schädliche Bodenveränderungen im Sinne dieses Gesetzes sind Beeinträchtigungen der Bodenfunktionen, die geeignet sind, Gefahren, erhebliche Nachteile oder erhebliche Belästigungen für den einzelnen oder die Allgemeinheit herbeizuführen.

(4). Verdachtsflächen im Sinne dieses Gesetzes sind Grundstücke, bei denen der Verdacht schädlicher Bodenveränderungen besteht.

(5) Altlasten im Sinne dieses Gesetzes sind

1. stillgelegte Abfallentsorgungsanlagen sowie sonstige Grundstücke, auf denen Abfälle behandelt, gelagert oder abgelagert worden sind (Altablagerungen) und
2. Grundstücke stillgelegter Anlagen, ausgenommen Anlagen, deren Stillegung einer Genehmigung nach dem Atomgesetz bedarf, und sonstige Grundstücke, auf denen mit umweltgefährdenden Stoffen umgegangen worden ist, soweit die Grundstücke gewerblichen Zwecken dienten oder im Rahmen wirtschaftlicher Unternehmungen Verwendung fanden (Altstandorte),

durch die schädliche Bodenveränderungen oder sonstige Gefahren für den einzelnen oder die Allgemeinheit hervorgerufen werden.

(6) Altlastverdächtige Flächen im Sinne dieses Gesetzes sind Altablagerungen und Altstandorte, bei denen der Verdacht schädlicher Bodenveränderungen oder sonstige Gefahren für den einzelnen oder die Allgemeinheit besteht.“

Aus der Definition ergibt sich im Umkehrschluß - ausgehend vom lateinischen 'sanus' (gesund) - das *Sanierungsziel*, Altlasten mit Hilfe entsprechender Sanierungsmaßnahmen in nicht gefährliche Standorte zurückzuführen. Im Sinne des BBodSchG (§ 2 Abs. 7) sind Sanierungen:

„Maßnahmen

1. zur Beseitigung oder Verminderung der stofflichen Belastung (Dekontaminationsmaßnahmen),
2. die eine Ausbreitung der Schadstoffe verhindern, ohne die Schadstoffe zu beseitigen (Sicherungsmaßnahmen),
3. zur Beseitigung oder Verminderung schädlicher Veränderungen der physikalischen oder biologischen Beschaffenheit des Bodens.

(8) Beschränkungsmaßnahmen im Sinne dieses Gesetzes sind sonstige Maßnahmen, die die Auswirkungen von schädlichen Bodenveränderungen und Altlasten auf Mensch und Umwelt verhindern oder vermindern, insbesondere Nutzungsbeschränkungen.“

Schutz- und Beschränkungsmaßnahmen zielen auf die Unterbindung der Einwirkungsmöglichkeiten von Schadstoffen ausschließlich bei direktem Kontakt mit der Kontamination. Dazu zählen Nutzungsrestriktionen (z.B. Betretungsverbote) oder Nutzungsanpassungen (z.B. Änderung einer Wohn- in eine Gewerbenutzung). Sie setzen also nicht an der Quelle einer Kontamination sondern am Schutzgut an und können als eine Art Übergangslösung bis zur Durchführung von Sicherungs- und Dekontaminationsmaßnahmen betrachtet werden. Wie so oft halten sich aber auch in der Altlastensanierung Provisorien besonders hartnäckig. Unter Umständen bleiben sie wegen Kosteneinsparungen oder einer geringen Erfolgserwartung anderer Maßnahmen dauerhaft aufrechterhalten. Sie sind aber keine Sanierungsmaßnahmen im engeren Sinne.

Sicherungs- und Dekontaminationsmaßnahmen werden demgegenüber zusammenfassend als Sanierungsmaßnahmen definiert. Zu den Sicherungsmaßnahmen gehören Maßnahmen, die eine zeitlich befristete Verminderung oder Verhinderung der Umweltkontamination durch Unterbrechung der Kontaminationswege gewährleisten. Die Dekontamination bezweckt demgegenüber die endgültige Beseitigung der Gefahren an der Quelle und im kontaminierten Umfeld der Altlast. Die Dekontaminationsverfahren führen somit zu einer Beseitigung, Reduzierung oder Umwandlung der Schadstoffe einer Altlast, um einen gemäß der Sanierungsziele hinnehmbaren Restgehalt zu erreichen oder zu unterschreiten.

Die *Altlastensanierung* stellt den der *Erfassung* und *Bewertung* von Altlastenverdachtsflächen nachfolgenden und im günstigen Fall abschließenden Schritt der Altlastenbehandlung dar, der noch durch die Überwachung des Sanierungserfolges abgesichert wird.

Die quantitative Dimension der Altlastenproblematik ist für viele Entscheidungsträger - lokal wie überregional - eher desillusionierend. Wird die Zahl der Altlastenflächen einer Stadt, einer Region oder eines Landes durch systematische Erfassung vor Augen geführt, entwirft 'das geistige Auge' unwillkürlich ein Bild kommunaler Handlungsunfähigkeiten, Entwicklungsblockaden und Finanzkrisen. Dies geschieht unter anderem deshalb, weil in den wenigsten Fällen eine sachgerechte Vorbewertung und Prioritätensetzung erfolgt, die die Bearbeitung handhabbar macht und sukzessiv un- oder geringbelastete Flächen bereitstellt.[2]

Nach Angaben der Länder waren bis Ende 1998 im Bundesgebiet knapp 250.000 Altlasten und -verdachtsflächen erfaßt.

Nach vorsichtigen Schätzungen bedeuten diese Zahlen einen Kostenaufwand von ca. 50 Mrd. DM für die alten Bundesländer, 48 Mrd. DM für die neuen Bundesländer und 18 Mrd. für die Sanierung von Rüstungsaltlasten (SRU 1990/1995) - ein Volumen von immerhin 115 Mrd. DM! Und auch dies dürfte eher eine Untergrenze sein. Dabei wird i.a. davon ausgegangen, daß etwa 10 - 20 % der Verdachtsflächen zu sanieren sind. Da bis heute noch keine genauen Daten über den Umfang der Altlastenproblematik vorliegen, ist eine verläßliche Prognose über den Finanzbedarf für die Sanierung von Altlasten in Deutschland kaum möglich.

[2] Zur Einschätzung: Eine durchschnittliche Anzahl für eine mittelgroße Stadt in NRW beträgt durchaus einige tausend Verdachtsflächen!

Tabelle 1.1. Anzahl erfaßter und geschätzter Altlastverdachtsflächen in der Bundesrepublik Deutschland (Stand: 31.10.1998; Umweltbundesamt und *Angaben der Länder)

Bundesland	Erfassungsstand	altlastverdächtige Altablagerungen	Altstandorte	Militärische u. sonst. Flächen	Verdachtsflächen gesamt
Baden-Württemberg	30.11.1998	15.074	27.487	74	42.635
Bayern	31.10.1998	9.725	3.194	340	13.259
Berlin	31.10.1998	673	5.541	keine Angabe	6.214
Brandenburg	30.11.1998	7.432	13.295	3929	24.656
Bremen	31.10.1998	105	4.000	vgl. Altstandort	4.105
Hamburg	31.10.1998	487	1.724	371	2.582
Hessen	31.10.1998	198	160	keine Angabe	358
Mecklenburg-Vorpommern	31.06.1998	4.332	7.462	2.370	14.164
Niedersachsen	31.12.1998	8.960	(50.000 geschätzt)	181	9.141
Nordrhein-Westfalen	31.10.1998	17.155	14.022	852	32.029
Rheinland-Pfalz	31.10.1998	10.578	keine Angabe	keine Angabe	10.578
Saarland	30.11.1998	1.801	2.451	keine	4.252
Sachsen	31.10.1998	9.382	22.197	keine Angabe	31.579
Sachsen-Anhalt	30.11.1998	6.936	13.295	825	21.056
Schleswig-Holstein	31.12.1997	3.076	14.497	159	17.732
Thüringen	31.12.1997	6.192	12.368	437	18.997
Länder gesamt		102.079	142.513	8.686	253.337

Demgegenüber ist der weiter steigende Landschafts- und Freiflächenverbrauch für Wohn- bzw. Industriezwecke ökologisch nicht mehr vertretbar. Zur Zeit wird allein in den alten Bundesländern täglich eine Fläche von ca. 120 Hektar baulichen Zwecken neu gewidmet. In 127 Jahren wird bei gleichbleibend hohem Flächenverbrauch - so ergaben jüngst Berechnungen - die Bundesrepublik Deutschland nicht mehr über Freiflächen verfügen. Somit ergibt sich die Notwendigkeit, die oft genug innerstädtisch gelegenen Industrie- oder Militärbrachen einer erneuten Nutzung zuzuführen.

Da jedoch Kommunen in ganz unterschiedlicher Weise von Nutzungsdruck betroffen sind, differieren auch die Konzepte im Umgang mit der Wiederverwertung altlastenbetroffener Brachflächen. Durch ehrgeizige Sanierungsziele wird die Altlastensanierung zur Chance für die Stadtentwicklung. "Der Vorrang der Gefahrenabwehr schließt nicht aus, daß ehrgeizigere Sanierungsziele verfolgt werden sollten, wenn sie freiwillig und mit angemessenem Aufwand finanziert werden können. Aus umweltpolitischen und auch aus entwicklungs- und strukturpolitischen Gründen sollte die Altlastensanierung einen Beitrag zum 'Flächenrecycling' leisten." (SRU 1995). Durch vorausschauendes Flächenmanagement, positives Standortimage und offensive Vermarktung kann die Altlastensanierung helfen, Probleme der Innenentwicklung und Strukturveränderung zu bewältigen. Betrachtet man also die Gefahrenabwehr als 'Minimalziel' und Pflichtübung der Altlastensanierung, so könnte man das Flächenrecycling quasi als deren 'Kür' bezeichnen.

Die Schwierigkeiten des 'Altlasten-Handlings' liegen aber nicht nur im zahlenmäßigen Umfang der Probleme begründet. In den Anfängen der Altlastensanierung herrschte noch der Glaube vor, die Sanierung sei i.w. ein technisches Problem, das allein mit technischen Mitteln gelöst werden könne. Erst im Laufe der Zeit wurde man der Tatsache gewahr, daß die Technik nicht losgelöst von den vielfältigen chemischen, toxikologischen, ökologischen, organisatorischen, finanziellen, rechtlichen und gesellschaftlichen Anforderungen, die an eine Sanierung zu stellen sind, betrachtet werden kann. Die unendlichen Geschichten verschiedener Sanierungsfälle der Vergangenheit mit Nachbesserungen, Nutzungsrestriktionen und wundersamer Kostenvermehrung zeugen von diesem Lernprozeß.

Daraus folgte - und dies lähmt den Sanierungsdrang politischer Entscheidungsträger umso mehr, daß die investitions- bzw. kosten- und arbeitsintensive Suche, Bewertung und Sanierung von Altlasten eben nicht nutzbare Flächen hervorbrachte, die als Bauflächen vermarktungsfähig oder zur Investorensuche werbewirksam einsetzbar waren. Im Gegenteil: Viele Flächen sind über lange Zeiträume Jahre hinweg blockiert. Häufig sind auch nach der Sanierung Nutzungseinschränkungen zu akzeptieren, die eine gewinnträchtige Vermarktung von (Wohn-)Bauflächen verhindern und im interkommunalen Konkurrenzkampf nicht gerade als Lockmittel für kapitalträchtige Unternehmungen dienen.

Nicht zuletzt deshalb wird trotz aller Debatten um Nachhaltigkeit und positive Umweltbilanz immer häufiger die These vertreten, daß die 'starre Handhabung' von Richt- und Prüfwerten aufgegeben werden muß, um durch schnellere Reaktivierung brachliegender kontaminierter Standorte einem weiteren Landschaftsverbrauch zu verhindern. Doch hat dies den Beigeschmack, daß Ziele der Umweltplanung gegeneinander ausgespielt werden.

Altlastensanierung heißt also z.Z. überwiegend Altlastensicherung unter dem Diktat eines möglichst geringen Finanzaufwandes. In Verengung der Perspektive erfolgt immer häufiger in einer sehr eigenen 'Nullvariante' der Sanierung nicht die Beseitigung der Bodenbelastungen, sondern eine zeitliche Verlagerung der Sanierung auf einen undefinierten Zeitpunkt (z.B. wenn neue Techniken zur Verfügung stehen oder größere Finanzmittel). Folgen sind damit die Einengung der Planungsspielräume durch fehlende Nutzbarkeit der Flächen und damit ein weiterer Landschaftsverbrauch sowie ein Moratorium oder doch zumindest eine Verlangsamung in der Entwicklung von Sanierungstechnologien.

Dementsprechend stellt auch die räumliche Verlagerung der Sanierung (sprich Auskoffern und Deponieren) keine wirkliche Lösung des Problems dar, die Verantwortung wird lediglich auf zukünftige Generationen abgewälzt.

Gefordert sind 'intelligente' Konzepte, die sich nicht mit der wenig kreativen Wiederholung von Sicherungsmaßnahmen oder einer 'Einheitssanierung' zufriedengeben, sondern auch und gerade unter den gegenwärtigen Rahmenbedingungen eine Verlagerung der Probleme in die Zukunft ablehnen und in dem Bewußtsein der Endlichkeit von Speicher- und Deponiekapazitäten weiterhin zukunftsfähige Lösungen suchen. Diese 'Zukunftsvariante' der Altlastensanierung ist bei weitem nicht ausgereizt, sie wird leider nur allzu selten gesehen, wahrgenommen und finanziert, da sie eben nicht die einfache Lösung anbietet.

Trotz der beschriebenen Schwierigkeiten kommt man nicht umhin, die Herausforderungen anzunehmen, vor die uns die Umweltprobleme der Gegenwart stellen. Die Erkenntnis, in einer Zeit enger Handlungsspielräume und weniger werdender Verteilungsmassen dennoch Möglichkeiten zu finden, ökologische Notwendigkeiten mit ökonomischer Weiterentwicklung verknüpfen zu können, den Widerstreit dieser beiden Antipoden überwinden zu können, wird beflügeln. Sie wird das richtige Standvermögen verschaffen, das es bei der oft schwierigen Durchsetzung von Umweltinteressen braucht. Aus diesem Grunde wagt das vorliegende Werk 'großen Wurf', der den Bogen vom Sanierungsziel bis zu den Details und Determinanten der Sanierungsdurchführung und -technik spannt.

Eine Übersicht über den Aufbau gibt Abb. 1.2. Man kann sich die Praxis der Altlastensanierung (und auch dieses Buch) als 'Baustelle Altlastensanierung' vorstellen. Grundlage des Bauwerkes (Sanierungsmaßnahme) ist die Sanierungsentscheidung mit dem Sanierungsziel (Kapitel 2). Um alle Bauteile (Sanierungsuntersuchung, Sanierungsplanung und Sanierungsdurchführung, s. Kapitel 3) angemessen gestalten und abwickeln zu können, braucht es eine große Zahl an Werkzeugen und Informationsbausteinen (Technik, Kosten, Umweltbewertung, Praxiserfahrung, s. Kapitel 4-6). Im weiteren werden wir diese Bausteine (Kapitel) vorstellen.

Dabei wurde ganz bewußt den Schwerpunkt auf die ‚Planung und Durchführung von Sanierungsmaßnahmen' gesetzt - und diesen Aspekt zum Gegenstand zentraler Kapitel gemacht (Kapitel 2 und 3). Es geht darum, in einem schwerpunktmäßig technisch ausgerichteten Forschungs- und Arbeitsfeld eine realistische Einschätzung des Machbaren zu entwickeln und die 'Alltagsschwierigkeiten' der Altlastensanierung aufzuzeigen. Mit dem so geschärften Blick ist das eigene künftige Tun besser einzuschätzen und vermeintliche oder tatsächliche Neuentwicklungen einzuordnen.

Einstieg in die Altlastensanierung ist das große 'QUO VADIS'. Wohin gehen wir? Welche Ziele können für eine Altlastensanierung entwickelt werden? Welche Einflußgrößen erhalten Bedeutung? Welche Facetten hat das Thema Altlastensanierung? Der erste Teil des Kapitels beleuchtet die Dimensionen des Begriffsfeldes 'Sanierungsziel' zwischen den Antipoden 'theoretische Idealvorstellungen' und 'alltäglicher Pragmatismus'. Er befasst sich mit dem Begriff der Gefahrenabwehr aus juristischer, politisch-gesellschaftlicher und wissenschaftlicher Sicht. Die 'Multifunktionalität' wird als wünschenswertes Ziel der Altlastensanierung diskutiert. Der zweite Teil stellt Warnschilder für Sanierungsgrenzen auf und setzt Schlaglichter auf einige sanierungsdeterminierende Aspekte.
Im Kapitel 3 wird der Stellenwert von Sanierungsuntersuchung, -planung und -durchführung im Sanierungsprozeß beleuchten. Das Kapitel ist analog dem Ablauf einer Sanierung in die Phasen 'Sanierungsuntersuchung', 'Sanierungsplanung' und 'Sanierungsdurchführung' gegliedert.

Das Kapitel 4 gibt einen Überblick über die verschiedenen, zur technischen Reife oder im experimentellen Stadium entwickelten Sanierungstechnologien, ihre Einsatzmöglichkeiten und ihre Spezifika. Da die Darstellung nach einheitlichen Kriterien erfolgt, ist je nach den Anforderungen des Lesers ein übersichtlicher Zugriff auf die Technologien, Techniken und Verfahren gewährleistet.

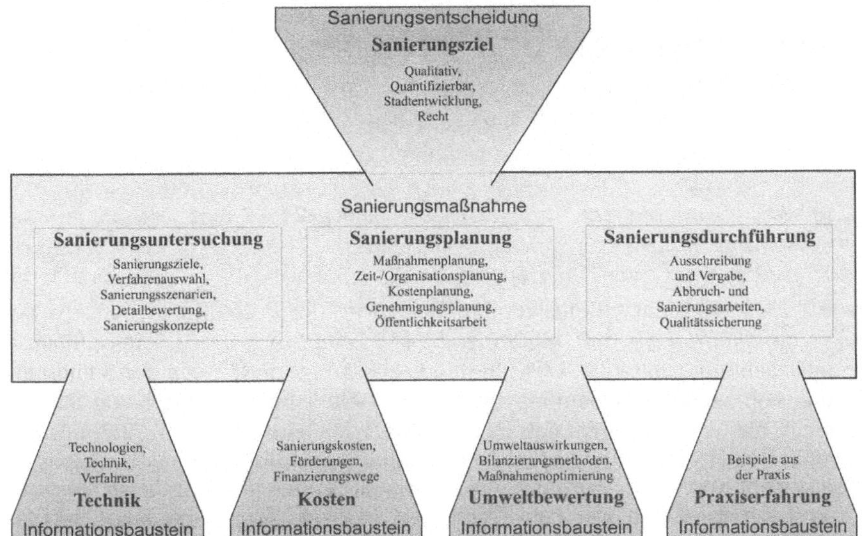

Abb. 1.2. 'Baustelle Altlastensanierung' (eigene Darstellung)

Kapitel 5 zeigt, daß die Finanzierung der Altlastensanierung eng mit Qualität und Sorgfalt von Planung und Durchführung einer Sanierungsmaßnahme verknüpft ist. Modelle zur Finanzierung von Altlastensanierung sind daher häufig komplexere Gebilde, welche diese Aspekte zu integrieren suchen. Ein Blick in die USA stellt den vieldiskutierten 'Superfund' vor. Ein besonderer Teil stellt die Finanzierung von Rüstungsaltlasten dar.

Der Rat von Sachverständigen für Umweltfragen fordert eine Integration der unterschiedlichen Ziele des Umweltschutzes durch eine positive Umweltbilanz als Ziel aller Sanierungsmaßnahmen. Daher befaßt sich Kapitel 6 abschließend damit, *wie* Entlastung und Belastung der Umwelt durch die Altlastensanierung bilanziert werden können. Wie ist festzustellen, ob ein vorgesehenes Sanierungsverfahren negative Auswirkungen auf die Umwelt hat? Wie können unterschiedliche Verfahren gegeneinander abgewogen werden und auf welcher Basis sind angemessene Entscheidungen für oder gegen ein Sanierungsverfahren zu treffen?

2 Sanierungsziele und -grenzen

Ohne Ziele kann nicht saniert werden. Doch wird der Formulierung und Anwendung von *qualitativen und quantifizierbaren Sanierungszielen* immer noch zu wenig Beachtung geschenkt, obwohl ihre Festsetzung im Rahmen der Sanierungsplanung von zentraler Bedeutung ist. Bereits 1990 forderte der Rat von Sachverständigen für Umweltfragen, daß es Sanierungsziel sein sollte, Altlasten mit Hilfe entsprechender Sanierungsmaßnahmen in nicht gefährliche Standorte zurückzuführen (SRU 1990, Abs. 450). Dieses Ziel kann selbstverständlich sofort akzeptiert werden. Eine Reihe von Gesetzen und Verordnungen formulieren ähnliche *qualitative Sanierungsziele* in Form verbal-argumentativer Beschreibungen. Sie beziehen sich im Wesentlichen auf folgende Aspekte:

- Schutz von Leben und Gesundheit der Bevölkerung,
- Schutz des Grundwassers für die Trink- und Brauchwasserversorgung,
- Schutz von Heilquellen,
- allgemeiner Gewässerschutz,
- Schutz von landwirtschaftlich genutzten Böden,
- Schutz von Flora und Fauna,
- allgemeiner Bodenschutz,
- allgemeiner Schutz der Luft,
- Schutz von Bauten.

Mit dem Inkrafttreten des Bundesbodenschutzgesetzes (BBodSchG) am 1. März 1999 wurde erstmals die Möglichkeit geschaffen, bundeseinheitliche Anforderungen an die Bestimmung von Sanierungszielen zu stelllen (BBodSchG § 8 Abs. 1 Satz 3b). Nach jetzigem Stand der Dinge wird die Bundesregierung von dieser Möglichkeit jedoch keinen Gebrauch machen, da sich die Bund/Länder-Projektgruppe, die den Entwurf der Bundes-Bodenschutz- und Altlasten-Verordnung (BBodSchV) erarbeitete, nicht auf konkrete Sanierungszielwerte einigen konnte (vgl. Steffen 1998).

Deshalb bleibt die Übertragung auf den konkreten Fall und die Übersetzung in konkrete Vorgaben für die Sanierung auch zukünftig schwierig.

2.1 Qualitative und quantifizierbare Sanierungsziele

Formulierungen wie "Wiederherstellung dauerhaft gesunder Wohnverhältnisse" (Dortmund-Dorstfeld) sind schnell konsensfähig, erlauben aber sehr individuelle Interpretationsmöglichkeiten. Erst die Verknüpfung solcher qualitativer Sanierungsvorgaben mit quantifizierbaren Sanierungszielen erlaubt die Entwicklung von praktikablen Sanierungsmaßnahmen. Dazu bedarf es einer sorgfältigen Beurteilung und Abwägung u.a. der folgenden Aspekte:

- Das Kontaminationspotential der Fläche (nach Art und Ausmaß der Verunreinigung, Toxikologie, geologisch/hydrologischer Situation u.a.m.),
- die gefährdeten Schutzgüter und Wirkungspfade (nach Art und Ausmaß der Nutzung einer Fläche bzw. ihrer Umgebung oder betroffener Schutzgüter),
- der daraus resultierende Gefährdungsdruck (also die Handlungsnotwendigkeit zur Gefahrenabwehr),
- der flächenbezogene Nutzungsdruck (aus der vorhandenen bzw. vorgesehenen Nutzung einer Fläche sowie ihrer Bedeutung für die Stadtentwicklung),
- die verfügbaren technischen Möglichkeiten zur Sanierung bzw. Sicherung einer Fläche,
- die vorhandenen Ressourcen zur Finanzierung von Sanierungsmaßnahmen.

Bei der Definition von *quantifizierbaren Sanierungszielen* und der daraus folgenden Normensetzung in Grenzkonzentrationen sind die genannten Rahmenbedingungen unabhängig aller Vereinheitlichungsbestrebungen in gesetzlichen und verwaltungsverbindlichen Regelwerken für Teilaspekte der Altlastenbeurteilung in jedem Einzelfall neu abzuwägen (z.B. für den Kontaminationsnachweis oder die konstituierende Gefahrenbeurteilung). Nach wie vor gilt die sprachliche Stilblüte, daß angesichts der Charakteristika und Spezifika unterschiedlicher Altlastenfälle jede Altlast ein Individuum ist.

Ein konkretes Sanierungsziel und detaillierte Qualitätsanforderungen werden benötigt, ohne daß in ausreichendem Maße Entscheidungsgrundlagen bereitstehen. Mit diesem "gesunden Nichtwissen" muß nun der Grad der Sanierung definiert werden. Keine leichte Übung für die entscheidenden Akteure, die oft genug Laien auf dem Gebiet der Umweltchemie sind (vgl. Kapitel 2.2.5 sowie 3.3.3). Die Problematik des "Umgangs mit der Unsicherheit" (Evers/Nowotny 1987) verdeutlicht das "Kreuz (mit) der Sanierungszielfestlegung" (siehe Abb. 2.1). Es ergibt sich aus der Kombination des nutzungsbezogenen qualitativen Sanierungszieles mit dem flächenbezogener quantifizierbaren Sanierungsziel. Die letztlich getroffene Entscheidung über Ausmaß und Art der Sanierung bestimmt dabei den Sanierungsgrad.

Die "Meilensteine" der quantifizierbaren Sanierungsziele sind auf der Ordinate eingetragen. Sie lassen sich wie folgt beschreiben:

- die *Gefahrenabwehr* (Kapitel 2.1.2), d.h. die Beseitigung oder Unterbrechung der Störung
- die *Multifunktionalität* (Kapitel 2.1.1), also die Erreichung bzw. Wiederherstellung möglichst vieler Funktionen bzw. Nutzungsmöglichkeiten
- der *Status-Quo-Ante*, also die Wiederherstellung des ursprünglichen Zustandes der Fläche unmittelbar vor Eintritt der beanstandeten Verunreinigung.

Je näher man im Schaubild dem Status-Quo-Ante kommt, desto weniger technische und finanzielle Möglichkeiten zur Erreichung dieses Zieles sind vorhanden. Die tatsächliche Wiederherstellung des Status-Quo-Ante - der Zustand vor jedweder Kontamination, also die "Nullbelastung" - ist in der Realität nicht möglich. Leichter umsetzbar und kostengünstiger werden demgegenüber Maßnahmen, je näher man dem Bereich "Gefahrenabwehr" kommt.

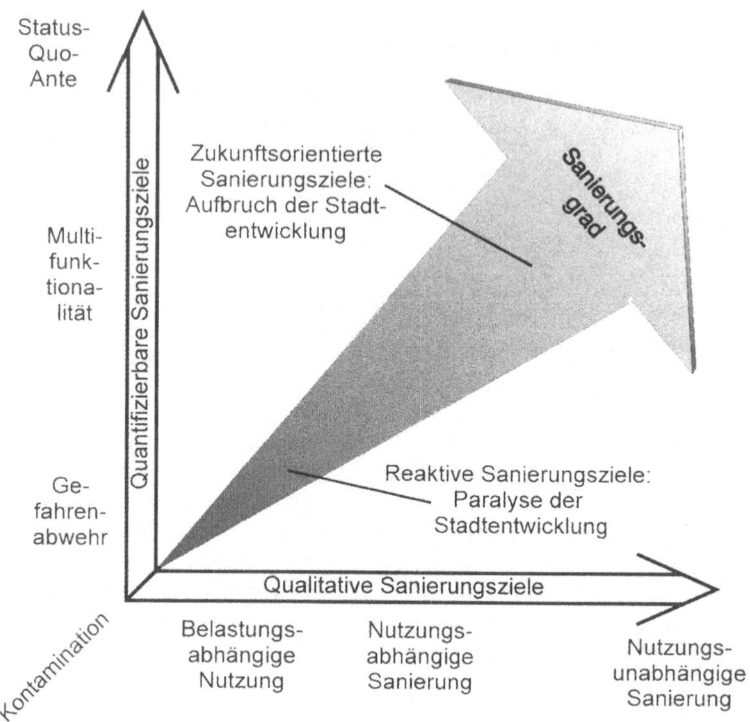

Abb. 2.1. Das Kreuz (mit) der Sanierungszielfestlegung (eigene Darstellung)

In der Praxis der Altlastensanierung geben die beschriebenen Meilensteine der Zieldefinition - Multifunktionalität und Gefahrenabwehr - die Richtung der durchzuführenden Sanierungsmaßnahmen vor. Derzeit ist dies wegen der verfügbaren finanziellen Ressourcen und der Vielzahl der Altlastenflächen tendentiell eher die Gefahrenabwehr. Das Ziel der Multifunktionalität wird von verschiedenen Autoren und Behörden von vornherein in die Sphäre irrealer Wunschvorstellungen verschoben; über den Status-Quo-Ante redet ohnehin schon niemand mehr. Stellvertretend für viele andere sei hier Fehlau (1994) zitiert:

> "Die verschiedentlich geforderte 'Multifunktionalität' ist nur in Ausnahmefällen realisierbar und sinnvoll, als generelle Zielvorgabe wäre sie rechtlich nicht durchsetzbar und stände einer bestmöglichen Verwertung der knappen öffentlichen Mittel entgegen."

Das Sanierungsziel wird schadstoff-, schutzgut- und nutzungsbezogen durch Sanierungszielwerte quantifiziert. Damit werden "Grenzkonzentrationen für Schadstoffe" angegeben. "Solche Werte dürfen oder sollen nach Abschluß der Behandlung mit dem/den jeweils eingesetzten Dekontaminationsverfahren in dem gereinigten Material/Medium (z.B. Boden, Grundwasser, Bodenluft) nicht überschritten werden" (MURL 1992). Das heißt aber, es liegen auch nach der Durchführung von Sanierungsmaßnahmen Belastungen vor.

Im "Drei-Bereiche-System", das den meisten gängigen Richt- und Grenzwertlisten methodisch zu Grunde liegt, wurden die benannten Sanierungsziele abgebildet und quantifiziert. Dieses System basiert auf der Annahme, daß es möglich ist, für verschiedene Schutzgüter unterschiedliche Toleranz- und Toxizitätsbereiche anzugeben. Folgende drei Bereiche werden unterschieden (vgl. Eikmann/Kloke 1993):

Bereich I: Uneingeschränkte standortübliche Funktionalität und Nutzungsmöglichkeit des Bodens. Der Bereich bildet den Meilenstein *Multifunktionalität* ab.

Bereich II: Eingeschränkte, aber standort- und schutzgutbezogene Nutzungsmöglichkeit. Nur bestimmte Nutzungsarten können toleriert werden (Toleranzbereich).

Bereich III: Toxizitätsbereich, in dem Schäden an Schutzgütern (Pflanze, Tier, Mensch, Ökosystem) erkennbar werden können und Schutzmaßnahmen erforderlich sind. Eine Überschreitung dieser auch als Eingreifwerte bezeichneten Konzentrationsangaben erfordert Maßnahmen zur *Gefahrenabwehr*.

Der Schadstoffgehalt steigt von Bereich I nach Bereich III an. Die dabei genannten Richt,- Grenz- und Orientierungswerte sollten allerdings nicht als starre Zahlen mißverstanden werden. Sie stellen keine Grenze zwischen sauber und verschmutzt dar, sondern sind als veränderbare Kompromißlinien zu verstehen.

Für jegliche Definition des Sanierungszieles gibt es unterschiedliche Varianten der *qualitativen* Ausgestaltung der Sanierungsmaßnahmen (Kapitel 2.1.3). Im "Kreuz" finden sich die "Qualitätsmerkmale" auf der Abszisse (belastungsabhängige Nutzung, nutzungsbezogene Sanierung und nutzungsunabhängige Sanierung). Sie sollen hier als *Sanierungsarten* definiert werden.

Die untere Grenze der Sanierungsqualität bildet die zur Gefahrenabwehr rein *belastungsabhängig gestaltete Nutzung* einer Fläche. Dies kann z.B. durch Schutz- und Beschränkungsmaßnahmen erfolgen (wie Nutzungsrestriktionen, z.B. Verbote, oder Nutzungsanpassungen), im Extremfall ohne daß technische Maßnahmen zur Sanierung oder Sicherung ergriffen werden. Demgegenüber beschreibt der Begriff *nutzungsbezogene Sanierung* eine aktive Gestaltung der durchzuführenden Sanierungsmaßnahmen im Zusammenwirken der Elemente 'Nutzung', 'Technik' und 'Finanzen'. Er korrespondiert mit dem Bereich zwischen den quantifizierbaren Sanierungszielen Gefahrenabwehr und Multifunktionalität. Die *nutzungsunabhängige Sanierung* ist das planungsbezogene Pendant des Status-Quo-Ante: Die Sanierung erfolgt mit einem hohen Aufwand und verfolgt die Zielsetzung der Realisierbarkeit jedweder Nutzungsart und die Wiederherstellung aller natürlichen (ursprünglichen) Bodenfunktionen. So wünschenswert dieses Sanierungsziel ist, so irreal ist es.

Die unterschiedlichen technischen, planerischen und ordungsrechtlichen Möglichkeiten von Sanierungsmaßnahmen dienen der Umsetzung der festgelegten Sanierungsziele und erreichen unterschiedliche Sanierungsgrade. Zu den Sanierungsmaßnahmen nach BBodSchG § 2 Abs7 zählen insbesondere:

- Dekontaminationsmaßnahmen
  (Beseitigung oder Verminderung der Schadstoffe) und
- Sicherungsmaßnahmen (Verhinderung der Schadstoffausbreitung)

Schutz- und Beschränkungsmaßnahmen stellen keine Sanierungsmaßnahmen im eigentlichen Sinne dar und beziehen sich insbesondere auf Nutzungseinschränkungen (BBodSchG § 2 Abs8)

Im Kreuz zur Festlegung von *Sanierungszielen* liegen so viele Möglichkeiten der Ausgestaltung von Sanierungsmaßnahmen, wie es Sanierungsfälle gibt. Jeweils fließen finanzielle Potenz der Sanierungsträger, technische Möglichkeiten sowie der vorhandene Nutzungs- und Gefährdungsdruck in die detaillierte Sanierungszielbestimmung und die Sanierungsplanung ein und bestimmen damit den *Sanierungsgrad*, also Ausmaß und Intensität von Sanierungsmaßnahmen, wie sie durch die formulierten Sanierungsziele vorgegeben sind. Mit steigenden Anforderungen an Sanierungsziel und Sanierungsart erhöht sich der Sanierungsgrad der Fläche. Damit steigen die Sanierungskosten, aber auch die Wiedernutzungsmöglichkeiten für die Altlastenfläche.

Letztlich werden auch von Seiten der Stadtentwicklung Aspekte zur Bestimmung des Sanierungszieles geliefert (vgl. Kapitel 2.1.4). Sie basieren auf der Bedeutung einer Fläche im Rahmen der Entwicklungsplanung, also ihrem planungspolitischen Stellenwert, z.B. aufgrund ihrer Lage im Stadtgebiet: "Bei Sanierungsmaßnahmen bzw. Nutzungsanpassungen oder -einschränkungen geht es nicht mehr darum, wie sachverhaltsgerecht die zu treffenden Entscheidungen sind, sondern auch wie dadurch das 'Image' eines baulich genutzten oder zu nutzenden Standortes verändert wird." (Hinzen/Ohligschläger 1987).

Die angestrebten Nutzungsmöglichkeiten bestimmen so maßgeblich den zu erreichenden Sanierungsgrad. Je nach Nutzungsdruck und kommunaler Finanzsituation kristallisieren sich dafür zwei unterschiedliche 'Typen' der Stadtentwicklung heraus:

- Eine eher reaktive Stadtentwicklungspolitik, die sich v.a. als Reparaturbetrieb versteht und vornehmlich ordnungsbehördliche Gefahrenabwehr betreibt. Sie greift verstärkt auf die Sanierungsart "belastungsabhängige Nutzung" zurück. Im Extremfall kann eine solche reaktive Politik zu einer Lähmung der Stadtentwicklung führen, wenn eine Vielzahl von Flächen nur noch mit minderwertiger Nutzung belegt werden können.
- Eine zukunftsorientierte Stadtentwicklung wird demgegenüber die Chance in der Altlastenbehandlung suchen, ein neues Image für den Standort und die Stadt zu erreichen. Mit einer offensiven und zukunftsgestaltenden Herangehensweise werden Signale für einen Aufbruch der Stadtentwicklung gesetzt. Dieser Ansatz korreliert mit einer Tendenz zu höheren Sanierungsaufwendungen und Sanierungsgraden.

Die folgenden Kapitel 2.1.1 und 2.1.2 gehen nun detaillierter auf die quantifizierbaren Sanierungsziele ein. Die Kapitel 2.1.3 und 2.1.4 befassen sich demgegenüber mit den qualitativen Sanierungszielen. Durchgängig soll den unterschiedlichen Sanierungszielwerten und erreichbaren Sanierungsgraden Aufmerksamkeit geschenkt werden.

2.1.1
Das Multifunktionalitätsprinzip

Mit dem Erkennen der Altlastenproblematik begann zugleich auch die Diskussion um den richtigen Weg der Altlastensanierung. Aus der 1990 vom Sachverständigenrat für Umweltfragen gegebenen Definition, wonach Altlasten Altablagerungen und Altstandorte sind durch die schädliche Bodenveränderungen oder sonstige Gefahren für den einzelnen oder die Allgemeinheit hervorgerufen werden. (BBodSchG § 2 Abs. 5), ergibt sich im Umkehrschluß das primäre Ziel einer jeden Sanierung: Die Beseitigung der Umweltgefährdungen.

Dazu können jedoch sehr verschiedene Wege beschritten werden (vgl. Abb. 2.1): Zur reinen *Gefahrenabwehr* kann bereits ein Zaun um die Altlastenfläche ausreichen, um Menschen von der Fläche fernzuhalten. Denn wenn niemand auf der Fläche ist, kann auch niemand Schadstoffe aufnehmen; es besteht somit - zumindest für Menschen - keine Gefährdung durch direkte Schadstoffaufnahme mehr (vgl. Kapitel 2.1.2 und 2.1.3).

Die *Beseitigung* jeder nur denkbaren Gefährdung ist demgegenüber nur gewährleistet, wenn die Altlastenfläche - und damit primär der Boden - in den Zustand vor Eintritt irgendeiner Belastung zurückgeführt wird - in den sog. *Status-Quo-Ante*. Die Erreichung dieses Sanierungszieles (die Beseitigung aller Schadstoffgehalte auf "Null") ist jedoch - auch in ferner Zukunft - nicht allein wegen fehlender technischer Möglichkeiten unrealisierbar (vgl. Kap 2.2).

Deshalb werden selbst im *vorsorgenden Umweltschutz* (hier dem Bodenschutz) Belastungen des Bodens bis zu gewissen Obergrenzen toleriert, da man davon ausgeht, daß die natürlichen Funktionen eines Bodens auch mit bestimmten (Schad-)Stoffgehalten noch gewährleistet sind. Das *Multifunktionalitätsprinzip* fordert daher nicht die 'Nullbelastung' und den ursprünglichen Flächenzustand, sondern bezieht sich auf die Erhaltung der natürlichen Bodeneigenschaften und -funktionen.

Der Begriff der Multifunktionalität geht auf die Bodencharta des Europarates aus dem Jahre 1972 zurück, in der festgehalten ist, daß Böden zu den kostbarsten Gütern der Menschheit zählen, die es zu schützen gilt.

In den Niederlanden wurde das *Multifunktionalitätsprinzip* als Ziel des Bodenschutzes 1983 festgeschrieben:

> "Die Zielsetzung der Multifunktionalität für einen Boden bedeutet, seine vielfältigen Funktionen und Nutzungsmöglichkeiten zu erhalten. Die Erhaltung der Multifunktionalität des Bodens als Ausgangspunkt des Bodenschutzprogrammes setzt voraus, daß auch bei dem heutigen vielfältigen Gebrauch von Boden die von Natur aus vorhandene Bodenqualität nicht unwiederbringlich zerstört werden darf. Es muß gewährleistet sein, daß verschiedene Nutzungen gleichzeitig oder nacheinander auf einem Boden möglich sein können. Sind diese Bedingungen erfüllt, kann der Boden als Umweltmedium, als Gebrauchsgut für Menschen, Tiere und Pflanzen und als Teil des Wasser- und Stoffkreislaufes unbedenklich dienen." (Leidraad bodemsanering 1988, S. 2).

Analog zu diesem *Vorsorgedanken* zur Erhaltung aller natürlichen Bodenfunktionen und zur Verhinderung schädlicher Einwirkungen auf den Boden fand das Multifunktionalitätsprinzip auch Eingang in den Umgang mit Altlasten und damit in den *nachsorgenden Umweltschutz* (vgl. Claus 1988, S. 8)

Auf die planerischen Folgen des Multifunktionalitätsprinzips zielen auch verschiedene andere Definitionen, wie etwa die von Holzapfel (1992, S. 166):

> "Unter universeller Nutzungsmöglichkeit (Multifunktionalität) wird die bezüglich umwelthygienischen Aspekten auflagenfreie Nutzungsmöglichkeit einer Fläche verstanden. Dies bedeutet, daß auf der Fläche jede gewünschte und flächengeeignete Nutzung stattfinden kann, soweit nicht planerische Gründe dagegen sprechen. Gleiches soll für (...) die nachfolgenden Flächennutzungen gelten, sofern in der Zwischenzeit keine weiteren Kontaminationen erfolgen."

Das Multifunktionalitätsprinzip fordert somit den Erhalt der natürlichen Bodeneigenschaften und -funktionen. Es stellt sich aber die Frage, was im konkreten Einzelfall als "natürlicher Boden" anzusehen ist, welche Eigenschaften und Funktionen ihm zuzuschreiben sind und vor allem, wie vorliegende Stoffgehalte zu beurteilen sind.

So deutet das Vorhandensein von Schwermetallen im Boden nicht automatisch auf eine anthropogen bedingte Belastung hin, da Schwermetalle als natürliche Bodenbestandteile für den Stoffkreislauf wichtig sind. Was dabei als "natürlich" anzusehen ist, hängt nicht zuletzt von der Bodenart ab.

Für andere Stoffgruppen ist die Frage nach dem natürlichen Vorkommen leichter zu beantworten: So fehlen z.B. halogenierte organische Verbindungen (z.B. PCB, PCP, Dioxine etc.) in der natürlichen Umwelt praktisch. Tatsächlich aber führt die breite Verwendung dieser Stoffe zu einer ubiquitären Verteilung - auch in Böden, auf denen sie nicht direkt ausgebracht wurden (z.B. über den Luftpfad). Deshalb sind heute flächendeckend zumindest Spuren dieser Stoffe nachweisbar. Gleiches gilt auch für andere Schadstoffe, die vom Menschen freigesetzt werden. In der Tendenz kann man sicherlich feststellen: Je stärker eine Region anthropogen geprägt ist, desto mehr steigen Gehalte an 'unnatürlichen Bodenbestandteilen' an. Allerdings sind auch in dünn besiedelten Gebieten z.T. hohe Belastungen festgestellt worden, womit faktisch eine 'Globalisierung von Schadstoffbelastungen' nachgewiesen ist. Es stellt sich nun die Frage, unter welchen Voraussetzungen und bei welcher Konzentration diese *anthropogen bedingten Hintergrundbelastungen* als Schadstoffbelastung einzustufen ist.

Hinzu kommen rein praktische Schwierigkeiten, die Hintergrundbelastung exakt zu bestimmen. So stößt die Analytik an ihre Grenzen, wenn es festzustellen gilt, ob ein Stoff überhaupt im Boden vorhanden ist ('Nullbelastung'). Der Gehalt eines Stoffes kann nur bis zu einer bestimmten *Nachweisgrenze* ermittelt werden. Liegt seine Konzentration unterhalb dieses Wertes, ist er nicht mehr erfaßbar, kann aber trotzdem vorhanden sein.

Aufgrund dieser Problematik sind auch für sog. multifunktionale Böden maximal tolerierbare Schadstoffgehalte zu definieren. In Bezug auf das Multifunktionalitätsprinzip im nachsorgenden Umweltschutz (Altlastensanierung) ist also weniger bedeutsam, daß Schadstoffe in der Umwelt vorhanden sind, sondern vielmehr, ob und wann sie die Bodeneigenschaften und -funktionen nachhaltig stören. Letztlich ist hier die *Quantifizierung der Multifunktionalität* im Sinne der Bestimmung von tolerierbaren Schadstoffgehalten von eminenter Bedeutung.

Ein Versuch der Quantifizierung findet sich bei Eikmann und /Kloke (1993), die im Rahmen eines "Drei-Bereiche-Systems" (vgl. Kap. 2.1) den sog. *Bodenwert I* für verschiedene Stoffe definiert haben. Dieser zeigt die Grenze an:

- unter der die Normalgehalte der meisten Böden liegen,
- von der keinerlei negative Wirkungen auf Pflanzen und deren Nutzer ausgehen und
- unter der die standort- und klimabedingte Multifunktionalität eines Bodens oder einer Fläche sichergestellt ist. "Er entspricht (damit) dem oberen Istwert der 'normalen', natürlichen Gehalte der Elemente und Stoffe der meisten land- und forstwirtschaftlich genutzten Böden." (Eikmann/Kloke 1993, S. 3)

In der Praxis der Altlastensanierung kann das *Sanierungsziel* Multifunktionalität also nicht im Sinne der Wiederherstellung sämtlicher natürlicher Bodeneigenschaften definiert werden. Zwar wird die Multifunktionalität als oberstes Ziel ("oberer Istwert") bezeichnet, die tatsächlich zur Anwendung kommenden Sanierungszielwerte bleiben i.d.R. jedoch hinter diesem Maximalziel zurück[3].

Der Verzicht auf die Wiederherstellung natürlicher Böden als Sanierungsziel bedeutet damit keineswegs, daß sich Sanierungsmaßnahmen nur noch am Minimalziel Gefahrenabwehr orientieren müssen. Vielmehr wird eine Sanierung angestrebt, die zu einer möglichst umfassenden Wiedernutzbarkeit der Fläche - insbesondere für den Menschen - führt. Dazu ist es nicht zwingend notwendig, sämtliche Belastungen vollständig zu entfernen. Bei bestimmten Nutzungen können Schadstoffgehalte oberhalb der natürlichen Gehalte im Boden toleriert werden, da davon auszugehen ist, daß "trotz dauernder Einwirkung auf die jeweiligen Schutzgüter deren ´normale´ Lebens- und Leistungsqualität auch langfristig nicht negativ beeinflußt" wird (Eikmann/Kloke, 1993). Die Höhe der tolerierbaren Schadstoffgehalte richtet sich dabei nach der Empfindlichkeit des Schutzgutes, d.h. der Sensibilität der Nutzung. So können beispielsweise auf (evtl. sogar versiegelten) Gewerbeflächen sicherlich höhere Schadstoffgehalte im Boden toleriert werden, da hier eine Gefährdung durch Schadstoffkontakt für die auf der Fläche tätigen Menschen als gering einzustufen ist. Demgegenüber sind auf Kinderspielplätzen nur sehr geringe Schadstoffgehalte hinnehmbar, da hier vielfältige Möglichkeiten der Schadstoffaufnahme durch Kinder bestehen. Zudem sind die möglichen Schädigungen durch eine Schadstoffaufnahme bei Kindern sehr viel gravierender als bei Erwachsenen (vgl. Kapitel 2.1.3 sowie 2.1.5).

Wenn bei einer Sanierung angestrebt wird, die Schadstoffgehalte soweit zu reduzieren, daß auch sensible Nutzungen ohne Gefahr auf der sanierten Fläche realisiert werden können, so wird damit zwar das Oberziel der Multifunktionalität in der Bedeutung für den vorsorgenden Umweltschutz verlassen. Für die Wiedernutzung der Fläche bedeutet dies aber, daß - wenn schon nicht alle denkbaren - zumindest mehrere Nutzungen möglich sind. Denn wenn eine bestimmte sensible Nutzung gefahrlos umsetzbar ist, so gilt dies erst recht für weniger empfindliche Nutzungen. Das Sanierungsziel ist in diesen Fällen nicht die Wiederherstellung *jedweder* Bodenfunktion, sondern nur die Wiederherstellung *mehrerer* Nutzungsmöglichkeiten. Bei der Definition des Multifunktionalitätsprinzipes ist also zu

[3] Exemplarisch sei hier auf die ´Gemeinsame Verwaltungsvorschrift des Umweltministeriums und des Sozialministeriums über Orientierungswerte für die Bearbeitung von Altlasten und Schadensfällen vom 16. September 1993´ (GABl. Baden-Württemberg Nr. 33, S. 1115) hingewiesen, in der zwar als Idealfall die Hintergrundbelastung als Sanierungszielwert genannt wird, gleichzeitig sollen aber auch die wirtschaftlichen, rechtlichen und ökologischen Folgen einer derartigen Sanierung mit in Überlegungen mit einbezogen werden.

unterscheiden, ob es sich auf den vorsorgenden Bodenschutz bezieht (also der Verhinderung von Bodenbeeinträchtigungen) oder die Beseitigung von Bodenbelastungen (nachsorgender Umweltschutz) zum Ziel hat.

In diesem Sinne existieren bislang für die nutzungs- und schutzgutbezogenen Sanierungsziele noch keine rechtsverbindlichen Orientierungswerte (*Sanierungszielwerte*). Tatsächlich können aber nicht für alle Altlastenflächen einheitlichen Werte vorgegeben werden, da über die zu tolerierenden Restgehalte nur einzelfallspezifisch entschieden werden kann. Ein erster Versuch der Quantifizierung nutzungs- und schutzgutbezogener Sanierungszielwerte wurde von Eikmann und Kloke (1993) vorgenommen: Für verschiedene Nutzungsarten definieren sie Schadstoffgehalte, die für die jeweilige Nutzung noch zu tolerieren sind (sog. Toleranzbereich).

Erst bei Überschreitung eines sog. *Interventionswertes* (d.h. der Schadstoffgehalt liegt im sog. Toxizitätsbereich) sind Schädigungen an Schutzgütern zu befürchten und damit Maßnahmen zur Gefahrenabwehr bzw. Sanierung zu ergreifen (vgl. Kapitel 2.1.2).

Als Sanierungszielwert wird der sog. Bodenwert II festgelegt, der innerhalb des nutzungsbezogenen Toleranzbereiches liegt. Damit wird die gewünschte und der Beurteilung zugrunde gelegte Nutzung (und aller 'unsensibleren' Nutzungen) ermöglicht, ohne das eine vollständige Entfernung aller Schadstoffe notwendig wäre. Die universelle Nutzbarkeit wird nicht erreicht, dazu wäre definitionsgemäß der Bodenwert I als Sanierungszielwert anzuvisieren. Gemäß der beschriebenen Überlegungen kann dennoch in der Tendenz von einer Multifunktionalität gesprochen werden, jedenfalls dann, wenn sensible Flächennutzungen angestrebt werden. In Abb. 2.2 wird dieser Zusammenhang verdeutlicht.

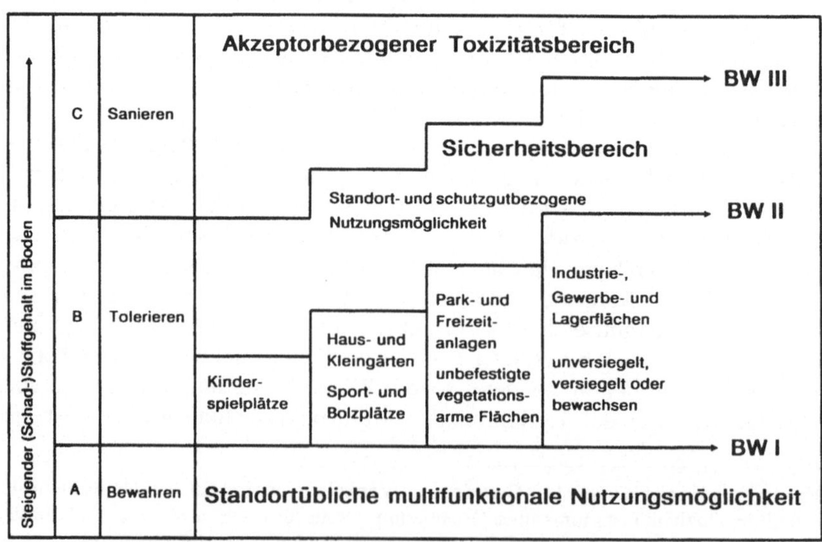

Abb. 2.2. Das Drei-Bereiche-System (Eikmann/Kloke 1993, S. 9)

2.1.2 Gefahrenabwehr: Pflicht oder Verpflichtung

Die Gefahrenabwehr ist unstrittiges Ziel der Altlastensanierung. Liegt durch eine Bodenkontamination eine Gefahr im ordnungsrechtlichen Sinne vor, ergibt sich für die Behörden als zwingendes (Minimal-)Handlungserfordernis, dafür zu sorgen, daß sich die Gefahr nicht verwirklicht (vgl. Brandt 1993, S. 111). Im Gegensatz zum Multifunktionalitätsprinzip (vgl. Kapitel 2.1.1) kann man also Gefahrenabwehr als "Minimalziel" betrachten, das zumeist durch Sicherungsmaßnahmen erreicht werden soll, die dem Ziel dienen, die Bodenverunreinigung einzudämmen oder eine weitere Ausbreitung zu verhindern:

> "Maßnahmen zur Gefahrenabwehr dienen der Verminderung des Schadstoffaustritts. Sie sind als reine Sicherungsmaßnahmen zu begreifen, die die Schadstoffe zwar konservieren, jedoch nicht beseitigen. Beispiele hierfür sind das Einkapseln der Altlast (quasi eine Raumversiegelung) oder das Einbringen von Basisabdichtungen. Die Langzeitstabilität der verwendeten Materialien kann nicht bestimmt werden. Längerfristig betrachtet kann in derartigen Fällen die Gefahr eines erneuten Schadstoffaustritts gegeben sein. Ständige Überwachungsmaßnahmen sowie Nachbesserungen an den Materialien sind deshalb hier angezeigt. (...) Maßnahmen zur Gefahrenabwehr können jedoch auch passiver Art sein: hierzu gehören beispielsweise das Einzäunen der Altlastenfläche oder der Erlaß von Nutzungsverboten. Derartige Schutzmaßnahmen verhindern allerdings nicht den eigentlichen Schadstoffaustritt." (Borgmann et al. 1990).

Maßnahmen zur Gefahrenabwehr bedeuten damit nicht zwingend eine Dekontamination des Bodens im Sinne der Wiederherstellung seiner Funktionen.

Der Umfang von Maßnahmen zur Gefahrenabwehr kann durch Sicherungsmaßnahmen (vgl. Kapitel 4) bereits in ausreichendem Maße ausgeschöpft werden. Aber kann man kontaminierte Flächen und die daraus folgenden Nutzungs- und Funktionseinschränkungen in Kauf nehmen? Oder erzeugt die Pflicht zur Gefahrenabwehr nicht gleichzeitig die Verpflichtung zur Umweltprophylaxe ? In Annäherung an diese Fragestellung soll zunächst skizziert weren, welche Gefahrenlagen bei kontaminierten Flächen und Altlasten überhaupt bestehen können und damit zum Gegenstand der Gefahrenabwehr werden.

Den Hauptteil dieses Kapitels stellt die Diskussion des Gefahrenbegriffs aus juristischer, politisch-gesellschaftlicher und wissenschaftlicher Sicht. Gefragt wird dabei:

- Wie wird Gefahr / Gefahrenabwehr definiert ?
- Worauf beziehen sich die Begriffe ?
- Wie und wann ist eine Abwehr von Gefahren durchzuführen ?
- Welchen Umfang muß die Gefahrenabwehr haben ? Läßt sich daraus eine Vorsorgepflicht ableiten ?

Abschließend wird in einem kurzen Fazit eine Beurteilung der Erkenntnisse gesucht.

Was sind Gefahren[4]

"Altlasten als Produkt der industriellen Produktion erzeugen Gefahrenlagen, die im allgemeinen in ihrer räumlichen Ausdehnung relativ genau zu bestimmen, damit eingrenzbar und nicht global wirksam sind. Dennoch können über Staubemissionen und besonders über das Grundwasser die Gefahren durch Altlasten transportiert und damit großräumig wirksam werden." (Discher/Kraus 1991, S. 35)[5]

Altablagerungen erzeugen Gefahren, die nicht ursprünglich am Ort ihrer Deponierung entstanden sind. Durch die räumliche Differenzierung von Schadstoffproduktion (in Betrieben) und -entsorgung (auf Deponien) sind die Gefahren 'verlagert' worden.

Weil Boden eine filternde und puffernde Funktion hat, treten Gefahren und Risiken durch Altlasten meist mit einer erheblichen zeitlichen Verzögerung auf. Sie vergrößern und verbreiten sich langsam, u.U. werden sie erst lange nach ihrer Entstehung wirksam. Von Altlasten ausgehende Gefahren in Folge einer langjährigen "Politik des Vergrabens und Vergessen" (Claus 1988a) treten für betroffene Menschen (als Schutzgut z.B. bei bewohnten Altlasten) überraschend auf. Obwohl sie an ihrer Entstehung nicht beteiligt waren, müssen Betroffene nun aber die Folgen tragen.

Gefahren durch Altlasten werden bestimmt durch:

- die Art, Menge, Beschaffenheit, Schädlichkeit und Mobilisierbarkeit der Schadstoffe,
- die gegebenen Rahmenbedingungen wie beispielsweise die geologischen, hydrologischen und klimatologischen Verhältnisse am Altstandort,
- die vorhandene oder künftige Nutzung der Altlastenfläche.

Menschen, als bedeutende Schutzgüter, sind durch Altlasten direkt gefährdet, wenn z.B. kontaminiertes Grundwasser als Trinkwasser genutzt wird, Schadstoffe eingeatmet werden oder es bei der Gartenarbeit zu direktem Kontakt mit dem belasteten Boden kommt. Ein indirekte Aufnahme von Schadstoffen erfolgt z.B. durch den Verzehr von belasteten Nahrungsmitteln. Pflanzen nehmen die Schadstoffe über Kapillar- und Oberflächenwasser direkt auf und geben sie über die Nahrungskette an die Menschen weiter.

Durch Altlasten wird Eigentum entwertet: Zum einen können durch Schadstoffe Schäden an vorhandener Gebäudesubstanz entstehen, zum anderen sinkt der Wert von Häusern und Grundstücken. Für Hausbesitzer können so erhebliche finanzielle Verluste und wirtschaftliche Unsicherheiten entstehen. Schließlich

[4] Ursprünglich leitet sich „*Gefahr*" aus dem Mittelhochdeutschen ab (von Gevare = Nachstellung, Hinterhalt, Betrug). Im allgemeinen bezeichnet der Begriff ein die menschliche Sicherheit bedrohendes Unheil und die Bedrohung von Lebewesen oder Sachen. In rechtlicher Hinsicht wird Gefahr als die Möglichkeit eines Schadenseintritts gesehen (nach Meiers Lexikon 1986).

[5] In einem Abschlußbericht zur Gefährdungsabschätzung der ehemaligen und heute bebauten Bayer-Sonderabfalldeponie 'Dhünnaue' in Leverkusen heißt es: "Ein weiterer wichtiger Aspekt ist die Emission von Schadstoffen über das Grundwasser in die Umgebung, insbesondere in den Rhein und damit in die Nordsee und letzlich in die Ökospäre" (Björnsen 1989)

kann Eigentum nicht mehr in gewohntem Maße in Anspruch genommen werden. Gärten dürfen u.U. nicht mehr genutzt, Obst und Gemüse aus eigenem Anbau nicht verzehrt werden und Kinder nicht mehr draußen spielen. Die Bewegungsfreiheit wird eingeschränkt (vgl. Discher/Kraus 1991).

Gefahr und Gefahrenabwehr als juristische Begriffe

Mit dem *Polizei- und Ordnungsrecht* (Ordnungsbehördengesetz, OBG) wird die Sicherung der Rechtsgüter der Allgemeinheit bzw. der Bürger bezweckt. Nach einem Urteil des BVerfGE findet "ein solches Gefahrenabwehrrecht (...) seine Grundlage in dem aus den Grundrechten abzuleitenden Auftrag des Gesetzgebers, sich schützend und fördernd vor diese Rechtsgüter zu stellen und sie vor rechtswidrigen Eingriffen zu bewahren" (BVerfGE 56, S.73ff).

Unter *Gefahr* wird im Polizei- und Ordnungsrecht die Wahrscheinlichkeit verstanden, daß in absehbarer Zeit ein Schaden für die öffentliche Sicherheit und Ordnung eintritt.

Das *Bundesbodenschutzgesetzes* (BBodSchG) beinhaltet als bundeseinheitliche Regelung sämtliche Belange des Bodenschutzes mit altlastenbezogenen Regelungen als integralem Bestandteil. Im § 3 BBodSchG wird Gefahr mit den Begriffen *erheblicher Nachteil* und *erhebliche Belästigung* gleichgesetzt. Diese bestehen, wenn den natürlichen Funktionen des Bodens (Funktion als Lebensgrundlage und Lebensraum für Menschen, Tiere, Pflanzen und Bodenorganismen; Funktion als Teil des Naturhaushaltes, insbesondere mit seinen Wasser- und Nährstoffkreisläufen; Funktion als Abbau-, Ausgleichs- und Aufbaumedium für stoffliche Einwirkungen auf Grund der Filter-, Puffer- und Stoffumwandlungseigenschaften) eine nachhaltige Schädigung droht, die mit den Nutzungsfunktionen des Bodens (Rohstofflagerstätte, Standort für die land- und forstwirtschaftliche Nutzung, Fläche für Siedlung u. Erholung, Standort für wirtschaftliche Nutzungen, Verkehr, Ver- und Entsorgung, Archiv der Natur- und Kulturgeschichte) nicht zu vereinbaren sind (vgl. Kap. 2.1.1).

Zur Gefahrenabwehr ist im § 4 BBodSchG die sog. „Jedermannspflicht" verankert, d.h.: Jedermann hat sich so zu verhalten, daß schädliche Bodenverunreinigungen nicht hervorgerufen werden. Der Grundstückseigentümer und der Inhaber sind verpflichtet, Maßnahmen zur Abwehr schädlicher Bodenveränderungen zu ergreifen, wenn der Zustand des Grundstücks dies erfordert. Der Verursacher einer schädlichen Bodenveränderung sowie dessen Gesamtrechtsnachfolger, der Grundstückseigentümer und der Inhaber der tatsächlichen Gewalt über ein Grundstück sind verpflichtet, schädliche Bodenveränderungen so zu sanieren, daß dauerhaft keine Gefahren, erhebliche Nachteile oder erhebliche Belästigungen für den einzelnen oder die Allgemeinheit entstehen. Hierzu kommen bei stofflichen Belastungen neben Dekontaminations- auch gleichwertige Sicherungsmaßnahmen in Betracht. Soweit dies nicht möglich oder unzumutbar ist, sind sonstige Sicherungs- und Beschränkungsmaßnahmen zu ergreifen. Darüber hinaus ist der Grundstückseigentümer verpflichtet, bei dauerhaft nicht mehr genutzten Flächen, deren Überbauung oder Versiegelung im Widerspruch zu den Festsetzungen eines Bebauungsplans, einer Planfeststellung oder sonstigen planungsrechtlichen Festsetzungen steht, die Bodenfunktionen soweit wie möglich und zumutbar nach den Vorschriften des Baugesetzbuchs und des sonstigen Fachrechts wiederherzustellen.

Das BBodSchG wird also weitgehende Möglichkeiten zur Gefahrenabwehr und sonstige Sicherungsmaßnahmen eröffnen, wobei die Umsetzung im Rahmen konkretisierender Gerichtsurteile abzuwarten bleibt. Ein Fallstrick könnte die nicht näher definierte Zumutbarkeitsgrenze werden. In jedem Fall wird der Gefahrenabwehr nicht nur reaktiv die Beseitigung von Störungen zugeschrieben, sie wird v.a. als präventives Mittel gesehen. Nach Beschlußfassung wird das Gesetzeswerk eine gegenüber den bestehenden Regelungen deutlich verbesserte Grundlage für die Umweltvorsorge im Bereich Bodenschutz bieten.

Nach *Wasserhaushaltgesetz* (WHG) liegt eine Gefahr für das Wasser vor, wenn nach Chemikaliengesetz definierte „gefährliche Stoffe" in Gewässer eingeleitet werden. Im Chemikaliengesetz werden *gefährliche Stoffe und Zubereitungen* durch ihre Charaktereigenschaften erklärt. Gefährliche Stoffe sind danach solche, die explosionsgefährlich, brandfördernd, hochentzündlich, leichtentzündlich, entzündlich, sehr giftig, mindergiftig, ätzend, reizend, sensibilisierend, krebserzeugend, fruchtschädigend, erbgutverändernd, chronisch schädigend oder sonst umweltgefährlich sind. Dies ist der Fall, wenn Stoffe oder deren Umwandlungsprodukte geeignet sind, die Beschaffenheit des Naturhaushaltes, von Wasser, Boden oder Luft, Klima, Tieren, Pflanzen oder Mikroorganismen derart zu verändern, daß dadurch sofort oder später Gefahren für die Umwelt herbeigeführt werden können. Das WHG regelt die Verhinderung des Einleitens solcher Stoffe zum Schutz von Mensch und Umwelt. Im Sinne des WHG ist also Gefahrenabwehr als Vorsorge gegen Gewässerverunreinigung zu verstehen. Wenn eine Gefahr z.B. für das Grundwasser gegeben oder anzunehmen ist, kann die Untere Wasserbehörde eingreifen.

Das *Planungsrecht* nach Baugesetzbuch (BauGB) definiert die Begriffe *Gefahr* und *Risiko* nicht explizit. Die Ziele des BauGB sind eine geordnete städtebauliche Entwicklung, eine dem Wohl der Allgemeinheit entsprechende sozialgerechte Bodenordnung, die Sicherung einer menschenwürdigen Umwelt sowie der Schutz und die Entwicklung der natürlichen Lebensgrundlagen. Gefahrenabwehr impliziert in diesem Zusammenhang also den Schutz der genannten Ziele durch die sorgfältige Abwägung planungsrechtlicher Belange. Das BauGB ist also in erster Linie als Rechtsgrundlage einer Umweltvorsorge im Rahmen planerischer Tätigkeiten zu verstehen.

Für die Altlastenproblematik ergibt sich ein besonderer Aspekt aus der Verbindung der Vorschriften des BauGB mit der Planungsdirektive des § 50 BImSchG, wonach

> "bei raumbedeutenden Planungen und Maßnahmen die für eine bestimmte Nutzung vorgesehenen Flächen einander so zuzuordnen sind, daß schädliche Umwelteinwirkungen auf die ausschließlich oder überwiegend dem Wohnen dienenden Gebiete sowie auf sonstige schutzbedürftige Gebiete soweit wie möglich vermieden werden sollen. (...) Diese Grundsätze (...) müssen (...) bei der Umplanung eines Baugebietes beachtet werden. Das bedeutet, daß ein Industriegebiet nicht ohne weiteres zu einem reinen Wohngebiet umgeplant werden darf. Es ist in diesem Fall vielmehr die Aufgabe des Planungsträgers, die künftige Wohnbevölkerung vor Umweltbelastungen und Gefahren zu schützen, die von dem Grund und Boden des Plangebietes selbst ausgehen. Denn wenn es schon Aufgabe der planenden Gemeinde ist, die Zuordnung der einzelnen Gebiete zueinander so vorzunehmen, daß der Wohnbevölkerung durch die Nutzung benachbarter Gebiete keine Gefahren drohen, so muß es um so mehr Aufgabe des Planungsträgers sein, Be-

einträchtigungen der Bewohner eines Planungsgebietes durch von dem Grund und Boden des Planungsgebietes selbst ausgehende Gefahren zu verhindern, zumal die von dem Planungsgebiet selbst ausgehenden Beeinträchigungen der angestrebten Nutzung sich intensiver auswirken können als die von außen eindringenden Belastungen." (BGH, UPR 1990, S. 148).

Daraus erwächst die Verpflichtung der Gemeinde, Altlasten im Rahmen der planerischen Abwägung zu berücksichtigen und Maßnahmen zur Ermittlung und Bewertung vorhandener Gefahren durchzuführen.

Zur Abwehr vorhandener Gefahren hält das Planungsrecht insbesondere Möglichkeiten der Nutzungsanpassung bereit. War ursprünglich das Instrumentarium planerischer Nutzungsanpassungen in den Mittelpunkt gerückt (vgl. auch 2.1.3), so werden mittlerweile im Rahmen der Bauleitplanung und -genehmigung Vorgaben für die Sanierung festgelegt, die im Falle der Flächennutzung/-umnutzung durch Dritte zu erfüllen sind. Ausdruck dieses veränderten Verständnisses der Bauleitplanung i.S. einer Umweltvorsorge ist z.B. der Ministerialerlaß NW "Berücksichtigung von Bodenbelastungen in der Bauleitplanung" von 1992, der eine detaillierte Auseinandersetzung mit der vorrausschauenden Abwägung beinhaltet.

Nach dem *Bundesimmissionschutzgesetz* (BImSchG) wird analog zum OBG unter Gefahr die objektive Möglichkeit eines Schadenseintritts verstanden. Als bedrohtes Rechtsgut gelten menschliche Gesundheit, Eigentum, Leben, körperliche Unversehrtheit und persönliche Bewegungsfreiheit. Es wird nicht generell definiert, ab wann eine Beeinträchtigung erheblich ist. Dies erfordert eine Abwägung im Einzelfall, für die als Richtlinien fachbezogene Technische Anleitungen zur Verfügung stehen (TA-Luft, TA-Lärm, TA-Siedlungsabfall).

Die 12. Verordnung zum Bundesimmissionsschutzgesetz (StörfallVO) gebraucht den Begriff der "ernsten Gefahr". Eine solche liegt vor, wenn das Leben von Menschen bedroht wird, schwerwiegende Gesundheitsbeeinträchtigungen zu befürchten sind, die Umwelt (insbesondere Tiere und Pflanzen), der Boden, das Wasser, die Atmosphäre oder Kultur- und sonstige Sachgüter geschädigt werden können, und das Gemeinwohl durch eine Veränderung ihres Bestandes oder ihrer Nutzbarkeit beeinträchtigt wird.

Dem BImSchG ist in erster Linie Bedeutung bei der Konzeption von Sanierungsanlagen /-konzepten beizumessen. Allerdings entzieht die Regelung des § 5 BImSchG eine Gruppe von Produktionsrückständen den Vorschriften des Abfallrechtes: Danach sind u.a. Reststoffe aus genehmigungsbedürftigen Anlagen ordnungsgemäß und schadlos zu verwerten. Nur soweit dies nicht möglich oder unzumutbar ist, müssen sie als Abfälle beseitigt werden. Dadurch kann z.B. eine Verwertung zur Verfüllung von Bodenunebenheiten erfolgen. Solche Reststoffablagerungen können nicht nach Abfallrecht behandelt werden (vgl. Brandt 1993, S. 171). Hier erhalten die Vorschriften des Polizei- und Ordnungsrechtes Bedeutung.

Im *Abfallrecht* bedeutet eine Gefährdung die Möglichkeit einer Schädigung, die ein Schutzgut durch die von der Gefahrenquelle ausgehenden Einwirkungen erleiden kann. Das Landesabfallgesetz NW spricht in diesem Zusammenhang auch von *latenter Gefahr*.

Auf einen großen Teil von Altlasten ist das Abfallrecht des Bundes nicht anzuwenden, da sich dieses nur auf Abfallbeseitigungsanlagen bezieht, die nach dem Inkrafttreten des Abfallbeseitigungsgesetzes am 11. Juni 1972 (AbfG) betrieben wurden (vgl. Brandt 1993, S. 112). Eine sachliche Restriktion der Anwendung ergibt sich daraus, daß es sich bei den abgelagerten Stoffen zum Zeitpunkt der Entsorgung tatsächlich um Abfälle handelte. Dies gilt auch für Stoffe, die heute nicht mehr als Abfälle gelten. Als Adressat der Vorschriften kann nur der Inhaber einer Abfallentsorgungsanlage in Betracht kommen. Ein Eingreifen der Behörden zum Zwecke der Abwehr von Gefahren (für das Wohl der Allgemeinheit) aus stillgelegten Abfallentsorgungsanlagen oder der Ablagerung von Abfällen (z.B. aus alten Deponien oder stillgelegten Anlagen), kann in Verbindung mit anderen Rechtsvorschriften erfolgen, wie z.B. dem Polizei- und Ordnungsrecht (vgl. Brandt 1993, S. 114).

Fazit

Festhalten läßt sich aus der Darstellung unterschiedlicher Rechtsbereiche, daß die vielfältigen Gefahrenlagen durch Altlasten einen Handlungsbedarf erzeugen, der in den Aufgabenbereich der (kommunalen) Ordnungsbehörden fällt. Sie müssen Gefahren für die öffentliche Sicherheit und Ordnung verhindern und beseitigen.

> "Nach allgemeiner Auffassung ist unter einer Gefahr im Sinne des Polizeirechts eine Sachlage zu verstehen, in der bei ungehindertem Geschehensablauf ein Zustand oder ein Verhalten mit hoher Wahrscheinlichkeit zu einem Schaden an einem der Schutzgüter[6] der öffentlichen Sicherheit und Ordnung führen würde. Der Grad des anzulegenden Wahrscheinlichkeitsmaßstabes richtet sich nach der Art des im Einzelfall bedrohten Schutzgutes, d.h., je höherwertiger das Rechtsgut ist, desto niedriger müssen die Anforderungen an die Wahrscheinlichkeitsschwelle gesetzt werden" (Püttner 1979).

Daraus wird deutlich, daß die Ordnungsbehörden schon handeln müssen bevor ein Schaden durch Kontaminationen auftritt und die Gesundheit von Menschen und Umwelt gefährdet ist.

Um künftigen Schäden, Gefahren und Beeinträchtigungen vorzubeugen, sind die Kommunen angewiesen, Altlasten systematisch zu erfassen und alle gewonnenen Erkenntnisse zur Verfügung zu halten, um sie bei zukünftigen Planungen zu berücksichtigen. Das ist nötig, weil Gefahren häufig durch Nutzungsänderungen, vor allem durch Wohnbebauung entstehen (vgl. hierzu MELF 1985).

Diese Erkenntnis führt dazu, daß Gefahrenabwehr in rechtlicher Sicht immer mehr als Teil der Umweltvorsorge betrachtet wird. Die "Beseitigung der Störung" als reaktives Element wird als Zwischenstadium betrachtet, dem ein aktives Element - die Umweltvorsorge - nachfolgt. Insbesondere im Planungsrecht und der Diskussion zum künftigen BBodSchG vollzieht sich ein solcher Wandel. Nach wie vor wird allerdings in der Vollzugspraxis mit Hinweis auf den gegenwärtigen Kostendruck in erster Linie reaktive Gefahrenabwehr geübt.

Gefahr und Gefahrenabwehr als politisch / gesellschaftlicher Begriff

> "Altlasten bewirken in der Regel keine akuten Katastrophen, sondern stellen eher ein schleichende Gefahr dar. Wie bei der Luftverschmutzung oder Reaktorunfällen treten die Schäden für Mensch und Natur erst sehr viel später auf. So bedrohen Gefahren durch Altlasten nicht nur die Gesundheit, sondern beeinträchtigen auch das Wohlbefinden, in-

[6] Dieses sind die Schutzgüter Leben, Gesundheit, Ehre und Eigentum und die Wahrung der Rechtsordnung.

dem sie Ängste und Unsicherheiten hervorrufen, psychische Belastungen verursachen und Grund für soziale Auseinandersetzungen sind" (Discher/Kraus 1991, S. 36).

Damit aber erhalten die Begriffe Gefahr, Gefahrenabwehr und Risiko politisch-gesellschaftliche Dimension jenseits rechtlicher Pflichten und wissenschaftlich-technischer Definitions- und Sanierungsmöglichkeiten.

Im Rahmen der Durchführung und Abwicklung der kommunalen Aufgaben gehört die Altlastensanierung als Teil des Gesundheits- und Umweltschutzes zum Aufgabenbereich der 'Daseinsvorsorge'. In diesem Rahmen sind aufgrund der Bestimmungen des Ordnungsbehördengesetzes u.a. Gefahren für Menschen abzuwehren und die Sicherung und Sanierung der Umwelt zu gewährleisten ("Abwehr von Gefahren für die öffentliche Sicherheit und Ordnung").

Auch in anderen Gesetzen, wie dem BauGB (vgl. BauGB zur Berücksichtigung der Sicherheit der Wohn- und Arbeitsbevölkerung und der allgemeinen Wohn- und Arbeitsverhältnisse), spiegelt sich dies wider. Die Kommune muß im Falle von Bodenkontaminationen tätig werden, die Situation überprüfen und ggf. Maßnahmen zur Gefahrenabwehr ergreifen. Sie führt daher Gefährdungsabschätzungen und notwendige Sanierungs- und Sicherungsmaßnahmen durch.

Die Gemeindeordnungen verpflichten die Kommunen gleichzeitig zur sparsamen Haushaltsführung, damit die stetige Erfüllung aller Aufgaben gewährleistet ist. Dabei ist den Erfordernissen des gesamtwirtschaftlichen Gleichgewichtes Rechnung zu tragen. Das bedeutet, daß die Erfüllung der gesetzlich oder satzungsgemäß zugeordneten Aufgaben andere Aufgabenfelder nicht beeinflussen darf. Die Sanierung einer Altlastenfläche, die in der Regel mit einem immensen finanziellen Aufwand verbunden ist, darf beispielsweise nicht Maßnahmen der Stadtentwicklung oder der Wirtschaftsförderung blockieren. Insofern ist bei jeder Maßnahme eine Abwägung der durch sie berührten Aufgabenbelange durchzuführen, also zu entscheiden, welche Schwerpunkte im Hinblick auf die Ziele der Stadtentwicklung zu setzen sind. Dies ist Aufgabe der kommunalpolitischen Gremien, also der Gemeinderäte.

Damit werden zwei für die Gefahrendefinition bzw. die Sanierungszielfestlegung bedeutende Aspekte herausgearbeitet:

1. Es besteht immer ein politischer Entscheidungsspielraum bei der Festlegung von Sanierungszielen. Dieser wird letztlich durch die Stadtentwicklungspolitik bestimmt (vgl. Kapitel 2.1.4).
2. Aus Kostenerwägungen tendieren Sanierungszielentscheidungen in Richtung einer nutzungsbezogenen Gefahrenabwehr.

Doch ein weiterer Aspekt ist in diesem Zusammenhang zu berücksichtigen, nämlich die definitorische Gleichsetzung der Begriffe Gefahr und Risiko in der politisch-gesellschaftlichen Diskussion: Im Sinne der oben beschriebenen Aufgaben der Politik deutet die Entstehung von Gefahren durch Altlasten auf ein Versagen der politischen Entscheidungsträger, da viele Gefahrenlagen erst durch die Ausweisung von Baugebieten auf ehemaligen Deponien oder Betriebsstandorten erzeugt wurden[7].

Die vielfältigen Auseinandersetzungen bei bewohnten Altlasten entspringen u.a. dieser begrifflichen Dissonanz zwischen Risiko und Gefahr: was für Altlastenbewohner eine plötzliche und nicht zu verantwortende Gefahr für Leib und

[7] vgl. u.a. Bielefeld-Brake, Dortmund-Dorstfeld, Leverkusen-Dhünnaue, Hamburg-Barsbüttel

Leben, Eigentum, Familie und Wohlbefinden darstellt, wird auf der Seite der politisch Verantwortlichen zum kalkulierbaren Planungsrisiko erklärt.

Genau darin liegt eine der Ursachen für die emotionsgeladene Diskussion um Umweltgefahren und de Umfang von Maßnahmen zu deren Abwehr: Betroffene der von Altlasten ausgehenden Gefahren können eine solche Risikodefinition häufig nicht akzeptieren. Sie sind den vorhandenen Gefahren unmittelbar ausgesetzt. Gefahr definiert sich für sie in einem vielfältigen Wirkungsgeflecht, dessen Dimensionen sie erst im Laufe der Zeit gewahr werden. Sie fürchten um gesundheitliche Auswirkungen durch die vorhandenen Schadstoffe und wünschen die Wiederherstellung gesunder Wohn- und Lebensverhältnisse durch umfassende Sanierungsmaßnahmen. Quantifiziert wird dies als hundertprozentige Sanierung und Nullbelastung. Die Beseitigung der Gefahren bzw. Schadstoffe soll schnellstmöglich und dauerhaft erfolgen (vgl. Discher/Kraus 1991, S. 84ff). Sicherheit wird nicht nur in gesundheitlicher, sondern auch in sozialer und ökonomischer Hinsicht gefordert. Gefahrenabwehr ist damit nicht nur die Beseitigung einer Störung, sondern die Wiederherstellung des Status-Quo-Ante, der Situation vor Eintritt der Gefahr in jeder Hinsicht (vgl. Beck 1988, Rammstedt 1981, Discher/Kraus 1991).

Gefahr und Gefahrenabwehr als wissenschaftlicher Begriff

Altlasten erzeugen Gefahren, die nicht exakt kalkulierbar und berechenbar sind. Zwar kann man bei Altstandorten häufig durch industriehistorische Rekonstruktionen von Produktion und Produktionsabläufen Aussagen über verwendete und produzierte Stoffe machen, so daß die Kontamination zu umreißen ist, doch weiß man noch relativ wenig über Langzeit- und Kombinationswirkungen von Stoffen. Bei Altablagerungen und Deponien ist sogar ein Umreißen der Gefahrenlagen kaum möglich, da i. d. R. nicht mehr feststellbar ist, welche Stoffe dort gelagert wurden. Immer wieder werden spektakuläre Funde von Sonderabfällen auf Hausmülldeponien bekannt. Niemand weiß, woher sie stammen und wie lange sie schon dort lagern.

Die von Altlasten ausgehenden Gefahren sind in den wenigsten Fällen sichtbar und wahrnehmbar. Sie werden nur dann besonders deutlich und erfahrbar, wenn der Boden sichtbar verändert ist, übel riecht oder Veränderungen der Vegetation zu beobachten sind. Häufig aber entziehen sich die Gefahren der unmittelbaren Wahrnehmung, sind

> "eher in der Sphäre chemisch-physikalischer Formeln angesiedelt und können dann nur mit den Wahrnehmungsorganen der Wissenschaft nachgewiesen werden" (Beck 1986). "Nicht Primärinformationen, sondern die sekundär-informatorische Wahrnehmung über Experten und wissenschaftliche Untersuchungen bestimmen die Problemdefinitionen." (Wiegandt 1989).

Damit kommt der Wissenschaft bei der Definition von Gefahren und der Festlegung von Maßnahmen zur Gefahrenabwehr eine immer größere Bedeutung zu, was unschwer daran zu erkennen ist, daß wissenschaftliche Gutachten der Gefahrenbeurteilung im Rahmen von Gefährdungsabschätzungen zu Grunde liegen. Je brisanter der jeweilige Fall, desto hochrangiger und bekannter der begutachtende Wissenschaftler.

Doch die Tätigkeit von Wissenschaftlern beginnt bereits im Vorfeld konkreter Gefährdungsabschätzungen mit der Entwicklung sogenannter Grenzwertlisten - also Tabellenwerken, die in unterschiedlichen Zusammenhängen für unterschiedliche Substanzen und unterschiedliche Nutzungen diejenigen (Schadstoff-)Inventare und Konzentrationen definieren, die eine Gefahr darstellen und die Abwehr dieser Gefahr erzwingen.

Fazit: Gefahrenabwehr verpflichtet
Im juristischen Sinne ist Gefahrenabwehr die Beseitigung einer Störung durch Maßnahmen, die geeignet sind, die öffentliche Sicherheit und Ordnung zu schützen bzw. wieder herzustellen. Nach allgemeiner Rechtsprechung reichen dazu Maßnahmen zur Sicherung von Altlasten aus.

Auch politische Problemlösungen tendieren angesichts der finanziellen Engpässe eher zu pragmatischen, will heißen: sichernden, weil kostengünstigen Maßnahmen. Im Hinblick auf die Handlungsfähigkeit der Stadtplanung und das Sicherheitsbedürfnis bzw. das u.U. gestörte Vertrauen von Altlastbetroffenen kann allerdings die temporäre Sicherung nur ein Zwischenschritt sein, um finanzielle und technische Handlungsspielräume für dauerhafte und nachhaltige Lösungen unter dem Leitbild einer Multifunktionalität zu eröffnen. Kurzfristige Gefahrenabwehr durch Sicherung verpflichtet dazu, bessere Lösungen der Altlastenproblematik zu suchen. Findet man sich mit reaktiven Maßnahmen ab, wird künftig eine vorausschauende Planung und Politik deutlich erschwert.

2.1.3 Belastungsabhängige Nutzung versus nutzungsbezogene Sanierung

Wie bereits gesagt, geht die Entscheidung über die Festlegung der Sanierungszielwerte zwischen Gefahrenabwehr und Multifunktionalität Hand in Hand mit Überlegungen zur vorhandenen bzw. beabsichtigten Nutzung einer Fläche. Dieser Zusammenhang ist im 'Kreuz (mit) der Sanierungszielfestlegung' (Abb. 2.1) modellhaft dargestellt.

Generell ist zwischen einer *nutzungsbezogenen Sanierung* und einer *belastungsabhängigen Nutzung* zu unterscheiden. Im ersten Fall werden durch die vorhandene bzw. die angestrebte Nutzung die Sanierungsanforderungen vorgegeben. Eine Sanierung des Bodens erfolgt entsprechend diesen Zielvorstellungen. Im zweiten Fall wird die Bodenbelastung als Restriktion der Planung hingenommen und die Nutzung darauf abgestimmt. (vgl. Wiegandt 1989). Die Entscheidung darüber basiert auf einer intensiven Abwägung der schon in der Einführung genannten schadstoff- und nutzungsbezogenen sowie technischen und finanziellen Rahmenbedingungen, so daß nicht nur genau zwei Möglichkeiten der Umsetzung sondern eine Vielzahl von Variationen existierten.

Exemplarisch seien hier die Vor- und Nachteile der verschiedenen Varianten genannt (vgl. Holzapfel 1992):

Variante 1: uneingeschränkte Flächennutzung bei vollständiger Dekontamination.
- Vorteile: keine Planungsänderungen notwendig
- Nachteile: hoher Aufwand, hohe Kosten

Variante 2: reglementierte, eingeschränkte Flächennutzung bei angemessener technischer Verfahrenswahl.
- Vorteile: Erhalt von Planungsspielräumen
- Nachteile: hoher Aufwand, hohe Kosten, jedoch auf niedrigerem Niveau als in Variante 1, eingeschränkte Planungsfreiheit

Variante 3: nur unsensible Flächennutzung oder sogar Ausschluß der Nutzung bei unvollständiger Gefahrenbeseitigung.
- Vorteile: angemessene Kosten-Nutzen-Relation
- Nachteile: keine Nutzungs- und Planungsfreiheit, Akzeptanzprobleme

Variante 4: Ausschluß von jeglicher Nutzung wegen zu hoher Gefährdung bei fehlenden Maßnahmen zur Gefahrenabwehr.
- Vorteile: Zeitgewinn
- Nachteile: Fortbestand der Gefährdung, Rechts- und Planungsunsicherheit

Tendenziell verfolgen die Varianten 1 und 2 die nutzungsbezogene Sanierung, die Varianten 3 und 4 die belastungsabhängige Nutzung. Abb. 2.3 verdeutlicht noch einmal die maßnahmen- und kostenbezogenen Aufwendungen für die Varianten in ihrer Tendenz.

Die Festlegung der qualitativen Sanierungsziele ist dabei Teil eines planerischen Gesamtkonzeptes, also nie losgelöst von städtebaulichen Zielsetzungen zu sehen (siehe Kapitel 2.1.4). Im folgenden werden einige Basisinformationen für die zutreffende Sanierungsentscheidung zusammengestellt. Zunächst wird die Abhängigkeit von Nutzung und Schadstoffexposition vertieft, die bereits verschiedentlich angesprochen wurde: Wie verhalten sich Nutzung und Gefährdung zueinander? An welcher Stelle kann man mit Maßnahmen der Gefahrenabwehr ansetzen? Im weiteren werden Möglichkeiten der belastungsabhängiger Nutzung und nutzungsbezogener Sanierung exemplarisch aufgeführt sowie die verschiedenen Möglichkeiten der Nutzungsanpassung zusammengefaßt. Anschließend werden Anmerkungen zur Abstimmung von Nutzung und Sanierung im Hinblick auf die nutzungsbezogene Sanierung gemacht.

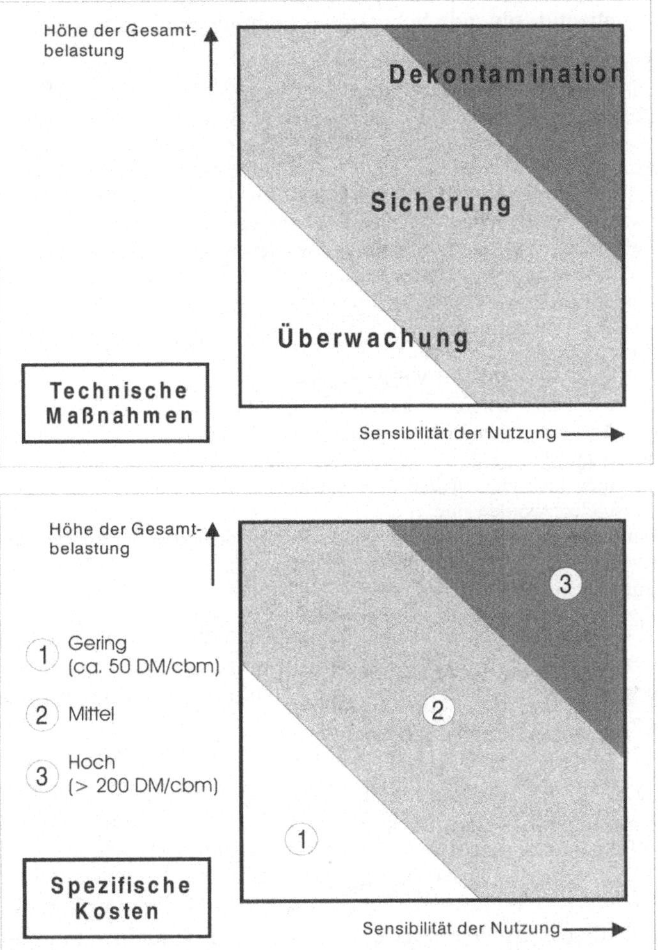

Abb. 2.3. Maßnahmen- und kostenbezogene Aufwendungen für die Sanierung (Holzapfel 1992, S. 178)

Zur Abhängigkeit von Nutzung und Exposition

Erst durch die Nutzung einer kontaminierten Fläche oder eines kontaminierten Umweltmediums erwächst aus einer Schadstoffbelastung eine Gefahr für Schutzgüter (mit Ausnahme primärer Umweltmedien, die direkt durch Schadstoffe gefährdet sind).

Grundsätzlich sind folgende Schutzgüter zu unterscheiden:

> "*Nutzungsbezogene Schutzgüter*
> Hierunter sind die ökologischen Funktionen zu fassen, die für den Menschen von unmittelbarem Nutzen sind. (...) Schutzwürdige Bereiche sind beispielsweise Wasserschutzgebiete sowie private Brunnen und deren Einzugsgebiete. Die Notwendigkeit, eine solche Anforderung an die Sanierung zu stellen, ergibt sich aus der Tatsache, daß Wasser das Lebensmittel Nr. 1 für den Menschen darstellt und bereits heute (1985) die Trinkwasserversorgung zu 70 % auf der Grundwassergewinnung beruht.
> Ein Beispiel für die Belastung nutzungsbezogener Schutzgüter findet sich in Clausthal-Zellerfeld: im Jahr 1987 wurden in Clausthal-Zellerfeld hochkontaminierte Flächen mit Sprengstoffrückständen entdeckt (Rüstungsaltlast), wobei die Schadstoffausbreitung bereits derart fortgeschritten war, daß 20 km entfernt die Heilwasserabgabe eines Kurortes sofort gestoppt werden mußte.
> *Schutzgüter ohne direkten Nutzungsbezug*
> Hierzu zählen Landschafts-, Naturschutz-, Quellen- und Überschwemmungsgebiete, die nicht nach der direkten anthropogenen Nutzbarkeit ausgerichtete ökologische Funktionen umfassen.
> Ferner fallen hierunter auch Bio- und Ökotope, die noch nicht in rechtsverbindlicher Form festgelegt worden sind.
> Angesprochen ist auch der Bodenschutz, da der Boden Standortfunktionen für Flora und Fauna wahrnimmt und die Rahmenbedingungen für Stoffumwandlungen darstellt." (Borgmann et al. 1990, S. 37)

In Abb. 2.4 sind die möglichen Wirkungspfade zusammengestellt. In Abhängigkeit von der jeweiligen Nutzung können für betroffene Schutzgüter unterschiedliche Wirkungspfade im Vordergrund stehen. Unterscheiden kann man die direkte und die indirekte Schadstoffaufnahme:

Pflanzen nehmen Schadstoffe über Kapillar- und Oberflächenwasser auf und geben sie über die Nahrungskette an den Menschen weiter (Direkte Aufnahme durch Tiere und Pflanzen; indirekte durch den Menschen). Auch der Mensch ist der Gefahr einer direkten Schadstoffaufnahme ausgesetzt, z.B. über das Baden in belasteten Oberflächengewässern, über den direkten Bodenkontakt (häufig bei spielenden Kindern bzw. bei der Gartenarbeit), durch die Verwendung kontaminierten Grundwassers als Trinkwasser oder durch das Einatmen belasteter Luft.
Als mögliche Schadwirkungen können dabei die Gefährdung der Gesundheit des Menschen, die Beeinträchtigung seines Wohlbefindens sowie die Verringerung der Artenvielfalt bei Pflanzen und Tieren in Betracht. Für den Menschen läßt sich

> "(...) aus der konkreten Nutzungssituation ableiten, ob eine Schadstoffaufnahme vorwiegend oral, inhalativ oder über die Haut erfolgen kann. Wichtig ist die Kenntnis des Expositionsweges deshalb, weil durch ihn die aufgenommene Menge, aber auch der Wirkort und die Wirkungsweise des Schadstoffes beeinflußt werden. Eine nutzungsabhängige Gefährdung besteht nicht nur im Hinblick auf die mögliche Exposition gegenüber Schadstoffen, sondern auch in Bezug auf die Empfindlichkeit der Betroffenen. Daraus ergeben sich unterschiedliche Anforderungen, je nach dem ob eine Nutzung beispielsweise im Bereich Wohnen erfolgt und Kleinkinder, Kranke und Alte exponiert sein können oder sich auf Bereiche beschränkt, die nur von einem eingeschränkten Personenkreis ohne besondere Gesundheitsrisiken genutzt werden. Von wesentlicher Bedeutung für die mögliche Schadstoffbelastung ist auch die Dauer der Exposition, die ebenfalls von der Nutzung abhängt. Während in Wohngebieten die Belastung der Luft zu einer ständigen Exposition führen kann, ist bei einer Nutzung als Verkehrsfläche die Expositionsdauer meist nur kurz." (SRU 1990, Abs. 152; vgl. auch Staubenrauch et al. 1994).

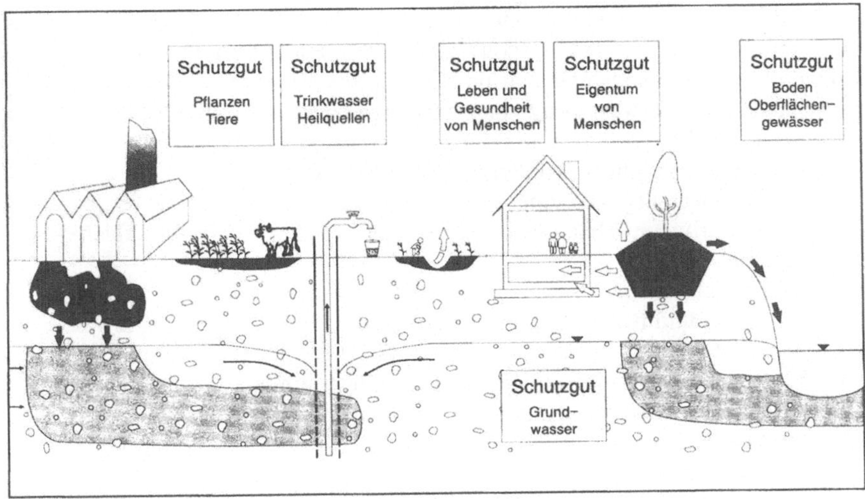

Abb. 2.4. Mögliche Umwelt- und Gesundheitsgefahren durch Altlasten (NW-Altlastenhinweise 1991, S. 1)

Das folgende Fallbeispiel (nach SRU 1990, S. 44) verdeutlicht noch einmal den Zusammenhang zwischen den Gefährdungen für Schutzgüter und den Nutzungen eines Altstandortes:

Auf dem ehemaligen Standort eines Textilverarbeitungsbetriebes befinden sich heute Wohnbebauung, Handwerksbetriebe, Privatbrunnen und Nutzgärten. In einer Gefährdungsabschätzung für den Standort wurde das folgende Schadstoffinventar ermittelt:

Aromaten, Chlorkohlenwasserstoffe, Mineralölprodukte, Arsen, Blei, Cadmium, Phosphate, Fluoride

Daraus ergeben sich nutzungs-/schutzgutbezogen folgende Gefährdungslagen:

Tabelle 2.1. Nutzungs- und Schutzgutbezogene Gefährdungslagen

	Gefährdungen für Schutzgüter	Gefährdungen der bestehenden Nutzung
Boden:	Schwermetallanreicherungen, verminderte Bodenfunktionen	Wohnen, Arbeiten in Handwerksbetrieben
Wasser:	Mit Mineralöl und Chlorkohlenwasserstoffen verunreinigt	Nutzgarten,
Luft:	Ausgasungen	Wasserentnahme zur Beregnung der Nutzgärten aus Privatbrunnen
Pflanzen:	Akkumulation der Schwermetalle, Vegetationsschäden durch Fluoride	
Mensch:	Hautkontakt, Inhalation der Immissionen und Ingestion der Schadstoffe aus Nutzpflanzen	Brauchwasserentnahme für die Handwerksbetriebe aus Privatbrunnen

Bei der Beurteilung der Gefährdungen und der Entscheidung über die heutigen Nutzungen bzw. dem Umfang von Sanierungsmaßnahmen ist eine Abstufung hinsichtlich der Nutzungsintensität und -sensibilität sinnvoll. Holzapfel (1992, S. 165) schlägt folgende Abstufung von Nutzungen nach Sensibilität vor:

a) hoch sensibel
   - Kinderspielplätze, Kindergärten und Schulplätze,
   - Trinkwassergewinnungsgebiete (speziell Trinkwasserschutzzone 1),
   - Kulturböden (Haus- /Kleingärten, landwirtschaftliche Nutzflächen)

b) sensibel
   - Wohnflächen,
   - Sport- und Bolzplätze, Freizeitanlagen

c) wenig sensibel
   - Grünanlagen ohne bestimmte Zweckbestimmung,
   - Industrie-, Gewerbe und Lagerflächen

d) unsensibel
   - Verkehrsflächen und
   - Parkplätze / Parkhäuser

Nach allgemeiner Auffassung gelten Flächen zum Anbau von Nutzpflanzen, zu Wohnzwecken oder zur Trinkwassergewinnung als besonders empfindlich. Als sensibelste Nutzergruppe werden Kleinkinder angesehen.

Belastungsabhängige Nutzungen und nutzungsbezogene Sanierungen in Beispielen

Nachdem die Randbedingungen für nutzungsabhängige Schadstoffexpositionen ausführlich dargestellt wurden, sind wichtige Informationen zur Entscheidung und Festlegung nutzungsbezogener Sanierungsziele verfügbar. Im folgenden sollen nun Schlüsse über das anzuwendende Instrumentarium gezogen werden. Sicher ist es immer hilfreich darauf zu schauen, wie andere mit dem Problem umgegangen sind. Beispiele einiger Sanierungsfälle finden sich u.a. in Wiegandt 1993, Gahmann/Dahlmann 1994, Kilger 1993, Discher/Kraus 1991, Simmleit/Ernst et al. 1994.

Festzuhalten bleibt, daß in der Sanierungspraxis selten die eine oder andere Richtung ausschließlich verfolgt wird. Die Festlegung des Sanierungsziels versucht zumeist pragmatisch das zur Gefahrenabwehr Nötige mit dem für die Nutzung des Standortes Möglichen zu verbinden.

Belastungsabhängige Nutzung

"Eine belastungsabhängige Nutzung kann von einem generellen Betretungsverbot im Extremfall über die Umwidmung zu einer Frei- oder Grünfläche bis zu einer Einschränkung gegenüber empfindlichen Nutzungen in Abstimmung mit der Schadstoffbelastung reichen." (Wiegandt 1989). Wiegandt stellte in vielen Gesprächen mit Stadtplanungsämtern aber "die Tendenz (fest, d. Verf.) das Problem der Altlasten stadtplanerisch durch belastungsabhängige Nutzungen anzugehen. (...) Einige Altstandorte wurden in den Stadtplanungsämtern als sogenannte 'städtebauliche Tabuflächen' bezeichnet. Sie sind derart verunreinigt, daß eine Sanierung unrentabel wird bzw. teilweise technisch gar nicht möglich erscheint. Diese Flächen sind in Zukunft nur als Grün- bzw. Freizeitflächen nutzbar."

Die maßnahmenbezogene Abhängigkeit von Belastung und Nutzung zur Anpassung von Nutzungen zeigt Abb. 2.5. Demgegenüber verdeutlicht Abb. 2.6 die Nutzungsmöglichkeiten in Bezug auf unterschiedliche Belastungsniveaus.
Die Anpassung der Flächennutzung kann beinhalten:

- eine generelle Umnutzung
- eine partielle Umnutzung
- eine generelle Nutzungseinschränkung
- eine partielle Nutzungseinschränkung

Grundlegende Einschränkungen sind zumeist bei Altablagerungen vorzunehmen, da die besonderen Gegebenheiten ("Schadstoff-Mix") weiterführende Nutzungen oft schwierig gestalten. Demgegenüber sind bei Altstandorten häufig unbelastete oder gering belastete (Teil-)Bereiche abgrenzbar und für weitere Nutzungen heranzuziehen. Als wichtige Elemente von Nutzungsbeschränkungen oder Nutzungsänderungen sind verfügbar:

- Absicherung gegen Zutritt durch Betretungsverbote und Umzäunungen,
- Untersagung der Trink- und Brauchwassergewinnung aus Grund- und Oberflächenwasser,
- Beschränkungen für Kulturböden durch Festlegung nur bestimmter Pflanzsorten und Empfehlungen für Zubereitung und Verzehr,
- Einschränkung oder Änderung bestimmter baulicher oder zweckgebundener Nutzungen durch Aufhebung oder Umwidmung der bestehenden Nutzung.

Die Elemente der Nutzungsanpassungen können unterschiedliche Intensitäten beinhalten. In vielen Fällen werden lediglich "Empfehlungen" für die Einschränkung von Nutzungen ausgesprochen, ohne daß sie eine normative Kraft besitzen. Dies erfolgt häufig bei Bodenbelastungen in Kleingärten (vgl. (Hinzen/Ohligschläger 1987, S. 110).

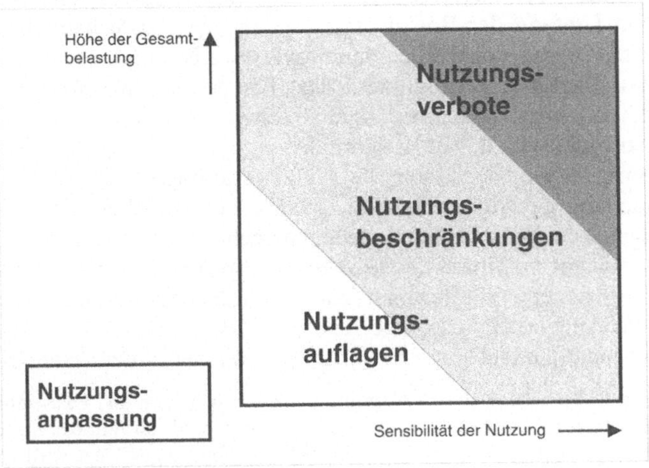

Abb. 2.5. Nutzungsanpassung (Holzapfel 1992, S 171)

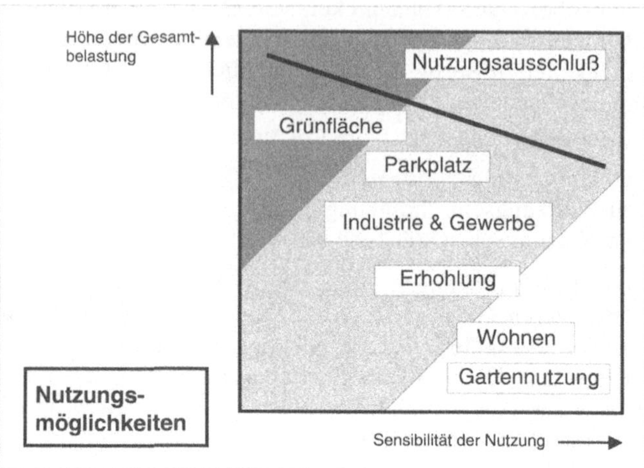

Abb. 2.6. Nutzungsmöglichkeiten (Holzapfel 1992, S 171)

Die Akzeptanz von behördlicherseits empfohlenen Nutzungseinschränkungen setzt allerdings eine gezielte Öffentlichkeitsarbeit voraus. Erfahrungsgemäß werden erst z.B. freiwillige Vereinbarungen mit Kleingartenvereinen wirksam. Im Rahmen der Pachtvertragsgestaltung sind beispielsweise Selbstbindungen denkbar, für eine festgelegte Anzahl von Jahren einer Kontrolle der Boden- und Pflanzenbelastung durch zuständige Behörden zuzustimmen oder auf den Anbau von bestimmten Gemüse- und Obstsorten ganz zu verzichten. Solchen Maßnahmen liegen Richtwerte zum Schadstoffgehalt zugrunde, wie sie z.B. Crößmann (1992, S. 62) für Benzo(a)pyren vorgeschlagen hat.

Für die Realisierung des geplanten Nutzungszieles können Nutzungsauflagen zur Vermeidung gesundheits-, pflanzen- und wassergefährdender Auswirkungen nach Art und Umfang der Bodenverunreinigung geeignete bauliche und technische Maßnahmen und Vorkehrungen einfordern (z.B. durch Stellung der Baukörper, Plattenfundamente, Gasdrainage). Die Art der Auflage muß mit dem Nutzungszweck verträglich und für dessen Realisierung erforderlich sein (vgl. Hinzen/Ohligschläger 1987, S. 172).

Als Instrumente zur Festlegung von Nutzungsauflagen bieten sich der Flächennutzungsplan und der Bebauungsplan an. Sie können allerdings auch per Ordnungsverfügung nach Polizei- und Ordnungsrecht erlassen werden. Dabei kommt in Hinblick auf ein möglichst breites Nutzungsspektrum den bautechnischen Anpassungen sowie den Maßnahmen zur Oberflächengestaltung eine erhebliche Bedeutung zu (Hinzen/Ohligschläger 1987, S. 123).

Zu berücksichtigen ist bei der Festsetzung baulicher Nutzungsanpassungen, daß

- "räumlich-konkrete und sachlich-differenzierte Auflagen und Festsetzungen bei einer Bebauungsabsicht bereits vorbeugend zu treffen sind, obwohl das bestehende Gefahrenpotential der Fläche eher als mittel bis gering eingeschätzt wird (problematische Stoffrückstände einerseits, geringe Freisetzungswahrscheinlichkeiten andererseits).
- die Möglichkeiten einer Nutzungsanpassung (in Form baukonstruktiver oder oberflächengestalterischer Maßnahmen) bei vorhandenen organischen (und anorganischen)

Verunreinigungen desto geringer sind, je oberflächennäher die Stoffverbindungen vorliegen; Beurteilungsmaßstäbe für organische Verunreinigungen liegen überdies nicht vor (Stand 1987, vgl. auch Kapitel 2.1.3, d. Verf.); Kenntnisse über Schadwirkungen, Langzeitverhalten und Zusammensetzung organischer Verbindungen sind insgesamt gering.

- eine bauliche Nutzung unbehandelter Teilbereiche (auch unter denkbaren weiteren Auflagen wie Vollversiegelung, Ausschluß von Kellergeschossen u.a.) letztlich ausgeschlossen bleibt, weil dadurch eine ggf. später erforderlich werdende Sanierung unverhältnismäßig erschwert würde." (Hinzen/Ohligschläger 1987, S. 126)

Nutzungsbeschränkungen und Nutzungsverbote kommen nur in Betracht, wenn die Sanierung einer Bodenkontamination entweder technisch nicht möglich oder wirtschaftlich nicht vertretbar ist. Dies kann zur Aufschiebung, zur Aufgabe und zur Änderung der Nutzungsziels führen (Planänderung).

Als planerische Instrumente für diese restriktiven Elemente der Nutzungsanpassung können nach BauGB Sofortmaßnahmen, wie z.B. die Veränderungssperre ergriffen werden. Damit könnte die Nutzung einer Altlast ohne vorherige Sanierung verhindert werden. Daneben könnten Baugesuche zurückgestellt werden.

Auch ordnungsrechtliche Maßnahmen, wie etwa die Umzäunung einer Fläche, sind denkbar. Eine solche Einschränkung muß sich nicht unbedingt auf die Gesamtfläche beziehen, sondern kann auch lediglich stärker belastete Teilbereiche betreffen. Schwierigkeiten ergeben sich jedoch bei der Durchsetzung solcher Maßnahmen, da die hundertprozentige Abschottung einer Fläche in der Regel nur mit unverhältnismäßig hohem Aufwand zu realisieren ist.

Die vorgestellten Schutz- und Beschränkungsmaßnahmen werden allgemein als Zwischenlösung bis zur Durchführung von Sanierungsmaßnahmen betrachtet. Wegen der kurzfristig wirksamen Kosteneinsparung werden solche Maßnahmen allerdings häufig über längere Zeit aufrecht erhalten. Dabei ist zu berücksichtigen, daß sie in der Regel nur auf bestimmte, als vorrangig erachtete Gefährdungen abzielen, und nicht alle möglichen Gefährdungspfade unterbinden. So verhindert die Umzäunung einer Fläche nicht die Schadstoffverschleppung ins Grundwasser. Insgesamt werden

> "die Möglichkeiten der Nutzungsanpassungen bei vorhandenen (Rest)Kontaminationen durch baukonstruktive und gestalterische Maßnahmen oder durch planungsrechtliche Ausweisungen (...) auch im Hinblick auf den Bodenwert stark begrenzt sein, da ein negativer Einfluß auf die wirtschaftliche Nutzung des Grundstücks und/oder auf stadtentwicklungspolitische Ziele zu erwarten ist.
> Vergleichsmaßstäbe i.S. der gebiets- oder regionalspezifischen Belastung ('Normalbereiche') und ansatzweise heranziehbare Beurteilungsmaßstäbe bestehen bislang lediglich hinsichtlich des Schwermetallbelastung. Ausgehend von den verschiedenen Kontaminationen, Gefährdungspfaden und Schadpotentialen erscheinen differenzierte Nutzungsanpassungen (planungsrechtliche Sicherung 'verträglicher' Nutzungsarten und -gruppen) bislang nicht ausreichend bestimmbar." (Hinzen/Ohligschläger 1987, S. 130)

Nutzungsbezogene Sanierung

Schon bei der Sanierungszielfestlegung ist zu entscheiden, welche Nutzung auf der zu sanierenden Altlastenfläche letzendlich möglich werden sollen. Kann die derzeitige Nutzung weitergeführt werden oder soll eine Umnutzung erfolgen? Neben stadtplanerischen Gesichtspunkten sind die Empfindlichkeiten von Nutzungen gegenüber den 'sanierten' Altlasten von besonderer Bedeutung. Leider erlauben die anwendbaren Sanierungstechniken keine vollständige Beseitigung von Schadstoffen. Insofern bleiben Restkontaminationen bestehen (vgl. Borgmann 1990, S 38).

Ein möglichst weit gesteckter Rahmen von Nutzungen ist das wünschenswerte Ziel der Altlastensanierung (vgl. Einführung sowie Kapitel 2.1.1). Dieser Rahmen wird maßgeblich durch die Empfindlichkeit der vorhandenen bzw. angestrebten Nutzung festgelegt.

Die wichtigsten Aspekte sind noch einmal zusammengefaßt:

- die Nutzungsdauer,
- die Empfindlichkeit von Nutzergruppen,
- der Versiegelungsgrad als Maßstab für die Gefahr der direkten Schadstoffaufnahme bei verbleibenden Restkontaminationen (je höher der Versiegelungsgrad, desto geringer die Gefahr)

Die möglichen Nutzungsarten sind durch verschiedene Eigenschaften gekennzeichnet. Sie sind daher hinsichtlich ihrer spezifischen Empfindlichkeiten gegenüber den vorhandenen Schadstoffen zu gewichten, will man die flächenbezogenen Nutzungsvarianten herausarbeiten. Als altlastenrelevante Eigenschaften der Nutzungsarten können die Nutzergruppe, die Nutzungsdauer und der Versiegelungsgrad der Fläche herangezogen werden (vgl. Borgmann et al. 1990, S. 31 ff.).

Mit dem Vorgehen zur Abstimmung zwischen (Rest-)Belastung und Nutzung, und der Festlegung der "belastungsadäquaten" Nutzungsmöglichkeiten ist der Abwägungsvorgang zur weiteren Nutzung der altlastenbehafteten Fläche beschrieben. Die belastete Fläche sowie die darauf abgestimmte Flächennutzung ist sowohl im Flächennutzungsplan (FNP) als auch im Bebauungsplan darzustellen.

Der FNP kann z.B. unterschiedlich empfindliche Nutzungsarten belastungsbezogen ausweisen (vgl. Brandt 1993, S. 309)

Bei der Kennzeichnung der Altlast nach BauGB sind Hinweise auf Restriktionen durch die Bodenverunreinigungen in die Begründung des Bebauungsplans aufzunehmen. Die Einrichtung von Kellergeschossen oder die Entnahme von Grundwasser zu Brauch- und Trinkwasserzwecken innerhalb des Bebauungsplangebietes können beispielsweise untersagt werden. Als Voraussetzungen für die Realisierung einer Nutzung werden die Durchführung von Bodenluftmessungen, ein Bodenaustausch oder eine Versiegelung von Teilflächen genannt. Ebenso wird die Kennzeichnung eines mit Altlasten verunreinigten Gebietes mit einer Festsetzung nach BauGB verknüpft, nach der Vorkehrungen gegen schädliche Umwelteinwirkungen getroffen werden sollen. So werden die Nutzung von Grundwasser und der Anbau von Nahrungspflanzen ausgeschlossen (vgl. Wiegandt 1989, S. 278).

Im Bebauungsplan kann darüber hinaus ein Sanierungserfordernis festgeschrieben werden (vgl. Brandt 1993, S. 347). Bedeutsam ist die Möglichkeit der Bebauungsplanung, durch sog. bebauungsplan-interne Differenzierung die Ausweisung den Bodenkontaminationen anzupassen, um die Sanierungskosten auf ein vertretbares Maß zu beschränken und damit die Inanspruchnahme unbelasteter Flächen zu verhindern.

2.1.4 Flächenrecycling: Paralyse oder Aufbruch der Stadtentwicklung

"Häufig wird dem Problem der Altlasten vorwiegend aus umweltpolitischer Sicht Beachtung geschenkt. Altlasten stellen aber nicht nur eine Gefahr für die öffentliche Sicherheit und Ordnung dar, sondern sie beeinträchtigen auch weitgehend eine Wiederverwendung aufgelassenener Industrie- und Gewerbeflächen. Sie sind damit ein bisher noch unterschätztes Problem für die Stadtplanung und führen zu Restriktionen der Stadtentwicklung. Es ist von der 'Blockade' einer sinnvollen und notwendigen Flächenrecycling-Politik die Rede" (Wiegandt 1989, S. 257).

Daran hat sich zehn Jahre später nicht viel geändert. Die Entscheidung über das Sanierungsziel ist also nicht nur eine Frage der Gefahrenabwehr. Letztlich ist es vor allem in Kommunen altindustrialisierter Gebiete und in vielen Großstädten, die ein hohes Potential an alten Industrie- und Gewerbeflächen besitzen (vgl. Fiebig/Ohligschläger 1989), die Entscheidung über die Orientierung der Stadtentwicklung: Verschiedene Kommunen, die nur geringen Nutzungsdruck durch Nachfrage von Investoren haben, zeigen sich angesichts großer altlastenbehafteter Flächenpotentiale paralysiert. Andere nutzen dies als Anlaß zu einem großen zukunftsorientierten und imageträchtigen Aufbruch der Stadtentwicklung (vgl. Einführung zum Kapitel 2.1 sowie Abb. 2.1).

Betrachtet man die Gefahrenabwehr als "Minimalziel" und Pflichtübung der Altlastensanierung, so könnte man das Flächenrecycling quasi als deren "Kür" bezeichnen. Dieses Kapitel beleuchtet die Schwierigkeiten der Stadtplanung im Umgang mit großen und z.T. hochbelasteten Flächenpotentialen, verdeutlicht aber auch, daß hier Chancen für die Neuorientierung der Stadtentwicklung liegen können.

Die Idee "Flächenrecycling" - Eine Begriffseinordnung

Wirtschaftliche Strukturveränderungen und betriebliche Konkurse führten in den 60er und 70er Jahren vor allem in altindustriellen Ballungsräumen zu einem hohen Potential an brachliegenden, innerstädtischen Betriebsflächen (vgl. Landtag Nordrhein-Westfalen 1988, S. 3), die z.T. zwischengenutzt, umgenutzt oder aus verschiedenen Gründen von Unternehmen vorgehalten wurden (vgl. auch Bachmann 1989, S. 8). Gleichzeitig kam es als Folge des strukturell bedingten Wachstums der Städte und Ballungsräume, der bestehenden Engpässe an innerstädtischen Bauflächen für großflächige Gewerbebetriebe sowie steigender Ansprüche der Bevölkerung an die Wohnqualität ('Wohnen im Grünen') verstärkt zu Suburbanisierungstendenzen und damit zu einem ansteigenden Flächenverbrauch im Außenbereich. Mit dem in den 70er und 80er Jahren im Rahmen der Stadtökologie-Diskussion entwickelten städtebaulichen Ziel der Innenentwicklung sollte diesen Tendenzen insbesondere durch die Wiedernutzung von brachliegenden Gewerbe- und Industrieflächen entgegengetreten werden, um Freiraum im Außenbereich zu schonen.

"Für den Prozeß einer Sanierung und Wiederverwendung brachliegender Industrie- und Gewerbeflächen wurde der Ausdruck *Flächenrecycling* gefunden. Die Wiederverwertung von ehemaligen Industrie- und Gewerbeflächen zu Zwecken des Wohnungsbaus, der Infrastruktur und Freizeitfunktion wird in diesem Zusammenhang als Umwidmung bezeichnet" (UMK 1985).

Die Idee des Flächenrecyclings liegt in einem entschiedenen 'Sowohl-als-auch': Ökologische Ziele (Schutz der freien Landschaft) und ökonomische Interessen (optimale Nutzung günstig gelegener, innerstädtischer Reserveflächen) werden in einem bipolaren Handlungsansatz gemeinsam verfolgt.

> "Mit der Wiedernutzbarmachung oder dem Recycling von Brachflächen sind sowohl umwelt- als auch strukturpolitische Vorteile verbunden: Durch Flächenrecycling werden freie unbebaute Flächen zurückgewonnen, der Verbrauch natürlichen Freiraums begrenzt und somit den Zielen des Bodenschutzes entsprochen." (Holzapfel 1992, S. 13).

In diesem Rahmen kommt der Stadtplanung die Aufgabe zu, durch Umbau, Modernisierung, Umnutzung und Umgestaltung im Siedlungsbereich ökonomische und umweltverträgliche Strukturveränderungen zu ermöglichen und so die Grundlagen für eine Weiterentwicklung der Städte und Gemeinden zu schaffen. Dabei soll sie insbesondere die städtebaulich-funktionalen, verfügungsrechtlichen, planungsrechtlichen und ökologischen Hemmnisse einer Strukturveränderung beseitigen. Schwierig ist, daß vor allem die interessantesten Gewerbe- und Industriebrachen gleichzeitig Altlastenflächen sind:

> "Der überwiegende Anteil aller Verdachtsstandorte befindet sich im Siedlungsbereich, d.h. im Bereich von Bauflächen aller Art, von Grünflächen und von neuausgewiesenen Baurechten. Im besiedelten Kernbereich, insbesondere auf aufgelassenen, umgewidmeten oder neuausgewiesenen Gewerbe- und Industrieflächen, Sonderbauflächen, Ver- und Entsorgungsflächen und Verkehrsflächen, z.T. aber auch in gemischt genutzten Gebieten (Gemengelagen) ist der Typus des gefahrverdächtigen Altstandortes vorherrschend. (...) Aufgrund ihrer Lage, Standortqualität, Erschließung und ihrer baurechtlichen Situation sind diese Standorte auch künftig einem hohen Folge- oder Umnutzungsdruck ausgesetzt. Im engeren Siedlungsbereich und in der Randzone, im Naheinwirkungsbereich von Hauptverkehrsstraßen und emittierenden Industrieanlagen befinden sich überwiegend (Klein-)Gartenstandorte, deren Böden aufgrund langjährigen flächenhaften Eintrages durch Schwermetalle und andere Schadstoffe kontaminiert sind (z.T. auch auf Altablagerungen). In der Siedlungsrandzone und im Außenbereich (land- und forstwirtschaftliche Flächen) sind überwiegend Altablagerungen anzutreffen (...). Während am Siedlungsrand im Rahmen der Suburbanisierung ein großer Entwicklungs- und Nutzungsdruck zu verzeichnen ist, ist dieser bei reinen Außenbereichsstandorten eher geringer (...):"(Holzapfel 1992, S. 15)

Die Reaktivierung von Flächen ist eine wesentliche Voraussetzung für die Verbesserung der Entwicklungschancen bisher benachteiligter Gebiete und für den Erfolg der Innenentwicklung. Allerdings basiert ein erfolgreiches Flächenrecycling auf dem vorhandenen Nutzungsdruck z.B. durch ansiedlungswillige Investoren. Erschwerend kommt hinzu, daß

> "in der Praxis die Reaktivierung von Brachflächen selten unproblematisch (ist). Häufig wird die Wiedernutzung durch das Planungsrecht, mangelnde Wirtschaftlichkeit oder Unkenntnis über die Art und Weise eventueller Belastungen aus vorhergehenden Flächennutzungen erschwert oder verzögert" (Holzapfel 1992, S. 15).

Da jedoch Kommunen in ganz unterschiedlicher Weise von Nutzungsdruck betroffen sind, können unterschiedliche Reaktionen und Konzepte der Stadtplanung im Umgang mit der Wiederverwertung altlastenbetroffener Brachflächen konstatiert werden. Wir werden in den folgenden Abschnitten versuchen, diese unterschiedlichen Herangehensweisen reaktiver und zukunftsorientierter Stadtentwicklung mit einzelnen Beispielen zu beleuchten.

Altlasten - Hemmnisse der Stadtentwicklung

Häufig sind also innerstädtische und damit für eine Verwertung vorrangig interessante Gewerbe- und Industriebrachen gleichzeitig Altlast-(Verdachts)-flächen. Vor Wiedernutzung dieser Flächen ist häufig eine zum Teil aufwendige Sanierung erforderlich, die der Stadtentwicklung zeitliche und finanzielle Schranken setzt. Die Durchführung von Gefährdungsabschätzungen und eventuell erforderlichen Sanierungen kann Jahre in Anspruch nehmen. Zudem sind viele Kommunen überfordert, Altlastensanierungen aus eigenen Mitteln zu finanzieren: "Die notwendigen finanziellen Aufwendungen (für Sanierungsmaßnahmen, d. Verf.) führen zu einer Beeinträchtigung anderer Aufgabenfelder, was laut Gemeindeordnung eigentlich nicht geschehen darf" (Discher/Kraus 1991, S. 93).

Auch sind die Gemeinden nach den negativen Erfahrungen mit bebauten Altlasten durch die Rechtsprechung zur Amtshaftung von Planungsverantwortlichen (vgl. Kapitel 2.1.2) vorsichtig geworden, Altlast-Verdachtsflächen zur Bebauung freizugeben:

> "Die vergleichsweise strenge Rechtsprechung des Bundesgerichtshofs zur Haftung für (...) Planungsfehler gibt (...) Anlaß, bei der Planung auch in Zeiten der Wohnraumnot und der allgegenwärtigen Forderung nach Vereinfachung der Planungsvorgänge Vorsicht walten zu lassen." (SRU 1995, Abs. 223)

Wegen der vorhandenen Verunsicherung der Planungsträger über den nutzungsbezogen notwendigen Sanierungsumfang werden Nutzungen erst festgelegt, wenn durch eine Gefährdungsabschätzung der Nachweis erbracht wird, daß von der Fläche keine Belastungen ausgehen. Bis zu diesem Nachweis werden in manchen Kommunen mit Ausnahme von Grünflächen keine Flächennutzungen ausgewiesen. Faktisch kommt es zu einer Art 'Planungspause'.

Allerdings leitet Henkel (1992, S. 633) genau hieraus eine Verpflichtung zur Forcierung des Flächenrecyclings ab:

> "Die Rechtsprechung des Bundesgerichtshofs zwingt die Kommunen nicht, den Rückzug aus dem Flächenrecycling anzutreten. Im Gegenteil: Es wäre eindeutig falsch, wenn sich die Stadtplanung aus der Wiedernutzung brachgefallener Flächen zurückziehen und fortan nur noch auf unbelasteten Flächen im Außenbereich planen würde. Einer solchen Entwicklung soll die (...) im BauGB enthaltene Bodenschutzklausel (...) gerade entgegenwirken. Will man nicht erneut fehlerhafte Bebauungspläne aufstellen, so muß dem Flächenrecycling ein vorrangiger Platz bei der Stadtentwicklung eingeräumt werden, allerdings verbunden mit einem sorgfältigeren Umgang mit Altlasten als bisher und einer insgesamt stärkeren Berücksichtigung von Umweltaspekten im Rahmen der Bauleitplanung."

Bereits Altlast-Verdachtsflächen, erst recht aber nachgewiesene Altlasten, gelten dennoch in vielen Fällen als 'planerisches Unland'. So beschreibt Wiegandt (1989, S. 254 f) die 'Planungsphilosophie' einer nordrhein-westfälischen Stadt als von der Politik der 'gesteuerten Schrumpfung' geprägt:

> "'Wo Gesundheitsgefahren bestehen durch Ausgasung, durch Schwermetallkonzentrationen an der Oberfläche, durch Grundwassergefährdung wird saniert, auch wenn hohe Kosten entstehen; wird der Verursacher herangezogen - wenn er noch greifbar ist. Sind die Gifte eingekapselt in der Erde, laugen sie nicht aus und stören sie auch den Spaziergänger nicht, dann ist es besser, es wächst oben dichtes Grün! Diese nutzungsbezogene und problemorientierte Behandlung der Belastungen scheint der einzige derzeit mögliche Weg zu sein. Eine Konsequenz dieser Überlegungen ist die Änderung des Flä-

chennutzungsplanes in Oberhausen von 'Grau' (Gewerbe, d. Verf.) auf 'Grün' (Grünfläche, d. Verf.) für ca. 150 ha Fläche um das Freiflächendefizit der Stadt abzubauen. Ohne die vielfältigen Aktivitäten und Ansätze der Stadt (...) schmälern zu wollen, kann für den Umgang mit den Altlasten festgehalten werden, daß stadtplanerische Überlegungen und Auseinandersetzungen mit dem Problem nur in Form einer positiven Interpretation der planerischen Passivität erfolgen. Ermöglicht wird dies durch den (durch eine fehlende Flächennachfrage, d. Verf.) geringen Nutzungsdruck."

Durch diesen geringen Nutzungsdruck wird eine Auseinandersetzung mit der Altlastenproblematik in vielen Fällen für nicht erforderlich gehalten, weil für die geringe Nachfrage nicht-belastete Brachflächen bereitgestellt werden können. Dies erscheint zunächst einmal vor allem aus finanziellen Gründen als die einfachste Lösung des Altlastenproblems, kann sich aber mittel- bis langfristig aus städtebaulicher und umweltpolitischer Sicht als äußerst ungünstig erweisen: Die Anpassung bzw. Änderung einer städtebaulichen Nutzung kann in ihrer Zielrichtung als Maßnahme der Gefahrenabwehr betrachtet werden. Tatsächlich kann durch das einseitige stadtplanerische Konzept der 'Herabzonung' daher das Altlastenproblem nur aufgeschoben aber nicht bewältigt werden.

Durch die beschriebene altlastenbedingt aufgezwungene 'Planungspause' und die eintretenden zeitlichen Verzögerungen wird eine städtebaulich sinnvolle Folgenutzung der Flächen erheblich beeinträchtigt. In den kommunalen Flächenbilanzen entstehen dadurch 'umfangreiche Lücken'. Ist der kommunale Flächenvorrat knapp bemessen, ergeben sich Restriktionen für die weitere Stadtentwicklung, die in einigen Kommunen an den Rand des Planungsnotstandes führen (vgl. Fiebig/Ohligschläger 1989). Mittelfristig, zum Teil auch langfristig, sind also zahlreiche innerstädtische Flächen blockiert, was dazu führt, daß verstärkt Nutzungen im Außenbereich verwirklicht werden sollen. Demgegenüber stehen allerdings die Interessen und Notwendigkeiten des Natur- und Landschaftsschutzes, die umgekehrt den Druck verstärken, im Wege der Revitalisierung altlastenbetroffene Gewerbe- und Industriebrachen für eine Nutzung aufzubereiten (Stichwort: Innenentwicklung).

Die faktische Flächenblockade führt zu einer "Sperrfunktion" für den wirtschaftlichen Strukturwandel, wodurch sich nicht nur für die Stadtplanung, sondern auch für die Wirtschaftsförderung erhebliche Beeinträchtigungen ergeben:

"Die stadtentwicklerischen Dimensionen werden zum Abblocken von Gedanken über Flächenrecycling und Standortsicherung führen. Altflächen bekommen in der Stadterneuerung eine 'negativen Beigeschmack'"(Behördenvertreter zitiert in Discher/Kraus 1991, S. 93).

Negativ wirken sich die Flächenrestriktionen insbesondere auf den Bodenmarkt aus. Ein Altlastenverdacht bzw. -nachweis kann zu erheblichen Wertverlusten für betroffene Grundstücke führen: In Wertermittlungsgutachten wird der Verkehrswert unter Berücksichtigung der Bodenbelastungen um 20-25 % niedriger angesetzt, als dies unter normalen Umständen der Fall gewesen wäre (vgl. Discher/Kraus 1991, S. 82). Trotz dieses Wertverlustes und des dadurch bedingten Preisverfalls werden potentielle Käufer durch die Altlastenproblematik abgeschreckt. Sind aber keine Erlöse aus einem Flächenverkauf zu erwarten, die zumindest die erforderliche Sanierung einer Fläche finanzieren können, neigen Grundstückseigentümer eher zur Passivität in bezug auf Altlastensanierung und

Grundstücksverkauf. Zum Teil scheitern Kaufverträge auch an sogenannten Beteiligungsklauseln, die Kaufinteressenten auf eine Sanierungsbeteiligung verpflichten. In der Konsequenz können die erforderlichen Flächen für neue Betriebe nicht oder nicht schnell genug durch die Stadtplanung bereitgestellt werden. Gerade dies wäre aus der Perspektive der Wirtschaftsförderung aber nötig, vor allem wenn sich potentielle Investoren, ansiedlungswillig zeigen.

Wegen der Sorge vor der Übernahme unkalkulierbarer Risiken und vor allem auch aus Imagegründen werden aufgelassene Industrieflächen trotz häufig optimaler Infrastruktur von erweiterungs- oder ansiedlungswilligen Unternehmen - gerade von solchen mit zukunftsweisenden Produktionen - selten angenommen. Sie drängen nach wie vor eher auf Grundstücke in die noch nicht besiedelten Freiräume (vgl. Wiegandt 1989 S. 281 f). Private Investitionen werden so durch Altlasten gehemmt, öffentliche Mittel durch notwendige Sanierungsmaßnahmen gebunden. Angesichts der vielfältigen altlastenbedingten Restriktionen neigen vor allem Städte in strukturschwachen Regionen zu einer eher reaktiven Stadtplanung. Dies birgt aber die große Gefahr, in einen Strudel selbstverstärkender Planungsunfähigkeit zu geraten.

> "Eine kurzfristige orientierte nutzungsbezogene Sanierungszielbestimmung (geht) meist mit dem Ausschluß von Nutzungen einher. Die Festschreibung eines Sanierungsniveaus, das Nutzungsmöglichkeiten begrenzt, schränkt langfristig den stadtentwicklungspolitischen Handlungsspielraum einer Kommune erheblich ein. Wer weiß aber, wann aus dem Parkplatz ein Spielplatz wird?" (Borgmann et.al. 1990, S 33 f)

Altlasten - Chancen der Stadtentwicklung

Gefahren und Risiken durch Altlasten sind also mit einer zukunftsorientierten städtebaulichen Entwicklung nicht zu vereinbaren. Die Realisierung des städtebaulichen Ziels der Innenentwicklung wird daher nur über eine weitgehende Sanierung der Altlasten zu erreichen sein.

> "Der Vorrang der Gefahrenabwehr schließt nicht aus, daß ehrgeizigere Sanierungsziele verfolgt werden sollten, wenn sie freiwillig und mit angemessenem Aufwand finanziert werden können. Aus umweltpolitischen und auch aus entwicklungs- und strukturpolitischen Gründen sollte die Altlastensanierung einen Beitrag zum 'Flächenrecycling' leisten." (SRU 1995, Abs. 446).

Verschiedene Städte schränken die Sanierung von Altlasten längst nicht allein auf die Aspekte der Reparatur der Umwelt ein. Die Stadtplanung bietet dabei genügend Steuerungsmöglichkeiten zur Vermeidung von Nutzungskonflikten zwischen Bodenbelastung und künftiger Nutzung und kann durch die Vorgabe von Nutzungen weitreichende Anstöße zur umfassenden Altlastensanierung geben (vgl. Wiegandt 1989). Die von der Stadtplanung gestellten Anforderungen resultieren dabei vornehmlich aus dem Stellenwert und der Lage einer altlastbetroffenen Fläche im Stadtgefüge. In wertvoller, innenstadtnaher Lage wird man tendentiell ein höheres Sanierungsziel verfolgen und damit einen höheren Sanierungsaufwand betreiben können, da bei hohem Nutzungsdruck auch ein guter Ertrag aus späteren Flächenveräußerungen erzielt werden kann. Diese Hoffnung nährt auch der SRU (1995, Abs. 187):

> "(...) Ein nicht unbeträchtlicher Teil der Altlastenflächen befindet sich in ausgesprochen städtischen Lagen, bei denen eine Nutzung nach der Sanierung kräftige Erlöse durch Verkauf, Vermietung oder Verpachtung verspricht. Solche Flächen sind für potentielle Investoren interessant, insbesondere für Investorenkonsortien, die Know-how auf den Gebieten der Altlastensanierung sowie der Erstellung, Finanzierung, Revitalisierung und Vermarktung von Nutzungskonzepten haben, Auf der anderen Seite haben die Kommunen, denen durch wirtschaftlichen Strukturwandel großflächige Industrie- und Gewerbebrachen in zentralen Lagen zugefallen sind, ein Interesse an einer schnellen Wiedernutzung dieser Brachflächen. Denn um in der wirtschaftlichen Entwicklung nicht zurückzufallen, müssen Kommunen Gewerbeflächen für Expansion oder Neuansiedlung anbieten können. (...)."

In die gleiche Kerbe schlägt Holzapfel (1992, S. 209), wenn sie feststellt, die Realisierung der Aufbereitung und Folgenutzung würde insbesondere durch die mangelnde Verfügbarkeit anderer Flächen, den sogenannten Nutzungsdruck, und damit durch Nachfrage und Attraktivität der Flächen gefördert. Vor allem der vorhandene Nutzungsdruck, dem Gewerbe- und Industriebrachen im bebauten Innenbereich in zum Teil ganz erheblichem Maße unterliegen, zwingt also die Stadtplanung zur offensiven Auseinandersetzung mit der Altlastenproblematik. So wird für die Stadt Düsseldorf ein großes Problem durch vorhandenen Nutzungsdruck beschrieben, der aus eigenem Flächenpotential nicht zu befriedigen ist, was bereits zu einem 'übergemeindlichen Flächenausgleich' mit den Nachbarstädten geführt hat. Bei Produktionsaufgaben werden Gewerbeflächen sofort durch neue Betriebe nachgefragt. Konsequenz ist eine erhebliche Flächenknappheit und damit eine große Nachfrage nach aufgelassenen Produktionsstandorten (vgl. Wiegandt 1989, S. 256). Gründe für diese Nachfrage beschreibt Holzapfel (1992, S. 13):

> "Industrie- und Gewerbebrachen befinden sich häufig in innerstädtisch gut erschlossenen und zentralen Lagen. Ihre infrastrukturelle Ausstattung ist daher in der Regel gut. Meist sind Synergieeffekte bereits vorhanden und wieder nutzbar. Außerdem können wiederhergerichtete Flächen der Ausgangspunkt für eine umfassende Revitalisierung einer ganzen Region sein. Das Flächenrecycling hat somit in Regionen, die über ein großes Potential altgenutzter Flächen verfügen und nur begrenzt neue Freiflächen bereitstellen können, einen besonders hohen Stellenwert."

Für die Sanierungszielfestlegung bedeutet das natürlich, daß ein besonders weiter Rahmen für künftige Nutzungsmöglichkeiten geschaffen wird, also ein hoher Maßstab an die Sanierung zu fordern ist. Wenn nach Sanierungsmaßnahmen ein negativer Einfluß auf den Bodenwert weitgehend ausgeschlossen werden soll, können Restkonzentrationen nur in der Größenordnung vergleichbarer weiträumiger Grundbelastungen des Bodens mit Schadstoffen bestehen bleiben. Im Sinne einer zukunftsorientierten Stadtentwicklungspolitik ist damit eine möglichst weitgehende Annäherung an das Sanierungsziel der Multifunktionalität anzustreben (vgl. Kapitel 2.1.1).

Dies wird angesichts der ökonomischen und steuerungspolitischen Bedeutung von sanierten Flächen immer wichtiger:

> "Die möglichst weitgehende Nutzbarkeit des Bodens, und damit auch der Altlastenflächen, sollte für die Gemeinden von besonderer Bedeutung sein, da alle wesentlichen Maßnahmen zum Erhalt oder zur Stärkung der Bedeutung der Kommunen der Inanspruchnahme des Bodens als Fläche bedürfen" (Borgmann et.al. 1990, S. 34).

Langfristig werden damit günstigere Entwicklungschancen eröffnet. Insgesamt dient die Wiederherstellung der Nutzungsmöglichkeiten einer Altlastenfläche auch der Wiederherstellung des Bodenwertes und so der Aktivierung des Grundstücksmarktes.

Gerade für Gemeinden mit gerigem Nutzungsdruck wird die offensive Vermarktung von Maßnahmen zur Altlastensanierung im Rahmen eines umfassenden und vorausschauenden Flächenmanagements immer bedeutsamer. Holzapfel (vgl. 1992, S. 209) geht davon aus, daß sich als Hauptproblem der Wieder-Inwertsetzung und Folgenutzung von Altlastenflächen insgesamt nicht die Art der vorgefundenen Kontaminationen, sondern die Finanzierungsmöglichkeiten und im Einzelfall die konzeptionelle Durchführung der Revitalisierung darstellt. Für die Wieder-Inwertsetzung sanierter Altlastenflächen schlägt sie daher ein Flächenmanagement und eine gezielte Vermarktungsstrategie vor.

Zur besseren Vermarktung von Altlastenflächen gehört insbesondere die Verbesserung des Standortimages. Bereits in Kapitel 2.1 vermerkten wir, daß es bei Sanierungsmaßnahmen insbesondere auch das Image eines Standortes zu verändern gilt. Die Sanierung innerstädtischer Industriebrachen eröffnet z.B. die Chance, den Anteil an innerstädtischen Grün- und Freiflächen zu vergrößern und damit die Wohnqualität zu verbessern (vgl. SRU 1995, Abs. 187). Daher werden Sanierungsmaßnahmen mit der Wohnumfeldverbesserung und der Stadtteilsanierung kombiniert, um die Attraktivität von Altlastenflächen zu erhöhen:

> "Auch die Landesentwicklungsgesellschaft Nordrhein-Westfalen versucht, den Flächen (...) ein positives Image zu geben. Die Wiedervermarktung soll durch eine räumlich anspruchsvolle Planung ermöglicht werden. Dazu werden ehemalige Altlastenflächen nicht 'normal', sondern 'qualitätsvoll' als 'Gewerbeparks' erschlossen. Den 'gesichtslosen Siedlungen am Rande und im Umland der Städte' soll ein städtebauliches Ereignis entgegengesetzt werden, daß 'in ein Landschaftsgestaltungskonzept eingebettet' ist und ökologischen, arbeitsplatz- und freizeitinfrastrukturellen Ansprüchen ebenso wie stadtgestalterischen Gesichtspunkten genügen muß" (Wiegandt 1989, S. 282).

In vielen Kommunen wird mittlerweile die Vermarktung von Altlastenflächen mittlerweile denn auch ganz offensiv betrieben[8].

Gelingen kann eine Strategie der städtebaulichen Innenentwicklung unter Einbeziehung von Altlastenflächen letztlich nur, wenn es gelingt, ein integratives Flächenmanagement zu installieren, daß die Flächenentwicklung von der Gefährdungsabschätzung über Sanierungsmaßnahmen und Nutzungskonzeption bis hin zur Akzeptanzherstellung und Vermarktung der Fläche betreut und vorantreibt. Dazu bedarf natürlich nicht nur der stadtentwicklungspolitisch offensiven Herangehensweise sondern auch der Erschließung von Finanzierungsquellen (vgl. Kapitel 5). Wegen der schwierigen kommunalen Finanzsituation wird dabei vor allem die Einbeziehung privaten Kapitals gesucht. Dies kann z.B. durch die Ein-

[8] So wurde beispielsweise für die Ansiedlung von Gewerbebetrieben auf dem sanierten Gelände einer ehemaligen Zeche in Dortmund auf großformatigen Werbewänden und in Fernseh- und Kinospots geworben Motto: "Auf Minister Stein können Sie bauen". Einen Schub zur offensiven Vermarktung gibt dabei vor allem auch die Internationale Bauausstellung Emscherpark, die die Entwicklung einzelner Projekte zur Initialzündung für die Strukturveränderung in der Emscherregion betreibt und auch für Minister Stein Pate gestanden hat.

schaltung eines Grundstücksfonds oder durch den Verkauf von Altlastenflächen an private Investoren erreicht werden.

Die erste Möglichkeit wird in Nordrhein-Westfalen bereits seit der 1979 erfolgten Einrichtung des Grundstücksfonds Ruhr[9] intensiv genutzt, der mit Finanzmitteln des Landes ausgestattet wurde. Die Zusammenarbeit mit dem Grundstücksfonds bietet Kommunen erhebliche Vorteile, da dieser beträchtliche öffentliche Mittel mobilisiert, eine Reihe von Dienstleistungen anbietet, die Kommunen aus Mangel an geeignetem Personal nicht leisten können, und gleichzeitig aber den Kommunen die Entscheidungsspielräume hinsichtlich der späteren Verwertung überläßt. Dieses Treuhändermodell erfreut sich allerdings nicht übermäßiger Effizienz,

> "(...) insbesondere auch wegen des Eingehens auf die besonderen politischen Wünsche der Kommunen, deren Kosten (in Form eines höheren Sanierungsaufwandes oder geringerer Verkaufserlöse) für die Kommunen nicht erkennbar sind und von ihnen auch nicht getragen werden, weil sie im globalen Defizit des Fonds verschwinden" (SRU 1995, Abs. 188).

Demgegenüber wird der Zusammenarbeit mit privaten Investoren eine größere Effizienz durch Zeitgewinn bei der Wiedernutzung und höhere Preisangebote an die Eigentümer zugesprochen[10]. Allerdings liegen hierzu noch wenig Erfahrungen vor. Aus planerischer Sicht birgt dies sicherlich die Gefahr der 'Investorenplanung'. Damit wäre der stadtplanerische Zugriff auf die Flächennutzung wiederum eingeschränkt und die Steuerungsmöglichkeit im Sinne einer gesamtstädtischen Perspektive verengt.

2.1.5 Quantifizierte Sanierungsziele: Orientierungs-, Richt-, Prüf-, Maßnahme- und Grenzwerte

Bei der Festlegung des Sanierungszielwertes sollte die Gefahrenschwelle unterschritten werden (vgl. SRU 1995, Abs 123). Aber wann wird sie unterschritten? Während sich die Kapitel 2.1.1 bis 2.1.4 eher mit den Kriterien der Sanierungszielfestlegung - also mit ihrer Qualifizierung - befaßt haben, soll es im folgenden um die daraus folgende Normensetzung gehen. Es geht darum, Sanierungszielwerte festzulegen: Bis zu welcher Schadstoffkonzentration ist zu sanieren? How clean is clean? Gerade diese Quantifizierung von Sanierungszielen bereitet aber nach wie vor besondere Schwierigkeiten.

Mit Inkrafttreten des Bundesbodenschutzgesetzes und dem dazugehörigen untergesetzlichen Regelwerk werden erstmals bundeseinheitliche Werte festgeschrieben, die im Rahmen von Gefährdungsabschätzungen als Prüf- und Maß-

---

[9] Der Fonds übernimmt die 'unrentierlichen' Kosten der Reaktivierung für Ankauf, Freilegung und Baureifmachung und soll im Sinne eines revolvierenden Systems aus Grundstückserlösen aufgefüllt werden. Seit 1987 werden auch Kosten für die Entwicklung städtebaulicher Rahmenpläne, die Erarbeitung von Vermarktungskonzepten, die Entwurfsbearbeitung eines Bebauungsplanes sowie für Planung und Durchführung der Erschließung von Grundstücken übernommen.

[10] Ein Beispiel ist die Entwicklung der "Neuen Mitte Oberhausen" - eines umfangreichen Einkaufs- und Freizeitcenters auf einem ehemaligen Thyssen-Gelände in Oberhausen-Sterkrade.

nahmewerte herangezogen werden können. Nach wie vor fehlen aber entsprechende Sanierungszielwerte. Betrachtet man jedoch die im Gesetz genannten Definitionen der Prüf- und Maßnahmewerte, so zeigt eine Überschreitung eine für die entsprechende Nutzung schädliche Bodenveränderung an (vgl. BBodSchG § 8 Abs 1). Im Umkehrschluß ist eine Gefährdung bzw. ein Gefahrenverdacht bei einer Unterschreitung der Werte nicht mehr gegeben und die Fläche steht, soweit keine anderweitigen Gefahren erkennbar sind, für die planungsrechtlich zulässige Nutzung zur Verfügung (Holzwarth/Radtke/Hilger 1998). Dies wiederum führt dazu, daß im Falle einer Prüfwertüberschreitung kein Sanierungsziel durch behördliche Verfügung (etwa in Verwaltungsvorschriften der Länder) festgelegt werden darf, welches unterhalb der Prüfwerte liegt, da mit Erreichen der Prüfwerte ja bereits die Gefahrenschwelle unterschritten wird. Somit können auch die bislang in den Bundesländern verwendeten ca. 30 'Prüflisten' nach Inkrafttreten der Bundesbodemschutzverordnung (BBodSchV) nicht mehr für die Festlegung von Sanierungszielwerten herangezogen werden, wenn deren Werte die Prüf- bzw. Maßnahmewerte der BBodSchV unterschreiten (Steffen 1998).

Trotzdem wird sich auch zukünftig die Altlastenpraxis unterschiedlicher Bewertungsansätze bedienen, mit deren Hilfe die Gefährlichkeit von Bodenkontaminationen und das Für und Wider einer Sanierungsentscheidung sowie die zu erreichenden Sanierungszielwerte abgeschätzt werden sollen, denn bislang enthält die BBodSchV lediglich für 14 Stoffe Prüfwerte, Maßnahmewerte existieren nur für Dioxine und Furane. Nach wie vor werden Werte aus Gesetzen, Verordnungen oder sonstigen Veröffentlichungen entliehen, die zu anderen Zwecken festgelegt wurden und nur ein bestimmtes Schutzgut behandeln. Zurückgegriffen wird auf Regelwerke, wie die Klärschlammverordnung, die Trinkwasserverordnung und manchmal sogar Futtermittelgrenzwerte. Auch Ansätze aus den Niederlanden (sog. 'Hollandliste') und den USA werden herangezogen. Die Anwendbarkeit ist sicherlich häufig in Frage zu stellen, da sie quasi zweckentfremdet erfolgt.

Zudem können Grenzwerte für denselben Stoff in verschiedenen Regelwerken deutlich voneinander abweichen. Welche Regelungswerke im Einzelfall zur Anwendung in Frage kommen, ist von den unterschiedlichen Bedingungen, der beabsichtigten Nutzung, den geologischen Verhältnissen und dem in Hinblick auf seine Gefährlichkeit zu beurteilenden Stoff abhängig. Da es auch keine objektiven und einheitlichen Bewertungskonzepte gibt, sind Wissenschaftler und "Gutachter zumeist genötigt, zu berücksichtigende Kriterien und deren Gewichtung nach Plausibilitätsgesichtpunkten festzulegen" (SRU 1990, Abs. 232).

Zu den wissenschaftlichen Schwierigkeiten der exakten Bestimmung von Stoffgefährlichkeiten und Wirkungszusammenhängen kommt die Unsicherheit über handlungs- und zielorientierte Bewertungsmaßstäbe und -kriterien. Es bestehen nicht nur große Unsicherheiten bei der Gefahrenbewertung zur Sanierungsentscheidung (quantifizierbares Sanierungsziel) sondern auch hinsichtlich des erforderlichen Sanierungsgrades: Was gilt als 'normale' Belastung, ab welcher Belastung muß saniert, welche Sanierungsziele sollen erreicht werden? Was sind gesunde Wohnbedingungen und welche Restkonzentrationen von Schadstoffen in Boden oder Grundwasser dürfen bei welcher Nutzung verbleiben?

Methodisch wird vor allem zwischen Grenzwerten unterschieden, die tolerierbare Maximalwerte bestimmter Stoffe für spezifische Nutzungen festlegen (nutzungsbezogene Ausrichtung), und solchen, die Belastungs- bzw. Gefährdungsklassen für bestimmte Stoffe definieren (stoffbezogene Ausrichtung). Ihnen liegt zumeist die Beurteilung der toxikologischen Wirkung von Stoffen zugrunde. Die Wirkungsschwelle eines Stoffes (vgl. auch Beck 1986, S. 90: "Wieviel verträgt der Mensch?") wird durch eine Verknüpfung der folgenden Beziehungspaare zu ermitteln versucht:

- Dosis und Wirkung
- Dosis und Häufigkeit
- Dosis und Zeit

Als Bezugsperson für die Wirkungsschwelle wird zumeist der 'durchschnittliche, normale Mensch' betrachtet.

> "Unterstellen wir, daß man überhaupt von 'den' Menschen reden kann. Packen wir einmal Säuglinge, Kinder Rentner, Epileptiker, Kaufleute, Schwangere, nah und fern von Schloten Wohnende, Almbauern und Berliner in den großen, grauen Sack 'der' Menschen" (Beck 1986, S. 90).

Im Kehrschluß: Risikogruppen, wie Kinder, Schwangere, Kranke oder ältere Menschen, die z.T. durch wesentlich geringere Schadstoffmengen gefährdet werden können, sind nicht Grundlage und Bezugsobjekt der Grenzwertermittlung[11].

Viele Schadstoffe sind in ihren Eigenschaften und in ihrem Verhalten in der Umwelt noch nicht ausreichend erforscht. Die wissenschaftlichen Erkenntnisse über Synergismen und Antagonismen stofflicher Wirkungen im Boden sind noch gering und in den Bereich Human- und Umwelttoxikologie mangelt es an Erkenntnissen über die Wirkungen auf die Schutzgüter.

> "Die Abschätzung der Stoffausbreitung, der Exposition und möglicher Schadwirkungen ist deshalb noch mit Unsicherheiten behaftet, so daß das Gefährdungspotential nicht mit letzter Sicherheit zu bestimmen ist." (SRU 1990, Abs. 230).

Die für die Bewertung der Gefahren von Altlasten und die Entscheidung über die Notwendigkeit der Gefahrenabwehr herangezogenen Konzepte, Richt- und Grenzwerte können daher nur Hilfskonstruktionen sein, da sie wissenschaftlich nicht exakt begründbar sind und ihre Ermittlung und Anwendung voller Kompromisse und Probleme steckt.

Z.T. dienen Richt- und Grenzwerte aber zugleich als Sanierungszielwerte: Eine Überschreitung der Werte zeigt das Vorliegen einer Gefahr (für bestimmte Schutzgüter) an. Im Kehrschluß bedeutet dies: Wird mit einer Sanierung eine Schadstoffbelastung unterhalb dieses Wertes erreicht, ist die Gefahr beseitigt und das Sanierungsziel 'Gefahrenabwehr' verwirklicht. Die Einschränkungen zu Aussagekraft und Anwendbarkeit gelten unabhängig davon, ob Werte aus Richt- und Grenzwertlisten zur Erkennung von Gefahren oder als Zielwerte für die Sanierung herangezogen werden. Ulrich Beck (1986, S. 91) kommt bei seiner Betrachtung der Funktion von Grenzwerten zu dem pessimistischen Schluß:

> "Sicherlich erfüllen die Grenzwerte die Funktion einer symbolischen Entgiftung. Sie sind gleichsam symbolische Beruhigungspillen gegen die sich häufenden Giftnachrichten. Sie signalisieren, daß sich da jemand Mühe gibt und aufpaßt."

---

[11] Eine Ausnahme aus jüngerer Zeit bildet das sogenannte UMS-Modell zur Abschätzung der Schadstoffexposition in Abhängigkeit von Expositionsszenarien und Nutzergruppen (Stubenrauch et.al. 1994).

Auch wenn die Randbedingungen der Grenzwertermittlung viele Wünsche offen lassen, so muß man sich dennoch die bestehenden Unsicherheiten bei der Bewertung von Bodenkontaminationen und die große Anzahl notwendiger Sanierungsmaßnahmen vor Augen führen: Ohne solche Quantifizierungen lassen sich Belastungen noch weniger vermeiden oder vermindern, als mit diesen Hilfwerten. Ein schlechter Grenzwert ist immer noch besser als gar keiner. Wichtig ist, daß sie nicht als starre Zahlen mißverstanden werden. Sie sind keine Grenze zwischen Sauber und schmutzig´; vielmehr formulieren sie jeweils Kompromißlinien und die sind veränderbar. Es ist eben unabdingbar, daß diese Grenzwerte nicht unkritisch, sondern mit dem Wissen um ihre spezifischen Randbedingungen und Zielrichtungen benutzt werden.

Auch wenn der Sachverständigenrat für Umweltfragen der Auffassung ist, die Frage "How clean is clean?" sei längst beantwortet, nämlich dahingegehend, daß im Rahmen der Gefahrenabwehr die Altlast in einen das Wohl der Allgemeinheit nicht mehr schädigenden oder zerstörenden Zustand zu versetzen ist (vgl. SRU 1995, Abs. 124): Sie muß zumindest hinsichtlich der Festlegung von Sanierungszielwerten in jedem Fall neu beantwortet werden, da es nun einmal bis heute keine bundeseinheitlich verbindlichen Grenzwerte für Boden und Grundwasser gibt. Um Grenzwerte trotz der vorhandenen Schwierigkeiten und Einschränkungen als Zielwerte in der Altlastensanierung nutzen zu können, sollte daher über die vorhandenen Risiken offen diskutiert und über ihre Anwendung im partizipatorischen Diskurs der Beteiligten bzw. Betroffenen entschieden werden (vgl. Kap. 3.3.3). Nur so können die einzelfallspezifischen Faktoren einer Altlastenfläche letztlich adäquat beurteilt und saniert werden. Folgerichtig ist nicht nur Steffen der Meinung, daß die mit dem BBodSchG getroffene Regelung, Prüfwerte als 'Quasi'-Sanierungszielwerte festzulegen, zukünftig noch kontrovers diskutiert werden wird (Steffen 1998, Anm. 44).

2.2 Sanierungsgrenzen

Im ersten Teil dieses Kapitels wurde die Multifunktionalität als wünschenswertes Ziel der Altlastensanierung herausgestellt. Dabei geht es prinzipiell um die Wiederherstellung weitgehender Nutzungsmöglichkeiten einer Fläche. Diese Zielsetzung erscheint aus planerischen, ökologischen, wirtschaftlichen, sozialen und politischen Gründen mittel- und langfristig geboten, auch wenn in vielen Fällen leere Stadtsäckel sehr viel niedrigere Ziele diktieren.

Weitere Kapitel werden die vorhandenen Möglichkeiten von Verfahren zur Planung und Durchführung von Sanierungsmaßnahmen, ihrer technischen Ausgestaltung und ihrer Finanzierung en-detail beschreiben. Eine solche detaillierte Darstellung von Methoden und Möglichkeiten ist unabdingbar, will man adäquate Lösungen der Altlastenproblematik erreichen. Sie verstellt aber auch leicht den klaren Blick auf die Realitäten der Altlastensanierung.

Wir wollen daher in diesem Kapitel Warnschilder für Sanierungsgrenzen aufstellen. Dafür werden Schlaglichter auf einige sanierungsdeterminierende Aspekte gesetzt. Ohne Anspruch auf Vollständigkeit befassen wir uns mit Grenzen der

- *Sanierungstechnologien*, die in den Hochglanzbroschüren von Anbietern zumeist nicht ausführlich oder nur an 'einfachen' Sanierungsbeispielen dargestellt sind,
- *Entsorgungsmöglichkeiten*, die mittelfristig die 'Sanierungsvariante Bodenaushub' ausschließen werden,
- *Sanierungskosten*, die nicht allein durch die Sanierungstechnologien, sondern auch durch Vorbereitung, Abwicklung und Nachsorge der Maßnahme sowie entstehende 'Nebenkosten' bestimmt werden,
- *Genehmigungsfähigkeit* von Sanierungsmaßnahmen, die durch die vorhandenen Rechtsgrundlagen gesetzt werden können,
- *Akzeptanz* von Sanierungmaßnahmen, die durch fehlende Transparenz von Sanierungsentscheidungen und deren Grundlagen entstehen können,
- *Probenahme und Analytik*, die ggf. ein ausreichendes Erkennen und Eingrenzen von Kontaminationen erschweren,
- *Sanierung*, die durch betroffene Belange weiterer Disziplinen gesetzt werden können, wie z.B. den Natur- und Denkmalschutz.

Wir wollen die Beschäftigung mit Sanierungsgrenzen keineswegs als Technologiefeindlichkeit verstanden wissen. Es geht vielmehr darum, ein Gespür für die vielfältigen Praxisprobleme der Altlastensanierung zu entwickeln. Es geht darum, Antworten auf die Frage zu finden, warum die Praxis der Altlastensanierung trotz einer Flut an Forschungsprojekten und Veröffentlichungen noch immer 'in den Kinderschuhen' steckt.

2.2.1 "Was kann man denn?": Sanierungstechnologien

Bei der Auswahl einer Sanierungstechnologie ist eine Planung notwendig, die weit über die 'schlichte' Verknüpfung von Schadstoff und Sanierungstechnik hinausgeht.

> "Zu berücksichtigen ist eine Vielzahl unterschiedlicher Kriterien, darunter die speziellen Standortbedingungen einer Altlast, die Eignung und Umweltverträglichkeit der Sanierungstechnik, die Kontrollierbarkeit des Verfahrens, die Kosten, die vorgesehene Nutzung etc." (Meiners 1993, S.96)

Nur durch die Berücksichtigung aller die Sanierungsleistung beeinflussenden Faktoren können belastungs- und umgebungsadäquate Technologien ausgewählt und die gesteckten Sanierungsziele erreicht werden. Um dies zu gewährleisten, sollte die Verfahrensauswahl in drei Hauptschritten erfolgen:

1. Die *schadstoffbezogene* Anwendbarkeitsprüfung,
2. die *standortbezogene Anwendbarkeitsprüfung* und
3. die *Bewertung und Auswahl* der geeigneten Sanierungsverfahren.

Die einzelnen Schritte dieses Auswahlverfahrens werden im folgenden näher erläutert. Eine Übersicht gibt Abb. 2.7.

Bei der *schadstoffbezogenen Anwendbarkeitsprüfung* ist zunächst zu klären, inwieweit das vorliegende Schadstoffinventar aufgrund seiner spezifischen (bio)chemischen, physikalischen und toxikologischen Eigenschaften von den Wirkungsmechanismen der Sanierungsverfahren erfaßt wird. Bereits dieser erste Schritt der Verfahrensauswahl ist eine große Hürde für die Bestimmung geeigneter Sanierungstechnologien: Jedes Sanierungsverfahren ist nur für bestimmte Schadstoffe/Schadstoffgruppen anwendbar (vgl. Kap. 4). Abb. 2.8 zeigt schematisch die Schadstoffeignung verschiedener Verfahren. In Abhängigkeit der vorliegenden Belastung kommen somit nur bestimmte Verfahren in Frage.

In der überwiegenden Mehrzahl der Altlastenfälle liegt aber eine Vielzahl verschiedener Schadstoffe im Boden vor. So belasten beispielsweise auf Altstandorten, die ehemals von Metallbearbeitungsbetrieben genutzt wurden, nicht nur Schwermetalle den Boden, sondern auch z.T. erhebliche Mengen organischer Verbindungen (z.B. Mineralöle, chlorierte Kohlenwasserstoffe). Diese wurden u.a. als Lösungsmittel in der Entfettung eingesetzt. Besonders deutlich wird dieser ´Schadstoffmix´ bei Altablagerungen, deren Schadstoffspektrum in den meisten Fällen überhaupt nicht eingegrenzt werden kann. Damit wird deutlich, daß der i.d.R. vorliegende ´Schadstoffmix´ die Auswahl geeigneter Sanierungsverfahren erschwert.

Zur Entfernung aller Schadstoffgruppen müssen daher mehrere Verfahren nebeneinander eingesetzt werden, was zu einer Vervielfachung der Kosten führt und bei bestimmten Schadstoffkombinationen sogar technisch ausgeschlossen ist[12]. Für das Beispiel des Altstandortes der Metallbearbeitung kann dies bedeuten, daß verschiedene Extraktions- und Waschverfahren eingesetzt werden müssen.

---

[12] Z.B. ist der Einsatz mineralölabbauender Mikroorganismen nicht möglich, wenn gleichzeitig Schwermetallbelastungen vorliegen.

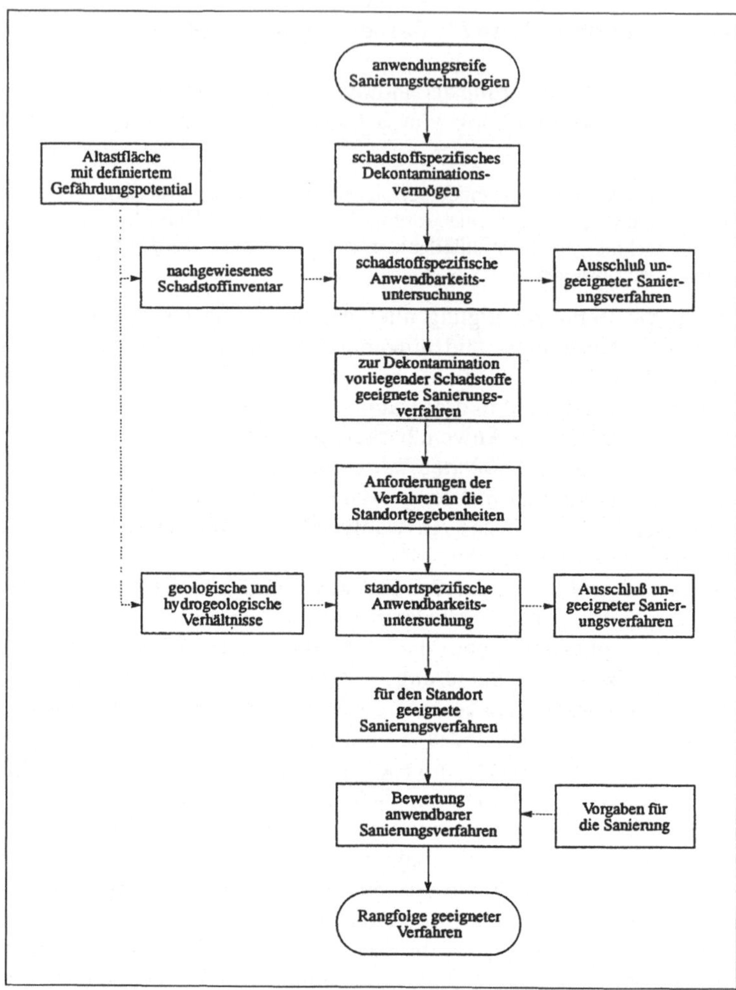

Abb. 2.7. Modell zur Auswahl eines Sanierungsverfahrens (WITTLAND 1990)

Soll die Sanierung mit nur einem Verfahren erfolgen, ist dies zumeist nur durch eine Abschwächung der Sanierungsziele zu erreichen, d.h. i.d.R. nicht alle Schadstoffe vollständig zu entfernen sind. Sollen am Beispielstandort mittels Hochtemperaturverbrennung sowohl die organischen Verbindungen zerstört als auch die leichtflüchtigen Schwermetalle (z.B. Quecksilber) aus dem Boden entfernt werden, liegen auch nach der Behandlung schwerflüchtige Schwermetalle in Form unlöslicher Silicate oder Oxide vor. War das qualitative Sanierungsziel zunächst die ´Entfernung aller Schadstoffe´, kann die Hochtemperaturverbrennung diese Zielsetzung nicht erreichen: Es verbleiben auch nach Durchführung der Sanierung Schadstoffe im Boden. Die Ausbreitung der Schadstoffe ist zwar deutlich verringert worden, tatsächlich entfernt sind sie jedoch nicht.

Technologie	Schadstoff						Bodenart				
	Schwermetalle	Cyanide	Kohlenwasserstoffe, Mineralöl	polycycl. aromat. Kohlenwasserstoffe	leichtflüchtige CKW	halogenorganische Verbindungen	grobkörniger Sandboden	humoser Sandboden	Lehm- oder Tonboden	stark organischer Boden	sehr heterogener Boden
Abpumpen flüssiger / gelöster Stoffe	–	–	+	–	+	–	+	?	–	?	?
Absaugen von Bodenluft	–	–	–	–	+	–	+	+	–	?	?
thermische Verfahren											
– Hochtemperatur + Abgasverbrennung	?	+	+	+	+	+	+	+	+	?	+
– Niedertemperatur + Abgasverbrennung	–	+	+	?	+	–	+	+	+	?	+
Extraktions- / Waschverfahren	+	+	+	+	+	?	+	?	–	?	?
biologische Verfahren	–	?	+	?	?	–	+	+	?	+	+

\+ geeignet
? mit Einschränkungen geeignet oder unbekannt
– ungeeignet

Abb. 2.8. Eignung der Sanierungstechnologien in Abhängigkeit von Schadstoff- und Bodenart (Gossow/Venhorst 1992)

Auch ist es möglich, daß eine Sanierung neue Schadstoffe erzeugt und Probleme somit nur verlagert werden. Liegen - wie in unserem Beispiel der Metallbearbeitung - auch chlorierte Kohlenwasserstoffe im Boden vor, so werden diese zwar verbrannt, es können sich jedoch weitaus gefährlichere Verbrennungsprodukte bilden (z.B. Dioxine). In diesem Fall ist ein erheblicher technischer Aufwand zu betreiben, um die Bildung solcher Stoffe so weit wie möglich zu reduzieren (vgl. Kapitel 4.2). Vollständig verhindern kann man sie i.d.R. nicht.

Das zweite 'Filterkriterium' der Verfahrensauswahl bilden die Gegebenheiten des Standortes. Diese *standortbezogene Anwendbarkeitsprüfung* bezieht sich auf:

- Die vertikale und horizontale Ausdehnung der Kontamination,
- die Bebauungssituation und Nutzung der Fläche sowie
- die Bodenstruktur.

Die *Ausdehnung der Kontamination* ist bei der Entscheidung von Bedeutung, ob ein Verfahren 'in-situ' (d.h. ohne Bodenaushub) oder 'ex-situ' (d.h. mit Bodenaushub) erfolgen kann, da die zu behandelnden Massen Zeit- und Kostenaufwand und ggf. Entsorgungsmöglichkeiten bestimmen.

Auch die *Bebauungssituation* und die *Flächennutzung* sind zu berücksichtigen. So ist es beispielsweise nur mit erheblichem technischen Aufwand möglich, belastete Materialien unter bestehenden Gebäuden (insbesondere bei Wohnhäusern) zu entfernen, um die Behandlung 'ex-situ' durchzuführen.

Die *Bodenstruktur* kann den Einsatz von Sanierungsverfahren verhindern. Z.B. sind bei Lehm- oder Tonböden Extraktions- oder Waschverfahren nicht sinnvoll anwendbar, da aufgrund der hohen Feinkörnigkeit dieser Böden die Haftkräfte zwischen Schadstoff und Bodenpartikel eine Entfernung der Schadstoffe erschweren.

Tabelle 2.2. Kriterienkatalog für die Bewertung von Sanierungsverfahren (WITTLAND 1990)

Sachverhalt	Kriterium
Dekontaminationsgrad	erzielbare Reinigungsleistung
Kontrollierbarkeit	Möglichkeit, während des Reinigungsprozesses regulierend einzugreifen
Emissionen	Verlagerung der Schadstoffe in die Medien Wasser und/oder Luft
Rückstände	Auftreten weiter zu entsorgender Reststoffe durch die Sanierung
Langzeitwirkung	langfristig gesicherter Sanierungserfolg
ökologische Beeinträchtigung	Auswirkung der Sanierungsmaßnahme auf die Bodenqualität
Investitionskosten	anlagentechnischer Aufwand
Betriebskosten	Kosten für Hilfsmittel, Energie, Personal, Reststoffentsorgung, Transport, Reparatur etc.
Zeitbedarf	Dauer der gesamten Sanierung
Entwicklungsstand	Verfügbarkeit der Technologie, Gewährleistung des Sanierungserfolges
Sensibilität der Umgebung	Beeinträchtigung des Umfeldes durch Lärm-, Staub- und/oder Geruchsentwicklung
Kombinationsmöglichkeit	Möglichkeit des Erreichens höherer Dekontaminationsgrade durch Verfahrenskombination

Ergebnis der Anwendbarkeitsprüfung ist eine Rangfolge der fallbezogen geeigneten Sanierungsverfahren. Auf der Basis einer abschließenden *Bewertung* der aufgrund der schadstoff- und standortspezifischen Gegebenheiten anwendbaren Sanierungsverfahren erfolgt dabei die *Auswahl* des für den vorliegenden Fall und die angestrebten Sanierungsziele günstigsten Verfahrens anhand von technischen Aspekten, Zeit-, und Kostenaspekten, der Genehmigungsfähigkeit und der Akzeptanz des Verfahrens in der Bevölkerung. Die Entscheidung kann also nur im Einzelfall erfolgen. Eine 'Typisierung' von anzuwendenden Sanierungsverfahren für bestimmte Kontaminationen (z.B. immer Hochtemperaturverbrennung bei Altstandorten der Metallbearbeitung) ist nicht möglich. Die hierbei zu beachtenden Sachverhalte und die entsprechenden Kriterien sind in Tabelle 2.2 zusammengestellt.

Im folgenden wird eine verfahrensbezogene Auswahl von Anwendungsgrenzen und -schwierigkeiten verschiedener Sanierungsverfahren beleuchtet (in Anlehnung an Meiners 1993, S.100 ff.):

Für *alle Sanierungstechniken* gilt, daß es nicht möglich ist, einen Schadstoff vollständig (d.h. bis auf 'Null') aus dem Boden zu entfernen. Die Reinigungsleistung beträgt höchstens bis zu 99% (vgl. Kapitel 4). Liegen die Belastungen nun sehr hoch, so können auch noch nach der Sanierungsmaßnahme erhebliche Mengen des Schadstoffes im Boden vorhanden sein. Existieren keine alternativen Verfahren, so ist - siehe oben - entweder ein Sanierungsverfahren mehrfach anzuwenden (was eine Vervielfachung der Kosten bedeutet) oder aber die Sanierungsziele müssen den technischen Möglichkeiten angepaßt werden.

Einige der Probleme bei der *thermischen Behandlung* wurden bereits angesprochen. Ein weiteres Problem stellt die Entsorgung der Rückstände dar: Bei der Verbrennung entstehen erhebliche Mengen an z.T. hochbelasteten Aschen, Schlacken und Filterstäube, die nur auf Sonderabfalldeponien verbracht werden können. Die Inanspruchnahme von Deponieraum ist nicht nur mit Kosten verbunden, sie stellt auch eine Schadstoffverbringung über die Altlastfläche hinaus dar und führt damit letztlich zu einer Verlagerung der Bodenbelastungen[13].

> "Problematisch ist auch das Sanierungsprodukt der thermischen Behandlung: Ein ausgeglühtes Material, das mit dem neuen Wort 'Thermosol' bezeichnet wird, um damit den Unterschied zu einem organisch belebten Boden deutlich zu machen" (Meiners 1993, S.104).

Vom obersten Sanierungsziel 'Multifunktionalität', d.h. Erhaltung aller natürlichen Bodeneigenschaften, ist man mit einer solchen Sanierungstechnik natürlich denkbar weit entfernt.

Zudem ist die Hochtemperaturverbrennung mit weiteren Nachteilen behaftet, die im Rahmen des gesamten Auswahlverfahrens zu berücksichtigen sind. Diese beginnen bereits bei der Planung der Anlage und der Akzeptanz der Bevölkerung:

> "Für die einen sind es schlicht 'Giftöfen', neben denen es keinem Menschen zugemutet werden kann zu wohnen; für die anderen sind es 'hochentwickelte Anlagen', die 100% umweltverträglich sind" (Meiners 1993, S.103)

Auch die vermeintlich 'umweltschonende und preiswerte' *biologische Bodensanierung* ist mit einer Reihe von Schwachstellen versehen. Hierzu zählen:

- Die *lange Sanierungsdauer*: Die Bodenbehandlung durch Mikroorganismen kann sich über mehrere Jahre hinziehen.
- Die *eingeschränkte Wirksamkeit bei einer großen Schadstoffvielfalt:* Biologische Verfahren scheiden i.d.R. beim Vorliegen von Schwermetallen aus, da diese auf Mikroorganismen toxisch wirken.
- Die *Entstehung umweltgefährlicher Umwandlungsprodukte* (Metabolite und Konjugate): Die gesättigten Kohlenwasserstoffe (z.B. als ein Bestandteil von Dieselöl) sind zwar gut abbaubar (zu Kohlendioxid und Wasser), der Abbau der

[13] Die mit einer Deponierung verbundenen Probleme sind in Kapitel 2.2.2 ausführlicher dargestellt.)

übrigen Bestandteile (wie Alkylnaphthaline und Alkylphenanthrene) ist bislang jedoch nicht belegt. Vielmehr ist bekannt, daß diese Verbindungen besonders widerstandsfähig gegen mikrobiellen Abbau sind.

- Die *mangelnde Kontrollierbarbeit* des Verfahrens: Ein Mangel bei der Kontrolle der mikrobiologischen Sanierungsverfahren ist darin begründet, das zwar die Kohlenwasserstoffgehalte vor und nach der Sanierung gemessen werden, nicht jedoch die Umwandlungsprodukte. Damit besteht die Gefahr, daß bei einer Verwendung des vermeintlich gereinigten Bodens potentiell gefährliche Stoffe in die Umwelt gelangen. Zudem ist ein Grund für 'Sanierungserfolge' bei Kontaminationen mit Vergaserkraftstoffen darauf zurückzuführen, daß die Kohlenwasserstoffe in die Luft ausgasen.

Durch die *Bodenwäsche* werden Schadstoffe nicht zerstört, sondern in die flüssige Phase überführt und anschließend aufkonzentriert. Bei jeder Bodenwäsche ist somit die Frage zu beantworten: Was tun mit dem Sanierungsabfall? Hier gelten die gleichen Anmerkungen, wie sie bereits zur thermischen Behandlung gemacht wurden.

Die Grenzen der Technik werden auch immer dann besonders deutlich, wenn *großflächige Kontaminationen* vorliegen, die über den Standort hinaus weiträumige Bedeutung haben. Schon aufgrund dieser flächenhaften nicht standortgebundenen Verteilung müssen sie gegenwärtig als unsanierbar gelten, da auch bei dem größten finanziellen und technischen Kraftakt mit den heute verfügbaren Mitteln eine befriedigende Sanierung nicht zu erreichen wäre.

Als Beispiele seien hier angeführt:

- Die durch einen Unfall in der Trichlorphenolherstellung hervorgerufenen Verseuchung mit Dioxin der Umgebung der norditalienischen Stadt Seveso (vgl. z.B. Fortunati 1991; Domenico 1991),
- die durch die unmäßige Gewinnung und Verarbeitung von Nickel erzeugte "vollständige Zerstörung der Umwelt" der Region um die russische Stadt Nikel,
- die flächenhaften Kontaminationen mit dioxinverunreinigten Altölen durch zweifelhafte Entsorgungspraktiken im US-amerikanischen Bundesstaat Missouri (vgl. z.B. Weidenbach et.al. 1984),
- die Strahlenverseuchung im früheren Uranbergbaugebiet der Wismut in Sachsen, Thüringen und Sachsen-Anhalt (vgl. z.B. Beleites 1992),
- die Ablagerung von Giftmüll auf der dafür nicht geeigneten Deponie Georgswerder in Hamburg-Wilhelmsburg (vgl. z.B. Wolf 1987)

Sicherlich kann diese kleine Auswahl von Beispielen ohne Schwierigkeiten weitergeführt werden, z.B. mit dem flächenhaften Einsatz dioxinhaltiger Entlaubungsmittel im Vietnamkrieg ("agent orange"), dem Reaktorunfall von Tschernobyl, der Belastung der bayerischen Stadt Marktredwitz durch die jahrzehntelange Emission insbesondere von Quecksilber, der großräumigen hohen Belastung im sog. Chemiedreieck Halle/Leipzig/Bitterfeld, die Verwendung von dioxinhaltigen Schlacken zum Bau von Wegen und Sportanlagen aus der Kupfergewinnung im nordrhein-westfälischen Marsberg (sog. Kieselrot) u.v.a.m.. Die Lösungen für solche großflächig, stark kontaminierten Gebiete zeigen das gleiche Muster: Absperrung des Gebietes, zeitweilige Betretungs- und Nutzungsverbote, und schließlich Hinnahme einer erhöhten Grundbelastung.

Zusammenfassend läßt sich festhalten, daß die Aufstellung von Sanierungszielen, wie sie in Kap. 2.1 beschrieben ist, nur die eine Seite der Medaille ist: Die auf der Basis planerischer Wünsche und Notwendigkeiten hergeleiteten Ziele (und Grenzwerte) stoßen z.B. dort an Grenzen, wo technische Möglichkeiten fehlen. Letztlich bedeutet dies, daß die Zielsetzungen in der Sanierungspraxis oft den technischen Möglichkeiten angepaßt werden.

2.2.2 "Wohin mit dem Rest?": Entsorgungsprobleme der Altlastensanierung

Mit der (99%igen) "Entlastung" der Fläche sind die Probleme der Sanierung von Altlasten bei weitem nicht gelöst:

- Bei nahezu jedem Sanierungsverfahren fallen Rückstände an, die aus eingesetzten Stoffen resultieren (z.B. Aktivkohlefilter aus der Grundwassersanierung, Aschen aus der Feuerung der thermischen Behandlung etc.).
- Bei vielen Verfahren werden die Schadstoffe nicht zerstört, sondern lediglich aus der Bodenmatrix isoliert (z.B. bei Wasch- und Extraktionsverfahren, Bodenluftabsaugung).
- Bei der häufig durchgeführten Auskofferung und Umlagerung werden nicht nur die schadstoffbelasteten, sondern gleich sämtliche Bodenmassen von der Fläche entfernt.

In allen Fällen stellt sich die nicht unerhebliche Frage: Wohin mit dem "Rest"? Auf den ersten Blick ist die Frage leicht zu beantworten: Man deponiert ihn - und zwar außerhalb der Fläche auf entsprechenden Deponien. Dies ist gegenwärtig eine recht kostengünstige Variante: Anfang der 90er Jahre wurden aus Sorge um einen drohenden "Entsorgungsnotstand" umfangreiche Kapazitäten aufgebaut. Die zugrundeliegenden Prognosen zum Abfallaufkommen trafen u.a. aufgrund unerwartet hoher Wiederverwertungsraten nicht zu. Zudem werden in den kommenden Jahren verstärkt betriebseigene Deponien für sog. Fremdabfälle geöffnet. Greifen die Regelungen des 1996 in Kraft getretenen Kreislaufwirtschaftsgesetzes, werden spätestens ab Mitte des kommenden Jahrzehnts nur noch geringe Deponiekapazitäten benötigt. So ist gegenwärtig Platz auch für die Deponierung belasteten Bodens und sogar unbehandelter Bodenaushub wird häufig direkt deponiert. Vielfach ist also die Deponierung belasteter Böden deutlich billiger als ihre Dekontaminierung mittels aufwendiger Technik. Insbesondere in jüngerer Zeit geht man bei der Altlastensanierung also verstärkt den gegenläufigen Weg zur gesetzlich vorgegebenen Abfallvermeidung.

Mit der Auskofferung und dem Abtransport werden ausgekofferte Bodenmassen allerdings zu Abfällen im Sinne der maßgeblichen Gesetze und sind entsprechend zu behandeln[14]. Die vom Kreislaufwirtschaftsgesetz geforderte Abfallver-

[14] "Ausgehobener Boden ist Abfall, und zwar besonders überwachungsbedürftiger Abfall (...)." (SRU 1995, S.99)

wertung beschränkt sich pragmatisch auf Versuche zur Verwendung schwach belasteter Böden[15]. Ein Wiederverwendung im Sinne des Multifunktionalitätsprinzips (vgl. Kapitel 2.1.1) ist nicht in Sicht.

Diese Art einer 'Wiederverwertung' zeigt deutlich eines der Hauptprobleme der Deponierung von Schadstoffen bzw. schadstoffbelasteter Bodenmassen: Das eigentliche 'Sanierungsobjekt' - die Altlastenfläche - ist zwar weitgehend gereinigt, andere Flächen werden dafür jedoch um so stärker belastet. Dabei ist zu bedenken, daß die langfristige Ablagerung von gefährlichen Stoffen immer ein Risiko darstellt. Selbst unter Sicherheitsvorkehrungen ist es wahrscheinlich, daß die meisten dieser Deponien früher oder später zu Altlasten werden (vgl. Abb. 2.9). Erst recht besteht diese Gefahr, wenn belastete Materialien ohne jede Sicherung in der Umwelt ausgebracht werden. Dadurch entstehende Schäden sind dann wiederum nur mit erheblichem Aufwand zu beheben, bei der Einbringung in Bergwerken ist es sogar fast ausgeschlossen.

Auch der Sachverständigenrat für Umweltfragen (1995, S. 219) hat die Umlagerung unbehandelten Materials wegen der Problemverlagerung in Raum und Zeit abgelehnt und deren Einsatz auf besondere Ausnahmefälle beschränkt.

Er verweist dabei u.a. auf die Mindestanforderungen, die in solchen Ausnahmefällen durch die TA Abfall und TA Siedlungsabfall vorgegeben sind. Gleichzeitig warnt er vor der Gefahr, daß die relativ strengen Anforderungen durch Zumischung (d.h. Verdünnung) oder Export umgangen werden könnten. Berücksichtigt man diese rechtlichen Vorgaben wird die Entscheidung für die Auskofferung und Umlagerung belasteter Böden als Sanierungsmaßnahme nicht mehr allein von Kosten bestimmt. Sie erhält auch eine politisch-moralische Dimension, wenn man sich vor Augen hält, daß mit der Deponierung von Böden letztlich nur das Problem in die Zukunft verschoben wird.

Hinzu kommt der mittelfristig knapper werdende Deponieraum (siehe oben). Denn die vermeintlich hohen Zahlen der z.Z. noch verfügbaren Deponiekapazitäten relativieren sich sehr schnell, wenn man folgendes Rechenbeispiel betrachtet: Bei der Auskofferung einer mittleren Altlastenfläche (5 ha), die bis in eine Tiefe von 2 m belastet ist, fallen bereits 100.000 m^3 Erdaushub an. Rechnet man diesen Wert auf die heute bekannte Gesamtzahl[16] der Altlastverdachtsflächen hoch, zeigt sich deutlich, daß die Deponierung keine generelle Lösung sein kann.
Ohnehin ergeben sich Probleme immer dann, wenn Böden ausgekoffert und abtransportiert werden sollen (sei es zur ex-situ-Behandlung oder zur Deponierung): Beim Aushub gelangen kontaminierte Materialien an die Oberfläche. Belastete Stäube und Gase (aus Ausgasungsprozessen) werden emittiert und können zu einer Gefährdung von Anwohnern und Arbeitern führen. In Abhängigkeit vom Schadstoffinventar müssen ggf. besondere Schutzmaßnahmen ergriffen werden[17].

---

[15] Z.B. im Erd-, Straßen-, Landschafts- und Deponiebau sowie zur Verfüllung von Baugruben oder das Einbringen im Bergbau zur Verfüllung von Hohlräumen (Kmoch 1994)

[16] z.B. rund 20.000 *Altlasten*verdachtsflächen im Jahre 1994 allein in Nordrhein-Westfalen, (SRU 1995)

[17] Dieser Problematik widmet sich z.B. das vom BMFT, BMU und der Stadt Dortmund geförderte Forschungs- und Entwicklungs-Verbundvorhaben Dortmund mit dem Arbeitsfeld ´Emissionsarme Entnahmetechniken´.

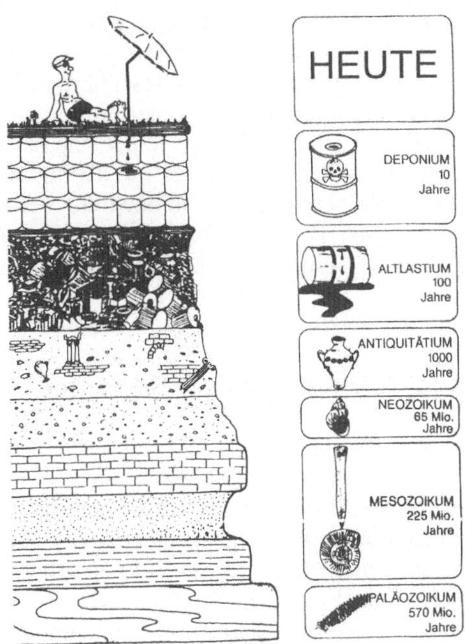

Abb. 2.9. Deponium und Altlastium (Stolpe 1989, S.41)

Mit komplexern Techniken sind allerdings im Vergleich zum einfacheren, aber risikoreicheren Baggereinsatz i.d.R. auch deutlich höhere Betriebskosten bis zu 300 DM/t verbunden (SRU 1995). Ist der Boden ausgekoffert und auf Transportfahrzeuge verladen (im Fall des obigen Rechenbeispiels wären dies etwa 8.000 Wagenladungen), müssen Vorkehrungen für einen sicheren Transport getroffen werden, damit sich die Schadstoffe nicht während des Transports weiträumig verteilen. Dies beginnt mit einer Wagenwäsche am Ausgang der Fläche, um belastete Materialien zu entfernen, die am Wagen und insbesondere an den Reifen haften (in einer sog. ´Schwarz-Weiß-Anlage´). Auch müssen in Abhängigkeit von der Art der Kontamination die Fahrzeuge besonders ausgestattet sein[18], damit die Ladung den Bestimmungsort tatsächlich vollständig erreicht.

Die Deponierung wird immer die einzige Lösung für konzentrierte Rückstände aus Sanierungsverfahren sein. Mit dem heutigen Stand der Technik ist es i.d.R. nicht möglich, diese Rückstände aufzuarbeiten und die Inhaltsstoffe wiederzuverwerten. Da sie jedoch hochbelastet sind, können sie nur auf spezielle Sonderabfalldeponien verbracht werden. Dies ist sehr kostenintensiv und bei der Kostenkalkulation der Sanierungsmaßnahmen in Rechnung zu stellen (vgl. auch Kap. 2.2.3). Für solche hochbelasteten Rückstände ist auch künftig Deponieraum vorzuhalten. Aber gerade die sog. Hochsicherheitsdeponien, wie z.B. die Unterta-

[18] So muß beispielsweise bei Mineralölschäden darauf geachtet werden, daß ein Auslaufen der flüssigen Bestandteile verhindert wird.

gedeponie Herfa-Neurode, verfügen über knappe Kapazitäten. Wegen der speziellen Anforderungen sind entsprechende Deponiestandorte kaum zu finden und stoßen auch auf Widerstand in der betroffenen Bevölkerung (vgl. Kap. 2.2.5).

Abschließend läßt sich festhalten, daß bei einer Sanierung der Blick nicht ausschließlich auf den 'Wiedergenesungseffekt gerichtet sein darf. Eine Sanierung hat immer auch Auswirkungen auf die Umwelt, sei es z.B. durch Emissionen aus den Sanierungsanlagen oder - wie geschildert - die bewußte Verteilung oder Umlagerung der Schadstoffe. Nur bei Berücksichtigung aller Faktoren kann mit einer Sanierung eine tatsächliche Verbesserung der Umweltbilanz erreicht werden (vgl. auch Kap. 6).

2.2.3 "Was kostet das Kilo?": Die Kosten der Sanierung

Die Frage nach den Sanierungszielen ist im Kapitel 2.1 ausführlich diskutiert worden. Die Frage nach den Kosten der Sanierung ist Gegenstand dieses Kapitels. Hier soll gezeigt werden, welches Ausmaß die Sanierungskosten erreichen können und aus welchen Bestandteilen sie sich zusammensetzen. Im Falle der sanierten Betriebsfläche der ehemaligen Textilfabrik Povel in Nordhorn/Niedersachsen (vgl. auch Kap. 5.7) belaufen sich die Gesamtausgaben für die Sanierung auf ca. 24 Mio. DM. Nach Abzug von Fördermitteln und Einnahmen aus Grundstücksverkäufen muß die Stadt Nordhorn die restlichen 7 Mio. DM selbst aufbringen. Ein Betrag, der so manchen kommunalen Haushalt und privaten Eigentümer hoffnungslos überfordert. U.U. scheitert eine geplante Sanierung an den zu hohen Kosten, denn auch Fördermittel von Bund und Land stehen nur begrenzt zur Verfügung (siehe Kap. 5).

> "Bestimmend für die Kostenhöhe ist das Sanierungsziel, das heißt: Welcher Stoffwert (Grenzwert, d. Verf.) muß für die Beendigung einer Sanierung erreicht werden? Die Frage ist immer wieder zu beantworten. Wie sauber ist sauber? Hier ist zu beachten, daß das Prinzip des exponentiellen Kostenanstiegs mit Verschärfung der Forderungen gilt" (Wichert 1992, S. 34).

Nach dem Grundsatz der Verhältnismäßigkeit ist daher zur Vermeidung von Zielkonflikten der finanzielle Aufwand im Hinblick auf eine ausgewogene Kosten-Nutzen-Relation bzw. Risiko-Kosten-Abschätzung abzuwägen. Es sollten keine Sanierungsmaßnahmen ergriffen werden, die sich durch hohe Kosten bei vergleichsweise niedrigem zu erwartendem Erfolg auszeichnen (SRU 1990, Nr. 657). Im BBodSchG wird diesem Aspekt in § 4 Abs 3 durch die 'Unzumutbarkeits'-Formulierung Rechnung getragen.

Um nicht im nachhinein von einer Kostenlawine überrascht zu werden, ist es notwendig die Kosten der Sanierung im Vorfeld der Maßnahme genau abzuschätzen. Die *Sanierungskosten* sind nicht allein durch Art und Umfang der Sanierungsmaßnahme selbst bestimmt (*Maßnahmekosten*), sondern auch durch weitere

Kosten zur Vorbereitung (*Vorbereitungskosten*), Abwicklung (*Nebenkosten*) und Nachsorge (*Folgekosten*) der Maßnahme[19].

Die unterschiedlichen Kostenarten werden zunächst einzeln vorgestellt, bevor in einer Gesamtbetrachtung die Anteile der jeweiligen Kostenarten an den Gesamtkosten bei unterschiedlichen Sanierungsverfahren genannt werden. Zum Abschluß des Abschnittes wird an einem Beispiel gezeigt, welches Ausmaß Sanierungskosten annehmen können und welche Konsequenzen das für die Betroffenen (in diesem Fall ein mittelständisches Unternehmen) haben kann.

Zu den *Vorbereitungskosten* zählen alle Kosten, die in den der Sanierung vorgeschalteten Arbeitsschritten anfallen. Dies sind neben den Kosten für Erfassung, Gefährdungsabschätzung und sofortige Gefahrenabwehr im wesentlichen die Kosten der Sanierungsuntersuchung und -planung. Bei der Sanierungsuntersuchung handelt es sich um eine genaue Bestandsaufnahme des zu sanierenden Areals, die vom dafür zuständigen Amt, den Ingenieurbüros, Analyseinstituten oder von Sachverständigen durchgeführt wird (vgl. Kap. 3.3). Die Sanierungsplanung beginnt im Vorfeld der Maßnahme und begleitet die Arbeiten bis zum Ende (vgl. Kap. 3.2). Daher wird nur der Teil der Kosten, die im Rahmen der Sanierungsplanung anfallen den Vorbereitungskosten zugeschlagen. Dazu gehört z.B. die Aufstellung eines Sanierungsplan. Der andere Teil der Planungskosten wird zu den Nebenkosten gezählt.

Maßnahmekosten sind Kosten, die bei der Durchführung der Sanierungsmaßnahme anfallen und der Maßnahme direkt zugeordnet werden. Dies sind zum einen Investitionskosten, die z.B. bei Baumaßnahmen oder bei der Beschaffung von Maschinen und Geräten entstehen. Zum anderen handelt es sich um die Betriebskosten, also u.a. die Kosten für langfristige hydraulische Maßnahmen, Behandlung von Gasen, Sickerwässern oder sonstigen verunreinigten Wässern oder Bodenbehandlung. Die Höhe der Maßnahmekosten hängt im wesentlichen von dem durchzuführenden Verfahren oder der Verfahrenskombination ab. Literaturangaben über die spezifischen Kosten eines Behandlungsverfahrens schwanken z.T. sehr stark, da sie stets durch bodenspezifische Parameter beeinflußt werden und zudem nicht durch klare, einheitliche Leistungsbilder definiert sind (vgl. Grundmann 1993, siehe auch Kap. 4). Kostenspannen für unterschiedliche Verfahren werden in der Tabelle 2.3 gezeigt.

[19] Eine Unterteilung der Kosten in Kostenarten erfolgt in der Literatur nicht einheitlich. Die hier vorgenommene Einteilung lehnt sich an die Ausführungen des SRU von 1995 an.

Tabelle 2.3. Kostenspannen der verschiedenen Verfahren (Gossow, Venhorst 1992, S. 75)

Einkapselung	
Oberflächenabdichtung	100 – 150 DM/m²
Vertikale Barrieren	
– Spundwand	80 – 280 DM/m²
– Schlitzwand	110 – 350 DM/m²
– Schmalwand	35 – 55 DM/m²
– Injektion/Düsenstrahl-Injektion	300 – 600 DM/m²
– Bodenvereisung	360 – 1400 DM/m²
Horizontale Barrieren	
– Injektion/Düsenstrahl-Injektion	400 – 700 DM/m²
– Stollen mit/ohne Füllung	800 – 2000 DM/m²
– Durchgehende Sohlabdichtung	400 – 600 DM/m²
On-site-Behandlung	
Thermische Behandlung	
– Ausdampfen T ≤ 300 °C	100 – 250 DM/t
– Ausglühen T = 500 – 1500 °C	250 – 1500 DM/t
Extraktion (Auslaugen)	100 – 350 DM/t
Chemische Behandlung	20 – 200 DM/t
Mikrobiologische Behandlung	50 – 150 DM/t
Stabilisierung/Verfestigung	ab 150 DM/t
Vitrifizierung/Versteinerung	170 – 220 DM/t
In-situ-Behandlung	
Thermische Behandlung	300 – 800 DM/t
Chemische Behandlung	250 – 350 DM/t
Mikrobiologische Behandlung	100 – 200 DM/t
Stabilisierung/Verfestigung	160 – 300 DM/t

Nebenkosten entstehen durch maßnahmebegleitende Leistungen und können in der Summe einen nicht unerheblichen Kostenaufwand verursachen. Dazu zählen Kosten für

- die Sanierungsplanung, begleitende Gutachterleistungen und Bauüberwachung,
- Baustelleneinrichtung und -räumung,
- Aushub und Erdarbeiten,
- Arbeitsschutz,
- Emissionsschutz (z.B. Einhausungen, Abluftreinigungen, Folienabdeckungen),
- Wasserhaltung,
- Transport des belasteten Materials,
- Zwischenlagerung bzw. Pufferlagerung,
- Vorbehandlung des Bodens (Sieben, Brechen),
- Probenahme und Analytik (z.B. für Deponieklassenbestimmung),
- Erfolgskontrolle der Sanierungsmaßnahme,
- Öffentlichkeitsarbeit und
- Entschädigung.

Folgekosten sind Kosten für die Entsorgung bzw. den Wiedereinbau von belastetem Material sowie Kosten, die auch lange nach Beendigung der Sanierungsmaßnahme anfallen und den zukünftigen Nutzer und Eigentümer belasten.

Je nach Grad der Bodenbelastung liegen *Deponierungskosten* pro Tonne zwischen 15 DM und 900 DM.

Zu den Kosten, die nach Durchführung der Sanierungsmaßnahme anfallen, gehören u.a. die *Unterhaltungskosten*. Diese fallen in jedem Fall bei Sicherungs- und Gefahrenabwehrmaßnahmen an. Bei hydraulischen Maßnahmen sind dies z.B. die Kosten, die durch das Klären der abgepumpten Wassermengen entstehen und das Kostenvolumen der eigentlichen Maßnahme weit übersteigen.

Weiterhin zählen dazu die Kosten für behördliche *Überwachung und Eigenkontrolle*. Langzeitkontrollen können bei Dekontaminationsverfahren nach einer gewissen Zeit entfallen, müssen jedoch bei Sicherungsmaßnahmen, ständig durchgeführt werden (Gossow, Venhorst 1992, S. 75). Dazu führen Schneider und Lindner (1992 S 294)aus:

> "Gerade solche Sicherungsmaßnahmen, die in der Herstellung besonders kostengünstig sind, setzen jedoch oft einen erheblichen Kostenaufwand durch Folgekosten voraus. Dies soll an einem Beispiel erläutert werden:
> Die Sicherung einer Altablagerung wird durch Einkapselung mittels einer Dichtwand (vertikale Sicherung) und einer Oberflächenabdichtung (horizontale Sicherung) konzipiert. Um jeden potentiellen Schadstoffaustrag auszuschließen, der durch Imperfektionen der Einkapselung, aber auch durch Diffusion begründet sein könnte, ist im Inneren des eingekapselten "Topfes" durch eine Wasserhaltung als Dauermaßnahme zu gewährleisten, daß ständig ein von außen nach innen (zum eingekapselten Untergrund) gerichteter Gradient vorhanden ist. Das mit der Wasserhaltung geförderte Grundwasser ist vor seiner Ableitung bzw. Versickerung so lange aufzubereiten, wie Belastungen bestehen. Im Rahmen der Grundwasserförderung, -kontrolle und -reinigung sowie der allgemeinen Kontrolle der Einkapselung können über lange Zeiträume erhebliche Folgekosten anfallen. Erst eine wirtschaftliche Analyse über den vermutlich erforderlichen Wartungszeitraum kann zeigen, ob die zunächst ökonomisch günstiger erscheinenden Sicherungsmaßnahme durch Einkapselung tatsächlich kostengünstiger ist als zum Beispiel eine echte Sanierung".

Als ein weiteres Beispiel sei auf die Kosten hingewiesen, die durch das Niederschlagswasser auf versiegelten Flächen (nach Sicherungsmaßnahmen) entstehen: Entweder sind hier aufwendige Drainagesysteme zur Versickerung des Regenwassers im Umfeld der Fläche notwendig, deren Wartung wiederum weitere Kosten verursacht, oder aber das Wasser wird in die Kanalisation eingeleitet. In diesem Fall sind Abwassergebühren zu entrichten (ca. 2 DM pro qm und Jahr). Bei einer Fläche von 5 ha sind das z.B. 100.000 DM pro Jahr allein an Abwassergebühren.

Einen Überblick über die einzelnen Teilleistungen der Sanierung und deren prozentualen Anteil an den *Gesamtkosten* bei Dekontaminations- und Sicherungsverfahren findet sich z.B. in SRU (1995, Nr. 168). Demnach machen die Maßnahme- und Nebenkosten den wesentlichen Anteil der Sanierungkosten aus. Ihr Anteil liegt zusammen in der Regel zwischen 70 und 90 % der Gesamtkosten. Obwohl die reinen Maßnahmekosten zwar im allgemeinen etwas höher liegen als die Nebenkosten, ist der Anteil der Nebenkosten mit einer Spannbreite zwischen 15 und 57 % beachtlich hoch. An dieser Stelle wird deutlich, daß es fatal wäre, die

Kalkulation einer Sanierung auf die reinen Maßnahmekosten zu beschränken. Für eine zuverlässige und realistische Abschätzung im Vorfeld ist es äußerst wichtig, alle mit der Sanierung verbundenen Kosten einzubeziehen. Die Vorbereitungskosten mit einem Anteil von 4 - 10 % sind im Vergleich zu den Maßnahme- und Nebenkosten von eher untergeordneter Bedeutung. Ebenso die Folgekosten, deren Anteil an den Gesamtkosten zwischen 6 und 12 % liegt. Ausnahmen sind hier die chemisch-physikalischen Verfahren mit einem Folgekostenanteil von 18 - 30 %. Der oben beschriebene Sachverhalt der Kontrollkosten bei Sicherungsverfahren zeigt sich hier deutlich. Im Gegensatz zu den Dekontaminationsverfahren, bei denen keine Kosten für Kontrollen anfallen, liegen sie bei Sicherungsverfahren für das darauffolgende Jahr zwischen 5 und 9 %. Da zum Teil Langzeitkontrollen notwendig sind, liegen die Kosten häufig deutlich höher. Noch drastischer öffnet sich hier die Schere, wenn man berücksichtigt, daß Sicherungsmaßnahmen nur temporären Bestand haben, also unter Umständen zu einem späteren Zeitpunkt zusätzlich aufwendige Dekontaminationsmaßnahmen erfolgen müssen.

An dieser Stelle offenbart sich ein Dilemma der Altlastensanierung: Die 'Sünden der Vergangenheit' holen die Verursacher häufig ein, sie sind mit dessen Mitteln aber oft nicht zu bestreiten. Die ungesicherte Finanzierungssituation lähmt in vielen Fällen die Durchführung notwendiger Sanierungsmaßnahmen. In Kapitel 2.1.4 haben wir bereits das Beispiel einer Stadt angeführt, die aufgrund des immensen Finanzbedarfes für kommunale Altlastenflächen dazu übergegangen ist, die Flächen lediglich umzuwidmen. Von einer Sanierung ist ein solches Vorgehen sicherlich denkbar weit entfernt.

Im Hinblick auf qualifizierte Sanierungsmaßnahmen nimmt sich daher die Position vieler Behörden fatal aus, Gefahrenabwehr als das einzig rechtlich zulässige Ziel der Altlastensanierung zu bezeichnen:

> "Die verschiedentlich geforderte 'Multifunktionalität' ist nur in Ausnahmefällen realisierbar und sinnvoll, als generelle Zielvorgabe wäre sie rechtlich nicht durchsetzbar und stünde einer bestmöglichen Verwendung der knappen öffentlichen Mittel entgegen". (Fehlau 1994, S. 15)

Damit wird solchen "Minimalsanierungen" argumentativer Vorschub geleistet. Dagegenzusetzen sind intelligente Sanierungskonzepte, die die Anforderungen an eine tatsächliche Abwägung von Kosten und Nutzen erfüllen und möglichst große Nutzungsvielfalt mit vorhandenen finanziellen Ressourcen verbinden (vgl. hierzu auch Kapitel 5).

2.2.4 "Wer darf das schon?": Genehmigungsverfahren

Die Planung einer flächendeckenden und bedarfsorientierten Sanierungsmaßnahme und die Durchführung der notwendigen Genehmigungsverfahren ist häufig sehr zeitaufwendig. Während der Dauer des Genehmigungsverfahrens bleibt allerdings die Gefährdung, die von der verunreinigten Fläche für Menschen und Umwelt ausgeht, weiterhin bestehen. Die Ausbreitung von Schadstoffen wird nicht unterbunden bzw. verringert, Schadstoffe können weiterhin auf Menschen und Umwelt einwirken. "Seit 1993 gilt das Investitionserleichterungs- und Wohnbaulandgesetz, welches weitreichende Änderungen für verschiedenen Gesetze nach sich zog, von denen auch das Genehmigungsverfahren für Bodenbehandlungsanlagen betroffen ist". (UBA 1994, S. 386)

Trotz des Gesetzes zur Verfahrensbeschleunigung dauern die Verfahren zum Teil immer noch bis zu 3 Jahren, wobei noch zu berücksichtigen ist, daß in diesen Zeitrahmen nicht die Planungs- und Errichtungsphase eingeschlossen sind (INFU 1992, S. 2 f.). Die Dauer bzw. die Art des Genehmigungsverfahrens ist abhängig von der durchzuführenden Sanierungsmaßnahme. Dazu führen Brandt und Wagner aus (1992, S. 1):

> "Spezielle Rechtsvorschriften, die die Anforderungen an Bodensanierungsmaßnahmen abschließend und umfassend regeln, gibt es nicht. Vielmehr folgen die rechtlichen Voraussetzungen für die jeweils in Betracht kommenden Sanierungsmaßnahmen aus den anlagen- und medienbezogenen Umweltgesetzen. (...) Die rechtlichen Anforderungen (an Sanierungsmaßnahmen, d. Verf.) sind nicht homogen, sondern unterscheiden sich je nach Sanierungsverfahren, Anlagenbeschaffenheit und Randbedingungen, wie z.B. der Dauer der Sanierungstätigkeit".

Bei der Genehmigung von Sanierungsverfahren finden insbesondere das Gesetz zum Schutz vor schädlichen Umwelteinwirkungen durch Luftverunreinigungen, Geräusche, Erschütterungen und ähnliche Vorgänge (Bundes-Immissionsschutzgesetz - BImSchG), das Gesetz zur Ordnung des Wasserhaushaltes (Wasserhaushaltsgesetz - WHG) sowie die Bauordnungen der Länder Anwendung. Die Notwendigkeit und die Art des Genehmigungsverfahrens ist zunächst von der Entscheidung abhängig, ob ein Dekontaminations- oder ein Sicherungsverfahren für die belastete Fläche durchgeführt wird. Ist die Entscheidung zugunsten der Dekontamination und damit für technische Verfahren zur Beseitigung, Umwandlung oder Verringerung von umweltgefährdenden Stoffen in den Umweltmedien Boden, Wasser und Luft gefallen (vgl. auch Kap. 4), bestimmt der Ort der Durchführung der Verfahren die Art des Genehmigungsverfahrens. Man unterscheidet:

- **Ex-situ**: Verfahren, bei denen der verunreinigte Boden behandelt wird, *nachdem* der Boden ausgehoben wurde.
  - **on-site**: Aushub des kontaminierten Bodens und Behandlung auf dem kontaminierten Grundstück.
  - **off-site**: Aushub des kontaminierten Bodens, Transport und Behandlung auf einem anderen Grundstück.
- **in-situ**: Verfahren, bei denen der verunreinigte Boden behandelt wird, *ohne* daß ein Aushub des kontaminierten Bodens erfolgt.

In-situ-Verfahren bedürfen ähnlich wie Sicherungsverfahren hauptsächlich einer wasserrechtlichen Erlaubnis (bzw. Bewilligung), da bei diesen Verfahren häufig das Grundwasser angeschnitten und somit gebraucht bzw. abgeleitet wird, was einer Benutzung nach der Gesetzesdefinition des Wasserhaushaltsgesetzes (WHG) entspricht (INFU 1992).

Sicherungsmaßnahmen bedürfen keiner abfallrechtlichen bzw. immissionsschutzrechtlichen Genehmigung. Für Einkapselungs- und Abdichtungsmaßnahmen sowie hydraulische Maßnahmen werden in der Hauptsache das Baurecht und Bauordnungsrecht sowie das Wasserrecht - wieder unter dem Aspekt etwaiger

Einwirkungen auf das Grundwasser - als Genehmigungserfordernis in Betracht kommen.

Anlagen zur *Ex-Situ-Behandlung* bedürfen je nach Sanierungsverfahren, Anlagenbeschaffenheit und Randbedingungen Genehmigungen nach unterschiedlichen Rechtsvorschriften. Dieser Sachverhalt ist in Tabelle 2.4 zusammengestellt.

Tabelle 2.4. Übersicht der Genehmigungsverfahren für Bodenbehandlungsanlagen

		Genehmigungsverfahren						
		AbfG	Planf. Verf.	BImSchG § 10	BImSchG § 19	WHG	Krw/ AbfG	Bau
Bodenreinigungs-anlagen	Betriebdauer < 12 Monate	-	-	-	-	●	●	●
	Behandlung des Bodens am Standort (On-site)	-	-	-	●	●	●	○
	Behandlung an anderem Standort (Off-site)	-	-	●	-	●	●	○
Versuchsanlagen	Betriebsdauer < 12 Monate	-	-	-	-	●*	●	●
	Betriebsdauer 12 bis 36 Monate	-	-	-	●	●*	●	○
	Betriebsdauer länger als 36 Monate	-	-	●	-	●*	●	○
Zwischenlager		●	-	-	-	●	●	●

AbfG: Genehmigung nach Abfallrecht
Planf.-Verf.: Planfeststellungsverfahren erforderlich
BImSchG: Genehmigung nach Bundesimmissionsschutzgesetz
§ 10: volle Genehmigung nach § 10 BImSchG
§ 19: vereinfachte Genehmigung nach § 19 BImSchG
WHG: Genehmigung nach Wasserrecht
Krw/AbfG: Genehmigung nach Kreislaufwirtschafts- und Abfallgesetz (ab 1996)
Bau: Baugenehmigung erforderlich

* von der wasserrechtlichen Erlaubnis befreit, soweit keine nachteiligen Veränderungen der Eigenschaften des Wassers erwartet werden

● Genehmigung erforderlich
○ Baugenehmigung ist im immissionsschutzrechtlichen Verfahren eingeschlossen
\- Genehmigung ist nicht erforderlich

Zu dem 'normalen' Zeitbedarf für die o.g. Genehmigungsschritte kommen dann noch in vielen Fällen diverse Verzögerungen, deren Gründe hier nur exemplarisch aufgeführt werden sollen: Personelle Unterbesetzung, unvollständige bzw. nicht prüfungsgerechter Aufbau der Antragsunterlagen, Prüfung der Einwendungen der Öffentlichkeit, Abgleich mit der kommunalen Planung oder Planungsänderungen. Ausführlich wird diese Problematik z.B. im Handbuch - Kommunales Altlastenmanagement des UBA erörtert (UBA 1994).

2.2.5 "Wer will das schon?": Akzeptanzprobleme

> "Die Altlastensituation bricht als Quasi-Katastrophe über die Bewohner einer Altlast herein, beeinträchtigt in vielfältiger Weise das Leben der Bewohner und macht einen normalen Lebensablauf nahezu unmöglich". (Discher/Kraus 1991, S.77)

Durch Altlasten entstehen häufig gesundheitliche, psychische aber auch soziale und ökonomische Beeinträchtigungen für Bewohner. Sanierungsmaßnahmen können diese Beeinträchtigungen sogar verstärken und stoßen daher häufig auf Widerstand. Hinzu kommt, daß unzureichende Informationspolitik der Behörden bzw. Sanierungsverantwortlichen und fehlende Beteiligungsmöglichkeiten betroffener Be- und Anwohner von Altlasten in vielen Fällen dazu geführt haben, daß die Durchführung von Sanierungsmaßnahmen in eine Sackgasse geriet. Zu häufig wurden von Sanierungsplanern lediglich die technischen Probleme der Altlastensanierung betrachtet. Gesundheitliche, ökonomische oder psycho-soziale Aspekte der Sanierung bewohnter Altlasten waren allenfalls Randthemen.

In vielen Fällen werden von Medizinern und Gutachtern keine akuten *gesundheitlichen Gefahren* für die Bewohner festgestellt, die auf die direkte Schadstoffexposition zurückgeführt werden könnten. Allerdings lassen vorgefundene Konzentrationen die Möglichkeit chronischer Erkrankungen nicht ausschließen. Es handelt sich also keineswegs um ungefährliche Situationen; lediglich sofortige Vergiftungserscheinungen treten nicht auf, weitere Aussagen könne oft nicht getroffen werden.

Von verschiedenen Erkrankungen wurde in Zusammenhang mit Altlasten berichtet. Beispielsweise gab es in Dortmund-Dorstfeld drei Fälle der seltenen Krebserkrankung Morbus Hodgkin (einer Leberkrebsart), während im gesamten Stadtgebiet zur gleichen Zeit 15 Fälle bekannt waren. Ein Zusammenhang zu den Bodengiften konnte zwar nicht nachgewiesen werden, die psychologische Wirkung war jedoch nachhaltig. Als eine direkte Auswirkung der vorhandenen Schadstoffe in Dortmund-Dorstfeld (unter anderem Benzol, Dicyclopentadien) wurden häufig auftretende, starke Kopfschmerzen betrachtet. Weiterhin wurde über eine Reihe anderer Erkrankungen geklagt. So traten häufiger Hauterkrankungen (Ausschläge, Ekzeme) sowie vegetative Störungen (Schlafstörungen, Kopf- und Magenschmerzen, Übelkeit, Konzentrationsschwächen, Nervosität) auf. Viele dieser Anzeichen werden dabei weniger auf direkte Auswirkungen von Schadstoffen, als vielmehr auf indirekte Wirkungen aufgrund psychischer Belastungen zurückgeführt.

Psychologische Auswirkungen hat die Altlastensituation vor allem durch

- die Angst vor möglichen Krankheiten und
- Streßsituationen als Ergebnis sich verstärkender Rückkopplungen mit anderen Auswirkungen und bestehende Unsicherheiten, Hilflosigkeiten und Konflikten.

Da nicht nur durch direkte Schadstoffexposition Krankheiten auftreten können, muß die vielfach vorhandene Angst davor als ein weiterer Schadstoffpfad betrachtet werden. Auf diesen Zusammenhang wurde in Gutachten zu Dorstfeld-Süd ausdrücklich hingewiesen, ohne daß jedoch von Seiten der Verantwortlichen Konsequenzen daraus gezogen wurden:

> "Die von den Anwohnern artikulierten Ängste beziehen sich auf befürchtete Gesundheitsbeeinträchtigungen durch Gifte im Boden, auf die belastende Ungewißheit im Zusammenhang mit immer neuen Giftfunden, sowie, in geringerem Umfang, auf Rufschädigung, Imageverlust und mögliche ökonomische Nachteile. Dieses (...) ist als typische Reaktion auf eine als bedrohlich empfundene Situation anzusehen, der man sich weitgehend hilflos ausgeliefert sieht. Aus der Umweltpsychologie ist bekannt, daß tatsächliche oder vermutete Belastungsfaktoren der Umwelt ('Umwelt-Stressoren') in um so stärkerem Maße psychische Belastungsreaktionen ('psychischer Streß') induzieren, je weniger

der einzelne durch sein Verhalten den Stressor kontrollieren kann." (Schlipköter 1986, S. 69)

Insbesondere die Gefährdung der Kinder wird als bedrohlich empfunden. Sie sind nach übereinstimmender Auffassung die am stärksten gefährdete Gruppe. Die Angst davor, daß Kinder mit und im Gift spielen, kann dazu führen, daß ihnen nur noch der Aufenthalt im Haus erlaubt wird. Der eigene Garten wird zur Tabuzone. Diese Situation wird auf längere Sicht für Kinder und Eltern unhaltbar. Davon abgesehen gleicht die Erkenntnis, daß auch der Hausstaub unter Umständen erheblich belastet sein kann, einer Katastrophe.

Aber nicht nur den Kindern wird der Gartenaufenthalt verboten, auch die Eltern selbst nutzen das Grundstück nicht mehr; Gartenarbeit wird eingestellt, selbstangebaute Nahrungsmittel werden nicht mehr verzehrt. Die vom eigenen Grund und Boden ausgehende Bedrohung schränkt also in erheblichem Maße die Bewegungsfreiheit der Bewohner ein.

Das Verhalten von Politik und Verwaltung ist im Zusammenhang mit der Sanierung von Altlastenflächen für die Akzeptanz der Maßnahme nicht immer förderlich. Häufig ist die Verwaltung aufgrund ihrer hochspezialisierten und zentralisierten Entscheidungs- und Bearbeitungsstrukturen dem Problem nicht gewachsen und reagiert zu spät und zu schwerfällig auf das Altlastenproblem. Mehr noch neigt sie oft dazu, sich vor allem unter öffentlichem Druck nach außen hin abzuschotten und verweigert offene Information und Kommunikation. Zur Schadensbegrenzung versuchen Politik und Verwaltung die Gefahren zu verheimlichen und Verantwortung zu streuen, um eine eindeutige Fehlerzuweisung zu vermeiden (Discher/Kraus 1991, S. 14f). Je länger Entscheidungen und Maßnahmen herausgezögert werden, je länger die Unsicherheit über Gegenwart und Zukunft anhält, desto größer wird die Streßsituation. Dieses Verhalten führt auf Seiten der Betroffenen zu Enttäuschung und Mißtrauen gegenüber Verwaltung und Politik. Latente Akzeptanzprobleme führen zu offenen Konflikten. Die Positionen verhärten sich und eine sachliche Diskussion ist nicht mehr möglich. Häufig wird eine Sanierung "durch die starre Position der jeweils Beteiligten beeinträchtigt und teilweise sogar blockiert" (Baumheier/Wiegandt 1992, S. 638).

Vielfach wird von den Betroffenen auf den Verlust an sozialen Kontakten als Folge der Altlastenproblematik hingewiesen. Freunde und Bekannte kommen nicht mehr zu Besuch: Sie haben Angst vor den Giftstoffen. Außerdem ist das "Dauerthema Altlasten" sozusagen "Gift" für die Kommunikation zwischen Bewohnern und deren Bekannten. Es kommt zu einer Distanzierung von beiden Seiten. Die Freunde halten sich zurück, sie sind von dem Thema nur am Rande berührt. Betroffene fühlen sich unverstanden und suchen nach Gesprächspartnern, die ihre Bedürfnisse teilen, über das Thema zu sprechen. Diese finden sie in der Siedlung selbst und vor allem in Bürgerinitiativen. Es entsteht unter den Betroffenen eine Art "Verschwörermentalität", nach außen kommt es zu einer "sozialen Isolation". Familiäre Belastungen sind auch mit der Aktivität in einer Siedlerinitiative verbunden. Der zum Teil immense Zeitaufwand erschwert die familiären Beziehungen, wenn die Eltern oder ein Elternteil häufig unterwegs sind. Gemeinsames Familienleben und Freizeitgestaltung gibt es kaum noch.

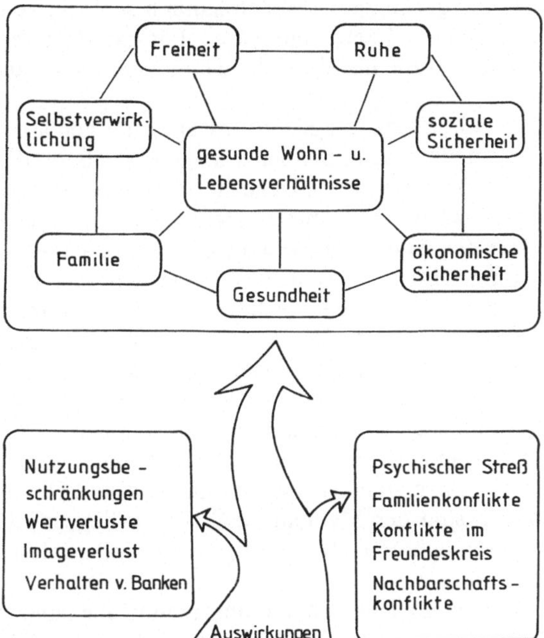

Abb. 2.10. Auswirkungen von Altlasten auf Bewohner (nach Discher, Kraus 1991)

Häufig wird von Ehekrisen bis hin zu Scheidungen berichtet, weil Ehepartner über einen Verbleib in der Siedlung keine Einigung erzielen konnten. Vor allem Frauen neigen dazu, die Siedlung zum Schutz der Kinder zu verlassen.

In der Nachbarschaft entstehen Probleme durch unterschiedliche Verarbeitungsmuster der Siedler. Manche werden aktiv und versuchen so, ihre Interessen durchzusetzen. Andere wollen keinen Aufruhr und haben Angst, daß die Siedlung einen 'schlechten Ruf' erhält. Diejenigen, die öffentlich auf das Problem aufmerksam machen, werden von den eher passiven als "Ruhestörer" und "Querulanten" angesehen, die "die Siedlung in den Schmutz ziehen".

In manchen Fällen protestieren Grundstückseigentümer gegen eine geplante Sanierung, da sie mit der Maßnahme und dem damit häufig verbundenen Publikwerden des Altlastenfalls finanzielle Verluste befürchten.

Aufgrund der Kontaminationen werden die Grundstücke (häufig auch nach einer Sanierung) mit Nutzungseinschränkungen belegt, z.B. für den Gemüseanbau im Garten. Je stärker die Gesundheitsgefahren, desto größer die Nutzungsbeschränkungen. Damit sinkt das "Image" einer Siedlung, der Wohnwert wird als gering eingestuft. Der Marktwert des Grundstückes fällt, da an der Fläche oder Siedlung der Makel des Gifts hängt. Bei einem Verkauf des Grundstückes sind zum Teil enorme Wertverluste auch nach einer Sanierung hinzunehmen. In der Tat verliert ein Grundstück mit Publikwerden einer Schadstoffbelastung an Wert. U.U. finden sich keine Käufer mehr für das Grundstück, Banken akzeptieren es nicht mehr als Sicherheit und geben zum Teil beträchtlich schlechtere Bankkonditionen für Kredite (höhere Zinsen, kürzere Laufzeiten). Für Familien, die sich den Traum von einem Eigenheim erfüllt haben, bedeutet die Altlastensituation häufig den finanziellen Ruin.

Die Reaktion von Grundstückseigentümern auf eine geplante Sanierung kann dennoch sehr unterschiedlich sein. Sie hängt u.a. davon ab, ob der Grundstückseigentümer gleichzeitig Bewohner der Fläche ist oder ob er lediglich auf der Fläche Wohnraum vermietet. Ist der Eigentümer gleichzeitig Bewohner steht neben finanziellen Verlusten die Angst vor Gesundheitsgefahren im Vordergrund. Eine umfassende Sanierung wird in diesem Fall vermutlich eher befürwortet. Wohnt der Eigentümer nicht selbst auf der Fläche liegt sein Hauptinteresse eher darin, den Wert des Grundstücks zu erhalten und er wird dazu neigen, die Auswirkung der Kontamination und Sanierung der Fläche nicht "an die große Glocke" zu hängen. Die Einbeziehung der Bewohner in die Sanierungsuntersuchung beeinflußt unmittelbar die Zustimmung zu den Sanierungsmaßnahmen.

Umgekehr sind Be- und Anwohner einer Altlastenfläche u.U. mit einer Sanierungsmaßnahme nicht einverstanden, weil sie Qualität und Umfang als nicht ausreichend ansehen. Sie sind der Meinung, daß die vorliegende Gefahr durch die geplante Sanierungsmaßnahme nicht beseitigt wird, und fordern weitreichendere Sanierungsmaßnahmen.

Ggf. stehen sie einer geplanten Sanierungsmaßnahme ablehnend gegenüber, weil sie befürchten, die Gesundheitsgefahren während der Durchführung der Maßnahme könnten unkalkulierbar ansteigen, da die Schadstoffe damit erst offengelegt würden. So könnten im Zuge der Bodenauskofferung Schadstoffe ausgasen oder über Staubverwehungen in die Häuser gelangen.

Häufig führt Mißtrauen gegenüber den Sanierungsmaßnahmen zu einem autodidaktischen "Studiengang Altlasten" (Rebbe 1989). Bewohner glauben den sog. Experten nicht mehr und eignen sich selbst ein breites Wissen über Altlasten und Sanierungsmaßnahmen an. In einigen Fällen werden auf eigene Kosten Fachleute beauftragt, um die geplanten Maßnahmen besser einschätzen zu können. "Klassisch" ist der Fall, daß bei Sanierungsverantwortlichen und Bewohnern unterschiedliche Gefahren- bzw. Risikobewertungen vorliegen[20].

Demgegenüber ist zuweilen festzustellen, daß Sanierungsmaßnahmen abgelehnt werden, so z.B. die Bewohner der ehemaligen Rüstungsstandorte Stadtallendorf und Waldkraiburg. Die Folgen der Kontamination sind nicht offensichtlich zu erkennen - z.B. in Form von Pflanzenschäden, Gerüchen oder verfärbtem Boden. Eine Sanierung scheint überflüssig. Aus Bequemlichkeit oder Verunsicherung wird argumentiert, daß man schließlich schon lange dort lebt und dennoch gesund und wohlauf ist. Die schleichende Gefahr für die Gesundheit wird nicht erkannt und oft genug verdrängt.

'Gegengutachten' und sogar öffentliche Demonstrationen und Blockaden gehörten in den 80er Jahren, als sich der Umgang der Kommunen mit Altlastenbe-

[20] So geschah es in Dortmund-Dorstfeld, daß die Bewohner die gutachterlich für unbedenklich erklärten Restbelastungen der Flächen nach der Sanierung nicht akzeptierten und statt dessen auf einem Rückkauf der Häuser durch die Stadt beharrten, um die Siedlung verlassen zu können.

troffenen meist auf Nicht-Information, Verharmlosung und Abwiegelung beschränkte, zum Bild der Altlastensanierung (vgl. Discher/Kraus 1991). In den letzten Jahren kann ein eher partizipatorisches, die Betroffenen beteiligendes Vorgehen festgestellt werden.

Zur Verringerung von Akzeptanzproblemen bei Sanierungen und damit zur zügigen Durchführung der Maßnahmen ist eine gute Aufklärungsarbeit und offene Informationspolitik im Vorfeld der Maßnahme unabdingbar. Durch umfangreiche Informationen und Einführung der Bewohner in das Thema wird Unsicherheit genommen. Die Betroffenen haben häufig mehr Verständnis für die durchzuführende Maßnahme und fühlen sich nicht übergangen.

Eine offene Informationspolitik ist also als Grundlage der Einbindung der Betroffenen in den Planungsprozeß von großer Bedeutung. Erst die Möglichkeit der aktiven Mitgestaltung und -entscheidung kann das Vertrauen in die Maßnahmen auf Seiten der Betroffenen nachhaltig erzeugen. Eine Möglichkeit der Beteiligung von Betroffenen besteht in der Bildung einer Sanierungsgemeinschaft, in der Mitspracherecht bei Entscheidungen eingeräumt wird. Baumheier und Wiegandt fordern ein problemangemessenes, kooperatives, informales Verwaltungshandeln von Politik und Verwaltung.

> "Kooperatives (statt hoheitliches) Verwaltungshandeln bezeichnet einen 'auf Verhandlungen beruhenden Prozeß der Konsenssuche'. Informales (statt formales) Verwaltungshandeln folgt 'keinen generell gültigen Verfahrensregeln oder organisatorischen Festlegungen' und entwickelt sich 'aus den Gegebenheiten des Einzelfalls'. 'Kooperatives, informales Verwaltungshandeln' steht damit idealtypisch in einem Gegensatz zum traditionellen 'hoheitlichen, formalen Verwaltungshandeln. (...) Verwaltungen müssen bereit sein, Betroffene als gleichrangige Verhandlungspartner zu sehen und einen Interessenausgleich aus den Beteiligungsprozessen herzuleiten" (Baumheier/Wiegandt 1992, S. 639 ff.).

Möglichkeiten der Gestaltung einer Mitwirkung am Prozeß der Sanierungsplanung werden ausführlich in Kapitel 3 erläutert. Ein Beispiel sie aber bereits hier angeführt:

Im Fall der bewohnten Rüstungsaltlast Empelde im Landkreis Hannover hat sich die Form eines kooperativen Verwaltungshandelns mit dem Ziel konsensorientierter Lösungen als Erfolg erwiesen. Der Wohnpark Empelde wurde auf dem Gelände einer ehemaligen Munitionsfabrik errichtet, die dort von 1861 bis zum Ende des II. Weltkrieges Munition produzierte, testete und lagerte. Danach wurde die Fläche bis Anfang der 80er Jahre gewerblich genutzt. In dem - scheinbar - idyllischen "Wohnpark am See" (ca. 270.000 m²), der seit Mitte der 80er Jahre von verschiedenen Gesellschaften sowie Privatleuten bebaut wurde, leben heute 2000 Menschen, darunter viele junge Familien mit Kindern. Die Fläche ist teilweise hoch mit CKW sowie mit Schwermetallen. belastet

Die Bewohnerschaft hat sich in der "Bürgerinitiative Wohnpark am See" (BIWAS) als wichtigste Interessenvertretung der Betroffenen organisiert und sich als kompetente Verhandlungspartnerin erwiesen. Zur Erhöhung ihrer fachlichen Kompetenz richtete die BIWAS mehrere fachbezogene Arbeitskreise ein; ihre Mitglieder bilden sich auf Fachveranstaltungen zur Rechts- und Sanierungsproblematik fort. Der Dialog zwischen Verwaltung und Betroffenen wurde ab Januar 1992 am "Runden Tisch" aufgenommen. Die BIWAS wurde seitdem an den verschiedenen verwaltungsinternen und politischen Gesprächsrunden beteiligt und wirkte an der Entscheidungsvorbereitung mit. Neben dem "Runden Tisch" wirkt die BIWAS am sog. Fachgremium im Umweltministerium, einem das Verfahren der Gefährdungsabschätzung begleitenden Arbeitskreis mit. Daneben hat die BIWAS einen bedeutsamen Teil der Informationsvermittlung übernommen und durch ihre Tätigkeit zur Aufklärung der Gefahren beigetragen Es wurden z.B. auf eigene Faust Zeitzeugen befragt (Mussel/Philipp 1993, S. 157 ff.). Die gute Kooperation zwischen Bewohnern und Verwaltung hat dazu geführt, daß die Arbeiten im Vorfeld der Sanierungsmaßnahmen relativ zügig durchgeführt werden konnten. Da die geplanten Maßnahmen mit den Bewohnern abgestimmt wurden, ist kein Widerstand von Seiten der Betroffenen zu erwarten, der dazu führen könnte, daß sich die Durchführung der Sanierungsmaßnahme verzögern würde.

2.2.6 "Reinheit und was sonst noch zählt!": Weitere Aspekte der Altlastensanierung

Zu den bereits ausführlicher beschriebenen Sanierungsgrenzen kommen noch weitere hinzu, die nicht alle aufgeführt werden können. Es ging darum, Warnsignale aufzustellen und Eindrücke zu vermitteln. Es ging darum, in einem schwerpunktmäßig technisch ausgerichteten Forschungs- und Arbeitsfeld eine realistische Einschätzung des Machbaren zu entwickeln und die "Alltagsschwierigkeiten" der Altlastensanierung aufzuzeigen. Zur Abrundung des Bildes sei eine kleine Auswahl bisher vernachlässigter Aspekte angerissen, auf die Planer und die Planerin einer Sanierung unweigerlich stoßen werden, nämlich die Bereiche 'Probenahme und Analytik', 'Denkmal-' und 'Naturschutz'. Diese Betrachtung schließt die Grenzen der Altlastensanierung ab. Die folgenden Kapitel widmen sich umfassend ihren Möglichkeiten.

Anwendungsgrenzen von Probenahme und Analytik

In der Altlastenbehandlung erfolgen Beurteilungen in den allermeisten Fällen anhand von Richt- oder Grenzwerten (vgl. Kapitel 2.1.5). Dies beginnt mit dem Erkennen einer Belastung und der Beurteilung möglicher Auswirkungen auf Schutzgüter, der Ermittlung eines Sanierungsbedarfes, der Feststellung von Sanierungszielen. Es endet mit der Kontrolle des Sanierungserfolges. In jedem Beurteilungsschritt stellen sich deshalb die Fragen, ob Schadstoffe vorhanden sind und wenn ja, ob ihre Gehalte ober- oder unterhalb eines konkreten Wertes (Prüfwert) liegen. Die Beantwortung dieser Fragen erscheint auf den ersten Blick einfach und eindeutig: Theoretisch kann man durch eine repräsentative Probenahme und eine umfassende Analytik ein genaues Abbild der tatsächlichen Verhältnisse erhalten. In der Praxis ergeben sich jedoch eine Vielzahl von Problemen, die es nahezu unmöglich machen, die Schadstoffsituation exakt zu erfassen, um letztlich mit adäquaten Sanierungsverfahren einen Sanierungserfolg zu gewährleisten.

Die ersten Schwierigkeiten ergeben sich bereits bei der Wahl der Probenahmepunkte: Das übliche Verfahren zur Bodenbeprobung von Altlasten ist die Rammkernsondierung. Hierbei werden Schlitzsonden mehrere Meter in den Boden ge-

rammt und aus den so gewonnenen vertikalen Bodenschnitten die Proben entnommen. Da der Durchmesser dieser Sonden nur etwa 50 - 60 cm beträgt, können diese Schnitte nur ein Bild eben dieses sehr eng begrenzten Bereiches liefern. Wie es wenige Zentimeter neben diesem Bohrpunkt aussieht, läßt sich nicht mit Gewißheit sagen. Durch Recherchen zur Vorbereitung der technischen Untersuchungen (Erstbewertung) können die Probenahmepunkte zwar gezielt im Bereich der wahrscheinlichen Kontaminationsschwerpunkte plaziert werden, im Extremfall kann jedoch genau *neben* dem (in den Akten nicht vermerkten) Altöltank gebohrt worden sein. Wenn solche Belastungen erst bei der Durchführung von Sanierungsmaßnahmen entdeckt werden, kann dies zu einem erheblichen Mehrbedarf an Zeit, Technik und Geld führen oder sogar eine weitere Sanierungsstufe erforderlich machen (sofern für die neuentdeckten Kontaminationen überhaupt Sanierungsverfahren zur Verfügung stehen).
Besonders gravierend tritt das Problem der vollständigen Schadstofferfassung bei Altablagerungen auf, da hier ein i.d.R. unbekannter ´Schadstoffzoo´ vorliegt, der sich durch Vorrecherchen kaum spezifizieren läßt[21].

Doch selbst wenn man davon ausgeht, tatsächlich repräsentative Proben erhalten zu haben, steht man dann vor dem Problem, die Schadstoffbelastung dieser Proben zu bestimmen: Zunächst stellt sich die Frage nach den zu untersuchenden Schadstoffen. Denn natürlich gilt auch hier die Goethesche Regel: Man sieht nur was man weiß!

Im Fall der Altlastenanalytik heißt dies, daß nur die Schadstoffe entdeckt und bestimmt werden können, die mit den angewendeten Analyseverfahren auch erfaßt werden. Als Beispiel seien hier noch einmal die Bestandteile von Motorenölen genannt (vgl. Kap. 2.2.1): Der Analyseparameter KW_{ges} bestimmt den Gehalt an aliphatischen Kohlenwasserstoffen. Diese stellen jedoch nur einen Teil der Motorenölbestandteile. Die - auch toxikologisch relevanten - aromatischen Komponenten werden nicht erfaßt. Wird nun der Sanierungserfolg (z.B. bei einer biologischen Behandlung) nur an der Abnahme der aliphatischen Bestandteile festgemacht, täuscht dies einen Erfolg vor, der tatsächlich nicht eingetreten ist.

Als weiterer ´Hemmschuh´ ist die Analytik selbst zu nennen: Zwar liefern die Labore für jeden analysierten Schadstoff in einer Probe genau einen Wert (auf Wunsch auch mit beliebig vielen Nachkommastellen), aber damit wird eine Genauigkeit vorgetäuscht, die sich in der Realität nicht erreichen läßt.
Die Ungenauigkeiten beginnen bereits bei der Probenvorbereitung, d.h. der Entnahme eines Teils des Probengutes aus dem Probenglas. Denn i.d.R. sind Proben (insbesondere Bodenproben) nicht homogen. Die Entnahme nur eines Teiles verfälscht deshalb bereits das Bild.
Aber es kommt selbst dann zu erheblichen Abweichungen in den Ergebnissen, wenn verschiedene Labore *identische* Proben analysieren. Ein Beispiel hierfür ist in Tabelle 2.5 aufgeführt.

[21] wie dies bei Altstandorten anhand branchentypischer Schadstoffinventare oftmals im Rahmen der Erstbewertung möglich ist

Tabelle 2.5. Schwankungsbereiche bei Benzo(a)pyrenmessungen (mg/kg) von 5 Laboren bei je 3 Analysen und 4 Proben (Discher/Kraus 1991)

Analyse	1	2	3
Probe 1	28,70 - 122,38	27,50 - 124,95	28,30 - 108,30
Probe 2	1,01 - 5,80	1,32 - 7,02	3,45 - 5,76
Probe 3	1,05 - 2,10	1,39 - 2,49	1,23 - 1,99
Probe 4	0,49 - 1,65	0,39 - 0,71	0,37 - 3,02

Im Fall der in Tabelle 2.5 aufgeführten Probe 2 können die Analysewerte als Unterschreitung des Sanierungszielwertes oder als Überschreitung des Toxizitätswertes (sofortige Sanierung) gedeutet werden (bei Zugrundelegung der Richtwerte nach Eikmann/Kloke von 1993 für Haus- und Kleingärten, BW II: 2 mg/kg; BW III: 5 mg/kg).

Neue Industriedenkmäler - Denkmalschutz versus Umweltsanierung
Betrachtet man den § 2 des Denkmalschutzgesetzes Nordrhein-Westfalen so sind Denkmäler u.a. Sachen die bedeutend für die Geschichte des Menschen, für Städte und Siedlungen oder für die Entwicklung der Arbeits- und Produktionsverhältnisse sind. Nimmt man es mit dem "Geist des Gesetzes" nicht ganz so genau und läßt man einmal störende Einflüsse aus anderen Fachgesetzen (z.B. OBG, AbfG u.ä.; vgl. Kapitel 2.1.2) so könnte man postulieren, daß besonders umfangreich kontaminierte Betriebs- und Ablagerungsflächen die vielleicht authentischsten Zeugen unserer Industriegeschichte sind. Sind also kontaminierte Flächen nicht besonders denkmalwürdig? In jedem Fall sind sie auch ohne die formale Schutzwürdigkeit eine besondere Form des Industriedenkmals.

Lassen wir den Sarkasmus außen vor, und veranschaulichen den Denkmalschutz als einen bislang weitgehend vernachlässigten, aber durchaus nicht unwichtigen Aspekt der Altlastensanierung. Die "Kathedralen der Industriegeschichte", wie z.B. Industriebauten im Ruhrgebiet oft bezeichnet werden, sind in überaus bedeutendem Maße Zeitzeugnisse der Industriegeschichte. Sie sind Teil der Lebensgeschichte vieler Menschen, die darin tagtäglich ihrer Arbeit nachgingen. Sie bestimmten den Lebensrhythmus, das Lebensumfeld und die Lebensbedingungen der Menschen. Sie bestimmten die Stadtentwicklung, die Verkehrsplanung, die Haushaltssituation der Kommunen. Kein Wunder also, daß die Denkmalbehörden mit dem Strukturwandel in den altindustrialisierten Ballungsgebieten und den daraus resultierenden Betriebsstillegungen verstärktes Interesse an vielen dieser Monumente entwickelten. Sei es die "Völklinger Hütte", die sogar zum Weltkulturgut aufgestiegen ist, oder die vielen Industriedenkmäler, deren historischer Wert in Nordrhein-Westfalen gerade auch im Rahmen der Internationalen Bauaustellung Emscher Park erkannt wurde, wie der Gasometer des ehemaligen Thyssen-Stahlwerkes in Oberhausen, die sog. Jahrhunderthalle des ehemaligen

Krupp-Geländes in Bochum, der sog. Landschaftspark Duisburg-Nord mit dem kompletten ehemaligen Meidericher Hüttenwerk oder das "Haldenereignis Emscherblick", einer ehemaligen und mittlerweile begrünten Bergehalde.

> "Was man kaum glauben mag, hat man sich durch die alte Gaszuleitung, wie durch einen U-Booteinstieg in die gigantische Blechbüchse vorangetastet. Ölig, heiß und ungesund lastet die Luft, der Boden ist bedeckt mit bleiverseuchtem Schlamm und giftig blakenden Pfützen am Inneren der Außenwände frißt bis hinauf zum kaum mehr erkennbaren Deckel der Rost" (Siemes 1995, S.23).

Was hier so schillernd beschrieben wird, ist der Gasometer der ehemaligen Meidericher Hütte der August Thyssen AG im sog. Landschaftspark Duisburg-Nord, der als "Europas größter Tauchturm" genutzt wird. Die komplette Hütte mit ihren pittoresk verrosteten Hochöfen wurde nach ihrer Stillegung im Jahre 1985 zum "Open-air-Industriemuseum" umgewandelt. Freizeittaucher - die "Taucher im Nordpark" – haben im bizarren Ambiente des Gasometers ein Übungsbecken für Sport- und Rettungstaucher eingerichtet. Doch der Tauchspaß durch die "Alteisen-Karibik des Ruhrgebiets" im Industriemuseum warf enorme Probleme auf. Zuvor mußten die beschriebenen Kontaminationen durch Spezialfirmen aus dem Innern des Gasometers entfernt werden. Die Sanierung war aufgrund des langen Nutzungszeitraumes und der toxischen Inhaltsstoffe nicht unproblematisch gewesen. Ungeklärt ist, inwiefern die Bausubstanz des Gasometers belastet ist. In jedem Fall waren besondere Vorsichtsmaßnahmen im Hinblick auf die löslichen Bestandteile aus Teerölen und Bitumenanstrichen geboten, mit denen Gasometer üblicherweise abgedichtet wurden.

Die Problematik der kontaminierten Bausubstanz, die umgenutzt und der Öffentlichkeit zugänglich gemacht wird (siehe DSchG-Auszug im Kasten), wird leider häufig nicht ausreichend diskutiert. Die industrielle Produktion ging in vielen Fällen mit der Emission belasteter Stäube oder flüchtiger Substanzen einher, die sich über den Produktionszeitraum hinweg auf den Wänden, in Dachstühlen, in Schornsteinen und Fußböden angereichert haben können. Oft stellt sich die Frage, ob die Sanierung solcher belasteter Baumassen überhaupt möglich oder verhältnismäßig ist. Beispielsweise ist die Sanierung von Schornsteinen aufgrund der besonderen Bauart äußerst aufwendig. Zur Zeit beschäftigen sich Denkmalschützer in Forschungsarbeiten ausführlich mit dieser Frage, da das DSchG auch die Nutzung und Erhaltung von Denkmälern vorschreibt.

In einigen Fällen sind Sanierungsmaßnahmen verzögert worden, weil Anlagen zunächst vorläufig unter Schutz gestellt wurden. Die notwendige Gefahrenabwehr und die Aspekte des Denkmalschutzes liegen hier im Widerstreit. Steht die Schutzwürdigkeit über der kurzfristigen Gefahrenabwehr? Wird mit dem "Mega-Argument" der Gefahr für die öffentliche Sicherheit und Ordnung der Denkmalschutz ausgehebelt, um Flächen verfügbar zu machen? Auf beiden Seiten gibt es Mißtrauen. Beide Seiten haben gute Argumente für sich. Die Aushandlungsprozesse sind oft zeitaufwendig und die tatsächlichen Gefahren aus Altlasten geraten zur Nebensache.

Naturschutz versus Umweltsanierung
Ganz ähnlich verlaufen die Argumentationslinien im Konfliktfeld Altlasten/ Naturschutz.

> "Industrie schafft in ihrer Folge (...), und das wird auch durch aktuelle stadtökologische Forschungen und Planungen immer deutlicher, neue Erscheinungsformen von 'Natur', die aufgrund der komplexen Vorgeschichte ihrer Standorte schwer ergründbar und nie identisch sein können. Deshalb hat städtische Natur keine Parallelen in ihrem Umland. Ihre stadttypische technogene Ausprägung ist einmalig und nicht reproduzierbar" (Drecker et.al. 1995, S. 95).

Abs (1992) beschreibt den erstaunlichen faunistischen Artenreichtum, der sich trotz der Insellage der meisten innerstädtischen Industriebrachen in vielen Fällen entwickelt hat, unter denen sich sowohl weit verbreitete Tierarten als auch Spezialisten befinden, die in der Roten Liste zu finden sind. Oft sind solche Flächen sogar untereinander durch ebenfalls brachliegende Bahntrassen ökologisch wirksam miteinander verknüpft. Ganz ähnliches beschreibt Dettmar (1992) für die Pflanzenwelt. Und auch das Gelände der schon angesprochenen ehemaligen Meidericher Hütte ist längst

> "mit und ohne menschliche Hilfe ein Biotop geworden: sechzig Vogelarten sind hier daheim, von der Dorngrasmücke bis zum Gartenrotschwanz, und 300 verschiedene Farn- und Blütenpflanzen wachsen und wuchsen zwischen Werksbahngleisen, Gebläsehalle und Erzlager, darunter so seltenes Grünzeug von der Roten Liste wie die Gemeine Ochsenzunge und das Tännelkraut" (Siemes 1995, S. 23).

Grund für den hohen stadtökologischen Wert ist in erster Linie die ungestörte Entwicklung von Arten, da Industrieflächen wegen des langsamen Strukturwandels und der bis weit in die 80er Jahre massiv durchgeführten Bodenvorratspolitik der großen Industrie- und Bergbauunternehmen z.T. bereits über Jahrzehnte hinweg brachliegen. Dettmar (1992, S. 21) nennt besonders charakteristische Standortbedingungen für Industrieflächen im Ruhrgebiet: Massive flächenhafte Aufschüttungen mit großen Anteilen an technogenen Substraten (z.B. Schlacken), unterschiedlichste Substratmischungen, Verdichtungen, Nutzungsintensitäten, starke Aufheizungen und überdurchschnittliche Temperaturen durch relativ hohe Versiegelungsraten und industrielle Abwärme, Immissionsbelastungen. Nach seinen Erkenntnissen haben sich innerhalb dieser Rahmenbedingungen industriespezifische Pflanzenwelten entwickelt, die sich z.T. sogar durch Vorlieben für spezielle Branchen auszeichnen[22].

Ziel des städtischen Naturschutzes ist der Schutz und der Erhalt dieser Arten und Lebensgemeinschaften, die sich an die spezifischen Standortbedingungen auf innerstädtischen Industriebrachen angepaßt haben und dort einen sog. Sekundärlebensraum gefunden haben. Drecker (1995, S. 101) spricht sogar von einem letzten Überlebensraum und macht damit die herausragende Bedeutung ehemaliger Industrieflächen für den Naturschutz deutlich.

---

[22] So siedeln Arenaria serpyllfolia oder Artemisio-Tanacetetum besonders gern auf Flächen der Eisen- und Stahlindustrie, während es Corrigiola litoralis oder Aster tripolium mit der Chemischen Industrie und dem Bergbau halten (vgl. Dettmar 1992, S. 24).

Mit der Problematisierung von industriellen Altlasten und ihrer verstärkten Erfassung seit Mitte der 80er Jahre wurde der Konflikt Naturschutz/Altlasten und das Dilemma der Disziplinen Umweltschutz/Umweltvorsorge/Gefahrenabwehr deutlich. "Falls zur Gefahrenabwehr Sicherungs- oder Sanierungsmaßnahmen erforderlich sind, sollten dabei naturschutzwürdige Bereiche soweit wie möglich geschont werden (...)" (König 1992, S. 12), heißt es aus Sicht des Naturschutzes. "Schutz der öffentlichen Sicherheit und Ordnung", heißt es nicht unberechtigt aus Sicht der Ordnungsverwaltung, denkt man an die vielfältige Nutzung von Brachflächen für die wohnungsnahe Erholung oder den Grundwasserschutz. Dazu tritt die Wirtschaftsförderung, die die Entwicklung von Gewerbegebieten präferiert.

> "In diesem Spannungsfeld unterschiedlicher Aufgaben gibt es traditionell scheinbar eindeutige Fronten und solide 'Feindbilder'. Diese zu pflegen und zu vertiefen führt in einer komplizierten Gemengelage gesellschaftlicher Ansprüche allerdings nicht zu Problemlösungen, sondern zu Blockaden. Was für die eine Seite Entwicklung und politischen wie wirtschaftlichen Erfolg bedeutet (...), ist für die andere Seite ein irreversibler Eingriff in den Naturhaushalt, ein ökologischer Verlust"

beschreibt Reiß-Schmidt (1992, S. 32) die Konkurrenz und plädiert für eine Vermittlung der unterschiedlichen Anforderungen in integrierten und ausgewogenen Konzepten.

Doch wo einerseits durch Anforderungen des Naturschutzes intelligente Sanierungskonzepte erforderlich sind, wird auf der anderen Seite mit der "Herabzonierung" von Flächennutzungen im Rahmen der Stadtplanung - von Gewerbe oder Wohnbebauung in Richtung Grünnutzung - der Naturschutzgedanke gegen aufwendige Sanierungsmaßnahmen instrumentalisiert (vgl. Kapitel 2.1.4). Eine solche Interpretation muß aber als unausgewogenes und wenig kreatives Konzept betrachtet werden. Eine anspruchsvolle Sanierungsplanung sollte sich durch mehr Erfindungsgeist auszeichnen - auch im Rahmen eingeschränkter finanzieller Ressourcen.

3
Vorbereitung und Durchführung von Sanierungsmaßnahmen

3.1
Einleitung

Die Gefahrenabwehr ist unstrittiges Ziel der Altlastensanierung. Liegt durch eine Bodenkontamination eine Gefahr im ordnungsrechtlichen Sinne vor, ergibt sich für die Behörden als zwingendes (Minimal-)Handlungserfordernis, dafür zu sorgen, daß sich die Gefahr nicht verwirklicht. Zur Gefahrenabwehr sind daher Dekontaminations- bzw. Sicherungsmaßnahmen notwendig. Eine erfolgreiche Durchführung dieser Maßnahmen hängt dabei ganz wesentlich von der Maßnahmenvorbereitung ab. Diese besteht aus der Sanierungsuntersuchung und der Sanierungsplanung.

Mit einer detaillierten und sorgfältigen Sanierungsvorbereitung lassen sich die einzelnen Arbeitsschritte der Maßnahmen effizienter gestalten und Reibungsverluste während der Durchführung vermeiden. Zudem führt eine intensive Planung zu einer größeren Sicherheit bei der Kostenkalkulation, zu einer Kontrollierbarkeit des Sanierungserfolges und im Ergebnis zu einer höheren Qualität der Sanierung.

Im folgenden werden zunächst die im Rahmen einer Sanierung anfallenden Arbeitsschritte beschrieben. Kap. 3.1.2 stellt die unterschiedlichen Akteure vor, die bei einer Sanierung beteiligt sind. Sie werden hinsichtlich ihrer Rollen und Aufgaben im Verfahren vorgestellt. Da die Beteiligung von Be- und Anwohnern – wie gezeigt - bei allen Arbeitsschritten der Sanierung notwendig ist, wird im Kap. 3.1.3 eine Sanierungsgemeinschaft als mögliche Beteiligungsform vorgestellt.

3.1.1
Ablauf der Sanierung

Der Ablauf einer Sanierung ist in die Phasen "Sanierungsuntersuchung" (Kap. 3.2), "Sanierungsplanung" (Kap. 3.3) und "Sanierungsdurchführung" (Kap. 3.4) gegliedert. Er ist in Abb. 3.1 verdeutlicht.

Die Sanierung beginnt mit der *Sanierungsuntersuchung*. Im Rahmen der Sanierungsuntersuchung wird für den konkreten Einzelfall eine zur Erreichung des

Sanierungsziels geeignete Sanierungsvariante ausgewählt und im Sanierungskonzept dargestellt. Der erste Arbeitsschritt ist die "Konkretisierung der Ausgangsituation und der Sanierungsziele" (Kap. 3.2.1). Neben der Dokumentation bisheriger Untersuchungsergebnisse werden sowohl ergänzende technische Untersuchungen des Untergrundes und weitere Recherchen zu den vorliegenden Rahmenbedingungen (z.B. Umgebungsnutzungen), durchgeführt als auch die Sanierungsziele im Detail erarbeitet. Anschließend wird eine Vorauswahl von Sanierungsverfahren getroffen, indem die grundsätzlich nicht geeigneten Sanierungsverfahren/-techniken ausgeschlossen werden (Kap. 3.2.2). In "Standortbezogenen Sanierungsszenarien" geht es neben der Eignungsprüfung der Sanierungsverfahren/-techniken auch darum, die vielfältigen Rahmenbedingungen einzubeziehen (Kap. 3.2.3). Die Entscheidung zugunsten einer Sanierungsvariante wird dann im Arbeitsschritt "Detailbewertung" getroffen (Kap. 3.2.4). Ergebnis der Sanierungsuntersuchung ist der Vorschlag eines Sanierungskonzeptes (Kap. 3.2.5).

Auf der Grundlage des aus der Sanierungsuntersuchung hervorgegangenen Sanierungskonzeptes, bereitet die *Sanierungsplanung* alle Arbeitsschritte der Sanierungsdurchführung vor. Zentrales Instrument der Sanierungsplanung ist der Sanierungsplan. Er besteht aus dem "reflexiven Teil" und dem "operationalen Teil". Im *reflexiven Teil* erfolgt eine Zusammenstellung bisheriger Untersuchungsergebnisse und Entscheidungsgrundlagen. Gegenstand des *operationalen Teils* ist die Planung von Maßnahmen, Zeiten und Organisation, Kosten, Genehmigungen und Öffentlichkeitsarbeit.

Mit der Fertigstellung des Sanierungsplans ist die Sanierungsplanung beendet und die *Sanierungsdurchführung* kann beginnen. Dazu wird ist es aber zunächst erforderlich, die "durchführenden Unternehmen" in einem Ausschreibe- und Vergabeverfahrens zu bestimmen. Ausschreibung und Vergabe der Sanierungsleistungen (Kap. 3.4.1) stehen an der Schwelle von Sanierungsplanung und -durchführung. Abbruch- und Sanierungsarbeiten sind der eigentliche Kern der Sanierungsdurchführung und Gegenstand des Kapitels 3.4.2. Dazu gehört u.a. das Einrichten der Baustelle, das Ausführen von Arbeits- und Immissionsschutzmaßnahmen, von Erd- und Abbrucharbeiten und die Bodenbehandlung. Während der gesamten Durchführung der Abbruch- und Sanierungsarbeiten ist eine Qualitätssicherung notwendig. Im Kapitel 3.4.3 wird die begleitende, abschließende und nachsorgende Qualitätssicherung dargestellt. Die Information und Beteiligung von Be- und Anwohnern setzt bereits vor Beginn der Sanierung ein und erstreckt sich über die gesamte Sanierungsphase. Das Kapitel 3.4.4 enthält nähere Ausführungen zu Informations- und Anhörungsveranstaltungen. Ausführungen zur Dokumentation in der Durchführungsphase und zur Leitung und Begleitung der Maßnahme enthalten Kapitel 3.4.5 und 3.4.6.

Der vorgestellte Ablauf der Sanierung mit den hier verwendeten Bezeichnungen ist in der einschlägigen Literatur nicht durchgängig wiederzufinden. Vielmehr liegt für diesen Themenkomplex eine sehr uneinheitliche Verwendung und Zuordnung der Begrifflichkeiten vor (vgl. z.B. Genske 1995; Mathews/Heitfeld 1995).

Über die Arbeitsschritte der Sanierung herrscht zumindest in der Theorie weitgehende Übereinstimmung. Dabei wird es *den* Ablauf einer Sanierung nicht geben. In der Praxis sind für jeden einzelnen Sanierungsfall die zu tätigenden Arbeitsschritte spezifisch festzulegen. Diese werden sich zwar an dem oben dargestellten "Modellablauf" orientieren, eine '1:1 Übernahme' würde aber dem Einzelfall mit Sicherheit nicht gerecht werden. Damit hat das Ablaufmodell zwar eine generalisierende Gültigkeit, es muß aber an den Sanierungsfall angepaßt werden.

Abb. 3.1. Ablauf einer Sanierung (eigene Darstellung)

3.1.2 Die Sanierungsplaner - Akteure der Altlastensanierung

In der "Arena" der Altlastensanierung tritt eine Vielzahl von Akteuren mit unterschiedlichen Aufgaben, Interessenlagen bzw. Betroffenheiten auf. Unter Umständen sind dies:

- kommunale Verwaltung
- Politiker
- betroffene Be- und Anwohner
- Gutachter
- Verursacher
- Sanierungsfirmen und Ingenieurbüros
- Banken
- Rechtsanwälte
- Presse und andere Medien
- höhere Verwaltungs- und Politikebene (Bund, Land)
- Gerichte
- Umweltverbände
- Investoren
- Konfliktvermittler

Die beteiligten Akteursgruppen und die Intensität ihrer Betroffenheit können von Fall zu Fall und von Sanierungsphase zu Sanierungsphase unterschiedlich sein. So sind Be- und Anwohner nur bei bewohnten Altlasten bzw. bei einer Wohnnutzung in der näheren Umgebung der Altlastenfläche als Akteure anzutreffen. Je nach Entfernung der Wohnflächen von der belasteten Fläche wird die Betroffenheit der Anwohner (und damit ihr 'Engagement') stärker bzw. schwächer sein. Der Verursacher kann nur dann hinzugezogen werden, wenn er noch 'greifbar' ist. Die Sanierungsfirma wird erst zu dem Zeitpunkt in den Prozeß einbezogen, wenn die Vorbereitung der Sanierung (also der Arbeitsschritt der Sanierungsplanung) ansteht.

Da jeder 'Sanierungspraktiker' im Alltag im Spannungsfeld der unterschiedlichen Interessen arbeiten wird, ist eine Auseinandersetzung mit den unterschiedlichen Akteuren von großer Bedeutung. Im folgenden werden Rollen, Interessen und Aufgaben der genannten Gruppen im Prozeß der Sanierungsplanung beleuchtet.

Kommunale Verwaltung

Im allgemeinen soll die Verwaltung den Belangen der Einwohner einer Kommune dienen. Die Fachbehörden/-ämter haben für die Durchführung und Abwicklung der kommunalen Aufgaben zu sorgen, die im Bereich der Daseinsvorsorge, im Sozialwesen, im Gesundheitsschutz, im Schul-, Kultur- und Verkehrswesen sowie im Bereich der Wirtschaftsförderung liegen.

Die Altlastensanierung gehört als Teil des Gesundheits- und Umweltschutzes zum Aufgabenbereich der Daseinsvorsorge.

> "In diesem Rahmen sind aufgrund der Bestimmungen des Ordnungsbehördengesetzes u.a. Gefahren für Menschen abzuwehren und die Sicherung und Sanierung der Umwelt zu gewährleisten. Auch in anderen Gesetzen, wie dem BauGB spiegelt sich dies wider. Die Verwaltung muß im Falle von Bodenkontaminationen tätig werden, die Situation überprüfen und ggf. Maßnahmen zur Gefahrenabwehr ergreifen. Sie führt daher Gefährdungsabschätzungen und notwendige Sanierungs- und Sicherungsmaßnahmen durch" (Discher/Kraus 1991).

Aufgrund des in den Kommunalverfassungen vorgegebenen Sparsamkeitsgrundsatzes (z.B. § 75 GVNW), darf die Sanierung, die in der Regel mit einem hohen Aufwand verbunden ist, die finanziellen Möglichkeiten einer Kommune nicht überschreiten und andere Aufgabenfelder (Stadtentwicklung, Wirtschaftsförderung) nicht übermäßig beeinträchtigen.

> "Insofern ist bei jeder Maßnahme eine Abwägung der durch sie berührten Aufgabenbelange durchzuführen, also zu entscheiden, welche Schwerpunkte im Hinblick auf die Ziele der Stadtentwicklung zu setzen sind" (Discher/Kraus 1991).

Die Entscheidung darüber ist eine politische Entscheidung und von den kommunalpolitischen Gremien, also den Gemeinderäten zu treffen.

Die Verwaltung ist für die Vorbereitung und Ausführung der politischen Beschlüsse zuständig. Sie hat den Stadtrat und die Fachausschüsse, mit denen sie eng zusammenarbeitet, über den jeweiligen Stand der Sanierung zu unterrichten. Fachliche Entscheidungen können von ihr - ggf. mit Hilfe von Gutachten - selbst getroffen werden.

Da ein Verursacher der Kontamination oftmals nicht mehr zu ermitteln bzw. finanziell zur Verantwortung heranzuziehen ist, kommt der Verwaltung in vielen Fällen die Rolle des 'Finanzmittelbeschaffers' zu.

Gegenwärtig übersteigt aber selbst eine relativ kostengünstige Sanierungslösung oft die finanziellen Möglichkeiten einer Kommune, so daß sie darauf bedacht sein muß, Fördermittel und Zuschüsse aus Landes- und Bundeskasse zu erhalten. Sie wird daher die Ausgestaltung und technische Qualität der durchzuführenden Sanierungsmaßnahmen an die Finanzierungsrichtlinien der zuschußgebenden Stellen anpassen und auf dieser Ebene eine möglichst hohe Akzeptanz der Maßnahme erlangen wollen.

Die Struktur der Verwaltung ist durch scharfe Ämtertrennung, strikte Aufgabenzuweisung sowie eine hierarchische Linienorganisation eher auf die Durchführung von Routineaufgaben als auf die Lösung komplexer und konfliktträchtiger Aufgaben ausgerichtet (wie die einer Altlastensanierung). Der Versuch solche Aufgaben innerhalb dieser bestehenden Verwaltungsstrukturen zu lösen, trägt häufig zu Konflikten in der Sanierung bei.

> "Die Verwaltung sieht sich in der Rolle des Planers und Schlichters, der aus einer schwierigen "Sandwichposition" zwischen den verschiedenen Konfliktparteien heraus Lösungen für Konflikte durch den Rückgriff auf gesetzliche Bestimmungen und die eigene Fachkompetenz sucht" (Ulrici/Hachmann 1994).

Von Vertretern anderer Akteursgruppen wird der Verwaltung ein Mangel an Bürgernähe und an Entscheidungs- und Fachkompetenz vorgeworfen. Sie wird als die Ordnungsbehörde angesehen, die Informations- und Beteiligungsrechte der Betroffenen ablehnt.

Zuweilen wird ihr vorgeworfen, selbst an der Entstehung des Altlastenproblems beteiligt zu sein, da schon die Entstehung von bewohnten Altlasten offenbart, daß die Erfüllung der Verpflichtung zur Herstellung gesunder Wohn- und Lebensverhältnisse, wie z.B. im Baugesetzbuch verankert ist, nicht eingehalten wurde (Discher/Kraus 1991).

Demgegenüber liegt das Interesse der Verwaltung in der Bestandssicherung und Strukturbewahrung. Daher ist sie einerseits an einer Minimierung von Kosten- und Zeitaufwand bei der Erledigung ihrer Aufgaben interessiert (Sparsamkeitsgrundsatz). Um andere anstehende Projekte nicht zu gefährden,wird bei dem durchzuführenden Sanierungsvorhaben auf ein angemessenes Verhältnis von Sicherheit und Kosten geachtet.

Andererseits benötigt sie zur Bestandssicherung Zustimmung von Seiten der Bevölkerung und der Politiker (sogenanntes Systemvertrauen). Kompetenzdefizite darf es definitionsgemäß nicht geben. Mit einer schnellen und reibungslosen Durchführung einer Sanierungsmaßnahme sollen Handlungsfähigkeit dokumentiert und negative Schlagzeilen vermieden werden, die der Außendarstellung und damit dem 'Systemvertrauen' schaden. Um keinen Vertrauensverlust zu erleiden, wurden daher Mängel häufig nicht offengelegt.

Zu Konflikten hat dies in der Vergangenheit im Falle von bewohnten Altlasten geführt.

Politiker

Der Gemeinderat vertritt die Bürgerschaft in allen aus gesamtstädtischer Sicht bedeutsamen und grundlegenden Entscheidungen. Im Rahmen der Altlastensanierung sind dies z.B. Entscheidungen über die vorbereitende Untersuchung nach dem Städtebauförderungsgesetz, die förmliche Festlegung des Untersuchungsgebietes, den Aufstellungs- bzw. Entwurfsbeschluß für den Bebauungsplan, die Aufstellung des Rahmenplanes sowie die Bewilligung von städtischen Haushaltsmitteln für die Sanierung. Mit diesen Entscheidungen setzt die Politik die Vorgaben für die Verwaltung um.

Nur mit dem politischen Auftrag und den entsprechenden Grundsatzbeschlüssen kann die Verwaltung tätig werden. Mit den Beschlüssen zu Bebauungsplanverfahren oder Sanierungsverfahren übernehmen die Politiker gleichzeitig große Verantwortung, denn laut BGH-Urteil trifft die sogenannte Amtshaftung in der Regel auch für die beschließenden Gremien zu (Winkler/Wollmann 1993). Das bedeutet, daß grundsätzlich auch Ratsmitglieder für fehlerhafte Entscheidungen haftbar gemacht werden können.

Die Politiker verstehen sich oft als rechtmäßige und gewissenhafte Entscheidungsträger, die durch einen demokratischen Auftrag legitimiert sind. Doch sieht sich die Politik häufig dem Vorwurf fehlender Sachkompetenz gegenüber. Auch wird bemängelt, daß allzu oft Entscheidungen nach politischer Durchsetzbarkeit falln und Umwelt- und Sozialverträglichkeitsgesichtspunkte vernachlässigt werden. (Gosser/Schmidt 1994)

Zur Sicherung des Mandates sind Politiker typischerweise daran interessiert, öffentlichkeitswirksame Themen im Hinblick auf die Verbesserung ihrer Wahlchancen aufzugreifen und zu lösen; zu solchen Themen gehört üblicherweise die häufig langwierige und komplizierte Klärung einer Altlastenbewältigung nicht (Discher/Kraus 1991). So zeigt sich die Tendenz von Politikern, sich aus dem gesamten Sanierungsprozeß herauszuhalten, keine Entscheidungen zu treffen und damit keine Verantwortung zu übernehmen. Die Durchführung der Sanierung wird auf die Verantwortlichen in der Verwaltung zu übertragen.

'Kritisch' wird diese Tendenz wiederum im Falle von bewohnten Altlasten. Zwar sind Politiker ebenso wie die Verwaltung an der (Wieder-)Herstellung der gesunden Wohn- und Lebensverhältnisse auf der Fläche interessiert. In vielen Fällen soll aber aus Image- und Publizitätsgründen die bestehende Wohnnutzung beibehalten, Entschädigungsleistungen möglichst gering gehalten und die Schaffung von Präzedenzfällen vermieden werden.

Be- und Anwohner

Be- und Anwohner einer Altlastenfläche nehmen in der Arena der Altlastensanierung eine ganz besondere Stellung ein. Durch Einschränkung ihrer persönlichen Lebenssituation sind sie stärker betroffen als andere Beteiligte. Gesundheitliche, psychische, soziale und ökonomische Auswirken auf die Lebenssituation der Be- und Anwohner sind zu befürchten (siehe auch Kap. 2.2.5). Der Traum vieler Familien vom eigenen Haus wird zum Alptraum. Die existentielle Sicherung, die ein Eigenheimbau bedeutete, wird zum finanziellen Ruin. Ist der Wohnraum lediglich angemietet und befindet sich nicht im Eigentum der Bewohner, steht der wirtschaftliche Aspekt eher im Hintergrund.

Bewohner fühlen sich dieser Situation oft nicht gewachsen. Das Fachchinesisch von Gutachtern und Verwaltung überfordert und macht mißtrauisch. Daher eignen sich Betroffene häufig selbst ein breites Wissen über die Altlastenproblematik an und beauftragen z.T. auf eigene Kosten Fachleute, um die geplanten Maßnahmen und das, was alles im Rahmen von Sanierung "möglich" ist, besser einschätzen zu können.

Bei den Be- und Anwohnern können sich unterschiedliche Reaktionsweisen zeigen, die von Verdrängung und Verharmlosung des Problems bis hin zum starkem Engagement in allen Fragen der Sanierung gehen, woraus z.B. Interessengemeinschaften und Bürgerbewegungen entstehen können.

Obwohl ihre Lebenssituation ganz erheblich beeinträchtigt wird, werden Betroffene zumeist nur unzureichend in das Verfahren eingebunden. Dies beschränkt sich allzu oft auf eine Information durch die federführende Verwaltung.

Nicht von ungefähr fühlen sich Betroffene oft benachteiligt. Von Politik und Verwaltung werden sie bisweilen schroff als irrational, hysterisch und eigennützing diffamiert.

Be- und Anwohner einer Altlastenfläche haben ein großes Interesse an der schnellen Beseitigung der von der Altlast ausgehenden Gefahr unter möglichst geringer Beeinträchtigung ihrer Lebensumstände. Verlangt wird Sicherheit in gesundheitlicher, sozialer und ökonomischer Hinsicht. Die Übernahme der finanziellen Verantwortung für die Sanierung muß beim Verursacher bzw. der Kommune liegen.

In der Frage der Beibehaltung der Wohnnutzung nach einer Sanierung scheint die Entscheidung mit der sozialen "Verwurzelung" der Bewohner zu korrelieren.

Z.T. ist man an der Beibehaltung der bestehenden Wohnnutzung interessiert, da bei einer Umsiedlung Entwurzelung befürchtet wird. Diese Haltung findet sich in der Regel dort, wo man schon lange am Ort lebt und sich stark mit der Siedlung identifiziert Die Wiederherstellung des alten Images des Gebietes vor Bekanntwerden des Altlastenfalles ist hier von großer Bedeutung.

Andere fordern den Rückkauf von Häusern und Grundstücken vom Verursacher bzw. der Kommune und Entschädigungsleistungen für alle mit der Altlast verbundenen finanziellen Verluste. Hier fehlt oft die starke Verwurzelung. Die Gefahr, die von der Altlast ausgeht, wird tendenziell hoch eingeschätzt.

Oft wird von Verwaltung und Politikern eine frühzeitige, verständliche und offene Informationspolitik gefordert, so daß der Planungs- und Entscheidungsprozeß transparent und nachvollziehbar ist. Auch wird der fehlende Kontakt zu Ansprechpartnern in Verwaltung und Politikern beklagt.

Um ihre Interessen in den Sanierungsprozeß einzubringen, bestehen Betroffene vielfach auf einer Beteiligung am gesamten Planungsprozeß, inklusive Mitspracherecht bei der Bestimmung der Sanierungsziele, der Entwicklung des Sanierungskonzeptes, der Aufstellung des Sanierungsplans und der Auswahl der Gutachter (vgl. Kap. 3.4).

Gutachter

Gutachter werden durch Beauftragung von anderen Akteuren in den Sanierungsprozeß eingebunden. Sie sind für die wissenschaftliche Bearbeitung der Altlastenproblematik zuständig. Dazu gehören die Beurteilung der Gefahrensituation, die Erarbeitung von Vorschlägen für Sanierungsverfahren bzw. -maßnahmen und die Begleitung der Sanierungsmaßnahmen (siehe auch Kap. 3.3.6 - Fachgutachterlichr Begleitung). Gutachter sollten als neutrale Personen auftreten, die als Nicht-Betroffene von Außen eine bestimmte Situation beurteilen undEmpfehlungen abgeben. Bei bewohnten Altlasten werden Gutachter häufig von unterschiedlichen Akteursgruppen beauftragt (z.B. Verwaltung und Bewohner) und treten dann als Gutachter und Gegengutachter in das Geschehen ein.

Gutachter (und Gegengutachter) verstehen sich als technische Sachverständige und damit als unabhängige Experten.

> "Sie geraten aber durch die Verflechtungen mit den generellen Zielen ihre Auftraggeber leicht in einen Rollenkonflikt, da wissenschaftliches Ethos und die Erwartungen der Auftraggeber nicht immer gut miteinander zu vereinbaren sind; auf der anderen Seite wird ihnen die Abhängigkeit von den jeweiligen Auftraggebern vorgeworfen" (Ulrici/Hachmann 1994).

Die angestrebte Neutralität läßt sich aber zuweilen nicht mit der wirtschaftlichen Abhängigkeit vereinbaren (zumal bei offenem oder verstecktem Druck durch Auftraggeber). Problematisch wird dies, wenn Gutachter als "auftraggeberfreundlich" betrachtet werden.

Verursacher

Der Verursacher der Kontamination hat die Pflicht, die Verunreinigung zu beseitigen, das betroffene Gebiet zu sanieren und für alle anfallenden Kosten aufzukommen (siehe Kap. 5). Häufig ist er aber nicht mehr greifbar oder finanziell nicht ausreichend leistungsfähig, so daß das grundsätzlich anzuwendende Verursacherprinzip nicht zum Tragen kommt. Die Beseitigung der Altlast fällt dann in der Regel in den Zuständigkeitsbereich der Kommune.

Das Hauptinteresse des Verursachers ist es selbstverständlich, die Kosten der Beseitigung der Altlast gering zu halten und die Gefahr zu verharmlosen. Nach Möglichkeit werden Schuld und finanzielle Lasten 'verschoben', vorzugsweise zur öffentlichen Hand. Imagegründe fördern das Interesse an der schnellen Abwicklung der Sanierung und der Vermeidung von Skandalen.

Sanierungsfirma und Ingenieurbüro

> "Um die technische Realisierbarkeit von Sanierungsmaßnahmen zu überprüfen, aber auch um die Entwicklung neuer Sanierungstechniken zu ermöglichen, ist es sinnvoll, geeignete ausführungsbezogene Fachunternehmen hinzuzuziehen. Das frühzeitige Hinzuziehen dieser Fachfirmen ist auch eine der am häufigsten gestellten Forderungen ausführender Firmen an den Planer. Begründet wird dies mit der ungenügenden Fachkunde des Planers und dem daraus resultierenden mangelnden Gesamtüberblick über das Sanierungsvorhaben" (Warrelmann 1992).

Sanierungsfirmen und planende Ingenierbüros sind für die Vorbereitung und die technische Abwicklung der Maßnahme zuständig.

Die Interessen der Sanierungsfirmen und Ingenieurbüros sind denen der Gutachter sehr ähnlich. Auf der einen Seite steht der Wunsch nach Neutralität und unabhängigem Arbeiten. Auf der anderen Seite haben die Unternehmen aber auch ein wirtschaftliches Interesse an dem Auftrag bzw. an Folgeaufträgen und sind daher daran interessiert im Sinne der Wünsche des Auftraggebers zu arbeiten.

Da sie während der Durchführung der Arbeiten ständig vor Ort anzutreffen sind, geraten sie häufig in die Rolle des Ansprechpartners. In konfliktgeladenen Situationen können sie auch 'Zielscheibe' für den Ärger der Bürger sein, die in der Verwaltung kein offenes Ohr für ihre Probleme finden.

Banken

Die Banken der Eigentümer von Grundstücken auf einer Altlastenfläche sehen durch die Altlastensituation ihre Geschäftsinteressen gefährdet und können die finanziellen Probleme von Betroffenen mit ihrem Kredit-Verhalten verschärfen. Sie akzeptieren die schadstoffbelasteten Grundstücke nicht mehr als Sicherheiten und geben zum Teil beträchtlich schlechtere Bankkonditionen für Kredite (höhere Zinsen, kürzere Laufzeiten).

Rechtsanwälte und Gerichte

Rechtsanwälte sind in den Sanierungsprozeß eingebunden, wenn sie von den Beteiligten beauftragt werden, ihre Interessen zu vertreten. In der Regel wird dies bei einer Konfliktstellung erfolgen, z.B. wenn es um Entschädigungen für Eigentümer und Bewohner, oder vom Verursacher zu erbringende Leistungen geht. Dies kann unter Umständen erheblichen Einfluß auf Sanierungsentwicklungen nehmen. Zuweilen führt dies zur Gerichtsebene, wo die Richter unter Abwägung der unterschiedlichen Belange und der aktuellen Rechtslage über den Fall - also die Sanierungsausgestaltung - entscheiden müssen.

Presse und andere Medien
Presse und andere Medien "haben die Rolle, die Öffentlichkeit des Verfahrens herzustellen und durch geeignete Berichterstattung mit Hintergrundinformationen die Aufmerksamkeit gegenüber den Problemen, die eine Altlast und ihre Bearbeitung aufgibt, zu schärfen" (Mussel/Phillip 1993). Dadurch haben sie einen nicht zu unterschätzenden Einfluß auf den gesamten Ablauf des Altlastenmanagements (UBA 1994). Ihr Interesse liegt in der Steigerung ihrer Verkaufszahlen bzw. Einschaltquoten, was je nach "Leser- bzw. Zuschauertyp" sowohl durch eine spektakuläre Nachrichtenerstattung als auch durch sachliche Darstellungen erreicht werden kann. Sie gewinnen gerade dann an Bedeutung, wenn sie als 'Kommunikationsmittel' zwischen gegensätzlichen Interessenlagern gebraucht werden.

Höhere Verwaltungs- bzw. Politikebene
Bei den Akteuren höherer Verwaltungs- und Politikebenen handelt es sich um Regional-, Landes- bzw. Bundesbehörden. Ihre Stellung im Sanierungsprozeß ergibt sich durch ihre Rolle als Geldgeber, Aufsichts- bzw. Überwachungsbehörde oder als schlichtender Vermittler zwischen den Akteuren (siehe Konfliktvermittler). Ebenfalls von Bedeutung ist ihre Stellung, wenn die zu sanierenden Flächen für die überörtliche Planung vorgesehen sind und somit Landes- oder Bundesinteressen vorliegen. Die Interessen der höheren Verwaltungs- bzw. Politikebene sind mit den Verwaltungs- bzw. Politikinteressen auf lokaler Ebene im Grundsatz vergleichbar.

Umweltverbände
Naturschutz- und Umweltverbände setzen sich im Sanierungsprozeß in vielen Fällen für eine umweltgerechte Gestaltung der Sanierungsmaßnahme und zuweilen als 'Anwalt' der Betroffenen ein (Raumverträglichkeitsstudie). Bei einer anstehenden Sanierung ökologisch wertvoller Flächen (wie z.B. Brachflächen, auf denen sich seltene Arten angesiedelt haben,) kann ihr Interesse auch auf Unterlassung der Sanierung und Unterschutzstellung des Gebietes zielen. In Fällen, in denen Be- und Anwohner ihre Interessen selbst nicht ausreichend vertreten können, stehen Umweltverbände häufig unterstützend zur Seite.

Investoren
Personen oder Firmen, die auf der schadstoffbelasteten Fläche nach der Sanierung Kapital einsetzen wollen, treten als Investoren im Sanierungsprozeß auf. Sie sind an einem 'möglichst' sauberen" Grundstück zu einem niedrigen Kaufpreis interessiert. Für sie ist es wichtig, daß Skandale vermieden werden, um der Fläche kein negatives Image zu verleihen.

Konfliktvermittler
Konfliktvermittler werden in den Sanierungsprozeß eingeschaltet, wenn aufgrund der unterschiedlichen Interessen Fronten verhärtet sind und die Parteien von einer Einigung weit entfernt sind. Konfliktvermittler sollen versuchen, zerstrittene Parteien an einen Tisch zu bringen und die "Verhandlungen" wieder aufzunehmen, um letztendlich zu einem gemeinsamen Ergebnis zu kommen. Dies setzt jedoch eine Dialogbereitschaft von allen Seiten voraus. Ist diese nicht mehr gegeben, wird der Fall eher vor Gericht verhandelt.

3.1.3 Die Sanierungsgemeinschaft - eine Beteiligungsmöglichkeit von Be- und Anwohnern

Wie wichtig die Information und Beteiligung der Öffentlichkeit bei der Sanierung von Altlasten ist, wurde bereits im Kapitel 2.2.5 "Akzeptanzprobleme bei der Altlastensanierung" deutlich. Fehlende Zustimmung von Seiten der Betroffenen und mangelnde Kooperationsbereitschaft von Seiten der Verantwortlichen kann die Gesamtmaßnahme um Jahre verzögern. Eine offene Informationspolitik im Vorfeld der Maßnahme ist als Grundlage der Einbindung der Betroffenen in den Planungsprozeß von großer Bedeutung. Erst durch die Möglichkeit der aktiven Mitgestaltung und -entscheidung können die Belange und Interessen der Betroffenen umfassend berücksichtigt und so deren Vertrauen in die Maßnahmen nachhaltig erzeugt werden.

Eine mögliche Form der Beteiligung von Betroffenen ist die Durchführung eines Sanierungsplanverfahrens wie es Discher und Kraus und auch Claus entwikkelt haben. Zentraler Bestandteil dieses Beteiligungsverfahrens ist die Bildung einer Sanierungsgemeinschaft (vgl. Claus 1988; Discher/Kraus 1993)[23].

Die Aufgaben der Sanierungsgemeinschaft sind danach:

- Erarbeitung eines gemeinsamen Orientierungswissens,
- Begleitung von Gefährdungsabschätzung und Sanierung,
- Auswahl der Gutachter,
- Erarbeitung von Richtlinien für mögliche Entschädigungszahlungen,
- Information der Öffentlichkeit und Herstellung von Transparenz,
- Erstellung eines Sanierungsplans (als Beschlußvorlage für den Stadtrat),
- Zusammenführung der Sanierungsbelange.

Die Bildung einer Sanierungsgemeinschaft setzt die Bereitschaft aller Beteiligten zu kooperativen Handeln voraus. Wichtige Grundlage ist die frühzeitige Information aller Betroffenen, d.h. all derjenigen, die eine Altlastenfläche "nutzen" und von deren Auswirkungen betroffen sind. Bei Vorliegen eines Verdachtsmomentes sowie bei anstehenden Maßnahmen sind alle Betroffenen zu informieren. Bei Erhärtung des Altlastenverdachtes und der Feststellung einer Sanierungsnot-

---

[23] Andere Möglichkeiten einer weitgehenden Beteiligung sind nach Mussel/Phillip 1993 die Einrichtung von Runden Tischen, Verhandlungslösungen oder Mittlerunterstützte Verhandlungslösungen (Mediation). Weitere Ausführungen zum Themenbereich "Information und Beteiligung von Be- und Anwohnern" enthalten die Kapitel 3.2.3 und 3.3.4.

wendigkeit - also bereits im Rahmen der Gefährdungsabschätzung - ist die Einrichtung eines gemeinsamen Arbeitskreises mit den Betroffenen geboten. Die Sanierungsgemeinschaft besteht also bei Beginn der Sanierung bereits. Eine ihrer Aufgaben ist die Erstellung eines Sanierungsplans.

Ein weiterer Gesichtspunkt, der die Bildung einer Sanierungsgemeinschaft gerade bei bewohnten Altlasten zu einem frühen Zeitpunkt sinnvoll erscheinen läßt, sind die bevorstehenden umfangreichen Untersuchungenzur Gefährdungsabschätzung, die ganz erhebliche Unruhe in den Tagesablauf der Bewohner bringen. In der Sanierungsgemeinschaft können diese Probleme erörtert und ggf. 'Abfederungsmaßnahmen' vorbereitet werden.

Die Sanierungsgemeinschaft sollte als 'Kommunikationsplattform' paritätisch mit Politikern aller Fraktionen im Rat und ggf. Bezirksvertretungen sowie Betroffenen besetzt sein. Von Seiten der Politiker sollten 'Schlüsselpersonen' (z.B. Fraktionsvorsitzende) in die Sanierungsgemeinschaft entsandt werden. Der Verursacher - wenn er denn überhaupt noch greifbar ist - ist ebenfalls ein Mitglied der Sanierungsgemeinschaft. Verwaltungsfachleute, Gutachter und Juristen können als Sachverständige zur Beratung der Sanierungsgemeinschaft hinzugezogen werden. Die Einbindung eines neutralen "Konfliktvermittlers", eines Mediators, kann aufgrund der erheblichen Konfliktpotentiale, die sich aus der Sensibilität der Altlastenproblematik ergeben, gerade in schwierigen Phasen sinnvoll sein.

3.2 Die Sanierungsuntersuchung: Grundstein der Sanierungsplanung

Das in der Einleitung dieses Kaptels zum uneinheitlichen Ablauf einer Sanierung Gesagte gilt auch für die einzelnen Teilschritte wie der Sanierungsuntersuchung. Betrachtet man verschiedene Definitionen dieses Begriffes (z.B. UBA 1994; LUA 1995; SRU 1995), so zeigt sich, daß es DIE Sanierungsuntersuchung offenbar nicht gibt: So beschränkt der SRU in seiner Definition die Sanierungsuntersuchung auf die Erhebung aller relevanten Informationen. Die Ermittlung des geeigneten Sanierungsverfahrens (die "Machbarkeitsstudie") erfolgt erst im Anschluß an die Sanierugunsuntersuchung. Das Umweltbundesamt und das Landesumweltamt Nordrhein-Westfalen (LUA) beziehen auch die Auswahl geeigneter Sanierungsverfahren und deren mögliche Einbindung in die Gesamtmaßnahme in diesen Arbeitsschritt mit ein. Das LUA sieht darüber hinaus auch Nutzungsänderungen (und damit Änderungen der Sanierungsziele) vor, wenn ursprünglich angestrebte Sanierungsziele nicht erreichbar sind.

Die folgenden Ausführungen sind an der Definition des LUA orientiert, da sie alle wesentlichen Arbeitsschritte enthält, mit denen die Grundlagen für den weiteren Fortgang der Sanierung in der Sanierungsplanung geschaffen werden. Dies entspricht auch den Vorgaben den BBodSchG: Nach § 13 Abs.1 Satz 2 kann die Bundesregierung durch Rechtsverordnung mit Zustimmung des Bundesrates Anforderungen an Sanierungsuntersuchungen stellen. Hierzu werden sich die Überlegungen an der behördlichen Praxis der einzelnen Länder orientieren (vgl. Holzwarth et. al. 1998). Das Ziel einer Sanierungsuntersuchung läßt sich entsprechend wie folgt beschreiben:

Die Sanierungsuntersuchung dient der Ermittlung der für den konkreten Sanierungsfall geeigneten Maßnahme zur Erreichung des Sanierungszieles und zur Darstellung dieser Maßnahme sowie aller Rahmenbedingungen im sog. Sanierungskonzept. Das Sanierungskonzept ist Ergebnis der Sanierungsuntersuchung und die Grundlage der anschließenden Sanierungsplanung.

Bei der Durchführung der Sanierungsuntersuchung wird eine Vielzahl verschiedener Fachbereiche wie z.B. Goelogie, Chemie, Biologie, Bauingenieurwesen, Maschinenbau und Verfahrenstechnik tangiert. Daher sollten Gutachter (i.a. ein interdisziplinär besetztes Gutachterbüro) für die verschiedenen Disziplinen eingeschaltet werden, die in enger Zusammenarbeit mit den zuständigen Behörden, Fachbehörden und Aufsichtsbehörden die Sanierungsuntersuchung durchführen (Odensaß 1989; LUA 1995).

Genauso wie der Ablauf einer Sanierung nicht einheitlich geregelt ist, so sind auch die einzelnen Arbeitsschritte innerhalb der Sanierungsuntersuchung nicht festgelegt. Aus der o.g. Definition, der Stellung im allgemeinen Ablauf der Altlastenbehandlung sowie den anzustrebenden Zielen einer Sanierungsuntersuchung lassen sich dennoch grundlegende Arbeitsschritte ableiten (vgl. Abb. 3.2), die - in der Literatur z.T. zwar anders benannt - so oder so ähnlich allen Ansätzen zugrunde liegen.

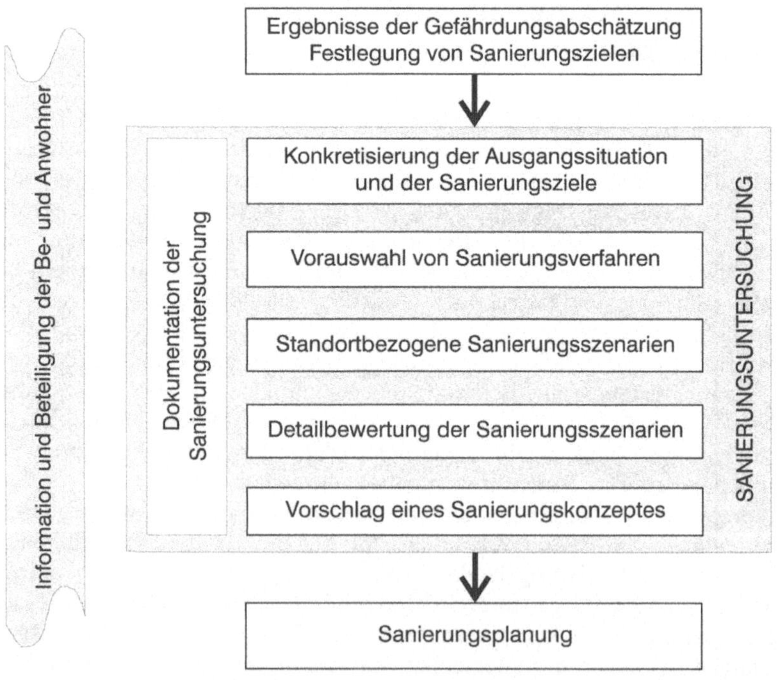

Abb. 3.2. Schema der Arbeitsschritte einer Sanierungsuntersuchung (eigene Darstellung)

Die inhaltliche Ausgestaltung ist immer einzelfallabhängig. So sind die *Arbeitsinhalte* in einfach gelagerten Fällen gegenüber dem hier dargestellten Umfang oftmals stark reduziert, z.B. wenn die angestrebten Sanierungsziele oder aber die Entsorgungs- oder Rückbauwege vorgegeben sind, so daß Sanierungsvarianten nur eingeschränkt oder gar nicht in Sanierungsszenarien "durchgespielt" werden müssen.

Dies gilt auch für den *chronologischen Ablauf* der Sanierungsuntersuchung deren wesentliche Arbeitsschritte in Abb. 3.2 als eine lineare und chronologisch aufeinanderfolgende Reihe dargestellt sind. In der Praxis wird es jedoch vielfach zu mehr oder weniger großen Abweichungen von dieser idealisierten Struktur kommen: So können Ergebnisse der Sanierungsszenarien und der Detaillbewertung dazu führen, daß ursprünglich festgelegte Sanierungsziele oder Nutzungskonzepte überdacht und damit bereits durchgeführte Arbeitsschritte wiederholt werden müssen (etwa wenn ein vorgegebener Kostenrahmen überschritten wird). Insbesondere im Spannungsfeld zwischen Kosten und Akzeptanz verläuft der Prozeß oftmals lange Zeit entscheidungslos zwischen den Eckpfeilern 'Nutzungskonzept', 'Sanierungsziel' und 'Sanierungskonzept' hin und her[24] (siehe Abb. 3.3). Im Extremfall werden (bei einem ungünstigen Verlauf) z.B. noch während der Sanierungsplanung die in der Gefährdungsabschätzung festgestellten Gefährdungen angesichts hoher Sanierungskosten in Frage gestellt.

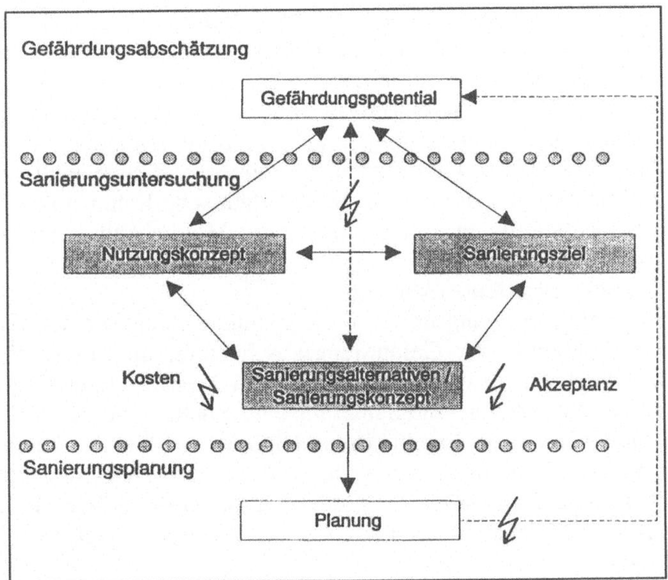

Abb. 3.3. Ungünstiger Entscheidungsablauf für ein Sanierungskonzept bei komplexer Ausgangslage (Meiners 1995)

[24] Preisgünstige "Minimalsanierungen" werden von den Betroffenen als unzureichend abgelehnt, die von ihnen möglicherweise gewünschte "Totalsanierung" ist jedoch aus der Sicht der Geldgeber nicht bezahlbar

Zur weitgehenden Vermeidung solcher zeit- und kostenintensiven Mehrarbeit und für eine allen Interessen gerecht werdende Sanierung ist deshalb u.a. eine frühzeitige Einbindung aller Betroffenen – wie bereits angesprochen - unabdingbar. Nur wenn auch ihre Belange in jedem Schritt der Sanierungsuntersuchung einfließen, kann ein konsensfähiges Sanierungskonzept erarbeitet werden. In der anschließenden Sanierungsplanung kann dann auf diesem Konzept aufgebaut werden, ohne befürchten zu müssen, daß in der Sanierungsuntersuchung erreichte Ergebnisse grundsätzlich in Frage gestellt werden.

In den kommenden Kapiteln (Kap. 3.2.1 - 3.2.5) werden die hier nur kurz angerissenen wissenschaftlich-technischen Aspekte ausführlicher dargestellt. Ziel ist es, die Komplexität einer Sanierungsuntersuchung und ihre Bedeutung als einleitenden Arbeitsschritt im Rahmen einer Sanierungsmaßnahme zu verdeutlichen.

3.2.1 Die Konkretisierung der Ausgangssituation und der Sanierungsziele

Die Sanierungsuntersuchung wird eingeleitet, wenn als Ergebnis der Gefährdungsabschätzung ein Sanierungsbedarf festgestellt wird. Bis zum Abschluß der Gefährdungsabschätzung sind - beginnend mit der Erfassung über die Erstbewertung bis zu den technischen Untersuchungen - gerade bei größeren Altlastenfällen zum Teil mehrere Jahre vergangen, in denen u.U. eine Vielzahl von Gutachten verschiedener Büros erstellt worden sein können (ggf. sogar getrennt für einzelne Teilflächen). In einem ersten Arbeitsschritt zur *Konkretisierung der Ausgangssituation* sind alle vorliegenden *Daten und Fakten* sowie die auf dieser Basis getroffenen Entscheidungen und Begründungen in übersichtlicher und einheitlicher Form *zusammenzufassen.* Zu diesen Informationen gehören insbesondere alle Ergebnisse technischer Untersuchungen (z.B. Belastungssituation, Hydrogeologie) und deren Beurteilungen sowie die bislang erhobenen Rahmenbedingungen (z.B. Nutzung am Standort und in der Umgebung, städtische Rahmenplanungen). Alle an der Sanierung Beteiligten erhalten damit die Möglichkeit, gezielt auf vorliegende Informationen zugreifen und spätere Entscheidungen auf einer gemeinsamen Datengrundlage treffen zu können.

Für den weiteren Fortgang der Sanierungsuntersuchung werden diese zusammengefaßten Ergebnisse der Gefährdungsabschätzung im Einzelfall nicht ausreichen. Dies liegt v.a. in den unterschiedlichen Zielrichtungen/Fragestellungen von Gefährdungsabschätzung und Sanierungsuntersuchung begründet[25].

Werden die vorliegenden Ergebnisse im Hinblick auf die anstehenden weiteren Arbeitsschritte der Sanierungsuntersuchung als unzureichend bewertet, sind *ergänzende Erkundungsmaßnahmen* erforderlich. Je vollständiger die Erkundung durchgeführt wurde, desto besser ist die Beurteilungsgrundlage für die weiteren Entscheidungen.

[25] Beispielsweise steht bei der Gefährdungsabschätzung zunächst die Frage nach der Gefährdung ("Wie wirken die nachgewiesenen Schadstoffe auf die Schutzgüter?") im Vordergrund, während für eine Sanierung die Frage nach der absoluten Menge an zu behandelnden Bodenmassen und darin enthaltenen Schadstoffen von zentraler Bedeutung ist ("Wieviel Schadstoff ist im Boden?").

Eine Sanierungsmaßnahme wirkt i.d.R. nicht ausschließlich auf die zu sanierende Fläche. Sie hat auch Auswirkungen auf das Umfeld (z.B. durch Staub und Lärmemissionen oder ein erhöhtes Verkehrsaufkommen) und sie wird durch Umgebungsbedingungen beeinflußt (z.B. die Umgebungsnutzung, die Infrastruktureinrichtungen wie Verkehrsanbindungen oder die klimatischen Bedingungen). Somit sind auch Informationen zur Umgebung aufzunehmen.

Die zu Beginn der Sanierungsuntersuchung zu erhebenden Informationen sind für die spätere gelungene Sanierungsdurchführung von entscheidender Bedeutung. Eine mangelnde Informationslage aufgrund unzureichender Untersuchungen kann die folgende (Vor-)Auswahl von geeigneten Sanierungsverfahren erschweren und zu einem erhöhten Finanz- und Zeitbedarf führen, der sich später u.U. kaum wieder ausgleichen läßt.

Bei der Informationsbeschaffung ist jedoch immer das Ausmaß und die Komplexität der angestrebten Sanierung zu berücksichtigen: In Einzelfällen sind sämtliche Informationen zu diesem Standort zu erheben. Einfach gelagerte Routinefälle sind auch auf einer weniger detaillierten Datenbasis noch adäquat zu bearbeiten.

Die Entscheidung darüber, welche Informationen unbedingt notwendig sind und auf welche ggf. verzichtet werden kann, ist immer einzelfallspezifisch zu treffen. Die erhobenen Daten müssen jedoch mindestens ausreichen, die Verfahrensbeurteilung anhand der Auswahlkriterien zu ermöglichen (vgl. Kap. 3.2.2 und 3.2.4.).

Je exakter gerade die technischen Untersuchungen zu Beginn der Sanierungsuntersuchung durchgeführt werden, desto detaillierter kann zum Abschluß der Sanierungsuntersuchung ein Sanierugunskonzept erstellt werden. Daraus können sich i.d.R. Einsparungen bei den Kosten für die eigentliche Sanierung (Maßnahmekosten) ergeben und damit - trotz steigender Kosten bei der Sanierungsuntersuchung - zu einer Minimierung der Gesamtkosten führen (Laßl 1995). Da aber nicht nur Kosten eine Rolle bei der Ermittlung eines adäquaten Sanierungskonzeptes spielen (oder zumindest nicht spielen sollten!), sondern die Beseitigung der von der Altlast ausgehenden Gefährdungen im Mittelpunkt der Überlegungen steht, sind möglichst detaillierte Erkundungen unerläßlich für eine erfolgreiche Sanierung.

Im "Handbuch Bodenwäsche" (LfU 1993) finden sich ausführliche Darstellungen zu den wesentlichen Inhalten der benötigen Datenbasis.

In Kap. 2 wurde bereits ausführlich die Problematik der Sanierungszielfindung beschrieben. Die *Konkretisierung der Sanierungsziele* erfolgt in der Praxis im Rahmen der Sanierungsuntersuchung. Denn mit der Feststellung einer Gefährdung zum Abschluß der Gefährdungsabschätzung ist nur ein erstes (Minimal-)Ziel der anschließenden Maßnahmen vorgegeben: Die Beseitigung dieser Gefährdungen, mindestens durch Unterbrechung der Gefährdungspfade. Im einfachsten Fall kann dies dadurch ereicht werden, daß die gefährdeten Schutzgüter (hier i.w. der Mensch) von der Gefahrenquelle ferngehalten werden (z.B. durch Schutz- bzw. Beschränkungsmaßnahmen oder Umnutzungen). Demgegenüber können Gefährdungen für jedwedes Schutzgut natürlich durch die vollständige Beseitigung aller Kontaminationen ausgeschlossen werden (Erlangung der Multifunktionalität).

Zwischen diesen beiden "Extremfällen" müssen - für jeden Einzelfall neu - die Sanierungsziele formuliert werden, welche mit den Interessen aller Beteiligten bzw. Betroffenen in Einklang zu bringen ist.

Dabei reicht die Formulierung qualitativer Sanierungsziele (z.B. "Gesunde Wohnverhältnisse") für die praktische Umsetzung nicht aus. Vielmehr sind quantifizierbare Sanierungsziele zu bestimmen (z.B. als Restkonzentration eines Schadstoffes im Boden nach der Dekontamination). Nur so können Sanierungsverfahren hinsichtlich ihrer Eignung im Vorfeld des tatsächlichen Einsatzes und die Erreichung der Sanierungsziele nach Abschluß der Maßnahmen überprüft werden[26].

Zur Festlegung des Sanierungszieles muß also frühzeitig Klarheit über die geplante bzw. die zu erhaltende Nutzung des Standortes herrschen, um die an den Sanierungsstandort zu stellenden Qualitätsanforderungen in Einklang mit der Sensibilität der Nachnutzung (z. B. Kinderspielplatz oder Industriegebiet) zu bringen. Zwar ist die Festlegung eines *Nutzungskonzeptes* eng mit der räumlichen Planung einer Kommune verknüpft, erforderlich ist aber gerade bei Altlastenflächen die Herbeiführung eine gemeinsame Entscheidung[27] über die zukünftige Nutzung des Sanierungsgebietes und die anzustrebenden Sanierungsziele (UBA 1994).

Gerade bei größeren Altlastenfällen (sei es aufgrund der räumlichen Ausdehnung, des Schadstoffmixes oder der Vielzahl verschiedener Nutzungen) wird es nicht ausreichen, genau ein Ziel für die gesamte Fläche festzusetzen. Notwendig ist hier die Definition von Sanierungsteilflächen: Die Aufteilung in Teilflächen orientiert sich dabei an der Anordnung der geplanten (bzw. bestehenden) Nutzung sowie an der Schadstoffverteilung, d.h. Bereiche mit gleicher Nutzung und gleichem Schadstoffspektrum werden zu einer Teilfläche zusammengefaßt. So können für eine Teilfläche weniger strenge Sanierungsziele festgelegt werden, wenn dort (nur) eine Gewerbenutzung geplant ist.

Gerade im Hinblick auf die Akzeptanz von Sanierungsmaßnahmen in der Bevölkerung können Sanierungsziele nicht allein vom Gutachter oder den Behörden "von oben" vorgeschrieben werden. Eine umfassende Information aller Betroffenen und Berücksichtigung ihrer Belange ist während der gesamten Sanierung notwendig[28].

Häufig werden die zu Beginn der Sanierungsuntersuchung erarbeiteten Sanierungsziele nach der Entwicklung und Detaillbewertung der Sanierungsszenarien erneut diskutiert werden müssen. Dies kann z.B. dann passieren, wenn nach Berücksichtigung aller Einflußfaktoren die Erreichung des ursprünglich angestrebten Sanierungszieles technisch nicht realisierbar ist, die dabei vermutlich anfallenden Kosten von der Kommune oder dem Investor nicht getragen werden können (oder

[26] Die vielfältigen Probleme, mit einer Quantifizierung von Sanierungszielen verbunden sind, wurden bereits ausführlich in Kap. 2 dargestellt (z.B. fehlende bzw. für den Einzelfall ungeeignete Richt- und Grenzwertlisten; Festlegung nutzungsabhängiger Werte etc.).

[27] Anwohner, Behörden, Gutachter, Geldgeber/Investoren

[28] In der Einführung zu Kapitel 3 wurde ausführlich auf die Funktion der "Sanierungsgemeinschaft" als eine weiterreichende Möglichkeit der Beteiligung von Betroffenen u.a. bei der Sanierungszielfindung eingegangen.

wollen) oder aber die technisch anwendbaren Verfahren nicht genehmigungsfähig sind.

3.2.2 Vorauswahl von Sanierungsverfahren

Die Vorauswahl anwendbarer Sanierungsverfahren in einem konkreten Sanierungsfall basiert auf der Prüfung verschiedener Kriterien zu deren Eignung. Zur Vereinheitlichung und Nachvollziehbarkeit der Auswahlentscheidung und zur Unterstützung der mit der Auswahl Befaßten sind in den letzten Jahren verschiedene Methoden, Arbeitshilfen und Darstellungen des allgemeinen Vorgehens bei Sanierungsuntersuchungen erstellt worden[29], die z.T. auch in der Detailbewertung zum Tragen kommen können (Kap. 3.2.4). In diesem Kapitel werden i.w. die Gemeinsamkeiten dieser Methoden und damit generalisierte Abläufe bei der Auswahl von Sanierungsverfahren vorgestellt, denn letztlich müssen die mit einer Sanierungsmaßnahme Befaßten ein auf den konkreten Einzelfall abgestimmtes Auswahlverfahren erarbeiten und durchführen. "Vorgefertigte" Schemata können dabei nur als Hilfestellung herangezogen werden und sind auf die jeweilige Situation anzupassen.

Bei allen o.g. Methoden erfolgt die Verfahrensauswahl i.w. in zwei Schritten:

- Der Ausschluß grundsätzlich ungeeigneter Techniken bzw. Verfahren im Rahmen der Vorauswahl (Kap. 3.2.2) und
- die Detailbewertung geeigneter Verfahren mit abschließender Empfehlung eines Verfahrens oder einer Verfahrenskombination (Kap. 3.2.4).

Für beide Auswahlschritte werden Kriterien genannt, anhand derer die Entscheidung für den Ausschluß bzw. der Eignung einzelner Verfahren getroffen werden kann. In diesem Kapitel wird ausführlich auf den ersten Auswahlschritt - die Vorauswahl - eingegangen.

Grundsätzlich werden (technische) Sanierungsverfahren in *Sicherungsverfahren* und *Dekontaminationsverfahren* unterteilt. Zur systematischen Abgrenzung werden im folgenden zusätzlich die folgenden Begriffe verwendet: *Technologien* sind übergeordnete technologische Verfahrensgruppen (wie beispielsweise thermische oder biologische Behandlung). Diese untergliedern sich in die jeweiligen *Techniken* (wie zum Beispiel Verbrennung oder Pyrolyse). Die von einzelnen Herstellern realisierten Anlagenkonzepte auf Basis der einzelnen Techniken werden als *Verfahren* bezeichnet (z.B. Lurgi-Wirbelschicht-Verfahren, Terra-Therm-Verfahren; vgl. auch Kap. 4.1). Die Begriffe Technologie und Technik werden vereinfachend z.T. synonym verwendet.

In der Vorauswahl werden die aus *technischen* oder *schadstoffspezifischen Gründen* im konkreten Einzelfall nicht einsetzbaren Techniken bzw. Verfahren ausgesondert. Die Vorauswahl wird in der Regel nicht für jedes auf dem Markt befindliche Verfahren gesondert durchgeführt. Der Arbeitsaufwand kann reduziert werden, wenn zunächst die grundsätzliche Eignung der verschiedenen Technologien und der zugehörenden Techniken überprüft wird.

[29] z.B. Wittland 1990, HIMASG 1993, Jessberger 1993, Jörissen 1993, LfU 1994, LUA 1995

Die Entscheidung, ob dekontaminiert oder gesichert werden soll, ist im allgemeinen bereits mit der Festlegung der Sanierungsziele erfolgt (vgl Kap. 3.2.1). Von diesen Zielen hängt es ab, ob ein Verbleiben der Schadstoffe im Boden akzeptiert wird (d.h. Sicherungsverfahren werden angewendet) oder ob eine Entfernung der Schadstoffe (bzw. eine Reduzierung ihrer Konzentrationen) erfolgen muß (d.h. es müssen Dekontaminationsverfahren zum Einsatz kommen).

Die verschiedenen Sanierungstechnologien wurden für jeweils spezifische Bedingungen entwickelt oder lassen aufgrund der zugrundeliegenden naturwissenschaftlichen Phänomene nur eine beschränkte Anwendung zu. Das Ziel der Vorauswahl ist es, diejenigen Techniken zu ermitteln, die unter den gegebenen Bedingungen nicht anwendbar sind und damit frühzeitig von der weiteren Prüfung ausgeschlossen werden können[30]. Bei der Beurteilung ist zu berücksichtigen, daß es innerhalb einer Technik z.T. sehr unterschiedliche Verfahren gibt. Vor dem Ausschluß einer ganzen Technologie sollte daher zumindest grob geprüft werden, ob einzelne Verfahren nicht doch einsetzbar sind.

Die Beurteilung erfolgt im Rahmen der Vorauswahl anhand von Kriterien, mit denen die verschiedenen Techniken charakterisiert und miteinander verglichen werden können. Welche Kriterien für diesen Vergleich herangezogen werden können und welche Bedeutung ihnen beigemessen wird, hängt immer von den Gegebenheiten im Einzelfall ab. Für Dekontaminationen und Sicherungen sind z.T. unterschiedliche Kriterien notwendig (vgl. Kap. 4.1).

Selbstverständlich können den folgenden Beurteilungen keine einzelfallspezifischen Informationen zugrunde liegen. Sie sind als Anhaltspunkt bei der Einzelfallbeurteilung zu verstehen. Insbesondere im Rahmen der Vorauswahl kann damit jedoch eine erste Auswahl getroffen werden.

Variieren die spezifischen Verhältnisse zwischen den Teilflächen in einem konkreten (großflächigen) Sanierungsfall und sind Sanierungsteilflächen festgelegt worden (vgl. Kap. 3.2.1), ist für jede Teilfläche eine gesonderte Vorauswahl zu treffen.

Wie grundsätzlich alle im Rahmen der gesamten Sanierung getroffenen Entscheidungen sind auch die Beurteilungen der Verfahres-Vorauswahl detailliert zu dokumentieren. Für alle anhand der o.g. Kriterien geprüften Sanierungsverfahren sind die Gründe schriftlich festzuhalten, die zum Ausschluß oder zu Anwendungseinschränkungen geführt haben.

Für die als 'grundsätzlich einsetzbar' eingestuften Verfahren werden Datenblätter angelegt. Die Datenblätter enthalten die wesentlichen Eckdaten dieser Verfahren. Diese können dann im Verlauf der weiteren Auswahl- und Beurteilungsschritte sukzessive ergänzt werden. Das Verfahren gewinnt dadurch Transparens und Überprüfbarkeit. Sobald ein Kriterium zum Ausschluß eines Verfahrens geführt hat, muß dieses selbstverständlich nicht mehr bzgl. der übrigen Kriterien untersucht werden.

[30] vgl. Erstellung von Sanierungsszenarien, Kap. 3.2.3 und deren Detailbewertung, Kap. 3.2.4

3.2.3 Standortbezogene Sanierungsszenarien

Dieses Kapitel behandelt die Entwicklung standortbezogener Sanierungsszenarien für die nach der Vorauswahl grundsätzlich geeigneten Sanierungsverfahren. Der Duden definiert ein Szenario als "hypothetische Aufeinanderfolge von Ereignissen, die zur Beachtung kausaler Zusammenhänge konstruiert wird." (Duden 1983). Für die Sanierungsmaßnahme bedeutet es, daß die Anwendbarkeit von Sanierungsverfahren nicht losgelöst von der Vielzahl von Einflußfaktoren betrachtet werden kann. Die grundsätzlich geeigneten Verfahren (vgl. 3.2.2) müssen deshalb im Zusammenhang aller einzelfallspezifischen Randbedingungen (der "kausalen Zusammenhänge") betrachtet werden, um eine Vergleichbarkeit und damit die verschiedenen Maßnahmenvarianten beurteilen zu können. Diese Abstimmung der Sanierungstechnik auf die jeweiligen Standortbedingungen und die Einbindung in die diversen Arbeitsschritte (die "Aufeinanderfolge von Ereignissen") erfolgt mit Hilfe von Sanierungsszenarien. Denn solange die zur Optimierung einer kompletten Sanierungsmaßnahme notwendigen Schritte nur 'auf dem Papier' erfolgen, können verschiedenste Varianten mit geringem Zeit und die Kostenaufwand 'durchgespielt' werden. Auch können auf diese Weise mögliche Fehlerquellen erkannt werden, bevor sie Fehlentwicklungen und nicht kalkulierte Kosten verursachen.

Sanierungsszenarien dienen jedoch nicht nur dazu, verschiedene Sanierungsverfahren innerhalb einer ansonsten immer gleichen Gesamtmaßnahme zu vergleichen: Vielmehr können mit ihrer Hilfe auch andere Parameter ("Stellschrauben") verändert und die Auswirkungen auf das Endergebnis ermittelt werden. Die theoretischen Möglichkeiten dieser Änderungen sind so groß wie die Anzahl der Einflußfaktoren, so daß hier nur wenige Beispiele genannt werden können. Das Prinzip, das diesen Überlegungen zugrunde liegt, ist aber einheitlich: Es dient der Optimierung der Gesamtmaßnahme.

Im folgenden sind exemplarisch die Wirkungen einige dieser "Stellschrauben" skizziert:

Gerade bei größeren Altlastenflächen mit mehreren Teilflächen kann eine Verschiebung von Nutzungen[31] eine z.T. erhebliche Kosteneinsparung mit sich bringen: So ist es technisch einfacher, strenge Sanierungszielwerte für sensible Nutzungen durch Dekontamination solcher Teilflächen zu erreichen, die von vornherein nicht so hoch belastet sind. Die höher belasteten Teilflächen können dann - etwa nach erfolgter, preiswerterer Sicherung - für weniger sensible Nutzungen (z.B. Gewerbe) zur Verfügung stehen. Bei derartigen Änderungen sind selbstverständlich wiederum andere Kriterien zu berücksichtigen: So muß die resultierende Nutzungsverteilung noch mit den stadtplanerischen Vorstellungen übereinstimmen. Zudem können Nutzungsänderungen nur im Rahmen des zu Beginn der Sanierungsuntersuchung vorgegebenen Nutzungskonzeptes erfolgen (vgl. Kap. 3.2.1).

[31] d.h. Beibehaltung der prozentualen Anteile der verschiedenen Nutzungsarten aber veränderte räumliche Anordnung auf der Fläche

Durch ein umfassendes *Bodenmanagement* kann der Umgang mit Aushub- und Rückbaumassen geregelt und die zu behandelnden Bodenmassen minimiert werden. Hierzu können Separierungsschritte der eigentlichen Bodenbehandlung vorgeschaltet werden, um etwa bei einer Bodenwäsche nicht den gesamten Erdaushub behandeln zu müssen. Der stärker belastete Feinkornanteil kann dann thermisch oder mikrobiologisch behandelt werden.

Bei einer off-site-Dekontamination muß der ausgekofferte Boden zwischen Behandlungsanlage und Standort transportiert werden. Je nach vorhandenen Infrastruktureinrichtungen (Anschluß an eine Wasserstraße), kann etwa ein Transport per Schiff kostengünstiger als per LKW sein. Natürlich sind aber auch hier weitere Randbedingungen zu berücksichtigen: Findet z.B. die Auskofferung des Bodens im Winter statt, um die Ausgasung leichtflüchtiger Bestandteile zu unterdrücken, muß damit gerechnet werden, daß sich der Abtransport des Bodens mit dem Schiff aufgrund zugefrorener Kanäle verzögern kann. Diese o.g. Beispiele sollen einen kleinen Eindruck der 'Spielmöglichkeiten' in Sanierungsszenarien geben und verdeutlichen, daß die alleinige Betrachtung der eigentlichen Sanierungsverfahren der Komplexität einer Sanierung nicht gerecht wird.

3.2.4 Detailbewertung der Sanierungsszenarien

In diesem Arbeitsschritt werden die verschiedenen Sanierungsszenarien anhand monetärer und nicht-monetärer Kriterien hinsichtlich ihrer Eignung zur Erreichung aller Sanierungszielvorgaben beurteilt. Diese Beurteilungen werden dann mit Hilfe der Kosten-Wirksamkeits-Betrachtung miteinander verknüpft. Das Ergebnis ist (im Idealfall) genau eine Sanierungsvariante, die im speziellen Fall die Grundlage für die anschließende Sanierungsplanung bildet.

Die für die Detailbewertung notwendigen Informationen müssen möglichst detailliert und aktuell sein. Daher reicht der Rückgriff auf allgemeine Literaturangaben nicht mehr aus[32]. Es empfiehlt sich, die notwendigen Informationen durch Firmenanfragen zu erheben. Dabei sollten mehrere Firmen je Verfahren angefragt werden, um eine breite Marktübersicht - insbesondere im Hinblick auf die Kosten - zu erhalten. Die Anfragen sollten sich jedoch nicht auf die Kosten beschränken, sondern auch die für die nicht-monetäre Beurteilung notwendigen Informationen umfassen (wie z.B. Umweltauswirkungen/Umweltverträglichkeit, technischer Stand und organisatorische Bedingungen).

Damit Firmen möglichst umfassende und fallspezifische Informationen zu ihren Verfahren abgeben können, ist es notwendig, den Sanierungsfall mit seinen Randbedingungen detailliert zu beschreiben. Dies sollte nicht in Form eines langen Gutachtens erfolgen. Zweckmäßiger ist eine tabellarische, übersichtliche Zusammenstellung der wesentlichen Fakten (LfU 1994):

Bei der Informationsbeschaffung ist auf möglichst genaue Kostenangaben zu achten, da das Ergebnis der späteren monetären Beurteilung davon abhängt. Zur Kostenabschätzung sind die Anfragen so zu gestalten, daß die Vergleichbarkeit der ermittelten Kosten gegeben ist.

---

[32] diese Möglichkeit sollte nur ergänzend hinzugezogen werden

Im folgenden werden die wesentlichen Aspekte der *monetären* und *nicht-monetären Detailbewertung* näher beleuchtet. Im Anschluß daran wird die *Kosten-Wirksamkeit-Betrachtung* als eine Möglichkeit vorgestellt, die vorgenannten Beurteilungsschritte miteinander in Beziehung zu setzen (Verknüpfung von quantitativen und qualitativen Ergebnissen) und so zu einer abschließenden Empfehlung für ein Sanierungskonzept zu gelangen. Die Reihenfolge von monetärer und nicht-monetärer Beurteilung ist einzelfallabhängig zu entscheiden. Sie wird sich an der Bedeutung orientieren, die dem Kostenaspekt beigemessen wird. Bei (üblicherweise) knappen Finanzmitteln können sehr teure Sanierungsmaßnahmen bei einer frühzeitigen Kostenabschätzung aus der weiteren Betrachtung ausgeschlossen werden und so den Arbeitsumfang reduzieren.

Die monetäre Beurteilung

Gerade im Spannungsfeld zwischen - ökologisch und stadtplanerisch wünschenswerten - hochgesteckten Sanierungszielen und den damit verbundenen höheren Kosten einer Sanierungsmaßnahme ist eine möglichst exakte Gesamtkostenermittlung und eine Kostenwirksamkeitsbetrachtung für jedes Sanierungsverfahren bzw. jede Verfahrenskombination unerläßlich. Die Kostenabschätzung kann erheblichen Einfluß auf - bereits getroffene - Sanierungszielentscheidungen haben: Zeigt sich z.B., daß das angestrebte Sanierungsziel nur mit besonders teuren Verfahren erreichbar ist, kann es durchaus zu einer erneuten Diskussion und Veränderung dieser Ziele kommen (vgl. Kap. 3.2.1).

Bei der Kostenermittlung sind nicht nur die reinen Maßnahmekosten zu berücksichtigen, vielmehr müssen alle während der gesamten Sanierung anfallenden Kosten in die Kalkulation einfließen. Nur so können die Kosten unterschiedlicher Verfahren tatsächlich miteinander verglichen werden[33]. Dabei ist zu berücksichtigen, daß nur zu den eigentlichen Maßnahmekosten genauere Angaben vorliegen (aufgrund der Anfragen bei Verfahrensanbietern). Viele der darüber hinaus bei der konkreten Sanierungsplanung und -durchführung anfallenden Kosten (Vorbereitungskosten, Nebenkosten, Folgekosten, weitere Kosten) können nur grob abgeschätzt werden. Diese werden im Rahmen der Sanierungsplanung exakter bestimmt. Eine ausführliche Darstellung der verschiedenen Kosten findet sich in Kap. 3.3.3.

Die nicht-monetäre Beurteilung

Geld ist nicht alles! Dies gilt natürlich auch bei der Entscheidung für oder gegen ein Sanierungsverfahren. Zur Herbeiführung einer Sanierungsentscheidung müssen auch Kriterien herangezogen werden, die quantitativ (und insbesondere monetär) nicht oder nur schwer zu fassen sind. Hierzu gehören technische und organisatorische Kriterien sowie solche zu Umweltauswirkungen und Umweltverträglichkeiten. Dabei kommen auch Kriterien zur Anwendung, die bereits im Rahmen der Vorauswahl betrachtet wurden (vgl. Kap. 3.2.2). Diese sind hier allerdings zu

[33] z.B. kann die Bodenbehandlung in einer off-site Anlage preiswerter als in einer mobilen onsite Anlage sein, aber erst durch die Berücksichtigung der Transportkosten erhält man vergleichbare Zahlen

vertiefen, d.h. die bei der Vorauswahl herangezogenen Literaturangaben sind durch einzelfallspezifische Anbieterangaben zu ergänzen.

Zudem werden weitere Kriterien herangezogen, um im Ergebnis zu einer Gewichtung der verschiedenen Sanierungsmaßnahmen kommen zu können. Als wesentliche Kriterien sind hier zu nennen (LfU 1994):

- Technische Kriterien
  Entwicklungstand/Referenzen; Betriebssicherheit; Verfügbarkeit; Reparatur-/Wartungsfreundlichkeit; Regelbarkeit der Inputschwankungen; Kompatibilität zu anderen Maßnahmen; Komplexität; Flexibilität; Arbeitsschutzmaßnahme; Automatisierbarkeit
- Organisatorische Kriterien
  öffentliche /politische Akzeptanz; Flächenbedarf; Infrastrukturbedarf; zusätzliche Verkehrsbelastung; Genehmigungsanforderungen; Koordinationsbedarf
- Umweltauswirkungen/-verträglichkeit
  Dauer bis Erreichen der vollen Wirksamkeit; Dauer der vollen Wirksamkeit/Langzeitverhalten; Kontroll-/Reparaturmöglichkeit; Auswirkungen auf Biotop und Landschaft; Emissionen (Lärm, Abgas, Staub, Geruch, Abwasser, Schadstoffkonzentrat); Eingriff in den Untergrund/Störung der Untergrundverhältnisse; Energieverbrauch; Bilanzierung der Schadstoffaufkonzentrierung, -vernichtung, -verdünnung, -verlagerung, -metabolisierung; Anfall und Verwertbarkeit der Restprodukte; Störfallsicherheit

Im Einzelfall sind dieser Liste weitere relevante Kriterien zuzufügen bzw. für den Standort nicht maßgebliche Kriterien zu streichen.

Die Schwierigkeit bei der Detailbewertung liegt in der Vergleichbarkeit der nicht-monetären Kriterien. Sie sind nicht durchgänging quantitativ erfaßbar. So kann der Energieverbrauch zwar in kWh und die Abwasseremissionen in m^3/h angegeben werden, bei Fragen der Flexibilität oder gar der öffentlichen Akzeptanz sind jedoch nur qualitative und damit schwer vergleichbare Aussagen möglich[34].

In der Praxis erfolgt die nicht-monetäre Beurteilung mit Hilfe sog. Entscheidungsmatrices. Beispielsweise schlägt das Land Baden-Württemberg hierzu die Verwendung eines Punktesystems vor (LfU 1994): Die Beurteilung erfolgt durch eine Zahlen- oder Symbolskala, wobei – wie gesagt - zu beachten ist, daß die nicht-monetäre Beurteilung größtenteils nur qualitative Aussagen ermöglicht. Es ist daher zu vermeiden, daß durch eine zu differenzierte Beurteilungsskala eine quantitative Meßbarkeit nur vorgetäuscht wird.

Im Einzelfall kann es sinnvoll sein, eine Gewichtung der einzelnen Kriterien (mittels verschiedener Multiplikatoren) vorzunehmen. Diese Gewichtung muß aber nach objektiv nachvollziehbaren - und natürlich auch dokumentierten - Gesichtspunkten erfolgen und darf keinen subjektiven Einflüssen unterliegen[35].

Unabhängig von den Beurteilungskriterien sind alle Beurteilungen und Entscheidungen zur Sanierungsuntersuchung verbal-argumentativ zudokumentieren.

[34] eine ausführliche Darstellung dieses Themenkomplexes unter besonderer Berücksichtigung der Beurteilung von Umweltauswirkungen findet sich in Kap. 6

[35] Ein Beispiel für die Gewichtung von Kriterien für verschiedene Sanierungstechnologien findet sich bei Wittland (Wittland 1990).

Dabei ist auch auf ungesicherte Annahmen, mangelhafte Detailkenntnis der Sanierungsverfahren sowie ggf. zusätzlichen Untersuchungsbedarf (etwa begleitend zur Sanierungsdurchführung) hinzuweisen (LUA 1995).

Mit Hilfe der nicht-montären Beurteilung können Sanierungsverfahren mit vorwiegend negativen Einstufungen bzw. negativer Bilanz aus der weiteren Sanierungsplanung ausgeschieden werden. Die nicht-monetäre Beurteilung reguliert folglich die Anzahl der Verfahren für die Kosten-Wirksamkeits-Betrachtung.

Die Kosten-Wirksamkeits-Betrachtung

Die endgültige Entscheidung über das geeignete Sanierungsszenario kann nicht nur anhand der absoluten Kosten oder aufgrund der nicht-monetären Beurteilung erfolgen. Vielmehr sind die Kosten in Relation zu den zu erwartenden Ergebnissen der Maßnahmen (d.h ihrer Wirksamkeit) zu sehen ("Preis-Leistungs-Verhältnis"). Die Kosten-Wirksamkeits-Betrachtung dient deshalb dazu, die Ergebnisse monetärer und nicht-monetärer Beurteilungen zu verknüpfen .

Bei Dekontaminationsverfahren bezieht sich die Wirksamkeit auf die Restkonzentration eines Schadstoffes in dem sanierten Medium (Reinigungsleistung). Angaben hierzu sind von den Verfahrensanbietern im Rahmen der Preisanfragen oder in der Literatur zu erfahren (vgl. Kap. 4).

Bei Sicherungsmaßnahmen entspricht die Wirksamkeit dem Maß, in dem der Schadstoffaustrag aus der Altlast heraus unterbrochen wird. Die Reduzierung des Austrages (verminderte Durchlässigkeit, Transport u.a.) muß berechnet oder zumindest abgeschätzt werden (z.B. anhand von Durchlässigkeitsbeiwerten der verwendeten Materialien). Hinzu kommt noch die Frage der Langzeitwirkung: Durch Alterung, Verschleiß, Zerstörung etc. kann sich die Durchlässigkeit der Barrieren, die die Schadstoffe an der Ausbreitung hindern sollen, erhöhen und damit auf lange Sicht deren Wirksamkeit verringern.

In vielen Fällen wird die Wirksamkeit - gerade in Bezug auf das Langzeitverhalten - nicht quantifizierbar sein. Eine unmittelbare Vergleichbarkeit der Wirksamkeiten von Dekontaminations- und Sicherungsverfahren ist somit nur schwer erreichbar. Das Risiko einer nachlassenden Wirksamkeit bei Langzeitmaßnahmen wird dann in die nicht-monetäre Beurteilung aufgenommen.

Durch Gegenüberstellung der Wirksamkeiten und der jeweiligen Kosten kann das Verfahren (bzw. eine Verfahrenskombination) ausgewählt werden, das besonderes effektiv das Sanierungsziel erreicht. Zu berücksichtigen ist, daß sich die Kosten-Wirksamkeits-Betrachtung genau genommen immer nur auf ein bestimmtes Schutzgut sowie einen bestimmten Schadstoff bezieht. Für eine umfassende Wirksamkeitsbetrachtung müßten für alle relevanten Schadstoffe und Schutzgüter einzelne Abschätzungen vorgenommen werden. Zur Vereinfachung können vielfach die einzelnen Schadstoffe zu Schadstoffgruppen zusammengefaßt und repräsentative Parameter aus dieser Gruppe für eine Abschätzung verwendet werden, wenn sie nach Konzentration und Umweltrelevanz die tatsächlich vorliegenden Schadstoffe wiederspiegeln. Die Kostenwirksamkeit kann zudem in Abhängigkeit von den Sanierungszielen schwanken.

Ergebnis der Kosten-Wirksamkeits-Betrachtung ist ein auf den speziellen Sanierungsfall abgestimmtes Sanierungskonzept, das geeignete und Kosteneffiziente technische Verfahren und die weiteren Arbeitsschritte detailliert beschreibt und so die konkrete Planung der Sanierung vorbereitet.

EDV-Unterstützung bei der Verfahrensauswahl:
Aufgrund der Vielzahl der zu prüfenden Kriterien wird versucht, die Verfahrensauswahl rechnergestützt durchzuführen. Ein Beispiel hierfür ist die "Bewertungsmethodik zur Auswahl von Sanierungsalternativen" (BESAL). Sie wurde im Auftrag des Landesumweltamtes Nordrhein-Westfalen an der Universität Bochum entwickelt (Jessberger 1993).

> "BESAL bietet zum Verfahrensvergleich ein strukturiertes Arbeitsschema an, das der (in Abb. 3.2 dargestellten, Anm. d. Verfassers) Vorgehensweise (...) entspricht. Das von BESAL vorgegebene Zielsystem zur Variantenbewertung enthält vier Hauptziele und 16 Nebenziele, die vor allem auf den technischen Aspekt und die Umweltverträglichkeit einer Maßnahme eingehen (vgl.Tabelle 3.1, Anm. d. Verfassers). Die Gewichtung der einzelnen Ziele innerhalb des Zielsystems wird für jedem Standort neu festgelegt. In diesem Schritt wird also entschieden, ob und wie stark die Erreichung eines Zieles für den entsprechenden Einzelfall wichtig ist. Die Standortspezifität wird infolgedessen durch den Vorgang der Gewichtung der Ziele hergestellt. Die Bewertung kann durch ein Punktesystem oder durch eine verbalargumentative Vorgehensweise erfolgen." (Meiners 1995).

Tabelle 3.1. Zielsystem in der "Detaillbewertung" bei BESAL (nach Jessberger 1993)

Hauptziele	Nebenziele
A. Verringerung des Gefährdungs-potentials	A.1. Schadstoffspezifische Eignung A.2. Bodenspezifische Eignung A.3. Hohe Flexibilität bzgl. Randbedingungen A.4. Zuverläs. und einfache Kontrollmöglichkeiten
B. Verfügbarkeit und Realisierbarkeit	B.1. Entwicklungstechnische Verfügbarkeit B.2. Zeitliche Verfügbarkeit B.3. Geringe Sanierungsdauer B.4. Infrastruktur und Flächenbedarf B.5. Geringe Nutzungseinschränkung
C. Vermeidung von negativen Umweltauswir-kungen	C.1. Geringe Belastungen durch Emissionen C2. Geringer Energie- und Stoffeinsatz C.3. Erhaltung der Bodeneigenschaften C.4. Geringe Beeinträchtigung durch Grundwasserabsenkung C.5. Geringe Reststoffmengen, unproblematische Entsorgung
D. Sicherheit	D.1. Sicherheit bei der Bodenentnahme D.2. Sicherheit bei der Bodenbehandlung D.3. Sicherheit bei Begleitmaßnahmen

Das Vorgehen von BESAL und die zu prüfenden Kriterien (hier Haupt- und Nebenziele genannt) ähneln damit dem o.g. Modell. BESAL bietet dem Bearbeiter eine Grundlage für eine systematische und vergleichbare Auswahl von Sanierungsmaßnahmen, da die zu ermittelten Datengrundlagen umfassend dargestellt sind. Sollte sich das Verfahren in der Verifizierung an Modellstandorten bewähren, kann eine Objektivierung der Verfahrensauswahl erwartet werden (Odensass 1994).

Grundsätzlich birgt die Verwendung von Zahlen und Rechenoperationen bei Beurteilungsschritten[36] immer die Gefahr, daß Genauigkeiten vorgetäuscht werden, die dem Anwender den falschen Eindruck vermitteln, alles wäre mathematisch exakt und damit unumstößlich beurteilt. Als Unterstützung der mit der Verfahrensauswahl Befaßten können Rechnerprogramme (die sog. "Expertensysteme") sicherlich gute Dienste leisten, die endgültige Entscheidung über die durchzuführende Maßnahme muß aber den Fachleuten überlassen bleiben.

3.2.5 Das Sanierungskonzept

Die Ergebnisse der Sanierungsuntersuchung werden im Sanierungskonzept gebündelt, grafisch dargestellt und textlich erläutert.

Das Sanierungskonzept spiegelt damit die bislang durchgeführten Arbeiten und bildet die Grundlage für den weiteren Ablauf der Sanierung (insbesondere der Sanierungsplanung). Die Inhalte umfassen somit:

- Die Darstellung der Standortsituation, hierzu gehören insbesondere
- die detaillierte Darstellung der Belastungssituation hinsichtlich Schadstoffinventar, Konzentration und räumlicher Ausdehnung;
- eine topographische, geomorphologische, geologische und hydrogeologische Beschreibung des Gebiets;
- eine Erläuterung der früheren, heutigen und zukünftigen Nutzung der Fläche und der näheren Umgebung.

- Die getroffenen Entscheidungen und Begründungen um im weiteren Verlauf der Sanierung diese Entscheidungen transparent und nachvollziehbar zu halten. Dies betrifft vor allem :
- die Sanierungsziele;
- die ausgewählten Beurteilungskriterien für die Sanierungsverfahren und -szenarien und deren Gewichtung;
- die Gründe, die zur Auswahl der Sanierungsmaßnahme geführt haben.

- Die Beschreibung der Sanierungsmaßnahme
- Textliche und grafische Darstellung der ausgewählten Sicherungs- bzw. Dekontaminationsmaßnahmen einschließlich aller erforderlichen begleitenden Maßnahmen
- konstruktive Details im Hinblick auf die weiteren Planungen
- gültige Regel- und Normenwerke, die bei der Umsetzung der Maßnahmen zu beachten sind,
- Hinweise zum Bauablauf, zur Zeitplanung und zum Arbeitschutz.

Das Sanierungskonzept muß hinreichend detailliert sein, um als Vorlage für den genehmigungsfähigen Bebauungsplan zu dienen (sofern ein Bebauungsplan aufgestellt werden soll). Neben der konkreten, flächenbezogenen Vorstellung, technischen Erläuterung und spezifischen Ausgestaltung der Maßnahme beinhaltet die textliche Abhandlung auch einen Restriktionskatalog, der zum Beispiel ein

[36] bei BESAL sind es dreistellige Ergebnisse

etwaiges Verbot von Gartennutzung oder der Unterkellerung von Gebäuden enthält, die Notwendigkeit einer Gasdrainage unter Gebäuden aufzeigt oder eine Duldungspflicht der Investoren hinsichtlich der Einrichtung möglicher Sanierungsbrunnen festschreibt (Genske 1995).

3.3 Die Sanierungsplanung und der Sanierungsplan

Die Sanierungsplanung steht im Ablauf der Altlastenbehandlung zwischen der Sanierungsuntersuchung und der Sanierungsdurchführung. Auf der Grundlage des aus der Sanierungsuntersuchung hervorgegangenen Sanierungskonzeptes bereitet die Sanierungsplanung die Durchführung der Sanierung vor. Die herausragende Bedeutung des Sanierungsplans wird in der Begründung des BBodSchG folgendermaßen beschrieben:

> "Er bildet die fachliche Grundlage für die behördliche Anordnung zur Altlastensanierung wie auch für die zur Durchführung der Sanierung notwendigen spezialgesetzlichen Zulassungen, etwa die immissionsschutzrechtliche Zulassung von Bodenbehandlungsanlagen, die im Rahmen von § 16 Satz 2 konzentriert werden."

Die Sanierungsplanung ist zeitlich nicht eindeutig von der Sanierungsdurchführung abzugrenzen, sie kann zum Teil noch in die Durchführungsphase hineinreichen. Beispielsweise kann es sinnvoll sein, im Vorfeld lediglich einen groben Zeitplan für den gesamten Sanierungszeitraum zu erstellen und eine Detailplanung ggf. wochenweise während der Durchführung zu erarbeiten, um eine unmittelbare Rückkopplung zwischen Durchführung und Planung zu ermöglichen. So kann sich das in der Planungsphase errechnete Gesamtvolumen des auszukoffernden bzw. zu behandelnden Bodens durch das Auffinden bislang unbekannter Kontaminationen während der Sanierungsarbeiten erhöhen. In diesem Falle sind das Zeit-, Finanzierungs-, Logistik- und Entsorgungskonzept zu überarbeiten.

Mit einer sorgfältigen Sanierungsplanung lassen sich die Arbeitsabläufe effizienter gestalten und Reibungsverluste während der Durchführung der Sanierung vermeiden. Zudem führt eine intensive Planung zu einer größeren Sicherheit bei der Kostenkalkulation, zu einer verbesserten Kontrollierbarkeit des Sanierungserfolges und im Ergebnis zu einer höheren Qualität der Sanierung. Häufig wird es wegen der Komplezität des Falles sinnvoll sein, die Arbeiten an ein Ingenieurbüro mit einem Expertenteam aus Fachleuten unterschiedlicher Disziplinen, wie z.B. Planern, Chemikern, Technikern und Betriebswirten zusammen. zu vergeben

Wesentliches Merkmal des Sanierungsplans ist die Bündelung aller die Sanierung einer Altlast betreffenden Aspekte. Als Produkt eines mehrstufigen Planungsprozesses, dient er als Leitfaden, der die "Richtung" für die anstehenden Arbeitsschritte der Sanierung vorgibt. Wichtigste Grundlage der Sanierungsplanung ist das als Ergebnis der Sanierungsuntersuchung ausgewählte Sanierungskonzept.

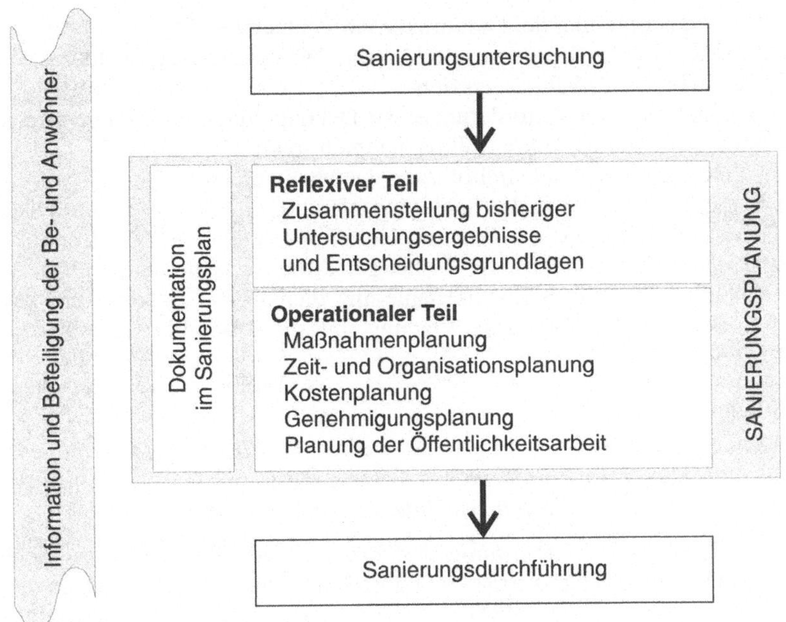

Abb. 3.4. Bestandteile des Sanierungsplans (eigene Darstellung)

Um den entstandenen Sanierungsplan auch in die Bauleitplanung einfließen zu lassen, könnte er im Sinne eines städtebaulichen Rahmenplans genutzt werden. Dieser wäre ohne Schaffung einer weiteren Rechtsgrundlage vom Rat der Gemeinde zu beschließen (Ortssatzung). Da weder Inhalte noch Methoden eines solchen Rahmenplans rechtlich festgesetzt sind, böte dies die Möglichkeit, die Ergebnisse des Sanierungsplans im Hinblick auf kurz-, mittel- und langfristige Ziele zur Entwicklung des Sanierungsgebietes darzustellen. Da es sich hierbei um eine sogenannte informelle Planung handelt, wäre zwar keine allgemeine Rechtsverbindlichkeit gewährleistet, der Plan allerdings behörden-intern verbindlich und Abwägungsbelang in der Bauleitplanung (Discher/Kraus, 1991).

Für die Öffentlichkeit ist der Sanierungsplan ein Instrument, das die Planung und die Durchführung der Sanierung nachvollziehbar macht, indem alle die Sanierung der Altlast betreffenden Aspekte gebündelt werden. Die Durchführung der Sanierung kann damit auch für Betroffene 'kontrollierbar' werden.

Die Ergebnisse der Sanierungsplanung werden im *Sanierungsplan* dokumentiert. Der Sanierungsplan soll einerseits eine ausführliche Reflexion der bisherigen Entscheidungsgrundlagen enthalten und andererseits als Ziel- und Ausführungsplan die Sanierungsdurchführung vorbereiten.

Im Bundesbodenschutzgesetzes sind entsprechende Ausführungen zum Sanierungsplan bzw. zur Sanierungsplanung enthalten. So fordert § 13 BbodSchG von einem Sanierungsplan:

1. die Zusammenfassung der Gefährdungsabschätzung,
2. die Darstellung der derzeitige und künftige Nutzung des Grundstücks,
3. die Darstellung des Sanierungsziels
4. die Darstellung von Anforderungen an Dekontaminations-, Sicherungs-, Beschränkungs- und Eigenkontrollmaßnahmen sowie
5. Angaben zur zeitlichen Durchführung der Maßnahmen.

Der Sanierungsplan bzw. die Sanierungsplanung besteht im wesentlichen aus zwei Teilen: einem *reflexiven Teil* und einem *operationalen Teil*. Der reflexive Teil ist eine Zusammenstellung der bisherigen Arbeitsschritte und Ergebnisse, die als Entscheidungsgrundlage für die Sanierung dienen. Der operationale Teil des Sanierungsplans ergibt sich aus der Planung aller die Durchführung der Sanierung betreffenden Aspekte.

Reflexiver Teil

Im reflexiven Teil des Sanierungsplans werden *alle im Vorfeld durchgeführten Untersuchungen und die Entscheidungsprozesse* dargestellt.

Die *Reflexion der durchgeführten Untersuchungen* umfaßt

- die Ergebnisse der *Gefährdungsabschätzung*, wie z.B. Nutzungsgeschichte, Lagepläne, Standortcharakteristika und Beschreibung der Gefahrenlage und
- weitere Ergebnisse *chemischer*, *biologischer*, *medizinisch-toxikologischer*, *hydrogeologischer* und *planerischer Untersuchungen* (s.a. Ergebnisse der Sanierungsuntersuchung).

Die *Reflexion der Entscheidungsprozesse* beinhaltet

- den *Prozeß der Sanierungszielfindung*, d.h. den Entscheidungsprozeß, der zu einem Sanierungsziel geführt hat und die festgelegten Sanierungsziele sowie
- die einzelnen Elemente der *Sanierungsuntersuchung*, wie die Benennung der anwendbaren Sanierungs- und Sicherungsverfahrenund der durchgeführten standortbezogenen Sanierungsszenarien bzw. untersuchten Sanierungsvarianten sowie die Darstellung des Sanierungskonzeptes.

Dadurch wird eine Bündelung der bis zu diesem Zeitpunkt wichtigen Arbeitsschritte gewährleistet, die alle Beteiligten/Betroffenen ohne großen Einarbeitungsaufwand dazu befähigen, die bisher durchgeführten Arbeiten nachzuvollziehen. Zudem hat die Zusammenfassung den Vorteil, daß vor Beginn der Sanierung alle wichtigen Aspekte noch einmal "auf den Tisch kommen", d.h. die Ausgangssituation klar und deutlich formuliert und Konsens in der Beurteilung der bisherigen Ergebnisse und Entscheidungen erzielt wird. Damit ist gewährleistet, daß für künftige Entscheidungen eine gemeinsame Ausgangsbasis geschaffen wurde.

Operationaler Teil

Der operationale Teil des Sanierungsplans umfaßt *alle Planungen, die zur Ausführung der Maßnahme*, also der Sanierungsdurchführung, notwendig sind.

Die anstehenden Arbeiten zur Sanierungsmaßnahme werden konkretisiert und *Ausführungs- und Detailpläne* erarbeitet, in denen u.a. die Anforderungen an die ausgewählten Dekontaminations-, Sicherungs- und Beschränkungsmaßnahmen formuliert werden. Daneben werden *Verwendungs- und Entsorgungsmöglichkeiten* für die sanierten Materialien und Sanierungsrückstände, mögliche *nachteilige Auswirkungen auf die Umgebung* sowie geeignete Abhilfemöglichkeiten aufgezeigt. Im *Arbeits- und Anwohnerschutzkonzept* werden Hinweise, Verhaltensregeln und Vorschriften zur Durchführung der Sanierungsmaßnahme erarbeitet. Weitere Bestandteile der Maßnahmenplanung sind die *Qualitätssicherung* während der Durchführung (sanierungsbegleitenden Untersuchungen) und die *Nachsorge und Langzeitüberwachung.*

Zur Planung des *zeitlichen und organisatorischen Ablaufs* wird die Maßnahme in Phasen unterteilt und die zeitliche Dauer der einzelnen Phasen abgeschätzt, um so zu einer realistischen Einschätzung der Dauer der Gesamtmaßnahme zu gelangen. Ergebnis der Zeitplanung ist ein zeitlicher und organisatorischer Ablaufplan, der auch die Einweisung und Organisation der unterschiedlichen Firmen auf dem Gelände umfaßt.

Im Rahmen der *Kostenplanung* werden die Gesamtkosten der Maßnahme abgeschätzt und die vorgesehenen Finanzierungswege (Finanzierungsmodell) aufgezeigt.

Um Verzögerungen während der Durchführungsphase zu vermeiden, ist die Genehmigungsplanung unabdingbar (siehe auch Kap. 2.2.4). Nachdem zunächst die Frage geklärt wurde, welche rechtlichen Genehmigungen erforderlich sind, erfolgt im Anschluß eine Abstimmung mit den zuständigen Behörden und die Zusammenstellung der Unterlagen für die Genehmigungsanträge.

Das BodSchG schreibt im § 12 vor, daß die zur Sanierung der Altlast Verpflichteten, die Grundstückseigentümer, die sonstigen Nutzungsberechtigten und die Nachbarschaft (Betroffene) von der bevorstehenden Durchführung der geplanten Maßnahmen informieren müssen. Diese Information muß nach § 13 Absatz 3 BBodSchG frühzeitig, in geeigneter Weise und unaufgefordert erfolgen.

Erfahrungen der letzten Jahre haben gezeigt, daß eine rechtzeitige Information der Betroffenen und die damit verbundene Möglichkeit, Anregungen und Bedenken vorzubringen, die Entscheidungsqualität erhöht, eine breitere Vertrauensgrundlage schafft, die Durchführung notwendiger Sanierungsmaßnahmen erleichtert (siehe dazu auch Kap. 2.2.5) und kostenintensive Rechtsstreitigkeiten abzuwenden vermag. Allerdings reicht es unserer Einschätzung nach nicht aus, die Betroffenen über den Sanierungsplan als Ergebnis zu unterrichten, vielmehr soll ihnen ermöglicht werden, auch auf den Sanierungsplan selbst Einfluß zu nehmen. Ebenfalls reicht es nicht aus, die Betroffenen erst zum Zeitpunkt der Erstellung eines Sanierungsplans in das Verfahren einzubinden[37].

---

[37] Entscheidet man sich zur Durchführung eines umfassenden Beteiligungsverfahrens, wie z.B. das in Kap. 3.1.3 erläuterte Sanierungsplanverfahren, setzt die Beteiligung mit Bildung der Sanierungsgemeinschaft bereits wesentlich früher ein. An dieser Stelle kann es also nur um die Fortsetzung der Betroffenenbeteiligung gehen. Je nach betroffenen Akteuren und Art der Beteiligungsform ist es daher notwendig, Informationsveranstaltungen, Treffen, runde Tische o.a. vorzubereiten.

3.4 Sanierungsdurchführung

Nach der Vorbereitung der Sanierungsmaßnahme im Rahmen der Sanierungsplanung geht es um die praktische Umsetzung der Maßnahme. Die Durchführung der Abbruch- und Sanierungsarbeiten ist der eigentliche Kern der Sanierungsdurchführung und wird im Kapitel 3.4.2 beschrieben. Dazu gehört u.a. das Einrichten der Baustelle, das Ausführen von Arbeits- und Immissionsschutzmaßnahmen, Erd- und Abbrucharbeiten und die Bodenbehandlung. Während der gesamten Durchführung ist eine Qualitätssicherung notwendig (vgl. Kap. 3.4.3).

Die Abbruch- und Sanierungsmaßnahmen werden von spezialisierten Bau- oder Sanierungsunternehmen übernommen. In einem ersten Arbeitsschritt "Ausschreibung und Vergabe" (Kap. 3.4.1) werden diese Unternehmen bestimmt. Grundlage der Ausschreibung ist der Sanierungsplan und insbesondere die dort enthaltenen Beschreibungen der Maßnahmenplanung. Auf der Grundlage der eingeholten Angebote wird über die Vergabe der Leistungen entschieden.

Die Arbeiten, die im Rahmen der Sanierungsdurchführung zu tätigen sind, werden zum Teil parallel ausgeführt werden. Dies verdeutlicht auch die folgende Abb. 3.5.

Die Information und Beteiligung der Öffentlichkeit (Kap. 3.4.4) und die ausführliche Dokumentation der Arbeitsschritte (Kap. 3.4.5) setzen weit vor Beginn der Sanierungsdurchführung ein. Sie werden über die gesamte Dauer der Durchführung der Maßnahme fortgesetzt und sind zum Teil auch in der Nachsorgephase noch notwendig (z.B. Dokumentation von Kontrollmessungen). Kapitel 3.4.6 enthält Ausführungen zur Leitung und Begleitung der Sanierungsmaßnahmen. Es zeigt auf, wer für die im folgenden dargestellten Arbeiten verantwortlich ist.

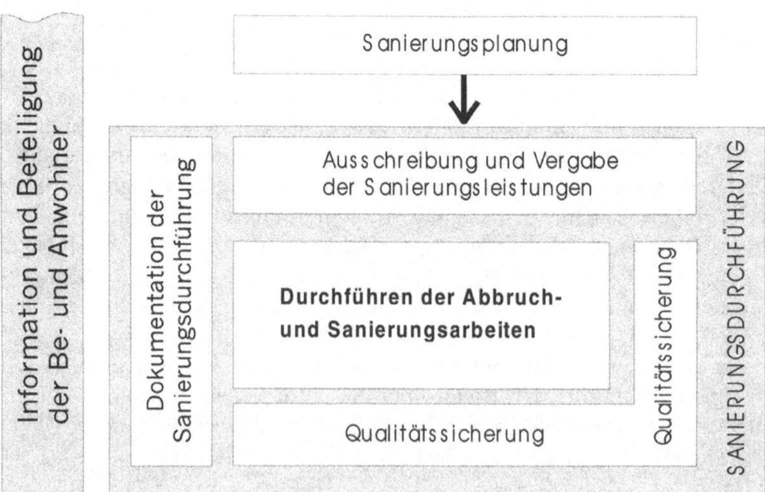

Abb. 3.5. Bestandteile der Sanierungsdurchführung (eigene Darstellung)

3.4.1 Ausschreibung und Vergabe der Leistungen

Die Leistungen, die im Rahmen der Altlastensanierung zu erbringen sind, werden ausgeschrieben und vergeben. Eine Ausschreibung ist die Aufforderung des Auftraggebers an Unternehmen, Angebote einzureichen. Unter Vergabe wird die Entscheidung des Auftraggebers verstanden, ein bestimmtes Unternehmen (Bieter) mit der zu erbringenden Leistung zu beauftragen.

Ausschreibung der Leistungen
Zur Vorbereitung der Ausschreibungsunterlagen werden sämtliche Informationen zusammengestellt, die die Anbieter für eine detaillierte Angebotsabgabe benötigen. Dazu gehören nach Diederichs und Rüller (1992, S. 86):

- Mengenermittlung und Aufgliederung nach Einzelpositionen (...),
- Aufstellen der Verdingungsunterlagen, insbesondere Anfertigung der Leistungsbeschreibung mit Leistungsverzeichnissen und der Besonderen Vertragsbedingungen für die auszuschreibenden VOB- bzw. VOL-Leistungen sowie der Leistungsbeschreibung für die frei zu vergebenden notwendigen Ingenieurleistungen,
- Abstimmen und Koordinieren der Verdingungsunterlagen der an der Planung fachlich Beteiligten,
- Festlegung der wesentlichen Ausführungsphasen

Die grundlegenden Informationen, die für diese Arbeiten notwendig sind, können dem Sanierungsplan entnommen werden. Entscheidend für das weitere Vorgehen ist die Art der Ausschreibung. Diese wird im Detail ebenfalls durch die Verdingungsordnung für Bauleistungen (VOB) geregelt. Grundsätzlich sind drei Arten der Vergabe zu unterscheiden:

- Öffentliche Ausschreibung,
- beschränkte Ausschreibung und
- freihändige Vergabe.

Zum Zeitpunkt der Sanierungsdurchführung ist das anzuwendende Sanierungverfahren bereits festgelegt und im Sanierungsplan detailliert ausgearbeitet worden. Dadurch ist die Anzahl der Verfahrensanbieter bereitseingegrenzt, so daß die Voraussetzungen für eine beschränkte Ausschreibung in der Regel gegeben sind. Konnte im Rahmen der Sanierungsuntersuchung nur ein Verfahrensanbieter ausfindig gemacht werden, der mit seinem Verfahren die geforderte Reinigungsleistung erreichen kann bzw. garantiert, kann die Leistung auch freihändig vergeben werden (LfU 1993, S. 249).

Für die anstehenden Ausschreibungen stehen zwei Formen der Leistungsbeschreibung zur Wahl, die den Bieter über die geforderten Leistungen informieren. Nach der VOB/A wird zwischen *Leistungsbeschreibung mit Leistungsverzeichnis* und *Leistungsbeschreibung mit Leistungsprogramm* unterschieden (vgl. LfU 1993 S. 249 ff).

Bei der Vergabe von Sanierungsleistungen ist im Regelfall die Leistungsbeschreibung mit Leistungsverzeichnis zu wählen, da die durchzuführenden Maßnahmen im Rahmen der Sanierungsplanung bereits detailliert ausgearbeitet wurden und diese Erkenntnisse und Zielvorstellungen im Leistungsverzeichnis exakt weitergegeben werden können. In der Praxis hat sich aber gezeigt, daß ein eindeutiges und detailliertes Leistungsverzeichnis aufgrund der großen Zahl von Unwägbarkeiten von Baumaßnahmen im Bereich der Altlastensanierung extrem schwierig zu erstellen ist (Warrelmann 1992).

Sind die Aufträge vergeben, kann die Kostenplanung konkretisiert und fortgeschrieben werden.

3.4.2 Durchführen der Abbruch- und Sanierungsarbeiten

Die Durchführung der Abbruch- und Sanierungsarbeiten ist in der Maßnahmenplanung bereits vorbereitet worden. Für einzelne Teilbereiche liegen bereits konkrete Konzepte vor. Im folgenden wird eine detaillierte Beschreibung[38] gegliedert nach

- Abbrucharbeiten,
- Ausführung der Sanierungsarbeiten,
- Entsorgung und
- Arbeits- und Emissionsschutz.

Mit dem Beginn der Abbruch- und Sanierungsarbeiten setzen auf der Fläche unterschiedliche Bauarbeiten ein, die in der Regel von mehreren Firmen durchgeführt werden. Aufgabe der Sanierungsleitung ist es, die verschiedenen Aktivitäten auf der Fläche abzustimmen und zu koordinieren sowie die Firmen auf dem Gelände einzuweisen (siehe auch Kap. 3.4.6). Der Arbeitsschutzbeauftragte ist dafür verantwortlich, daß alle auf der Baustelle tätigen Personen vor Aufnahme der Arbeiten im Arbeits- und Emissionsschutz geschult werden.

Die *Abbrucharbeiten* werden gemäß dem im Zuge der Sanierungsplanung erarbeiteten Abbruchplan ausgeführt. Die Arbeiten können erst nach Freigabe durch den Gutachter beginnen und werden von diesem begleitet. Eine Verschleppung kontaminierten Materials ist grundsätzlich zu vermeiden. Emissions- und Arbeitsschutzaspekte sind zu berücksichtigen. Zur Entlastung der Deponiekapazitäten und zur Schonung der Rohstoffreserven ist ein selektiver Rückbau von Gebäuden anzustreben

Die *Einrichtung der Baustelle* umfaßt das Freimachen und Herrichten der Lagerplätze, deren Zu- und Abfahrtswege sowie der Gehwege von den Baubüros o.ä. zu den öffentlichen Verkehrsflächen. Ver- und Entsorgungsanschlüsse werden hergestellt, Umzäunungen, Beleuchtungen und Warntafeln an der Baufeldgrenze aufgestellt und Baubüros inkl. Labor, Unterkunfts-, Aufenthalts-, Pausen- sowie

---

[38] Die Ausführungen lehnen sich im wesentlichen an die Ausführungen des Werkes "Arbeitshilfen zur Beauftragung von Planern, Gutachtern und Firmen mit der Sanierung von Altlasten" Teil I und II von Diederichs, Breitenborn und Rüller 1992 und 1996 an.

Sanitärräume hergerichtet. Zur Einrichtung der Baustelle gehört auch die Einteilung der Fläche in Arbeitszonen

Im Rahmen der *Herrichtung des Baufeldes* werden die Arbeitsflächen freigemacht, d.h. von Bäumen, Wurzelstöcken sowie von allen Sträuchern und Abfallholz geräumt. Daneben werden Bereitstellungs- bzw. Zwischenlager für kontaminiertes Material eingerichtet.

Die *Erdaushubarbeiten* werden nach Aushubplan durchgeführt. Unterschiedlich belastete Böden sind strikt zu separiert. Der Boden wird gelöst, geladen und (zwischen)gelagert, abgedeckt oder in Container zur Entsorgung gefüllt. Die Aushubarbeiten werden unter gutachterlicher Aufsicht durchgeführt.

Die *Bohrarbeiten* im Rahmen der begleitenden Untersuchungen erfolgen gemäß dem erarbeiteten Bohrplan. Auch bei den Bohrarbeiten ist darauf zu achten, daß kein kontaminiertes Material verschleppt wird und die einzusetzenden Geräte den technischen Anforderungen des Sicherheitsplans entsprechen. Arbeits- und Emissionsschutzmaßnahmen sind zu berücksichtigen.

Falls es bei *Wasserhaltungsarbeiten* nicht möglich ist, eine zentrale Wasserreinigungsanlage mit ausreichend dimensioniertem Pufferbecken zu installieren, ist das anfallenden Wasser in Behältern aufzufangen und zu einer Sammel- und Behandlungsstelle zu transportieren.

Für die *Behandlung des ausgehobenen Bodens on-site* muß die Bodenbehandlungsanlage auf der Fläche eingerichtet werden. Dazu gehört der gesamte technische Aufbau der Anlage, ggf. notwendige Wasser- und Abluftreinigungsanlagen sowie Sonderausstattungen wie Zelte, Betonschutz- und Sauberkeitsschichten, Auffangwannen, Gerüste, Verbau. Nach Fertigstellung der Anlage erfolgt die Behandlung des Bodens.

Bei einer off-site Behandlung erfolgt der Transport entsprechend des Logistikkonzeptes, das in der Sanierungsplanung erarbeiteten wurde und dem eine Berechnung der auszukoffernden Bodenmassen zugrundeliegt.

Bei *in-situ Maßnahmen* müssen Baugeräte bereitgestellt und notwendige Behandlungsanlagen errichtet werden, wie z.B. Pumpen, Einhausungen und Hilfsstofflager

Die *Entsorgung* der während der Sanierungsdurchführung anfallenden Materialien (wie Boden, Schlämme, Reststoffe, benutzte Einweg-Schutzkleidung und Abwässer) erfolgt nach den Vorgaben des Entsorgungs- und Logistikkonzeptes, das im Rahmen der Sanierungsplanung erstellt wurde. Sämtliche Stoffströme müssen überwacht und nachvollziehbar dokumentiert werden (Abfallbegleitscheine).

Eine grundlegende Maßnahme für den *Arbeits- und Emissionsschutz* ist die Einteilung der Baustelle in Arbeitszonen. Dies muß in Zusammenhang mit der Baustelleneinrichtung vorgenommen werden. Die einzelnen Arbeitszonen werden eingezäunt und mit Material- und Personenschleusen versehen. Umkleidekabinen und sanitäre Anlagen sind mit einer "Schwarz-Weiß-Anlage" auszustatten. Eine Bewetterungsanlage zur Belüftung von Schächten bzw. Schürfen muß installiert werden.

Um auf dem Baufeld eingesetzte Arbeitsgeräte, Maschinen, Werkzeuge und Fahrzeuge von kontaminierten Materialien zu reinigen, ist ein befestigter und ggf.

eingehauster Waschplatz mit Reinigungsanlage einzurichten. Neben einer mechanischen Vorreinigung, einer Spülung mit Seifenlösung und Flüssigkeitsstrahlern ist ggf. eine Nachreinigung durchzuführen. Zum Auffangen und Sammeln kontaminierter Abwässer sind entsprechende Behälter und Vorrichtungen zu installieren.

3.4.3 Qualitätssicherung

Die äußerst komplexen Arbeitsabläufe bei einer Sanierung erfordern für die erfolgreiche Durchführung der Arbeiten Kenntnisse auf den unterschiedlichsten Sachgebieten, wie Bauingenieurwesen, Verfahrenstechnik, Geologie, Chemie, Rechtswissenschaften u.v.m.. Von einer einzelnen Firma sind diese verschiedenen Aufgaben in der Regel nur in Teilbereichen mit der notwendigen Qualität zu erfüllen. Daher müssen die Aufgaben oftmals von mehreren spezialisierten Unternehmen übernommen werden. Das setzt eine enge Kooperation und Abstimmung der Firmen voraus. Die Verantwortung ist auf viele Personen verteilt, jedes Unternehmen ist nur für seinen Arbeitsbereich zuständig. Bei beiden Möglichkeiten kann es schnell zu Abweichungen von der Planung und Fehlern kommen, die den Sanierungserfolg gefährden und hohe ökologische und ökonomische Risiken auslösen. (Henning 1995, S. 27)

Eine Abweichung von der Planung bzw. das Entstehen von Fehlern ist aber bei derart komplexen Aufgaben nie ganz zu vermeiden. Umso wichtiger ist, daß die Abweichungen und Fehler rechtzeitig aufgedeckt werden, um gegensteuernde Maßnahmen ergreifen zu können. Genau das ist die Aufgabe der Qualitätssicherung (QS).

Qualitätssicherung erfolgt (sanierungs)prozeßbegleitend, im Anschluß an die Sanierung und in der Nachsorgephase. Die begleitende Qualitätssicherung ist eine kontinuierliche Überwachung des Sanierungsfortschritts und ermöglicht steuernde Eingriffe in den laufenden Sanierungsprozeß, um möglichst nah an den Vorgaben der Planung zu bleiben. Mit der abschließenden Qualitätssicherung wird die Erfüllung des Sanierungsziels nach der Durchführung der Sanierungsarbeiten kontrolliert. Die nachsorgende Qualitätssicherung überprüft die Langzeitwirksamkeit der Maßnahmen.

3.4.4 Information und Beteiligung von Be- und Anwohnern

In jedem Einzelfall muß zu einem möglichst frühen Zeitpunkt im Verfahren die Art der Einbindung der Be- und Anwohner geklärt werden. Dabei wird es im wesentlichen von der Bereitschaft der durchführenden Behörde abhängen, ob ein Beteiligungsverfahren mit Mitspracherecht für Be- und Anwohner eingeleitet wird oder ob begleitende Informationsveranstaltungen vorgesehen werden.

In beiden Fällen ist von großer Bedeutung, daß die Einbindung nicht erst zum Zeitpunkt der Sanierungsdurchführung erfolgt. Im Vorfeld der Maßnahme muß durch eine offene Informations- und Aufklärungsarbeit der Grundstein für eine vertrauensvolle Zusammenarbeit gelegt werden. Eine zurückhaltende Informationspolitik erzeugt Mißtrauen und kann die Durchführung der Sanierungsmaßnahme erheblich verzögern (siehe auch Kap. 2.2.5).

Die Informationsveranstaltungen sind nicht als Ein-Weg-Kommunikation zu verstehen. Den Be- und Anwohnern muß die Möglichkeit gegeben werden, Anregungen und Beschwerden vorzubringen. Dazu sind den Be- und Anwohnern direkte Ansprechpartner in der Behörde und auf der Baustelle zu nennen. Die Behörde bzw. die Baustellenleitung muß diese Anregungen und Beschwerden prüfen und ggf. umsetzen. Das Ergebnis der Prüfung wird auf der nächsten Veranstaltung erläutert, um den Be- und Anwohnern zu verdeutlichen, daß ihre Interessen ernst genommen werden und auf ihre Anregungen reagiert wird. Damit sind die Voraussetzungen für eine gute Zusammenarbeit gegeben, die zur erfolgreichen und zügigen Durchführung der Sanierungsmaßnahme beitragen kann.

Während der gesamten Durchführungsphase der Sanierung sind die Be- und Anwohner in möglichst regelmäßigen Abständen vom Stand und Verlauf der Sanierung zu unterrichten. Die Informationsveranstaltungen sind rechtzeitig anzukündigen und terminlich auf die Abendstunden zu legen. Es ist darauf zu achten, daß sie an einem gut erreichbaren Ort, möglichst in unmittelbarer Nähe der betroffenen Fläche, stattfinden. Anwesend seien sollten Vertreter der Politik, der Behörden, und der durchführenden Ingenieurbüros bzw. Unternehmen, um alle Fragen ausführlich beantworten zu können.

Wichtig ist es, den Zeitpunkt der Veranstaltung auf inhaltliche Aspekte der Sanierung abzustimmen. Um die Be- und Anwohner z.B. auf die möglichen Beeinträchtigungen durch die Sanierung vorzubereiten, ist eine Veranstaltung kurz vor Beginn der Bauarbeiten sinnvoll. Eine weitere sollte kurz nach Beginn der Arbeiten erfolgen, damit auf dringende Beschwerden bezüglich der Bauarbeiten möglichst schnell reagiert werden kann. Eine dritte Veranstaltung könnte z.B. nach Durchführung erster Kontrolluntersuchungen im Rahmen der Qualitätssicherung erfolgen, um so den Erfolg der Maßnahme zu dokumentieren. Die Termine für die Veranstaltungen sollten möglichst flexibel gehalten werden, da so auf zeitliche Verzögerungen im Rahmen der Maßnahme reagiert werden kann. Zudem können zusätzliche Veranstaltungen notwendig werden, wenn z.B. unvorhergesehene Probleme eine Änderung des Verfahrens mit sich bringen.

Neben den Informationsveranstaltungen können begleitende Maßnahmen zur Information und Anhörung ergriffen werden, wie z.B. Wurfsendungen, Berichte in der Tageszeitung, Sprechstunden bei der Behörde, Anbringen von "Kummerkästen" oder Baustellenbesichtigungen. Bei überregionalem oder öffentlichem Interesse an der Sanierungsmaßnahme können auch Berichte im überregionalem Teil einer Tageszeitungen, in Fachzeitschriften, im Radio und Fernsehen zur Veröffentlichung der Information herangezogen werden.

3.4.5 Dokumentation der Sanierungsmaßnahme

Für die ausführliche Dokumentation besteht keine gesetzliche Verpflichtung, jedoch ist sie für die Nachvollziehbarkeit der Arbeiten und die Fehlerfindung im laufenden Projekt unerläßlich. Die Dokumentation des Sanierungsfortschrittes dient u.a. der ordnungsgemäßen Abrechnung der erbrachten Leistungen dem Auftraggeber gegenüber.

Während der laufenden Sanierung werden alle relevanten Aspekte der Sanierung in einem Sanierungstagebuch dokumentiert. Dazu gehört z.B. die Dokumentation aller durchgeführten Arbeitsschritte (Bautagebuch, Photos von unterschiedlichen Sanierungsstadien), um fortwährend den Fortschritt der Arbeiten nachhalten zu können. Weiterer Bestandteil der Tagebücher sind alle wichtigen Betriebsdaten, wie Betriebs- und Produktionszeiten, Bedienungspersonal, Störfälle, Ausfallzeiten, Abwassermengen und deren Schadstoffgehalte sowie Art und Menge der eingesetzten Hilfsstoffe. Diese Daten sind im wesentlichen Ergebnis der Qualitätssicherung und dokumentieren Abweichungen vom Sanierungsplan. Sind aufgrund der Abweichungen Änderungen im Verfahren notwendig, müssen diese Änderungen genauestens festgehalten werden.

Neben dem Sanierungstagebuch hat sich das Führen von Abfallnachweisbüchern bewährt. In den Abfallnachweisbüchern werden die zu behandelnden oder zu entsorgenden Massen bzw. Restschadstoffkonzentrate dokumentiert, um bei einer späteren Bilanzierung den Nachweis über ihren Verbleib erbringen zu können. Zusätzlich sind dort die Schadstoffgehalte einzutragen und die notwendigen Abfallbegleitscheine aufzubewahren. (LfU 1993, S. 259). Das Ergebnis der Überprüfung der Entsorgungsnachweise ist ebenfalls Bestandteil des Tagebuches.

Nach Beendigung der Sanierungsarbeiten ist ein Abschlußbericht zu erstellen, der neben der Auswertung von Sanierungstagebuch und Abfallnachweisbuch die Aufstellung einer Schadstoffbilanz enthält. Die Ergebnisse der abschließenden Qualitätskontrolle (vgl. Kap. 3.4.4) fließen in den Abschlußbericht ein. Er dokumentiert die Vertragserfüllung und dient damit als Abrechnungsgrundlage. Weiterhin dokumentiert er den Sanierungserfolg aus ökologischer Sicht (vgl. LfU 1993, S. 259 f.). Im Rahmen der nachsorgenden Qualitätssicherung wird der Abschlußbericht fortgeführt.

3.4.6 Leitung und Begleitung der Sanierungsmaßnahme

Der umfangreiche Rahmen von Altlastensanierungen macht eine umfassende Projektleitung und -begleitung unabdingbar. Gerade was die Realisierung komplexer Sanierungspläne betrifft. Die Leitung und Begleitung der Abbruch- und Sanierungsarbeiten sowie der Qualitätssicherung erfolgt in der Regel von planenden Ingenieurbüros. Die Tätigkeitsfelder lassen sich wie folgt unterteilen:

- Projektsteuerung/Projektmanagement,
- Bauoberleitung,
- örtliche Bauüberwachung,
- Koordination von Arbeits- und Emissionsschutz sowie
- fachgutachterliche Begleitung.

Eine ausführliche Darstellung zu den jeweiligen Tätigkeitsfeldern findet sich bei Warrelmann (1992).

4 Technische Verfahren zur Sanierung von Altlasten

4.1 Einführung

Als Ergebnis der Gefährdungsabschätzung eines Altstandortes oder einer Altablagerung ergibt sich oftmals die Notwendigkeit, die entsprechende Fläche aufgrund der vorliegenden Kontamination weiter zu behandeln, um eine Gefährdung von Menschen oder anderen Schutzgütern zu unterbinden. Zu diesem Zweck werden *Sanierungsverfahren* eingesetzt. Diese sollen sicherstellen, daß "von der Altlast nach der Sanierung keine Gefährdung und gegebenenfalls nur beherrschbare, das heißt geringere, bekannte und kontrollierbare Beeinträchtigungen ausgehen, wobei dieses Ziel möglichst kurzfristig erreicht werden soll" (SRU 1990, Nr. 446). Dieses angestrebte Ziel kann auf zwei unterschiedlichen Wegen erreicht werden: Im Rahmen von *Dekontaminationsmaßnahmen* des Bodens und/oder des Grundwassers oder auch durch *Sicherungsmaßnahmen*. Dazu sind verschiedene technische Verfahren entwickelt worden, die unterschiedlichste physikalische, chemische oder biologische Prinzipien nutzen.

Die zur Sicherung und Dekontamination einsetzbaren technischen Verfahren werden gemeinsam mit dem Oberbegriff *Sanierungsverfahren* bezeichnet. Dabei umfassen die *Sicherungsverfahren* diejenigen Verfahren, deren Einsatz eine zeitlich befristete Verminderung oder Verhinderung der Umweltkontaminationen durch Unterbrechung der Kontaminationswege gewährleisten. Bei der Anwendung von Sicherungsverfahren verbleiben die Schadstoffe im Boden und werden lediglich an der weiteren Ausbreitung gehindert. *Dekontaminationsverfahren* leisten eine Beseitigung, Umwandlung oder Verringerung von umweltgefährdenden Stoffen in den Umweltmedien Boden, Wasser und Luft. Hierbei werden die Schadstoffe aus dem Erdreich und/oder Grundwasser entfernt bzw. zerstört und ggf. einer Entsorgung zugeführt (SRU 1990, Nr. 457; Naschütt 1990).

Als weitere Möglichkeit der Unterbindung einer Gefährdung von Menschen und anderen Schutzgütern ausgehend von kontaminierten Flächen können auch *Schutz- oder Beschränkungsmaßnahmen* wie zum Beispiel Nutzungseinschränkungen bzw. Sicherung der Fläche vor unbefugtem Zutritt realisiert oder lediglich eine *Umlagerung* des Bodens (Auskofferung) vorgenommen werden. Schutz- und Beschränkungsmaßnahmen erscheinen nur kurzfristig sinnvoll, um akut drohende Gefahren abzuwehren.

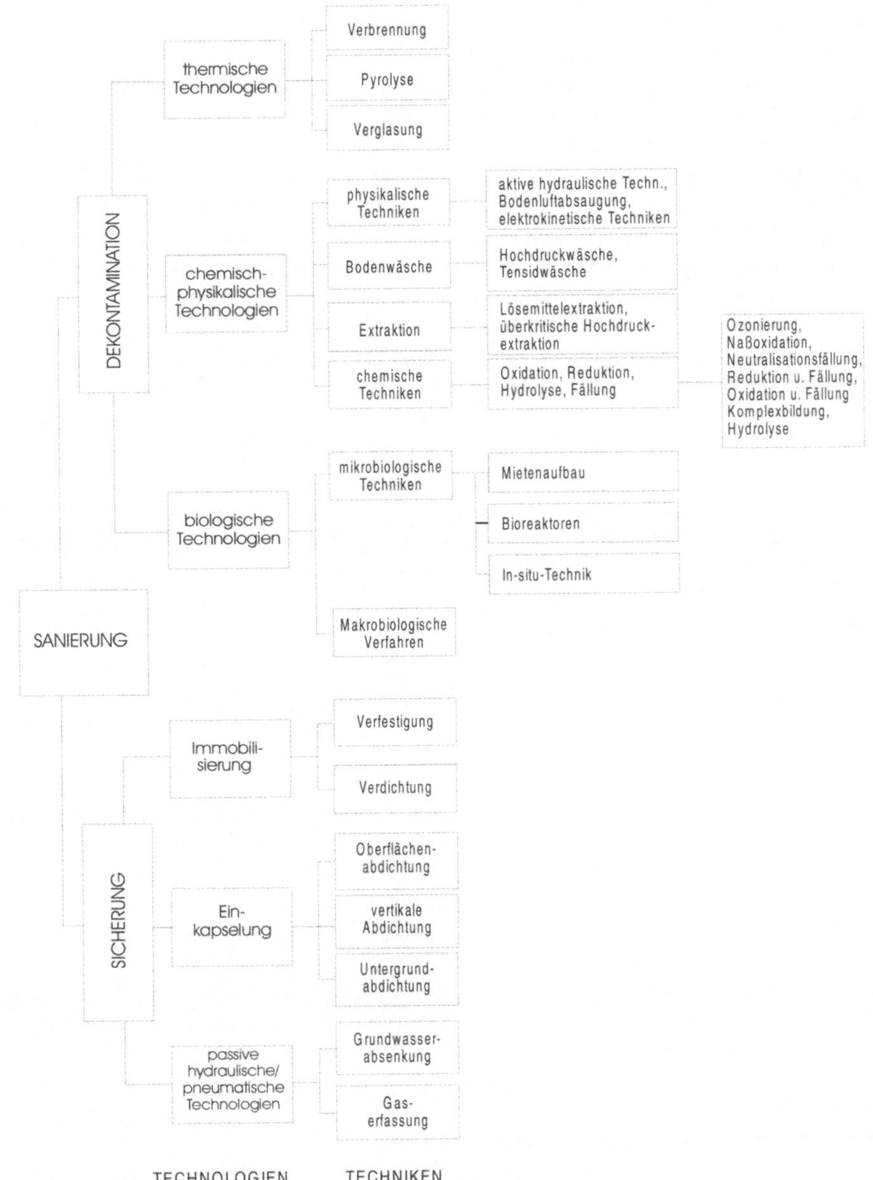

Abb. 4.1. Einteilung der Sanierungstechnologien

Die Umlagerung von Bodenmaterial z.B. auf Deponien führt zu einer "Problemverlagerung in Raum und Zeit", weil nur der Standort gereinigt wird, nicht aber die kontaminierten Massen (SRU 1990, Nr. 464). Diese beiden Möglichkeiten des

Umganges mit Altlastenflächen werden im folgenden nicht weiter behandelt, da bereits im Kapitel 2 näher auf diese Problematik eingegangen wurde.

Die Auswahl des im jeweiligen Sanierungsfall einzusetzenden Verfahrens erfolgt im Rahmen der Sanierungsuntersuchung. Hier werden standortbezogene und verfahrensbezogenen Kriterien sowie planerische Anforderungen und Kostenkriterien berücksichtigt, vgl. hierzu auch Kapitel 2 (Sanierungsziele) und Kapitel 3 (Vorbereitung und Durchführung von Dekontaminations- und Sicherungsmaßnahmen). Mithilfe standortbezogener Sanierungsszenarien können unterschiedliche Sanierungsmöglichkeiten miteinander verglichen und bewertet werden. Ergebnis der Sanierungsuntersuchung ist ein Vorschlag für ein Sanierungskonzept.

Im vorliegenden Kapitel 4 sollen die derzeit zur technischen Reife oder im experimentellen Stadium entwickelten Sanierungstechnologien hinsichtlich ihrer grundlegenden Eigenschaften dargestellt werden. Es wird dabei deutlich, daß es "DAS Verfahren der Wahl" nicht gibt. Vielmehr weist jede Technologie Stärken und Schwächen auf, so daß eine Entscheidung zur Verfahrensauswahl sinnvoll nur im jeweiligen Einzelfall getroffen werden kann.

Im Kapitel 4.1.1 werden zunächst die unterschiedlichen Sicherungs- und Sanierungsverfahren vorgestellt. Auswahlkriterien, anhand derer die Verfahren charakterisiert werden können, sind Gegenstand des Kapitels 4.1.2. Im konkreten Einzelfall stellen diese Kriterien eine entscheidende Hilfe bei der Auswahl eines Sanierungs- oder Sicherungsverfahrens dar. Ein solches Auswahlkriterium ist z.B. die bodenspezifische Reinigungsleistung eines Verfahrens. Hinsichtlich der zum Verständnis notwendigen physikalisch-geologischen Grundlagen wird auf die einschlägige Literatur verwiesen (Blume 1992, Wild 1993, Scheffer/Schachtschnabel 1992).

Die folgenden Kapitel (Kapitel 4.2 bis 4.7) umfassen jeweils Darstellungen von Verfahrensgruppen, welche aufgrund der zugrundeliegenden Prinzipien zusammengefaßt worden sind. Diese Darstellungen umfassen die naturwissenschaftlichen und technologischen Grundlagen der Verfahren sowie eine Charakterisierung nach den im Kapitel 4.1 vorgestellten Parametern.

Kapitel 4.2 bis 4.6 behandeln die Dekontaminationstechniken. Gegenstand des Kapitels 4.7 sind Sicherungsverfahren.

Eine vergleichende Gegenüberstellung von Dekontaminations- und Sicherungsverfahren erfolgt in Kapitel 4.8. Die o.g. Schutz-, Beschränkungs- und Umlagerungsmaßnahmen werden dabei nicht weiter betrachtet.

4.1.1 Einteilung der Sanierungstechnologien

Die technischen Verfahren zur Sanierung von Altlasten können in Sicherungs- und Dekontaminationsverfahren unterschieden werden. Eine weitere Unterteilung kann in funktioneller Hinsicht nach den zugrundeliegenden physikalisch-chemischen Prinzipien sowie der daraus entwickelten Technologie erfolgen, z.B Hochdruck-Waschverfahren. Bei verschiedenen Technologien wird auch der Ort zur Durchführung der Maßnahme berücksichtigt: Technische Maßnahmen zur Dekontamination können z.B. *in-situ* im Boden selbst durch Zugabe von Mikroorganismen oder Behandlungschemikalien erfolgen oder *ex-situ* am ausgehobenen Boden bzw. entnommenen Grundwasser. Bei letzteren werden *on-site*-Verfahren von *off-site*-Verfahren unterschieden. Bei den on-site-Verfahren befinden sich die Behandlungsanlagen am Standort der Kontamination und werden i.d.R. nach Abschluß der Behandlung demontiert. Bei off-site-Anlagen handelt es sich um stationäre Behandlungsanlagen, zu denen die kontaminierten Materialien verschiedener Standorte transportiert und behandelt werden. In Abb. 4.1. sind die Technologien und Techniken im Überblick dargestellt.

Grundsätzlich werden (technische) Sanierungsverfahren in *Sicherungsverfahren* und *Dekontaminationsverfahren* unterteilt. Zur systematischen Abgrenzung werden im Kapitel 4 zusätzlich die folgenden Begriffe verwendet: *Technologien* sind übergeordnete technologische Verfahrensgruppen wie beispielsweise die thermische oder biologische Behandlung. Diese untergliedern sich in die jeweiligen *Techniken* wie zum Beispiel Verbrennung oder Pyrolyse als thermische Verfahren. Die von einzelnen Herstellern realisierten Anlagenkonzepte auf Basis der einzelnen Techniken werden als *Verfahren* bezeichnet (z.B. Lurgi-Wirbelschicht-Verfahren, Terra-Therm-Verfahren). Die Kapitel 4.2 bis 4.7 befassen sich i.d.R. mit der Darstellung der Technologien, bei besonderer Bedeutung in der Praxis auch mit einer einzelnen Technik, z.B. der chemischen Bodenbehandlung in Kapitel 4.5.

Zur Dekontamination von Altlasten können folgende Technologien und Techniken eingesetzt werden:

thermische Technologien (z.B. Verbrennung oder Pyrolyse),
bei denen die Schadstoffe durch Verdampfung, Verbrennung oder pyrolytische Zersetzung aus der Bodenmatrix ausgetrieben werden (vgl. Kapitel 4.2),

chemisch-physikalische Technologien (z.B. Extraktion oder Bodenwäsche),
bei denen durch Zugabe von Wasch- oder Extraktionsmedien die Bindungskräfte zwischen Bodenmatrix und Kontaminanten aufgehoben werden und die Schadstoffe in das flüssige Medium überführt werden (vgl. Kapitel 4.3),

biologische Technologien (durch Mikroorganismen oder höhere Pflanzen),
bei denen durch zugesetzte Mikroorganismen Schadkomponenten abgebaut und somit zerstört werden oder über die Wurzeln von höheren Pflanzen aufgenommen und akkumuliert werden (vgl. Kapitel 4.4),

chemische Techniken (z.B. Redoxreaktionen oder Hydrolysereaktionen),
bei denen die Kontaminanten in eine schwer mobilisierbare bzw. ungefährlichere (geringer toxische) Form überführt werden und im Boden verbleiben oder aus dem Grundwasser ausgefällt und abgetrennt werden (vgl. Kapitel 4.5),

elektrokinetische Techniken, (Elektrolyse, Elektrophorese oder Elektroosmose),
bei denen durch Anlegen eines elektrischen Feldes im Boden Trenneffekte hervorgerufen werden (vgl. Kapitel 4.6),

aktive hydraulische Techniken (z.B. Grundwasserentnahme oder Entnahme leichter organischer Stoffe wie Öl),
bei denen durch Fassung und anschließende Behandlung des Grundwassers

dessen Schadstoffgehalte reduziert oder aufschwimmende Phasen abgeschöpft werden (vgl. Kapitel 4.6),

pneumatische Techniken (z.B. Bodenluftabsaugung),
bei denen durch Erzeugung einer Luftströmung im Boden gas- und dampfförmige Schadstoffkomponenten erfaßt und abgereinigt werden können (vgl. Kapitel 4.6).

Tabelle 4.1 Stand der Anwendung von Sicherungsverfahren in Nordrhein-Westfalen

Sanierungsverfahren	Altablagerungen Anzahl	%	Altstandorte Anzahl	%	Gesamt Anzahl	%
Dekontamination Gesamt	**91**	**24,7**	**323**	**32,6**	**414**	**30,4**
Thermische Verfahren	3	0,8	38	3,8	41	3,0
Wasch-/Extraktionsverfahren	0	0,0	11	1,1	11	0,8
Pneumatische Verfahren	50	13,6	90	9,1	140	10,3
Biologische Verfahren	3	0,8	24	2,4	27	2,0
Hydraulische Verfahren	35	9,5	160	16,1	195	14,3
Sicherung Gesamt	**143**	**38,8**	**136**	**13,7**	**279**	**20,5**
Einkapselung	104	28,2	115	11,6	219	16,1
Immobilisierung	4	1,1	7	0,7	11	0,8
Passiv hydraulische Verfahren	23	6,2	2	0,2	25	1,8
Passiv pneumatische Verfahren	12	3,3	12	1,2	24	1,8
Umlagerung Gesamt	**135**	**36,6**	**532**	**53,7**	**667**	**49,0**
on-site	25	6,8	61	6,2	86	6,3
off-site	110	29,8	471	47,5	581	42,7
Summe	369	100,0	991	100,0	1360	100,0

Quelle: Landesumweltamt NW 1998

Den in Kapitel 4.7 vorgestellten technischen Verfahren zur Sicherung von Altlasten werden folgende Technologien und Techniken zugeordnet (SRU 1990, Nr. 461):

passive hydraulische und pneumatische Techniken (z.B. Grundwasserabsenkung),
bei denen die hydrodynamischen Verhältnisse im Untergrund zur Verminderung des Schadstoffaustrages aus der Altlast und zur Verhinderung der weiteren Schadstoffausbreitung gezielt verändert werden,

Einkapselung (Teil- oder Volleinkapselung des Kontaminationsherdes),
durch horizontale und vertikale Einkapselung einschließlich Abdeckung zur

Verhinderung des Niederschlagszutritts und des Schadstoffaustritts durch Auswaschen,

Einschränkung der Mobilität der Schadstoffe durch Immobilisierung (z.B. Verfestigung und Verdichten), um die Verfügbarkeit der Schadstoffe für Auslaugvorgänge und Gasbildung herabzusetzen.

Tabelle 4.1. charakterisieret die bisher in Nordrhein-Westfalen vorgenommenen Sanierungen nach eingesetzten Technologien.

4.1.2 Grundlegende Charakterisierung von Dekontaminationstechnologien anhand von Auswahlkriterien

Die verschiedenen Sanierungstechnologien wurden für jeweils spezifische Bedingungen entwickelt oder lassen aufgrund der zugrundeliegenden naturwissenschaftlichen Phänomene nur eine beschränkte Anwendung zu. So sind i.d.R. die biologischen Behandlungsverfahren nicht zur Dekontamination von Schwermetallbelastungen geeignet, da diese nicht als Nährstoffe aufgenommen werden und darüber hinaus toxische Wirkungen auf die Mikroorganismen aufweisen können. Gleichwohl können z.B. bei anderen Kontaminationsmustern (z.B. aromatische und aliphatische organische Verbindungen) biologische Verfahren deutlich bessere Reinigungsleistungen aufweisen als Waschverfahren. Ist nun für einen konkreten Sanierungsfall und die dort vorliegenden spezifischen Bedingungen ein geeignetes Verfahren oder auch eine Verfahrenskombination auszuwählen, so werden Kriterien benötigt, anhand derer man die Verfahren miteinander vergleichen kann. Auf dieser Basis kann eine maßnahmen- bzw. einzelfallbezogene Entscheidung bezüglich der einsetzbaren Technologie, Technik oder des geeigneten Verfahrens erfolgen.

4.1.2.1 Anforderungen an Auswahlkriterien

Die Auswahlkriterien sollten allgemeingültig und nachvollziehbar sein. Allgemeingültig bedeutet, daß alle Technologielinien über die Kriterien in ihren wesentlichen "Charakterzügen" vergleichend erfaßt werden können. Durch die Nachvollziehbarkeit der angelegten Kriterien wird die getroffene Entscheidung auch für Dritte verständlich und nachprüfbar. Die Auswahlkriterien sind im Rahmen der Sanierungsuntersuchung festzulegen (vgl. auch Kapitel 3, Vorbereitung und Durchführung von Dekontaminations- und Sicherungsmaßnahmen).

4.1.2.2 Grenzen der Anwendbarkeit von Auswahlkriterien

Die im folgenden vorgestellten Kriterien zur Charakterisierung und Auswahl von Sanierungsverfahren sind in dieser Form nur für Technologien zur Dekontamination anwendbar. Zur Beschreibung von Sicherungstechnologien sind diese nur eingeschränkt geeignet: Kriterien wie Reinigungsleistung oder Kosten pro Tonne

Bodenaushub sind bei Sicherungstechnologien, bei denen der Boden weder ausgekoffert noch behandelt wird, nicht anzuwenden. Ein Vergleich von Sicherung und Dekontamination ist daher anhand dieser Kriterien nicht möglich. Die folgenden Ausführungen des Kapitels 4.1.2 beziehen sich daher auf die Auswahlkriterien für Dekontaminationsverfahren. Die zur Charakterisierung von Sicherungsverfahren zusätzlich benötigten Parameter werden im Kapitel 4.7 vorgestellt.

Die Entscheidung, in einem konkreten Fall Sicherungs- bzw. Dekontaminationsverfahren einzusetzen, basiert aber in der Regel nicht auf technischen, sondern vielmehr auf wirtschaftlichen oder politischen Überlegungen, vgl. Kapitel 2.1 und 2.2, Sanierungsziele und Sanierungsgrenzen. In diesem Zusammenhang sind die qualitativen Sanierungsziele sowie zur Verfügung stehenden finanziellen Mittel von Bedeutung. So führen die derzeit sinkenden Preise für die Deponierung belasteter Aushubmaterialien vielerorts dazu, daß anstelle von den technisch aufwendigen und damit teuren Dekontaminationsverfahren eher preislich günstige Sicherungsverfahren (Umlagerungsmaßnahmen wie Auskofferung und anschließende Deponierung) eingesetzt werden.

4.1.2.3 Auswahlkriterien

Ein umfassender Vergleich der Einsatzmöglichkeiten unterschiedlicher Dekontaminationsverfahren sollte im Rahmen einer flächenbezogenen und technologiespezifischen Betrachtung folgende Bereiche berücksichtigen:

Verfahrensart,
Entwicklungsstand,
Dekontaminationsvermögen:
    Schadstoffspezifisches Dekontaminationsvermögen,
    Bodenspezifisches Dekontaminationsvermögen,
Emissionen/Reststoffe,
Langzeitverhalten,
Kontrollmöglichkeiten,
Kapazitäten, Zeitbedarf,
Kosten,
Standortcharakteristika, Infrastrukturbedarf sowie
Genehmigungsfähigkeit.

Zur übersichtlichen Darstellung der jeweiligen Klassifizierung werden Symbole benutzt (z.B. X, O, --), welche in den folgenden Abschnitten für das jeweilige Kriterium dargestellt und kurz erläutert werden. In den Kapiteln 4.2 bis 4.8 sind diese Einstufungen für die jeweiligen Techniken bzw. Technologien in Tabellen dargestellt. In manchen Fällen ist eine eindeutige Zuordnung einer einzelnen Beurteilungsstufe nicht möglich, so daß einem Kriterium auch zwei Einstufungen zugeordnet werden, bspw. "X/O". Hierbei handelt es sich um "Zwischeneinstufungen", welche sich aufgrund der jeweils dargestellten spezifischen Rahmenbedingungen ergeben. Im folgenden werden die Auswahlkriterien näher erläutert.

Verfahrensart: Die Verfahrensart kann ein sinnvolles Kriterium bei der Auswahl eines Dekontaminationsverfahrens sein. Zu unterscheiden sind in-situ und ex-situ-Verfahren:

Ex-situ: Verfahren, bei denen der verunreinigte Boden behandelt wird, *nachdem* der Boden ausgehoben wurde.

on-site: Aushub des kontaminierten Bodens und Behandlung auf dem kontaminierten Grundstück.

off-site: Aushub des kontaminierten Bodens, Transport und Behandlung an einem anderen Ort.

in-situ: Verfahren, bei denen der verunreinigte Boden behandelt wird, *ohne* daß ein Aushub des kontaminierten Bodens erfolgt.

Off-site-Anlagen werden in der Regel als stationäre Behandlungsanlagen betrieben, d.h. an *einem* Anlagenstandort werden die kontaminierten Bodenmassen *unterschiedlicher* Altlastenflächen behandelt.

Verfahrensart (on-site, off-site, in-situ)	
x	*Einsatz möglich*
-	*Einsatz derzeit nicht möglich*

Entwicklungsstand: Will man die Einsatzmöglichkeiten einer Technologie bzw. eines Verfahrens für einen speziellen Sanierungsfall prüfen, so sollten möglichst *weitentwickelte Verfahren* herangezogen werden. Bei Pilotanlagen oder auf Basis von Laborerfahrungen entwickelten und erstmalig in Betrieb genommenen Anlagen können sog. "Kinderkrankheiten" auftreten, da die Verfahrensanbieter nicht alle wichtigen Rahmenbedingungen in die Konzeptentwicklung einbeziehen können. Ein fortgeschrittener Entwicklungsstand des Verfahrens und erfolgreich durchgeführte und vergleichbare Sanierungsbeispiele für ein Verfahren können die Einhaltung der im speziellen Fall geforderten Sanierungsziele wahrscheinlicher machen, ohne daß erhebliche Ausfallzeiten der Anlage und daraus resultierend Verzögerungen der Sanierung zu erwarten sind.

Entwicklungsstand	
ST	*großtechnischer Einsatz , Stand der Technik, Referenzanwendungen*
P	*großtechnischer Einsatz, Pilotanlage*
L	*Laboranlage, großtechnische Realisierung angedacht*

Dekontaminationsvermögen: Es kann zwischen dem schadstoffspezifischen und bodenspezifischen Dekontaminationsvermögen unterschieden werden. Das *schadstoffspezifische Dekontaminationsvermögen* bezeichnet die grundsätzliche Fähigkeit eines Verfahrens, bestimmte Schadstoffgruppen von der Bodenmatrix abtrennen zu können. Aufgrund der bestehenden technischen und naturwissenschaftlichen Rahmenbedingungen lassen sich einzelne Schadstoffe oder Schadstoffgruppen mit bestimmten Verfahren nicht entfernen oder zerstören. So sind beispielsweise schwerflüchtige Schwermetalle nicht mittels der thermischen Konditionierung oder der Zugabe von Mikroorganismen erfolgreich zu behandeln. Der größte

Teil der typischerweise bei Altlasten auftretenden Schadstoffe kann aufgrund ihrer Stoffeigenschaften hinsichtlich der Sanierungseignung sinnvoll in folgenden Gruppen zusammengefaßt werden:

Schwermetalle (SM),
Cyanide (CN),
Mineralöl-Kohlenwasserstoffe (Mineralöl-KW),
einfach aromatische Kohlenwasserstoffe (BTEX),
polyzyklische aromatische Kohlenwasserstoffe (PAK),
leichtflüchtige halogenierte Kohlenwasserstoffe (LHKW) und
schwerflüchtige halogenierte Kohlenwasserstoffe (SHKW).

Darüber hinaus können in Einzelfällen auch andere Chemikalien von Bedeutung sein, so z.B. organische Stickstoffverbindungen bei Rüstungsaltlasten. Für die o.g. Schadstoffgruppen läßt sich das erzielbare schadstoffspezifische Dekontaminationsvermögen beim Einsatz der jeweiligen Technologie, Technik und Verfahren angeben. Fragen, inwieweit die Schadstoffe aus dem Boden ausgetrieben und zerstört werden, ob eine Einbindung und Überführung in eine nicht vorrangig gefährdungsrelevante Form erfolgt oder ob eine Behandlung nicht erfolgreich ist, können ebenfalls im Vorfeld beantwortet werden. Zu berücksichtigen sind auch Probleme der Schadstoffentfernung bei Mischkontaminationen, beispielsweise die Hemmung des mikrobiellen Abbaus organischer Kohlenwasserstoffe durch Schwermetalle.

Das *bodenspezifische Dekontaminationsvermögen* der einzelnen Verfahren hängt von unterschiedlichen bodenspezifischen Parametern, wie z.B. der Kornverteilung, dem Wassergehalt, dem Bodenluftanteil sowie dem Gehalt an organischen Bestandteilen ab. Bestimmte Technologien sind nur dann erfolgreich einzusetzen, wenn gewisse Anforderungen an die Bodenmatrix erfüllt sind: So ist z.B. bei zu hohem Feinkornanteil eine Behandlung von kontaminiertem Boden mittels Waschverfahren nicht möglich, obwohl die Schadstoffkomponenten prinzipiell vom Lösungsmittel aufgenommen werden können. Die kornklassenabhängigen Parameter sind häufig entscheidend für das Dekontaminationsvermögen, da sie die Qualität der Schadstoffbindung an den Boden und die pro Volumen gebundene Schadstoffmenge beeinflussen. U.a. ist es daher bedeutsam, ob *grobkörniges Material* (z.B. Kies), überwiegend *mittelkörniges Material* bzw. eine Mischkornverteilung oder eher *feinkörniges Material* (Ton oder Schluff) vorliegt. Nach DIN 18 196 werden Böden mit weniger als 5 Gewichtsprozent Feinkornanteil (Durchmesser kleiner als 0,06 mm) als grobkörnige Böden bezeichnet. Bei 5 - 40 % Feinkornfraktion handelt es sich um gemischtkörnige Böden, ab 40 % Feinkornanteil handelt es sich um feinkörnige Böden. In Kapitel 4.1.3 wird in einem Exkurs auf die bodenspezifischen Parameter eingegangen. Für ausführlichere Informationen sei auf die Literatur zur Bodenkunde verwiesen.

Schadstoffspezifisches Dekontaminationsvermögen für die jeweilige Stoffgruppe	
x	*geeignet*
o	*eingeschränkt geeignet, keine Zerstörung, Immobilisierung*
-	*schlecht bzw. nicht geeignet / Störwirkung*

Bodenspezifisches Dekontaminationsvermögen für die jeweilige Kornklasse	
x	*geeignet*
o	*eingeschränkt geeignet, Vorbehandlung/Fraktionierung notwendig, technisch aufwendige Lösungen möglich*
-	*schlecht bzw. nicht geeignet*

Emissionen / Reststoffe: Bei der im Rahmen von Dekontaminationsmaßnahmen durchgeführten Bodenbehandlung werden die Schadstoffe aus dem Boden entfernt und in eine andere Form überführt, so daß sekundär kontaminierte Stoffströme auftreten. Dies umfaßt stoffliche Ströme wie die *Abluft*, das *Abwasser* und den *Abfall* als auch nichtstoffliche Ströme wie *Lärm*. Beispielsweise fallen bei Bodenwaschverfahren Abwässer bzw. Schlämme an, bei der Bodenluftreinigung beladene Aktivkohle und bei der Verbrennung Rauchgase und Rückstände (SRU 1990, Nr. 543). Die Emissionen können nach den einschlägigen Rechtsvorschriften (z.B. die Einhaltung der Vorsorgewerte des Rechts der Wasser- und Luftreinhaltung sowie des Lärmschutzes) bewertet werden (BImSchG und nachgeschaltete Verordnungen wie 17. BImSchV oder TA Luft; Wasserhaushaltsgesetz und nachgeschaltete Verordnungen wie z.B. branchenbezogene Abwasserverwaltungsvorschriften). Eine Klassifizierung des Abfallaufkommens kann für die Verfahren untereinander über die Menge und Qualität (z.B. Anteil der besonders überwachungsbedürftigen Abfälle) erfolgen. Durch geeignete technische Maßnahmen lassen sich die auftretenden Emissionen i.d.R. deutlich reduzieren. Diese Minderungsmaßnahmen sind teilweise jedoch technologisch und finanziell aufwendig, so daß sie nicht bei jedem Verfahren zur Anwendung kommen.

pfadspezifisches Emissions- bzw. Reststoffaufkommen (Abluft, Abwasser, Abfall, Lärm)	
x	*kein bzw. geringes Emissions- bzw. Reststoffaufkommen*
o	*eingeschränktes Emissions- oder Reststoffaufkommen*
-	*hohes Emissions- bzw. Reststoffaufkommen, aufwendige Minderung*

Langzeitverhalten: Verschiedene der zur Altlastensanierung eingesetzten Verfahren entfernen nicht die Schadstoffe aus dem Boden, sondern setzen die Mobilität und Mobilisierbarkeit der Schadstoffe im Boden herab (z.B. Einglasen nichtflüchtiger Schadkomponenten bei thermischen Prozessen, chemische Verfahren, Immobilisierung) Diese Maßnahmen gewährleisten aber nicht immer eine ausreichende Langzeitwirksamkeit. Eine zukünftig erneut erforderliche Sanierung kann durch die Bindungsform, in welcher die Schadstoffe vorliegen, erheblich erschwert werden. Eine Entfernung der Schadstoffe stellt immer die bestmögliche Lösung dar: Die Schadstoffe befinden sich nicht mehr im Boden und können daher auch nicht zu einem späteren Zeitpunkt freigesetzt werden. Eine Überführung in eine schwerlösliche oder schwer mobilisierbare Form weist hingegen ein schlechteres Langzeitverhalten auf, da unter bestimmten Voraussetzungen eine spätere Freisetzung nicht ausgeschlossen werden kann. Ein weiterer zu berücksichtigender Faktor stellt die Qualität des Bodens dar: Thermische Verfahren erzeugen z.B. häufig ein weitgehend inertes Bodenmaterial, welches nur aufwendig und langwierig revitalisiert werden kann.

Langzeitverhalten	
x	*der Boden enthält keine Schadstoffe bzw. ausgehend vom behandelten Boden sind keine Schadstofffreisetzungen möglich.*
o	*Schadstoffe sind als Restgehalte oder wegen grundsätzlicher Nichtbehandlung im Boden verblieben. Sie liegen in einer weitgehend fixierten Form vor. Unter Milieuänderungen können die Schadstoffe jedoch freigesetzt werden.*
-	*durch die Maßnahme sind lediglich die Transmissionspfade unterbrochen worden, eine Fixierung der Schadstoffe in schwer freisetzbare Formen ist nicht erfolgt.*

Kontrollmöglichkeiten des Sanierungserfolges: Die Verfahren unterscheiden sich in der Möglichkeit, die Reinigungsleistung (Restgehalt an Kontaminanten) bzw. die vorliegende Bodenqualität nach durchgeführter Sanierung zu kontrollieren. Eine gute Verifizierung ist bei nahezu allen ex-situ durchgeführten Verfahren möglich, da hier die Bodenfraktionen frei zugänglich sind und somit auch die Entnahme von Mischproben möglich ist. Bei in-situ-Verfahren ist dies weniger einfach, da die zugesetzten Behandlungsmittel inhomogen verteilt vorliegen können und eine repräsentative Probenahme erschwert wird. Eine erfolgreiche Kontrolle ist jedoch von wesentlicher Bedeutung, um den Sanierungserfolg zu überprüfen und weitere Gefährdungen auszuschließen.

Kontrollmöglichkeiten	
x	*gute Kontrollmöglichkeiten, behandeltes Gut ist zugänglich, Mischprobenahme ist möglich*
-	*schlecht bzw. nicht kontrollierbar, da das behandelte Gut nicht frei zugänglich ist; Mischprobenahme erschwert*

Kapazitäten, Zeitbedarf: Um eine rasche Abwicklung der Sanierung nicht an fehlenden Anlagenkapazitäten scheitern zu lassen, werden hohe Durchsatzleistungen bei der Bodenbehandlung gefordert. Positiv kann sich auch das Vorhandensein von mehreren Anlagen der betreffenden Technologie auswirken, da damit die Verfügbarkeit für den jeweiligen Einzelfall erhöht wird. Bei Anlagen im diskontinuierlichen Betrieb müssen die Zeiten für die Beschickung und die Entnahme eingerechnet werden.

Der für die technischen Verfahren benötigte Zeitbedarf kann die Gesamtdauer der Maßnahme bestimmen, wenn er deutlich über demjenigen für Bodenentnahme und Transport liegt.

Kapazitäten	
x	*hohe Kapazitäten der einzelnen Anlagen nach dem Stand der Technik, (über 10 t/h) eine Vielzahl von Anlagen verfügbar. Eine rasche und zügige Durchführung der Maßnahme ist gewährleistet.*
o	*geringere Anlagenkapazitäten (1-10 t/h) oder nur sehr wenige Anlagen des Typs mit ausreichend hoher Kapazität*
-	*derzeit keine großtechnischen Anlagen, lediglich kleinmaßstäbliche Behandlung im Labormaßstab möglich (unter 1 t/h)*

Kosten: Neben den technischen Aspekten sind auch wirtschaftliche Gesichtspunkte bei der Auswahl von Sanierungsverfahren von großer Bedeutung. Unter mehreren technisch anwendungsreifen Anlagentypen wird unter Berücksichtigung der erreichbaren Sanierungsziele i.d.R. die kostengünstigste Alternative ausgewählt. Die Maßnahmekosten setzen sich aus den fixen Anlagenkosten und den durchsatzabhängigen Betriebskosten zusammen. Der für eine jeweilige Sanierung geforderte Tonnenpreis richtet sich häufig auch nach der vorliegenden Kontaminationssituation sowie den Marktverhältnissen. Er unterliegt auch aus diesem Grunde starken Schwankungen, wodurch die im jeweiligen Abschnitt aufgeführten Kosten eher als ungefähre Größenordnung des jeweiligen Tonnenpreises zu verstehen sind.

Kosten der Sanierung (Investitionskosten, Betriebskosten)	
x	*Investitions- und Betriebskosten sind im Vergleich zu anderen Technologien im Mittel eher niedriger, da ein geringerer technischer Aufwand bzw. Betriebsmitteleinsatz notwendig ist (Kosten unter 100 DM/t).*
o	*Kosten bewegen sich im Vergleich zu den anderen Technologien auf mittlerem Niveau (Maßnahmekosten 100 - 250 DM/t)*
-	*Kosten sind aufgrund der aufwendigen Verfahrenstechnologie im Vergleich zu den anderen Technologien als hoch anzusehen (Kosten über 250 DM/t).*

Standortcharakteristika und Infrastruktur: Bei der Standortwahl für eine Anlage sind Standortcharakteristika wie Umgebungsnutzung, Flächengröße und Erweiterungsmöglichkeiten zu berücksichtigen. Soweit der Anlagenbetrieb typischerweise mit nahwirksamen Lärm- oder Abgasemissionen verbunden ist oder erheblicher Verkehrslärm zu erwarten ist, müssen am Standort bestimmte Voraussetzungen gegeben sein (*Standortcharakteristika*). Die Anlage sollte z.B. bei vorhandenem Störpotential nicht in der Nähe sensibler Nutzungen geplant werden, da ansonsten technisch und finanziell aufwendige Lösungen erforderlich sind (eingeschränkte tägliche Betriebsdauer, Lärmkapselung).

Daneben wird der notwendige Flächenbedarf zum Betrieb der Anlage berücksichtigt. Umfangreiche Betriebsanlagen können z.B. nicht auf kleinen Standorten on-site realisiert werden, hier besteht zusätzlicher Flächenbedarf.

Ferner muß bei der Standortfindung berücksichtigt werden, ob bestimmte Infrastruktureinrichtungen vorhanden sind bzw. geschaffen werden können. Ein typischer *Infrastrukturbedarf* besteht beim Betrieb von Sanierungsanlagen für elektrischen Strom, Wasser, Druckluft, Brennstoff, Dampf sowie Kühlmedien. Dabei sind nicht alle Anschlüsse bzw. Versorgungen bei jedem Verfahren der einzelnen Technologien erforderlich (infrastrukturintensive und weniger -intensive Technologien).

Weiterhin müssen bei Sanierungsvorhaben leistungsfähige Transportwege für den Schwerlastverkehr für verschiedene Zwecke vorhanden sein, z.B. für

- die Errichtung von Fundamenten für Anlagenteile,
- die Errichtung von Bauwerken/Zwischenlagern auf dem Sanierungsgelände,
- den Transport von ausgebauten Materialien zu zentralen Zwischenlagern oder Behandlungsanlagen,
- den Abtransport von Abdeckmaterial oder Reststoffen.

Übergabestationen, die für die Trennung von kontaminierten und nicht kontaminierten Bereichen sorgen ("Schwarz-Weiß-Schleusen"), müssen errichtet und in das Transportsystem eingebunden werden. (SRU 1990, Nr. 551).

Standortcharakteristika

x	*Der Anlagenbetrieb ist i.d.R. nicht mit nahwirksamem Störpotential verbunden; es besteht ein geringer Flächenbedarf für die Behandlungsanlagen (unter 500 m^2).*
o	*Beim Betrieb der Anlagen treten nahwirksame Emissionen in geringem Umfang auf (mittleres Störpotential); der Flächenbedarf liegt bei ca. 500 - 1000 m^2.*
-	*Der Anlagenbetrieb bedarf technisch aufwendiger Maßnahmen z.B. aufgrund umfangreicher nahwirksamer Emissionen (z.B. Lärm) oder es besteht ein hoher Flächenbedarf (über 1000 m^2).*

Infrastrukturbedarf

x	*gering, wenige Erschließungsanlagen notwendig (Ver- und Entsorgungsbedarf, z.B. Elektrizität, Wasser, Verkehrswege)*
o	*im Vergleich der Technologien oder Verfahren liegt der Infrastrukturbedarf auf eher mittlerem Niveau*
-	*hoch, umfangreicher Ver- und Entsorgungsbedarf (z.B. Elektrizität, Wasser, Gas, Druckluft, Verkehrsanbindung)*

Genehmigungsfähigkeit: In Abhängigkeit vom Anlagenmaßstab und der auftretenden Emissionen sind unterschiedlich umfangreiche genehmigungsrechtliche Anforderungen zu erfüllen. Im einfachen Fall erstreckt sich dies lediglich auf baurechtliche und wasserrechtliche Genehmigungen. Thermische Behandlungsanlagen dagegen bedürfen u.U. einer umfangreichen immissionsschutzrechtlichen Genehmigung. Genehmigungsverfahren können aufgrund ihrer Dauer eine Sanierungsmaßnahme verzögern und den Einsatz einer alternativen Technologie sinnvoll erscheinen lassen (siehe auch Kapitel 2.2.4).

Genehmigungsaufwand

x	*bau- und wasserrechtliche Genehmigungen ausreichend, Umfang eher gering*
-	*immissionsschutzrechtliche, bau- und wasserrechtliche Genehmigung erforderlich (u.a. 4. BImSchV oder 17. BImSchV), umfangreiches Verfahren und vielfältige Beteiligtengruppen*

4.2 Thermische Behandlung kontaminierter Böden

Die bereits im großtechnischen Maßstab betriebenen Verfahren der thermischen Bodenbehandlung können i.d.R. auf ein breites Schadstoffspektrum angewandt werden. Derzeit werden in Deutschland drei stationäre thermische Behandlungsanlagen mit Kapazitäten von 40.000-70.000 t/a betrieben. Daneben befinden sich eine Reihe von Anlagen in der Pilot- und Erprobungsphase. Diese Anlagen weisen Durchsatzleistungen von unter einer bis zu wenigen Tonnen pro Stunde auf. Die thermische Behandlung kann vor Ort (on-site) oder in zentralen Einrichtungen (off-site) erfolgen. In den letzten Jahren befindet sich die Entwicklung thermischer Bodenbehandlungsverfahren in einer Phase relativer Stagnation. Die Gründe liegen in den bereits in Kap. 2.2 angesprochenen Problemen, wie z.B. den Kosten oder der fehlenden Akzeptanz in der Bevölkerung (SRU 1995, S. 218).

4.2.1 Allgemeines

Das Prinzip der thermischen Dekontamination beruht auf der Destabilisierung der adsorptiven und chemischen Bindungskräfte zwischen Bodenmatrix und Schadstoff auf thermischem Wege. Im wesentlichen führen bei der thermischen Behandlung folgende Mechanismen zur Bodenreinigung bzw. Unterbindung der Gefährdungspfade:

- Austreiben der flüchtigen und zersetzbaren Schadstoffe mit der Gasphase,
- oxidative Umsetzung der ausgetriebenen Schadstoffe (Verbrennung),
- reduktive Zersetzung der ausgetriebenen Schadstoffe (Entgasung, Pyrolyse),
- Einglasen nichtflüchtiger Schadstoffe in der Bodenmatrix und
- Abtrennung bzw. Zersetzung der Schadstoffe in der Rauchgasreinigung.

Abb. 4.2. zeigt das Verfahrensprinzip. Die Flüchtigkeit der meisten Schadstoffe wir durch Temperaturanstieg erhöht; sie werden aus dem Boden ausgetrieben, in der Gasphase angereichert und mit dieser aus dem Ofenraum entfernt. In Abhängigkeit von den Reaktionsbedingungen erfolgt im Ofen auch bereits eine Schadstoffumsetzung bzw. Zerstörung. In der nachgeschalteten Abgasbehandlung kann die Abtrennung der Schadstoffe bzw. ihre thermisch-oxidative Zerstörung in der Nachverbrennung zur Rauchgasbehandlung erfolgen. Diese Nachverbrennung soll auch die Freisetzung von sog. Sekundärschadstoffen (Schadstoffe, die bei thermischer Behandlung gebildet werden) in die Umwelt verhindern. Anorganische Schadstoffe (insbesondere Schwermetalle) können bei hohen Temperaturen (>1.000°C) auch in die behandelten Bodenmassen eingebunden werden.

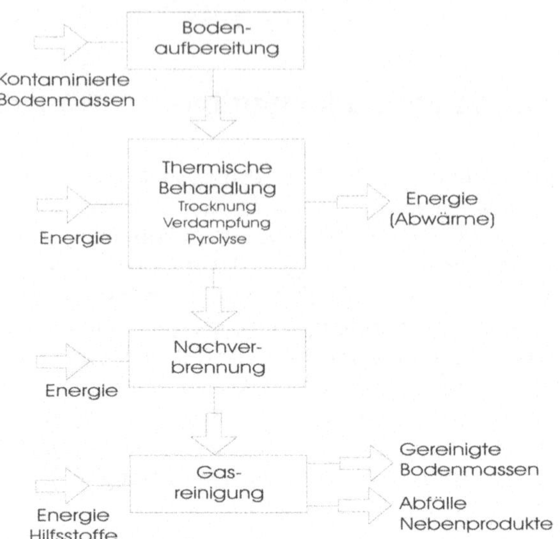

Abb. 4.2. Verfahrensprinzip der thermischen Bodenbehandlung

Erfolgt die Aufheizung der Bodenmasse indirekt unter Abschluß von Sauerstoff, spricht man von einer *Pyrolyse oder Entgasung*. Die Wärmezufuhr kann dabei durch äußere Beheizung des Ofenrohres und Wärmeleitung bzw- strahlung ins Innere erfolgen oder durch die Zugabe von Inertgasen wie CO_2 oder N_2. Der Temperaturbereich erstreckt sich von der Niedertemperaturentgasung (bis 500 °C) bis zur Hochtemperaturentgasung (800-900 °C). An die Bodenmatrix angelagerte Schadstoffe freigesetzt und im hohen Temperaturbereich unter den im Ofen herrschende reduzierenden Bedingungen entsprechend chemische Bindungen gespalten und die Stoffe abgebaut. Dieser Effekt kann durch die Zugabe reduzierender Gase (z.B. H_2, CO) verstärkt werden.

Bei der *Verbrennung* wird der Boden im Ofen mit einer Flamme unter Luftzufuhr direkt aufgeheizt, wodurch sich die freigesetzten Schadstoffe oxidativ umsetzen und z.T. bereits im Ofenraum entzünden und (verbrannt) werden. Unter - real nicht im gesamten Ofenraum erreichten - idealen Bedingungen findet eine Umsetzung der Kohlenwaserstoffe zu Wasser und Kohlendioxid statt. Stoffe wie Stickstoff, Schwefel und Chlor, welche zum Teil als Schadstoffe im Boden, zum Teil im zugefeuerten Brennstoff und zum Teil auch in der Verbrennungsluft enthalten sind, werden (idealerweise) oxidativ zu z.B. Stickoxiden (NO_x), Schwefeldioxid (SO_2), Chlorwasserstoff (HCl) umgesetzt.

Die hohen Temperaturen im Ofen führen bei den mineralischen Bodenbestandteilen zu Sinterungsprozessen (Verbacken). Hierbei können schwerflüchtige Schadstoffbestandteile eingeschmolzen und so weitgehend nicht wasserlöslich bzw. freisetzbar fixiert werden.

Wird bei der Aufheizung Wasserdampf zugegeben, erfolgt eine *Wasserdampfdestillation*, d.h. ein direkte Erwärmung des Bodens durch den Dampf und ein Ausstrippen der Schadkomponenten bei 100 bis 160 °C in die Gasphase.

In der Praxis lassen sich die rein oxidativen oder reduktiven Reaktionsbedingungen nicht im gesamten Ofenraum einstellen. So wird beispielsweise bei der Pyrolyse (Reduktion) auch immer in den Bodenmassen enthaltenes Wasser und im Porenraum enthaltener (Luft-)Sauerstoff freigesetzt, die dann als reaktive Gase bei Entgasungsprozessen (Oxidationsmittel) fungieren können. Hingegen liegen bei der Verbrennung Ofenbereiche vor, in denen der Boden nicht ausreichend mit Vergasungsmittel oder der Brennerflamme zwecks Oxidation in Kontakt kommt. Dort werden dann vorwiegend reduktive Prozesse ablaufen. Bei der im folgenden vorgenommen Einteilung der thermischen Bodenbehandlungsverfahren in *Pyrolyse* und *Verbrennung* werden daher die aufgrund der technischen Ausführung und der verfahrenstechnischen Einflußgrößen primär ablaufenden Prozesse zugrunde gelegt.

Diese großtechnisch betriebenen oder entwickelten Verfahrenslinien werden im folgenden im Überblick vorgestellt. Dabei werden neben den Ofenanlagen wie Drehrohr- oder Wirbelschichttechnologien insbesondere die Nachverbrennung und Abgasreinigung behandelt. Eine ausführliche Darstellung von mechanischen Bodenaufbereitungsverfahren (Brecher etc.) findet sich in Kapitel 4.3 (Extraktion/Bodenwäsche). Weiterhin werden einige *Sonderverfahren* angesprochen, wie das Verglasen und das Verziegeln, bei denen die Schadstoffe in die behandelten Massen eingebunden werden.

Vorab sollen wesentliche schadstoffspezifische Eigenschaften vorgestellt werden, welche zum Verständnis der bei der thermischen Behandlung ablaufenden Prozesse wesentlich sind.

Da das Spektrum der auftretenden Bodenschadstoffe sehr groß ist, werden diese zur besseren Übersicht in Schadstoffgruppen gemäß ihres Verhaltens bei einer thermischen Behandlung eingeteilt. Im wesentlichen handelt es sich dabei um Ausgasungs-, Zersetzungs- oder Immobilisierungsprozesse.

Die meisten der *Kohlenwasserstoffe* wie z.B. Benzin, Heizöl, Diesel, Kerosin, Benzol, Toluol, Ethylbenzol, Xylole (BTEX), polyzyklische aromatische Kohlenwasserstoffe (PAK, z.B. Naphthalin) sowie metallorganische Verbindungen (z.B. Bleitetraethyl) und Cyanokomplexe gehen bei Temperaturen bis 550 °C unter teilweiser *Zersetzung* in die *Gasphase* über. *Organische Cyanokomplexe* zersetzen sich bei Temperaturen von 450-500 °C unter Bildung von Cyanwasserstoffen. Die vollständige Zersetzung von Cyanidverbindungen erfolgt jedoch erst bei höheren Temperaturen in der Nachverbrennung. Die folgende Tabelle zeigt die Verdampfungs- und Zersetzungstemperaturen einiger typischer Schadstoffe (Wittland 1990).

Aus dem Abgas werden diese Verbindungen durch eine 0,3-0,5 s dauernde Nachverbrennung bei 800-1000 °C entfernt. Einige *Schwer- und Halbmetalle* wie Quecksilber, Cadmium, Blei, Zink, Antimon und Arsen werden nicht zerstört, sondern bei erhöhten Temperaturen aus dem Boden ausgetrieben und lagern sich bevorzugt an den *Feinstaub* an. Diese hochbelastete Fraktion muß im Rahmen der Abgasreinigung aus der Abluft entfernt werden.

Die Tabelle 4.3 zeigt die Schmelz- und Siedetemperaturen verschiedener Halb- und Schwermetalle. Die Gruppe der *halogenierten Kohlenwasserstoffe* umfaßt sowohl leichtflüchtige LHKW (z.B. Trichlormethan, Trichlorethan) als auch schwerflüchtige Verbindungen (PCB, polychlorierte Dibenzodioxine (PCDD) und polychlorierte Dibenzofurane (PCDF)) und Pflanzenschutzmittel (Hexachlorcyclohexan HCH, 2,4,5-Trichlorphenoxyessigsäure 2,4,5-T). Diese Stoffe zeigen eine z.T. stark ausgeprägte Affinität zu organischen Substanzen (Huminstoffen) im Boden. Dies ist z.B. bei polychlorierten Biphenylen sowie polychlorierten Dibenzodioxinen und -furanen der Fall. Daher liegt ihre *Freisetzungstemperatur* trotz vergleichbarer Siedepunkte z.T. *höher* als bei den zuvorgenannten organischen Schadstoffen. So werden für die Insektizide Aldrin und Dieldrin Freisetzungstemperaturen von 500-600 °C angegeben. Die notwendige Verweilzeit im Verbrennungsofen beträgt dabei 15-180 min. Die besondere Problematik dieser Schadstoffe liegt insbesondere in der möglichen *Neubildung von polyhalogenierten Dibenzodioxinen und -furanen* (PCDD / PCDF) beim Vorhandensein von Chlor oder anderen Halogenen. Wegen ihrer großen Giftwirkung müssen diese in der Abgasreinigung zerstört werden. Dazu ist eine Nachverbrennung der Rauchgase nötig, die bei Temperaturen von 1100-1300 °C und einer Dauer von 1,5-3 s abläuft. Um die Neubildung von Dioxinen und Furanen in der Abkühlzone der Rauchgase zu verhindern ist ein anschließend rasches Abkühlen auf Temperaturen unter 200 °C notwendig, da im Temperaturbereich zwischen 400 °C und 200 °C eine erhöhte Neubildungsrate vorliegt.

Tabelle 4.2. Verdampfungs- und Zersetzungstemperaturen

Verunreinigung	Verdampfungstemperatur	Zersetzungstemperatur
Benzin, Dieselöl	200-300 °C	750 °C
Benzol, Toluol, Xylol	200-300 °C	800 °C
Naphthalin	200-300 °C	800 °C
polyzyklische Aromate	300-400 °C	850 °C
Cyanide	450 °C	950 °C

Tabelle 4.3. Schmelz- und Siedepunkte verschiedener Metalle

Metall	Schmelzpunkt (°C)	Siedepunkt (°C)	Anmerkungen
Quecksilber (Hg)	- 38,9	356,6	hohe Verdampfungsrate schon bei Zimmertemperatur
Arsen (As)	--	613	Halbmetall - Arsen sublimiert bei Normaldruck
Cadmium (Cd)	321	767	
Zink (Zn)	419,5	907	
Antimon (Sb)	630,5	1635	Halbmetall
Blei (Pb)	327	1750	hohe Verdampfungsrate schon weit unterhalb des Siedepunktes
Eisen (Fe)	1535	3000	Reineisen als Referenzbeispiel für nichtflüchtige Schadstoffe

Zahlreiche *Schwermetalle* wie Eisen, Kupfer, Chrom, Nickel sowie keramische und glasartige Stoffe können *nicht zerstört* oder ausgetrieben werden. Sie werden lediglich bei Temperaturen um 1200 °C in die *Bodenmatrix eingebunden* (gesintert). Es erfolgt also keine Entfernung der Schadstoffe, sondern lediglich ihre Einbindung und Immobilisierung (SRU 1990).

4.2.2 Pyrolyse

Durch *Pyrolyse* bzw. *Entgasung* sollen leichtflüchtige Schadstoffe (insbesondere leichtflüchtige organische Verbindungen, z.B. Mineralölkohlenwasserstoffe, und leichtflüchtige Schwermetalle, z.B. Quecksilber) aus kontaminiertem Material ausgetrieben (ausgegast) werden. Organische Schadstoffe werden anschließend durch Verbrennung zerstört.

Die Pyrolyse hat ihre technische Herkunft in der Gaswerk- und Kokereitechnik. Hier diente sie der Gewinnung von Leucht- und Stadtgas bzw. von Koks und sogenannten Kohleveredelungsprodukten. Dabei wurden der eingesetzten Kohle durch Entgasung wertvolle (brenn- bzw. verwertbare) Nebenprodukte entzogen, darunter Benzol, polyzyklischen aromatische Kohlenwasserstoffe (PAK) und Teer. Dieses Prinzip wird in der Altlastensanierung auf die Bodenbehandlung übertragen, in dem flüchtige Bestandteile aus der Bodenmatrix ausgegast werden. Gerade Gaswerks- und Kokereiflächen sind mit den oben genannten Schadstoffen belastet, so daß sich hier das wichtigste Anwendungsgebiet der Pyrolyse im Rahmen der Altlastensanierung ergibt. In jüngerer Zeit werden Pyrolyseanlagen auch im Entsorgungsbereich - und zwar zur Wertstoffrückgewinnung - eingesetzt. So können z.B. aus dem Anteil polymerer Werkstoffe im Hausmüll wertvolle Gase wie Ethan und Ethen zurückgewonnen und der Grundstoffindustrie wieder zugeführt werden.

Neben dem eigentlichen Ofen - der indirekt beheizten Brennkammer - besteht eine Pyrolyseanlage aus mehreren vor- und nachgeschalteten Anlagenteilen. Dazu gehören Bodenvorbereitung, thermische Nachverbrennung, Abhitzekessel sowie Rauchgasreinigung. Wie auch die Verbrennung wird die Pyrolyse zumeist off-site durchgeführt. Bei kompakten mobilen Anlagen ist auch ein on-site-Betrieb möglich.

In der *Bodenvorbereitung* werden Metallteile und große Gesteinsbrocken entfernt. Eisen kann mittels Magnetabscheidern leicht ausgesondert werden. Größere Fundamentteile sowie größere Felsstücke können durch Sieben aussortiert werden. Der verbleibende Boden wird mittels Brechern oder Prall- und Hammermühlen auf die gewünschte Korngröße gebracht.

Häufig wird versucht, durch eine der thermischen Behandlung vorgeschalteten *Trocknung* die Feuchte des Bodens zu verringern, um den auf die Behandlungstemperatur aufzuheizenden Massenstrom zu reduzieren und damit den Energieverbrauch zu begrenzen. Schon in diesem Temperaturbereich (bis ca. 200°C) können jedoch neben dem verdampfenden Wasser auch leichtflüchtige Schadstoffe freigesetzt werden. Daher muß die den Trockner verlassende Abluft einer Abgasreinigung, evtl. mit Nachverbrennung, unterzogen werden.

Die eigentliche *Pyrolyse* wird unter Luftabschluß vorwiegend im Drehrohrofen durchgeführt. Der Temperaturbereich erstreckt sich je nach Auslegung der Anlage von der Niedertemperaturentgasung (bis 500 °C) bis zur Hochtemperaturentgasung (800-900 °C).

Werden gezielt Zusätze wie Wasserdampf oder Inertgas zugeführt, um die Schadstoffe bei Temperaturen von 600 - 1.600 °C zu Brenngasen umzusetzen, spricht man auch von *Vergasungsprozessen*.

Der Drehrohrofen: Beim Drehrohr handelt es sich um ein geneigtes, langsam um seine Längsachse rotierendes Stahlrohr, vgl. Abb. 4.3.. Die Drehrohre für die Verbrennung oder Pyrolyse sind im Gegensatz zu Trocknungs- oder Kühltrommeln in der Regel feuerfest ausgemauert. Am hochgelagerten Ende des Rohres werden kontaminierte Bodenmassen, z.B. Erde, Schlämme, Sande und Schutt, zugeführt. Die Bodenmassen werden aufgrund der Rotation durch das geneigte Rohr hinabgefördert. Der gereinigte Boden wird am tiefergelegenen Ende des Rohres ausgetragen. Die Beheizung erfolgt bei Pyrolyseöfen von außen bzw. durch Spülgase, bei der Verbrennung über Brennerdüsen für die Gas- und Luftzufuhr im Ofenraum. Der Brennstoff ist in der Regel Heizöl, seltener auch Erdgas.

Drehrohrofen mit Außenbeheizung:

Nachteilig sind hierbei die unter Umständen großen Wärmeverluste durch den schlechten Wärmeübergang. Vorteilhaft ist der konzentrierte Destillatanfall, außerdem ist der Staubaustrag sehr gering.

Drehrohrofen mit Spülgasbeheizung:

Hier sind die Wärmeübertragung und damit auch der thermische Wirkungsgrad des Ofens sehr gut. Von Nachteil ist der vor allem bei einem hohen Feinkornanteil des Bodens zu beobachtende Staubaustrag. Außerdem muß für die größeren Gasvolumenströme eine umfangreichere Nachverbrennungsanlage installiert werden.

Prinzipiell für die Entgasung geeignete Spülgase sind Wasserdampf, Inertgase und reduzierende Gase. Dabei erfordert die Erzeugung von Wasserdampf aber einen hohen Energieaufwand. Die Erzeugung von Inertgasen wie Stickstoff und Kohlendioxid kann mittels rußfreier Verbrennung mit geringem Luftüberschuß geschehen. Ein Luftüberschuß bei der Vergasung muß aber unbedingt vermieden werden, da es sonst zu Teilverbrennungen der im Boden enthaltenen organischen Bestandteile kommt.

Die Verwendung von reduzierenden Gasen als Spülgas hat mehrere Vorzüge:

- Reduzierendes Gas, z.B. Wasserstoff H_2 und Kohlenmonoxid CO, kann einfach und billig mit Hilfe von Holzgasgeneratoren gewonnen werden.
- Es ist eine Prozeßführung sowohl bei Temperaturen von 300-500 °C möglich, bei der die Schadstoffe sehr behutsam und mit geringem Energieeinsatz abdestilliert werden, als auch bei Temperaturen zwischen 700 und 800 °C. Hierbei können höhermolekulare Kohlenwasserstoffe reduktiv abgebaut werden. Bei diesen reduzierenden Bedingungen werden auch polyzyklische aromatische Kohlenwasserstoffe PAK aus dem Boden entfernt.
- Das resultierende Gemisch aus flüchtigen Kohlenwasserstoffen und reduzierenden Gasen läßt sich problemlos nachverbrennen.

Entwicklungsstand: Die Pyrolyse kontaminierter Böden wird nicht zuletzt aufgrund der vorhandenen Erfahrungen aus der Abfallentsorgung als das am weitesten entwickelte Verfahrensprinzip zur Bodensanierung angesehen (Beckert, 1988). Vielfältige Betriebserfahrungen in den Niederlanden und Deutschland belegen den derzeitigen Entwicklungsstand der Pyrolyse.

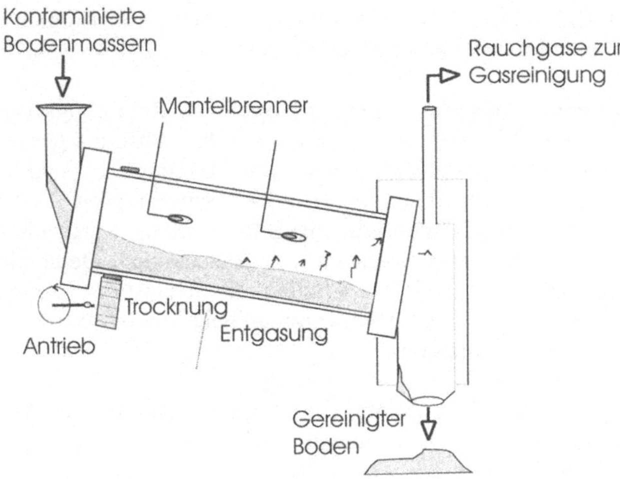

Abb. 4.3. Verbrennung am Beispiel des Drehrohrofens

Schadstoff- und bodenspezifisches Dekontaminationsvermögen: Die Pyrolyse ist vor allem zur Zerstörung von organischen Schadstoffen wie aliphatische und aromatische Verbindungen (Mineralöle, CKW, BTEX), polyzyklische aromatische Kohlenwasserstoffe (PAK), polychlorierte Biphenyle (PCB), polychlorierte Dibenzodioxine und -furane (PCDD, PCDF) geeignet. Cyanide werden in Abhängigkeit von der gewählten Temperatur ganz oder teilweise zerstört. Leichtflüchtige Schwermetalle, wie Quecksilber und Cadmium, gehen ebenfalls quantitativ in die Gasphase über.

Die bei der Pyrolyse entstehenden organischen Schwelgase müssen in der *Nachverbrennung* oxidativ zerstört werden. Leichtflüchtige Schwermetalle (Hg) müssen aus dem Abgasstrom entfernt werden. Die dabei anfallenden Reststoffe (Filterstäube und Filtermassen) sind typischerweise zu deponieren. Eine mögliche Verwendung von Naßwäschern in der Abgasreinigung kann zudem eine Abwasseraufbereitung erforderlich machen. Für nichtflüchtige Schwermetalle, die in der Bodenmatrix verbleiben, bieten sich als thermische Verfahren eher die Behandlung durch Verbrennung an, bei der durch höhere Temperaturen ein Einschluß der Schwermetalle in die Bodenmatrix erfolgt.

Pyrolyse-Verfahren sind weitestgehend unabhängig von der Bodenstruktur auch unabhängig von der Kontaminationstiefe einsetzbar.

Emissionen/Reststoffe: Bei der Pyrolyse fallen aufgrund der aufwendigen Rauchgasreinigungsschritte Filterstäuben und verbrauchte Filtermassen zur Entsorgung an. Im Vergleich zur Verbrennung fällt pro Tonne Boden eine geringere Menge an, da ein wesentlich kleinerer Rauchgasstrom entsteht (separate Führung von Rauchgasen und Schwelprodukten). Bei Naßwäschen ist ggf. eine Abwasserbehandlung erforderlich. Die Verwendung von Brechern und Mühlen zur Bodenzerkleinerung kann zu Lärmbelästigungen führen.

Langzeitverhalten/ Kontrolle des Sanierungserfolges: Die Reinigungserfolge durch Pyrolyse-Verfahren sind in bezug auf organische Schadstoffe als gesichert anzusehen. Schwermetalle verbleiben aber zumeist in der Bodenmatrix und können weiterhin ein Gefährdungspotential bedeuten. Der Sanierungserfolg kann direkt durch Probenahme am behandelten Gut überprüft werden. Vergleich zur Verbrennung geringeren Temperaturen bedingen eine schonendere Behandlung des Bodens. Jedoch können bei niedrigen Temperaturen die Schadstoffe u.U. nicht vollständig entfernt werden. Verbliebene Schwermetallbelastungen können die Wiederverwendungsfähigkeit einschränken.

Reinigungsleistung/Kapazitäten: Die Pyrolyse zeichnet sich durch hohe Reinigungsgrade bei organischen Schadstoffbelastungen aus. Pilotanlagen weisen Kapazitäten von bis zu ca. 20 t/h auf.

Kosten: Pyrolyse-Verfahren erfordern generell hohe Investitionskosten aufgrund des hohen apparativen Aufwandes. Neuere Entwicklungen sorgen zwar für eine Energieeinsparung durch Wärmerückgewinnung, jedoch bedingt der hohe Hilfsstoff- und Überwachungsaufwand insbesondere bei der Rauchgasreinigung beträchtliche Betriebskosten.

Zeitbedarf: Aufgrund der hohen Kapazitäten thermischer Verfahren fällt der Zeitbedarf zur Sanierung im Vergleich zu anderen Technologien gering aus.

Kombinationsfähigkeit: Pyrolyse-Verfahren eignen sich i.a. nicht zur Kombination mit anderen Dekontaminationsverfahren. Im Zuge von Sanierungsarbeiten sind ggf. Wasserhaltungsmaßnahmen zu berücksichtigen.

Standortcharakteristika/Infrastruktur: Pyrolyseanlage werden als on- und offsite-Anlagen ausgeführt. Zur Durchführung von Sanierungsmaßnahmen mittels Pyrolyse werden neben Strom und Wasser insbesondere Erdöl bzw. Erdgas benötigt. Einrichtungen zur Abwasserentsorgung können erforderlich sein.

Flächenbedarf: Pyrolyse-Verfahren benötigen im Verhältnis zu anderen Technologien einen erhöhten Flächenbedarf. Für den kontinuierlichen Betrieb der Anlage müssen ausreichende Lager- bzw. Zwischenlagerflächen für unbehandelte bzw. behandelte Bodenmassen zur Verfügung stehen.

Wahrscheinlichkeit der Genehmigung: Die Pyrolyseanlagen werden entsprechend den derzeitigen gesetzlichen Anforderungen ausgelegt und sind damit genehmigungsfähig. In der Öffentlichkeit bestehen jedoch starke Vorbehalte gegenüber dieser Technik, nicht zuletzt wegen der Dioxin-Problematik, die bei bestimmten Randbedingungen auftreten kann. Einsprüche bei Planfeststellungsverfahren stationärer Anlagen erhöhen die Zeit bis zur Genehmigung beträchtlich.

Die Wahrscheinlichkeit für die Genehmigung einer stationären Anlage ist daher derzeit als gering einzustufen.

4.2.3 Verbrennung

Bei der Bodenbehandlung mittels *Verbrennung* werden insbesondere organische Schadstoffe aus dem Boden ausgetrieben und noch in der Brennkammer unter Brennstoff- und Luftzufuhr zerstört und zum Großteil zu ungefährlichen Produkten (wie Wasser und Kohlendioxid) umgesetzt. Darüber hinaus werden nichtflüchtige Schwermetalle durch Sinterungsprozesse im behandelten (verbrannten) Boden immobilisiert.

Die technische Herkunft der Verbrennungsverfahren für kontaminierten Bodenaushub liegt in der Abfallverbrennung. Die dort gebräuchlichen Verfahren und Apparaturen wurden für die Dekontamination weiterentwickelt. Im Unterschied zur Verbrennung von Abfällen hat das Bodenmaterial keinen oder einen vernachlässigbar geringen Brennwert, so daß eine Stützfeuerung mit Heizöl oder Erdgas den Brennvorgang bei den erforderlichen Temperaturen sicherstellen muß.

Die Verbrennungsanlage besteht aus dem eigentlichen Ofen - der Brennkammer - und mehreren vor- und nachgeschalteten Anlagenteilen. Dazu gehören Bodenvorbereitung, Bodentrocknung, thermische Nachverbrennung, Abhitzekessel sowie die Rauchgasreinigung. Die Verbrennung wird meistens off-site durchgeführt.

Vor der Verbrennung muß zunächst eine *Bodenvorbereitung* erfolgen. Dort werden Metallteile mittels Magnetabscheidern und größere Fundamentteile sowie größere Felsstücke durch Sieben aussortiert. Mittels (Walzen-)Brechern wird die Bodenmasse auf eine Korngröße von ca. 30-40 mm gebracht. Oftmals erfolgt danach eine *Trocknung* in einer Trocknungstrommel bei Temperaturen von 200-600 °C, wobei neben dem Wasser (Kapillar-, Zwickel- und Porenwasser) auch leichtflüchtige Verbindungen ausdampfen bzw. sich bereits zersetzen.

Die *Verbrennung* findet in einer Brennkammer statt. Bevorzugt wird dabei das Drehrohr (vgl. Kapitel 4.2.2) benutzt, da es robust und für ein großes Spektrum von Bodenarten geeignet ist, vgl Abb. 4.3. Daneben kommen auch Wirbelschicht- und Wanderrostöfen zur Anwendung. Die Auswahl eines Ofentyps wird in der Praxis zunächst nicht von der Eignung des Verfahrens für bestimmte Stoffe oder Böden abhängen, sondern von den in der jeweiligen Firma bestehenden Vorkenntnissen ("Know How") bezüglich der Ofentechnologie. Es können feste, flüssige und pastöse Stoffe verbrannt werden. Der Temperaturbereich reicht von 500 bis 1.500 °C.

Der Wirbelschichtofen: Eine weitere Möglichkeit ist der Einsatz von Wirbelschichtöfen, die besonders für feinkörniges, nasses Material geeignet sind, so z.B. für ölhaltige Schlämme und Klärschlämme, ebenso für industrielle Rückstände mit einer schmalen Korngrößenverteilung, d.h. mit weitgehend gleichgroßen Körnern. Unter der Wirbelschicht versteht man eine durch ein aufwärts strömendes Fluid (z.B. Verbrennungsluft) in einen flüssigkeitsähnlichen Zustand versetzte Schüttung von Feststoffpartikeln.

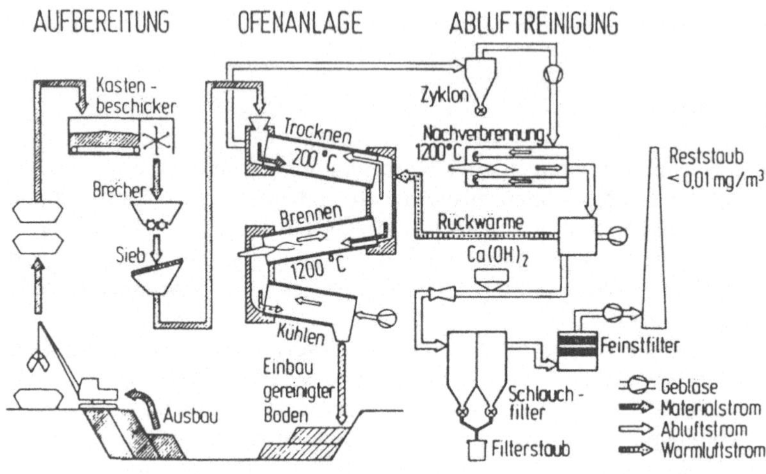

Abb. 4.4. Verfahrensschema einer Verbrennungsanlage zur Bodenbehandlung (Gläser 1988)

Die Vorteile der Wirbelschichtöfen gegenüber anderen Verbrennungstechnologien sind im wesentlichen:

- Gleichmäßige Temperaturverteilung infolge der intensiven Durchmischung,
- große Austauschfläche zwischen Feststoff und Gas,
- hohe Wärmeübergangszahlen.

In Abhängigkeit von der Gasgeschwindigkeit unterscheidet man die stationäre und die zirkulierende Wirbelschicht. Bei letzterer werden Schadstoffpartikel mit dem Gas ausgetragen und über einen Zyklon abgeschieden.

Probleme beim Betrieb eines Wirbelschichtofens sind die Erweichung des Materials bei 950 - 1150 °C, die zu einem Zusammenbacken der Körner führen kann, sowie ein möglicher Kornzerfall. Beide Effekte behindern durch ihren Einfluß auf die Korngröße den Aufbau einer stabilen Wirbelschicht.

Der Wanderrostofen: Für feste Stoffe ist auch der Einsatz von Wanderrostöfen gebräuchlich. Es handelt sich dabei um mehrere stufenartig angeordnete Roste, auf denen das Material durch den Ofen transportiert wird, z.B. einen Zuteilungsrost, einen Trocknungsrost, einen oder mehrere Verbrennungsroste und einen Austragrost. Eine Schürwirkung, d.h. die Durchströmung des kontaminierten Bodens mit Verbrennungsluft, tritt dabei nur an den Abkippstellen zwischen den Rosten auf. Auf den Rostflächen ist nur ein Luftzutritt an die Oberfläche des Materials möglich.

Für die Wanderrostöfen sind zwei Formen der Beschickung mit kontaminiertem Boden gebräuchlich: Zum einen kann dabei das Verfahren der Sinterung eingesetzt werden. Hierbei wird der Boden mit festem Brennstoff vermischt und entzündet, die organischen Stoffe brennen bei 1100-1300 °C aus. Leichtflüchtige Metalle wie Quecksilber und Cadmium sowie Zink und Blei (der Siedepunkt von Blei wird mit etwa 1750 °C angegeben, es verdampfen aber schon weit unterhalb des Siedepunktes erhebliche Mengen) gehen dabei in die Gasphase über oder lagern sich an Staubpartikeln an. Nichtflüchtige Nichteisenmetalle keramisieren, d.h. sie Sintern in die Grundmatrix ein und werden so fixiert.

Zum anderen können Pellets gebrannt werden. Dabei müssen im Bodenmaterial die Feuchtigkeit und die Korngröße in engen Grenzen eingestellt werden, bevor aus der Bodenmasse Pellets geformt werden. Diese Pellets werden getrocknet, dabei müssen flüchtige Bestandteile wie

Chlorkohlenwasserstoffe abgesaugt werden. Die abgesaugten Schadgase werden in der Abgasreinigungsstufe nachverbrannt. Die Pellets werden bei 1100-1150 °C ausgebrannt. Wie bei der Sinterung setzt auch hier eine Keramisierung der Nichteisenmetalle ein.

Die während der Verbrennung ausgegasten Schadgase sowie die Abgase müssen in der *Nachverbrennung* verbrannt werden. Der Rauchgasstrom wird anschließend zur besseren Energieausnutzung in einem *Abhitzekessel* abgekühlt. Leichtflüchtige Schwermetalle und Stäube müssen aus dem Abgasstrom entfernt werden (*Abgasreinigung*). Dabei entstehen Reststoffe (Filterstäube und Filtermassen), die zu deponieren sind. Eine mögliche Verwendung von Naßwäschern in der Abgasreinigung kann zudem eine Abwasseraufbereitung erforderlich machen. Da die nichtflüchtigen, im behandelten (verbrannten) Boden verbleibenden Schwermetalle durch Sinterungsprozesse immobilisiert sind, können die Bodenmassen für spezielle Anwendungen wiederverwendet werden (z.B. Straßenbau).

Entwicklungsstand: Die thermische Behandlung kontaminierter Böden wird nicht zuletzt aufgrund der vielfältigen Erfahrungen aus der Abfallentsorgung als das am weitesten entwickelte Verfahrensprinzip zur Bodenreinigung angesehen (Beckert, 1988). Die Betriebserfahrungen in den Niederlanden und in Dortmund-Dorstfeld belegen den hohen Entwicklungsstand der Verbrennungsverfahren. Als Stand der Technik kann demnach auch die Umsetzung von Anforderungen nach 17. BImSchV angesehen werden.

Schadstoff- und bodenspezifisches Dekontaminationsvermögen: Verbrennungsverfahren sind vor allem für hochkontaminierte Böden und zur Zerstörung aller organischen Schadstoffen geeignet. Dazu zählen aliphatische und aromatische Verbindungen (Mineralöle, CKW, BTEX), polyzyklische aromatische Kohlenwasserstoffe (PAK), polychlorierte Biphenyle (PCB), polychlorierte Dibenzodioxine und -furane (PCDD, PCDF) und cyanidische Verbindungen. Es werden Temperaturen von 800-1300 °C erreicht. Die organischen Schadstoffe werden bei diesen Temperaturen vollständig oxidiert.

Schwermetalle können nicht zerstört, aber immobilisiert werden, indem sie durch Sinterungsprozesse in die Bodenmatrix eingebunden werden. Leichtflüchtige Schwermetalle, wie Quecksilber und Cadmium, gehen in die Gasphase über. Verbrennungsverfahren sind weitgehend unabhängig von der Bodenstruktur und der Kontaminationstiefe einsetzbar.

Emissionen / Reststoffe: Bei der Verbrennung sind aufwendige Rauchgasreinigungsschritte durchzuführen. Insbesondere leichtflüchtige Schwermetalle erfordern einen beträchtlichen technischen Abscheidungsaufwand, vgl. Kapitel 4.2.3. Es fallen Filterstäube und verbrauchte Filtermassen an (z.B. Gips aus der Rauchgaswäsche), die deponiert werden müssen (bis zu 10 % der eingesetzten Bodenmasse). Beladene Filter werden häufig von den Lieferanten im Austauschsystem zurückgenommen. Bei Naßwäschen können zudem noch Abwässer anfallen. Die Verwendung von Brechern und Mühlen zur Bodenvorbereitung kann die Umgebung durch Lärm beeinträchtigen.

Langzeitverhalten / Kontrollierbarkeit des Sanierungserfolges: Die Reinigungserfolge durch thermische Verfahren sind in bezug auf organische Verunreinigungen als gesichert anzusehen. Verbliebene Schwermetalle können bei Sinterungsprozessen (T > 1.200°C) weitgehend immobilisiert werden. Inwieweit sie auch über längere Zeiträume immobilisiert bleiben, kann z.Zt. noch nicht abschließend beurteilt werden. Der Sanierungserfolg kann direkt durch Probenahme am behandelten Boden überprüft werden. Im Hinblick auf eine spätere Freisetzung immobilisierter Schwermetalle durch Lösungsvermittler sind Nachuntersuchungen anzuraten. Verbrennungsverfahren hinterlassen in den meisten Fällen einen "biologisch toten" Boden, der sich praktisch nur noch als Füllstoff verwenden läßt. Zudem werden die meisten Schwermetalle nicht aus dem Boden entfernt, was u.U. den Wiedereinbau gefährdet. Bei Behandlungen im Niedertemperaturbereich (450-600 °C) bleiben die bodenkundlichen Parameter jedoch weitgehend erhalten.

Reinigungsleistung/Kapazitäten: Für organische Schadstoffbelastungen stellt die Verbrennung ein geeignetes, höchst effektives Dekontaminationsverfahren mit hohen Wirkungsgraden dar. In den Niederlanden wird schon seit mehreren Jahren erfolgreich eine Anlage (Kapazität 12 t/h, ca. 725 000 t/a) betrieben. Auch zur Reinigung des ehemaligen Kokereistandortes Dortmund-Dorstfeld ist die Drehrohrtechnik eingesetzt worden (Pilotanlage; Kapazität: 5 t/h).

Kosten: Verbrennungsverfahren sind generell durch hohe Investitionskosten aufgrund des beträchtlichen apparativen Aufwandes gekennzeichnet. Selbst bei neueren Entwicklungen mit Wärmerückgewinnung bedingt der hohe Hilfsstoff- und Überwachungsaufwand insbesondere bei der Rauchgasreinigung hohe Betriebskosten. Die Größenordnung spezifischer Gesamtkosten läßt sich mit ca. 200 bis 600 DM/t angeben (Achazki 1988; MURL 1987; Jessberger 1988 u.a.).

Zeitbedarf: Aufgrund der hohen Durchsatzmengen fällt der Zeitbedarf zur Sanierung im Vergleich zu anderen Technologien eher gering aus.

Kombinationsfähigkeit: Thermische Bodenbehandlungsverfahren können beispielsweise eingesetzt werden, um stark belastete Bodenmaterialien aufzubereiten, welche vorab in einer mechanischen oder chemisch-physikalischen Behandlungsstufe aufkonzentriert wurden (stark belastete Feinkornfraktionen). Im Zuge von Sanierungsarbeiten sind ggf. Wasserhaltungsmaßnahmen am Ort des Bodenaushubes erforderlich.

Standortcharakteristika / Infrastruktur: Zur Durchführung von Sanierungsmaßnahmen mittels Verbrennung werden neben Strom und Wasser insbesondere Erdöl bzw. Erdgas benötigt. Es können auch brennbare Abfälle oder stark mit Kohlenwasserstoffen belasteter Bodenaushub als Brennstoffersatz eingesetzt werden. U.U. sind Einrichtungen zur Abwasserentsorgung erforderlich.

Flächenbedarf: Verbrennungsverfahren zeichnen sich im Verhältnis zu anderen Technologien durch einen erhöhten Flächenbedarf aus. Für den kontinuierlichen

Betrieb der Anlage müssen ausreichende Lager- bzw. Zwischenlagerflächen für unbehandelte bzw. behandelte Bodenmassen zur Verfügung stehen.

Wahrscheinlichkeit der Genehmigung: Verbrennungsverfahren werden entsprechend den derzeitigen gesetzlichen Anforderungen ausgelegt und sind somit genehmigungsfähig. In der Öffentlichkeit bestehen jedoch starke Vorbehalte gegenüber dieser Technik, nicht zuletzt wegen der Dioxin-Problematik, die bei bestimmten Randbedingungen auftreten kann. Planfeststellungsverfahren bei stationären Anlagen beanspruchen erfahrungsgemäß eine lange Zeit, da viele Einwände erhoben werden. Die Wahrscheinlichkeit für die Genehmigung einer stationären Anlage ist daher derzeit als gering einzustufen.

4.2.4 Nachverbrennung und Rauchgasreinigung

Der thermischen Behandlung muß eine Abgasnachverbrennung nachgeschaltet werden, um die Emission von noch nicht im Ofen zerstörten Schadstoffen zu verhindern. In der Rauchgasreinigung werden Stäube, Schadgase (wie z.B. Schwefeldioxid und Chlorwasserstoff) und freigesetzte Schwermetalle (insbesondere Quecksilber und Cadmium) z.B. durch Waschverfahren aus dem Rauchgasstrom entfernt.

4.2.4.1 Nachverbrennung

Bei der *Nachverbrennung* der Rauchgase werden die aus der Trocknung stammenden leichtflüchtigen organischen Verbindungen, unvollständig umgesetzte (pyrolysierte bzw. verbrannte) organische Stoffe sowie die ggf. neugebildeten polychlorierten Dibenzodioxine und -furane bei einer Temperatur von 1.200 °C und einer Verweilzeit von mindestens 2 s verbrannt. Bei Rauchgasen aus der Vergasung kann z.T. auf eine Stützfeuerung bei der Nachverbrennung verzichtet werden, da der Heizwert der Gase ausreichend hoch ist.

Ein Problem stellt die (Neu-)Bildung von polyhalogenierten Dibenzodioxinen (PCDD) und polyhalogenierten Dibenzofuranen (PCDF) dar. Bei Anwesenheit von Halogenen, z.B. von Chlor, bilden sich diese Verbindungen während der Abkühlung der Verbrennungsabgase. Daher müssen die Verbrennungsabgase bei ausreichend hoher Temperatur nachverbrannt werden, um die stabilen PCDD und PCDF zu zerstören. Der kritische Temperaturbereich der Dioxinneubildung (größter Neubildungsrate bei 200-400 °C) muß bei der Abkühlung schnell durchfahren werden, um eine Neubildung dieser toxischen Substanzen zu vermeiden. Die Rauchgase werden daher rasch auf 150-200 °C abgekühlt (gequencht), um eine PCDD / PCDF - Neubildung zu vermeiden. Erst danach können die Halogene aus dem Rauchgas entfernt werden. Im Verdampfungskühler (Quenche) wird das Rauchgas durch Wassereindüsung konditioniert. Damit werden mehrere Effekte erzielt:

- Schnelles Durchlaufen der Abkühlphase im Bereich der höchsten Dioxinbildungsrate bei 200-400 °C,
- Kondensation gasförmiger Schwermetalle und Anlagerung an Feinstpartikel,
- Anhebung der Rauchgasfeuchte zur Erhöhung des Abscheidegrades im nachfolgenden Gewebefilter,
- Verringerung der Temperaturdifferenz zwischen Rauchgas und Wasserdampftaupunkt zur Erhöhung der Sorptionsrate.

4.2.4.2 Rauchgasreinigung

Nach der thermischen Behandlung werden die Rauchgase nach der Nachverbrennung einer *Rauchgasreinigung* unterzogen. Zur Einhaltung der vom Bundesimmissionsschutzgesetz bzw. in den entsprechenden Verordnungen (17.BImSchV) geforderten Grenzwerte müssen gasförmige bzw. an Stäube angelagerte Schwermetalle, Schwefeldioxid (SO_2), Chlorwasserstoff (HCl), Fluorwasserstoff (HF) sowie Stickoxide (NO_x) aus dem Rauchgas entfernt werden. Diese komplexe Aufgabe wird in mehreren aufeinanderfolgenden Stufen gelöst:

- Die Emission von Stickoxiden kann durch eine Entstickungsanlage vermindert werden,
- leichtflüchtige Schwermetalle müssen ggf. für eine Abtrennung konditioniert werden,
- sonstige Schadgase werden durch Adsorptionsverfahren aus dem Rauchgas entfernt,
- Stäube und die daran angelagerten Schwermetalle (mit Ausnahme des Quecksilbers, siehe unten) werden mit Hilfe von Filtern, z.B. Gewebefiltern oder Elektrofiltern, aus dem Abgas entfernt.

Stickoxidabscheidung: Eine Verminderung der Emission von Stickoxiden (NO_x) kann notwendig sein, vor allem bei Hochtemperaturverfahren Stickoxidemissionen in erheblichen Mengen auftreten können. Ab etwa 750 °C reagieren Luftstickstoff und Luftsauerstoff zu Stickoxiden (insbesondere NO und NO_2), die Anwesenheit von Metallen kann hierbei katalytisch wirken. Zur Reduktion der bei hohen Temperaturen gebildeten Stickoxide kann Ammoniak (NH_3) oder Harnstoff ($H_2N\text{-}CO\text{-}NH_2$) in die Abkühlzone der Nachbrennkammer eingedüst werden. Als Reaktionsbeispiel sei die Reduktion des Stickstoffdioxids (NO_2) angeführt:

$$2\,NO_2 + 4\,NH_3 + O_2 \rightarrow 3\,N_2 + 6\,H_2O$$

Die Reduktion von Stickoxiden wird auch an geeigneten Katalysatoren betrieben, so können z.B. in Kraftfahrzeugen oder in Kraftwerken platinbedampfte Keramikkörper eingesetzt werden. Bei den thermischen Bodenbehandlungsverfahren ist eine solche katalytische Reduktion aufgrund der starken Beladung des Abgases mit Stäuben problematisch, da die empfindlichen Oberflächen der Katalysatorkörper von Staubpartikeln zerstört werden. Vor einem solchen Katalysator muß also eine Entstaubung der Abgase durchgeführt werden.

Quecksilberabscheidung: Quecksilber geht aufgrund seines außergewöhnlich hohen Dampfdruckes auch bei niedrigen Temperaturen zu einem erheblichen Teil in der Gasphase über. Bei einer Temperatur von 100 °C können bis zu 2400 mg Quecksilber in einem Kubikmeter Abgas enthalten sein. Bei hohen HCl-Konzentrationen und damit niedrigen pH-Werten liegt Quecksilber in ionischer Form vor und kann als Salz in Gaswäschern abgeschieden werden. Bei Bodenbehandlungsanlagen finden sich jedoch häufig höhere pH-Werte im Abgas. Daher muß das Quecksilber vorab durch die Zugabe von Oxidationsmitteln in Ionenform überführt werden, um in der Wäsche entsprechend abzuscheiden. Grundsätzlich ist eine Abscheidung mittels Aktivkohlefilter ebenfalls möglich. Der Wirkungsgrad von Aktivkohlefilter wird durch eine Dotierung mit Schwefel verbessert; es bildet sich dann schwerflüchtiges Quecksilbersulfid.

Rauchgaswäsche: Es lassen sich drei Grundverfahren der absorptiven Rauchgasreinigung unterscheiden. Dies sind das Trockensorptionsverfahren, das halbtrokkene Verfahren und das Naßwaschverfahren.

Beim *Trockensorptionsverfahren* wird ein festes Absorptionsmittel, z.B. fein zermahlenes Kalkhydrat ($Ca(OH)_2$), in stöchiometrischem Überschuß in den Reaktor gegeben. Das Absorptionsmittel wird im Rauchgas verwirbelt und reagiert mit den Schadgasen unter Bildung von Stäube anfallenden Calciumverbindungen (z.B. $CaCl_2$, CaF_2, Calciumcarbonat). Diese werden mit dem Feststoff und dem Rauchgas ausgetragen. Aus dem Rauchgas kann der Staub mit Hilfe von Elektrofiltern oder Gewebefiltern abgeschieden werden. Oft wird ein Teil des Staubes zur besseren Ausnutzung des Absorptionsmittels in den Reaktor zurückgeführt, der übrige Teil wird deponiert.

Die Reduzierung des Schwefeldioxidgehaltes ist abhängig von der Temperatur und der Feuchte des Rauchgases. Je niedriger die Temperatur des Rauchgases ist, desto besser wird das Schwefeldioxid abgeschieden. Mit fallender Temperatur sinkt aber auch das Vermögen der Luft, Wasser in Form von Dampf gelöst zu halten, d.h. beim Abkühlen des Rauchgases unter eine bestimmte Temperatur, die Taupunkt-Temperatur, wird Wasser kondensieren. Je mehr Wasserdampf in der Luft enthalten ist, desto höher ist die Temperatur, bei der die Kondensation einsetzt. Diese Kondensation muß aber unbedingt vermieden werden, da sich sonst aus Wasser und Schwefeldioxid schwefelige Säure (H_2SO_3) bilden würde, die zu erheblicher Korrosion in den nachfolgenden Anlagenteilen führen würde.

Quecksilber wird in der Trockensorption kaum abgeschieden. Zusätzliche Wäscher oder Aktivkohlefilter können hier Abhilfe schaffen.

Beim Einsatz des *halbtrockenen Verfahrens* wird aus dem Absorptionsmittel und Wasser zunächst eine Suspension zubereitet, die mit einer Zerstäubervorrichtung im Sprühabsorber in den Rauchgasstrom eingebracht wird. Der Vorteil dieses Verfahrens gegenüber der Trockensorption ist, daß der Stoffübergang von der Gas- in die Flüssigphase deutlich schneller als der Übergang von der Gasphase in den Feststoff abläuft. Es wird nur ein 1,5- bis 2-facher stöchiometrischer Überschuß an Absorptionsmittel zugegeben. Der Wasseranteil der Suspension wird so gewählt, daß die Flüssigkeit vollständig verdampft und dabei den Rauchgasstrom abkühlt. Dabei soll am Austritt des Sprühabsorbers eine Temperatur möglichst dicht, aber immer oberhalb der Taupunkt-Temperatur erreicht werden. Bei diesen Bedingungen ist eine weitgehende Abscheidung von Schwefeldioxid (SO_2) zu erreichen, es kann bis auf weniger als 100 mg/m^3 abgeschieden werden. Die Abscheidung von Chlor- und Fluorwasserstoff ist besser als bei der Trockensorption. Dampfförmiges Quecksilber kann zu etwa 50 % abgeschieden werden, der Abscheidegrad nimmt mit fallender Temperatur und der Anwesenheit von Staubpartikeln zu. Wie beim Trockensorptionsverfahren kann ein Teil des Staubes in den Reaktor zurückgeführt werden, der andere Teil wird deponiert. Das Verfahren arbeitet abwasserfrei.

Naßwaschverfahren arbeiten mit Kalkmilch (Suspension aus Kalkhydrat und Wasser) oder mit Natronlauge. Der stöchiometrische Überschuß an Absorptionsmittel ist mit einem Faktor von 1,03 gering.

Das Rauchgas wird vor dem Erreichen des ersten Waschturms einer Vorentstaubung mit einem Tuch- oder Elektrofilter unterzogen. Die eigentliche Wäsche wird zweistufig ausgeführt.

In der ersten Stufe werden bei pH-Werten von 1 bis 2 Chlor- und Fluorwasserstoff weitgehend sowie Schwermetalle wie Quecksilber teilweise abgeschieden. Bei niedrigen pH-Werten wird die Auswaschung von Schwefeldioxid vermieden, die zu einer Bildung von elementarem Quecksilber durch Reduktion führen würde. Das Quecksilber kann so vollständig ausgefällt werden. Calciumchlorid und die meisten Schwermetalle bleiben in Lösung, während Calciumsulfit, -sulfat und -fluorid ausfallen. In der zweiten Stufe werden bei einem pH-Wert von 6 bis 8 der restliche Chlor- und Fluorwasserstoff sowie Schwefeldioxid abgeschieden. Nach dem Durchströmen der Absorptionszonen wird das Rauchgas jeweils in einem Tropfenabscheider von der Flüssigphase getrennt und verläßt schließlich die Anlage durch den Kamin.

Die Suspension wird im Kreislauf gefahren, wobei aus beiden Türmen ein Teilstrom abgezogen wird. Dieser Teilstrom wird einer Schwermetallfällung und Stabilisierung der Salze zugeführt und kann dem heißen Rauchgas in einem Sprühtrockner vor dem Elektrofilter eingedüst werden. Dabei werden die getrockneten Salze in einem Elektrofilter abgeschieden und können deponiert werden. Somit ist ein abwasserfreier Betrieb der Naßwaschanlage möglich (Fortmann / Jahns 1993).

Die Auswahl der Rauchgasreinigungsanlage ist neben den Investitions- und Betriebskosten mit dem Schadstoffspektrum verknüpft, das bearbeitet werden soll, aber auch mit dem Ofentyp, der zum Einsatz kommen soll. Eine Trockensorption ist nicht in der Lage, Quecksilberemissionen zu verhindern. Sind die Abgase jedoch quecksilberfrei, so ist die Trockensorption preisgünstig und mit guter Abscheidewirkung einsetzbar, wenn die Verbrennungsgase möglichst turbulent strömen, wie es z.B. in einem Wirbelschichtreaktor der Fall ist. In einem Drehrohrofen ist die Verwirbelung der Gase sehr viel schlechter, hier ist eine Trockensorption ungeeignet. Naßwaschverfahren sind universell einsetzbar und erfassen das gesamte Schadstoffspektrum, sie sind aber aufwendig und entsprechend teuer. Von Vorteil ist die schnelle Abkühlung der Rauchgase, durch die eine bei Anwesenheit von Halogenen mögliche Dioxin-Neubildung vermieden wird. Ebenfalls auf ein breites Schadstoffspektrum und mit allen Ofentypen anwendbar sind halbtrockene Verfahren. Sie sind weniger aufwendig als Naßwaschverfahren, haben aber den Nachteil einer schlechteren Quecksilberabscheidung und der langsameren Abgasabkühlung.

Tabelle 4.4. Abscheidegüte der Abgasreinigung bei der thermischen Behandlung

Verfahren	erzielbare Reingasgehalte HCl (mg/m^3)	HF (mg/m^3)	Partikel (mg/m^3)	SO_2 (mg/m^3)	Hg (%)
Trockenverfahren	<100	<10	<10	40 %	keine Abscheidung
Halbtrocken	<<100	<<10	<10	<100	ca. 50%
Naßwäsche	<10	<0,5	<10	<30	vollständige Abscheidung

4.2.5 Sonderverfahren

Die hier vorgestellten Sonderverfahren *Verglasen* und *Verziegeln* sind derzeit nicht über das Pilotstadium hinaus entwickelt worden, da sie sich als großtechnisch nicht realisierbar erwiesen haben (SRU 1995, S.217).

4.2.5.1 Verglasen

Das *Verglasen* ist ein *in-situ Verfahren* zur thermischen Bodensanierung, mit dem Schadstoffe in der Bodenmatrix immobilisiert werden. Beim Verglasen wird mit elektrischem Strom ein Lichtbogen erzeugt. Die Körner des Bodens schmelzen auf und erstarren beim Abkühlen glasartig. Im Schmelzvorgang werden leichtflüchtige Stoffe ausgetrieben, sie müssen abgesaugt und einer Abgasreinigung zugeführt werden. Der zurückbleibende glasartige Festkörper verhält sich innert und besitzt eine "niedrige Auslaugrate für geologische Zeiträume" (SRU 1990, S.136).

Das Verfahren wurde in den USA für radioaktiv kontaminiertes Gelände und radioaktive Abfälle eingesetzt. Die Radioaktivität der eingebundenen Stoffe wird durch das thermische Verfahren nicht berührt, sie bleiben für geologische Zeiträume radioaktiv. Die Halbwertszeit von Plutonium ^{239}Pu bei 24.360 Jahren, von ^{242}Pu bei 379.000 Jahren. Im speziellen Anwendungsfall ist die Fläche daher auch nach der thermischen Behandlung nicht nutzbar, die Kontamination bleibt auf die behandelte Fläche begrenzt. Doch wenn auch die Auslaugrate sehr gering ist, besteht doch die Möglichkeit, daß die Grundmatrix, in der die radioaktiven Stoffe eingebunden sind, der Erosion durch Luft und Wasser ausgesetzt wird.

Für die elektrothermische in-situ-Verglasung hat sich nach Einschätzung des Rates von Sachverständigen für Umweltfragen keine Aussicht auf technische Realisierung gezeigt (SRU 1995, S. 219). Der extrem hohe Energieeinsatz und das verglaste, biologisch völlig sterile Material machen das Verfahren untauglich für eine Sanierung. Plasma-Schmelzverfahren sind jedoch zur Behandlung von Filterstäuben aus Verbrennungs- und Bodenreinigungsanlagen geeignet.

4.2.5.2
Verziegeln

Beim *Verziegeln* oder Kalzinieren wird kontaminiertes Material entnommen und mit Ton vermischt. Aus dem Gemisch werden Ziegel geformt und gebrannt. Die Schadstoffe werden dabei zunächst vom noch feuchten Ton adsorbiert und beim Brennen in die Tonmineralien eingebunden. Die so hergestellten Ziegelsteine besitzen eine „niedrige Auslaugrate für geologische Zeiträume“, wobei wie bei der Verglasung Erosionsvorgänge außer Acht gelassen werden (SRU 1990, S. 136). Auch beim Verziegeln ist zu beachten, daß leichtflüchtige Substanzen ausgasen können, diese Dämpfe sind abzusaugen und einer Abgasreinigung zu unterziehen.

4.2.6
Zusammenfassende Bewertung

Thermische Bodenbehandlungsanlagen werden derzeit von etwa 20 Herstellern angeboten. Bei den meisten Anlagen handelt es sich um Verbrennungsanlagen (11 Hersteller). Pyrolyseverfahren werden von 5 Herstellern angeboten. Drei Hersteller bieten Vergasungsverfahren an, weiterhin wird ein Entgasungsverfahren angeboten. Als Bautypen werden überwiegend Drehrohröfen eingesetzt. Drei Anlagen arbeiten nach dem Wirbelschichtverfahren, (Boran, G.A.T., T.E.R.), ein Verfahren wendet das Wanderrostverfahren an (Lurgi). Als Besonderheiten werden weiterhin ein Flugstromreaktor (O&K) sowie ein mittels Vakuumkammer arbeitendes Verfahren angeboten.

Die Verfahren sind i.d.R. aus der thermischen Abfallbehandlung abgeleitet. Hier liegen umfangreiche Erfahrungen beim Einsatz von Drehrohröfen vor (ca. 1000 Drehrohröfen weltweit), teilweise auch bei der Wirbelschichttechnologie, welche auch bei der Verfeuerung von festen Brennstoffen (z.B. Kohle) zur Energieerzeugung in Kraftwerken eingesetzt wird. In diesem Bereich liegen sowohl großtechnische Betriebserfahrungen mit Verbrennungs- als auch Pyrolyseanlagen vor.

Tabelle 4.5. Übersicht über die angeboten Technologien zur thermischen Bodenbehandlung

Technologie	Anbieter	eingesetzte Ofenbauart
Verbrennungsverfahren	11 Anbieter	Drehrohrofen, Wirbelschichttechnologie, Wanderrost
Pyrolyseverfahren	5 Anbieter	Drehrrohrofen
Vergasungsverfahren	3 Anbieter	Drehrohrofen, Flugstromreaktor
Entgasungsverfahren	1 Anbieter	Vakuumkammer

Neben den verschiedenen thermischen Behandlungsstufen (z.B. Drehrohr oder Wirbelschicht) zeigen sich auch deutliche Unterschiede der Verfahren untereinander in den zur Rauchgasreinigung eingesetzten Verfahrensschritten (z.B. nasse oder trockene Rauchgasreinigung). Es zeigt sich, daß in der Regel mit unterschiedlichen Verfahrensschritten und -kombinationen eine annähernd gleiche Reinigungsleistung erzielt werden kann.

Entwicklungsstand: Die thermische Bodenbehandlung ist eine weitestgehend entwickelte Technologie zur Bodenbehandlung. 10 der angebotenen Anlagen befinden sich bereits im großtechnischen Einsatz. Umfangreiche Betriebserfahrungen liegen insbesondere in den Niederlanden und den USA vor, wo Bodenbehandlungsanlagen seit Mitte der 80er Jahre bereits großtechnisch betrieben werden (so wurden z.B. mittels des Ecotechniek-Verfahrens in den Niederlanden zwischen 1982 und 1992 bereits 1,3 Mio. t Boden behandelt). In der Bundesrepublik werden derzeit drei stationäre thermische Bodenbehandlungsanlagen mit einer Gesamtkapazität von 145 000 t betrieben. Diese Anlagen wiesen 1994 eine durchschnittliche Auslastung von 54 % auf (Schmitz-Laun 1995). Die mobilen Anlagen verschiedener Hersteller stellen häufig die Vorläuferanlagen der stationären Anlagen dar. Es handelt sich meist um Unikate, d.h. nicht in Serie gefertigte Anlagen. Diese nutzen jedoch häufig gleiche Betriebseinheiten wie z.B. Drehrohröfen oder Aufgabeeinheiten in unterschiedlichen Anlagen. Eine Gesamtübersicht über alle Anlagen sowie zugehörige Leistungsdaten liegt derzeit nicht vor.

Schadstoff- und bodenspezifisches Dekontaminationsvermögen: Mittels thermischer Behandlungsanlagen kann ein weites Spektrum an Bodenkontaminationen behandelt werden. Aliphatische, mono- und heterozyklische aromatische Kohlenwasserstoffe, Cyanide und chlororganische Verbindungen werden dabei durch die thermische Behandlung zerstört. Leichtflüchtige Schwermetalle werden aus dem Boden ausgetrieben und in der Abgasreinigung zurückgehalten. Schwerflüchtige Metallkomponenten werden hingegen nicht aus dem Boden entfernt, sondern lediglich immobilisiert, d.h. in eine schwerlösliche Form überführt und in die Bodenmatrix eingebunden. Die Behandlung von heterogenen Belastungen (Mischkontaminationen) ist für die Technologie der thermischen Behandlung i.d.R. unproblematisch.

Seitens der Hersteller liegen hinsichtlich des in den Anlagen behandelbaren Schadstoffspektrums unterschiedlich konkrete Angaben vor, die von Bezeichnungen wie "organische Stoffe" oder "Kohlenwasserstoffe" über Stoffgruppen (z.B. "Mineralölkohlenwasserstoffe") bis zu Einzelstoffangaben reichen. Eine Vergleichbarkeit der Verfahren ist daher auf Basis der Literaturangaben nur eingeschränkt möglich. Prozentuale Angaben der einzelnen Hersteller zu Reinigungsleistungen können, da sie stark von der Eingangskonzentration abhängen, nur in breiten Spannen angegeben werden. Prozentuale Angaben zur Reinigungsleistung sind ebenfalls nur eingeschränkt aussagekräftig; selbst bei 99,5 %iger Reinigungsleistung kann ein erheblicher Restgehalt an Schadstoffen im Boden vorliegen. Gesicherte Informationen liefern i.d.R. die Betreiber der Behandlungsanlagen auf Basis der boden- und flächenspezifischen Daten.

Die Verfahren sind i.d.R. zur Behandlung von aliphatischen und aromatischen Kohlenwasserstoffen (BTEX, Phenole, Naphthalin), Cyaniden sowie Cyanokomplexen geeignet. Diese Komponenten werden bei Temperaturen von bis zu 550 °C ausgetrieben und in der thermischen Nachverbrennung bzw. der Abgasbehandlung zerstört.

Eine hohe Belastung des Bodens mit organischen Kohlenwasserstoffen stellt für die Anlagen i.d.R. kein Problem dar, da diese Stoffe aufgrund ihres Heizwertes eine direkte Verbrennung unterstützen und so den Brennstoffverbrauch reduzieren. Höhere Gehalte an chlororganischen Verbindungen oder Schwermetallverbindungen können hingegen eine starke Belastung für die Abgasreinigungssysteme darstellen und so eine Vorbehandlung des Boden erforderlich machen.

Allgemein ist die vollständige Lösung der physikalischen Bindungen von PAK-Komponenten zum Boden eine Funktion der Zeit und eingetragenen Energiemenge (Förstner 1995). Daher kann sich die Verfahrensführung beim Eintrag der thermischen Energie bei einzelnen Verfahren limitierend auswirken, z.B. eine indirekte Erhitzung bei relativ kurzer Verweilzeit. Hinsichtlich der Anwendung bei PAK-Belastungen bestehen für die Verfahren der Anbieter Deutag, ENSCO, Lurgi und VAW Einschränkungen oder es werden keine konkreten Angaben zur Abreinigung dieser Stoffe gemacht.

Für die Behandlung HKW-belasteter Böden ergeben sich für verschiedene Anlagen Einschränkungen, obwohl diese Verfahren grundsätzlich über eine Dioxinbehandlungsstufe (Quenche) in der Abgasreinigung verfügen. Halogenierte Kolenwasserstoffe können die Vorstufe für die Neubildung von Dioxinen aus dem Rauchgas der Nachverbrennung darstellen. Bei zu hohen Eingangskonzentrationen an halogenierten Kohlenwasserstoffen können möglicherweise maximal zulässige Filterbelastungen mit Halogenverbindungen überschritten werden.

Bei der Behandlung von Schwermetallkontaminationen wird hinsichtlich deren Flüchtigkeit unterschieden. Die leichtflüchtigen Komponenten wie Arsen und Quecksilber werden bereits bei niedrigen Temperaturen (unter 600 °C) ausgetrieben. Zur Abgasbehandlung sind hier insbesondere Behandlungsstufen wie Kondensation oder Einsatz eines Aktivkohle-Filters erforderlich, welche bei verschiedenen Anlagen vorhanden sind bzw. nachgerüstet werden können. Die schwerflüchtigen Komponenten werden hingegen nur bei Behandlungstemperaturen von ca. 1200 °C weitgehend fest in die Bodenmatrix eingebunden (verglast). Hierbei handelt es sich jedoch nicht um eine Dekontamination, sondern um eine Schadstoffimmobilisierung.

Bei einigen Verfahren können keine feinkörnigen Böden wie Aschen, Schlämme oder Tone behandelt werden. Diese Einschränkungen ergeben sich häufig bei Drehrohröfen aufgrund von möglichen Verbackungsvorgängen im Drehrohr und bei Wirbelschichtanlagen aufgrund des erhöhten Staubgehaltes im Austrag (Boden-Feinfraktion im Gasstrom), welche zu einer schnelleren Belegung der Filter führen. Die Einschränkungen beziehen sich somit nicht nur auf einzelne Verfahrenslinien wie Pyrolyse, Verbrennungs- oder Vergasungsverfahren.

Emissionen / Reststoffe: Die bei der thermischen Behandlung von Bodenmassen auftretenden *Luftpfademissionen* können als wesentliche Schadstoffgruppen u.a.

organische Kohlenwasserstoffe aus unvollständig abgelaufenen Zersetzungsprozessen, saure Abgaskomponenten (HCl, HF, SO_2), Stickoxide, leichtflüchtige und an Staubpartikel gebundene Schwermetalle sowie chlororganische Verbindungen enthalten. Letztere können auch im Verlaufe der Rauchgasabkühlung gebildetes PCDD/-F umfassen. In den Prozeßschritten der Abgasreinigung werden einige der organischen Komponenten zu Wasser und CO_2 aufoxidiert, andere werden in eine feste oder wässrige Phase überführt. Diese müssen dann gleichfalls einer Behandlung unterzogen oder deponiert werden. Es handelt sich dann nicht um eine Schadstoffzerstörung, sondern eher um eine Entfernung aus dem Boden und dem Abgas und Aufkonzentrierung der Schadstoffe im Feststoff oder Schlamm.

Der zu behandelnde Abgasvolumenstrom von indirekt beheizten Pyrolyseverfahren ist bei gleichem Schadstoffinput i.d.R. geringer als bei einer vergleichbaren Verbrennung, da bei letzterer die aus dem Boden ausgetriebene Schadkomponenten mit den Verbrennungsabgasen vermischt abgeführt werden.

Die thermischen Bodenbehandlungsanlagen fallen aufgrund der Schadstoffbelastungen im Abgas unter den Geltungsbereich der TA Luft und 17. BImSchV. Insbesondere in letzterer Verordnung werden Anforderungen an die Abgasbehandlung formuliert, um die Emissionen u.a. an Dioxinen zu begrenzen (z.B. Installation einer Nachverbrennungsstufe von mindestens 850-1200 °C und eine Verweilzeit von mindestens 2 Sekunden). Betreiberinformationen zur jeweiligen Anlage kann entnommen werden, inwieweit die Anforderungen der 17. BImSchV erfüllt werden.

Ausgehend von den thermischen Behandlungsanlagen sind gleichfalls *Lärmemissionen* zu erwarten. Ursachen hierfür liegen zum einen im Betrieb von Aushubgerät (z.B. Radlader) und im auftretenden Schwerlastverkehr bei einer off-site-Behandlung begründet. Zum anderen treten Lärmemissionen ausgehend von Lüftungseinrichtungen und mechanischen Aufbereitungsgeräten (z.B. Brecher) auf. Soweit diese Betriebseinheiten durch Einhausung oder andere technische Maßnahmen lärmisoliert ausgeführt werden, ist diese Problematik untergeordnet bedeutsam.

Bei der Bodenbehandlung fallen in Abhängigkeit vom gewählten Abgasreinigungsverfahren *Abwässer* an. Diese werden im Rahmen der Betriebsanlage gereinigt und erneut zur Abgasbehandlung eingesetzt (beispielsweise in der nassen Rauchgasreinigung). Es wird i.d.R. kein Abwasser in die Kanalisation eingeleitet, die Anlage arbeiten somit abwasserfrei. Es muß lediglich das mit Schlammfraktionen oder dem Abgas (Luftfeuchtigkeit) ausgetragene Wasser ersetzt werden. Einzelne Anlagen verfügen zur Quecksilberrückhaltung über eine aufwendige Abwasserbehandlung für Abwässer aus der Gasreinigung.

Reststoffe der Bodenreinigung umfassen in erster Linie Flugstaubrückstände aus der Abgasreinigung und Schlämme aus der Abwasserbehandlung; beispielsweise können ca. 30 % der Eintragsmenge als Staub anfallen. Dieser kann zum Teil wieder in die thermische Behandlung eingebracht werden. Um eine daraus resultierende Aufkonzentration und Schadstoffanreicherung innerhalb des Prozesses zu begrenzen, muß in bestimmten zeitlichen Abständen ein Teilstrom der Staubfraktion aus der Anlage ausgeschleust und auf entsprechenden Deponien entsorgt werden. Die spezifischen zu entsorgenden Reststoffe belaufen sich i.d.R. auf ca. 1 % der Bodenaufgabemenge. Leichtflüchtige Schwermetalle wie Quecksilber werden in einer separaten Behandlungsstufe aus dem Abgas auskondensiert und können als Reinstoffe einer Wiederverwertung zugeführt werden.

Unterschiede im Emissionsverhalten können sich auch in Abhängigkeit von der Anlagenart (stationär oder mobil) ergeben. Die mobilen Anlagen weisen i.d.R. geringere Durchsätze und eine kompaktere Bauweise als die stationären Anlagen auf, um einen Transport und wiederholtes Umsetzen der Betriebseinheiten zu ermöglichen. Aufgrund dieser Randbedingungen kann die Rauchgasreinigung nicht immer in gleicher Qualität wie bei stationären Behandlungsanlagen ausgeführt werden oder nur geringe Durchsätze erlauben. Es können sich somit u.U. reduzierte Reinigungsleistungen hinsichtlich der Boden-, Abgas- oder Reststoffqualität ergeben.

Langzeitverhalten / Kontrolle des Sanierunsgerfolges: Das Temperaturniveau zur Bodenbehandlung unterscheidet sich zwischen den Anlagen erheblich. Die Pyrolyseverfahren behandeln den Boden bei bis zu 650 °C, Verbrennungsanlagen arbeiten in Abhängigkeit vom Schadstoffspektrum meist auch bei höheren Temperaturen (bis 1200 °C). Bis ca. 650 °C bleiben die *bodenkundlichen Parameter* wie z.B. der Humusanteil weitgehend erhalten, wodurch eine Revitalisierung des Bodens durch erneute Ansiedlung von Mikroorganismen aufgrund des Nährstoffangebotes leichter möglich ist. Bei der Hochtemperaturbehandlung wird der organsche Anteil des Bodens weitgehend zerstört, es handelt sich dann eher um ein technisches Produkt oder ein Baumaterial als um gereinigten Boden (es ist auch der Begriff "Technosol" oder "Thermosol" gebräuchlich).

Problematisch wirkt sich jedoch bei der Pyrolyse und Niedertemperaturverbrennung die bei vorhandenen, im Rahmen der Behandlung im Boden verbliebenen *schwerflüchtigen Schwermetallen* fehlende Einglasung aus. Eine *Elution* ist aufgrund der unzureichenden Einbindung der Schwermetalle in die Bodenmatrix möglich. Im Falle eines Wiedereinbaus von schwermetallbelastetem Boden ist daher in jedem Falle eine langfristige Überwachung wegen der Eluierbarkeit der Schadstoffe notwendig.

Bei verschiedenen Verfahren kann die Behandlungstemperatur variiert und somit dem jeweilig vorhandenen Schadstoffspektrum angepaßt werden, um die Beanspruchung des Bodens und eine Verschlechterung der bodenkundlichen Parameter möglichst zu begrenzen. Eine direkte Kontrolle der Reinigungsleistung und Bodenqualität nach erfolgter Sanierung ist aufgrund der ex-situ-Verfahrensweise der thermischen Behandlungsverfahren gut möglich. Die Fraktionen können daher entsprechend ihrer Restschadstoffgehalte spezifisch wiedereingesetzt werden.

Kapazitäten, Zeitbedarf: Die derzeit betriebenen und angebotenen stationären Verbrennungsanlagen weisen Durchsätze von bis zu ca. 30 t/h auf. Die Verarbeitungskapazitäten der mobilen Anlagen liegen bei 1,5-12 t/h, wobei meist weniger als 10 t/h als Maximaldurchsatz angegeben werden. Mittels einer Anlage können lediglich 0,5 t/h behandelt werden, wobei auch eine alternative mobile Anlage desselben Herstellers mit einem Durchsatz von 5 t/h angeboten wird.

Der Anteil der thermisch behandelten Böden am Gesamtaufkommen der zu behandelnden Bodenmaterialien betrug dabei zwischen 3 und 13 %. Derzeit wird mit 95 % der größte Teil des zwischen 1987 und 1991 in Nordrhein-Westfalen anfallenden thermisch zu dekontaminierenden Bodenaufkommens in den Niederlanden behandelt (AAV 1993).

Für die thermische Behandlung wird i.d.R. ein relativ geringer Zeitbedarf von ca. einigen Stunden für die Bodenaufbereitung und Behandlung im Ofen benötigt.

Kosten: Die Kosten der thermischen Bodenbehandlung setzen sich aus den Investitionskosten für die Bodenbehandlungsanlage und laufenden Kosten für die Betriebsmittel (Brennstoff, Strom, Gasreinigung/Abwasseraufbereitung) sowie Aufwendungen zum Bodentransport bei stationären Anlagen zusammen.

Die thermischen Verfahren weisen sehr hohe Investitionskosten im Vergleich zu den anderen Technologien zur Bodenbehandlung auf. Dies liegt u.a. im hohen apparativen Aufwand und der umfangreichen und kostenintensiven Meßtechnik begründet. Aufgrund der hohen thermischen und chemischen Beanspruchung der Materialien müssen i.d.R. kostenintensive, widerstandsfähige Werkstoffe eingesetzt werden. Zusätzlicher Aufwand ergibt sich auch aus den umfangreichen Sicherheitsauflagen (redundante Verfahrenselemente, bauliche Ausführung).

Ein weiteres wesentliches Kostenelement sind die umfangreichen Entwicklungskosten. So läßt sich die tatsächliche Funktionsfähigkeit von Abgasbehandlungsanlagen nur sehr schlecht anhand kleinmaßstäbiger Pilotanlagen ermitteln; hier ist somit eine kostenintensive, detaillierte Vorplanung sowie anschließende Entwicklungsarbeit am 1:1-Modell zu leisten.

Die Höhe der Betriebskosten wird im wesentlichen beeinflußt durch die Auslastung der Anlage (geringere Kosten bei hoher Auslastung durch Dauerbetrieb bzw. geringere Zahl an An- und Abfahrvorgängen), Brennstoffpreise, Transportentfernungen (Fahrtkosten LKW/Schiff/Bahn) sowie Umfang der erforderlichen Rauchgasreinigung.

Einen wesentlichen Einflußfaktor auf die Marktpreise des jeweiligen Verfahrens stellt auch die Konkurrenzsituation am Markt durch die anderen Anbieter sowie alternativ angebotene Entsorgungs- und Behandlungstechnologien dar (z.B. Deponierung, biologische bzw. chemisch-physikalische Behandlung). Die Preise für die thermische Bodenbehandlung unterliegen aufgrund des konkurrierenden Marktes einem starken Verfall; z.T. wird die Reinigung einer Tonne Boden für ca. 100,- bis 200,- DM angeboten.

Derzeit ist der Markt der Bodenbehandlung durch vorhandene Überkapazitäten bei konkurrierenden Behandlungsanlagen sowie fallende Preise für die Deponierung von Bodenmaterial aufgrund freier Deponiekapazitäten gekennzeichnet. Somit scheint eher ein niedriger Wert (unter 200,- DM) die realen Marktverhältnisse widerzuspiegeln.

Standortcharakteristika / Infrastruktur: Es werden von ca. 20 Herstellern *12 mobile* und *8 stationäre* Anlagen angeboten. 6 Anlagen werden seitens der Hersteller als semimobil eingestuft, d.h. gleichermaßen geeignet als zentrale Anlage dauernd an einem Ort oder aber auch kurzzeitig auf der jeweils zu behandelnden

Fläche einzusetzen. Zu weiteren vier Anlagen werden keine Angaben hinsichtlich der Ausführung gemacht, d.h. hierbei handelt es sich i.d.R. um Versuchsanlagen mit relativ geringen Durchsätzen.

Die notwendige *Infrastruktur* zum Betrieb der Anlagen unterscheidet sich bei mobilen und stationären Anlagen in erster Linie aufgrund des Maßstabes der Anlagen. Grundsätzliche Anforderungen sind jeweils eine ausreichende Erschließung des Baugrundes (notwendige Fundamente für bestimmte Anlagenteile). Für mobile Anlagen ist ein nicht kontaminierter Standort auf der jeweiligen Fläche auszuwählen oder ein kontaminierter Standort durch Bodenaushub bzw. Austausch entsprechend vorzubereiten. Soweit der Standort der Behandlungsanlage an Wohnbebauung angrenzt oder sich in der Nähe von Wohnbereichen befindet, können sich *immissionsschutzrechtliche* Probleme ergeben. Auftretende Lärm- und Abgasemissionen können zu Beschwerden der Anwohner und sich daraus ergebenden Auflagen seitens der Behörden an den Anlagenbetreiber führen, beispielsweise Kapselung lärmintensiver Anlagenteile, abgasseitige Emissionsminderungsmaßnahmen. Hierdurch können sich die Maßnahmenkosten zusätzlich verteuern. So wird im Abstandserlaß NW vom 21.3.1990 bei Einhaltung des Standes der Technik ein Mindestabstand zur Wohnbebauung von 700 m empfohlen (Verbrennungsanlagen für feste und flüssige Abfälle, lfd. Nr. 26 des Abstandserlasses).

Der notwendige *Flächenbedarf* einer Anlage wird nur zu einem geringen Teil durch die thermische Behandlungsanlage selbst geprägt. Ein weitaus größerer Bedarf besteht für die peripheren Einrichtungen wie Zwischenlager, Ein- und Ausgangskontrolle sowie Labor-, Technik- und Verwaltungseinrichtungen bei stationären Anlagen. In einem konkreten Beispiel steht einer stationären thermischen Pyrolyseanlage der eigentlichen Kernanlage (Brecher, Pyrolyseofen, Rauchgasreinigung bzw. Abwasseraufbereitung) mit einem Flächenbedarf von 0,2 ha ein Bedarf von 5,8 ha für die sonstigen Einrichtungen (Lager, Kontrolle etc.) gegenüber. Für Betriebseinheiten mobiler Anlagen kann von einem Gesamtumfang zwischen 10 und 20 Normcontainern ausgegangen werden.

Genehmigungsfähigkeit: Die an Bodenbehandlungsanlagen im allgemeinen gestellten Anforderungen gelten auch für die thermischen Verfahren (§1 BImSchG, 4. BImSchV, Ziffern 8.7 - Bodenbehandlung - und 8.10 - Bodenzwischenlagerung -; § 17a Nr.2 WHG; Krw/AbfG, Anhang IIA, Nummern D2, D8, D9, D10 (vgl. Einführung zum Kapitel 4).

Die thermischen Bodenbehandlungsanlagen fallen weiter unter die Anforderungen der 17. BImSchV, vgl. auch die Ausführungen zu Luftpfademissionen. Hier werden Anforderungen an die Abgasqualität (Gehalte an z.B. Schwermetallen, organische und chlororganische Verbindungen) oder Verfahrensführung der Abgasbehandlung (z.B. Installation einer Nachverbrennungsstufe und definierte Temperaturführung zur Dioxinbehandlung), formuliert.

Weiterhin sind länderspezifische Regelungen zu beachten, wie z.B. der Abstandserlaß NW. Diese sind z.T. nicht rechtlich verbindlich, so daß ihre Anwendung im Ermessensspielraum der zuständigen Behörden liegt.

Fazit: Zusammenfassend kann den thermischen Behandlungsanlagen zwar eine umfangreiche Reinigungsleistung attestiert werden (breites Schadstoffspektrum), jedoch sind dazu hohe Investitionskosten zu tätigen. Dies gilt sowohl für Verbrennungs- als auch Pyrolyse- und Vergasungsanlagen. Es zeigt sich, daß sich diese Techniken gleichermaßen nebeneinander am Markt behaupten können, ohne daß aufgrund der boden- und schadstoffspezifischen Reinigungsleistung, der Kosten oder des Emissionsverhaltens ein eindeutiger Vorteil bei einer der Technologien liegt.

Die Verfahren arbeiten weitgehend abwasserfrei, (Sonder-)Abfälle fallen im Bereich der Abgasreinigung an. Die Luftpfademissionen werden durch die TA Luft und 17. BImSchV begrenzt, welche insbesondere Dioxin- und Furanemissionen berücksichtigt. Die technische Entwicklung der Verfahren ist als ausgreift und der Stand der Technik weitgehend als entwickelt zu bezeichnen. Der Trend führt derzeit zu Verfahren, welche bei eher niedrigen Temperaturen von ca. 600 °C arbeiten, wodurch die ursprünglichen bodenkundlichen Parameter weitgehend erhalten bleiben. Eine Revitalisierung der behandelten Bodenmassen wird so gegenüber einer Hochtemperaturbehandlung zwischen 700 und 1200 °C, bei der eher ein technisches Inertmaterial entsteht ("Technosol"), erheblich erleichtert.

Durch die thermische Hochtemperaturbehandlung werden die meisten Schwermetallverbindungen bis auf leichtflüchtige Komponenten wie z.B. Quecksilber lediglich in der Bodenmatrix immobilisiert und nicht entfernt. Eine langfristige Überwachung des wiedereingebrachten Bodens hinsichtlich der Eluation von Schwermetallen ist daher erforderlich.

Laut SRU gibt es für die thermische Behandlung organisch kontaminierter Böden in vielen Fällen keine gleichwertige Alternative. Der SRU spricht sich unter den genannten Einschränkungen für die Anwendung der thermischen Verfahren aus. Einschränkungen bedeuten in diesem Zusammenhang "so viel wie nötig und so wenig wie möglich" (SRU 1995, Nr. 524).

Tabelle 4.6. Übersicht der thermischen Behandlungsverfahren

BTEX: Benzol, Toluol, Ethylbenzol, Xylole	*GW:* Grundwasser	*KW:* Kohlenwasserstoffe
LHKW: Leichtflüchtige halogenierte Kohlenwasserstoffe *L:* Laboranlage	*n.B.:* nicht bekannt / untersucht	*PAK:* Polycyclische aromatische Kohlenwasserstoffe
SHKW: Schwerflüchtige halogenierte Kohlenwasserstoffe	*P:* Pilotanlage	*ST:* Stand der Technik
O: mit Einschränkungen geeignet / problematisch	*X:* geeignet / unproblematisch	*--:* nicht geeignet / problematisch

Tabelle 4.6. (Fortsetzung)

	Kriterium		Verbrennung	Pyrolyse/ Vergasung
1	Verfahrensart	in-situ	--	--
2		on-site	O	O
3		off-site	X	X
4	Entwicklungsstand		ST	ST
5	Schadstoff-	Schwermetalle	O	--
6	spezifisches	Cyanide	X	O
7	Dekontaminations-	Mineralöl-KW	X	X
8	vermögen	BTEX	X	X
9		PAK	X	X
10		LHKW	O	O
11		SHKW	O	O
12	Bodenspezifisches	grobkörnige Böden	X	X
13	Dekontaminations-	mittelkörnige Böden	X	X
14	vermögen	feinkörnige Böden	O/X	O
15	Emissionen /	Abluft	--	--
16	Reststoffe	Lärm	O	O
17		Abwasser	X	X
18		Abfall	--	--
19	Langzeitverhalten		X/O[1)]	X/O[1)]
20	Kontrollierbarkeit		X	X
21	Kapazitäten		X	X
22	Zeitbedarf		X	X
23	Kosten	Investitions-K.	--	--
24		Betriebs-K.	--	--
25	Standortcharakteristika		--	--
26	Infrastrukturbedarf		--	--
27	Genehmigungsfähigkeit		--[2)]	--[2)]

1): X bei Abwesenheit von Schwermetallen

2): Anlagen, die voraussichtlich weniger als 12 Monate am Standort betrieben werden, bedürfen keiner immissionsschutzrechtlichen Genehmigung nach BImSchG. Ansonsten ist in Abhängigkeit vom Behandlungsort (on- bzw. off-site-Behandlung) ein vereinfachtes Genehmigungsverfahren (§ 19 BimSchG) oder ein ausführliches Genehmigungsverfahren (§ 10 BImSchG) erforderlich

4.3 Bodenwaschverfahren und Extraktion

Die extraktive Bodenreinigung (Extraktion) und die Waschverfahren sind der Gruppe der physikalischen Bodenbehandlungsverfahren zuzuordnen, die auch die Bodenluftabsaugung, hydraulische Maßnahmen sowie Verfestigungsverfahren umfassen, vgl. Kapitel 4.6. Wegen ihrer großen Bedeutung in der Praxis werden die Wasch- und Extraktionsverfahren jedoch im vorliegenden Kapitel ausführlich dargestellt.

4.3.1 Bedeutung und Abgrenzung von Bodenwäsche und Extraktionsverfahren

Waschverfahren werden häufig im Rahmen der Aufbereitung von Mineralstoffen eingesetzt (Kies, Sand etc.). Hieraus hat sich auch die Anwendung zur Behandlung kontaminierter Böden entwickelt. Die Technologie der Bodenwäsche wird bei vielen der derzeit betriebenen stationären und mobilen Bodenbehandlungsanlagen eingesetzt. Die Anwendung von Extraktionsverfahren zur Bodenbehandlung befindet sich noch in der technischen Entwicklung.

Die insgesamt 22 in Deutschland betriebenen Bodenwaschanlagen weisen eine Gesamtkapazität von 1.186.900 Tonnen pro Jahr auf, geplant sind weitere 17 Anlagen mit einer Verarbeitungskapazität von 857.500 Tonnen pro Jahr (TerraTech 3/1995). Die derzeit betriebenen 61 biologischen Anlagen weisen etwa die gleiche Kapazität auf (1.184.850 Tonnen), die thermischen Anlagen lediglich 145.000 Tonnen. Für thermische und biologische Anlagen sind jeweils weitere 600.000 Tonnen an jährlicher Verarbeitungkapazität geplant. Berücksichtigt man auch hier die Einsatzmöglichkeiten chemisch-physikalischer Prozeßstufen in Verfahrenskombinationen, so wird die große Bedeutung dieser Verfahrensgruppe deutlich.

Die verfahrenstechnisch verwandten Bodenwäsche und extraktive Bodenbehandlung weisen Analogien und Unterschiede auf: In beiden Fällen wird mittels eines *Spülmediums* der Schadstoffanteil vom Boden getrennt und der Schadstoff mit dem Spülmedium entfernt. Das Spülmedium wird anschließend *aufbereitet* und erneut zur Bodenreinigung eingesetzt, die Schadstoffe aufkonzentriert und entsorgt. Der gereinigte Boden wird einer Wiederverwendung zugeführt. Es erfolgt somit keine chemische Veränderung oder Zerstörung der Schadstoffe wie z.B. bei der thermischen Behandlung, sondern lediglich eine Separierung von Schadstoffen und Boden. Die Abb. 4.5 zeigt die wesentlichen Prozeßschritte.

Bei *Waschverfahren* wird Wasser als Spülmedium eingesetzt. Dieses Wasser kann zur Verbesserung der Wascheigenschaften mittels Chemikalienzusatz modifiziert sein. Die Schadstoffe werden beim Waschen durch mechanischen Energieeintrag von der Bodenmatrix abgelöst und ggf. emulgiert (als flüssige Phase in einer anderen flüssigen Phase nichtmischbar verteilt), suspendiert (als Feststoffpartikel verteilt) oder im Waschwasser physikalisch gelöst.

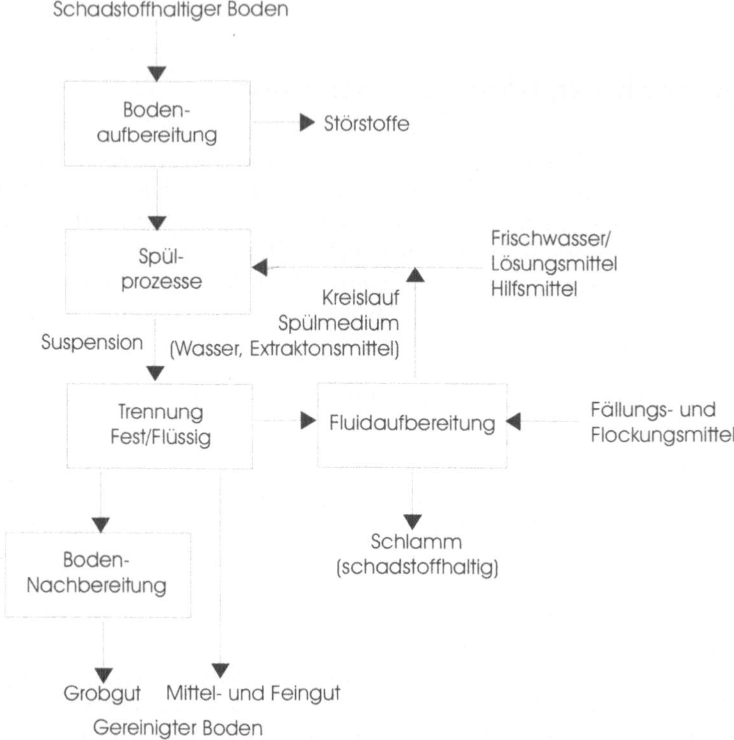

Abb. 4.5. Wesentliche Prozeßschritte zur Bodenwäsche und -extraktion

Bei einem *Extraktionsvorgang* werden die zu entfernenden Schadstoffe meist in einem organischen Lösungsmittel entsprechend der Gleichgewichtskonzentration gelöst und dort gegenüber der Bodenphase angereichert. Die *Extraktion* ist ein gängiges Verfahren in der chemischen Technik zur Trennung von Flüssigkeiten oder Auswaschen fester oder flüssiger Substanzen aus Trägerstoffen und wird bei der Erdölverarbeitung, in der Lebensmittelindustrie und zur Herstellung von Pharmazeutika eingesetzt. Darüber hinaus gewinnt die Extraktion in der Kerntechnik und bei der Gewinnung seltener Metalle an Bedeutung.

Die unterschiedlichen Eigenschaften von Bodenbestandteilen und Schadstoffen ermöglichen bei beiden Verfahrensarten einen Übergang der Schadstoffe in das Waschmedium und dadurch eine Abtrennung von der Bodenfraktion. Deutlich verschieden sind dabei die Grundlagen für den jeweilig erzielten Reinigungserfolg: Die Waschverfahren nutzen in erster Linie die eingetragene kinetische Energie, die Extraktionsverfahren hingegen das schadstoffspezifische Lösungsvermögen der zugegebenen Extraktionsmittel. Tabelle 4.7 zeigt eine kurze tabellarische Übersicht der Verfahrensprinzipien.

Die Bodenwäsche und auch die Extraktion liefern einen Boden, der weitgehend von Schadstoffen befreit ist. Der gereinigte Boden kann, soweit es die Restkonzentration an Schadstoffen zuläßt, am Ort der Entnahme oder an anderer Stelle wieder eingebaut werden, da die Bodenfunktionen nicht nachhaltig gestört worden ist. Trotzdem treten Veränderungen auf: Bei beiden Techniken werden jedoch in unterschiedlichem Umfange Feinkornfraktionen mit der Schadstofffraktion von den anderen, wiederverwertbaren Bodenmassen abgetrennt. In geringen Konzentrationen findet sich auch das zugegebene Extraktions- oder Waschmittel in der Bodenfraktion wieder.

Die Schadstoffe werden aus dem meist in der Anlage verbleibenden, mehrfach genutzten Wasch- oder Extraktionsmittel abgetrennt und entsorgt. Das Verfahren ist also immer dann wirtschaftlich einsetzbar, wenn die Summe aus Entsorgungskosten für die hochkonzentrierten Schadstoffe, das Verfahren selbst und die eventuelle Verbringung der Bodenmassen geringer ausfallen als die direkte Ablagerung des kontaminierten Bodens. Zielgrößen einer Bodenbehandlung sollten daher auch bei diesen Verfahren sein, daß der Boden auf einem hohen Qualitätsniveau (geringstmöglicher Schadstoffanteil gemäß den Anforderungen einer Wiederverwendung) bereitgestellt wird und daß die Schadstoffe in möglichst reiner, als Wirtschafstgut verwertbarer Form vorliegen.

Im folgenden sollen die Verfahrensprinzipien und Einsatzmöglichkeit von Extraktions- und Bodenwaschanlagen vorgestellt werden. Die zur Bodenwäsche und Extraktion eingesetzten Apparate und Verfahren wurden häufig bereits in anderen Anwendungsfeldern erprobt und eingesetzt. Die spezifischen Bedingungen bei der Bodenbehandlung schränken die Anwendung jedoch ein oder erfordern Modifizierungen in der Prozeßführung und der Apparatetechnologie.

Tabelle 4.7. Grundprinzipien der Bodenwäsche und Extraktion

Verfahren	Verfahrensprinzip	Behandlungsmittel
Bodenwäsche	Abtrennung starkbelaster Bodenfraktionen von weitgehend unbelasteten Fraktionen. Ablösen der Schadstoffe von den Bodenpartikeln mittels z.B. Hochdruckaggregaten oder Waschzusätzen. Überführen in das Reinigungsmittel durch Emulgieren, Suspendieren, Lösen	Wasser und wässrige Lösungen (Tenside, Komplexbildner); Säuren- bzw. Laugenwäsche
Extraktion	Ablösen der Schadstoffe von den Bodenpartikel und Lösen im zugegebenen Lösungsmittel	Wässrige Lösungen (Tenside, Komplexbildner, organische Lösungsmittel), organische Lösungsmittel, überkritische Gase

4.3.2 Die Eignung von Böden zur Bodenwäsche oder Extraktion

Im folgenden wird das eigentliche "Objekt" der Bodenwäsche und der Extraktion, nämlich der Boden selbst, im Hinblick auf wesentliche Anforderungen der Spülverfahren an den Boden dargestellt. Um die Eignung einer Bodenwaschanlage oder einer extraktiven Bodenbehandlung für einen bestimmten Standort zu prüfen und eine entsprechende Anlage projektieren zu können, müssen bodenkundliche Parameter bestimmt werden. Diese sind im folgenden dargestellt.

Die *Korngrößenverteilung und der Feinkornanteil des Bodens*:
Der Darstellung der Korngrößenverteilung können die abzutrennende Menge an stark schadstoffbelaster, i.d.R. nicht wiedereinzubringender Feinkornfraktion oder den einem bestimmten Restschadstoffgehalt entsprechenden Trennkorndurchmesser der Anlage entnommen werden.
Der *Gehalt an Tonmineralien*:
Die feinkörnigen Tonmineralien binden aufgrund der großen Oberfläche einen hohen Schadstoffanteil. Die Stärke dieser Bindung wird durch die elektrochemischen Eigenschaften noch erhöht: Tone wirken über ihre Ionenaustauschkapazitäten als pH-Puffer und verhindern so die Einstellung von für die Abtrennung günstigen pH-Werten.
Der *Gehalt an organischen Stoffen (Huminstoffe)*:
Die Huminstoffe weisen eine hohe Pufferkapazität auf und verhindern unter Umständen die durch Chemikalienzugabe vorzunehmende Einstellung des zur Schadstoffabtrennung optimalen pH-Wertes. Weiterhin enthalten die organischen Anteile des Bodens größere Mengen an Wasser und können Schadstoffe komplex binden, so daß ein Auslösen der Stoffe durch einen bloßen Waschvorgang nicht erfolgen kann (Verschiebung des Phasengleichgewichtes weg vom System Schadstoff/Wasser hin zum System Boden/Schadstoff gegenüber einer nicht komplex gebundenen Struktur). Organische Anteile finden sich bei Altstandorten i.d.R. nur im Oberboden, so daß dieser Einfluß des organischen Anteils auf die Eignung eines Verfahrens häufig gering ist. Bei zu sanierenden Deponien kann jedoch ein größerer Einfluß der Huminstoffe auftreten.
Der *Anteil an Fremdstoffen:*
Insbesondere bei anthropogenen Aufschüttungen und Verfüllungen ist ein hoher Fremdstoffanteil zu erwarten, welcher die Trennvorgänge (Bodenklassierung) stören kann (z.B. Eisenträger, Beton). Diese sind daher in einem gesonderten Verfahrenschritt abzutrennen.
Der natürlicher *Wassergehalt sowie das Wasseraufnahmevermögen des Bodens:*
Schadstoffe sind zum Teil im Wasser gelöst und können so mit dem Wasser ausgetragen werden. Weiterhin ist der wasserführende Raum und die benetzbare Oberfläche als Schadstoffträger im Boden auch für die Waschflüssigkeit zugänglich, und lassen sich von daher theoretisch auswaschen.
Die *Verkittung der Bodenkörner:*
Je größer der Zusammenhalt der Bodenkörner, desto höher ist der aufzubringende notwendige Druck zum Aufschluß der Feinkornfraktionen.
Die *Porösität der Bodenkörner:*
Sie bezeichnet die maximal mit Schadstoffen belegbare Oberfläche der Bodenpartikel. Die weiteren, gröberen Poren sind meist durch Aufbrechen der Bodenstruktur für die Waschflüssigkeit zugänglich, die feineren, innerhalb der (kleineren) Partikel vorhandenen Poren bleiben hiervon unbeeinflußt.
Der *pH-Wert sowie die Puffer- und Kationenaustauscherkapazität* des Bodens:
Diese Parameter sind für die Löslichkeit der Schadstoffe und der einzusetzen Chemikalienmenge zur Einstellung des bei der Reinigung erforderlichen pH-Wertes von Bedeutung. So werden eine Reihe von Schwermetallen in saurem Milieu gut und in basischem nur schlecht gelöst. Die Pufferkapazität von Böden ergibt sich z.B. durch das Puffersystem Carbonat-Bicarbonat-Kohlensäure. So kann bei der Zugabe von Säure zur Lösung der Schwermetalle die Sorption der H^+-Ionen an den Oberflächen von Tonmineralien eine pH-Werterniedrigung verhindert werden.
Die Bodenstruktur:
Da die Schadstoffe oft im Porenvolumen zwischen den Partikeln gehalten werden, kann ein Aufbrechen der Struktur die Schadstoffe für die Waschflüssigkeit zugänglich machen. Sie müssen anschließend von den Partikeloberflächen abgelöst werden.

Weitere geologische und hydrogeologische Parameter werden ebenfalls in Voruntersuchungen ermittelt, sind jedoch eher hinsichtlich der Ausbreitung von Schadstoffen im Untergrund und weniger für die Bodenbehandlung von Bedeutung. Dies sind z.B. die Durchlässigkeit des Untergrundes, die Lage der Grundwasserspiegel, die Fließgeschwindigkeiten und Wassernutzungen.

Die wesentlichen der in Mitteleuropa auftretenden Bodenarten sind hinsichtlich einer Eignung für die Bodenwäsche und extraktiven Behandlung wie folgt einzustufen (LfU 1993):

- Löß: aufgrund des hohen Fein- und Feinstkornanteils nur schlecht geeignet.
- Flugsande und Dünen: Korngrößenverteilung läßt Wäsche und Extraktion zu.
- Talschotter: Mittelkornfraktionen (Sande und Kiese), für Bodenwäsche geeignet.
- Auenlehm: Überwiegende Feinkornfraktion, daher nur schlecht für die Bodenwäsche geeignet.
- Moränen und Sandflächen: Mittelkornverteilung, daher für die Bodenwäsche geeignet.
- Fließerden: nicht geeignet, da Eigenschaften denjenigen des liegenden Gesteins entspricht, welche meist lößartig ist.
- Auffüllungen (umgelagerte Lockergesteine, Steinbruchmaterial, Flußsedimente) und Verfüllungen (Abfälle) können ein breites Korngrößenspektrum aufweisen, die Eignung für eine Bodenwäsche ist einzelfallspezifisch zu prüfen.

4.3.3 Schadstoffabhängige Reinigungsleistungen

Inwieweit ein Schadstoff oder eine Schadstoffgruppe mittels Bodenwäsche abgetrennt werden kann, ist im wesentlichen durch die jeweiligen Stoffeigenschaften vorgegeben. Folgende Parameter sind hier von Bedeutung:

- *Flüchtigkeit*: gibt an, wie leicht die Stoffe in eine Gasphase übergehen und sich somit während der Bodenaufbereitung vom Boden lösen.
- *Löslichkeit*: Gibt an, welcher Anteil der Schadstofffraktion die Bindung zum Boden löst und in die wässrige Phase oder das Extraktionsmittel übertritt. Die Verteilung eines Stoffes C zwischen zwei flüssigen Phasen 1 und 2 kann näherungsweise nach einem modifizierten Nernst`schen Verteilungsgesetz beschrieben werden.
- *Abtrennbarkeit:* Gibt den notwendigen Aufwand an, um Schadstoffe von den Bodenpartikeln abzutrennen. Neben den o.g. Faktoren wie Flüchtigkeit und Löslichkeit wird hier auch die Abtrennbarkeit durch z.B. Tensidzugabe oder pH-Wert-Einstellung erfaßt.

Die Reinigungsleistung ergibt sich somit aus den oben beschriebenenen Eigenschaften der Böden sowie aus den chemisch-phsikalischen Parametern der Kontaminanten. Die Schadstoffeigenschaften können in einem gewissen Bereich verfahrenstechnisch modifiziert werden, beispielsweise die Wasserlöslichkeit durch Zugabe von Tensiden oder die Flüchtigkeit durch Temperaturerhöhung. Es zeigt sich, daß die leichtflüchtigen Kohlenwasserstoffe sowie Mineralöl- und aromatische Kohlenwasserstoffe allgemein effektiv mit einer Bodenwäsche behandelt werden können. Auch Schwermetalle und Pestizide sind u.U. nur schlecht abzutrennen: Schwermetalle weisen häufig eine komplexe Einbindung in die Bodenmatrix auf oder sind nur bei bestimmten pH-Werten löslich. Hier sind ebenfalls extraktive Verfahren besser einsetzbar. PAK sind ebenfalls besser mittels Extraktionsverfahren abzutrennen.

Tabelle 4.8. Wesentliche Eigenschaften der Schadstoffgruppen hinsichtlich der Abtrennbarkeit vom Boden

Stoff (-gruppe)	Flüchtigkeit	Wasserlöslichkeit	Abtrennbarkeit	Bemerkung
Leichtflüchtige halogenkohlenwasserstoffe (LHKW)	+	+	+	Abluftbehandlung; ggf. Tensidzugabe
Einkernige leichtfüchtige Aromaten	+	+	+	Abluftbehandlung; ggf. Tensidzugabe
Mineralölkohlenwasserstoffe	O	-	+	Abluftbehandlung; ggf. Tensidzugabe
Polycyclische aromatische Kohlenwasserstoffe	--	-	O	ggf. Tensidzugabe
Schwerflüchtige Halogenkohlenwasserstoffe	--	--	O	ggf. Tensidzugabe
Pestizide	--	Variabel	Variabel	--
Cyanide Frei	+(pH<)	+	+	Ggf. pH-Wert-Einstellung
Komplexgebunden	--	--	+	--
Phenolverbindungen	--(Phenol:+)	+ (pH>)	+	Ggf. pH-Wert-Einstellung
Schwermetalle	Variabel	Variabel	Variabel	Ggf. pH-Wert-Einstellung
Primär an Oberflächen gebundene Kontaminanten	Variabel	Variabel	+	--

+: gut; *o*: mittel; -: mäßig; --: gering

4.3.4 Verfahrenstechnik der Bodenwäsche und Extraktion

Aus der Darstellung der schadstoffspezifischen Reinigungsleistung sowie der geologischen Parameter leiten sich die grundsätzlichen Prozeßschritte der Extraktion und Bodenwäsche ab (vgl. Abb. 4.7):

1. Aufbrechen der Bodenstrukturen, um die Schadstoffe einer Behandlung mit Waschmedien zugänglich zu machen (Bodenaufbereitung).

2. Abtrennen der Schadstoffe vom Boden durch Zugabe des Waschmediums (Spülprozesse der Waschstufe oder Extraktion).
3. Abtrennen der Schadstofffraktion vom Waschmittel und Aufkonzentrierung der Schadstoffe (Fest-Flüssig-Trennung).
4. Nachgeschaltete Prozeßstufen der Abgas-, Prozeßwasser- und Reststoffbehandlung (periphere Prozeßstufen Abluft- , Fluidaufbereitung).

Im folgenden sollen diese Schritte für die Bodenwäsche und anschießend wesentliche Unterschiede der Extraktion erläutert werden.

Die *Bodenaufbereitung* umfaßt die folgenden Prozeßschritte als Vorbereitung der eigentlichen Schadstoffabtrennung in der Bodenwäsche:

1. Bodenaushub,
2. Bodentransport,
3. (Vor-)Zerkleinerung,
4. (Vor-)Klassierung,
5. Fremdstoffabscheidung (z.B.Metalle, Holz),
6. Absaugung und Behandlung der im Rahmen der Bodenaufbereitung freigesetzten leichtflüchtigen Schadkomponenten.

Die Bodenaufbereitung geschieht am Allagenstandort am ausgehobenen Boden mechanisch mittels Brechern oder fluiddynamisch als *Naßaufschluß*. In einer *Vorzerkleinerung* wird das Überkorn, d.h. die aufgrund der Korddurchmesser den eigentlichen Behandlungsproßess störende Bodenagglomerate, auf die gewünschte Korngröße gebracht.

Beim Naßaufschluß findet meist auch schon eine *Vorklassierung* statt, bei der die ungeeigneten Korngrößenfraktionen ausgeschleust werden. Ansonsten werden die Klassierprozesse in nachfolgenden Prozeßschritten durchgeführt.

Eine *Fremd- und Störstoffabscheidung* für Metalle kann mittels Magnetabscheider erfolgen. Steine und Mauerwerk können mit Hilfe von Siebeinrichtungen und Huminstoffe durch einen Naßaufschluß als aufschwimmende Phase abgetrennt werden.

Bei leichtflüchtigen Kontaminationen ist zusätzlich eine *Erfassung und Behandlung der Abluft* notwendig, da diese Kontaminanten beim Aufschluß freigesetzt werden und ausgasen.

Bei der eigentlichen *Bodenwäsche* erfolgt ebenfalls ein Naßaufschluß, häufig unter Energiezufuhr (Hochdruckaufschluß) oder Tensidzugabe, um die Schadstoffablösung zu verbessern. Hier können Einbauten zur intensiveren Durchmischung in den Waschbehältern, Schwingsiebe oder auch Hochdruckstrahlrohre eingesetzt werden.

Anschließend wird die Schadstofffraktion vom gereinigten Boden durch Klassiervorgänge, Dichtetrennung oder Flotation abgetrennt. Bei der Bodenwäsche erfolgt dabei gleichzeitig auch die Abtrennung der Feinkornfraktion, an die die Schadstoffe gebunden sind. Die Auswahl der Trennverfahren richtet sich nach der Korngröße und der Dichte der Fraktion. Am einfachsten gestaltet sich der *Klassiervorgang* bei unterschiedlichen Korngrößen der belasteten und unbelasteten Bodenfraktionen. Eine *Dichtesortierung* kann immer dann erfolgen, wenn die schadstoffhaltige Fraktion bezüglich dieses Parameters deutliche Unterschiede gegenüber der unbelasteten Fraktion aufweist. Verfahrenstechnisch aufwendiger ist die *Flotation*, bei der die (schadstoffbehaftete) Feinkornfraktion in Wasser suspendiert wird. Durch Zusatz von Chemikalien oder durch Eindüsen von Gasen (Luft) schwimmt die Feinkornfraktion mit dem entstandenen Schaum auf und kann mittels Rechen abgezogen werden.

Die schadstoffangereicherte Feinkornsuspension wird anschließend per *Filtration* und *Sedimentation* entwässert. Dabei fällt der Schadstoff, soweit nicht stark wasserlöslich, als Filterkuchen an. Eine weitere Aufkonzentrierung ist möglich (Verfestigung, Trocknung, Separation).

Das Waschwasser muß vor einem Wiedereinsatz ebenfalls einer *Abwasserreinigung* unterzogen werden, zum Beispiel durch Schwermetallfällung, Flotation, Neutralisations- oder Adsorptionsstufen. Die bei Aufbereitungs- oder Hochdruckprozessen anfallende *Abluft* kann leichtflüchtige Schadkomponenten enthalten. Diese müssen daher ebenso wie Abluftströme aus der Abwasserreinigung (Strippverfahren) erfaßt und einer Behandlung durch Filtration, Aktivkohleadsorption, Kondensation oder Wäsche unterzogen werden.

Abb. 4.6 zeigt das Blockfließbild für eine Bodenwäsche. Im Einzelfall können sich mehr oder weniger große Änderungen bei den tatsächlich eingesetzten Prozeßstufen ergeben.

Einer *Extraktion* ist in der Regel eine Trocknungsstufe vorgeschaltet, da allzu hohe Wassergehalte des aufgeschlossenen Bodens (über ca. 10 %) die Extraktionswirkung verringern. Die Anlagen werden entweder diskontinuierlich betrieben oder Boden und Extraktionsmittel kontinuierlich im Gegenstrom geführt, da so die Extraktionsleistung erhöht werden kann.

Das beladene Lösemittel wird in einem Verdampfer von den Schadstoffen befreit, kondensiert und erneut im Prozeß eingesetzt. Die abgetrennten Schadstoffe müssen entsorgt werden. Neben leichtflüchtigen organischen Lösungsmitteln oder überkritischen Gasen können auch wäßrige Lösungen von Tensiden oder organischen Lösungsmitteln als Extraktionsmittel eingesetzt werden. In diesem Falle muß neben der Kondensationsstufe auch eine Aufbereitung der wässrigen Phase analog der Bodenwäsche erfolgen. Die im Boden enthaltenen Restgehalte an Lösungsmittel können durch Anlegen eines Vakuums entfernt werden. Abb. 4.7 zeigt das Blockfließbild einer Extraktionsanlage. Auch hier können sich im konkreten Fall Abweichungen bei den tatsächlichen Prozeßstufen ergeben.

In der Regel werden sowohl die extraktive Bodenbehandlung als auch die Bodenwäsche *ex-situ* durchgeführt. Neben on-site-betriebenen Anlagen existieren eine Reihe von stationären Bodenbehandlungsanlagen größerer Verarbeitungskapazität oder sind als solche geplant.

Weiterhin werden auch *in-situ*-Waschverfahren auf dem Markt angeboten, bei denen Wasser durch Rohre bei hohem Druck (500 bar) und Volumenströmen von 300 Liter pro Minute in den Boden eingespritzt wird. Die dabei entstehende Wasser-Bodensuspension wird aus dem Bohrloch gefördert. Der gereinigte Boden wird auf der Fläche wiedereingebracht, die anfallenden Schlämme und Abwässer bedürfen einer weiteren Behandlung oder der Entsorgung.

Das sogenannte *Leaching* bezeichnet ein extraktives in-situ-Sonderverfahren, bei dem das Extraktionsmittel mittels perforierter Rohre im Bereich der Kontaminationen eingebracht wird. Die Schadstoffe werden dann entweder im Lösungsmittel gelöst, dispergiert oder emulgiert und gelangen so bis zur Grundwasserschicht, werden dort abgepumpt, an der Oberfläche vom Extraktionsmittel abge-

trennt und weiter behandelt. Das Waschmittel bzw. Wasser kann wieder zurückgeführt werden.
Im folgenden werden die wesentlichen Verfahrenselemente der Bodenwäsche ausführlich beschrieben und die zugrundeliegenden physikalischen Prinzipien sowie die daraus abgeleiteten Apparatetechnologien vorgestellt.

Zerkleinerung: Durch die Zerkleinerung als mechanische Bodenaufbereitung werden die für die folgenden Behandlungsstufen erforderlichen Korngrößen erzeugt. Festkörper wie z.B. Gesteine werden durch die Anziehungskräfte zwischen den Ionen und Molekülen zusammengehalten, Zur Lösung des Korngefüges von Böden und Gesteinsgefüge sind zur Überwindung der bestehenden Bindungskräfte große Energiemengen aufzuwenden. Die Zerkleinerung der Partikel kann durch verschiedenartige Krafteinwirkung erzielt werden.

- *Druckkraft:* Die Partikel werden zwischen zwei Flächen zerdrückt (z.B. Backenbrecher).
- *Scherkraft:* Die Partikel werden zwischen zwei Flächen sowohl durch eine Druckkraft senkrecht als auch einer parallel zu den Flächen gerichteten Kraft scherend beansprucht (z.B. Kegel- oder Walzenbrecher).
- *Schlag*: Beanspruchung der Partikel mit hoher Geschwindigkeit durch eine Fläche (z.B. Brecherkegelmühlen, Trommelmühlen).
- *Prallbeanspruchung:* Bodenkörner treffen mit hoher Geschwindigkeit auf eine Fläche oder andere Partikel bzw. eine Fläche wird mit hoher Geschwindigkeit gegen die Partikel geführt (Hammerbrecher, Hammermühlen, Prallbrecher oder Prallmühlen).

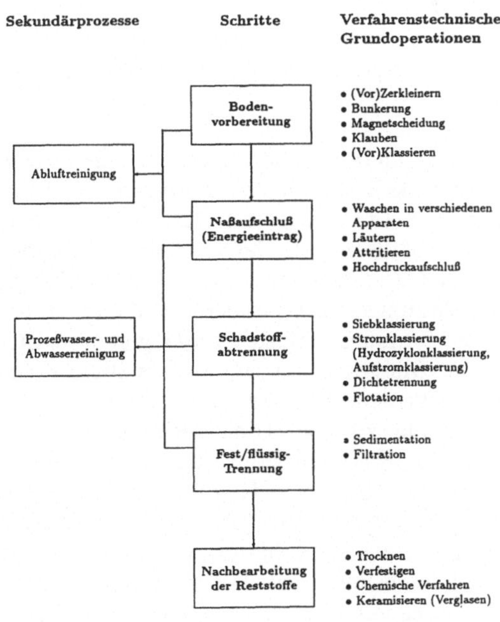

Abb. 4.6. Blockfließbild einer typischen Bodenwäsche (LfU 1993)

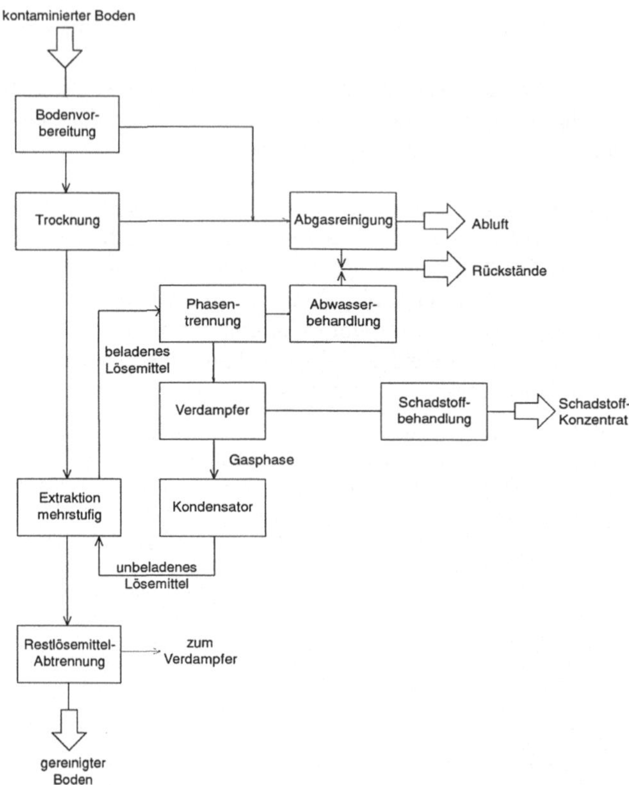

Abb. 4.7. Blockfließbild einer typischen Extraktionsanlage zur Bodendekontamination

Bei der Zerkleinerung ist nicht nur die zur Erzeugung der neuen Oberflächen erforderliche Energie (physikalische Energie) einzubringen. Zusätzlich sind auch die Maschinenverlustarbeiten (z.B. Lagerreibung, Energie zur plastischen Verformung der Partikel) aufzubringen. Das Verhältnis von physikalischer Energie U_{phys} zu aufgewendeter Gesamtenergie U_{ges} wird als Wirkungsgrad einer Zerkleinerung bezeichnet (Wirkungsgrad typischer Zerkleinerungsprozesse: ca. 0,1 %). Die Reibungs- und Verformungsverluste überwiegen bei weitem die erforderliche physikalische Energie. Die zur Zerkleinerung benötigte Energie läßt sich näherungsweise durch verschiedene Gesetze, ausgehend von Aufgabe- und Produktkorndurchmesser, ermitteln (z.B. Gesetz nach Rittinger).

Als weitere Technologie zur Zerkleinerung feinkörniger Materialien werden Schwing- oder Rüttelsiebe eingesetzt. Hierbei wird die Kohäsion, d.h. das Verkleben von Tonteilchen untereinander, durch die mechanische Beanspruchung aufgehoben. Neben dieser echten Kohäsion wirkt die scheinbare Kohäsion durch Unterdruckeffekte des im Material gebundenen Kapillarwassers. Durch Trocknen kann dieser Effekt aufgehoben werden, wohingegen die echte Kohäsion bei Nachlassen der mechanischen Beanspruchung allein durch das Eigengewicht der Schüttung wieder auftritt.

Naßwaschverfahren: Auch durch *Naßwaschverfahren* können Böden in ihre Kornfraktionen aufgeteilt werden. Hierbei werden die Partikel suspendiert und über rotierende Trommeln getrennt, wobei die Feinkornfraktionen suspendiert vorliegen und die Grobkornfraktionen abgeschieden werden. Dies geschieht in horizontal liegenden Trommeln mit eingebauten Schikanen, an denen sich die Grobfraktion abscheidet, oder in mit Rührwerken ausgestatteten feststehenden Trommeln. Alternativ dazu werden auch Siebkaskaden mit nach unten fallender Maschenweite eingesetzt, bei denen die Feinfraktion der jeweiligen Ebene durch Wasserzugabe als Suspension abgespült wird.

Vergleich der Zerkleinerungstechnologien: Eine eindeutige Rangfolge der Anlagen hinsichtlich ihrer Eignung kann nicht aufgestellt werden, es sind jeweils bestehende Vor- und Nachteile gegeneinander abzuwägen. Dabei sind unter anderem die physikalische Beschaffenheit des Aufgabegutes (Korngrößen, Härte, Gefügeart) und die gewünschte Korngröße von Bedeutung. In Abb. 4.8 sind die Leistungsdaten der Trockenzerkleinerungsaggregate in einer Übersicht dargestellt.

Magnetabscheidung: Im Boden- oder Bauschuttmaterial enthaltene, grobe Eisenteile - Moniereisen oder Stahlträger - können bei der Behandlung von Bauschutt- aus dem Aufbereitungsprozeß ausgeschleust und einer Wiederverwertung zugeführt werden. Eisen, seine Verbindungen und Legierungen sowie Kobalt und Nikkel weisen eine hohe magnetische Suszeptibilität auf und werden leicht abgeschieden, andere Metalle benötigen hierzu stärkere Magnetfelder.
Weitere Arbeitsschritte der Bodenaufbereitung: Die vor der eigentlichen Bodenwäsche oder Extraktion stattfindende mechanische Bodenaufbereitung umfaßt auch die Abtrennung bodenfremder sperriger Stücke wie Wurzeln, Felsbrocken, Bauhölzer o.ä mittels Grobsieben (Stangensizer) oder Flotationsverfahren. Bei letzteren schwimmen leichtere organische Fraktionen auf dem Waschwasser auf und können mittels Rechen abgezogen werden. Huminstoffe werden separiert, da sie den pH-Wert des zur Bodenwäsche eingesetzten Wassers verringern können und damit die Reinigungsleistung negativ beeinflussen.

4.3.4.2
Bodenwäsche

Nach der Zerkleinerung der Bodenmassen liegen die Schadstoffe in zugänglicher Form vor. Durch den eigentlichen Waschprozeß kann das Ablösen der Schadkomponenten vom Boden erfolgen. Die Schadstoffe werden dazu entweder in der Waschflüssigkeit gelöst oder mit der Feinkornfraktion verteilt (suspendiert). Im anschließenden Prozeßschritt kann die Trennung des gereinigten Bodens von der schadstoffbeladenen Waschflüssigkeit erfolgen, vgl. auch den Abschnitt zu Klassierverfahren.

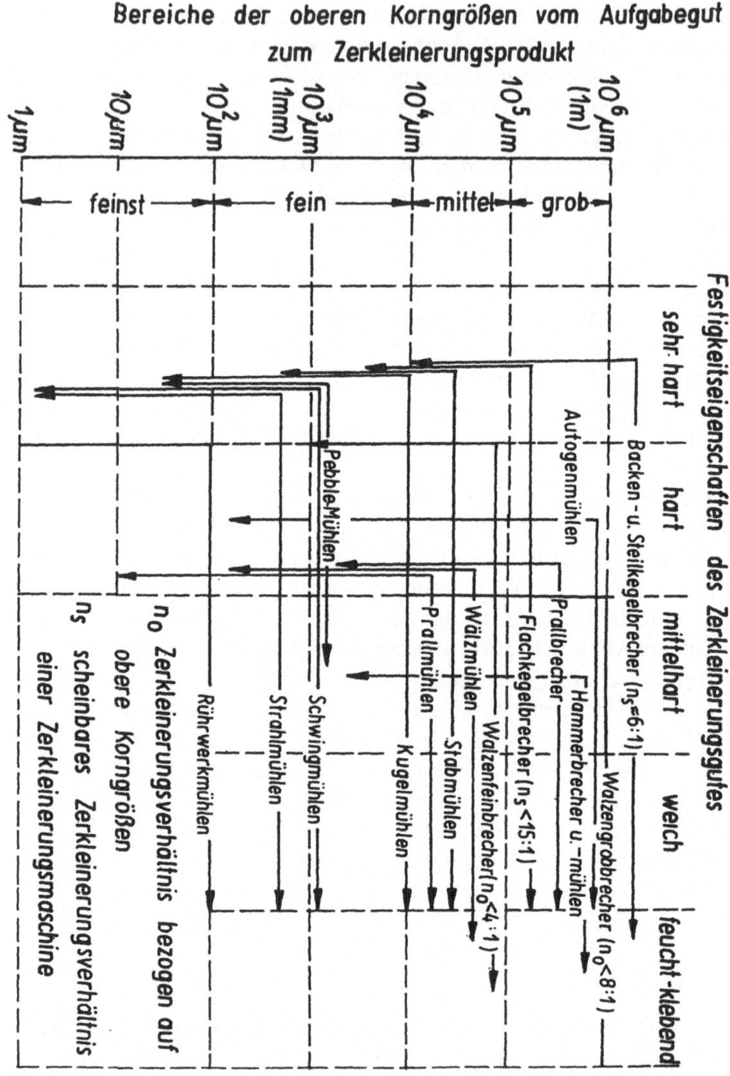

Abb. 4.8. Einsatzbereiche von Zerkleinerungsmaschinen (Schubert 1989)

Die zur Ablösung einsetzbaren Technologien sind direkt mit der Bindungsart der Schadstoffe an die Bodenmatrix verknüpft, vgl. Abb. 4.9. Den Verfahren ist grundsätzlich gemeinsam, daß der Boden ein schlechteres Lösungsvermögen für die Schadstoffe aufweist als das Lösungsmittel (i.d.R. Wasser), in welchem sich somit die Schadstoffe anreichern. Relativ große Schadstoffpartikel können mit den Bodenpartikeln fest verbacken als Agglomerat vorliegen. Durch eine *Scherbeanspruchung* lassen sich diese aufbrechen und in der Flüssigkeit verteilen.

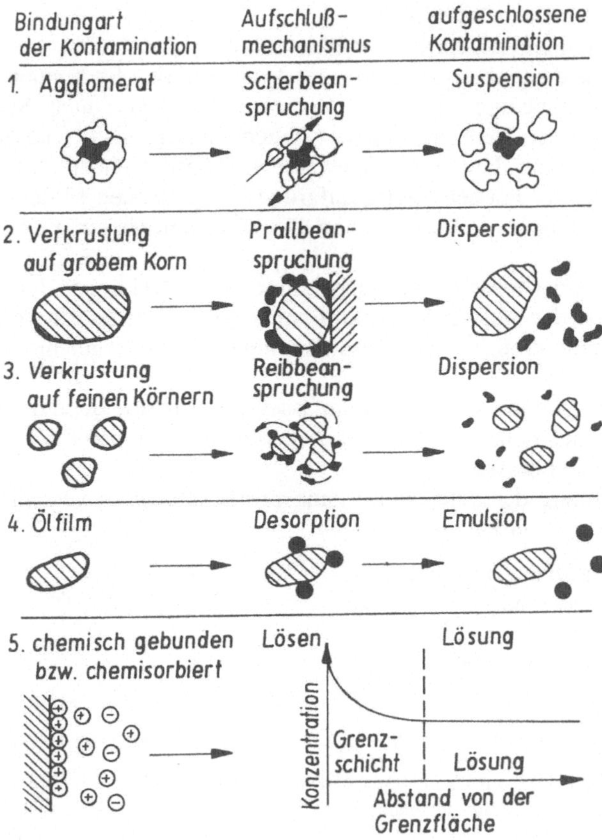

Abb. 4.9. Bindungsarten Boden/Schadstoffe (Neese, Grohs 1990)

Festverkrustete Schadstoffe an Oberflächen von Bodenpartikeln können ebenfalls durch mechanische Beanspruchung abgelöst werden, hier ist insbesondere eine *Prall-* oder bei kleinen, feinen Partikeln (z.B. Tonpartikel) die *Reibbeanspruchung* geeignet, Schadstoffe abzulösen. Handelt es sich bei der Schadstoffkomponente um hydrophobe, ölige, die Bodenpartikel benetzende Substanzen, so können die Schadstoffe durch *Emulgieren* mittels Tensiden oder anderer Lösungsvermittler abgelöst und in der wässrigen Phase verteilt werden. Sind überwiegend elektrostatische Kräfte für die Bindung Boden/Schadstoffe verantwortlich, läßt sich gleichfalls auch durch die *Zugabe von Chemikalien* für eine Ablösung und Auflösung der Schadstoffe günstige Ladungsverteilung erzeugen. Die Auflösungsrate wird durch das Konzentrationsgefälle zwischen Partikeloberfläche und Lösung sowie die Stoffübergangsgeschwindigkeit bestimmt. Durch eine gute Durchmischung des Lösungsraumes kann frische, unbeladene Waschflüssigkeit an die Oberfläche der Partikel gelangen und der Stoffübergang somit beschleunigt werden. In vielen Fällen ist auch durch den Einsatz *thermischer Energie* eine Ablösung der Schadstoffe zu erreichen.

Die dargestellten physikalischen Effekte führen jedoch nicht ausschließlich zu einer Ablösung der Schadstoffe von der Bodenmatrix. Es können, je nach den gewählten Prozeßbedingungen und Bodenverhältnissen, auch Sekundäreffekte auftreten. So werden auch im Boden enthaltene, häufig nicht schädliche Bestandteile wie z.B. Mineralien mit ausgewaschen. Diese beladen das Waschwasser unnötigerweise und müssen häufig aufgrund der geltenden Einleiterbedingungen für Abwässer oder Anforderungen an das Kreislaufwasser aufwendig entfernt werden.

Weiterhin sind (hoch) schadstoffbelastete Bodenfraktionen häufig sehr feinkörnig. Hier ist der Aufwand zur Auftrennung der Schadstoffe von dieser Feinkornfraktion sehr groß, so daß diese Trennung in der Regel nicht durchgeführt werden kann.

Die zu entsorgenden Materialien umfassen daher häufig auch die Feinkornfraktionen und können daher bei Ausgangsmaterialien mit hohen Feinkornanteilen ein großes Volumen umfassen.

Die Abtrennung der Schadstoffe kann prinzipiell durch verschiedene Mechanismen verbessert werden:

- Eintrag mechanischer Energie mittels Strahlrohren, Attritionsstufen, Schwingsieben o.ä.,
- Tensidzugabe,
- Säuren- bzw. Laugenwäsche,
- Eintrag thermischer Energie.

Diese Möglichkeiten sollen im folgenden ausführlicher dargestellt werden.

Mechanische Energie: Zum Lösen der Schadstoffe von den Bodenpartikeln können die Adhäsionskräfte durch den Eintrag mechanischer Energie in Hochdruck-Wassestrahlrohren, Ultraschallbädern, sowie durch Reibungs- und Scherbeanspruchung erreicht werden. Beim *Hochdruckverfahren* wird eine intensive Verwirbelung erzeugt, welche die Partikel gegeneinander und gegen die Wandungen des Apparates stoßen läßt. Bei den *Ultraschallverfahren* wird die partikelhaltige Flüssigkeit mit Schallwellen beaufschlagt. Die bei Schallstärken von 10 V/cm^2 auftretenden bis zu 5 bar starken Wechseldrücke reichen aus, um die Flüssigkeit stellenweise zu zerreißen und gasgefüllte Hohlräume zu erzeugen (Kavitation). Wenn die Flüssigkeit nun in diese Hohlräume zurückströmt, geschieht dieses sehr schnell, so daß stoßweise hohe mechanische Kräfte auftreten, welche die Schadstoffe und Bodenpartikel auseinanderreißen. Bei Schervorgängen kann der Flüssigkeitsdruck aufgrund der lokalen Partikelgeschwindigkeit unter den Wert des Dampfdruckes sinken. Dadurch verdampft die Flüssigkeit und es entstehen die Gasblasen, welche bei einer Verlangsamung der Strömung zusammenfallen und somit eine Trennung ermöglichen. Dieser Effekt ist temperaturabhängig: Bei 20 °C ist dazu eine Strömungsgeschwindigkeit von ca. 14 m/s notwendig, was durch intensives Rühren zu erreichen ist.

Chemische Hilfsstoffe: *Chemische Hilfsstoffe* (z.B. Tenside) können als Lösungsvermittler wirken und so zu einer besseren Löslichkeit von Schadstoffen in Wasser führen. Häufig weisen organische Kohlenwasserstoffe ein schlechtes Lösungsvermögen in Wasser auf. Tenside sind asymmetrische, meist polare Moleküle, welche einen wasserabweisenden (hydrophoben) und einen wasserliebenden (hydrophilen) Teil aufweisen. Die hydrophoben Molekülteile umlagern die Fremdstoffe (Kontaminanten und Bodenpartikel) und verdrängen die wässrige Phase.

Ähnlich wie die Tenside wirken auch *Komplexbildner*, welche insbesondere zum Ablösen von Schwermetallverbindungen geeignet sind. Ein häufig eingesetzter Komplexbildner ist EDTA (Ethylen-Diamin-Tetraessigsäure). Durch die Einbindung mehrwertiger Metallionen wird deren

Konzentration in der Lösung gesenkt. Zum Konzentrationsausgleich werden schwerlösliche Salze gelöst und dort von freien Komplexbildnermolekülen gebunden. Die Komplexe müssen anschließend gefällt und aufbereitet werden.
Ein weiterer wichtiger physikalischer Effekt für die Lösung oder Dispergierung von Partikeln ist das sogenannte *Zeta-Potential* ς, es ist ein Maß für die Aufladung von Partikeln. Wesentliche Einflußgrößen sind hier die Viskosität η der Flüssigkeit, die Wanderungsgeschwindigkeit v der verteilten Teilchen in einem elektrischen Feld, das elektrische Feld selbst Σ und die Dielektrizitätszahl ε (eine Stoffkonstante). Zetapotentiale können bis zu 100 mV betragen.
Die in einer Suspension verteilten Partikel laden sich durch die Anlagerung von Ionen elektrisch auf. Diese Ladung ist vom pH-Wert in ihrer Stärke und hinsichtlich des Vorzeichens abhängig. Dieser pH-Wert kann nun durch Zugabe von gebranntem Kalk oder von Kalkmilch so verändert werden, daß die Bodenpartikel und die Schadstoffe gleiche Vorzeichen aufweisen und sich daher gegenseitig abstoßen. So laden sich zum Beispiel Kohlenwasserstoffe, Fette und Ruß sowie Tonmineralien beim Lösen in Wasser negativ auf. Im basischen pH-Bereich wird dieser Effekt verstärkt, im sauren Bereich abgeschwächt.
Säuren- bzw. Laugenwirkung: Das Löslichkeitsverhalten von Schwermetallen ist pH-abhängig. Durch gezielte Säuren- bzw. Laugenzugabe ist somit eine pH-Einstellung und damit eine Verbesserung des Lösungsverhaltens von Schwermetallen möglich.
Thermische Energie: Nach dem Gesetz von *Claudius-Clapeyron* erhöht sich der Dampfdruck einer Substanz mit der Temperatur. Bei einer Temperaturänderung um 30 °C steigt der Dampfdruck um das ca. 4- bis 6-fache. Dementsprechend nimmt die Gasphasenkonzentration an dem betrachteten Stoff ebenfalls zu.
Als weiterer Effekt wird die Auflösungsgeschwindigkeit der an den Partikeloberflächen angelagerten wasserlöslichen Substanzen durch eine höhere Diffusionsgeschwindigkeit bei steigender Temperatur gleichfalls erhöht.

Nach dieser Darstellung der physikalischen Grundlagen wird im folgenden die Apparatetechnik zur Bodenwäsche erläutert.

Zum Eintrag mechanischer, kinetischer Energie sind *Hochdruckstrahlapparate* geeignet. Diese bestehen aus einer großen inneren Düse sowie einem umliegenden äußeren Düsenkranz. Durch die innere Düse wird ein Boden-Luftgemisch aufgegeben und über die äußeren Düsen Prozeßwasser bei hohem Druck und hoher Geschwindigkeit eingedüst, beispielsweise bei 350 bar und 250 m/s (Klöckner Oecotec-Verfahren, vgl. das Verfahrensbeispiel). Da das Boden-Luftgemisch mit geringerer Geschwindigkeit eingedüst wird, liegen hier Unterdruckverhältnisse vor, der Wasserstrahlkegel verbreitert sich ab dem Düsenaustritt und reißt hier Boden- und Luftpartikel mit. Die so erzeugte Verwirbelung erreicht eine Abtrennung der Schadstoffe von den Bodenpartikeln und eine Suspendierung der Bodenteilchen in der Waschflüssigkeit. Die leichtflüchtigen Schadstoffe gehen dabei in die Gasphase über (Strippeffekt). Der Nachteil dieser Verfahrenstechnologie liegt in dem hohen Verschleiß, welchem die Anlagenteile aufgrund der mechanischen Beanspruchung durch die per Hochdruck verwirbelten, schnellen abrassiven Bodenteilchen unterliegen. Die zur Wäsche eingesetzten Apparatetechnologien sind überwiegend aus der Mineralstoffaufarbeitung weiterentwickelt worden.

Hierbei handelt es sich um folgende prinzipielle Bauarten:

1 Apparate mit rotierendem Prozeßraum, sogenannte Läutertrommeln.
  Sie finden breite Anwendung bei der Bodenbehandlung, insbesondere bei geringbelasteten, nicht allzu feinkörnigen Bodenarten (Partikeldurchmesser größer als 1 mm, maximal 100 - 250 mm). Es werden auch Beton-Mischfahrzeuge als Waschtrommeln für mobile Anlagen eingesetzt. Wesentliche Prozeßparameter sind die Drehgeschwindigkeit und das Mengen-

verhältnis von Feststoff zu Wasser. Daneben wirken sich die Art der Einbauten, die Neigung der Trommel sowie die eventuell zugegebenen Aufschlußkörper auf das Waschergebnis aus.

2 Agitationsapparate mit rotierenden Einbauten.
Dieser Apparatetyp ist als stehender Behälter oder Trog mit Rotormischern in horizontaler oder vertikaler Bauweise ausgeführt. Das Waschgut wird einer scherenden und reibenden Beanspruchung unterzogen. Die Apparate sind zur Behandlung feinkörnigerer Güter unter ca. 30 mm geeignet. Problematisch wirkt sich bei diesem Bautyp die hohe mechanische Beanspruchung der Apparatewandungen aus. Typische Bauformen sind Trogwäscher, Rührwerkswäscher oder Schlägerwellenwäscher.

3 Apparate mit Schwingungs- bzw. Vibrationseinheiten.
Bei Apparaten dieser Gruppe werden sowohl Ultraschallverfahren eingesetzt als auch niedrigenergetische Schwingungen erzeugt. Bei weniger anspruchsvollen Waschverfahren (Grobkornbehandlung, Feinstkornbehandlung) kann die Schwingungsrichtung in Förderrichtung verlaufen, z.B. bei bebrausten Schwingsieben. Anspruchsvollere Trennaufgaben erfordern eine Schwingungsrichtung quer zur Transportrichtung wie z.B. bei Rohrschwingwäschern. Diese Abtrennungsvorgänge laufen besonders gut bei der Beaufschlagung mit Ultraschall ab.

4 Durchströmte Schüttungen.
Diese sind derzeit noch nicht Stand der Technik. Aufgrund der relativ schlechten Trennleistung müssen chemische Lösungshilfsmittel und große Wassermengen zugegeben werden.

Zur Erzeugung *thermischer Effekte* in Suspensionen oder Lösungen kann die Sattdampfinjektion eingesetzt werden, bei der Wasserdampf mit Überdruck in die Flüssigkeit eingedüst wird. Der Dampf kondensiert und erzeugt eine Durchwirbelung und Erwärmung der Suspension. Ein Boden mit einem Feuchtegehalt von 20 % wird durch Injektion von 1% des Bodengewichtes an Dampf um ca. 16 K erwärmt. Dadurch werden die Stoffübergänge beschleunigt, Dampfphasenkonzentrationen erhöht und die zur Durchmischung der Suspension benötigte Energie aufgrund der reduzierten Viskosität (Zähigkeit, ebenfalls eine temperaturabhängige Größe) reduziert.

4.3.4.3
Die Extraktion

Ist der Reinigungserfolg von Waschverfahren in erster Linie auf die eingebrachte mechanische Energie und weniger auf die Lösungseigenschaften der eingebrachten Waschflüssigkeit für die Schadkomponenten zurückzuführen, so ist letzterer Effekt bei der Extraktion der entscheidende. Die Lösungsmittel erzielen aufgrund ihrer häufig selektiven Wirkung vorzügliche Reinigungsleistungen.

Bei der Extraktion wird das unterschiedliche Lösungsverhalten eines Stoffes in verschiedenen nicht mischbaren Lösungsmitteln ausgenutzt. Gibt man beispielsweise Wasser und Benzin als nichtmischbare Stoffe zusammen und fügt Alkohol (Ethanol) hinzu, so löst sich dieser in den beiden Phasen in unterschiedlicher Menge. Diese Verteilung eines Stoffes erfolgt gemäß dem Nernst'schen Verteilungsgesetz und ist bei vorgegebenen Bedingungen konstant (Verteilungskoeffizient, Löslichkeitskonstante K_i). Wird nun zu einem vorliegenden Gemisch aus Trägerstoff und Gelöstem eine weitere, im Trägerstoff 1 nicht oder nur schlecht lösbare Komponente 2 zugegeben, so verteilt sich die gelöste Phase entsprechend den Löslichkeitskonstanten auf die beiden Phasen. Die Wahl des Lösungsmittels ist also ein wesentlicher Faktor für eine effektive Extraktion. Organische Halogenverbindungen werden in organischen Lösungsmitteln wie Pentan oder Hexan deutlich besser gelöst als in Wasser. Extraktionen können auch in Fest-Flüssig-Systemen durchgeführt werden. Zur Beschreibung der Fest-Flüssig-Extraktion ist das Nernst'sche Verteilungsgesetz entsprechend zu modifizieren, da weitere physikalische Effekte bei der Gleichgewichtseinstellung wie Lösungsgeschwindigkeit der kristallinen oder amorphen Partikel sowie zu überwindende Adsorptionskräfte zu berücksichtigen sind. In der Tabelle 4.9. sind die unterschiedlichen Lösungseigenschaften für verschiedenen Kontaminanten in Lösungsmitteln dargestellt.

Auswahl des Lösungsmittels: Bei der Auswahl des Lösungsmittels sind eine Reihe von Anforderungen zu beachten:

Lösungsvermögen:	Der zu lösende Stoff soll in hoher Konzentration im zugegebenen Lösungsmittel gelöst werden.
Chemische Stabilität:	Sollte hoch sein wg. der Beanspruchung bei einer Lösemittelrückgewinnung (z.B. thermische Beanspruchung).
Selektivität:	Es soll möglichst nur der abzutrennende Stoff aufgenommen werden und nicht weitere, in der Bodenmatrix enthaltene Stoffe; d.h. eine hohe Selektivität ist gefordert.
Viskosität:	Sollte niedrig sein, um eine gute Durchmischung der Bodensuspension bei niedrigem Energiebedarf zu gewährleisten.
Siedepunkt:	Bei niedrigem Siedepunkt kann das Lösungsmittel bei geringer thermischer Beanspruchung vom Extraktstoff abgetrennt werden.
Erstarrungspunkt:	Sollte tief liegen, damit die Anlage auch im Freien oder Winter betrieben werden kann.
Verdampfungswärme:	Bei niedriger Verdampfungswärme ist der zur Lösemittelrückgewinnung benötigte Energiebetrag geringer.
Korrosivität:	Korrosive Lösungsmittel können die Anlagenstandzeit verringern.
	Für die Fest-Flüssig-Extraktion ist darüber hinaus von Bedeutung:
Benetzbarkeit:	Bei guter Benetzbarkeit kann das Extraktionsmittel das Extraktionsgut auch in Porenbereichen erreichen.

Die Auswahl eines Lösemittels wird in der Regel immer in einen Kompromiß münden, da auch wirtschaftliche Gründe für die Auswahl mit entscheidend sein werden (Kostenaspekt).

Derzeit werden auch Verfahren erprobt, bei denen *überkritische Gasen* als Extraktionsmittel eingesetzt werden, vgl. Schultz et.al. 1994. Diese sogenannte Hochdruckextraktion ist bisher im Bereich der Nahrungs- und Genußmittelerzeugung und pharmazeutischen Industrie eingesetzt, zum Beispiel zur Extraktion von Koffein aus Kaffee oder zur Gewinnung von Ölen aus Saaten. Bei hohen Drücken und Temperaturen treten Gase in einen sogenannten überkritischen Zustand, in welchem ihre Dichte mit der von Flüssigkeiten vergleichbar ist, die Transporteigenschaften und Stoffkenngrößen (Viskosität oder Diffusionskoeffizienten) jedoch eher in für Gase charakteristischen Bereichen liegen. Somit werden die positiven Eigenschaften von Flüssigkeiten (Belastungsdichte) mit denjenigen von Gasen (Transporteigenschaften) verknüpft. Die Hochdruckextraktion wurde insbesondere hinsichtlich einer Behandlung von Feinkornfraktionen entwickelt. Durch die Druckbeaufschlagung kann das Lösungsmittel auch die inneren Oberflächen erreichen und hier Schadkomponenten lösen.

Extraktionsprozesse werden i.d.R. kontinuierlich oder diskontinuierlich ex-situ ausgeführt. In einigen Fällen wird auch eine in-situ-Behandlung vorgenommen, so zum Beispiel durch Hochdruckextraktion oder der Verregnung von Lösungsmitteln, dem sogenannten Leaching.

Tabelle 4.9. Mögliche Eignungen von Extraktionsmitteln (nach Wittland 1990)

Schadstoff		Klassierung mit Wasser *1	wässrige Lösung mit Säure	wässrige Lösung mit Lauge *1	wässrige Lösung mit Komplexbildner	wässrige Lösung mit Detergens *1	organ. Lösungsmittel *2
aliphatische und aromatische Kohlenwasserstoffe	flüchtig	+/-	-	+/-	-	+/-	+ *3
	nicht flüchtig	-/+	-	-/+	-	+/-	+
polycycl. aromat. Kohlenwasserstoffe		-/+	-	+/-	-	+/-	+
leichtfl. Halogenkohlenwasserstoffe		+/-	-	+/-	-	+/-	+ *3
org. Pestizide		+/-	-/+	+/-	-/+	+/-	+
Schwermetalle und Metalloide	kationisch	+/-?	+	-	+/-	-/+	-
	anionisch	-/+?	-/+	+	-/+	-	-
Cyanide	frei	+	-	+	-	+	-
	komplex	-/+	-	+	-	-	-
Mischungen anorg. Bestandteile		+/-	+/-	+/-	-/+	+/-	-

*1 Diese Methode beschreibt eine Trennung von Humus und feinen mineralischen Teilchen vom Boden (< 50 µm); diese Anteile bilden den Schlammruckstand

*2 bei nicht wasserlöslichen Lösungsmitteln muß der Boden vor der Extraktion getrocknet werden

*3 Schadstoff kann beim Trocknen oder während der Extraktion verdampfen

Der Extraktionsprozeß umfaßt die folgenden, wesentlichen Prozeßschritte:

1. Bodenvorbereitung,
2. Mischen und Extrahieren,
3. Bodenbehandlungsstation,
4. Lösungsmittelaufbereitung (Verdampfung, Kondensation),
5. Behandlung des Schadstoffkonzentrates.

Anlagen- und Apparatetechnologie zur Extraktion und Aufbereitung des Extraktionsmittels: Bei der Extraktion mit organischen Lösungsmitteln ist ein weitgehend trockener Boden mit einem Feuchtegehalt von unter 10 % in den Extraktionsapparat einzubringen. Hohe Wassergehalte erzeugen ein Mehrphasengemisch, welches nach der Extraktion aufwendig aufbereitet werden muß. Weiterhin verhindert das Wasser durch die Bildung einer Hydrathülle den Schadstoffübergang. Die *kontinuierliche Extraktion* kann z.B. in Waschtrommeln erfolgen, welche jeweils mit frischem Extraktionsmittel beaufschlagt werden. Für den Ablauf des Extraktionsprozesses ist eine gute Durchmischung von wesentlicher Bedeutung, da so eine große Phasengrenzfläche erzeugt und ein weitgehender Stoffübergang gewährleistet wird. Hierzu wird das Extraktionsgut im Extraktionsmittel suspendiert oder das Extraktionsmittel durch das Extraktionsgut hindurchgedrückt. Eher feinkörnige Bodenfraktionen werden per Rührer suspendiert oder mittels Kreiselpumpen per Durchlaufmischer vermengt.

Die Regeneration des Waschmittels kann auf unterschiedlichste Weise geschehen. Die Feststoff-Flüssigkeitstrennung kann durch Sedimentation der Partikel, Filtration oder Abpressen erfolgen.

Bei der Auftrennung zweier flüssiger Phasen liegen diese häufig aufgrund der zur Extraktion notwendigen Durchmischung dispers verteilt als Emulsion vor.

Bilden sich aus diesen Tröpfchen größere Tropfen, so können diese einfacher abgeschieden werden, da sie leichter absedimentieren oder als Verbund aufschwimmen. Diese sog. Koaleszenz kann durch den Einsatz von Umlenkblechen, dem Anlegen elektrischer Felder oder das Durchleiten durch poröse Materialien, deren Oberflächen von der dispersen Phase benetzt werden, erfolgen. Apparate für die Flüssig-Flüssig-Abscheidung werden meist als liegende Zylinder oder nach unten spitz zulaufende Wannen ausgeführt, in denen die schwerere Phase absinkt und unten abgezogen wird, während die leichte Phase am Überlauf an der Flüssigkeitsoberfläche anfällt. Diese Apparate umfassen häufig auch die Mischstufe und sind dazu mit Düsensystemen oder mechanischen Rühreinrichtungen ausgestattet. Durch ein Hintereinanderschalten solcher Mischer-Abschweiderelemente (Batterieschaltung) lassen sich hohe Trenngrade auch bei der Fest-Flüssigtrennung erreichen. Einzelne Behälter können auch aus der Schaltung herausgenommen, entleert oder reinigt werden, während die übrigen Behälter weiter durchströmt werden. Das feste Extraktionsgut kann auch mittels Förderbändern durch das Extraktionsmittel geführt werden.

4.3.4.4 Trennverfahren im Anschluß an den Waschvorgang

Sowohl bei der Bodenwäsche als auch bei der Extraktion mittels Wasser schließen sich verschiedene Trennoperationen an den eigentlichen Wasch- oder Extraktionsvorgang an oder werden schon vorab durchgeführt: Die Bodenfraktionen müssen aufgetrennt werden, um entweder unbelastetes Material frühzeitig aus der Behandlung auszuschleusen oder die Schadstoffe aufzukonzentrieren. Weiterhin muß die als Dispersion in der Waschflüssigkeit vorliegende Feinkornfraktion aufbereitet werden. Schließlich sind drittens die in der Waschflüssigkeit gelösten Schadstoffe abzutrennen, um die Waschflüssigkeit zu regenerieren und erneut im Prozeß einsetzen zu können. Folgende Tabelle stellt die Trennverfahren im Überblick dar.

Als erstes soll die Auftrennung von Korngemischen dargestellt werden. Daran schließen sich die Behandlung der gelösten Schadstoffe und die Nachbehandlung des Bodens an.

Die **Separationsmechanismen Klassier- und Sortierverfahren:** Die Separation ist zur mechanischen Aufbereitung des Bodens sowohl vor der eigentlichen Wäsche als auch zur Nachbehandlung des gewaschenen Bodenmaterials geeignet. Zur Trennung und Aufbereitung der Korngemische werden Klassier-, Sortier- oder Entwässerungsverfahren eingesetzt. Dabei werden unterschiedliche physikalische Mechanismen angewandt: Die Sedimentation im Schwerefeld oder von außen angelegtem Feld, Siebverfahren, die Flotation sowie die Emulsionstrennung.

Da die Einsetzbarkeit von Wasch- und Sortierverfahren wie bereits dargestellt stark von der Korngrößenverteilung des zu reinigenden Bodens abhängig ist, kommt der Korngrößenklassierung eine besondere Bedeutung zu. Die Schadstoffanteile im Boden sind meist auch an die Feinkornfraktionen gebunden, so daß diese Kornfraktion klar von den anderen getrennt werden muß.

Klassierverfahren: Klassierverfahren stellen häufig die ersten Prozeßschritte zur Bodenaufbereitung vor der weiteren Behandlung dar. Beim Klassieren kann aufgrund der Trennmechanismen zwischen der Siebklassierung und der Stromklassierung unterschieden werden.

Bei der *Siebklassierung* werden gröbere Partikel auf einem semipermeablen, mit Bohrungen eines definierten Durchmessers d versehenen Boden zurückgehalten, während kleinere Partikel mit einem Durchmesser unter d durch den Siebboden hindurchtreten. Der Siebrückstand wird Grobgut, der Siebdurchgang Feingut genannt.

Tabelle 4.10. Klassifizierung der Trennverfahren für Feststoffe im Überblick

	Beispiele	Prinzip
1 **Klassieren**	Siebklassierung Stromklassierung (Hydrozyklone, Aufstromprinzip)	Trennen der Partikelgemische nach Korndurchmesser (Größe)
2 **Sortieren**	Sedimentation Flotation Emulsionstrennung	Trennen der Korngemische nach anderen Eigenschaften als dem Klassieren, z.B. aufgrund verschiedener Dichten, elektrischen Eigenschaften oder Oberflächenbeschaffenheiten
3 **Entwässern**	Sedimentation Schwingsieb Druckfilter	Rückgewinnung der Waschflüssigkeit und Abtrennung der Schadstoffe
4 **Behandlung löslicher Schadstoffe**	Fällung Flockung Adsorption Ultrafiltration/Umkehrosmose elektrochemische Verfahren	Behandlung löslicher Schadstoffe durch Erzeugung schwerlöslicher Verbindungen, Bindung an feste Matrizen oder Einsatz von Membranen oder elektochemischer Prozesse

Typische Trennkorndurchmesser der Siebklassierung liegen bei 1 mm und darüber, in Ausnahmefällen auch bei 0,1 mm. Um ein Zusetzen des Siebbodens mit größeren Partikeln zu verhindern, muß das Siebgut aufgelockert und umgewälzt werden. Bei der Durchführung technischer Trennvorgänge wird keine vollständige Trennung erzielt; so verbleibt ein Teil des Feinkorns, das sogenannte Fehlkorn, auch in der Grobkornfraktion. Das Siebklassieren kann *naß oder trocken* erfolgen. Die Art des Verfahrens richtet sich nach der Ausgestaltung des gesamten Bodenbehandlungsprozesses sowie nach der Einordnung der jeweiligen Klassierstufe im Prozeß. Mittels Naßklassierung, d.h. Aufgabe von Waschwasser auf das Gut können gleich mehrere Arbeitsschritte durchgeführt werden: Neben einer Abtrennung des Grob- vom Feingutes findet zusätzlich eine Reinigung des (meist gering bis nicht belasteten) Grobgutes statt. Für die Apparateauswahl ist insbesondere die geforderte Trennkorngröße ausschlaggebend.

Roste oder feststehende Siebe werden bei einfachen Trennprozessen eingesetzt. Bei Siebmaschinen findet eine Relativbewegung der Siebstangen zueinander statt, beispielsweise durch Drehen bei Stangensizern, Rost- oder Wälzsieben oder durch eine zur Siebebene senkrechte Schwingungsbewegung (Wurfsiebe). Die Siebflächen sind teilweise geneigt konstruiert, um den Partikeltransport zu beschleunigen. Dabei ist jedoch immer eine apparativ und verteilungsabhängige Mindestverweilzeit des Gutes auf dem Sieb einzuhalten, um eine ausreichende Trenngüte zu erzielen. Für die Bodenwäsche sind alle vorgestellten Siebe bis auf Plansiebe einsetzbar, wobei Wurfsiebe am weitesten verbreitet sind. Die festen und beweglichen Roste sind eher auf Sonderanwendungen beschränkt. Siebklassierverfahren können auch durch Waschvorgänge ergänzt werden. Hier findet somit eine Reinigung des Grobgutes sowie eine Entwässerung auf den letzten (trocken geführten) Abschnitten des Siebes statt. Die folgende Tabelle gibt grundsätzliche Anwendungsbereiche für Siebklassiereinrichtungen wieder.

Tabelle 4.11. Einsatzbereiche für Siebklassierer

Einsatz	Apparat
Bodenvorbereitung (Grobstoffabtrennung)	feste und bewegliche Siebroste, Siebe
Klassieren und Waschen von Sand und Grobsand	Wurfsiebe
Waschen und Entwässern von Feinsanden	Schwingentwässerer

Die *Stromklassierung* kann mittels Gas- oder Flüssigkeitsströmen durchgeführt werden. Dabei wird das zu klassierende Gut in ein entsprechendes Strömungs- oder Kraftfeld gebracht. Die sich in Dichte oder Durchmesser unterscheidenden Partikel werden dabei räumlich auseinandergezogen und so getrennt. Weit verbreitete Geräte zur Klassierung sind Aufstromklassierer oder Hydrozyklone.

Hydrozyklone nutzen die in Zentrifugalfeldern herrschenden Fliehkräfte zur Auftrennung der Kornfraktionen. Die dabei erzielten Beschleunigungen erreichen ein Vielfaches der Schwerebeschleunigung g bei normalen Sinkprozessen.

Zur Auslegung von Zyklonen sind insbesondere der Grenzkorndurchmesser d_{PG}, der Abscheidegrad sowie der Strömungswiderstand des Zyklons zu bestimmen. Der Gesamtabscheidegrad gibt die gesamte abgeschiedene Menge bezogen auf die Gesamtaufgabemenge wieder, der Fraktionsabscheidegrad bezeichnet die abgeschiedene Menge einer bestimmten Kornklasse im Verhältnis zur gesamt aufgegebenen Masse dieser Kornklasse.

Den Aufbau eines Zyklons zeigt Abb. 4.10. Er besteht aus einem Zylinder, welcher nach unten konisch zuläuft und in den das aufgegebene Fluid (Suspension, Wasser-Boden-Gemisch) tangential eingedüst wird. Aufgrund des konischen Aufbaus wird das Fluid auf eine nach unten gerichtete Kreisbahn geführt, gleichzeitig setzt aufgrund der Verjüngung eine Aufwärtsbewegung im inneren, unteren Bereich des Zyklons ein. Die größeren Partikel werden aufgrund der Zentrifugalbeschleunigung nach außen getragen und an der Wandung abgebremst. Sie rutschen nach unten und werden über die Unterlaufdüse abgezogen. Der aufwärts gerichtete Strom reißt die kleineren Partikel mit und trägt sie aus der sogenannten Überlaufdüse mittig aus.

Der *Trennkorndurchmesser* x_T eines Zyklons ist proportional zur Dichtedifferenz der zu trennenden Partikel und des Fluids sowie zur Wurzel des Zyklondurchmessers D und umgekehrt proportional zum Druckunterschied im Zyklon. Diese Verhältnisse sind bei der Auslegung eines Zyklons zu beachten.

Die äußere Form eines Hydrozyklons ist gegenüber einem Gaszyklon eher schlank. Von Rietma werden für den optimalen Betrieb eines solchen Trennapparates die Einhaltung der folgenden Abmessungsverhältnisse empfohlen (Rietma 1965; H: Höhe (m), D: Durchmesser (m)):

bezogene Höhe	$H/D = 5$
bezogener Einlaufdurchmesser	$de/D = 0{,}28$
bezogener Oberlaufdurchmesser	$d/D = 0{,}34$
bezogene Tauchrohrhöhe	$hi/D = 0{,}4$

Die Abscheidegüte eines Zyklons kann im allgemeinen durch konstruktive Maßnahmen wie abnehmender Zyklondurchmesser, größere Baulänge sowie höhere Druckverluste verbessert werden.

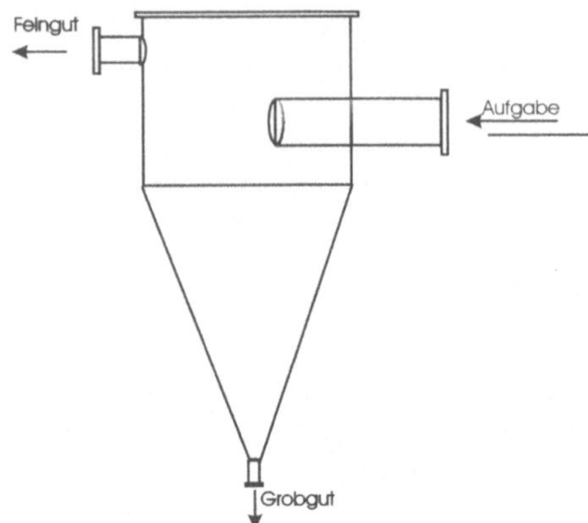

Abb. 4.10. Technischer Aufbau eines Zyklons

Hydrozyklone weisen eine gegenüber anderen Trennapparaten kompakte Bauart und bessere Trennwirkung auf (Fraktionstrenngrad) und sind daher für den Einsatz in mobilen Anlagen geeignet. Man unterscheidet Flachboden- und Hydrozyklone normaler Bauart. Erstere weisen Trennkorndurchmesser von 40 bis 300 µm auf, letztere ca. 5 bis 150 µm. Aufgrund der konstruktiven Anforderungen (relativ geringe Eingangskonzentration, schlanke Bauart) sind keine sehr hohen Durchsatzleistungen möglich, daher werden häufig mehrere Zyklone hintereinandergeschaltet parallel betrieben. Die maximale Aufgabekonzentration für die Feinkornfraktion wird für Hydrozyklone mit 40 - 50 % angegeben, ansonsten können Verstopfungen auftreten. Hierdurch wird der Feinkornanteil eines zu behandelnden Bodens begrenzt.

Probleme werfen jedoch auftretende starke Schwankungen in der Zusammensetzung des Aufgabegutes auf. Hier kann über eine gezielte Teilstromrückführung und Zudosierung in den Aufgabestrom ein weitgehender Ausgleich der Konstanz der Aufgabekorngröße und des Volumenstroms als wesentliche Prozeßparameter gewährleistet werden. Weitere konstruktive Besonderheiten zur Regelung des Zyklonbetriebes sind variable Festbetthöhen oder eine automatisierte Unterdüsenverstellung, um bei schwankenden Zulaufwerten die Trennkorngröße konstant zu halten, vgl. LfU 1993. Eine weitere konstruktive Besonderheit stellt der Multizyklon dar, welcher mehrere Zyklonelemente in einem Gerät vereint.

Aufstromklassierer sind häufig den Zyklonen nachgeschaltet und stellen eine Nachreinigungsstufe zur Abtrennung feinkörniger Partikel dar. Sie können aber auch zur Abtrennung spezifisch leichteren Materials (Holz o.ä.) vor einer Bodenwaschstufe eingesetzt werden. Die Trennwirkung des Stromklassierens basiert auf unterschiedlichen Sinkgeschwindigkeiten der Gemischbestandteile. Das Gut wird dabei in einem Apparat in eine aufwärtsgerichtete Fluidsströmung eingebracht, welche eine gleichgerichtete Kraft gegen die Schwerkraftrichtung erzeugt. Schwerere, größere Partikel werden von dieser Strömung nicht mitgerissen und fallen nach unten, die Feinkornfraktion wird oben ausgetragen. Die Apparate werden meist als Kessel ausgeführt. Von unten wird durch einen Siebboden Wasser eingedüst und von oben das Aufgabegut über ein Tauchrohr zugeführt. Dadurch bildet sich im unteren Bereich eine durchmischte Wirbelschicht aus, an welche sich oberhalb eine Entmischungszone mit geringerer Fluidströmungsgeschwindigkeit anschließt. Aus der darüber befindlichen Nachklassier- bzw. Aufstromzone wird dann die Feinkornfraktion abgezogen, während die Grobkornfraktion unten auf Höhe des Siebbodens ausgeschleust wird.

Sedimentation: Die Sedimentation ist insbesondere zur Abtrennung feinkörniger Fraktionen aus Suspensionen geeignet (zum Beispiel Schluff- Ton oder Sandabtrennung). Dabei werden im wesentlichen das Schwerefeld der Erde zur Trennung von Partikelgemischen aufgrund unterschiedlicher Sinkgeschwindigkeiten genutzt. Darüber hinaus kann dieser Effekt durch eine äußere Druckbeaufschlagung verstärkt werden, man spricht dann vom Pressen, vgl. die Ausführungen zur Entwässerung.

Die Apparate zur Schwerkraftsedimentation werden meist als rechteckige Bekken ausgeführt, in welche die Suspension an einer Schmalseite eingeleitet wird. Per Überlauf wird an der gegenüberliegenden Seite die Feinkornphase abgezogen, die schweren Partikel sedimentieren und werden unten per Rechen oder Schaufelrad entnommen. Bei geringen Sinkgeschwindigkeiten ist daher diese Trenntechnik nicht einsetzbar, hier muß die Abscheidung im Zentrifugalfeld oder per Setzvorgang erfolgen.

Zur Bodenaufbereitung werden überwiegend Kompressionseindicker oder Lamellenklärer eingesetzt. In Wendelrinnen können Partikel bis 0,1 - 0,3 mm abgeschieden werden.

Im *Kompressionseindicker* bildet sich ein Schlammbett aus, über welchem sich die Klarflüssigkeit ansammelt. Die Partikel sedimentieren und erzeugen über die sich aufbauende Schichthöhe einen hydrostatischen Druck. Der dadurch eingedickte (entwässerte) Schlamm wird unten abgezogen.

Zur Behandlung mittels *Lamellenklärern* wird die Suspension auf schräge Ebenen (Lamellen) aufgebracht. Die Suspension lagert sich hierauf ab und das enthaltene Wasser fließt entweder nach unten ab (Aufgabe der Suspension von oben) oder die Partikel sedimentieren und das Wasser fließt als Überstand ab, wenn die Suspension von unten in den Klärer eingebracht wird.

Alternativ kann eine sedimentierte Schüttung in sogenannten *Setzmaschinen* durch einen untenliegenden Siebboden pulsierend durch eine Fluidströmung beaufschlagt werden. Dabei tritt eine Entmischung auf, die spezifisch leichteren Körner kommen über den spezifisch schwereren zu liegen. Über mehrere, übereinander angeordneten seitlich angebrachten Öffnungen können die Partikelfraktionen abgezogen werden. Grobsetzmaschinen trennen einen Körnungsbereich von 5 bis 100 mm. Bei Feinkornsetzmaschinen wandert das Grobkorn durch den Setzgutträger hindurch, abgetrennt werden die Fraktionen unter 3 bis 5 mm. Die Apparate setzen meist pulsierende Luftströme zur Lockerung und Entmischung ein.

Die Leistung der Sedimentationsanlagen erreichen meist keine ausreichenden Trocknungsgrade, so daß anschließend andere Verfahren nachgeschaltet werden müssen, vgl. die Ausführungen zur Bodenentwässerung.

Flotation: Zur Flotation werden Luftbläschen in eine feindisperse Aufschlämmung von Teilchen eingedüst. An diesen Bläschen lagern sich die dispergierten Teilchen an und werden so mit an die Oberfläche getragen. Der sich an der Oberfläche sammelnde Schaum kann mittels eines Rechens (Skimmer) abgestreift werden. Somit liegen die Schadstoffpartikel aufkonzentriert vor. Dieses Verfahren wird häufig zur Erzaufbereitung eingesetzt, um dort die Gangart von den Erzpartikeln zu trennen. Bei der Bodenaufbereitung können so vor allem feinkörnige Materialien wie Sand oder Schlufffraktionen aufbereitet werden. Dieses Verfahren ist besonders in folgenden Anwendungsbereichen für eine selektive Trennung geeignet (LfU 1993):

- Abtrennung schadstoffbelasteter Feststoffanteile, bevorzugt Leichtstoffe, Kohlenwasserstoffe bei Partikelgrößen zwischen 0,02 bis 0,2 mm,
- Abtrennung öliger Phasen sowie der Emulsionsspaltung oder der Aufbereitung ölhaltiger Schlämme,
- Aufbereitung von Prozeßwässern mit hohen feinkörnigen Feststoffanteilen (unter 0,025 bis 0,063 mm) sowie nach Fällungs- und Emulsionsspaltprozessen,
- Aufbereitung von Grundwässern und Abwässern in Verbindung mit Fällungs- und Flockungsprozessen).

Zur Flotation werden häufig Hilfsstoffe eingesetzt: Sogenannte *Schäumer* stabilisieren Luftblasen und sogenannte *Sammler* erzeugen hydrophobe Partikeloberflächen, so daß sich hier Luftbläschen anlagern und Wassermoleküle verdrängen können. Als Schäumer sind grenzflächenaktive Substanzen wie Tenside einsetzbar, bei Sammlern handelt es sich meist um organische Stoffe. Zusätzlich können auch sogenannte *Regulatoren* zur Anwendung kommen, welche während der Flotation in der Suspension stabilisierte Stoffe gleichfalls in einem nachfolgenden Prozeßschritt flotieren können.

Bei der Bodenaufbereitung ist der Einsatz chemischer Zusatzstoffe derzeit noch nicht die Regel, man nutzt die vorhandenen Hydrophobieunterschiede bei z.B. bei Teer oder Ölteilchen, welche sich auch ohne die Hilfsstoffzugabe abtrennen lassen.

Emulsionstrennung: Liegt eine Kontamination durch flüssige Schadstoffe wie beispielsweise Mineralöl vor, so kann durch den Waschvorgang das Öl lediglich in Wasser als zweite Phase emulgiert, d.h. als Tröpfchen fein verteilt werden. Bei vorliegenden Dichteunterschieden schwimmt nach ausreichender Zeit die leichtere Phase auf und kann abgeschöpft werden. Bestehen diese Dichteunterschiede nicht oder sind die Tröpfchen zu klein, um per Flotation aufzuschwimmen, müssen diese Tröpfchen durch andere Effekte zusammengelagert und der effektive Partikeldurchmesser soweit vergrößert werden, daß sie Flocken bilden oder sich an bereits vorhandene Flocken anlagern können. Solche Stoffe, die Emulsionen brechen können, sind zum Beispiel den pH-Wert senkende Säuren oder Elektrolyte wie Magnesium, Calcium-, Aluminium- und Eisenchlorid.

Die Erzeugung von Blasen kann grundsätzlich nach drei Prinzipien erfolgen (LfU 1993):

1. *Durch Begasung der Suspension über Rührwerksapparate oder pneumatische Apparate.* Rührwerksapparate werden auch als Turboapparate bezeichnet. Sie erzeugen relativ große Blasen (0,2 bis 1 mm) und sind bevorzugt zur Behandlung von Sand- und gröberen Schlufffraktionen geeignet. Zur Blasenverteilung werden die achsnah eingedüsten Blasen direkt mittels eines Rotors verwirbelt. Die Apparate gelten als äußerst robust und gegen Durchsatzschwankungen weitgehend unempfindlich.
   Pneumatische Apparate erzeugen über ein Düsensystem Blasengrößen von 0,05 mm bis zu 0,2 mm und erzielen eine selektive Trennung. Die Apparate sind jedoch nicht so robust wie die Rührwerksapparate und auch anfälliger gegen Durchsatzschwankungen.

2. Bei der *Entspannungsflotation* erfolgt die Gaserzeugung in einer unter erhöhtem Druck (4 - 6 bar) stehenden Suspension durch Druckabsenkung. Die Blasengröße liegt bei ca. 0,05 mm. Bei diesem Verfahren ist eine selektive Trennung gegeben, welche insbesondere für schwierig zu suspendierende Teilchen geeignet ist.
3. Die Elektroflotation (Erzeugung von Gasblasen durch elektrische Energie) ist derzeit bei der Bodenbehandlung nicht Stand der Technik und wird daher nicht weiter betrachtet.

Flüssigkeitsabtrennung (Entwässerung): Die Lückenräume der Bodenschüttungen enthalten nach der Behandlung mit Fluiden Wasseranteile. Diese müssen zur Reduzierung des Transportgewichtes und zur besseren Handhabbarkeit der Böden weitgehend entfernt werden.

Grobkörnige Fraktionen wie Sand und Kies werden über Schwingsiebe entwässert. Feinkörnige Bodenfraktionen wie Schluff oder Sande werden überwiegend per Sedimentation oder Filtration entwässert. Die Sedimentation ist bereits voranstehend beschrieben worden. Die Filtration ist als Prozeßstufe geeignet, höchste Entwässerungsgrade zu erzeugen. Die Apparate werden meist als *Filterpressen* ausgeführt, bei denen das Filtrat chargenweise in die Filterkammer eingebracht und dort mit Druck beaufschlagt wird. Die Klarflüssigkeit dringt als Permeat durch das Filtertuch und wird über die Filtratsammelkanäle abgeführt. Die Presse wird anschließend geöffnet, entleert und erneut befüllt. Normaldruckpressen arbeiten bei maximal 15 bar, Hochdruckpressen bei bis zu 60 bar. Daraus ergibt sich jedoch auch ein entsprechend hoher Energieaufwand zum Betrieb einer solchen Anlage.

Einen kontinuierlichen Betrieb erlaubt eine *Siebbandpresse od*er auch *Bandfilteranlagen.* Bei diesen Apparaten wird der Schlamm zwischen zwei umlaufenden Siebbändern, welche einen sich keilförmig verjüngenden Hohlraum einschließen und seitlich durch eine Wandung begrenzt sind, eingezogen. Das Permeat tritt durch die Siebbänder hindurch. Anschließend werden die Bänder durch Rollensysteme mehrfach umgelenkt, wodurch der Schlamm gewalkt und aufgrund der Druckbeanspruchung weiter entwässert wird. Für dieses Verfahren ist aufgrund der Prozeßausgestaltung ein Überdruck von 2 bar ausreichend, um Feuchtegehalte von 20 - 45 % zu erreichen. Siebbandpressen weisen insgesamt eine einfachere und robustere Bauart als Kammerfilterpressen auf und gewährleisten höhere Betriebssicherheiten. Sie werden daher bevorzugt für die Bodenreinigung eingesetzt, nicht zuletzt auch aufgrund der kompakten Bauweise und geringerer Betriebskosten. Schadstoffe können durch verschiedene physikalische Mechanismen abgetrennt werden: Durch Fällung, Flockung oder Adsorption, vgl. hierzu auch die Ausführungen zu den chemischen und physikalischen Bodenbehandlungsverfahren (Kapitel 4.5 und 4.6).

Zur *Fällung* von gelösten Partikeln werden durch Zugabe eines Reaktionspartners schwerlösliche Verbindungen erzeugt, welche absedimentieren.

Bei der *Adsorption* werden die Schadstoffe an Feststoffe gebunden und mit diesen entfernt. Später werden die Feststoffe regeneriert und von den Schadstoffen befreit (Ionenaustauscheffekt). Ebenfalls nach einem physikalischen Bindungsprozeß erfolgt die Adsorption an Zeoliten (Molsieben) oder an Aktivkohle, vgl. Kapitel 4.6. Mittels der *Ultrafiltration* oder der *Umkehrosmose* ist ebenfalls eine Abtrennung der gelösten Phase über unterschiedliche Partikelgrößen möglich. Weiterhin sei auf die besondere Möglichkeit der *Abtrennung von Schwermetallionen* durch

Anlegen eines *elektrischen Feldes* und Abscheidung an der Anode oder Kathode verwiesen.

4.3.4.5
Periphere Anlagenteile: Abwasser-, Abgasaufbereitung und Schlammbehandlung

Bei der Bodenwäsche sind die im Waschwasser enthaltenen Schadstoffe soweit zu entfernen, daß eine Kreislaufführung des Abwassers möglich ist. Weiterhin fallen Schlämme als Feinkornfraktionen oder aus evtl. ablaufenden Fällungsreaktionen an, welche einer Schlammbehandlung unterzogen werden müssen. Die bei den ersten Prozeßstufen der Verfahren (mechanische Aufbereitung) anfallenden Abluftströme enthalten u.U. leichtflüchtige Schadstoffkomponenten. Weitere Abluft fällt bei Strippvorgängen an, die zur Regeneration von beladenen Waschmitteln eingesetzt werden. Aus diesen Abluftströmen müssen die Schadkomponenten wiederum abgetrennt werden. Daher sollten sie eine Ablufterfassung und nachgeschaltete Abluftreinigung umfassen. Insgesamt ist das Problem der Abluftreinigung bei der Bodenwäsche von eher untergeordneter Bedeutung.

Die Abwasseraufbereitung kann durch Umkehrosmose, Ionenaustausch, Fällungsprozesse oder Oxidationsvorgänge erfolgen (vgl. Behandlung löslicher Schadstoffe). Bei der Umkehrosmose wird eine Aufkonzentrierung der Schadkomponenten durch Druckaufbringen erzeugt. Das Lösungsmittel (z.B. Wasser) kann durch eine halbdurchlässige Membran hindurchtreten, wenn der aufgebrachte Druck größer als der osmotische Druck ist. Die Schadstoffe werden so vom Lösungsmittel befreit und aufkonzentriert. Mittels Ionenaustauschvorgängen können im Lösungsmittel gelöste Schadkomponenten an Festkörpern (Harze, Molsiebe) unter Freisetzung anderer, weniger problematischer Ionen (z.B. Wasserstoff-Ionen H^+) gebunden werden. Aufgrund der Reversibilität der Reaktionen können die Feststoffe anschießend regeneriert werden. Mittels der Zugabe von Oxidationsmitteln, beispielsweise Ozon oder Kaliumpermanganat, können in der wässrigen Phase vorliegende organische Verbindungen zu unschädlichen Stoffen abgebaut werden. Bei vollständig abgelaufenen Oxidationsprozessen fallen lediglich Wasser und Kohlendioxid an. Fällungsprozesse werden häufig zur Abtrennung von Schwermetallen aus der wässrigen Phase eingesetzt, welche als schwerlösliche Verbindungen wie Hydroxide, Carbonate, Phosphate oder Sulfide ausfallen. Dabei sollte das Fällungsmittel zur Vermeidung von Sekundärkontaminationen kein Schadstoff darstellen. Da der Fällungsvorgang auf dem Löslichkeitsprodukt der jeweiligen Komponenten basiert (Verhältnis des Produktes der Ionenkonzentrationen zum Komplex), muß das Fällungsmittel im Überschuß zugegeben werden.

4.3.5
Zusammenfassende Bewertung der Wasch- und Extraktionsverfahren

Verfahrenstechnik: Wasch- und Extraktionsverfahren zur Bodenbehandlung sind häufig aus Erfahrungen der Betreiber mit der mechanischen Schüttgutaufbereitung ober Aktivitäten in der Baubranche entwickelt worden. *Waschverfahren* gehören nach den biologischen Behandlungsanlagen zur am zweithäufigsten eingesetzten

Dekontaminationstechnologie. In der Bundesrepublik wurden mit Stand Juni 1995 22 chemisch-physikalische Behandlungsanlagen (Waschverfahren) betrieben; weitere 17 sind geplant bzw. befinden sich im Genehmigungsstadium (TerraTech 3/95; vgl. Tabelle 4.10). Die derzeitige jährliche Gesamtkapazität von 1 186 900 t würde dann theoretisch um weitere 857 500 t erweitert. Darüber hinaus sind ca. 20 mobile Anlagen in Betrieb (LfU 1993). Die Kapazitäten der Bodenwaschanlagen sind deutlich höher als bei der thermischen Behandlung und entsprechen in etwa derjenigen der biolgischen Sanierungsverfahren. Für 1994 ergab sich im Mittel eine Auslastung der Anlagen von ca. 50,2 %; bei einigen Anlage auch deutlich darüber (z.B. 67 % bei der AB Umwelttechnik). Diese Auslastungsraten sind auch durch die Beschaffenheit des jeweilig behandelten Bodens und die sich daraus ergebende Behandlungsdauer beeinflußt, welche bei überdurchschnittlicher Dauer zu niedrigeren theoretischen Auslastungsgraden führt.

Bei *Extraktionsverfahren* werden Schadstoffe in einem Lösungsmittel aufkonzentriert. Diese Verfahren sind insgesamt in der Minderheit; i.d.R. wird der Aufschluß überwiegend durch mechanische Energie und nicht aufgrund herrschender Konzentrationsgefälle erreicht. Bei einem an der Universität Dortmund entwikkelten Extraktionsverfahren wurden die Erfahrungen mit der Hochdruckextraktion aus dem Bereich der Lebensmittel- und Pharmatechnologie auf die Bodenbehandlung übertragen. Hier wird mittels überkritischem Kohlendioxid in einer vollständig geschlossenen Hochdruckanlage eine Extraktion der (organischen) Kontaminationen aus der Bodenmatrix durchgeführt. Die Stoffe können anschließend aus dem Extraktionsmittelstrom abgetrennt und entsorgt oder verwertet werden.

Alternativ dazu kann das hohe Lösungsvermögen organischer Kohlenwasserstoffe genutzt werden, um Schadstoffe aus der Bodenmatrix zu entfernen. Hier können z.B. n-Hexan, Cyclohexan oder Petrolether eingesetzt werden.

Bei der *Bodenwäsche* werden die Schadstoffe durch Separation der hochbelasteten Feinkornfraktion von der i.d.R. geringer belasteten Grobkornfraktion aufkonzentriert sowie mittels Waschprozessen vom Boden gelöst. Die in der Praxis eingesetzten Anlagen werden im Batch-Betrieb eingesetzt und umfassen i.d.R. die Prozeßstufen

1. Bodenaufbereitung (Brecheranlagen),
2. Klassierung (mehrstufig naß oder trocken; vor und nach den Waschvorgängen),
3. Waschstufe (ein- oder mehrstufig, Hilfsmittelzugabe oder Energiezuführung)
4. Bodenentwässerung,
5. Abwasseraufbereitung zur Kreislaufführung und
6. Abluftbehandlung (optional).

Bei der Bodenwäsche werden die Kontaminationen mit der Feinkornfraktion (Korndurchmesser meist unterhalb 0,063 mm) abgetrennt oder im Waschwasser emulgiert, dispergiert oder gelöst. Die gereinigten Bodenfraktion(en) werden entwässert und bis zum Wiedereinbau zwischengelagert. Die Waschwässer werden für eine Kreislaufführung aufbereitet und dabei anfallende Rückstände mit der abgetrennten, ebenfalls belasteten Feinkornfraktionen entsorgt oder einer Verwertung zugeführt.

Für die erste Prozeßstufe, die *Zerkleinerung,* werden überwiegend Backenbrecher, Walzenbrecher sowie Prall- und Hammerbrecher eingesetzt. Hierbei sind die

Geräte entsprechend der vorliegenden Bodenbeschaffenheit auszuwählen, soweit optimale Zerkleinerungsbedingungen erzielt werden sollen.

Die *Klassierung* erfolgt sowohl über Trocken- als auch Naßklassier- bzw. -sortierstufenstufen. Hier werden überwiegend Schwingsiebe, Hydrozyklone oder Aufstromklassierer oder Flotationsprozesse eingesetzt.

In der *Waschstufe* wird in der Regel Wasser als Spülmedium eingesetzt. Einige Hersteller bieten *Waschstufen* an, bei denen durch Zusatzstoffe wie waschaktive Substanzen (z.B. Tenside), Säuren und Laugen oder durch den Eintrag mechanischer Energie über z.B. Attritionsstufen, Vibrationssiebe oder Hochdruckspülaggregate eine erhöhte Reinigungsleistung erzielt wird. Durch den Zusatz von Säuren und Laugen kann z.B. gezielt eine pH-Wert-Veränderung vorgenommen werden, um optimale Fällungsbedingungen für die Schwermetallabtrennung zu erreichen. Mittels eines Hochdruck-Strahlrohres können Schadstoffe bei Wasserdrücken von bis zu 500 bar abgelöst werden.

Tabelle 4.12. Verfahrensprinzipien bei der Bodenwäsche und -extraktion

Technik	Prinzip	Verfahren/ Anbieter
Waschverfahren	Tensidzugabe	ContraCon, DYWINEX, Harbauer
	Säuren/Laugenwäsche	Hafemeister
	Strahlrohr	afu, Klöckner Oecotec, NORDAC, Holzmann (in-situ)
	Attritionsstufe; Schwingsieb o.ä.	AB Umwelttechnik, DYWINEX, Hafemeister, Harbauer, Lurgi Deconterra, Preussag
Extraktion	überkritisches CO_2,	ATOX
	organisches Lösungsmittel	Hochdruckextraktion (z.B. Universität Dortmund)

Die beladenen Waschwässer werden i.d.R. in den *Abwasserbehandlungsanlagen* zur Kreislaufführung wiederaufbereitet, so daß nur geringe Mengen an in die Kanalisation abzuführenden Wassers anfallen (typische Angaben deutlich unter 1 m^3/t). Bei der Bodenaufbereitung anfallende, u.U. leichtflüchtige Schadkomponenten enthaltende Abluftströme werden erfaßt und in der *Abluftbehandlung* abgereinigt.

Entwicklungsstand: Bodenwaschverfahren werden seit etwa 1985 betrieben. Die Einzelkomponenten der Anlagen können dabei auf eine weitaus größere Entwicklungszeit zurückblicken. Insgesamt wurden bisher ca. 500 000 t Boden mittels Waschverfahren behandelt, so daß die Technologie als technisch ausgereift angesehen werden kann. Einzelne Verfahrensprinzipien und -verbesserungen befinden sich jedoch noch in der Entwicklungsphase, so beispielsweise die Schadstoffextraktion aus Böden mittels überkritischem CO_2 (Hochdruckextraktion).

Schadstoff- und bodenspezifisches Dekontaminationsvermögen: Die Reinigungsleistung für Bodenwaschverfahren wird durch die jeweilige Bodenbeschaffenheit und den Kontaminationsumfang bestimmt und kann daher anders als bei den thermischen Verfahren nicht pauschal für die Technologie angegeben werden. Weiterhin muß unterschieden werden, ob die Schadstoffe lediglich mit der Feinkornfraktion vom (wieder einsetzbaren) Boden abgetrennt oder ob auch die Feinkornfraktion gereinigt und wiedergenutzt werden kann.

Alle angebotenen Verfahren sind zur Behandlung der *Schadstoffgruppen* Schwermetalle, Cyanide, PAK und Mineralölkohlenwasserstoffe geeignet (Abtrennung *mit* der Feinkornfraktion). *Schwermetalle* können nur schlecht aus den bei der Reinigung anfallenden feinkörnigen Schlämmen abgetrennt und damit auch nur schlecht separat wiederverwertet oder entsorgt werden; die gesamte abgetrennte Feinkornfraktion stellt dann die Abfallfraktion dar. Eine weitgehende Entfernung aus den Schlämmen ist durch einen Säureaufschluß möglich (LfU 1993). *Cyanide* weisen eine hohe physikalische Bindungskraft zu organischen oder feinkörnigen Partikeln auf, hier ist eine Abreinigung ebenfalls problematisch, wenn keine unterstützenden mechanischen Prozesse (z.B. Attritionsstufen) eingesetzt werden. Waschverfahren können zur Behandlung der meisten einfachen organischen *Kohlenwasserstoffe* (aromatisch oder aliphatisch) eingesetzt werden; bei Vorhandensein *leichtflüchtiger Komponenten* sind erhöhte Anforderungen an die Ablufterfassung zu stellen. Einige der Anlagen sind nicht oder nur eingeschränkt zur Entfernung leichtflüchtiger Kohlenwasserstoffe (BTEX und LHKW) geeignet. Andere Anbieter machen hierzu keine Angaben. *Dioxine* und *Furane* sind grundsätzlich mittels Waschverfahren abtrennbar, jedoch ist der Verbleib dieser Verbindungen in den Abluft-, Abwasser- und Reststoffstömen sowie die zur Arbeitssicherheit notwendigen Bestimmung nicht abschließend geklärt. Alle Verfahren machen Einschränkungen hinsichtlich der Behandlung von Pestizid- und Dioxin / Furankontaminationen sowie nitroorganischen Verbindungen.

Waschverfahren stellen häufig Anforderungen an den maximalen *Feinkornanteil* des zu reinigenden Bodens. In der Regel muß der Feinkornanteil begrenzt werden, da dieser als zu entsorgende kontaminierte Masse vom restlichen Bodenmaterial abgetrennt wird. Beste Reinigungsleistungen wurden bei den bisherigen Sanierungsfällen für sandige und kiesige Böden erzielt. Die Klassier- und Sortierstufen der mobilen Waschverfahren sind technisch weniger aufwendig ausgeführt und daher eher für die Behandlung gröberer Materialien geeignet (Kiese, Sande). Bei stationären bzw. semimobile Anlagen liegt der maximal zulässige Feinkornanteil (Korndurchmesser unter ca. 30 µm) bei 20 - 30 %. Einige Verfahren sind jedoch in der Lage, auch Böden mit höheren Anteilen zu verarbeiten. Insgesamt zeigt sich, daß der Boden mehr oder weniger stark in seiner Struktur verändert wurde, so daß eine Wiederverwendung anstelle des belasteten Materials nur nach entsprechender Strukturverbesserung und biologischer Rekultivierung erfolgen kann. I.d.R. weist das Produkt auch ein eingeschränktes Kornspektrum auf.

Emissionen / Reststoffe: Bei bestimmten Prozeßschritten können Schadstoffe gasförmig oder an Stäube gebunden mit der *Abluft* ausgetragen werden (Strippeffekt). Dies ist bei der Vorbehandlung des Bodens in Brechern, bei der Trokkenklassierung und bei Flotations- sowie Hochdruckprozessen der Fall. Die Emission ist daher nicht allein an das Vorhandensein leichtflüchtiger Schadkomponenten wie Quecksilber oder organische oder halogenierte organische Lösemittel gekoppelt. Die meisten Anlagen verfügen über eine betriebseigene Abluftreinigung. Die Reinigungsleistungen der Abluftanlagen müssen den gesetzlichen Vorgaben der TA Luft genügen.

Die Waschverfahren arbeiten mit geschlossenen Prozeßwasserkreisläufen, um den Frischwasserbedarf und die abzuleitende, kostenpflichtige *Abwassermenge* zu minimieren. Ein Teil des Kreislaufwassers wird über die Restfeuchte der Boden- und Schlammfraktionen ausgeschleust, ein anderer Teil muß, um eine Aufsalzung des Kreislaufwassers zu vermeiden, ebenfalls durch Frischwasser ersetzt und nach einer Behandlung abgeleitet werden. Typische Abwasseraufbereitungsschritte sind in Abhängigkeit vom Schadstoffspektrum und der Bodenart Leichtflüssigkeitsabscheidung (Ölabscheider), Flotation, Fällung und Flockung, Entwässerung über Schlammeindicker oder Filterpressen sowie die Feinreinigung über Aktivkohlefilter und Ionenaustauscher. Die abzuleitende Abwassermenge liegt nach vorliegenden Angaben zwischen 0,04 m^3/t Boden und 1 m^3/t Boden.

Lärmemissionen treten beim Brechen von Gestein (Überkorn des Stangensizers) am Anlagenstandort auf. Hier kann durch Einhausung eine weitgehende Reduzierung der Lärmaußenwirkung erzielt werden. Gleiches gilt für die Hochdruck- und Lüftungsaggregate. Auf der zu sanierenden Fläche sind tiefbautypische Lärmemissionen durch den Betrieb von Aushubgeräten (Radladern) zu erwarten.

Bei nahezu allen *Waschverfahren* fällt prozeßbedingt ein hoher *Reststoffanteil* an (Leichtfraktion, Sedimentschlämme, Flotationsschlämme, Filterkuchen oder beladene Aktivkohle), welcher teuer entsorgt oder verwertet werden muß. Bei einigen Betreibern ergeben sich aufgrund Bedingungen spezielle Entsorgungsmöglichkeiten, beispielsweise firmeninterne Verbrennung in Sonderabfallverbrennungsanlagen oder Einsatz als Zuschlagstoffe bei der Baustoffproduktion. Die Menge der zu entsorgenden Reststoffe beträgt nach vorliegenden Angaben auf die Bodenaufgabe bezogen zwischen 3 - 5 % und 40 %. Bei den *Extraktionsverfahren* wird der gesamte Boden gereinigt und nicht die Feinkornfraktion mit den Schadstoffen gemeinsam vom wiederverwertbaren Boden abgetrennt. Hier fällt entsprechend eine weitaus geringere Menge an Reststoffen an.

Langzeitverhalten / Kontrollierbarkeit des Sanierungserfolges: Bei ex-situ-Verfahren läßt sich die erzielte Reinigungsleistung an dem die Anlage verlassenden Boden gut überprüfen. Soweit angestrebte Sanierungsziele nicht erreicht wurden, ist eine erneute Behandlung oder eine Veränderung der Prozeßparameter (Waschdauer, pH-Werte etc.) möglich. Da die Schadkomponenten weitgehend entfernt und nicht lediglich durch physikalisch-chemische Prozesse im Boden immobiliert werden, sind bei nahezu vollständiger Reinigung langfristig auch keine negativen Folgewirkungen z.B. durch Nachlösen zu erwarten. Dabei ist eine Verwendung der Böden jedoch wie bei allen anderen Technologien auch lediglich im Rahmen der gesetzten und erreichten Sanierungsziele möglich. Dementsprechend sind Maßnahmen zur Langzeitüberwachung von wiedereingebautem Material mit Restkontaminationen notwendig.

Durch den Waschvorgang findet eine Veränderung des verbleibenden Bodenmaterials statt. Dieses ist an Feinkornfraktionen, welche als schadstoffhaltige Fraktion abgetrennt werden, verarmt. Der organische Anteil ist zum Teil ebenfalls durch Naßaufschluß abgetrennt worden. Soweit der Trennkorndurchmesser für die Schadstofffraktion sehr niedrig liegt, können die gereinigten Fraktionen gemischt und wieder verfüllt werden. Eine Rekultivierung des Bodens ist mit relativ geringem Aufwand möglich. Soweit wie z.B. bei mobilen Anlagen die Klassierstufen technisch weniger aufwendig ausgeführt sind, ist das gereinigte Material aufgrund des engeren Kornspektrums gut als Baustoff für Verfüllungszwecke im Rahmen von Baumaßnahmen einzusetzen.

Kapazitäten: Mobile Anlagen weisen Durchsatzleistungen von bis zu ca. 10 t/h auf. Stationäre Anlagen sind für Durchsatzleistungen von bis zu 50 t/h ausgelegt. Die mobilen Anlagen sind häufig auch bei geringen, zu sanierenden Bodenmengen wirtschaftlich einsetzbar. Für semimobile Anlagen ist ein rentabler on-site-Betrieb erst ab ca. 5.000 t bzw. 10.000 t möglich. Kleinere Chargen können daher i.d.R. besser in stationären Anlagen behandelt werden.

Angaben zur Verweilzeit des zu reinigenden Bodens in den Anlagen schwanken in Abhängigkeit von der Bodenzusammensetzung und dem Verschmutzungsgrad. Es ist davon auszugehen, daß eine Bodenfraktion die gesamte Behandlungsanlage in ca. einer Stunde durchlaufen hat. In einem Beispiel werden die folgenden Teilzeiten für mittelsandigen Boden angegeben (LfU 1993):

Tabelle 4.13. Beispiel für die Verweilzeit des Bodens in einer Waschanlage (LfU 1993)

Vorgang	Dauer
Beladen	10 min
Waschen	15 - 20 min
Spülen	15 - 20 min
Trocknen	10 - 15 min
Entladen	5 min
Summe	55 - 70 min

Kosten: Die Marktpreise unterliegen aufgrund der bestehenden Überkapazitäten einem stetigen Preisdruck; sie liegen etwa zwischen denen der thermischen und biologischen Verfahren. Hier können sich aber regional deutliche Unterschiede ergeben. Einen wesentlichen Einfluß auf die Sanierungskosten haben auch die Entsorgungspreise der Abfallstoffe z.B. für die Deponierung in Untertagedeponien oder die Behandlung in einer Verbrennungsanlage.

Die Investitionskosten steigen mit dem Umfang der erforderlichen Abgas- und Abwasseraufbereitung. Die Betriebskosten liegen im Vergleich zu den anderen Verfahren in etwa auf mittlerem Niveau; die Anlagen sind weitgehend automatisiert; es besteht kein erheblicher Brennstoffbedarf wie bei thermischen Prozessen.

Standortcharakteristika / Infrastrukturbedarf: Mobile Verfahren sind in der Regel in wenigen Tagen Rüstzeit auf der Flächen einsatzbereit und ohne Montagearbeiten in Betrieb zu nehmen. Die semimobilen Verfahren erfordern bei der Umsetzung zwei bis drei Wochen bis zur Einsatzreife, da i.d.R. umfangreichere Klassier- und Trennstufen vorliegen. Die mobilen oder semimobilen Anlagen sind in Containerbauweise konzipiert und ausgeführt, um einen einfacheren Anlagentransport per LKW oder Bahn zu ermöglichen. Die semimobilen oder stationären Anlagen umfassen bis zu 70 Container in Stahlrahmenbauweise, in denen Anlagenteile fest montiert sind; sie benötigen i.d.R. eine Fläche von ca. 1.000 – 1.500 m^2 für die eigentliche Waschanlage, Brechereinrichtungen, Zwischenlager- und

Transportflächen. Mobile Anlagen können deutlich kleiner ausgeführt werden (150 - 500 m^2) und sind vollständig verrohrt und verkabelt.

Waschverfahren benötigen i.d.R. Wasser- und Stromanschlüsse als minimale Infrastrukturkonfiguration. Der elektrische Leistungsdarf liegt zwischen 5 kWh/t Boden und 20 kWh/t Boden. Einige Verfahren arbeitet netzautark mit eigenen diesel- oder ölbefeuerten Generatoren. Alle Verfahren müssen trotz Prozeßwasserkreislaufführungen zur Deckung von Verlusten einen Teil des Betriebswassers aus dem öffentlichen Netz zuspeisen. Hierbei handelt es sich um Mengen zwischen 0,3 m^3/h und 10 m^3/h.

Genehmigungsfähigkeit: Bodenbehandlungsanlagen, insbesondere auch Wasch- und Extraktionsanlagen, sind gemäß der im folgenden angeführten Rechtsbereiche zu errichten und zu betreiben:

Bodenbehandlungsanlagen sind im Anhang der 4. BImSchV in Ziffer 8.7 aufgeführt. Daraus ergibt sich die Erfordernis eines Genehmigungsverfahrens nach § 10 BImSchG mit Öffentlichkeitsbeteiligung, wenn die Anlage nicht ausschließlich ausgehobenen Boden des Anlagenstandortes behandelt. Ohne Öffentlichkeitsbeteiligung kann eine Anlage gemäß § 19 BImSchG genehmigt werden, soweit sie ausschließlich ausgehobener Boden des Anlagenstandortes behandelt. Die Genehmigung ist erforderlich, wenn zu erwarten ist, daß die Anlage länger als sechs Monate am Standort betrieben wird.

"Nach Wasserhaushaltsgesetz" bedürfen "Maßnahmen, welche eine dauernde oder nicht unerhebliche Veränderung der physikalischen, chemischen oder biologischen Beschaffenheit des Wassers hervorrufen, einer wasserrechtlichen Genehmigung. Hierunter fallen insbesondere in-situ-Maßnahmen sowie Bodenauskofferungen im Bereich einer Wassernutzung. Abzuleitende Abwässer sind hinsichtlich einer Reduzierung der Schadstofffracht gemäß § 7a WHG so zu behandeln, wie es den die allgemein anerkannten Regeln der Technik entspricht. Gemäß § 19g WHG müssen Anlagen zum Lagern, Abfüllen, Herstellen und Behandeln wassergefährdender Stoffe sowie Anlagen zum Verwenden wassergefährdender Stoffe im Bereich der gewerblichen Wirtschaft so beschaffen sein und so eingebaut, aufgestellt und unterhalten und betrieben werden, daß eine Verunreinigung der Gewässer oder eine sonstige nachteilige Veränderung ihrer Eigenschaften nicht zu besorgen ist. Gemäß § 19h WHG dürfen derartige Anlagen, welche nicht einfacher oder herkömmlicher Art sind, nur verwendet werden, wenn ihre Eignung von der zuständigen Behörde festgestellt ist. Im einzelnen handelt es sich bei der umweltrechtlichen Zulassung gemäß § 19h WHG um eine Eignungsfeststellung. Zuständig für die Entscheidung ist in der Regel die untere Wasserbehörde." (Sondermann 1989) Gemäß Baurecht sind bauliche Anlagen, Aufschüttungen, Abgrabungen und Abstell- sowie Lagerplätze baurechtlich zu genehmigen. Darüber hinaus sind auch die Auflagen der Gewerbeaufsicht hinsichtlich Arbeitsschutz und Arbeitssicherheit zu erfüllen. Nach dem Abfallrecht sind Anlagen zur Bodenbehandlung nicht mehr dem Planfeststellungsverfahren zugeordnet.

Die für den jeweiligen Genehmigungsfall einzuholenden behördlichen Genehmigungen sind nicht allein durch die Betriebsdauer, Bodenherkunft oder Art des Behandlungsverfahrens (in-situ, ex-situ) bestimmt, sondern einzelfallspezifisch auch von den jeweilig örtlichen Verwaltungsstrukturen abhängig. Eine frühzeitige Informationsbeschaffung bezüglich der zuständigen Behörden ist daher für eine zügige Sanierungsabwicklung vorteilhaft. Häufig liegen zum Beispiel Konzentrationswirkungen einzelner Rechtsbereiche vor, so beim Bundesimmissionsschutzgesetz hinsichtlich des Abfall-, Wasser-, Bau- und Naturschutzrechtes und jeweils wechselseitig beim Bau- und Wasserrecht. Hieraus ergeben sich deutlich unterschiedliche Zuständigkeiten hinsichtlich der verfahrensführenden Behörde.

Fazit: Mit den Verfahren der Bodenwäsche und der Lösungsmittelextraktion stehen Sanierungstechnologien zur Verfügung, die nahezu für alle Schadstoffgruppen geeignet sind. Ein wirtschaftlicher Einsatz der (Wasch-)Verfahren wird jedoch durch einen hohen Feinkornanteil beim zu behandelnden Boden beschränkt, da dann große Rückstandsvolumina zu erwarten sind. Ein großtechnischer Einsatz der Extraktionsverfahren ist derzeit nicht Stand der Technik, vgl. Tabelle 4.14.

Die Böden sind i.d.R. zur Rückverfüllung geeignet, ihre biologische Aktivität kann durch Humuszugabe leicht wiederhergestellt werden. Die Böden weisen jedoch eine Entmischung der Kornklassen sowie eine Verarmung an Feinkornfraktionen auf. Die Verwendung organischer Lösungsmittel bei der Extraktion führt u.U. zu Sekundärkontaminationen des Bodens (INFU 1991), ist jedoch nicht Stand der gegenwärtigen Praxis.

Durchsatzleistung, Behandlungsdauer, Entwicklungsstand und Gesamtkosten der Behandlung sind bei den Anlagen untereinander sehr verschieden. Auch der Entwicklungsstand derzeit angebotener Verfahren ist von Anbieter zu Anbieter sehr unterschiedlich und schwer zu beurteilen, da die Verfahren stetig weiterentwickelt werden oder als Neuentwicklungen eine technische Anwendungsreife erlangen, so z.B. die Hochdruckextraktion. Die spezifischen Kosten der Behandlung sind in der Regel jedoch niedriger als bei der thermischen Behandlung. Die Verfügbarkeit der Anlagen ist aufgrund der Vielzahl an derzeit betriebenen stationären und mobilen on-site-Anlagen als deutlich besser gegenüber thermischen und biologischen Anlagen einzustufen. Eine Erfolgskontrolle der ex-situ-Behandlung ist sehr gut möglich (LfU 1993), bei in situ-Verfahren können Schadstoffverschleppungen durch Lösungsvermittler auftreten oder kontaminierte Bodenbereiche nicht ausreichend durchspült worden sein. Nachuntersuchungen sind hier unerläßlich. Qualitative Inputschwankungen wirken sich hingegen deutlich auf den Reinigungserfolg aus, hier reagiert die Bodenwäsche sensibler als z.B. thermische Verfahren (LfU 1993). So erhöhen sich bei hohen Feinkornanteilen die Reststoffmengen. Bei auftretenden hohen Schadstoffkonzentrationen oder hohen Bindungsstärken der Schadstoffe an den Boden reicht u.U. die gewählte Behandlungsdauer nicht aus, um die gewünschte Reinigungsleistung zu erzielen. Eine intensive Kontrolle des Reinigungsefolges am ausgetragenen Boden ist daher häufig erforderlich.

Tabelle 4.14. Übersicht der Extaktions- und Bodenwaschverfahren

	Kriterium		Bodenwäsche	Extraktion
1	Verfahrensart	in-situ	X	X
2		on-site	X	X
3		off-site	X	X
4	Entwicklungsstand		ST	P
5	Schadstoff-	Schwermetalle	O	n.B.
6	Spezifisches	Cyanide	O	n.B.
7	Dekontaminations-	Mineralöl-KW	X	X
8	Vermögen	BTEX	X	X
9		PAK	X	X
10		LHKW	X[1)]	X
11		SHKW	O	n.B.
12	Bodenspezifisches	grobkörnige Böden	X	X
13	Dekontaminations-	mittelkörnige Böden	X	X
14	Vermögen	feinkörnige Böden	--	X
15	Emissionen /	Abluft	O	O
16	Reststoffe	Lärm	O	O
17		Abwasser	O	X
18		Abfall	--	O
19	Langzeitverhalten		X	X
20	Kontrollierbarkeit		X	X
21	Kapazitäten		X	X
22	Zeitbedarf		X	X
23	Kosten	Investitionskosten	--	--
24		Betriebskosten	O	O
25	Standortcharakteristika		O	O
26	Infrastrukturbedarf		--	--
27	Genehmigungsfähigkeit		--[2)]	--[2)]

BTEX: Benzol, Toluol, Ethylbenzol, Xylole	*GW:* Grundwasser	*KW:* Kohlenwasserstoffe
LHKW: Leichtflüchtige halogenierte Kohlenwasserstoffe *n.B.:* nicht bekannt / untersucht	*L:* Laboranlage *P:* Pilotanlage	*PAK:* Polycyclische aromatische Kohlenwasserstoffe
SHKW: Schwerflüchtige halogenierte Kohlenwasserstoffe	*ST:* Stand der Technik	
O: mit Einschränkungen geeignet / problematisch	*X:* geeignet / unproblematisch	*--:* nicht geeignet / problematisch

1): Dekontamination auch durch Strippeffekt

2): Anlagen, die voraussichtlich weniger als 12 Monate am Standort betrieben werden, bedürfen keiner immissionsschutzrechtlichen Genehmigung nach BImSchG. Ansonsten ist in Abhängigkeit vom Behandlungsort (on- bzw. off-site-Behandlung) ein vereinfachtes Genehmigungsverfahren (§ 19 BImSchG) oder ein ausführliches Genehmigungsverfahren (§ 10 BImSchG) erforderlich

4.4 Biologische Verfahren zur Dekontamination von Altlasten

Neben den klassischen Dekontaminierungsmethoden wie thermische (Kap. 4.2) und physikalisch-chemische Behandlung (Kap. 4.3, 4.5 und 4.6) werden in zunehmendem Maße biologische Verfahren eingesetzt. Diese Verfahren nutzen die Fähigkeit von Mikroorganismen, *organische Stoffe* im Boden abzubauen und als Nährstoff- und Energiequellen zu verwenden. Die mikrobiologischen Sanierungsverfahren wurden in den letzten Jahren ständig weiterentwickelt und sind mittlerweile weltweit als anerkannte Technologie etabliert. Während zunächst nur mit Mineralöl-Kohlenwasserstoffen kontaminierte Böden behandelt wurden, werden mittlerweile auch Erfolge beim Abbau von aromatischen und chlorierten Kohlenwasserstoffen erzielt. Neben dem Einsatz mikrobiologischer Verfahren besteht auch die Möglichkeit, Schwermetalle mit Hilfe von höheren Pflanzen zu akkumulieren (Makrobiologische Verfahren), jedoch befindet sich dieses Verfahren zur Zeit noch in der Erprobung.

Im Gegensatz zu den herkömmlichen Verfahren erhält man bei der Reinigung mittels Mikroorganismen ein hochwertiges, biologisch aktives Bodenmaterial, welches je nach Ausgangsbelastung auch zur Wiederverwendung in Landwirtschaft und Gartenbau geeignet ist. Im Vergleich zu nichtbiologischen Verfahren sind die biologischen Sanierungsverfahren jedoch durch eine lange Sanierungsdauer gekennzeichnet, da der biologische Abbau der Schadstoffe ein Prozeß ist, der durch den natürlichen Zyklus der Stoffumsetzung durch die Mikroorganismen begrenzt ist.

4.4.1 Allgemeines

4.4.1.1 Verfahrensarten

Die Maßnahmen zur mikrobiologischen Bodenreinigung lassen sich grundsätzlich in in-situ und ex-situ Verfahren unterteilen. Bei letzteren gibt es gemeinsame Prozeßschritte wie Aushub des verunreinigten Bodens, Behandlung des kontaminierten Bodens sowie Wiedereinbringung des gereinigten Bodens. Die off-site Verfahren umfassen zudem den Transport des kontaminierten Materials zu der Behandlunganlage sowie den Rücktransport des gereinigten Bodens im Anschluß an die erfolgreiche Sanierungsmaßnahme.

Einen Überblick über die unterschiedlichen Verfahren der biologischen Bodensanierung gibt Abb. 4.11. Die on-/off-site Verfahren lassen sich grundsätzlich in die drei Hauptklassen *Regenerationsmieten, Landfarming* sowie *Bioreaktoren* unterteilen. Die Verfahren unterscheiden sich im wesentlichen in der Differenziertheit, mit der die Randbedingungen für einen optimalen Schadstoffabbau ermittelt und technisch umgesetzt werden.

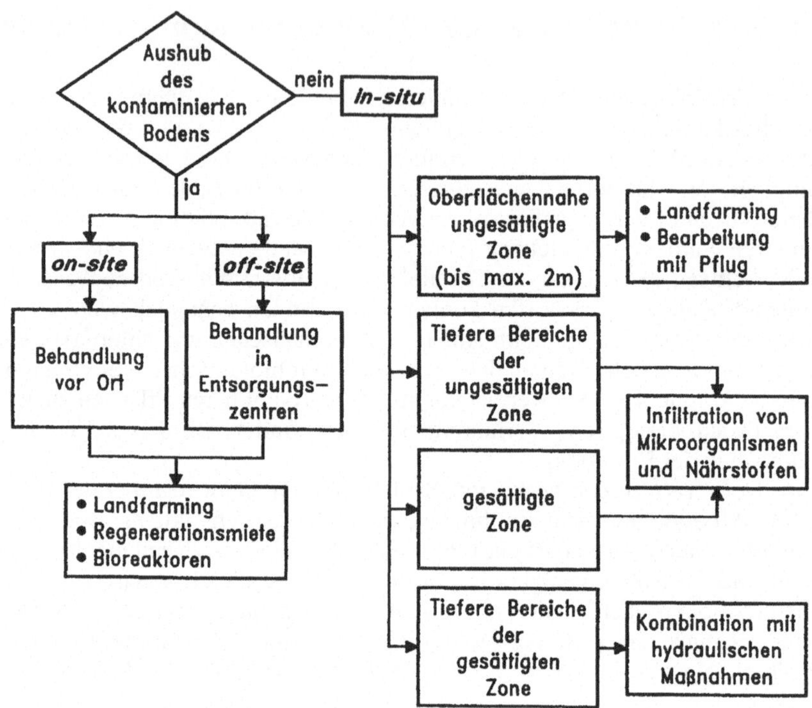

Abb. 4.11. Verfahren der mikrobiologischen Bodensanierung (Dechema 1992)

Eine Einstellung der Randbedingungen kann durch mechanische Vorbehandlungen, Zumischung von organischen Materialien, Animpfung des Bodens mit Mikroorganismen, Optimierung der Nährstofflösung oder durch Zugabe von Lösungsvermittlern erfolgen. Die wichtigsten Merkmale der Verfahren werden nachfolgend kurz aufgeführt, um in Kapitel 4.4.2 eine ausführliche Beschreibung dieser Verfahren zu liefern.

Die zur Zeit am häufigsten angewandte biologische Sanierungstechnik stellt die *Regenerationsmiete* dar. Nach einer mechanischen Aufbereitung und anschließender Zugabe von Nährsalzen, Zuschlagstoffen sowie ggf. Mikroorganismen wird der ausgekofferte Boden auf Flächen mit einer speziellen Untergrundabdichtung zu lockeren Mieten aufgeschichtet. Das kontaminierte Material wird beim *Landfarming* in einer flachen Schicht auf einer gegen den Untergrund abgedichteten Fläche aufgebracht. Durch eine landwirtschaftliche Bearbeitung des Bodens unter gleichzeitiger Zugabe von Nährstoffen, Trägersubstanzen oder ggf. auch Mikroorganismen sollen die für einen mikrobiellen Schadstoffabbau optimalen Verhältnisse geschaffen werden.

Bioreaktoren sind geschlossene technische Systeme, in denen optimale Lebensbedingungen für die Mikroorganismen im ausgehobenen Bodenmaterial geschaffen werden können. Die Zugabe von Sauerstoff, Wasser und Nährstoffen kann gezielt gesteuert und somit der Schadstoffabbau beschleunigt werden.

Bei den *in-situ Verfahren* wird der kontaminierte Boden ohne einen Aushub direkt innerhalb der Bodenmatrix behandelt. Der Untergrund stellt im Idealfall einen "überdimensionalen Reaktor" dar, in den die Prozeß- und Hilfsstoffe infiltriert werden müssen, um die Abbauleistung der Mikroorganismen zu erhöhen.

Makrobiologische Verfahren nutzen die Eigenschaften bestimmter Pflanzen (Metallophyten), Schwermetalle über die Wurzeln aus dem Boden zu ziehen und zu akkumulieren. Die Pflanzen können anschließend verhüttet werden und die Schwermetalle so zurückgewonnen werden. Da die makrobiologischen Verfahren zur Dekontaminaton schwermetallbelasteter Böden sich jedoch zur Zeit noch im Anfangsstadium der Entwicklung befinden und daher keine genauen Aussagen über die Praxistauglichkeit gemacht werden können, soll im weiteren auf dieses Verfahren nicht näher eingegangen werden.

Im folgenden werden die Grundlagen des mikrobiologischen Schadstoffabbaus sowie wesentliche Einflußparameter vorgestellt.

4.4.1.2
Biologischer Abbau: Grundlagen und Rahmenbedingungen

Die Grundlage für alle biologischen Verfahren zur Dekontamination verunreinigter Böden stellt die Fähigkeit von Mikroorganismen dar, unter aeroben oder anaeroben Bedingungen organische Substanzen abzubauen und sie dabei als Kohlenstoff- und Energiequelle zu nutzen, um neue Biomasse (Zellkohlenstoff) aufbauen zu können. Der Abbau der Schadstoffe im Boden kann durch Pilze, Bakterien sowie Hefen (Sproßpilze) erfolgen. Am häufigsten werden z.Zt. Bakterien eingesetzt, die sich hinsichtlich ihrer Anzahl und der biologischen Aktivität hervorheben, so daß sich der Begriff Mikroorganismen im folgenden hauptsächlich auf die Bakterien bezieht.

Nach der Herkunft des Zellkohlenstoffs unterscheidet man zwei Gruppen von Mikroorganismen:

- Heterotrophe Bakterien beziehen den für ihr eigenes Wachstum benötigten Zellkohlenstoff aus organischen Verbindungen. Gleichzeitig werden die *organischen Substanzen* als *Energiequelle* genutzt.
- Autotrophe Bakterien gewinnen die überwiegende Menge des Zellkohlenstoffs durch Fixierung von Kohlendioxid. Die benötigte *Energie* wird durch *Oxidation von reduzierten anorganischen Verbindungen* erhalten. Ein Beispiel stellt hier die Oxidation von Ammonium (NH_4^+) zu Nitrat (NO_3^-) dar.

Nach den Sauerstoffbedürfnissen werden *aerobe*, *fakultativ anaerobe* und *anaerobe Mikroorganismen* unterschieden. Die folgende Unterteilung bezieht sich weitgehend auf die heterotrophen Mikroorganismen, da sie durch die Veratmung der organischen Schadstoffe hauptsächlich für die Reduzierung der Schadstoffbelastung verantwortlich sind.

- *Aerobe Mikroorganismen* vermögen Energie nur durch Atmung zu erzeugen und sind auf Sauerstoff angewiesen. Der Sauerstoff wird für die Oxidation des

Kohlenstoffs (CO_2-Bildung) und als Akzeptor für die Wasserstoffionen (H_2O-Bildung) benötigt.

- *Fakultativ anaerobe Mikroorganismen* wachsen sowohl in Gegenwart als auch in Abwesenheit von Sauerstoff. Bei Abwesenheit von Sauerstoff wird auf einen anaeroben Stoffwechsel umgeschaltet. Hier können oxidierte anorganische Salze als Sauerstoffersatz dienen. Ein Beispiel für eine solche anaerobe Atmung ist die Nitrat-Atmung, bei der sogenannte Denitrifizierer Nitrat (NO_3^-) zu elementarem Stickstoff (N_2) reduzieren. Bei der Sulfat-Atmung wird Sulfat (SO_4^-) zu Schwefelwasserstoff (H_2S) umgewandelt.
- *Obligat anaerobe Mikroorganismen* benötigen zum Abbau organischer Substanzen keinen Sauerstoff, können aber z.T. kleinere Mengen an Sauerstoff tolerieren. Strikt anaerobe Mikroorganismen können nur in einem sauerstoffreien Milieu wachsen, für sie ist O_2 toxisch.

In der Regel wird seitens der Anlagenbetreiber ein aerober Abbau angestrebt, da unter diesen Bedingungen der Abbau schneller und vollständiger erfolgt. Weiterhin führen anaerobe Abbauprozesse zum Konzentrationsanstieg von biologisch schädlichen Metaboliten und erhöhen unter reduktiven Bedingungen die Wasserlöslichkeit von toxischen Schwermetallen.

Die Reduzierung der Schadstoffkonzentrationen kann durch einen *vollständigen Abbau* (Mineralisation) der organischen Kontaminanten bei gleichzeitigem Sauerstoffverbrauch erfolgen. Dabei kommt es zu einer Wasser- und Kohlendioxidfreisetzung sowie einer Neubildung mikrobieller Biomasse. Die für das Wachstum benötigte Energie gewinnen die Mikroorganismen durch Reduktion oxidierter Substanzen in gekoppelten Redox-Reaktionen.

Eine weitere Möglichkeit der Schadstoffreduzierung stellt die Biotransformation dar. Hier werden die Schadstoffe in *Abbauprodukte* umgewandelt, die in die Huminstoffe des Bodens eingebunden werden können. Es findet kein vollständiger Abbau zu CO_2 und Wasser statt. Die entstehenden Stoffwechselprodukte, sog. Metabolite, sind häufig toxikologisch weniger bedenklich als die Ausgangssubstanz. Toxische Metabolite entstehen insbesondere bei der Transformation von aliphatischen und aromatischen CKW sowie bei PAK. In diesem Zusammenhang sei auf analytische Probleme hingewiesen: Generell können nur diejenigen Metabolite analysiert werden, von denen man weiß, daß diese entstehen können. Unbekannte Metabolite werden i.d.R. jedoch nicht bestimmt, so daß u.U. eine vollständige Mineralisation vorgetäuscht wird.

Oft können die Abbauprodukte der einen Mikroorganismenart von einer anderen Art weiter verwertet werden, so daß durch das Zusammenwirken einer ganzen Mikroorganismengemeinschaft schließlich eine Mineralisation der Schadstoffe erreicht wird. Kontaminanten, die den Mikroorganismen zu wenig oder gar keine Energie liefern, können nur bei Anwesenheit einer weiteren, Energieliefernden Substanz transformiert werden. Dieser Vorgang wird als *Cometabolismus*, die Energie-liefernde Substanz als *Co-Substrat* bezeichnet.

Schadstoffe, die aufgrund ihrer Struktur sowie des Fehlens bestimmter Abbauwege biologisch nicht abgebaut werden können, werden *persistente Verbindungen* genannt. Hierzu zählen insbesondere anthropogen bedingte Schadstoffe, auch Xenobiotika genannt, wie z.B. halogenhaltige Schädlingsbekämpfungsmittel, die als Fungizide, Herbizide oder Insektizide zur Bodenbehandlung angewandt werden. Kunststoffe vom Typ der Polyethylene, -propylene und andere werden nicht biologische abgebaut (Schlegel 1985). Lediglich die in ihnen enthaltenen Weichmacher werden allmählich oxidiert; das Polymergerüst bleibt erhalten.

Die Effektivität des biologischen Abbauprozesses und damit der Sanierungserfolg hängt von vielen Milieufaktoren ab. Die wichtigsten sollen im folgenden beschrieben werden:

Boden setzt sich aus einer festen Bodenmatrix, der flüssigen Phase (Bodenwasser) und der Gasphase (Bodenluft) zusammen. In den Boden eingedrungene Schadstoffe sind oft bis in die kleinsten Poren verteilt und werden an der Bodenmatrix adsorbiert. Die Verwertung der organischen Substanzen findet jedoch ausschließlich in der wässrigen Phase statt, so daß die Schadstoffe in "trockenen" Bereichen oder Schadstoffe mit einer geringen Wasserlöslichkeit dem biologischen Abbau nur schwer zugänglich sind. Ein limitierender Faktor ist somit die Bioverfügbarkeit der Schadstoffe, welche die "Kontaktmöglichkeit" der Mikroorganismen mit den Schadstoffen bei einer anschließenden Reduktion der Schadstoffkonzentration bezeichnet. Eine Möglichkeit der Erhöhung der Bioverfügbarkeit ist z.B. der Einsatz von mikrobiellen oder pflanzlichen Tensiden, mit denen die Wasserlöslichkeit der Schadstoffe erhöht werden kann.

Insbesondere bei einer in-situ Sanierung spielt die Beschaffenheit des Bodens eine sehr wichtige Rolle, da hier mechanische Verfahrensschritte zur Erhöhung der Bioverfügbarkeit nicht eingesetzt werden können. So kann ein Sandboden grundsätzlich besser saniert werden als ein Tonboden, da aufgrund des großen zugänglichen Porenvolumens des Sandbodens eine eingebrachte Wasser-Nährstofflösung schnell an die kontaminierten Bereiche gelangen kann. Besonders problematisch werden die Transportlimitationen in sehr feinkörnigen Böden, da hier das Porenvolumen klein und die spezifische Oberfläche der Bodenpartikel groß ist. Ein weiterer wichtiger Parameter ist in diesem Zusammenhang der Durchlässigkeitskoeffizient k_f [m/s], welcher den Widerstand eines von Wasser durchflossenen Gesteins beschreibt. Voraussetzung für biotechnologische in-situ Verfahren sind Lockergesteine mit Durchlässigkeitskoeffizienten $k_f > 5*10^{-4}$ m/s. Schluffige und tonige Böden sind nicht geeignet, da sie zum einen zu stark verdichtet sind und zum anderen zu niedrige k_f-Werte aufweisen.

Man unterscheidet in Abhängigkeit vom Sauerstoffangebot zwischen einem aeroben und anaeroben Abbau. Bezüglich der Energiegewinnung ist der aerobe Abbau für die Mikroorganismen ertragreicher als der anaerobe Abbau. Aerob werden organische Kohlenwasserstoffe bei vollständigem Abbau zu CO_2 oxidiert. Der Sauerstoff fungiert dabei als Akzeptor für die Wasserstoffionen (H_2O-Bildung). Neben Luftsauerstoff und reinem Sauerstoff können weiterhin Ozon und Wasserstoffperoxid als Sauerstoffdonatoren zur Anwendung kommen.

Unter anaeroben Bedingungen gibt es je nach Art des Wasserstoffakzeptors mehrere Möglichkeiten des biologischen Abbaus: Ist Nitrat als Wasserstoffakzeptor vorhanden, so wird dieses unter Entstehung von Wasser zu elementarem Stickstoff reduziert. Die organischen Substanzen werden bei dieser Nitrat-Atmung zu CO_2 veratmet. Steht Sulfat als Wasserstoffakzeptor zur Verfügung, so verläuft der Abbau analog zu CO_2 als Endprodukt bei gleichzeitiger Freisetzung von

Schwefelwasserstoff. Ist kein Wasserstoffakzeptor in Form von Nitrat oder Sulfat vorhanden, so werden die organischen Substanzen fermentativ zu Alkoholen und organischen Säuren als Endprodukte oxidiert.

Der Lebensraum der Mikroorganismen im Boden ist das Haftwasser um und zwischen den Partikeln. Das Wasser dient hier als Transportmedium von organischen Nährstoffen und Mineralsalzen und ist somit zur Aufrechterhaltung der Stoffwechseltätigkeit unabdingbar. Ein zu hoher Gehalt ist allerdings ungünstig, da ein zu feuchter Boden nur ein sehr geringes Luftporenvolumen aufweist und damit die Sauerstoffversorgung der Organismen gefährdet. Optimal ist ein Feuchtegehalt von 50 - 80 % des Sättigungswertes, wobei der Sättigungswert der Wassergehalt ist, den der Boden gegen die Schwerkraft "zu halten" vermag. Das Wasser, das den Sättigungswert überschreitet, fließt in tiefere Schichten bzw. in das Grundwasser ab.

Die Geschwindigkeit der Stoffwechselprozesse und des Abbaus der organischen Schadstoffe ist temperaturabhängig. Man unterscheidet drei Temperaturbereiche, in denen die Mikroorganismen unterschiedlich gut wachsen können: Im Minimum-Bereich laufen alle Prozesse nur langsam ab und ein Wachstum ist gerade noch möglich. Im Optimum-Bereich laufen die Stofwechselprozesse mit der größtmöglichen Geschwindigkeit ab. Den Maximum-Bereich können die Mikroorganismen gerade noch tolerieren, bevor sie durch zu hohe Temperaturen inaktiviert werden. Hinsichtlich des optimalen Bereiches verhalten sich die Mikroorganismen verschieden. So gibt es Mikroorganismen, deren Wachstumsoptimum oberhalb 65°C liegt. Andere, sog. kryophile Organismen, erreichen ihre höchste Wachstumsrate unterhalb von 20°C. Das Temperaturoptimum für den Abbau von Kohlenwasserstoffen in der Bodenmatrix liegt in der Regel bei Temperaturen um 27°C.

Wie die Temperatur beeinflußt auch der pH-Wert des Bodens den Stoffwechselprozeß. Die meisten Böden weisen einen pH-Wert zwischen 6 und 8 auf. Da die besten Abbauleistungen innerhalb dieses Bereiches erreicht werden, ist eine Anpassung nur bei starken Abweichungen notwendig. Durch Zugabe von Kalk können saure Böden neutralisiert werden, während basische Böden nur begrenzt durch Zusatz von Säuren oder sauren Zuschlagsstoffen neutralisiert werden können. Starke pH-Schwankungen können die Vermehrung und die Aktivität von Bodenmikroorganismen beeinträchtigen.

Der für das Wachstum der Mikroorganismen notwendige Kohlenstoff ist im Falle einer Bodenkontamination mit Kohlenwasserstoffen zu genüge vorhanden, jedoch als relativ einseitige Nahrungsquelle nicht ausreichend zur Versorgung der Bodenfauna. Neben dem Kohlenstoff wird weiterhin Stickstoff und Phosphor, z. B. zur Eiweißsynthese oder zum Aufbau der Zellmembranen, benötigt. Das Verhältnis Kohlenstoff (C) zu Stickstoff (N) zu Phosphor (P) sollte im Bereich 100:15:2 bis 100:10:1 liegen. Weiterhin müssen mineralische Nährstoffe wie z.B. Kalium und Magnesium sowie Spurenelemente (Mangan, Molybdän, Zink, Kupfer) vorhanden sein. Die fehlenden Elemente können über Nährsubstrate zugeführt werden.

Vor der Durchführung einer mikrobiologischen Bodensanierung muß zunächst überprüft werden, ob die im Boden vorliegenden Schadstoffe in ihrer *Zusammen-*

setzung und *Konzentration* biologisch abbaubar sind. So können bestimmte Schadstoffe toxische Auswirkungen haben (z.B. Schwermetalle). Ist die *Konzentration* der Schadstoffe zu hoch, wirkt dies auf die Bakterien toxisch und es erfolgt kein Abbau. Wird ein bestimmter Schwellenwert unterschritten, so erfolgt keine Induktion der Enzyme und es findet ebenfalls kein Abbau statt.

Bei der überwiegenden Anzahl von Verunreinigungen handelt es sich um Mischkontaminationen. Bei dem biologischen Abbau dieser Mischkontaminationen können sowohl hemmende als auch fördernde Effekte auftreten. Besteht die Kontamination aus unterschiedlich gut abbaubaren Stoffen, so kann es zu einem sequentiellen Abbau kommen, d.h. erst nach dem Abbau der leicht zugänglichen Kontaminanten werden die schwer abbaubaren Kontaminanten angegriffen. Weiterhin können sich Umsetzungsprodukte der einen Schadstoffart durch ihren toxischen Charakter negativ auf den Umsetzungsprozeß einer anderen Schadstoffart auswirken.

Allerdings tragen Co-Kontaminanten auch zur Erhöhung der Bioverfügbarkeit bei, indem sie als Lösungsvermittler für schwer wasserlösliche Kontaminanten fungieren. Ebenso können im Rahmen des cometabolischen Abbaus die Co-Kontaminanten als Wachstumssubstrat und somit als Energielieferant für den Umsatz schwerabbaubarer Schadstoffe dienen. Welcher der aufgeführten Effekte bei einem jeweiligen Schadensfall überwiegt, muß zunächst anhand von Voruntersuchungen ermittelt werden.

Innerhalb der zum Einsatz kommenden Mikroorganismen unterscheidet man zwischen

- natürlich vorkommenden, sogenannten Wildstämmen,
- aus dem Boden isolierten, im Labor vermehrten Laborstämmen sowie
- extern speziell gezüchteten Stämmen.

Da die standorteigenen Mikroorganismenkulturen bereits an die herrschenden Milieubedingungen optimal angepaßt sind, ergeben sich oftmals bei den beiden erstgenannten Mikroorganismenarten die größten Abbauraten. Weiterhin wird aufgrund der hohen Substratspezifität vieler Mikroorganismen durch Mischkulturen das Abbaupotential erweitert. Da die Langzeitwirkungen genmanipulierter Mikroorganismen noch nicht bekannt sind, werden diese zur Zeit noch nicht im großtechnischen Maßstab eingesetzt, so daß diese sich noch in der Forschung befindliche Technologie hier nicht näher erläutert werden soll. Einen Überblick über die aufgeführten Milieufaktoren gibt Tabelle 4.15.

Im folgenden werden grundlegende Informationen zum Abbau wichtiger Schadstoffe bzw. Schadstoffgruppen gegeben. Im Gegensatz zu anderen Sanierungs-Technologien (Z.B. Thermik) zeigen sich bei biologischen Verfahren deutliche Unterschiede im Abbauverhalten von Stoffen auch innerhalb derselben Stoffgruppe. Aufgrund der Komplexität des Themas werden lediglich die Grundmuster der dabei ablaufenden mikrobiologischen Abbauprozesse vorgestellt. Für genauere Angaben wird auf die Literatur verwiesen (Alef 1994, SRU 1993, Schlegel 1985). Die Aufzählung der Abbauwege bezieht sich auf eine grundsätzliche mikrobiologische Abbaubarkeit. Ob dieser Abbau tatsächlich im Boden stattfindet, hängt von den weiteren Randbedingungen ab (vgl. 4.4.1.2).

Tabelle 4.15. Beziehung zwischen Milieufaktoren , heterotrophen Mikroorganismen, Wachstum und Abbaugeschwindigkeit.

Milieufaktoren	Wachstum	Abbau $C_{org.}$	Mikroorganismen
Sauerstoff			
• vorhanden	+	+	Aerobier, fakultativ Anaerobe
• fehlend	+/-	+/-	Anaerobier, fakultativ Anaero-
	+	+	be mit Denitrifikanten
Temperatur			
• < 15 °C	+/-	+/-	
• > 15 °C	-	+	
pH-Wert			
• > pH 7	Bakterien +	Bakterien +	Bakterien dominieren
• < pH 7	Bakt. meist -	Bakt. meist -	Pilze nehmen zu
• < pH 5			Pilze dominieren
Mineralsalze			
• Ausreichend	+	+	
• Mangel	-	-	
Wassergehalt des Bodens	+	+	
• Ausreichend	-	-	
• Mangel	-	-	
• Zu hoch			
Organische Nährstoffe			
• Ausreichend	+	+	
• Mangel	-	-	
Kontaminanten			
• Abbaubar	+	+	
• Nicht abbaubar	-	-	
• Schlecht bis wasserunlöslich	-	-	
• Porenräume verstopfend	-	-	
• In höheren Konzentrationen toxisch	-	-	

\+ besser, +/- schlechter; - fehlend; $C_{org.}$ = allgemein organische Substanz einschl. Kontaminanten (nach LFU 1993).

Mineralöle und Mineralölprodukte enthalten neben einer Hauptfraktion an Aliphaten (bis zu 80 %) weiterhin Aromaten sowie eine polare Fraktion. Die n-Alkane der aliphatischen Fraktion sind im allgemeinen bis zu Kettenlängen von etwa C_{44} mikrobiell abbaubar, wobei sich mit zunehmender Kettenlänge und damit abnehmender Polarität der mikrobielle Abbau verlangsamt. Ausschlaggebend ist hier die abnehmende Wasserlöslichkeit.Die Aliphaten werden aerob zunächst zu Alkoholen oxidiert. Diese werden wiederum über Aldehyde weiter zu Fettsäuren umgesetzt, welche unter Energiegewinn stückweise weiter abgebaut werden. Ein anaerober Abbau der Aliphaten findet i.d.R. nicht statt.

In Abhängigkeit von der Kettenlänge der Aliphaten ergeben sich unterschiedliche Abbauraten. C_1-C_4 Alkane sind zwar abbaubar, werden aber nur von relativ wenigen Bakterien angegriffen. Kurzkettige C_5-C_9 Alkane greifen die Lippide der Zellmembran an und können toxisch auf die Bakterien wirken. N-Alkane mit Kettenlängen von C_{10}-C_{19} werden schlecht abgebaut. Langkettige C_{20}-C_{40} Alkane sind nur schwer wasserlöslich und somit einem Abbau schwer zugänglich. Grundsätzlich nimmt die Abbaubarkeit in der Reihenfolge Alkane, Isoalkane, Alkene sowie Cycloparaffine ab. Isoalkane können in Abhängigkeit von der Zahl der Verzweigungen mikrobiell abgebaut werden. Mit zunehmender Zahl der Verzweigungen nimmt hier die Abbaubarkeit ab. Dasselbe gilt für Alkene mit steigender Zahl der Doppelbindungen.

Einfache aromatische Verbindungen (BTX-Aromaten sowie Alkylbenzole) können über verschiedene Wege abgebaut werden. Beim aeroben Abbau wird in einer ersten Stufe der Benzolring zu Brenzkatechin umgewandelt. Anschließend wird der Ring des Brenzkatechins gespalten, wodurch die nun offenkettigen Verbindungen weiter in Aldehyde und Säuren gespalten werden können, die wiederum für den Stoffwechsel der Mikroorganismen genutzt werden. Ein anaerober Abbau konnte in den letzten Jahren gesichert nachgewiesen werden, es wurden jedoch nur sehr geringe Abbaugeschwindigkeiten ermittelt.

In Abhängigkeit von der Anzahl der Ringe der PAK sind diese unterschiedlich stark abbaubar. Je mehr Ringe vorhanden sind, umso unpolarer ist die Verbindung. Durch die damit verbundene schlechtere Wasserlöslichkeit wird der mikrobielle Abbau erschwert. PAK bis zu fünf Kernen können mikrobiell abgebaut werden, wobei Mischkulturen besser geeignet sind als Einzelkulturen. Unter aeroben Bedingungen werden die einzelnen Ringe nacheinander abgebaut und letztendlich in kleinere verwertbare Stücke zerlegt. Der letzte verbleibende Ring wird über Brenzkatechin als Zwischenstufe wie beim oben beschriebenen Abbau der Aromaten metabolisiert. Grundsätzlich ist der mikrobiologische Abbau von PAK noch nicht als Stand der Technik zu bezeichnen.

In Abhängigkeit von der Anzahl der Substituenten lassen sich die leichtflüchtigen halogenierten Kohlenwasserstoffe unterschiedlich gut abbauen. Je höher der Substituierungsgrad ist, desto schlechter sind die Verbindungen aerob abbaubar. Höher halogenierte Kohlenwasserstoffe können jedoch anaerob besser abgebaut werden. Niedrig substituierte LHKW werden hingegen aerob besser abgebaut, wobei der Schadstoff von den Bakterien als Kohlenstoff- und Energiequelle genutzt werden kann. Grundsätzlich beginnt der mikrobiologische Abbau mit einer enzymatischen Dehalogenierung unter Bildung von Salzsäure. Für den Abbauprozeß benötigen die Mikroorganismen zur Energiegewinnung weitere organische Nährstoffe, sog. Cosubstrate.

Aufgrund der unterschiedlichen mikrobiologischen Relevanz wird neben den schwerflüchtigen Chlorverbindungen die Schadstoffgruppe der polychlorierten Biphenyle (PCB), Dioxine und Furane gesondert betrachtet. Zu den schwerflüchtigen Chlorverbindungen gehören insbesondere Chlorbenzole sowie Chlorphenole. Diese können auf zwei Wegen abgebaut werden: Zum einen findet analog zum Abbau der LCKW zunächst eine Dechlorierung mit anschließender Ringspaltung statt. Zum anderen kann zunächst eine Ringspaltung im aeroben

Milieu stattfinden, der die Dechlorierung folgt. Grundsätzlich kann gesagt werden, daß sich mit zunehmender Anzahl der Chlorsubstituenten die Abbaugeschwindigkeit verlangsamt.

Die PCB sowie Dioxine und Furane gehören bezüglich der biologischen Abbaubarkeit zu den Problemstoffen. Da sie praktisch wasserunlöslich sind und sehr stark an die Bodenmatrix adsorptiv angelagert werden, ist nur eine geringe Bioverfügbarkeit vorhanden. Zudem sind die Stoffe infolge ihrer Struktur schwer abbaubar. Insbesondere das "Seveso-Dioxin" 2,3,7,8-Tetrachlor-dibenzo-dioxin (TCDD) sowie 2,3,7,8-TCDF werden weder aerob noch anaerob mikrobiologisch abgebaut.

PCB müssen zunächst cometabolisch reduktiv dechloriert werden, bevor das Grundgerüst der PCB, das Biphenyl, aerob wie die Aromaten mineralisiert werden kann. Die Dechlorierung ist im allgemeinen wenig effizient und unter aeroben Bedingungen auf PCB mit fünf oder weniger Chloratomen beschränkt, so daß für einen Sanierungserfolg die Zahl der Chloratome der limitierende Faktor ist. Mit den heute zur Verfügung stehenden in-situ und ex-situ Techniken ist eine biologische Sanierung von mit PCB kontaminierten Böden nicht möglich.

Freie Cyanide können von einigen Bakterien sowohl als Stickstoff- als auch als Kohlenstoffquelle genutzt und somit mineralisiert werden. Cyanide in komplex gebundener Form werden hingegen kaum mineralisiert.

Metalle können grundsätzlich nicht biologisch abgebaut werden. Verschiedene Schwermetalle wie Cu und Ni wirken in höheren Konzentrationen auf Mikroorganismen inhibitorisch. Hg und Pb sind Enzymgifte und wirken schon in niedrigen Konzentrationen.

Mit Hilfe von Metallophyten besteht die Möglichkeit der Schwermetallakkumulation und einer anschließenden Verhüttung des Erntegutes (Makrobiologische Verfahren).

4.4.2 Verfahrensführung bei mikrobiologischen Prozessen

In den folgenden Kapiteln werden die zur Zeit auf dem Markt befindlichen Techniken zur mikrobiologischen Bodensanierung unter Berücksichtigung technischer Variationsmöglichkeiten vorgestellt. Aufgrund der Breite der technischen Variationsmöglichkeiten können hier nur grundlegende Angaben gemacht werden.

4.4.2.1 Regenerationsmieten

Die am häufigsten angewandte Technik zur Behandlung kontaminierten Bodenmaterials stellen die Regenerationsmieten dar. Eine schematische Darstellung der Arbeitsvorgänge bei der biologischen on/off-site Sanierung mit Hilfe von Regenerationsmieten ist in Abb. 4.12 gegeben.

Der ausgekofferte Boden wird nach einer mechanischen Aufbereitung, bei der zunächst Grobteile aussortiert und anschließend zerkleinert werden, zu lockeren Mieten aufgeschichtet. Die mechanische Vorbehandlung des Bodens ist wichtig, um eine ausreichende Kontaktfläche zwischen Schadstoffkomponenten und Mikroorganismen herzustellen. Im Rahmen der Vorbehandlung können auch Zuschlagstoffe zugemischt werden. Die Mietenhöhe schwankt bei Wendemieten, die in regelmäßigen Abständen gemischt und umgesetzt werden, zwischen 0,8 und 1,0 m, bei stationären Mieten zwischen 1,5 und 2,0 m. Werden Mehrschichtmieten eingesetzt, so werden Gesamthöhen von bis zu 4 m erreicht, wobei die einzelnen Schichthöhen zwischen 0,2 und 0,3 m liegen und zum Teil aus unterschiedlichen Lagen zum Ausgleich des Setzungsverhaltens bestehen.

Der Aufbau der Miete geschieht auf einer Basisabdichtung, welche aus einem Sandplanum besteht, auf das i.d.R. eine HDPE-Folie mit einer Stärke von ca. 2 mm sowie eine befahrbare Tragschicht aufgebracht werden. Z.T. werden als Abdichtung gegen den Untergrund auch Beton oder anwenderspezifische Dichtungssysteme, z.B. Spezialplatten, eingesetzt. Aus der Miete austretende Sickerwässer werden über Drainrohre erfaßt, die in die Miete eingebaut werden. Zum Schutz vor Witterungseinflüssen und zur Vermeidung von unkontrollierten Emissionen leichtflüchtiger Stoffe werden die Mieten abgedeckt. Neben der Abdichtung durch HDPE-Kunststoffdichtungsbahnen besteht die Möglichkeit der Überdachung der Miete mit einer Halle oder durch Zelte (Einhausung). Überdachte Mieten können beheizt werden, so daß im Winter bei zu niedrigen Umgebungstemperaturen eine gewisse Mindestaktivität der Mikroorganismen gewährleistet werden kann.

Das im Boden verfügbare Wasser beeinflußt entscheidend die Verfügbarkeit von Schad- und Nährstoffen. Zur optimalen Einstellung des Wasserhaushaltes der Mieten dient ein Bewässerungssystem. Dieses kann entweder aus oberflächigen Berieselungssystemen oder aus innerhalb der Miete verlegten Tropfbewässerungen bestehen. Einige Verfahren werden nicht bewässert, sondern arbeiten mit dem natürlichen Wassergehalt der Miete.

Im allgemeinen wird beim Schadstoffabbau mit Hilfe von Mieten ein aerober Abbau angestrebt. Zur Einstellung des aeroben Milieus werden die Mieten auf unterschiedliche Art und Weise belüftet. Bei den stationären Mieten wird über eine Zwangsbelüftung mit Druckluft oder mit Reinsauerstoff der notwendige Sauerstoff zur Verfügung gestellt. Die Belüftung kann zum einen über in die Miete eingebaute Drainrohre erfolgen, welche entweder im Untergrund der Miete oder in einer oder mehreren Ebenen im Mietenkörper verlegt werden. Zum anderen kann die Luft gezielt mit Hilfe von Belüftungslanzen eingebracht werden. Alternativ zu einer Zwangsbelüftung kann eine Bodenluftabsaugung zum Einsatz kommen, bei der die Versorgung der Mikroorganismen mit Sauerstoff über die nachströmende Luft erfolgt. Die erforderlichen Belüftungsraten liegen in Abhängigkeit von der Ausgangsbelastung und dem Sanierungsfortschritt zwischen 20 bis maximal 50 Liter Luft je Stunde und Tonne Boden und können mit Hilfe von O_2-Sensoren optimal eingestellt werden.

Bei Wendemieten erfolgt der Sauerstoffeintrag durch ein intensives Mischen und Wenden des gesamten Bodenmaterials. Bei diesem Vorgang entstehen ständig neue Kanäle und Hohlräume, über welche die Luft in das Mieteninnere gelangen kann, so daß der Abbauprozeß fortschreiten kann. Eine weitere Erhöhung des Lufteintrages kann durch Zwischenlagen aus Kies bzw. Holzhackschnitt oder ähnlichem Material erfolgen.

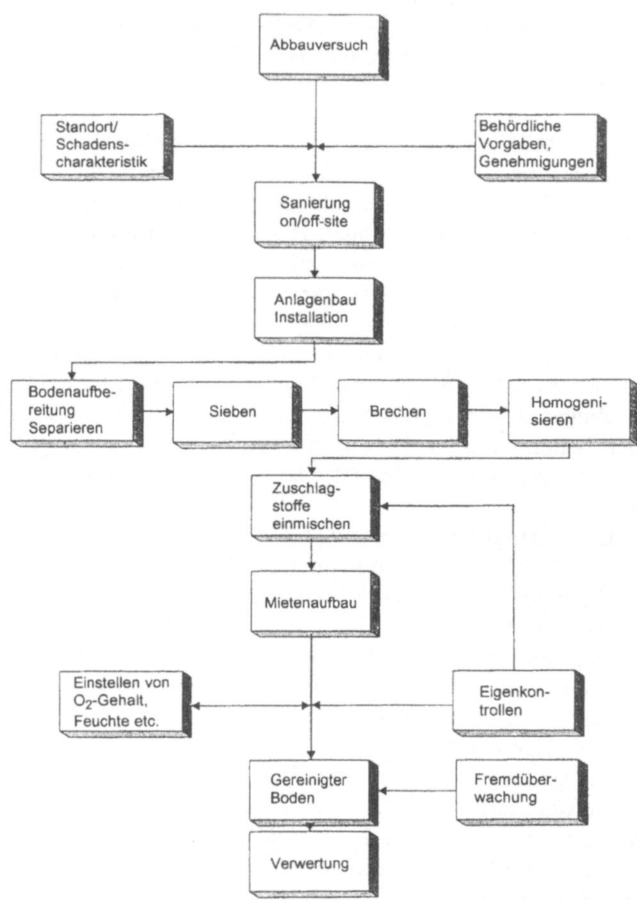

Abb. 4.12. Schematische Darstellung der Arbeitsvorgänge bei der biologischen on/off-site Sanierung mit Hilfe von Regenerationsmieten (Alef 1994)

Der Abbau der Schadstoffe kann durch die Zugabe von Nährstoffen verbessert werden. Diese können in gelöster Form über den Prozeßwasserkreislauf oder aber trocken durch mechanisches Mischen vor dem Mietenaufbau bzw. beim Umsetzen in die Miete eingebracht werden. Die zu dosierende Menge ist abhängig von dem Bedarf der vorhandenen Mikroorgansimenkultur sowie den vorliegenden Schadstoffen und kann in Optimierungsversuchen im Labor ermittelt werden. Neben den Nährstoffen können auch Trägersubstanzen für die Mikroorganismen zugemischt werden. Hier kommen Kiefernborke, Baumrinde, Stroh, Torf oder ähnliches Material zum Einsatz.

Das über die Drainage abgeleitete Sickerwasser kann nach einer entsprechenden Aufbereitung wieder zur Befeuchtung der Miete eingesetzt werden (Prozeßwasserkreislauf) oder nach einer Reinigung dem Vorfluter zugeführt werden. Gasförmige Emissionen werden bei überdachten Mieten aufgefangen und meist über Aktivkohlefilter oder Biofilter gereinigt. Die gereinigte Abluft kann an die Umgebung abgegeben werden. Beladene Filtermassen müssen als Reststoff entsorgt werden.

Regenerationsmieten können sowohl on- als auch off-site betrieben werden. Für den Betrieb der Miete wird eine Strom- sowie Wasserversorgung benötigt. Verbraucher sind hier z.B. die Kompressoren bei einer aktiven Luftzufuhr oder Steueraggregate. Ist eine Prozeßwasserrückführung vorhanden, so besteht i.d.R. ein geringer Frischwasserbedarf. Die Höhe des Strom- und Wasserbedarfes ist von der Größe der Mietenfläche abhängig.

Ausdehnung und Form der Miete richten sich nach den vorhandenen Platzverhältnissen und den eingesetzten Geräten. Üblich sind hier Abmessungen von 20 m Breite und 50 bis 80 m Länge (bezogen auf die Mietenbasis). Je nach Anbieter kommen Trapez-, Rechteck-, oder Pyramidenformen zur Anwendung.

4.4.2.2
Landfarming

Während in den USA und in den Niederlanden beim Landfarming lediglich eine Durchmischung der oberen schadstoffhaltigen Bodenschicht bei einer gleichzeitigen Versorgung mit Nährstoffen zur Aktivierung des mikrobiellen Schadstoffabbaus erfolgt (in-situ), versteht man in der Bundesrepublik unter Landfarming das Anlegen großer, landwirtschaftlich bearbeiteter Flachbeete (ex-situ). Im folgenden wird nur auf die ex-situ Maßnahme eingegangen.

Der ausgekofferte Boden wird nach einer mechanischen Aufbereitung, bei der zunächst Grobteile aussortiert und anschließend zerkleinert werden, zu großflächigen Flachbeeten mit einer maximalen Höhe von bis zu 0,4 m aufgeschüttet. Während der Behandlung wird der Boden unter Zugabe von Nährstoffen, Trägersubstanzen und ggf. Mikroorganismen mittels landwirtschaftlicher Arbeitstechniken und -geräte (Pflug, Fräse) in Abständen von einigen Wochen oder Monaten durchmischt.

Die Beete werden gegen den Untergrund mit Kunststoffdichtungsbahnen (PVC, HDPE) oder auch mit verdichteten Tonlagen abgedichtet. Zur Erhöhung der Drainagewirkung kann zusätzlich eine Sandschicht aufgebracht werden. Eine Abdekkung der Beete findet in der Regel nicht statt, so daß der Boden den Witterungseinflüssen ungeschützt ausgesetzt sind und unkontrollierbare Emissionen durch ausgasende Schadstoffe entstehen können. Sollen die Emissionen gezielt aufgefangen und gereinigt werden, so können die Beete mit Zelten oder Hallen abgedeckt werden. Alternativ können zum Schutz vor Witterungseinflüssen sauerstoffdurchlässige Folien eingesetzt werden, wodurch die Temperatur im Beet durch den erzielten Treibhauseffekt erhöht und somit der Abbauprozeß beschleunigt werden kann.

In der Regel erfolgt keine gesonderte Bewässerung. Im Rahmen einer Tiefenauflockerung und mit Hilfe der Mikroorganismensuspensionen kann die notwendige Bodenfeuchte aufrecht erhalten werden.

Durch die landwirtschaftliche Bearbeitung und die damit verbundene Auflockerung des Bodens wird dieser ausreichend belüftet. Zur Unterstützung der Belüftung kann mit Hilfe von pulsierenden Injektionslanzen Druckluft gezielt in das Beet eingebracht werden. Auftretende Emissionen gelangen bei einer fehlenden Abdeckung des Beetes direkt in die Atmosphäre. Ist eine Abdeckung vorhanden, so können die erfaßten Abluftströme mit Aktivkohle- oder Biofiltern gereinigt und anschließend in die Atmosphäre abgegeben werden.

Zur Beschleunigung des mikrobiellen Abbauvorganges werden autochthone Mikroorganismen in einem Fermenter vermehrt und anschließend mit Nährstoffen gemischt. Die Häufigkeit sowie die Menge der Nährstoffzugaben richtet sich nach dem Bedarf der eingesetzten Mikroorganismen. Entsprechende Werte ergeben sich zumeist aus Laboruntersuchungen. Das Mikroorganismen-Nährstoffgemisch wird über dem Beet versprüht und anschließend maschinell gründlich mit dem Bodenmaterial vermischt.

Das Landfarming ist besonders in den USA und in den Niederlanden weit verbreitet und wird hier zur Sanierung von mit Mineralöl-Kohlenwasserstoffen kontaminierten Böden eingesetzt. In der BRD wird es hingegen seltener eingesetzt. Ist keine Abdeckung des Flachbeetes vorhanden, so muß grundsätzlich mit Emissionen von Schadstoffen ("Strip-Effekt") in die Atmosphäre gerechnet werden. Bei einer vorhandenen Einhausung kann die Abluft über Aktivkohle- oder Biofilter gereinigt werden. Anfallendes Sickerwasser kann nach einer Reinigung wieder zur Befeuchtung eingesetzt oder aber dem Vorfluter zugeführt werden. Reststoffe aus der Abwasserreinigung müssen entsorgt oder einer Verwertung zugeführt werden.

Zum Betrieb der Anlage müssen Anschlüsse für Strom, Wasser und Abwasser vorhanden sein. Werden Verfahrensvariationen eingesetzt, so können weitere Anschlüsse erforderlich sein. Charakteristisch für das Landfarming ist der große Flächenbedarf aufgrund der nur geringen Schichthöhe des Flachbeetes. Zusätzlich zur Fläche des Flachbeetes muß genügend Stellfläche für die Aufbereitungseinrichtungen (Brecher, Siebanlagen) vorhanden sein. Die Größe der Beete wird durch die örtlichen Gegebenheiten begrenzt. In der Praxis wurden schon Rechteck-Beete von bis zu 20.000 m^2 errichtet.

4.4.2.3
Bioreaktoren

Eine noch junge Weiterentwicklung ist die biologische Bodenreinigung in Bioreaktoren. Diese bieten vor allem den Vorteil einer besseren Verfahrenskontrolle zur genauen Einhaltung erforderlicher Abbauparameter. Durch eine optimierte Homogenisierung der Schadstoffe sowie eine Verbesserung der Zugänglichkeit der Schadstoffe für die Mikroorganismen durch die intensive Durchmischung im Reaktor kann der Abbauprozeß beschleunigt und der Reinigungsgrad verbessert werden. Ebenso ergibt sich durch die optimierte Einstellung der Milieuparameter eine Erweiterung der behandelbaren Schadstoffpalette. So können in einigen Reaktoren durch Spülen mit Inertgas anaerobe Bedingungen eingestellt werden, die zum Umsatz zahlreicher Schadstoffe notwendig sind (z.B. Dechlorierung hochgradig chlorierter Kohlenwasserstoffe).

Eine Einteilung der Reaktorverfahren läßt sich nach dem Wassergehalt des behandelten Bodens sowie nach der Konstruktionsart des Reaktors vornehmen. Je nach verwendetem Wassergehalt differenziert man die Reaktoren in Trocken- und Suspensionsreaktoren. *Trockenverfahren* werden mit einem kontinuierlichen Wassergehalt von 12 bis 17 Gewichtsprozent, *Suspensionsverfahren* mit einem Wassergehalt um 40 Gew.-% des kontaminierten Materials betrieben. Die Bioreaktoren können als horizontale oder vertikale Reaktoren ausgeführt werden, die entweder selbst um die eigene Achse rotieren (dynamische Verfahren) oder in denen rotierende Mischeinrichtungen untergebracht sind (statische Verfahren). Ein noch im Forschungsstadium befindliches Verfahren stellt das *Extraktionsverfahren* dar, bei dem durch Zugabe eines nichttoxischen, biologisch nicht abbaubaren Lösungsmittels mittels Extraktion der Schadstoffe eine erhöhte Bioverfügbarkeit erreicht wird. Im Anschluß an die Extraktion wird das schadstoffhaltige Lösungsmittel vom Boden getrennt und als wäßrige Emulsion im Bioreaktor behandelt. Eine entsprechende Übersicht über die unterschiedlichen Bioreaktorverfahren zur Bodensanierung gibt Abb. 4.13.

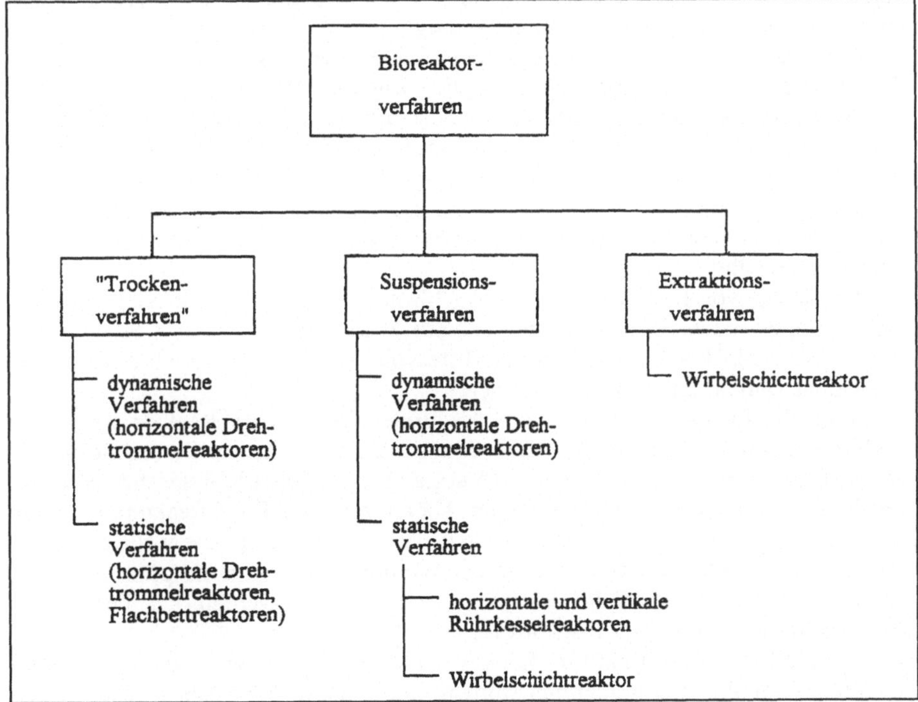

Abb. 4.13. Übersicht der Bioreaktorverfahren zur Bodensanierung (Alef 1994)

Das Suspensionsverfahren ist dabei das am häufigsten eingesetzte Verfahren. Es werden hier die höchsten Abbauraten erreicht, da aufgrund der sehr guten Durchmischung insbesondere bei bindigen und feinkörnigen Böden eine höhere Bioverfügbarkeit der Schadstoffe erreicht wird und weiterhin die abbaurelevanten Parameter wie pH-Wert, Nährstoffgehalt, Temperatur und Sauerstoffgehalt gut kontrolliert und beeinflußt werden können. Trockenverfahren eignen sich besonders zur Reinigung von gut durchlässigen, grobkörnigen Böden. Sie kommen jedoch nur selten zum Einsatz, da sich bei diesen Bodentypen die Bodenwaschverfahren besonders gut eignen.

Das ausgekofferte Material wird zunächst einer sorgfältigen Störstoffauslese unterzogen, da feste Bestandteile im Boden an den rotierenden Aggregaten des Reaktors zu Beschädigungen führen können. Grobe Partikel werden bei Bedarf mittels eines Brechers auf die notwendige Korngröße zerkleinert, vgl. Kapitel 4.3..

Nach der Zugabe von Nährstoffen, Zuschlagstoffen und Mikroorganismen wird der Boden in den Reaktor überführt. Durch die Rotation erfolgt die Durchmischung und damit die Homogenisierung der Schadstoffe im Boden. Die abbaurelevanten Parameter werden kontinuierlich überwacht und geregelt, so daß ständig optimale Milieubedingungen für die Mikroorganismen vorhanden sind.

Der Sauerstoffgehalt wird über O_2-Sonden erfaßt und mittels Speziallanzen eingestellt. In der Regel werden Bioreaktoren aerob betrieben, es ist jedoch auch ein anaerober Abbau der Kontaminanten möglich.

In Abhängigkeit vom physiologischen Bedarf der Mikroorganismen werden dem Boden meist Stickstoff und Phosphor zugemischt (vgl Kap. 4.4.1.2). Die Nährstoffe können sowohl in Wasser gelöst mit Hilfe der Bewässerungsanlage oder in fester Form durch mechanisches Mischen in den Reaktor eingebracht werden. Die Zugabe von Trägersubstanzen (Stroh, Rindenmulch, Kompost) dient der Strukturverbesserung des Bodens. Bei der Behandlung von schwer abbaubaren Substanzen hat sich die Zugabe von speziell gezüchteten (allochtonen) Mikroorganismen bewährt.

Der Einsatz von Bioreaktoren für die Altlastensanierung befindet sich noch im Entwicklungs- bzw. Erprobungsstadium. Zur Marktreife entwickelte Reaktormodelle lassen jedoch erkennen, daß mit Hilfe von Bioreaktoren gezielt feinkörnige Bodenmaterialien saniert werden können.

Durch die intensive Vermischung des Bodenmaterials im Reaktor wird eine verbesserte Zugänglichkeit der Mikroorganismen zu Schadstoffkomponeten erreicht. Daraus resultiert i.d.R. eine im Vergleich zu anderen biologischen Verfahren höhere Abbaurate. Der biologische Abbau wird bei Feuchtreaktoren zudem noch dadurch verbessert, daß ein Großteil der Schadstoffe in die wäßrige Phase übergeht und so besser bioverfügbar ist. Werden anaerobe Bedingungen eingestellt, so können bestimmte Schadstoffe gezielt eliminiert werden (z.B. Dechlorierung hochgradig chlorierter Kohlenwasserstoffe).

Die anfallende Abluft wird im Reaktor vollständig erfaßt und kann mittels Aktivkohle- oder Biofilter aufbereitet werden. Das bei den Supensionsverfahren bei der Entwässerung der Boden/Wasser-Suspension anfallende Abwasser muß ebenfalls aufbereitet werden. Reststoffe fallen weiterhin in Form der beladenen Filtermassen an.

Zur Kontrolle des Sanierungserfolges können an zugänglichen Stellen des Reaktors Bodenproben entnommen werden. Bedingt durch die intensive Durchmischung des Bodens kann hier die Probenahme im Gegensatz zu den Regenerationsmieten oder Landfarming als repräsentativ bezeichnet werden.

Horizontale Reaktoren werden mit einem Fassungsvermögen bis zu 250 m^3 gebaut. Vertikale haben meist geringere Fassungsvermögen bis zu 60 m^3. Nach Bedarf lassen sich mehrere Reaktoren zu einer Dekontaminationseinheit zusammenschließen.

Der Zeitbedarf richtet sich nach der Größe des verwendeten Reaktors, der Menge des zu behandelnden Bodens sowie der Schadstoffkonzentration zu Beginn der Sanierungsmaßnahme. Mit höheren Anforderungen an die Sanierung hinsichtlich der maximal zulässigen Restschadstoffkonzentration verlängert sich die Sanierungsdauer deutlich, da die Abbauraten mit sinkender Substratkonzentration abnehmen. Durch die gezielte Optimierung der Milieubedingungen innerhalb des Reaktorraums ergeben sich kürzere Sanierungsdauern als bei der Mieten- bzw. in-situ-Technologie.

Der Betrieb der Bioreaktoren geht mit einem hohen verfahrenstechnischen Aufwand einher, so daß bei der biologischen Bodenreinigung mit Hilfe von Reaktoren der Infrastrukturbedarf am ausgeprägtesten ist. Aus diesem Grund werden Bioreaktoren hauptsächlich in stationären off-site Anlagen betrieben. Zum Betrieb der Anlage ist eine Strom- und Wasserversorgung notwendig. Bioreaktoren weisen im Vergleich zu anderen biologischen Verfahren eine relativ kompakte Bauweise auf. Der Flächenbedarf beträgt für einen einzelnen Reaktor zwischen 20 bis 100 m^2. Für eine Gruppe von 10 Bioreaktoren ergibt sich in einem Fallbeispiel ein Flächenbedarf von ca. 750 m^2. Dabei benötigen Vertikalrektoren pro Volumeneinheit eine geringere Stellfläche als Horizontalreaktoren.

4.4.2.4
In-situ Verfahren

Im Gegensatz zu den on-/off-site Verfahren wird der Bodenkörper bei den in-situ Verfahren in seiner natürlichen Lage belassen. Der Untergrund dient praktisch als überdimensionaler Reaktor, in dem die Sanierung abläuft. Vorteilhaft ist dieses Verfahren besonders bei Nutzungen auf der zu sanierenden Fläche, welche für die Dauer der Sanierung nicht aufgegeben werden können. Für die Anwendung des in-situ Verfahrens sind folgende Voraussetzungen nötig:

- Kluftgrundwasserleiter sind aufgrund der anisotropen Durchlässigkeit nicht geeignet, da die Gefahr einer Kontamination unbelasteter Grundwasserbereiche besteht.
- Geeignet sind Porengrundwasserleiter aufgrund ausreichender Durchlässigkeit des Bodens.
- Der Durchlässigkeitsbeiwert des Bodens k_f muß größer $5*10^{-4}$ m/s (Sand-, Kiesboden) sein.
- Es muß die Möglichkeit zur Errichtung eines Spülkreislaufes gegeben sein, d.h. ausreichend große und zusammenhängende Grundwasserleiter müssen vorhanden sein.

- Die Kontamination muß möglichst homogen im Boden verteilt sein.
- Schadstoffe müssen mobilisierbar und biologisch abbaubar sein.
- Die Verhinderung der Schadstoffausbreitung in Grundwasser und in nichtkontaminierte Bodenbereiche muß unbedingt gewährleistet sein.

Der verfahrenstechnische Ablauf des in-situ Verfahrens richtet sich grundsätzlich nach der Tiefe der Kontamination und den geologischen/hydrogeologischen Gegebenheiten des Bodens.

Oberflächennahe ungesättigte Zone: Für die Sanierung der oberflächennahen (bis zu 2 m unter der Geländeoberkante) ungesättigten Zone wird der kontaminierte Boden einer landwirtschaftlichen Bearbeitung unterzogen. Mit Hilfe von landwirtschaftlichem Gerät wird die Oberfläche des kontaminierten Bodenbereiches mechanisch aufgelockert. Durch die Auflockerung wird zum einen die Belüftung des Bodens gefördert, zum anderen erhöht sich der Bodendurchlässigkeitswert k_f. Anschließend werden Prozeßwasser, Nährlösung und ggf. Mikroorganismen auf der Fläche versprüht, wodurch die mikrobielle Stoffwechselaktivität im Boden erhöht wird.

Tiefere Bereiche der ungesättigten Zone: Sind tiefere Bereiche der ungesättigten Zone kontaminiert, so muß das Verfahren an die jeweiligen geologischen/hydrogeologischen Gegebenheiten des Bodens angepaßt werden, so daß hier nur eine grundsätzliche Verfahrensbeschreibung erfolgen soll. Der Eintrag von Trägersubstanzen, Nährstoffen und Mikroorganismen geschieht i.d.R. über ein Brunnensystem in den kontaminierten Boden. Die standorteigenen Mikroorganismen werden zuvor aus dem Schadensherd isoliert und in einem Fermenter angereichert. Die Luftzufuhr im Boden erfolgt durch Belüftungsbrunnen unterhalb des Kontaminationsherdes. Durch Eintrag von freiem Sauerstoff (O_2), Ozon (O_3), Wasserstoffperoxid (H_2O_2) oder Nitrat (NO_3^-) kann der Sauerstoffgehalt im Boden erhöht und der Abbauprozeß beschleunigt werden. Die Prozeßkomponenten können entweder direkt in den Kontaminationsherd infiltriert oder aber auch oberhalb bzw. unterhalb des Kontaminationsherdes eingebracht werden. Hierbei muß auf eine homogene Verteilung der Komponenten im Untergrund geachtet werden.

Um Ausbreitungen der Kontamination in den Untergrund zu vermeiden, ist vor und während der Dekontaminationsmaßnahme eine Bilanzierung des Bodenwassergehaltes notwendig. Zur Vermeidung von Ausgasungen der Bodenluft, die z.T. mit leichtflüchtigen Komponenten vermischt sein kann, kann eine Oberflächenabdeckung notwendig werden.

Gesättigte Zone: Eine reine in-situ Sanierung der gesättigten Zone ist eher selten und bisher lediglich als Pilotprojekt ausgeführt worden. Ihr Einsatz ist nur dann erfolgversprechend, wenn möglichst gute geologische, hydrogeologische, biologische und chemisch-physikalische Voraussetzungen vorliegen. Grundsätzlich wird der Kontaminationsherd durch Einzelbrunnen oder eine Brunnenreihe eingegrenzt und das kontaminierte Grundwasser an die Oberfläche gefördert. In Abhängigkeit von der Schadstoffkonzentration und -zusammensetzung sowie von biologischen

Faktoren werden dem Wasser Sauerstoff, Nährstoffe und u.U. Mikroorganismen zugeführt und anschließend oberhalb des Schadensherdes reinfiltriert.

Sind die Schadstoffe in hohem Maße wasserlöslich, so ist das Prozeßwasser meist stark belastet. In solch einem Fall bietet sich die Aufbereitung des Wassers in einer ex-situ Behandlungsanlage am Standort an. Hierzu eignen sich je nach Wasserzusammensetzung Strippen, Flocken, Trocken- und Überstaufiltration sowie bei Bedarf auch Aktivkohlefiltration. Das gereinigte und ggf. mit Zuschlagsstoffen versetzte Wasser kann anschließend wieder über die Infiltrationsbrunnen in den Boden eingebracht werden. Die verbleibenden Reststoffe aus der Aufbereitung werden der Entsorgung zugeführt.

Inwieweit Mischkontaminationen abgebaut werden können, müssen jeweils Voruntersuchungen ergeben (vgl. Kap. 4.4.1.2). Bislang werden jedoch in-situ Verfahren hauptsächlich bei Mineralöl-Kohlenwasserstoff Kontaminationen eingesetzt. In den seltensten Fällen wird es gelingen, auch andere, langsam abbaubare Schadstoffe in einem hinreichend kurzen Zeitraum abzubauen. Bereits durch die erfahrungsgemäß ungleichmäßige Verteilung der Schadstoffe sowie durch Adsorptionsprozesse an der Bodenmatrix sind Restgehalte unvermeidlich. Insgesamt müssen für eine erfolgreiche Sanierung die zu Beginn des Kapitels genannten Voraussetzungen beachtet werden.

Grundsätzlich besteht bei der Einrichtung eines Spülkreislaufes die Gefahr der Ausbreitung der Kontamination in den Untergrund. Weiterhin können infolge der Belüftungsmaßnahmen leichtflüchtige Komponenten mit der Bodenluft entweichen. Diese müssen erfaßt und behandelt werden (Bio- oder Aktivkohlefilter). Bei einer Aufbereitung des Prozeßwassers fallen je nach Schadstoffbelastung unterschiedliche Mengen an Reststoffen an, die entsorgt werden müssen.

Die oben genannten boden- und schadstoffspezifischen Voraussetzungen, die alle größtenteils erfüllt sein müssen, um eine weitgehende Sanierung durch in-situ Maßnahmen durchführen zu können, zeigen die Problematik dieses Verfahrens. Es wird nur selten ein mit den ex-situ Verfahren vergleichbarer Abbaugrad erreicht werden. Durch in-situ Verfahren ist es aber immerhin möglich, das Gefährdungspotential, welches von der Bodenkontamination ausgeht, stark herabzusetzen. Je nach Schadstoffbelastung muß die Bildung von toxischen Metaboliten überwacht werden. Bei einer Probennahme zur Kontrolle des Sanierungserfolges müssen die Inhomogenitäten des Bodens sowie eine evtl. ungleichmäßige Verteilung der Kontamination berücksichtigt werden. Bei den biologischen Verfahren muß mit relativ hohen Restschadstoffgehalten gerechnet werden. Daher sind in der Regel Langzeitüberwachungen notwendig.

Müssen hydraulische Maßnahmen zur Verhinderung der seitlichen Ausdehnung der Schadstoffe ergriffen werden (Sperrinfiltration, Sperrwände), so ist hierfür ausreichend Raum zur Verfügung zu stellen. Der Flächenbedarf ist grundsätzlich von der Ausbreitung der Kontamination abhängig, die Infiltrationsbrunnen sind i.d.R. über die gesamte Fläche verteilt.

4.4.3 Voruntersuchungen zur Beurteilung der mikrobiologischen Sanierbarkeit

Vor der praktischen Ausführung einer mikrobiologischen Sanierung müssen zunächst mit Hilfe von Laboruntersuchungen die mikrobiologischen, chemisch/physikalischen sowie geologischen Aspekte geklärt werden. Von diesen Untersuchungen hängt später die Wahl eines geeigneten Verfahrens ab. Diese Voruntersuchungen sind bei mikrobiologischen Prozessen von größerer Bedeutung als bspw. bei thermischen und physikalisch/chemischen Verfahren, da die mikrobiellen Prozesse sehr störanfällig sind.

Unabhängig, ob später eine ex-situ- oder in-situ-Sanierung durchgeführt werden soll, ist eine mikrobiologische Untersuchung zur Charakterisierung der am Standort vorkommenden (autochthonen) Mikroorganismenpopulation als auch die Ermittlung deren Abbaupotentials für Schadstoffe an dem Bodenmaterial vorzunehmen. Dies kann zum einen durch die Bestimmung der Atmungsaktivität, zum anderen durch die Quantifizierung der mikrobiellen Population (Zellzahlen der lebensfähigen Mikroorganismen), insbesondere von Umweltchemikalien abbauenden Mikroorganismen, geschehen. Ausgehend von diesen Untersuchungen lassen sich Aussagen über die grundsätzliche Abbaubarkeit der Kontaminanten und über eventuelle Hemmeffekte durch andere Schadstoffe treffen. Es kann jedoch nicht sichergestellt werden, ob der Schadstoff in der Bodenmatrix tatsächlich abgebaut wird. Zunächst müssen zusätzliche begleitende Untersuchungen durchgeführt werden, um weitere, den biologischen Abbau beeinflussende Parameter berücksichtigen zu können. Hierzu gehören u.a. die physikalisch/chemischen Parameter wie Adsorptions-/Desorptionsvorgänge, Transportvorgänge innerhalb der Bodenmatrix oder das Lösungsverhalten der im Boden oft in fester Phase vorliegenden Kontaminationen. Ein entscheidender Parameter ist in diesem Zusammenhang die Bioverfügbarkeit der im Boden befindlichen Schadstoffe für die Mikroorganismen.

Die bodenphysikalischen Bedingungen sind oftmals ausschlaggebend für die Wahl eines geeigneten Verfahrens. So können z.B. in-situ Verfahren nur angewendet werden, wenn ein Durchlässigkeitskoeffizient $k_f > 10^{-4}$ m/s und ein Schluffanteil < 20 % vorliegt.

Ist prinzipiell die Möglichkeit einer mikrobiologischen Bodensanierung gegeben und sind die Standortbedingungen bekannt, so können weiterführende Untersuchungen durchgeführt werden. Mit diesen kann das in Frage kommende Sanierungsverfahren im Labormaßstab erprobt werden. Insbesondere können limitierende Faktoren (vgl. S. 6 - 8) rasch ermittelt und Maßnahmen zur Aufhebung dieser Limitierungen getestet werden. Hierzu können Bodensäulen, Testmieten und Versuchsreaktoren eingesetzt werden.

Das einfachste Labor-Testsystem stellt die sogenannte Bodensäule dar. Diese besteht aus einer vertikalen Säule, in die das zu untersuchende Bodenmaterial eingebracht wird. Man unterscheidet zwei Betriebsweisen: Zum einen kann die Säule als *Perkolator* betrieben werden. Hier wird eine Nährstofflösung von oben auf der Bodenmatrix verrieselt. Am Boden der Säule wird die Lösung aufgefangen und nach einer Ergänzung der Nährstoffe wieder oben aufgegeben. Eine Sauerstoffversorgung kann entweder über die im Kreislauf geführte Nährstofflösung oder aber direkt in der Säule erfolgen. Mit Hilfe dieses Aufbaus kann entweder eine Mietensanierung mit nicht wassergesättigter Bodenmatrix oder eine in-situ Maßnahme im *ungesättigten Bereich* simuliert werden.

Zum anderen kann eine Bodensanierung im gesättigten Bereich simuliert werden: Die Säule wird im *wassergesättigten Zustand* gefahren, indem diese von unten nach oben von der Nährstofflösung durchströmt wird. Die Anreicherung des Fluids mit Sauerstoff findet außerhalb der Säule über einen separaten Sättiger statt. Die Überwachung des biologischen Schadstoffabbaus geschieht durch eine stichprobenartige Untersuchung der relevanten Parameter im Kreislaufwasser. Die Schadstoffgehalte des Bodens werden im allgemeinen zu Beginn und am Ende der Untersuchung ermittelt.

Bei der überwiegenden Anzahl der praktischen Sanierungsfälle können aufgrund zu geringer k_f-Werte keine in-situ Verfahren eingesetzt werden, so daß eine on/off-site Behandlung des Bodens notwendig wird. Je nach Boden- und Kontaminationsart wird hier die Mieten- oder Reaktortechnik zum Einsatz kommen. Um den mikrobiologischen Schadstoffabbau von Mieten beurteilen zu können, werden kleine Testmieten mit Prozeßwasserkreislauf (Lysimeter) aufgeschüttet. Innerhalb der festen Bodenmatrix sowie im Kreislaufwasser lassen sich wichtige Parameter, wie z.B. Schadstoffbelastung an verschiedenen Stellen im Mietenkörper oder biologische Aktivitätsparameter im Kreislaufwasser und im Festbett bestimmen. Mit Hilfe von Sonden kann die Zusammensetzung des Porenraumgases und damit die Versorgung der Organismen mit Sauerstoff ermittelt werden.

Ist nur eine geringe Bioverfügbarkeit der Schadstoffe aufgrund geringer Wasserlöslichkeiten oder hoher Transportlimitationen durch sehr feinkörnige Böden vorhanden, so werden zur Sanierung bevorzugt Bioreaktoren eingesetzt. Versuchsreaktoren im Labormaßstab stellen aktiv durchmischte Systeme dar, die mit einer Begasungs- und Temperiereinrichtung, bei Bedarf auch mit einer pH-Einstellung ausgestattet sind. Die Menge des im Reaktor behandelten Materials sollte so bemessen sein, daß eine wiederholte Probenahme möglich ist, ohne das System übermäßig zu beeinflussen. Anhand der Proben können diverse biologische Parameter sowie der zeitliche Verlauf der Schadstoffkonzentrationen ermittelt werden.

Eine Übersicht über die Vorgehensweise bei praxisorientierten Voruntersuchungen gibt Abb. 4.14.

4.4.4 Zusammenfassende Bewertung

In der folgenden Tabelle werden zu den drei Verfahrensarten Mietenverfahren, Bioreaktor sowie in-situ Verfahren einige Beispiele aufgeführt. Da in der Literatur nur wenige Beispiele zum Landfarming zu finden sind, werden diese nicht mit in die Tabelle aufgenommen.

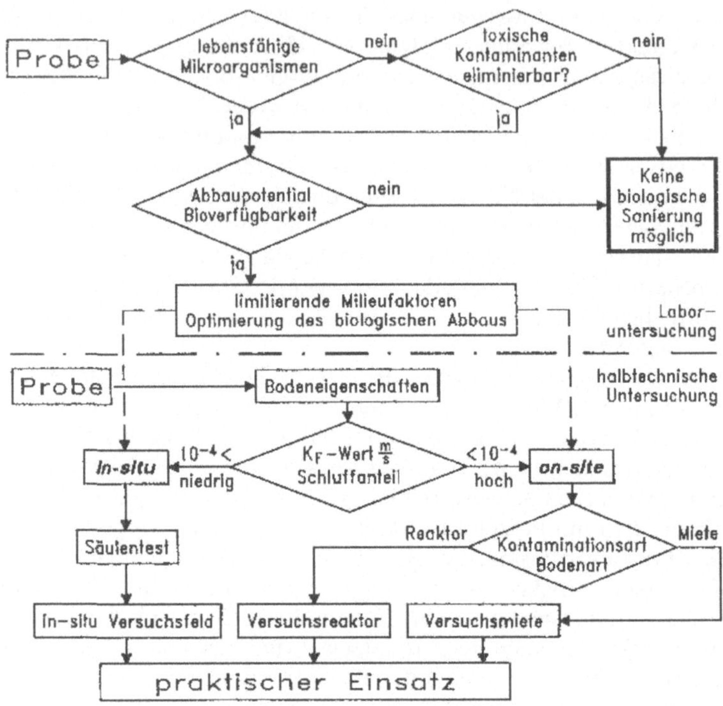

Abb. 4.14. Fließschema für praxisorientierte Voruntersuchungen (DECHEMA 1992)

Verfahrenstechnik: Allen mikrobiologischen Verfahren liegt das gemeinsame Prinzip des optimierten mikrobiellen Schadstoffabbaus zugrunde. Während bei den in-situ Verfahren der Boden in seiner natürlichen Lage verbleibt, wird bei den ex-situ Verfahren der Boden nach einer Aufbereitung außerhalb seiner natürlichen Lagerungsverhältnisse behandelt. Innerhalb der zum Einsatz kommenden Verfahrensvarianten werden neben den rein biologischen Verfahren auch Kombinationen mit chemisch-physikalischen Waschverfahren entwickelt, hier vor allem mit emulgierenden-dispergierenden Verfahren. Begleitet wird diese Entwicklung von einem erhöhten Aufwand an Steuerungs- und Überwachungstechnik.
Im Vergleich zu den nichtbiologischen Verfahren nehmen die Voruntersuchungen zur Beurteilung der mikrobiologischen Sanierbarkeit des kontaminierten Bodens eine entscheidende Rolle ein. Nach der grundlegenden Feststellung der Anwendbarkeit eines biologischen Verfahrens für die Bodensanierung muß zunächst ein Nachweis und eine Optimierung des biologischen Schadstoffabbaus im Boden erfolgen. Die hierbei erlangten Erkenntnisse können nicht direkt vom Labormaßstab in den technischen Maßstab übertragen werden, so daß ein scaling-up erforderlich wird.

Tabelle 4.16. Verfahren zur biologischen Bodenbehandlung

Behand-lungsart	Schad-stoffspektrum	Sanierbare Bodenarten	Kosten [DM/t]	Mobil / stationär	Entwick-lung	Emissionen des Beispiels
Miete	MK, (PAK, LHKW, BTEX, Cyanide)	zulässiger Ton- / Schluffgehalt: <30 - 35 %; min. k_f-Wert: 10^{-8} m/s	160 - 220	mobil / stationär	Seit 1988 einge-setzt	Kein Abwasser, Biologische Abluftreinigung, Filtermassen
Miete / Wende-beet (Stripp-effekt)	MK, BTEX, (PAK, LHKW)	max. zulässi-ger Ton-/ Schluffgehalt: 60 - 70 %	100 - 250	mobil / stationär	Serien-anlage	Kein Abwasser, Aktivkohle-filter, Filtermassen
Miete	MK, PAK, BTEX	max. zulässi-ger Ton-/ Schluffgehalt: 30 %	ortsfest: 190 – 240 sonst: 100 – 170	mobil / stationär	Be-triebs-anlage	Festbett-Kaska-den-Bioreaktor, Biofilter (ggf. Aktivkohle), Filtermassen
Bio-reaktor	MK, PAK, LHKW, BTEX, (PCB, Cyanide)	keine Be-schränkungen	ab 400	mobil / stationär	Groß-tech-nische Anlage	Kein Abwasser, Biofilter/ Aktiv-kohle, Filterma-ssen
Biore-aktor	k.A.	keine Be-schränkungen	80 - 200	mobil / stationär	Markt-reife	k.A.
in-situ (Nitrat als Sauer-stoff-donator)	In Verfahrens-beispiel wurde Mischkonta-mination bestehend aus Heizöl und Aromaten behandelt.	min. k_f-Wert: 10^{-5} m/s	allg.: 30 - 70	in-situ	k.A.	Kiesbettfilter, keine Abluft-reinigung, Eisenflocken aus Kreislauf-wasserauf-bereitung. Filtermassen,
in-situ (H_2O_2 als Sauer-stoff-donator)	In Verfahrens-beispiel wurde ein Benzin-schaden be-handelt.	min. k_f-Wert: 10^{-5} m/s	allg.: 30 - 70	in-situ	k.A.	Abscheider / Strippturm, keine Abluft-reinigung
in-situ (Nitrat als Sauer-stoff-donator)	Verfahrensbei-spiel: Misch-kontamination aus Heizöl und Aromaten	min. k_f-Wert: 10^{-5} m/s	allg.: 30 – 70	in-situ	k.A.	Kiesbettfilter, keine Abluft-reinigung, Reststoffe Wasserauf-bereitung, Filtermassen
in-situ (H_2O_2 als Sauer-stoff-donator)	Behandlung Benzinschaden	min. k_f-Wert: 10^{-5} m/s	allg.: 30 – 70	in-situ	k.A.	Abscheider / Strippturm, keine Ab-luftreinigung

MK: Mineralölkohlenwasserstoffe
PAK: Polycyclische aromatische KW
PCB: Pentachlorphenole
BTEX: einfache aromatische KW
LHKW: Halogenierte Kohlenwasserstoffe
KW: Kohlenwasserstoffe

Entwicklungstand: Die mikrobiologischen Sanierungsverfahren haben sich in den letzten Jahren rapide entwickelt und sind mittlerweile insbesondere bei KW-Schäden als anerkannte Technologie etabliert. Während zur Zeit noch die on-site bzw. off-site Verfahren im Vordergrund stehen, werden in Zukunft aufgrund der hinzugewonnenen Erkenntnisse auch die in-situ Verfahren verstärkt eingesetzt werden.

Bei den ex-situ Verfahren stellen vor allem die Regenerationsmieten die zur Zeit am häufigsten angewandte Technik dar. Der Einsatz von Bioreaktoren für die Altlastensanierung befindet sich noch im Entwicklungs- bzw. Erprobungsstadium, wobei die ersten Anlagen bereits großtechnisch eingesetzt werden (Terranox-Verfahren). Insgesamt zeigen die Erfahrungsberichte, daß die Reaktortechnik eine erfolgversprechende Variante der mikrobiologischen Bodensanierung darstellt.

Schadstoff- und bodenspezifisches Dekontaminationsvermögen: Grundsätzlich können alle in Kapitel 4.4.1 aufgeführten, mikrobiologisch abbaubaren Schadstoffe eliminiert werden. Inwieweit Mischkontaminationen abgebaut werden können, müssen jeweils Voruntersuchungen ergeben (vgl. Kap. 4.4.1.2). Ein limitierender Faktor ist die Bioverfügbarkeit der Schadstoffe. Insbesondere bei bindigen Böden mit höheren Schluff- oder Feuchtegehalten muß zur Erhöhung der Verfügbarkeizunächst eine Aufbereitung erfolgen. Bei tonigen Böden erscheint eine biologische Behandlung hingegen nicht mehr sinnvoll.

Bei den bisher durchgeführten biologischen Bodensanierungen handelt es sich in ca. 95 % der Fälle um Mineralölschäden. Gute praktische Erfahrungen liegen derzeit für Mineralöl-Kohlenwasserstoffe und für Benzol, Toluol, sowie Xylole unter 1 Gew-% im Boden vor und stellen somit den Stand der Technik dar. Der Abbau von PAK, leicht- und schwerflüchtigen chlorierten Kohlenwasserstoffen sowie weiteren schwer abbaubaren Schadstoffen ist im Labor fast immer möglich, in der Praxis liegen jedoch nur wenige exakte Ergebnisse vor. Für diese Komponenten wird jedoch neuerdings die cometabolische Transformation eingehender untersucht. Hierbei wird in einer ersten Stufe zunächst eine anaerob-reduktive Dehydrochlorierung durchgeführt, gefolgt von einer aeroben Oxidation des Molekülrestes, wobei jeweils andere Co-Substrate (Methan, Isopren, Saccharose) eingesetzt werden. Eine solche Behandlung kann insbesondere in Bioreaktoren durchgeführt werden, da hier die Möglichkeit einer genauen Prozeßsteuerung gegeben ist. Sind Mischkontaminationen vorhanden, so können sich die Abbauprodukte einer Substanz hemmend auf den Umsetzungsprozeß einer anderen Substanz auswirken. Allerdings können Mischkontaminationen auch fördernd auf den Schadstoffabbau einwirken (vgl. Kap. 4.4.1.2). Weiterhin können bestimmte Schadstoffe toxische Auswirkungen haben (z.B. Schwermetalle, Dioxine). Letztendlich muß die Konzentration der Schadstoffe berücksichtigt werden. Ist die Konzentration zu hoch, wirkt die Substanz auf die Bakterien toxisch und es erfolgt kein Abbau. Wird ein bestimmter Schwellenwert unterschritten, so findet ebenfalls kein Abbau statt.

Im Vergleich mit thermischen und physikalisch/chemischen Verfahren werden bei den biologischen Verfahren geringere Abbaugrade erreicht. Die Abbauraten nehmen mit sinkender Substratkonzentration ab und kommen nach einiger Zeit annähernd zum Erliegen. Es werden Endkonzentrationen von 1000 bis 2000 mg Mineralöl-Kohlenwasserstoffe/kg Trockensubstanz angestrebt.

Bezüglich der Bodenbeschaffenheit können sich Einschränkungen bei der Verfahrensauswahl ergeben. So können Böden mit hohen Schluffgehalten ($k_f < 5*10^{-4}$ m/s) nicht mit in-situ Verfahren behandelt werden. Mietenverfahren hingegen sind für Böden mit Durchlässigkeitsbeiwerten bis zu $k_f=10^{-8}$ m/s geeignet (ein Wendebeet-Verfahren läßt nach Doetsch/Dreschmann (1992) maximale Schluffkonzentrationen von 60 - 70 % zu, bei den übrigen Mietenverfahren liegen die maximal zulässigen Schluffgehalte bei etwa 35 %). Müssen besonders feinkörnige und bindige Böden oder Schlämme behandelt werden, so bieten sich besonders die Suspensionsreaktoren an (Airlift-Suspensionsreaktor).

Emissionen / Reststoffe: Die bei der mikrobiologischen Behandlung des kontaminierten Bodens auftretenden *Luftpfademissionen* werden zumeist über entsprechene Einrichtungen (Plane, Einhausung) aufgefangen und nach einer Reinigung mittels Aktivkohlefilter oder Biofilter an die Atmosphäre abgegeben. Hierbei ist zu berücksichtigen, daß bei Benutzung eines Aktivkohlefilters die beladene Adsorbermasse ausgetauscht und als Reststoff entsorgt werden muß.

Anfallende *Abwässer* werden erfaßt und je nach Belastung aufbereitet. Neben Aktivkohle- oder Biofiltern können hier die in der Abwasserreinigung gängigen Verfahren Strippen, Flocken sowie Trocken- oder Überstaufiltration angewendet werden. Bei gezielter Regelung des Wasserhaushaltes können Mietenverfahren und Bioreaktoren abwasserfrei geführt werden. Reststoffe fallen bei der Abwasseraufbereitung in Form von Schlämmen und beladenen Filtermassen an. Bei den in-situ Verfahren ist darauf zu achten, daß keine Ausbreitung der Kontamination in unbelastete Grundwasserbereiche stattfinden kann (vgl. in-situ Verfahren mit Nitrat als Sauerstoffdonator).

Bei einer mikrobiologischen ex-situ Bodenbehandlung muß wie bei allen on-/off-site Verfahren ein weiterer Aspekt berücksichtigt werden: Beim Aushub und beim Transport des kontaminierten Materials können leichtflüchtige Stoffe, Staub sowie kontaminierte Flüssigkeiten emittiert werden. Insbesondere bei einem Transport zu einer Behandlungsanlage müssen entsprechende dichtverschließbare Behälter eingesetzt werden.

Langzeitverhalten / Kontrolle des Sanierungserfolges: Grundsätzlich ist der Vorteil einer Reinigung durch Mikroorganismen darin zu sehen, daß man ein hochwertiges, weitgehend uneingeschränkt einsetzbares, biologisch aktives Bodenmaterial erhält. Inwieweit Langzeitüberwachungen notwendig sind, hängt von Art und Menge der Restkontamination ab. Insbesondere bei den biologischen Verfahren muß mit relativ hohen Restschadstoffgehalten bzw. mit der Bildung von Metaboliten gerechnet werden, deren meßtechnische Erfassung aufwendig sein kann. Policyclische aromatische Kohlenwasserstoffe werden stark an die Huminstoffe des Bodens gebunden und somit immobilisiert. Hieraus können sich Anwendungsbeschränkungen für biologische Verfahren ergeben.

Die Kontrolle des Sanierungserfolges kann insgesamt immer nur grob stichprobenartig stattfinden. Insbesondere bei den in-situ Verfahren muß damit gerechnet werden, daß der kontaminierte Boden dem mikrobiellen Abbau ungleichmäßig zugänglich ist und somit Schadstofflinsen zurückbleiben können. Aufgrund dessen sind Stichproben zur Bewertung des Sanierungserfolges nur bedingt aussagekräftig. Lediglich bei der Behandlung in Bioreaktoren können die Proben aufgrund der guten Durchmischung des Bodenmaterials als repräsentativ angesehen werden.

Kapazität / Zeitbedarf: Eine Übersicht über die betriebenen *stationären* Bodenbehandlungsanlagen beziffert die Kapazität der biologischen Verfahren mit ca. 850.000 Tonnen für das Jahr 1994 (Schmitz/Laun 1995). Dies entspricht einem Anteil von ca. 45 % an der Gesamtkapazität der biologischen, chemisch/ physikalischen sowie thermischen Verfahren. Die Auslastung der stationären biologischen Anlagen betrug dabei ca. 60 %. Zwar werden bei dieser Betrachtung die on-site Verfahren nicht berücksichtigt, jedoch erkennt man den hohen Stellenwert, den die biologischen Verfahren einnehmen. Mikrobiologische Sanierungen werden häufig on-site durchgeführt; mittlerweile werden mit Umfängen von 20.000 bis 100.000 t Boden pro Schadensfall bereits industrielle Maßstäbe erreicht.

Im Vergleich zu nichtbiologischen Verfahren sind die biologischen Sanierungsverfahren durch eine lange Sanierungsdauer gekennzeichnet, da der biologische Abbau der Schadstoffe ein Prozeß ist, der durch den Stoffwechsel der Mikroorganismen begrenzt ist. Durch eine Optimierung der Milieubedingungen kann die Behandlungsdauer minimiert werden. Die Sanierungsdauer ist neben der Schadstoff- und Bodenart (Bioverfügbarkeit) weiterhin von der Schadstoffkonzentration zu Beginn der Sanierungsmaßnahme anhängig. Mit höheren Anforderungen an die Sanierung hinsichtlich der maximal zulässigen Restschadstoffkonzentration verlängert sich die Sanierungsdauer deutlich, da die Abbauraten mit sinkender Substratkonzentration abnehmen. Durch eine Optimierung der Milieubedingungen kann die Regenerationsdauer minimiert werden. In Abhängigkeit von den oben genannten Parametern kann sich die Sanierungsdauer von einigen Wochen bei Reaktorverfahren bis hin zu mehreren Jahren bei Mietenverfahren bzw. beim Landfarming erstrecken. Der Zeitaufwand für eine in-situ Maßnahme ist im Vergleich zu anderen biologischen Verfahren mit mehreren Monaten bis hin zu einigen Jahren hoch.

Kosten: Die Kosten für die biologische Behandlung setzen sich aus den Kosten für die Erstellung der Bodenbehandlungsanlagen (bei ex-situ Verfahren zuzüglich der Aufwendungen für den Aushub/Transport des Materials) sowie den laufenden Kosten für die Betriebsmittel (Strom, Wasser, Druckluftversorgung, Treibstoff für Bearbeitungsmaschinen etc.) zusammen. Hinzu kommen noch Kosten für Voruntersuchungen, die im Vergleich zu den nichtbiologischen Verfahren nicht unwesentlich sind, sowie für eventuelle Reststoffentsorgungen. Grundsätzlich nehmen die Kosten in der Reihenfolge in-situ Verfahren, Landfarming, Regenerationsmieten und Bioreaktoren zu. Insbesondere die in-situ Verfahren können aufgrund des geringen technischen Aufwands eine preiswerte Alternative zu anderen, nichtbiologischen Verfahren darstellen.

In der Literatur finden sich Kostenangaben von 150 - 400 DM/t bei Mieten-Verfahren und ca. 150 DM/t beim Landfarming. Die Kosten für eine Sanierung mittels Bioreaktoren erstrecken sich in einem Rahmen von 400 - 900 DM/t. Die Kosten für in-situ Maßnahmen bewegen sich mit 30 bis 70 DM/t im unteren Bereich der Preisskala.

Standortcharakteristika / Infrastrukturbedarf: Mietenverfahren, Landfarming und Bioreaktoren können sowohl on-site als auch off-site betrieben werden. Neben der Bereitstellung der notwendigen Betriebsmittel (Strom- und Wasseranschluß, Druckluftversorgung, Treibstoff für Bearbeitungsmaschinen, etc.) müssen ausreichend befestigte Stellflächen sowie Transportwege vorhanden sein. Besonders bei on-site Sanierungen sind die Grundstücksflächen sowie die Verfügbarkeit der Geräte oft limitierende Faktoren. Diese Beschränkungen gelten deutlich weniger in off-site Behandlungszentren, so daß hier gerade Bioreaktoren leichter eingesetzt werden können (hoher Anlagen- und Überwachungsaufwand). Die benötigten Anschlußleistungen variieren sowohl zwischen den Verfahren als auch innerhalb eines Verfahrens je nach Größe und Anlagenausstattung. Ein Vorteil bei der Behandlung tiefer liegender Kontaminationen mittels in-situ Verfahren ist darin zu sehen, daß bestehende Nutzungen auf der zu sanierenden Fläche für die Dauer der Sanierung nicht aufgegeben werden müssen.

Genehmigungsfähigkeit: Anlagen zur Bodenbehandlung von am Standort der Anlage entnommenem Boden sind bei einer voraussichtlich längeren Sanierungsdauer als 12 Monate gemäß Ziffer 8.7 der 4. BImSchV nach einem vereinfachten Verfahren zu genehmigen (§ 19 BImSchV ohne Erörterungstermin). On-site Sanierungen mit einer voraussichtlichen Sanierungsdauer von 12 Monaten unterliegen keiner immissionsschutzrechtlichen Zulassung.

Soweit es sich um off-site Anlagen handelt (Behandlung von verunreinigtem Boden, der nicht am Standort entnommen wurde), ist das ausführliche Genehmigungsverfahren nach § 10 BImSchV durchzuführen.

Tabelle 4.17. Übersicht der biologischen Behandlungsverfahren

BTEX	Benzol, Toluol, Ethylbenzol, Xylole (aromatische Kohlenwasserstoffe)	*GW*	Grundwasser
KW	Kohlenwasserstoffe	*L*	Laboranlage
LHKW	Leichtflüchtige halogenierte Kohlenwasserstoffe	*P*	Pilotanlage
PAK	Polycyclische aromatische Kohlenwasserstoffe	*SHKW*	Schwerflüchtige halogenierte Kohlenwasserstoffe
ST	Stand der Technik	*X*	geeignet / unprobematisch
--	nicht geeignet / problematisch	*O*	mit Einschränkungen geeignet bzw. problematisch

Tabelle 4.17. Übersicht der biologischen Behandlungsverfahren (Fortsetzung)

#	Kriterium		Regenerationsmieten	Bioreaktoren	in-situ Verfahren
1	Verfahrensart	in-situ	--	--	X
2		on-site	X	O	--
3		off-site	X	X	--
4	Entwicklungsstand		ST	P	P
5	Schadstoff-	Schwermetalle	--	--	--
6	Spezifisches	Cyanide	O	O	O
7	Dekontaminations-	Mineralöl-KW	X	X	X
8	Vermögen	BTEX	X[1]	X[1]	O
9		PAK	O	O	O
10		LHKW	O[1]	O[1]	--
11		SHKW	--	--	--
12	Bodenspezifisches	grobkörnige Böden	X	X	X
13	Dekontaminations-	mittelkörnige Böden	O/X	X	O
14	Vermögen	feinkörnige Böden	O	X	--
15	Emissionen /	Abluft	O	O	O[2]/X
16	Reststoffe	Lärm	X	X	X
17		Abwasser	X	X	X
18		Abfall	X	X	X
19	Langzeitverhalten		O	O	O
20	Kontrollierbarkeit		O	X	--
21	Kapazitäten		X	--	X
22	Zeitbedarf		--	O	--
23	Kosten	Investitions-K.	X	O	X
24		Betriebs-K.	X	O/X	X
25	Standortcharakteristika		O	O	X
26	Infrastrukturbedarf		X	O	X
27	Genehmigungsfähigkeit		--[3]	--[3]	--[3]

[1] Dekontamination durch Strippeffekt

[2] bei der Belüftung des Untergrundes können Schadstoffe ausgasen

[3] Anlagen, die voraussichtlich weniger als 12 Monate am Standort betrieben werden, bedürfen keiner immissionsschutzrechtlichen Genehmigung nach BImSchG. Ansonsten ist in Abhängigkeit vom Behandlungsort (on-/off-site-Behandlung) ein vereinfachtes Genehmigungsverfahren (§ 19 BImSchG) oder ein ausführliches Genehmigungsverfahren (§ 10 BImSchG) erforderlich.

Fazit: Biologische Verfahren zur Sanierung von Altlasten stellen Maßnahmen dar, die für eine weitgehende Beseitigung eines eingegrenzten Schadstoffspektrums prinzipiell geeignet sind. Sie können in-situ, on- sowie off-site eingesetzt werden. Voraussetzungen für eine erfolgreiche Sanierungsmaßnahme sind allerdings umfangreiche Voruntersuchungen und eine kontinuierliche Überwachung und Steuerung der abbaurelevanten Parameter. Das erreichbare Sanierungsziel sollte von vornherein realistisch gesetzt werden. So "sollen zufriedenstellende Leistungen mit großzügig bemessenen, gestuften Fristen (3/5/10 Jahre) gefordert werden" (SRU 1995). Mit einem zu vertretenden Aufwand werden Restschadstoffkonzentrationen von 1000 bis 2000 mg Mineralöl-Kohlenwasserstoffe/kg Trockensubstanz angestrebt.

Als Schwachstellen sind die lange Sanierungsdauer sowie die eingeschränkte Wirksamkeit für verschiedene Schadstoffgruppen sowie vielfach auftretende Mischkontaminationen zu nennen. Ebenso muß die Entstehung toxischer Umwandlungsprodukte (Metabolite) ständig überwacht werden. Hierbei muß beachtet werden, daß nur diejenigen Metabolite analysiert werden können, von denen man weiß, daß diese auch entstehen können. Unbekannte Metabolite werden in der Regel nicht erfaßt.

Bei einer fachgerechten Planung und Durchführung einer Sanierungsmaßnahme können biologische Verfahren für bestimmte Kontaminationsmuster darstellen, insbesondere da der technische und energetische Aufwand sowie das Emissions- und Abfallpotential relativ gering sind und sich somit ein Preisvorteil gegenüber den nichtbiologischen Verfahren ergeben kann. Ein weiterer Vorteil ist darin zu sehen, daß nach erfolgreicher Sanierung rekultivierbare, mikrobiologisch aktive Bodenmassen vorliegen.

4.5 Chemische Verfahren zur Dekontamination von Altlasten

Chemische Verfahren zur Boden- und Grundwasserbehandlung dienen dem Abbau oder der Immobilisierung bzw. Fixierung von Schadstoffen. Die Anwendung dieser Verfahren ist bisher auf Einzelfälle beschränkt und wird häufig ergänzend zu anderen Maßnahmen durchgeführt (wie der biologischen Bodenbehandlung).

4.5.1 Allgemeines

Bei der chemischen Boden- bzw. Grundwasserbehandlung werden die chemisch-pysikalischen sowie toxikologischen Eigenschaften von Schadstoffen durch chemische Umsetzung (Reaktion mit anderen Substanzen) dahingehend verändert, daß von den Reaktionsprodukten keine Gefährdung für Schutzgüter mehr ausgeht. Die Kontaminanten werden entweder zu *unschädlichen Verbindungen umgesetzt (Dekontamination, Zerstörung der Schadstoffe)* oder in eine *schwerlösliche Form überführt (Immobilisierung).* Diese Verfahrensweise unterscheidet sich von den physikalischen Immobilisierungsverfahren, bei denen mittels physikalischer Effekte eine Kohäsion (Zusammenbacken) der Schadkomponenten erzeugt wird. Chemische Verfahren können sowohl zur *Grundwassersanierung* (in-situ und ex-situ) als auch bei der Behandlung der *Schadstoffe im Boden* eingesetzt werden. Die in-situ-Grundwasserbehandlung stellt eine Alternative zum gängigen Abpumpen belasteten Grundwassers und dessen anschließender Behandlung on-site dar. Die chemischen Verfahren der *Bodenbehandlung* ermöglichen eine *in-situ-*

Behandlung, bei der die Chemikalienzugabe durch Versickerung oder Einspritzen in den Boden erfolgt. Die *ex-situ*-Bodenbehandlung mittels chemischer Verfahren kann auch zur Vorbereitung einer mikrobiellen Bodenbehandlung genutzt werden, um evtl. schwer abbaubare Schadstoffe in eine für Mikroorganismen verwertbare Form zu überführen. Bei einigen Anwendungen werden Schadstoffe auch aus dem Boden in das Grundwasser ausgeschwemmt und anschließend aus dieser Phase abgetrennt.

Welche chemischen Reaktionen im einzelnen ablaufen, ist dabei von der Art des Schadstoffes, den zugesetzten Reagentien und den Umsetzungsbedingungen abhängig.

Oxidationsreaktionen: Organische ungesättigte aromatische Kohlenwasserstoffe können durch die Umsetzung mit Sauerstoff (bzw. Ozon) zu unschädlichen Verbindungen wie Kohlendioxid und Wasser reagieren. Es findet also eine Oxidation der Schadstoffe statt (was chemisch gesehen einer 'Verbrennung ohne Flamme' entspricht).
Reduktionsreaktionen: Die Schadstoffbehandlung durch reine Reduktion wird in der Praxis nicht durchgeführt. Eine Reduktion entspricht einer Erniedrigung der Oxidationszahl durch Zugabe eines Reduktionsmittels, welches selbst oxidiert wird.
Hydrolyse der Schadstoffe: Bestimmte organische Schadstoffgruppen (wie z.B. die bei Rüstungsaltlasten anzutreffenden Nitroaromaten) können nicht auf den oben genannten Wegen abgebaut werden. Hier müssen zunächst die Nitrogruppen durch *Hydrolyse* aus der Vebindung entfernt werden und damit eine Umsetzung zu Alkoholen (bzw. Phenolen) erfolgen. Diese Verbindungsklassen können dann wiederum mittels biologischer Verfahren abgebaut werden.
Oxidation bzw. Reduktion mit anschließender Fällung: Kontaminationen mit bestimmten Schadstoffen können allein durch chemische Umsetzung nicht beseitigt werden. So lassen sich beispielsweise Schwermetalle als Elemente nicht zerstören; sie können lediglich in (für den Menschen) unschädlichere Formen (d.h. nicht toxische oder nicht bioverfügbare Verbindungen) überführt werden. Dies geschieht in der Regel durch Redoxreaktionen mit anschließender Fällung als Komplex. Redoxreaktionen verändern die chemische Wertigkeit der Verbindungen hin zu höheren Werten durch Oxidation oder niedrigeren Werten durch Reduktionsvorgänge. Beispielsweise kann das hochtoxische Arsen (III) durch Zugabe eines Oxidationsmittels in das weniger toxische Arsen (V) überführt (oxidiert) und anschließend als Eisen- oder Manganverbindung gefällt (immobilisiert) werden.. Durch die Zugabe eines *Reduktionsmittels*, bspw. Schwefelwasserstoff, können Schwermetalle in eine schwerer lösliche Form überführt und somit gebunden werden (z.B. als Sulfat).
Komplexbildung: Die Verringerung der Schadwirkung durch Immobilisierung ohne Ablauf einer Redoxreaktion kann man sich auch bei der Behandlung von Cyanidbelastungen zunutze machen. Cyanidhaltige Verbindungen sind insbesondere dann toxisch, wenn durch eine hohe Wasserlöslichkeit das Cyanidion leicht freigesetzt werden kann. Eingebunden in einen *Komplex* (z.B. als Hexacyanoferrat-Komplex) ist eine akute Toxizität nicht mehr gegeben. Bei der *Immobilisierung von Schwermetallen* besteht das Problem, daß die Komplexbildung einen *reversiblen*, d.h. umkehrbaren Vorgang darstellt. So können die entstandenen Verbindungen häufig bei einer pH-Wert-Verschiebung wieder zerfallen, wodurch eine Freisetzung der Schwermetalle möglich ist. Eine langfristige Überwachung der Verhältnisse vor Ort ist daher geboten. Durch die Chemikalienzugabe können auch die Lebensbedingungen für Mikroorganismen im Boden negativ verändert werden, so daß eine Reduzierung der biologischen Aktivität auftreten kann.

An die einzusetzenden Reaktionsmittel sind im allgemeinen folgende Anforderungen zu stellen:

- hohe spezifische Wirksamkeit für das jeweilige Kontaminationsmuster,
- allenfalls geringe Schadwirkung im Grundwasser oder im Boden (Sekundärbelastungen),

- hohe Anwendungssicherheit und
- vertretbarer Kostenaufwand.

Die *Wirksamkeit* der zugesetzten Chemikalien muß aufgrund ihres selektiven Wirkungscharakters sehr genau auf die vorliegende Kontamination abgestimmt werden. Da die Einsatzchemikalien eine *Sekundärbelastung* z.B. für das Grundwasser bedeuten können, welche unter Umständen nur schwer zu entfernen ist und weitere Reaktionen nach sich ziehen kann, sind Reagenzien günstig, welche im Grundwasser natürlich vorkommen und keine adsorptiven Verbindungen mit den Tonmineralien oder anderen Bodenfraktionen eingehen. Beispielsweise können lösliche Schwermetalle und Cyanide mit anderen Stoffen unter bestimmten Bedingungen (pH-Wert) schwerlösliche Komplexe bilden. Diese Bedingungen werden genutzt, um im Boden enthaltene, mobile Stoffe in eine Form zu überführen, die nicht mit dem Grundwasser ausgewaschen werden kann. Die gewünschten Reaktionen im Boden müssen ausreichend schnell ablaufen, so daß eine Behandlung in einem relativ kurzen Zeitraum abgeschlossen werden kann. Ein weiteres Problem stellt die *Selektivität* der Maßnahme dar. I.d.R. können organische Schadstoffe nur mittels der Oxidation durch Ozonzugabe behandelt werden. Bei Schwermetallkontaminationen kann die Anwendung eines oxidierenden Verfahrens zwar zur Immobilisierung einer Komponente führen (Arsen), gleichzeitig kann jedoch eine andere Komponente unter diesen Bedingungen verstärkt gelöst werden (z.B. Kupfer). Hier sind die Verhältnisse vor Ort genau zu untersuchen und in der Verfahrensauswahl zu berücksichtigen. Mangelnde Selektivität kann zu einem erhöhten Chemikalienverbrauch führen.

Im folgenden werden als Anwendungsbeispiele die Boden- und Grundwasserbehandlung durch oxidative Ozonbehandlung, die Schwermetallimmobilisierung durch Reduktion, die Komplexfällung von Cyaniden sowie die Anwendung der Hydrolyse zur Explosivstoff- und Kampfstoffumsetzung dargestellt.

4.5.2 Oxidation: Ozonierung und Naßoxidation

Bei der *Ozonierung* wird Ozon (O_3) in den Grundwasserleiter oder in das an die Oberfläche gepumpte Grundwasser eingeblasen. Dadurch werden ungesättigte und aromatische Kohlenwasserstoffe *oxidativ* aufgespalten und gleichzeitig einem mikrobiellen Abbau zugänglich gemacht.

Das Verfahren ist im technischen Maßstab zur Elimination von Phenolen aus dem Grundwasser erprobt worden. Die Herstellung von Ozon ist jedoch mit relativ hohen Kosten verbunden, so daß bisher nur wenige großtechnische Maßnahmen zur in-situ-Ozonierung realisiert wurden.

Der Sanierungserfolg ist abhängig von der Bodenstruktur. Nur an den Stellen, an denen die Reaktionschemikalien die Schadstoffe erreichen, ist eine Umsetzung möglich. Stark schluffige Bodenschichten können demnach nur schlecht behandelt werden.

Bei dem *ex-situ*-Verfahren der *Naßoxidation* werden Schadstoffe im Grundwasser oxidativ bis hin zu einfachen Grundstoffen wie Wasser H_2O und Kohlendioxid CO_2 abgebaut. Hierzu wird das Grundwasser an die Oberfläche gepumpt und mit Ozon begast oder einer 35 %igen wässrigen Lösung von Wasserstoffperoxid versetzt. Durch Bestrahlung mit UV-Licht (Wellenlängenbereich von 30 - 400 nm, erzeugt mittels Quecksilberdampflampen) in einer Reaktionskammer wird Ozon oder Wasserstoffperoxid in O- und O_2- bzw. OH-Radikale zerlegt. Diese Radikale sind äußerst reaktiv und greifen vor allem ungesättigte Kohlenwasserstoffe an. Das behandelte Grundwasser wird anschließend zurückgeführt. Beim Vorliegen reaktionsträgerer gesättigter Moleküle (z.B. Mineralölkohlenwasserstoffe) ist ein stöchiometrischer Überschuß des Oxidationsmittels geeignet, einen schnellen und vollständigen Abbau sicherzustellen. Ungesättigte Kohlenwasserstoffe, so z.B. viele Pflanzenschutzmittel (z.B. Atrazin) und chlorierte Lösungsmittel sowie gesättigte Moleküle (z.B. Mineralölkohlenwasserstoffe) werden abgebaut. Halogene, wie z.B. Chlor (Cl), fallen in Form ihrer Anionen, hier also Cl^-, an. Insgesamt zeigt sich jedoch eine starke Selektivität für diese Schadstoffgruppen. Eine Behandlung von Schwermetallen ist nicht möglich. Das Verfahren der Naßoxidation ist weitgehend unabhängig von der Bodenstruktur einsetzbar.

Die Anlagen sind technisch mäßig aufwendig, sie bestehen aus Grundwasserpumpen, Misch- und Reaktionsbehältnissen (Reaktoren) mit UV-Strahlern und Vorratstanks für die zuzugebenden Reagenzien. Bei der Behandlung mit Ozon ist der Einsatz eines entsprechenden Ozongenerators notwendig.

In den USA werden bereits verschiedene *Naßoxidationsanlagen zur Grundwassersanierung* betrieben.

Eisen- und Manganverbindungen sind häufig im Grundwasser anzutreffen. Sie können ex-situ-Verfahren wie die Ozonierung und Naßoxidation behindern, da sie als unwünschte Nebenreaktion der Oxidation schwerlösliche Hydroxide bilden, die ausfallen und so den Behandlungsprozeß stören können. Sie müssen daher aus dem behandelten Abwasser abfiltriert werden.

4.5.3 Neutralisationsfällung

Die Neutralisationsfällung wird in der chemischen und metallverarbeitenden Industrie zur (Vor-)Klärung von (schwer-)metallbelasteten Abwässern eingesetzt. Das Verfahren kann auch zur *ex-situ*-Behandung des *Grundwassers* eingesetzt werden, z.B. zur Immobilisierung von Schwermetallen im Boden.

Schwermetallbelastetes Grundwasser kann wie belastetes Abwasser einer Neutralisationsfällung unterzogen werden. In der Regel sind Schwermetalle in sauren Wässern gut löslich, vgl. Abb. 4.15. So ist z.B. der "saure Regen" durchaus geeignet, Schwermetalle in Lösung zu bringen und in das Grundwasser einzutragen. Bei der Neutralisationsfällung wird der pH-Wert des geförderten Grundwassers durch Zugabe eines Neutralisationsmittels, z.B. Natriumhydroxid, Calciumhydroxid oder Natriumcarbonat, angehoben, wodurch die gelösten Schwermetalle als Hydroxide oder Carbonate ausfallen. Dies geschieht zumeist im neutralen bis alkalischen Bereich.

Nachteilige Effekte treten bei der Neutralisationsfällung durch die Bildung amphoterer Hydroxide und Komplexbildung auf. *Amphotere Hydroxide* sind sowohl in *Säuren* als auch in *Laugen* löslich, d.h. ein durch Laugenzugabe ausgefälltes Schwermetallhydroxid kann bei weiter steigendem pH-Wert wieder in Lösung gehen. Einige Schwermetallhydroxide bilden bei steigendem pH-Wert leichtlösliche Hydroxokomplexe, so z.B. Zink:

$$Zn(OH)_2 + 2\,OH^- \Leftrightarrow [Zn(OH)_4]^{2-}$$

In diesem Beispiel kann aber durch den Einsatz von Calciumhydroxid als Neutralisations- und Fällungsmittel eine Weiterreaktion des leichtlöslichen Hydroxokomplexes zu einem schwerlöslichen Calciumsalz erreicht werden:

$$[Zn(OH)_4]^{2-} + Ca^{2+} \rightarrow Ca[Zn(OH)_4] \downarrow$$

Auch andere Stoffe, so z.B. Ammoniak oder Ethylendiamintetraessigsäure, führen zur Bildung von leichtlöslichen Komplexen.

Vorteilhaft für die Metallabscheidung ist das Vorliegen mehrerer zu fällender Metallsorten, hierbei gehen die verbleibenden Restgehalte in der Lösung zurück. Die Ursachen dafür sind schwer fällbare Hydroxide, die an Oberflächen der leichter fällbaren adsorbiert und so mit ausfallen sowie das Entstehen schwerlöslicher Verbindungen mehrerer Metalle, z.B. Chromite Cr_2O_3 * FeO. Anlagen zur Neutralisationsfällung sind in der chemischen und metallverarbeitenden Industrie weit verbreitet. Das Verfahren entspricht dem Stand der Technik. Mit der Neutralisationsfällung werden in erster Linie Schwermetallionen, aber auch Leicht- und Halbmetallionen aus dem Grundwasser ausgefällt.

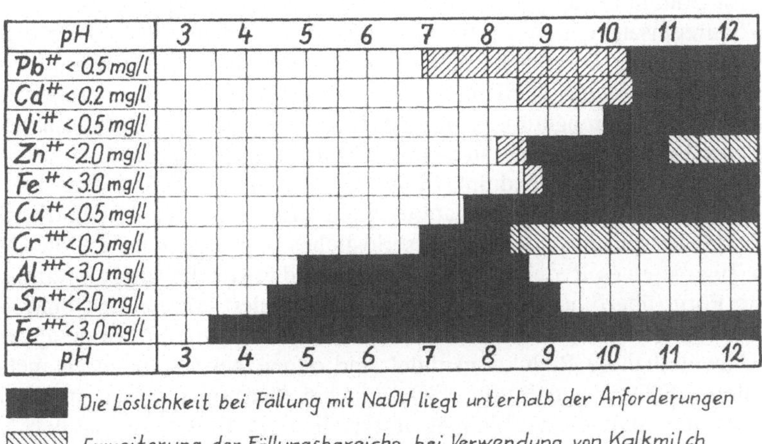

Abb. 4.15. pH-Bereiche zur Fällung einiger (Schwer-)metalle (Rüffer / Rosenwinkel 1991)

Es fallen (schwer-)metallhaltige Schlämme und Filtermassen an, die als Sonderabfall deponiert werden müssen. Es handelt sich lediglich um die Sanierung des Grundwassers. Durch Auswaschung können erneut Schadstoffe aus den angrenzenden Bodenschichten in das behandelte Grundwasser eingetragen werden.

Problematisch können sich vorhandene Komplexbildner im Grundwasser erweisen.

Eine laufende Grundwasserüberwachung ist daher notwendig. Aufgrund der möglichen Modulbauweise lassen sich unterschiedlich hohe Durchsätze realisieren.

Die Kosten entsprechen denen der Abwasserbehandlung in Betrieben der chemischen oder metallverarbeitenden Industrie, welche auf analoge Behandlungsverfahren zurückgreifen. Angaben sind hier nur in Abhängigkeit von den vorhandenen Schadstoffen möglich und nicht allgemein anzugeben.

Das Verfahren wird ex-situ durchgeführt, d.h. das Grundwasser muß abgepumpt und der Fällungsanlage zugeführt werden.

4.5.4 Reduktion und Fällung von Schwermetallen im Grundwasserleiter

Aus den USA stammt ein Verfahren zur *in-situ-Reduktion und Fällung* von Schwermetallen in oder oberhalb der *grundwasserführenden Bodenschichten.* Dort wird in großem Umfang Lösungsbergbau (solution mining) betrieben, indem Metalle wie Uran, Gold, Silber und Kupfer durch Laugung gewonnen werden. Dazu werden verdünnte Säuren oder Hydrogencarbonatlösungen in den Boden eingeleitet, die die Metalle oxidierend lösen und ausschwemmen. In Brasilien wird ein solches Verfahren zur Goldgewinnung eingesetzt, indem durch Spülen mit Quecksilber das Gold in Lösung geht. Anschließend wird die Gold-Quecksilbermischung durch Säureeinsatz getrennt. Die Verfahren zur Bodenreinigung verfolgen den umgekehrten Weg: Die Schwermetalle sollen reduziert und als Komplexe in der Bodenmatrix gebunden werden. Somit wird durch die in einem relativ kurzem Zeitraum gezielt durchgeführten Immobilisierungsvorgänge ein langsames "Ausbluten" der Bodenbelastungen in das Grundwasser vermieden.

(Halb-)Metalle wie Vanadium, Molybdän, Arsen, Selen, und Uran können als Kationen mit verschiedenen Oxidationsstufen auftreten. Dabei bilden die niedrigeren Oxidationsstufen schwerer wasserlösliche Verbindungen als die höheren. Durch Zugabe eines Reduktionsmittels können die Metalle somit in eine schwerlösliche Form überführt und im Boden immobilisiert werden. Zu einer solchen Fixierung ist eine *reduktive Umsetzung beispielsweise zu Sulfiden* geeignet. Mögliche schwefelhaltige Reduktionsmittel sind dabei thermodynamisch metastabile Thiosulfate ($S_2O_3^{2-}$) und Sulfite (SO_3^{2-}) sowie thermodynamisch stabile Sulfide (S^{2-}). Die metastabilen Verbindungen zerfallen im Boden zu stabilen Sulfaten (SO_4^{2-}) und Sulfiden (S^{2-}). Für die Grundwasserbehandlung wird fast immer Natriumsulfid (Na_2S) oder Schwefelwasserstoff (H_2S) eingesetzt.

Zur Reinigung der grundwasserführenden Bodenschichten wird das Reduktionsmittel dem Porenraum durch Einleitungsbrunnen zugeführt und durch Förderbrunnen wieder abgezogen. Zu einer gleichmäßigen Verteilung des Reduktionsmittels in der Bodenmatrix werden Einleit- und Förderbrunnen abwechselnd gleichmäßig über die Fläche verteilt gesetzt. So wird das Reduktionsmittel im Kreislauf gefahren und durchströmt den Grundwasserleiter in horizontaler Richtung. Dem Verbrauch entsprechend wird fehlendes Reduktionsmittel ergänzend zudosiert. Beim Einsatz von Schwefelwasserstoff liegt die optimale Konzentration aufgrund vorliegender Erfahrungen bei 0,3 - 0,5 g/l. Eine stöchiometrische Zugabe des Reduktionsmittels ist nicht realisierbar, da die Bestimmung des Gesamt-Redoxpotentiales als entsprechender Indikator im Boden praktisch unmöglich ist. Ein geringer Überschuß von Schwefelwasserstoff zersetzt sich jedoch unschädlich, indem er zu Sulfat und elementarem Schwefel oxidiert wird. Das Verfahren wurde bereits erfolgreich in den USA eingesetzt, es ist dort Stand der Technik.

Es können in verschiedenen Oxidationsstufen auftretende *Metalle und Halbmetalle* fixiert werden, vgl. oben. Problematisch wirken sich Mischkontaminationen von Schwermetallen aus, soweit auch Komponenten enthalten sind, welche unter den gewählten Bedingungen freigesetzt und auf andere Art und Weise (beispielsweise durch Oxidation) behandelt werden müssen. Das Verfahren ist nicht zur Behandlung von organischen Belastungen und Cyanidverbindungen geeignet.

Voraussetzung für einen Erfolg der Behandlung ist eine gleichmäßige Verteilung der Reagenzien im Grundwasser, d.h. es müssen alle grundwasserführenden Bereiche zugänglich gemacht werden, was ein Problem bei einzelliegenden, kleineren Grundwasserlinsen darstellen kann.

Kommen die reduzierten Metallkationen in der niedrigen Oxidationsstufe mit Wasser in Kontakt, in welchem Sauerstoff in größerem Umfang gelöst ist, so können die Metalle oxidiert werden, d.h. in eine höhere Oxidationsstufe überführt werden, und erneut in Lösung gehen. Damit kann es zu einer permanenten Neubelastung des Grundwassers durch Nachlösung kommen.

Die Anwendung des Verfahrens kann zu einer Belastung des Grundwassers oder des Bodens durch Verschleppung der zugesetzten Behandlungschemikalien führen. So können Sulfate und Sulfide ins Grundwasser übergehen oder im Boden verbleiben. Bei einer Überdosierung des Reduktionsmittels ist auch mit der Bildung von elementarem Schwefel zu rechnen. Die reduzierten Metalle verbleiben in dieser Form im Boden. Ein erneutes in Lösung-Gehen der Schwermetalle ist möglich, vgl. auch die Ausführungen zum Dekontaminationsvermögen.

Es ist damit zu rechnen, daß sich im Grundwasser nach dem Abschluß der Sanierungsmaßnahmen wieder ein leicht oxidierendes Milieu einstellt. Dies betrifft vor allem oberflächennahe Schichten, in denen mit Luftsauerstoff angereichertes Oberflächenwasser zuläuft. Hier ist eine Rücklösung der Schwermetallsulfide möglich, es müssen daher Erfolgskontrollen durchgeführt werden. Erfahrungen aus den USA zeigen, daß in den ersten Monaten nach dem Ende der Sanierungsmaßnahmen eine leichte Konzentrationserhöhung zu verzeichnen war, die dann über Jahre stabil blieb. Zu den aktuellen Verhältnissen wurden keine Angaben gemacht.

Es liegen nur Informationen zu Einzelfalluntersuchungen vor, die sich nicht verallgemeinern lassen. Theoretisch sind jedoch unterschiedlichste Durchsatzleistungen durch modulare Bauweise der Anlagen (voneinander unabhängige Brunneneinrichtungen) realisierbar. In der Literatur werden keine Angaben zu Kosten gemacht. Es handelt sich um ein in-situ-Verfahren.

Eine langfristige Überwachung des Sanierungserfolges erscheint notwendig, da eine Kontrolle des in-situ-Sanierungserfolges nur schwierig durchzuführen ist. Die chemischen Verfahren sind allein i.d.R. nicht geeignet, Grundwasser bis auf Trinkwasserqualität zu reinigen. Insgesamt stellt das Verfahren eine Schadstoffimmobilisierung und keine Zerstörung der Kontaminenten dar. Die alternative Anwendung von ex-situ-Verfahren zur Dekontamination ist daher aufgrund der besseren Kontrolle der Reinigungsleistung und der nicht erforderlichen, umfangreichen und aufwendigen Langzeitüberprüfung der Situation vor Ort zu prüfen.

4.5.5 Fixierung von Arsen durch Oxidation und Fällung in der Grundwasserzone

Arsen ist ein Halbmetall, das sowohl dreiwertig als auch fünfwertig auftritt. In seiner dreiwertigen Form gelöst ist es hochtoxisch. Unter reduzierenden Bedingungen kann sich mit Sulfidionen S^{2-} das schwerlösliche Arsensulfid As_2S_3 bilden, in dem das Arsen dreiwertig gebunden ist. Unter oxidierenden Bedingungen kann im Grundwasser enthaltenes Arsen mit Eisen bzw. mit Mangan zu fünfwertigem Eisenarsenat $FeAsO_4$ bzw. Manganarsenat $Mn_3(AsO_4)_2$ reagieren.

Die oxidative Umsetzung von Arsen erfolgt durch die Einleitung von $KMnO_4^-$-Lösung in das Grundwasser. Hierzu werden entsprechende Einleiterbrunnen installiert und die Lösung in die kontaminierten Bodenbereiche gepumpt. Zusätzlich wird der Vorgang durch die oxidierende Wirkung des im versickernden Oberflächenwasser enthaltenen Sauerstoffs sowie durch den Gasaustausch mit der Bodenluft bzw. ebenfalls eingeblasenem Luftsauerstoff unterstützt.

Dabei erfolgt die Reaktion nach Mattheß in zwei Teilschritten. Zunächst wird das dreiwertig vorliegende Arsen mit Kaliumpermanganat $KMnO_4$ zu fünfwertigem Arsen oxidiert. Danach findet die Bindung an Eisen-III- oder Mangan-II-Ionen statt:

Oxidation: $3\ As_2O_3 + 4\ KMnO_4 + 8\ OH^- \rightarrow 6\ HAsO_4^{2-} + 4\ MnO_2 + H_2O + 4\ K^+$

Fällung mit Eisen-III: $HAsO_4^{2-} + Fe^{3+} \rightarrow FeAsO_4 + H^+$

Fällung mit Mangan-II: $2\ HAsO_4^{2-} + 3\ Mn^{2+} \rightarrow Mn_3(AsO_4)_2 + 2\ H^+$

Das Löslichkeitsprodukt beträgt für das Eisenarsenat $Lp = 5{,}7 * 10^{-21}$, für das Manganarsenat $Lp = 2 * 10^{-29}$, d.h. diese Substanzen sind in Wasser praktisch unlöslich. Außerdem kommt es zu einer Mitfällung und Adsorption von Arsen an Eisen-III-hydroxid $Fe(OH)_3$ und Manganoxid $MnO_2 * n\ H_2O$.

Das Verfahren ist in jüngster Zeit zur Anwendung gekommen, um einen sandigen bis kiesigen Grundwasserleiter zu sanieren. Als Oxidationsmittel wurde dabei Kaliumpermanganat zugesetzt. Eine unterstützende Wirkung konnte durch die natürlichen Effekte der Oxidation durch Luftsauerstoff erzielt werden.

Das Verfahren ist geeignet, dreiwertiges Arsen zu fünfwertigem Arsen zu oxidieren und zu fixieren. Die Behandlung von Mischkontaminationen ist nur schwer möglich, es handelt sich um ein selektiv wirksames Verfahren zur Schadstoffimmobilisierung. Organische Schadstoffe können mittels dieses Verfahrens nicht behandelt werden. Es bleibt jedoch Eisenarsenat bzw. Manganarsenat im Boden fixiert zurück. Der Boden wird mit Kalium angereichert, überschüssiges Kaliumpermanganat kann zu einer Lilafärbung des Grundwassers führen.

Wie für alle Gleichgewichtsreaktionen sind auch bei diesem Verfahren die Umgebungsparameter mitbestimmend. Ein erneutes In-Lösung-Gehen der Schadkomponenten ist bei einer pH-Wertverschiebung möglich. Eine langfristige Überwachung des Sanierungserfolges erscheint daher angebracht.

Es liegen derzeit nur Informationen zu Einzelfalluntersuchungen vor, die sich auf einen Einzelfall beziehen. Generell kann über die Zahl der gesetzten Brunnen die Kapazität der Maßnahme und damit auch die Dauer der Gesamtmaßnahme gesteuert werden, indem großflächig die Oxidationsmittel zugeführt werden (modularer Aufbau).

Die kostenbezogenen Informationen zu Pilotanwendungen lassen sich nicht verallgemeinern. Kostenangaben für Anlagen im technischen Maßstab liegen nicht vor.

Die chemische Fixierung durch Oxidation und anschließende Fällung ist zur selektiven Behandlung von Arsenkontaminationen gut geeignet, wobei dreiwertiges, hochtoxisches Arsen in die weniger toxische fünfwertige Form überführt wird. Eine Belastung des Grundwassers wird somit unterbunden. So ist z.B. unter reduzierenden Bedingungen die erneute Freisetzung von Arsen-III möglich. Eine langfristige Überwachung des Sanierungserfolges erscheint daher notwendig. Das Verfahren ist allein i.d.R. nicht geeignet, um Grundwasser bis auf Trinkwasserqualität zu reinigen. Insgesamt stellt das Verfahren eine Schadstoffimmobilisierung und keine Zerstörung der Kontaminenten dar.

4.5.6 Fixierung von leicht freisetzbaren Cyaniden durch Komplexbildung

Cyanidkontaminationen treten häufig auf ehemaligen Kokerei- und Gaswerkstandorten sowie auf den Geländen von Galvanikbetrieben auf. Beim Kontakt mit Säuren kann es zur Freisetzung von Cyanwasserstoff kommen. Die komplex an Ionen der Übergangsmetalle gebundenen Cyanide, genannt Cyano-Komplexe, sind dagegen stabil und nur schwer wasserlöslich, aus ihnen werden Cyanidionen nur unter extremen Bedingungen freigesetzt. Insbesondere gilt dies für eisenhaltige Cyano-Komplexe. Das Verfahren wird zur *Bodenbehandlung ex-situ* eingesetzt.

Leicht freisetzbare *Cyanide* wie Natriumcyanid und Kaliumcyanid sind gut wasserlöslich und akut toxisch. Durch eine Komplexbindung der Cyanide ist eine Immobilisierung möglich. Zur diesem Zweck wird der Boden ausgekoffert und Eisen-II-Sulfat-Lösung $FeSO_4$ zugegeben:

$$FeSO_4 + 6\ KCN \rightarrow K_4(Fe(CN)_6) + K_2SO_4$$

Das Cyanid reagiert spontan mit den Eisen-II-Ionen zu Kaliumhexacyanoferrat-II $K_4(Fe(CN)_6)$. Dieser Cyanokomplex ist zwar noch gut wasserlöslich, die Cyanidionen sind aber bereits in einem Komplex gebunden und nicht mehr leicht freisetzbar, d.h. eine akute Toxizität ist nicht mehr gegeben. Bei Anwesenheit von Eisen-III-Ionen, z.B. in Form von zugegebenem Eisenoxidhydrat FeO(OH), findet in einem zweiten, langsamer verlaufenden Reaktionsschritt die Bildung von Eisen-III-hexacyanoferrat-II $Fe_4(Fe(CN)_6)_3$ statt:

$$4\ FeO(OH) + 3\ K_4(Fe(CN)_6) + 12\ KHCO_3 \rightarrow Fe_4(Fe(CN)_6)_3 + 12\ K_2CO_3 + 8\ H_2O$$

Eisen-III-hexacyanoferrat-II ist wasserunlöslich und wird auch von verdünnten Säuren nicht angegriffen. Die Verbindung löst sich in Oxalsäure mit tiefdunkelblauer Farbe und ist unter dem Namen "Berliner Blau" bekannt.

Der pH-Wert beim Ablauf der Reaktionen sollte bei 5 bis 6 liegen. Unterhalb pH 3 besteht die Gefahr der Cyanwasserstoffbildung, bei pH-Werten über 9 bildet sich das Eisen-III-hexacyanoferrat-II zu dem wasserlöslichen Kaliumhexacyanoferrat-II zurück. Eisen-II-sulfat wirkt als schwache Säure, im Überschuß zugegeben können pH-Werte bis 3,5 erreicht werden. Als Puffer ist Kaliumhydrogencarbonat geeignet, das auch als Reaktionsteilnehmer benötigt wird.

Nicht quantitativ erfaßbar sind die Prozesse der Adsorption von u.U. ebenfalls vorliegenden Arsen an Eisen-III-hydroxid und Mangan-IV-oxid sowie der Mitfällung von Arsenverbindungen.

In der Praxis wird eine vierstufige *Vorgehensweise* empfohlen:

- Auskofferung des mit Cyaniden kontaminierten Bodens,
- Ermittlung der optimalen Mischungsverhältnisse von Erdreich, Eisen-II-sulfat und Kaliumhydrogencarbonat im Labor,
- Chargenweise Behandlung des Bodens in einem Mischer durch Zugabe der entsprechenden Behandlungslösungen,
- Beprobung jeder Charge,
- Deponierung bzw. Rückbau des Bodens.

Zum Schutz vor Cyanwasserstoff-Austritten ist eine kontinuierlich arbeitende Überwachungsanlage zu installieren, der Gebrauch von Schutzkleidung und Filtermasken ist obligatorisch.

Erste Erfahrungen mit diesem Immobilisierungsverfahren wurden an einem ehemaligen Gaswerksstandort nit der Behandlung von 1000 m^3 an cyanidbelastetem Boden gesammelt.

Es werden leicht freisetzbare Cyanide, z.B. Alkalicyanide und wasserlösliche Cyanidkomplexe, zu schwerlöslichen Cyanidkomplexen umgesetzt. Die Behandlung von Mischkontaminationen ist nur schwer möglich, es handelt sich um eine selektiv wirksames Vorgehensweise zur Schadstoffimmobilisierung bei Cyanidbelastungen. Organische Schadstoffe können mittels dieses Verfahrens nicht behandelt werden.

In den meisten Anwendungsfällen läßt sich der Gehalt an leicht freisetzbaren Cyaniden im Eluat senken, wie Tabelle 4.18. zeigt.

Bei niedrigen pH-Werten ist die Freisetzung von Blausäure möglich. Für alle Gleichgewichtsreaktionen sind die Umgebungsparameter mitbestimmend. Eine langfristige Überwachung des Sanierungserfolges erscheint daher angebracht.

Tabelle 4.18. Reduzierung von CN-Gehalten durch Eisensalz-Zugabe (Weber/Neumaier 1993)

	unbehandelt	nach Zugabe von Eisen-II-sulfat	Nach Zugabe von Eisenoxid-hydrat und Kaliumhydrogencarbonat
CN_{gesamt}	hoch	mittel	sehr niedrig
$CN_{leicht\ freisetzbar}$	hoch	sehr niedrig	nahe der Nachweisgrenze

Es liegen derzeit nur Informationen zu Einzelfalluntersuchungen vor, aus denen sich keine Kostenangaben für die Cyanidfixierung verallgemeinern lassen.

Bei niedrigen pH-Werten kann es zur Freisetzung von Blausäure kommen. Eine Kontrolle des pH-Wertes im Boden ist daher vor und während der Behandlung erforderlich, ggf. kann eine pH-Stabilisierung vorgenommen werden (z.B. Zugabe von Kalksteinpulver), auch um die schwache Säurewirkung des Eisen-II-sulfates abzupuffern.

Eine langfristige Überwachung des Sanierungserfolges erscheint daher notwendig. Insgesamt stellt das Verfahren eine Schadstoffimmobilisierung und keine Zerstörung der Kontaminenten dar. Insofern ist auch aufgrund der zur Komplexbildung erforderlichen Auskofferung des kontaminierten Bodens eine alternative Anwendung von Dekontaminationstechnologien wie der Extraktion oder der thermischen Behandlung zu prüfen.

4.5.6 Hydrolyse biologisch schwer abbaubarer Nitroverbindungen

In der Militärtechnik werden zu unterschiedlichsten Zwecken Verbindungen eingesetzt, welche *Nitrogruppen* $-NO_2$ und $-NO_3$ besitzen. Sie dienen als Treibmittel, so z.B. Nitrocellulose, Nitroglycerin, Dinitrotoluol, als Stabilisatoren, z.B. Diphenylamin und Zentralite (Dialkyldiphenylharnstoffe), oder als Sprengstoffe, z.B. TNT (Trinitrotoluol), Hexogen (Hexahydro-1,3,5-trinitro-1,3,5-triazin) und Nitropenta (Pentaerythrittetranitrat). Abb. 4.16. zeigt die Zusammensetzung von sog. ein- und zweibasigen Treibmitteln. Diese sind mengenmäßig von großer Bedeutung, da sie in der Munition von sämtlichen Rohrwaffen und teilweise auch in Raketen mit Feststoff-Treibsätzen verwendet werden.

Diese Treibmittel sowie viele Explosivstoffe sind aufgrund der in ihnen enthaltenen Nitrogruppen biologisch nur schwer abbaubar. Bei einer kontrolliert durchgeführten Verbrennung ist wegen des hohen Stickstoffanteils mit einer beträchtlichen NO_x-Emission zu rechnen. Um diese zu vermeiden, wäre eine umfangreiche Rauchgasreinigungsanlage nötig. Zur Vorbereitung eines mikrobiellen Abbaus können diese Verbindungen chemisch aufgespalten werden.
Die Technologie wurde bisher zur Behandlung von Reinstoffen oder Stoffgemischen aus Restbeständen eingesetzt. Die Anwendung dieser Verfahren zur Behandlung von Boden in- oder ex-situ wird derzeit untersucht.

In einem der biologischen Abbaustufe vorgeschalteten chemischen Verfahrensschritt muß eine Aufspaltung dieser mikrobiell schwer abbaubaren Verbindungen erreicht werden. Dazu wird unter dem Einfluß eines alkalischen Aufschlußmittels eine Hydrolyse durchgeführt, die zu einer Abspaltung der Nitrogruppen führt. Die Nitrogruppen werden bei der Abspaltung in Nitritionen NO_2^- bzw. Nitrationen NO_3^- umgewandelt, die mit dem alkalischen Aufschlußmittel zu anorganischen Salzen reagieren. Mit Hilfe der Parameter Druck und Temperatur kann die Zusammensetzung der Spaltprodukte variiert werden, so daß eine Maximierung des Anteils an organisch leicht abbaubaren Verbindungen möglich ist.

In Versuchsreihen mit reinen Gemischen von Treibmitteln wurde das Verfahren von der Firma BC Berlin-Consult GmbH mit Erfolg getestet. Dabei wurde deutlich, daß bei der biologischen Nitrat- und Nitriteliminierung eine Zugabe weiterer organischer Nährstoffe nötig ist, was z.B. durch die Zuführung von kommunalen Abwässern ermöglicht werden kann. Es handelt sich bei den derzeit untersuchten Verfahren nicht um eigenständige Sanierungsverfahren, sondern um vorbereitende Schritte einer nachfolgenden biologischen Behandlung. Die Anwendung ergab sich aus der Adaption von Vorgängen bei der Delaborierung auf die Bodenbehandlung.

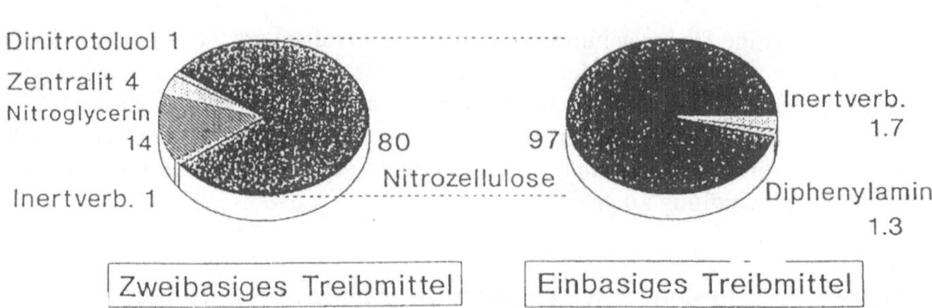

Abb. 4.16. Zusammensetzung ein- und zweibasiger Treibmittel (Dahn 1992)

Das Verfahren wurde bisher zur Delaboration von Kampfstoffen und Treibmitteln eingesetzt. Die Behandlung von kontaminierten Bodenmaterialien aus militärischen Altlasten erscheint ebenfalls möglich, ist jedoch bisher noch nicht realisiert worden.

Es werden selektiv Nitrogruppen enthaltende organische Stoffe aufgespalten und so einem biologischen Abbau zugänglich gemacht. Behandelt wurden bisher Reinstoffe Nitrozellulose, Nitroglycerin, DNT, Diphenylamin und Zentralit. Die Anwendung für Hexogen, Penta und TNT scheint ebenfalls möglich, wobei hier noch entsprechende Vorversuche hinsichtlich einer Anwendungsprüfung durchgeführt werden müssen. Bei positivem Ergebnis scheint auch die Behandlung von kontaminierten Böden möglich. Eine Anwendung des Verfahrens auf Mischkontaminationen scheint nicht möglich zu sein. Die Nitrogruppen werden zu anorganischen Nitriten und Nitraten umgesetzt. Als organische Restprodukte fallen langkettige Alkohole, aliphatische Kohlenwasserstoffe und Ketone an.

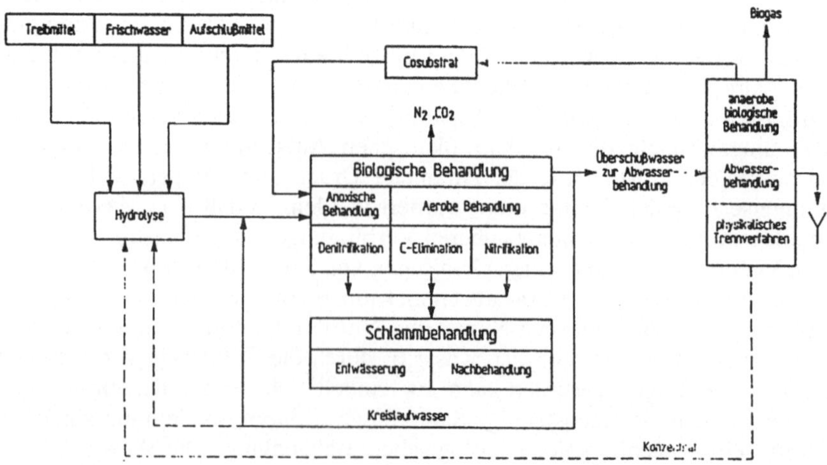

Abb. 4.17. Verfahrensschema der chemisch-biologischen Treibmittelzersetzung (Dahn 1992)

Es liegen keine Erfahrungen zur Bodenbehandlung vor. Durch die Abbautätigkeit der Mikroorganismen kann jedoch eine weitgehende Entfernung der Schadstoffe angenommen werden. Dieses Ergebnis ist jedoch durch Untersuchungen zu verifizieren.

Es handelt sich derzeit lediglich um Anlagen zur Reinstoffbehandlung; inwieweit auch kontaminierte Böden behandelt werden können, muß auf Basis der Ergebnisse von Vorversuchen ermittelt werden. Bisher hat noch keine Bodenbehandlung stattgefunden, daher sind keine Kostenaussagen und Angaben zur Infrastruktur sowie Aussagen hinsichtlich der Anforderungen an den Standort möglich. Bei der Hydrolyse von rüstungsbedingten Kontaminationen als vorbereitender Schritt eines mikrobiellen Abbaus handelt es sich um ein Verfahren zur Reinstoffbehandlung. Derzeit sind die notwendigen Bedingungen für eine Adaption des Verfahrens zur Bodenbehandlung nicht geklärt. Das Verfahren stellt nicht den Stand der Technik dar.

4.5.7 Zusammenfassende Bewertung der chemischen Behandlungsverfahren

Chemische Dekontaminations- und Sicherungsverfahren zur Boden- und Grundwasserbehandlung sind überwiegend als *begleitende Maßnahmen* bei durchgeführten extraktiven oder hydraulischen in-situ-Maßnahmen, z.B. Ozonierung von Grundwasser, sinnvoll einsetzbar. In der folgenden Tabelle 4.19. sind die derzeit entwickelten Verfahren aufgelistet. Im Anschluß an die Tabelle werden die chemischen Behandlungsverfahren hinsichtlich ihrer wesentlichen Eigenschaften beurteilt.

Verfahrenstechnik: Die Verfahren weisen eine relativ *einfache Prozeßtechnik* auf, welche sich in der Regel auf wenige Verfahrenselemente beschränkt. Hierzu zählt z.B. das Abpumpen und Behandlung von Grundwasser in Reaktoren mit zugesetzten Chemikalien bei der ex-situ-Grundwasserbehandlung oder Versickern bzw. Eindüsen von Flüssigkeiten in den Boden zur in-situ-Boden- oder Grundwasserbehandlung. Bei einigen Verfahren wird die Reaktionslösung gemeinsam mit Grundwasser erneut an die Oberfläche gepumpt.

Mit dem ex-situ-Verfahren der Naßoxidation lassen sich organische Schadstoffe aus dem Grundwasser abtrennen, eine Sanierung in der Bodenschicht findet jedoch nicht statt. Die Reinigungsleistung ist gut kontrollierbar, jedoch beschränkt sich das Reinigungsvermögen auf wenige Schadstoffgruppen. Bei der ex-situ-Bodenbehandlung werden die zu dekontaminierenden Bodenmassen ausgehoben und zu Mieten aufgeschüttet. Hier werden anschließend die Behandlungschemikalien zugegeben.

Die Verfahren sind nur eingeschränkt geeignet, mit anderen *Verfahrensgruppen kombiniert* eingesetzt zu werden. Insbesondere die biologische Behandlung kann durch einen vorgeschalteten oxidativen Prozeß unterstützt werden, in welchem Kohlenwasserstoffbelastungen in eine leichter abbaubare Form überführt werden.

Entwicklungsstand: Chemische Bodenbehandlungsverfahren sind nicht derart weit entwickelt und verbreitet wie zum Beispiel die thermischen Behandlungsverfahren, Bodenwäschen oder mikrobiologische Behandlungsverfahren. Derzeit ist ein sinnvoller Einsatz der chemischen Verfahren insgesamt lediglich als Ergänzung im Einzelfall zu anderen Behandlungsschritten zu sehen oder für selektive Kontaminationen und Spezialanwendungen sinnvoll. Die Grundwasserbehandlung nach dem Naßoxidationsverfahren ist im technischen Maßstab bereits in den USA durchgeführt worden. Eine Grundwasserbehandlung ex-situ entspricht vom Verfahrensablauf her einer dem Stand der Technik entsprechenden Abwasseraufbereitung. Eine in-situ-Bodenbehandlung ist für Einzelfälle durchgeführt und dokumentiert worden.

Schadstoff- und bodenspezifisches Dekontaminationsvermögen: Bei der Behandlung von Grundwasser mittels chemischer Verfahren handelt es sich i.d.R. um Dekontaminationsvorgänge, wohingegen die Bodenbehandlung in-situ lediglich eine Immobilisierung der Schadstoffe leistet. Durch Anwendung von hydrolytischen Verfahren könnte jedoch auch eine Dekontamination durch die Umsetzung und den Abbau organische Belastungen im Boden erfolgen. Die Grundwasserbehandlung in-situ ist überwiegend zur Behandlung organischer Belastungen geeignet, eine ex-situ-Behandlung auch für anorganische Belastungen wie Schwermetalle. Die Ozonierung ist eine Maßnahme zur Grundwasserbehandlung und kann der Vorbereitung einer biologischen Behandlung dienen.

Tabelle 4.19. Übersicht über die wesentlichen Verfahren der chemischen Behandlung zur Boden- und Grundwassersanierung

Verfahren	Schadstoff	Medium	Reagenzien	Art	Anmerkung
Ozonierung (Oxidation)	ungesättigte und aromatische Kohlenwasserstoffe	Grundwasser	Ozon	in-situ	Vorbereitung für biologische Behandlung
Naßoxidation	(vor allem ungesättigte) Kohlenwasserstoffe	Grundwasser	Ozon, Wasserstoffperoxid	ex-situ	UV-Bestrahlung zur Reaktionsbeschleunigung
Neutralisationsfällung	Schwermetallionen	Grundwasser	Natriumhydroxid, Natriumcarbonat, Calciumhydroxid	ex-situ	
Reduktion und Fällung	Schwermetalle verschiedener Oxidationsstufen	Boden	Sulfide, Thiosulfate, Sulfite	in-situ	
Oxidation und Fällung	Arsen	Boden	Oxidation: Kaliumpermanganat, Fällung: EisenIII-oder ManganII-Ionen	in-situ	
Komplexbildung	Cyanide	Boden	Eisen-II-sulfat, Eisenoxidhydrat	ex-situ	
Hydrolyse	Nitroverbindungen	Boden	alkalisches Aufschlußmittel	ex-situ in-situ	Vorbereitung biologischer Behandlungen bei Rüstungsaltlasten geplant

Die Verfahren zur in-situ-Bodenbehandlung sind bislang für Schwermetallkontaminationen oder organischer Nitroverbindungen entwickelt worden. Ex-situ können derzeit auch cyanidbelastete Bodenmassen behandelt werden.

Die dem Boden oder Grundwasser zugesetzten Reaktionsmittel *reagieren schadstoffspezifisch*, daher ist eine Anwendung bei Mischkontaminationen nicht erfolgversprechend. Während die Reduktionsverfahren in erster Linie zur Behandlung von *Schwermetall-Kontaminationen* geeignet sind, können mittels einer Oxidation *organische Kohlenwasserstoffe* behandelt werden.

Die mittels der Verfahren behandelten Böden müssen eine hohe Durchlässigkeit für die Reaktionsflüssigkeiten aufweisen. Gerade bei der in-situ-Behandlung ist es wichtig, daß der gesamte kontaminierte Bereich auch durchspült wird und die dort vorhandenen Schadstoffkomponenten mit der Reaktionsflüssigkeit in Kontakt gelangen. Somit wirkt sich die starke Abhängigkeit der Maßnahmen von der Bodenstruktur einschränkend auf die Anwendungsmöglichkeiten aus, auch ist eine negative Einwirkung auf Mikroorganismen möglich.

Emissionen / Reststoffe: Bei in-situ-Maßnahmen können zugesetzte Chemikalien mit dem Grundwasser transportiert und so gleichfalls zu einer Grundwasserbelastung führen (Sekundäremissionen). In den durchströmten Bodenbereichen können Restgehalte an Reaktionsflüssigkeiten verbleiben. Bei der ex-situ-Behandlung von Boden oder Grundwasser lassen sich die zugesetzten Chemikalien gezielt auffangen und wiedereinsetzen, aufbereiten oder entsorgen. Verfahrensbedingt können bei der Reststoffbehandlung *Abwässer* mit schädlichen Inhaltstoffen auftreten, die entsorgt werden müssen (Schlammentwässerung oder Eisen- und Manganabtrennung). Bei der in-situ-Behandlung treten keine umfangreichen *Abfallmengen* auf.

Soweit Hochdruckaggregate zur Infiltration und zum Eindüsen der Reaktionslösung eingesetzt werden, können *Lärmemissionen* auftreten.

Langzeitverhalten / Kontrolle des Sanierungserfolges: Während die an der Oberfläche durchgeführte ex-situ-Grundwasser- oder Bodenbehandlung mit chemischen Mitteln gut zu kontrollieren ist und die Reinigungsleistung überwacht werden kann, ist eine *Kontrolle* der *in-situ* durchgeführten Bodenbehandlung nur *eingeschränkt möglich*. Da die Schadstoffe im Boden verbleiben und lediglich in eine andere Form überführt werden, liegt hier eine *Empfindlichkeit für Milieuänderungen* vor, durch welche eine erneute Freisetzung der Stoffe möglich ist.

Tabelle 4.20. Übersicht des Dekontaminationsvermögens der wesentlichen chemischen Behandlungsverfahren

BTEX	Benzol, Toluol, Ethylbenzol, Xylol	*GW*	Grundwasser	*KW*	Kohlenwasserstoffe
LHKW	Leichtflüchtige halogenierte Kohlenwasserstoffe	*L*	Laboranlage	*n.B.*	nicht bekannt /untersucht
P	Pilotanlage	*PAK*	Polycyclische aromatische Kohlenwasserstoffe	*SHKW*	Schwerflüchtige halogenierte Kohlenwasserstoffe
ST	Stand der Technik	*X*	geeignet / unproblematisch	--	nicht geeignet / problematisch
O	mit Einschränkungen geeignet / problematisch				

Tabelle 4.20. (Fortsetzung)

	Kriterium		**Grund-wasser-behandlung**	**Boden-behandlung in-situ**	**Boden-behandlung ex-situ**
1	Verfahrensart	in-situ	X	X	--
2		on-site	X		X
3		off-site	--	--	--
4	Entwicklungsstand		ST	P	P
5	Schadstoff-	Schwermetalle	O	O	X
6	spezifischs	Cyanide	--	--	X
7	Dekontaminations-	Mineralöl-KW	O	O[1]	--
8	vermögen	BTEX	X	O[1]	--
9		PAK	X	O[1]	--
10		LHKW	X	O[1]	--
11		SHKW	--	O[1]	--
12	Bodenspezifische	grobkörnig	X	O	O
13	Reinigungs-	mittelkörnig	X	O	O
14	leistung	feinkörnig	X	--	--
15	Emissionen /	Abluft	X	X	X
16	Reststoffe	Lärm	X	X	X
17		Abwasser	--	--	O
18		Abfall	X (in-situ) O (on-site)	X	O
19	Langzeitverhalten		O	O	O
20	Kontrollierbarkeit		-- (in-situ) O (on-site)	--	O
21	Kapazität		/	/	/
22	Zeitbedarf		O	O	O
23	Kosten	Investitions-K.	X	X	X
24		Betriebs-K.	O	O	O
25	Standort-charakteristika		O	O	O
26	Infrastrukturbedarf		X	X	X
27	Genehmigungs-fähigkeit		X	X	--[2]

1) Ozonierung zur Vorbereitung eines mikrobiellen Abbaus

2) Anlagen, die voraussichtlich weniger als 12 Monate am Standort betrieben werden, bedürfen keiner immissionsschutzrechtlichen Genehmigung nach BImSchG. Ansonsten ist in Abhängigkeit vom Behandlungsort (on- bzw. off-site-Behandlung) ein vereinfachtes Genehmigungsverfahren (§ 19 BImSchG) oder ein ausführliches Genehmigungsverfahren (§ 10 BImSchG) erforderlich

Eine langfristige Überwachung der Verhältnisse im Boden oder Grundwasser ist daher notwendig. Die durch Oxidationsvorgänge abgebauten organischen Bestandteile stellen, soweit sie anschließend für einen mikrobiellen Abbau zugänglich sind, keine Gefährdung dar. Durch Auswaschung können erneut Schadstoffe aus den angrenzenden Bodenschichten in das behandelte Grundwasser eingetragen werden.

Kapazitäten: Zu *Kapazitäten* und *Reinigungsleistungen* sowie *Flächenbedarf* sind aufgrund der noch nicht vorliegenden Serienreife keine allgemeingültigen Aussagen zu treffen. Die Reaktionszeiten sind i.d.R. relativ kurz, die gesamte Behandlungsdauer richtet sich somit bei der Bodenbehandlung nach der Kontaminationstiefe und Migrationsdauer der Reaktionsflüssigkeit im Boden. Die eigentliche Behandlungsanlage weist keinen großen Flächenbedarf auf (Pumpanlagen, Vorratstanks, Reaktionsbehälter bei der ex-situ-Behandlung, evtl. Labor). Bei in-situ-Maßnahmen werden i.d.R. über die gesamte Fläche verteilt Brunnen gesetzt und auch für die Gesamtdauer der Maßnahme betrieben.

Kosten: Die *Kosten* der Verfahren werden überwiegend durch die Betriebskosten bestimmt. Die Investitionskosten sind lediglich beim Einsatz von Ozongeneratoren relativ hoch. Ansonsten wird als Kostenrahmen bei der Grundwasserbehandlung ein zur reinen Adsorption vergleichbares Kostenvolumen angegeben (ca. 1 DM/m^3 aufbereiteten Wassers, Winkler 1993, S. 361).

Standortcharakteristika / Infrastrukturbedarf: Chemische Behandlungsanlagen weisen i.d.R. nur einen geringen Infrastrukturbedarf auf. Die Anlagen umfassen die Brunnen, Vorratstanks für Betriebsmittel sowie Strom- und evtl. Wasseranschlüsse. U.U. werden die Anlagen auch netzunabhängig über Generatoren betrieben. Auf der zu sanierenden Fläche müssen bei in-situ-Maßnahmen in gleichmäßigen Abständen Bohrungen niedergebracht werden. Bei der on-site-Behandlung von Grundwasser reichen u.U. wenige Brunnen im Abstrombereich der Fläche aus.

Genehmigungsfähigkeit: Zu Genehmigungserfordernissen liegen nur wenig Informationen vor. Nach Bundesimmissionsschutzgesetz sind Bodenbehandlungsanlagen dann genehmigungspflichtig, wenn zu erwarten ist, daß sie länger als zwölf Monate am Standort betrieben werden und wenn entnommener Boden behandelt wird. Nach Wasserhaushaltsgesetz sind alle Maßnahmen, soweit sie zu einer Veränderung der chemischen, physikalischen und biologischen Verhältnisse des Grundwassers führen können, genehmigungspflichtig. Mobile Versuchsanlagen sind von dieser Genehmigung befreit und müssen lediglich angezeigt werden. Eine Bodenbehandlung in-situ ist also lediglich nach geltendem Wasserrecht (WHG und nachgeschaltete Verordnungen) sowie nach baurechtlichen Vorgaben zu genehmigen.

Fazit: Chemische Verfahren sind bislang nur bei wenigen Sanierungsfällen eingesetzt worden. Ihre Anwendungsmöglichkeiten beschränken sich auf die selektive Behandlung einzelner Schadstoffe im Grundwasser und Boden. Zur Grundwasserbehandlung können sie begleitend zu hydraulischen Wasserhaltungsmaßnahmen angewandt werden, indem Schadstoffe aus dem Grundwasser ausgefällt oder abgetrennt werden. Die Bodenbehandlung führt i.d.R. nicht zu einer Entfernung der Schadstoffe, sondern lediglich zu einer Immobilisierung und Fixierung der Komponenten. Durch Milieuänderungen (pH-Wert-Verschiebung) ist daher eine erneute Freisetzung der Stoffe möglich. Aufgrund des ungeklärten Langzeitverhaltens immobilisierter Substanzen sind chemische Verfahren mit Vorbehalt zu betrachten. Eine in-situ-Behandlung ist im allgemeinen aufgrund der schlechten Kontrollierbarkeit der Maßnahme nicht problemlos durchzuführen. Mit den aus dem Grundwasser abgezogenen Reaktionsflüssigkeiten wird auch immer Grundwasser gefördert. In diesen Fällen scheint eine direkte ex-situ-Behandlung des an die Oberfläche gepumpten Grundwassers oder eine Behandlung von ausgehobenem Boden in Mieten sinnvoller und weniger aufwendig.

Eine ex-situ-Behandlung kann Bodenkontaminationen einem mikrobiellen Abbau zugänglich machen oder eine Sanierung des Grundwassers gewährleisten. Mischkontaminationen erschweren jedoch eine Anwendung der häufig nur selektiv wirksamen chemischen Verfahren.

In der nachfolgenden Tabelle sind zusammenfassend die wesentlichen Anforderungskriterien für Bodenbehandlungsanlagen zusammengestellt und chemischen Behandlungsverfahren hinsichtlich ihrer jeweiligen Eignung beurteilt.

4.6 Physikalische Technologien zur Boden-, Bodenluft- und Grundwasserbehandlung

4.6.1 Einführung

Neben den bereits vorgestellten thermischen, biologischen oder chemischen Technologien sind physikalische Techniken zur Boden- und Grundwasserdekontamination geeignet. Dieser Gruppe werden die folgenden Techniken zugeordnet:

- Bodenwäsche,
- Extraktion,
- Aktive hydraulische Techniken,
- Bodenluftabsaugung (pneumatische Techniken) und
- Elektrokinetische Techniken.

Die Wasch- und Extraktionsverfahren sind aufgrund ihrer technischen Bedeutung bereits im Kapitel 4.3 erläutert worden. Im vorliegenden Kapitel 4.6 werden nun die weiteren physikalischen Behandlungsverfahren zur *Dekontamination* von Boden und Grundwasser vorgestellt.

Die *aktiven hydraulischen* und *pneumatischen* Verfahren ermöglichen die Entnahme und Behandlung von flüssigen Phasen wie des Grundwassers (hydraulische Verfahren) oder gasförmigen bzw. leichtflüchtigen Phasen wie der Bodenluft (pneumatische Verfahren). Demgegenüber werden die Schadstoffe bei *passiven hydraulischen Verfahren* (vgl. Kapitel 4.7, Sicherungsverfahren) nicht entfernt, sondern lediglich die hydrodynamischen Verhältnisse dahingehend verändert, daß die Ausbreitungspfade für die Schadkomponenten unterbrochen werden (durch z.B. Grundwasserabsenkungen oder Gasbarrieren). *Elektrokinetische Verfahren* konzentrieren kontaminationsrelevante Ionen durch Aufprägen eines elektrischen Feldes lokal auf. Die Schadstoffe können entsprechend behandelt werden (Entnahme, Zerstörung). Tabelle 4.21 gibt die grundlegenden Reinigungsprinzipien der Verfahren wieder.

Pneumatische Behandlungsverfahren werden seit Mitte der 80er Jahre eingesetzt. Kenntnisse zu hydraulischen Maßnahmen liegen bereits seit Jahrzehnten aus dem Bereich der Wasserhaltung im Bergbau bzw. Deponiebau vor. Elektrokinetische Verfahren stellen eine neuere Entwicklung dar und befinden sich derzeit im Forschungs- bzw. Pilotstadium. Aktive hydraulische und pneumatische Techniken haben in der Praxis eine große Bedeutung; so wurden bis 1996 in Nordrhein-Westfalen bei insgesamt 1360 Sanierungsfällen 195 mal aktive hydraulische Verfahren (ca. 14%) und 140 mal pneumatische Verfahren (ca. 10%) eingesetzt. Im Vergleich dazu gering waren die Anwendungszahlen bei thermischen (41), biologischen (27) und Waschverfahren (11).

Tabelle 4.21. Charakterisierung der physikalischen Dekontaminationsverfahren: Primäre Ziele und Nebeneffekte

Technik	primäres Ziel / Schutzgutbezug	Nebeneffekt
Aktiv hydraulisch	on-site-Dekontamination des Grundwassers	Herauslösen von Bodenkontaminationen aufgrund der Gleichgewichtseinstellung und Entnahme mit dem Grundwasserstrom (in-situ-Bodendekontamination)
Pneumatisch	in-situ-Entfernung aller leichtflüchtigen Boden- und Grundwasserkontaminationen	-
Elektrokinetisch	in-situ-Dekontamination der Schadstoffe in definierten Bodenbereichen, Entnahme und on-site-Dekontamination	Elektrochemische Umsetzung der Schadstoffe im Boden (postuliert)

Bei der technischen Umsetzung werden dazu folgende Schritte durchgeführt (vgl. Abb. 4.18):

- Mobilisierung und Transport der Schadstoffe im Untergrund,
- Fassung der zu entnehmenden Stoffe in-situ,
- Ableitung der zu entnehmenden Stoffe on-site zur Dekontaminationsanlage,
- Schadstoffabscheidung,
- Ableitung der dekontaminierten Phase.

Die *Mobilisierung* der Schadstoffe kann durch unterschiedliche Effekte hervorgerufen werden:

- Abpumpen des Grundwassers oder anderer kontaminierter Phasen,
- Strippen mit Fremdluft,
- Absaugen der Bodenluft,
- in-situ-Behandlung mit reaktiven Chemikalien (Ozonierung, vgl. Kapitel 4.5),
- Wanderung oder elektrochemische Umsetzung der Stoffe aufgrund der elektokinetischen Verhältnisse (Feldwirkung, Konzentrationsgefälle).

Die *Fassung* der Schadkomponenten geschieht in der Regel über verfilterte Brunnen oder Gassammler mit angeschlossenen Saugpumpen oder Gebläsen. Über *Rohrleitungssysteme* werden die Fluid- und Gasströme zu den jeweiligen Reinigungselementen geführt.
Separat erfaßbare fluide Schadstoffphasen (z.B. auf dem Grundwasser aufschwimmende Öle) werden direkt einer Entsorgung zugeführt. Aus einer fluiden Phase kann die Schadstoffabscheidung durch Einsatz der in folgender Tabelle dargestellten Verfahren erfolgen, wobei u.U. Zusatzstoffe in-situ eingesetzt werden (Tabelle 4.22).

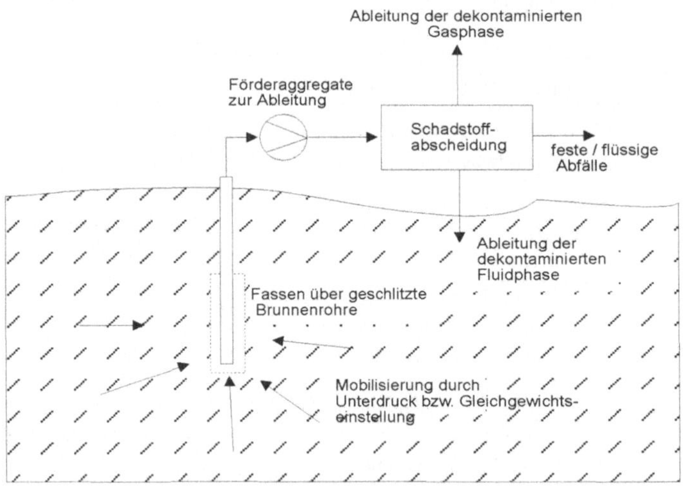

Abb. 4.18. Verfahrensschema der aktiven hydraulischen oder pneumatischen Verfahren

Bei der Entnahme und Behandlung von Wasserphasen (z.B. Grundwasser) findet i.d.R. eine *Re-Infiltration* über Versickerungsbrunnen statt. Gereinigte Gasströme werden in die Atmosphäre entlassen.

In den folgenden Kapiteln sollen die einzelnen Techniken in ihren Grundzügen charakterisiert werden.

Tabelle 4.22: Abreinigung kontaminierter Phasen nach dem Stand der Technik

Verfahren	Grundwasserbehandlung	Bodenluftabsaugung	Elektrokinetik
Adsorption an Aktivkohle	X	X	X
Ionenaustausch	X		X
Strippverfahren	X[1)]		X
Biofiltration		X	
Oxidationsverfahren	X[2)]	X[3)]	
Absorption		X	
Kondensation		X	
Fällung	X		

1): Luft oder Ozon *2)*: Naßoxidation *3)*: Katalytisch oder nichtkatalytische Verbrennung

4.6.2
Aktive hydraulische Techniken

4.6.2.1
Verfahrensbeschreibung und Anwendungsmöglichkeiten

Hydraulische Verfahren ermöglichen die Dekontamination von zusammenhängend auftretenden flüssigen Schadstoffphasen (Sickerwässer, aufschwimmende Ölphasen) sowie von bereits belasteten Schutzgütern (Grundwasser).

Die Verfahren sind insbesondere zur Dekontamination derjenigen Fälle geeignet, bei denen die Schadstoffe entweder als spezifisch leichtere Fraktion auf dem Grundwasser aufschwimmen (z.B. Mineralöle) oder sich als spezifisch schwerere Fraktion an der unteren Grenze des Grundwasserleiters sammeln (z.B. bestimmte halogenierte Kohlenwasserstoffe). Die Schadstoffe können als separate Fraktion erfaßt oder mit dem Grundwasser entnommen und von diesem ex-situ abgetrennt werden. Es ist auch die Behandlung von im Grundwasser angereichert vorliegenden Komponenten möglich (stark wasserlösliche Komponenten).

Im Rahmen der Gleichgewichtseinstellung treten Schadstoffe aus der Bodenluft und der festen Bodenmatrix in das Grundwasser über. Es findet somit auch eine Reinigung mit in-situ-Charakter statt. Häufig sind Grundwassersanierungsarbeiten von Sicherungsmaßnahmen begleitet, welche den unkontrollierten Zutritt von Grundwasser oder Oberflächenwasser in den zu sanierenden Bereich verhindern sollen, vgl. auch Kapitel 4.7. Es werden auch wesentliche Verfahrensunterschiede einer Sanierung der (mit Wasser) gesättigten Zone gegenüber einer Sanierung der wasserungesättigten Zone dargestellt.

Physikalische Grundlagen

Zum Verständnis der Verteilung der Schadstoffe sind Kenntnisse zu ihrem Verhalten im Boden notwendig: Flüssige Kontaminanten bewegen sich im Boden in Richtung der vertikal wirksamen

Schwerkraft. Weiter findet eine horizontale Bewegung auf der Basis der undurchlässigen Schichten in Gefällerichtung statt. Leichtere Komponenten schwimmen auf dem Grundwasser auf bzw. vermischen sich mit diesem. Schwerere Phasen sinken auf die Sole des Grundwasserleiters, wobei sich ein Teil der Schadstoffe auch im Grundwasser löst.

Ein weiterer Teil verbleibt in der ungesättigten Zone. Dieser Teil wird als "Residualsättigung" bezeichnet und ist matrix- und stoffabhängig verschieden groß. Für die meisten organischen Verbindungen beträgt der Wert einer Residualsättigung Θ (Anteil des Fluidvolumens am gesamt vorhandenen Porenvolumen) 0,2 für Sand, 0,3 für Schluff und 0,4 für Ton. Liegt z.B. eine Phase in hoher Konzentration im Boden vor, so kann sich hierdurch der freie Querschnitt für eine andere Phase derart verringern, daß die Konzentration bis zur Residualkonzentration sinkt und diese Phase somit immobilisiert vorliegt.

Zur Berechnung der Sanierungsdauer kann nach Mull von folgender Modellvorstellung ausgegangen werden: Der Brunnen befindet sich in der Mitte des zylindrischen Kontaminationsbereiches des Grundwassers, in welches von außen entsprechend der Entnahmerate sauberes Grundwasser nachströmt. Die Zeit zum einmaligen Austausch des Zylindervolumens an Wasser beträgt demnach

$$t = \frac{AHn_a}{Q}$$

mit
- A Grundfläche des Zylinders [m]
- H Höhe des Zylinders [m]
- n_a durchflußwirksamer Hohlraumanteil [-]
- Q Entnahmevolumenstrom [m^3/s]
- t Pumpdauer[s]

Wenn die Infiltration von Oberflächenwasser vernachlässigt wird und nur das in das Zylindervolumen nachströmendes Grundwasser berücksichtigt wird, kann die Konzentrationsabnahme mit der Zeit kann über eine Exponentialansatz beschrieben werden. Die Dauer der Sanierungszeit ergibt sich damit bei vorgegebenen Zielgröße für die Restkontamination zu

$$t_s = 0{,}2 \ln \frac{c_a}{c_e} t = 0{,}2 \ln \frac{c_a}{c_e} \frac{AH}{Q}$$

mit c_a Ausgangskonzentration [mg/m^3] c_e Endkonzentration [mg/m^3]

Die Filtergeschwindigkeit nach Darcy kann nach Mull zur Berechnung der zulässigen Entnahmegeschwindigkeit herangezogen werden:

$$v_f = k_0 k_v \frac{\rho_f g}{\eta n \Theta} I$$

mit
- k_0 Permeabilität [m^2]
- k_v relative Permeabilität [-]
- ρ Fluiddichte [t/m^3]
- g Erdbeschleunigung [m/s^2]
- n Lückengrad (Hohlraumanteil) [-]
- Θ Sättigungsgrad [-]
- I Grundwassergefälle [-]
- η dynamische Viskosität [Ns/m^2]

Die Gleichung gibt die Geschwindigkeit an, mit der Grundwasser in den Entnahmebereich nachströmt. Das Produkt aus durchströmter Fläche (Breite b und Höhe h) und der Entnahmegeschwindigkeit ergibt den zulässigen Fördervolumenstrom Q

$$Q = v_f bh$$

Die Geschwindigkeit zur Entfernung der Schadstoffe durch Abpumpen des Grundwassers ist in starkem Maße von der jeweils vorliegenden Konzentration abhängig: Ist bereits die Residualkonzentration erreicht, so wird in erster Linie Wasser abgepumpt; die Schadstoffphase verbleibt aufgrund der Gleichgewichtsverhältnisse in der Bodenmatrix. Die Konzentration der Schadstoffe im Boden ist jedoch u.a. eine Funktion der Zeit: Mit längerer Verweilzeit im Boden findet eine vertikale Wanderung bzw. Verteilung der Schadstoffe im Boden aufgrund der Schwerkrafteinwirkung statt. Undurchlässige Schichten im Untergrund können zu einer Horizontalwanderung der Fluide in der Bodenmatrix führen. Somit kann bei bestimmten Untergrundverhältnissen eine weiträumige Verteilung von flüssigen oder wasserlöslichen Schadstoffe über den eigentlichen Kontaminationsherd hinaus vorliegen. Die Wanderungsgeschwindigkeiten (Verteilungsgeschwindigkeiten) im Boden ergeben sich durch Diffusions- und Konvektionsströme im Boden.

Das Verfahren der hydraulischen Grundwassersanierung kann in erster Linie bei grobkörnigen, gut durchlässigen Böden eingesetzt werden. Voraussetzung ist weiterhin ein relativ homogener Untergrundaufbau, um einerseits eine gleichmäßige Verteilung des reinfiltrierten Grundwassers oder der zugegebenen Hilfsstoffe und andererseits einen weitgehend vollständigen Übertritt der Schadkomponenten in das Grundwasser zu gewährleisten. Als Maß für die Durchlässigkeit des Bodens kann der K_f-Wert herangezogen werden. Bindige Böden mit K_f-Werten unterhalb 10^{-4} bis 10^{-5} m/s sind nicht mehr über eine oberflächliche Infiltration, Auslaugung und Förderung der Schadkomponenten mit dem Grundwasser wirtschaftlich zu dekontaminieren. Die zurückbleibenden Schadstoffmengen sind aufgrund der wirksamen Kapillarkräfte zu groß. Problematisch sind weiterhin stark eisenhaltige Böden, deren hydraulische Leitfähigkeit durch ausgefällte Eisen(III)salze reduziert werden kann (Verockerung). Baugerätetechnisch muß als maximale Fördertiefe in der Praxis ein Wert von ca. 50 m angesehen werden.

Die schadstoffhaltigen Fluide werden über Entnahmebrunnen, Drainagegräben oder Entnahmeschächte mittels Pumpen abgezogen. Die Auswahl der Pumpen zur Grundwasserentnahme richtet sich nach Fördervolumenstrom, Förderhöhe sowie Aggressivität der Medien. Bei der Entnahme leichtflüchtiger, brennbarer Kohlenwasserstoffe sind Explosionsschutzmaßnahmen erforderlich, da sich brennbare oder explosive Gemische mit Luft bilden können. Zur Förderung von ölhaltigen Phasen werden auch Schneckenexzenterpumpen verwendet, bei großen zu überwindenden Förderhöhen sind Tauchpumpen besonders geeignet.

Häufig lassen sich über einen zentralen Brunnen nicht immer alle kontaminierten Bereiche erreichen, insbesondere wenn eine eindeutige Grundwasserfließrichtung vorliegt. In diesem Falle können mehrere Brunnen in einer oder mehreren Reihen (Staffeln) angeordnet werden, um alle kontaminierten Grundwasserbereiche zu erfassen und eine Schadstoffverschleppung zu verhindern, vgl. Abb. 4.19.

Aus der *gesättigten Phase* kann die schadstoffbelastete Phase direkt über im Zentrum der Kontamination angeordnete Brunnen abgezogen werden. Das dabei erzeugte Strömungsgefälle muß im gesamten kontaminierten Grundwasserbereich auftreten. Zur Erfassung der Fluidphase werden hier verfilterte Rohre eingesetzt; der Filter sollte der Art der Kontamination entsprechend auf, im oder oberhalb des Grundwassers angeordnet sein, vgl. Abb. 4.20.

Bei sehr *hoch anstehendem Grundwasser* können Schachtbrunnen bzw. Gräben im Zentrum der Kontamination angelegt werden, aus denen die zufließende Flüssigkeit entnommen werden kann. Dieses Verfahren ist insbesondere zur Erfassung von auf dem Grundwasser aufschwimmenden Kontaminationen geeignet. Dieses Verfahren ist technologisch einfacher als die Entnahme aus tiefliegenden, verfilterten Brunnenschächten.

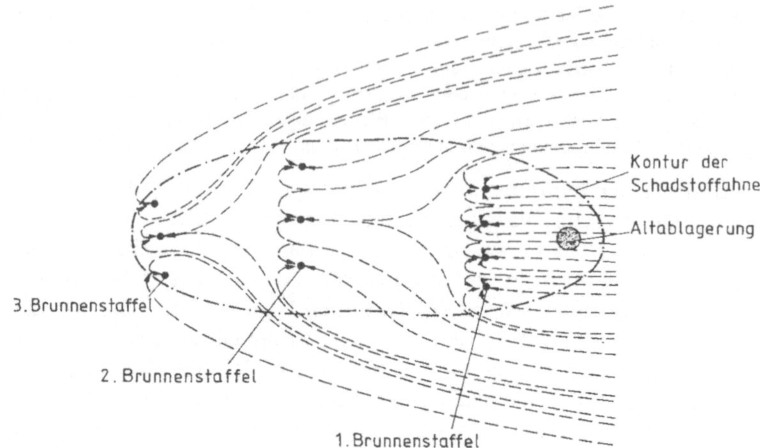

Abb. 4.19. Anordnung der Entnahmebrunnen in Staffeln (Weber/Neumaier 1993)

Aus den *ungesättigten Bodenbereichen* können die Schadstoffe durch Infiltration von Wasser und Auswaschen in das anschließend zu fördernde Grundwasser entfernt werden. Um Schadstoffverschleppungen zu vermeiden, muß ein Grundwassersenkungstrichter erzeugt werden (größere Abpump- als Infiltrationsrate). Unter Umständen führt auch das sog. Intervallpumpen zu besseren Sanierungserfolgen, indem nicht ständig die fluide Phase abgezogen, sondern die Sammlung der kontaminierten Phase im Bereich der Brunnen ermöglicht wird.
Durch die Versickerung von infiltriertem Grundwasser oder Fremdwasser kann die Freisetzung der gebundenen Schadstoffe aus der *ungesättigten Zone* durch Erhöhung der Mobilisierungsrate erfolgen, vgl. Abb. 4.21. Hierbei können dem Grundwasser auch Zusatzstoffe zur Erhöhung der Mobilisierungsrate zugefügt werden, beispielsweise Tenside. Werden Fluide zugesetzt, so sind die Verfahren jedoch eher den Techniken der Bodenwäsche oder Extraktion zuzuordnen, vgl. Kapitel 4.3.

Das *Abtrennen der Schadkomponenten aus der flüssigen Phase* kann auf unterschiedliche Weise vorgenommen werden, wobei die folgenden, dem Stand der Technik entsprechenden Verfahren aus dem Bereich der Abwasserbehandlung zum Einsatz kommen:

- Adsorption an Aktivkohle,
- Ionenaustauscher,
- Strippverfahren (Luft oder Ozon) bzw. Naßoxidation (zusätzlich UV-Bestrahlung) und
- Neutralisationsfällung.

Für die Abtrennung hydrophober Fluide (z.B. Öle) aus der ungesättigten Phase ist die Art der vorliegenden Schadstoffverteilung wesentlich. Ist die den Boden benetzende Phase die Wasserphase, so lagert sich darauf das Öl in Form kleiner Tröpfchen ab und kann durch Abschwemmen entfernt werden. Ist die benetzende Phase jedoch die Ölphase, so ist die Abtrennung schwierig. In diesem Fall bilden sich Wasserinseln zwischen den ölbenetzten Teilchen, die Ölphase selbst ist relativ stabil gebunden (immobilisiert) und kann nicht ohne die Zugabe von z.B. Tensiden abgetrennt werden.

Adsorption an Aktivkohle
An der Oberfläche der Kohleteilchen (innere oder äußere Oberfläche) findet die Anlagerung der Schadkomponenten statt. Das Verfahren ist insbesondere zur Abscheidung von Halogen-Wasserstoffverbindungen, Phenolen sowie Pestiziden einsetzbar. Die Auslegung der entsprechenden Aggregate erfolgt auf Basis von sog. Adsorptionsisothermen (vgl. die Ausführungen zur Adsorption aus der Bodenluft, Kapitel 4.6.3). Sind in großem Umfange organische Schwebeteilchen im Wasser enthalten, so können diese die Adsorption der Schadkomponenten stören bzw. verhindern.

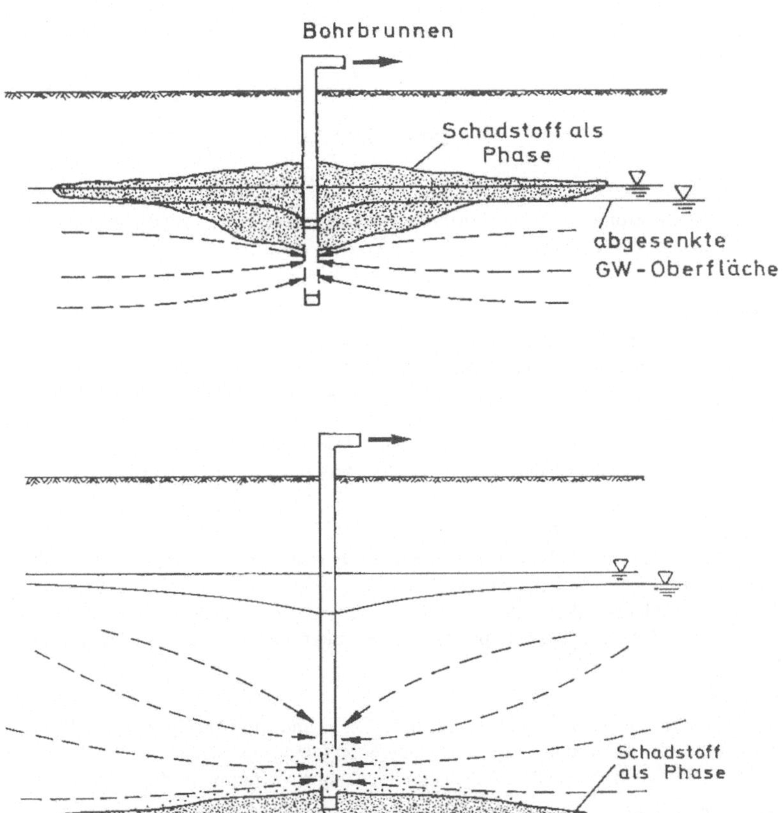

Abb. 4.20. Anordnung der Filter bei der Fluidentnahme aus der gesättigten Zone und bei der Entnahme von gegenüber Wasser spezifisch leichteren (obere Darstellung) und schwereren Verbindungen (untere Darstellung) (Weber/Neumaier 1993)

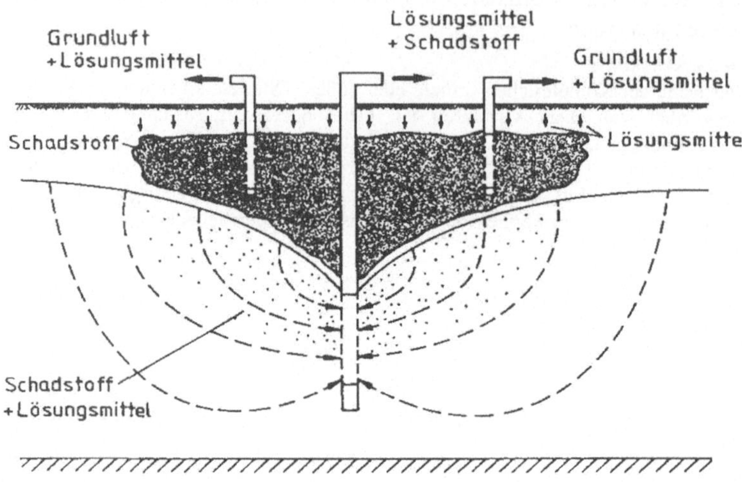

Abb. 4.21. Mobilisierung von Schadstoffen aus der ungesättigten Zone (Weber, Neumaier 1993)

Ionenaustausch
Aufgrund von starken Bindungskräften der Schadkomponenten werden diese an Ionenaustauschern gebunden und andere Ionen (z.B. Wasserstoff) freigesetzt. Ionenaustauscher sind insbesondere zur Abscheidung von Schwermetallen geeignet. Sie arbeiten i.d.R. bei bestimmten pH-Werten, so z.B. Anionenaustauschern zur selektiven Abtrennung von Chromaten und Schwermetallcyaniden bei schwach bis mittelbasischen pH-Werten. Stoffspezifisch wirksam können Chelatkomplexe eingesetzt werden, welche nur selektiv bestimmte Schwermetalle als Komplexe binden.

Strippen mittels Luft- oder Ozonzusatz
Beim Strippen werden die Schadkomponenten aus der wässrigen Phase in die Gasphase überführt. Hierzu wird in das zu behandelnde Wasser das ca. 20-fache Volumen an Gas eingeblasen und die dabei anfallende Abluft einer Reinigung unterzogen. Problematisch wirkt sich hier ein hoher Eisengehalt des Grundwasser aus, da beim Kontakt mit Luftsauerstoff Hydroxide ausfallen können.

Naßoxidation
Durch die Zugabe von Wasserstoffperoxid oder Ozon und gleichzeitiger Behandlung mit UV-Licht kann eine Oxidation der Schadkomponenten erfolgen, insbesondere organischer Komponenten, vgl. hierzu auch die Ausführungen zu chemischen Verfahren in Kapitel 4.5.

Neutralisationsfällung
Die Neutralisationsfällung kann zur Fällung von Schwermetallen eingesetzt werden. Der Ablauf der Verfahren ist in Kapitel 4.5 (Chemische Behandlungsverfahren) dargestellt.

Die *Zurückführung der gereinigten Grundwasserfraktion* erfolgt über Infiltrations- oder Injektionsbrunnen oder das Wasser wird direkt an der Oberfläche verrieselt.

4.6.2.2
Zusammenfassende Bewertung der aktiven hydraulischen Verfahren

Die Behandlung von kontaminierten fluiden Phasen im Rahmen von hydraulischen Bodensanierungsmaßnahmen entspricht weitgehend den Verfahren der industriellen Abwasserreinigung, es liegen technisch ausgereifte Verfahren vor.

Aktive hydraulische Verfahren sind zur Abtrennung aller auf dem Grundwasser aufschwimmenden Phasen, abgesunkenen Phasen und auch von im Grundwasser gelösten Schadstoffen geeignet (BTEX, Mineralölkohlenwasserstoffe). Schwermetalle und Cyanide liegen z.T. als Salze in der Bodenmatrix immobilisiert vor und lassen sich nur unter spezifischen Bedingungen in das Grundwasser ausschwemmen. PCB lassen sich gleichfalls nur schwer abtrennen. Das Emissionsaufkommen bei hydraulischen Sanierungsverfahren ist insgesamt gering. Schadstoffbelastete Abluftströme treten lediglich bei Strippverfahren auf, bei den anderen Verfahren fallen beladene Adsorptionsmittel oder Fällungsprodukte an, die vom Fluid abgetrennt und entsorgt werden können. Gereinigte Wässer werden i.d.R. auf der Fläche versickert, so daß nur selten Abwässer über die Kanalisation abgeführt werden müssen.

Zur Durchführung einer hydraulischen Bodensanierungsmaßnahme sind umfangreiche Kenntnisse der örtlichen Untergrundverhältnisse erforderlich.

Als problematisch ist der Einsatz von organischen Lösungsmitteln oder Tensiden zum reinfiltrierten Grundwasser anzusehen (Auslaugen der Kontaminationen, Extraktion), da u.U. Sekundärbelastungen durch die in der Bodenmatrix verbleibenden Hilfsstoffe erzeugt werden können. Ein weiteres, wesentliches Problem stellen mögliche Inhomogenitäten des Bodens dar, wodurch die Schadkomponenten u.U. nicht vollständig ausgewaschen und abgezogen werden können. Weiterhin sind die unterschiedlichen Lösungsverhalten der Stoffe zu berücksichtigen, vgl. die Ausführungen zur Sättigungskonzentration.

Der Nachweis der Dekontamination einer Fläche kann über die Kontrolle des Grundwassers im Abstrom geführt werden. Theoretisch erfolgt neben der on-site-Sanierung des geförderten Grundwassers auch eine in-situ-Sanierung der Bodenmatrix aufgrund von Nachlöseprozessen. Es besteht jedoch die Möglichkeit, daß Schadstoffnester zurückbleiben und bei einer Änderung der hydrodynamischen Verhältnisse nach Abschluß der Sanierung freigesetzt werden können. Eine Beprobung weist daher immer nur einen Stichprobencharakter auf.

Die Kapazitäten der hydraulischen Behandlungsanlagen sind einzelfallspezifisch sehr unterschiedlich und können über die Förderleistungen der Brunnen in einem weiten Bereich variiert werden.

Bei der Sanierung der ungesättigten Phase kann die Sanierungsdauer in der Praxis bis zu einem halben oder ganzen Jahr betragen, um die Schadstoffe bis zur Immobilisierungsgrenze zu entfernen. Organische Stoffe werden häufig durch im Boden vorhandene Mikroorganismen zersetzt. Auch bei der Grundwassersanierung (gesättigte Zone) kann die Pumpzeit mehrere Jahre betragen.

4.6.3
Pneumatische Techniken

4.6.3.1
Verfahrensbeschreibung und Anwendungsmöglichkeiten

Aktive pneumatische Verfahren können zur Behandlung leichtflüchtiger Kontaminanten im Boden oder Grundwasser eingesetzt werden, insbesondere organische oder halogenierte Lösungsmittel.

Über Vakuumbrunnen wird in der wasserungesättigten Bodenzone eine Luftströmung erzeugt, von der gas- bzw. dampfförmig vorliegende Schadstoffe mitgerissen werden. Darüber hinaus kommt es durch den Saugvorgang zu einer Verschiebung des Phasengleichgewichtes flüssig-gasförmig und fest-gasförmig. Dies führt zu einem ständigen Nachliefern am Bodenkorn adsorbierter bzw. im Grundwasser gelöster Schadstoffe, die dann aus der Bodenzone entfernt und über eine nachgeschaltete Abluftreinigung abgeschieden werden.

Die Bodenluftabsaugung kann sowohl direkt aus der Bodenmatrix erfolgen als auch ex-situ an zu Mieten aufgeschüttetem Boden. Durch verschiedene Effekte kann eine Intensivierung des Ausgasungsvorganges erreicht werden (in-situ: Geo- oder Hydroschock-Verfahren, Lockerungssprengungen; ex-situ: Umsetzen der Miete). Gleichzeitig erfolgt auch eine in-situ-Sanierung der Bodenmatrix aufgrund der Nachdiffusion von Schadstoffen in die Bodenluft.

Die Bodenluftbehandlung ist in erster Linie zur Dekontamination der mit Wasser ungesättigten Bodenzone geeignet, welche sich oberhalb des Grundwasserleiters befindet. In der gesättigten Zone (Grundwasserleiter) kann eine Dekontamination der fluiden Phase durch Stripping (Einblasen von Luft oder Wasserdampf) erreicht werden. Das Verfahren ist auch zur Anwendung in bebauten Gebieten einsetzbar, insbesondere bei oberflächlich versiegelten Standorten (keine Gefahr des Fremdluftzutritts).

Die Bodenluftabsaugung kann prinzipiell als "rückwärts ablaufende" Ad- oder Absorption aufgefaßt werden: Die Schadstoffe werden nicht aus einem Luftstrom an eine feste oder fluide Matrix abgegeben, sondern aus einer Matrix (Boden oder Grundwasser) an die Gasphase (Boden-)Luft.

Wesentlich sind daher Angaben zur Gleichgewichtseinstellung zwischen der fluiden, festen und der gasförmigen Phase. Zu deren Beschreibung können zum einen die entsprechenden Gleichgewichtsgesetze, zum anderen die Stoffübergangsgeschwindigkeiten herangezogen werden.

Die Gleichgewichtseinstellung des Systems Gas/Flüssigkeit kann für geringe Konzentrationen mittels des Henry-Gesetzes beschriebenen werden, nach welcher das Verhältnis von Gasphasenkonzentration und Fluidkonzentration für einen Stoff X bei einer vorgegebenen Temperatur eine Konstante ist:

$$K_{H,X} = \frac{C_{g,x}}{C_{w,x}}$$

mit $K_{H,X}$ = Henry-Konstante $C_{g,x}$ = Konzentration des Stoffes X in der Gasphase
$C_{w,x}$ = Konzentration des Stoffes X in der Flüssigphase

Der Verteilungskoeffizient für die Feststoff- und Flüssigkeitsphase wird mit $K_{D,X}$ bezeichnet:

$$K_{D,X} = \frac{C_{S,X}}{C_{W,X}}$$

mit $K_{D,X}$ = Verteilungskoeffizient Flüssig-Fest
$C_{s,x}$ = Konzentration des Stoffes X in der Feststoffmatrix
$C_{w,x}$ = Konzentration des Stoffes X in der Flüssigphase

Der Verteilungskoeffizient Feststoff-Gas ergibt sich damit wie folgt:

$$K_{S,G} = \frac{C_{S,X}}{C_{g,X}} = \frac{K_{D,X}}{K_{H,X}}$$

Bei einer Reduzierung der Gasphasenkonzentration (durch das Abziehen des belasteten Gases) verringert sich nach obiger Gleichung auch der Gehalt an Schadstoffen in der Bodenmatrix. Mittels Vakuumpumpen und verfilterten Rohren kann zu diesem Zweck im Boden eine Luftströmung erzeugt werden, in welcher gasförmige Schadstoffe mitgerissen werden. Hierdurch kommt es zu einer Störung des Phasengleichgewichtes Gas/Flüssigkeit, was zu einem ständigen Nachlösen der Schadkomponenten aus der Flüssigkeit bzw. Feststoffmatrix in die Gasphase führt. In einer anschließenden Gasreinigungsstufe erfolgt die Abtrennung der Schadstoffe aus dem Gasstrom.

Für die Schadstoffelimination ist auch die Geschwindigkeit, mit welcher die Nachlösung erfolgt, entscheidend (Kinetik des Stoffüberganges). Da häufig die Gasabfuhrraten höher als die Nachlieferungsraten sind, muß das Absaugen für eine bestimmte Zeit unterbrochen werden, um die Nachlieferung von Schadstoffen aus der Matrix in den Gasraum zu gewährleisten. Anschließend kann ein erneutes Absaugen der Gasphase erfolgen.

4.6.3.2
Technische Ausführungen: Sanierung der ungesättigten Bodenzone

Die Anlagen zur Bodenluftabsaugung setzen sich grundlegend aus den folgenden Anlagenteilen zusammen:

- Gaserfassungssystem,
- Pumpen/Verdichter und
- Abluftreinigungsanlage.

Daneben können als weitere Elemente Kondensatoren, Flüssigkeitsabscheider und Abwasserbehandlungseinrichtungen sowie Regenerationseinheiten vorhanden sein. Die Anlage kann auch durch eine künstliche Oberflächenabdeckung im Einzugsbereich der Bodenluftabsaugung ergänzt werden. Die Abb. 4.22 zeigt die typischen Verfahrenselemente einer Bodenluftbehandlungsanlage. Im folgenden sollen die einzelnen Anlageneinheiten charakterisiert und erläutert werden.
Die Gaserfassungspegel werden i.d.R. aus Kunststoff gefertigt. Typische Durchmesser der Rohre betragen ca. 20 - 30 cm. Dabei werden die Filterstrecken als Schlitzwandrohre ausgeführt, welche zusätzlich mit einer Kiesschicht ummantelt sein können. Die Bauformen der Brunnen sind weitgehend genormt, eine Zusammenfassung der Normen und Regeln findet sich in der Literatur (Bieske 1992).

Liegen wechselnde Schichten mit unterschiedlichen Durchlässigkeiten vor, so werden mehrere, jeweils in einer der Schichten verfilterte Pegel eingesetzt oder Vollrohrfilter mit Tonabdeckungen zwischen den Filterbereichen gewählt, um Gase aus verschiedenen Schichttiefen mit einem Rohr erfassen zu können.

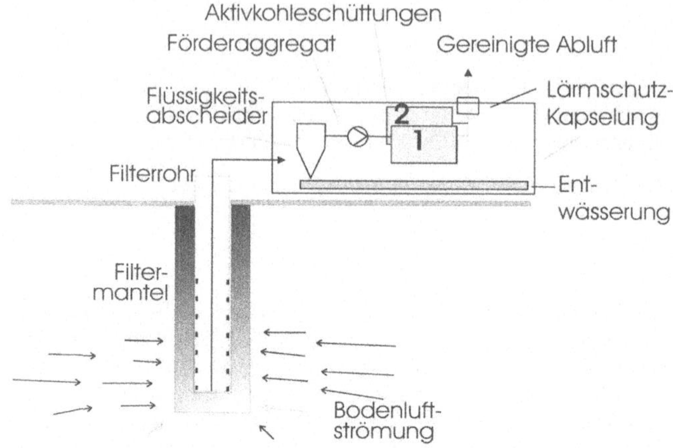

Abb. 4.22. Elemente einer Bodenluftbehandlungsanlage

Bei geringen Flurabständen des Grundwassers werden Wasserabscheider zwischen Filterrohre und Verdichter geschaltet, um letztere nicht durch Wasserzutritt zu beschädigen oder in ihrer Funktion zu beeinträchtigen.

Die Auswahl der Pumpen und Verdichter zur Erzeugung des Unterdrucks im Boden und zum Absaugen des Gases richtet sich nach den jeweils vorliegenden Untergrundverhältnissen.

Bei gut durchlässigen Böden können *Radialventilatoren* eingesetzt werden. Sie weisen i.d.R. eine geringe Leistungsaufnahme (0,3 - 1 kW) bei hoher Saugleistung auf. Die Aggregate sind in einem weiten Volumenstrombereich einsetzbar (300 - 2000 Nm^3/h), erzeugen jedoch lediglich einen Unterdruck bis 100 mbar.

Bei weniger durchlässigen Böden können *Seitenkanalverdichter* eingesetzt werden. Sie erzeugen Volumenströme zwischen 100 und 300 Nm^3/h bei Unterdrücken von 220 bis 300 mbar. Die Leistungsaufnahme liegt bei ca. 1,3 bis 3 kW.

Vakuumpumpen sind auch für schlecht durchlässige Böden wie Ton oder Lehm mit K_f-Werten unter 10^{-7} m/s einsetzbar. Der förderbare Gasvolumenstrom liegt zwischen 40 und 630 Nm^3/h, die Stromaufnahme bei 1,1 bis 15 kW. Der maximal erzielbare Unterdruck beträgt ca. 980 mbar. Die Verdichter oder Sauggebläse sind alle mit entsprechenden Schalldämpfern ausgestattet. Der jeweils günstigste Verdichtertyp muß in Vorversuchen vor Ort ermittelt werden. Dazu werden i.d.R. Versuche mit Seitenkanalverdichtern gefahren, auf deren Basis für den gewünschten Unterdruck und Volumenstrom die geeigneten Geräte ausgewählt werden.

Die Abluft wird durch den Filter geführt und gereinigt über einen Abluftkamin abgeleitet. Die folgenden Verfahren können grundsätzlich zur Behandlung der Abluft eingesetzt werden:

- Adsorption,
- thermische und katalytische Verbrennung,
- Absorption,

- biologische Verfahren,
- Kondensation sowie
- Verfahrenskombinationen.

Hierbei handelt es sich um gängige Verfahren der chemischen Technik, welche in ihrer Entwicklung dem Stand der Technik zur Abscheidung von Partikel oder gasförmigen Schadstoffen aus Gasströmen entsprechen. In der Regel gelangt die Bodenluftabsaugung bei der Behandlung von Lösemittelkontaminationen zum Einsatz. Die Abscheidung der Lösungsmittel aus dem Gasstrom erfolgt i.d.R. mittels Aktivkohlefilter.

Behandlung der Abgaskomponenten

Adsorption an Aktivkohle

Bei der Adsorption erfolgt die Bindung eines Stoffes (Adsorptiv) an die Oberfläche eines anderen, festen Stoffes (Adsorbens) aufgrund der Grenzflächenkräfte zwischen Adsorbens und Adsorptiv. Als Adsorbens werden poröse Materialien mit großer innerer Oberfläche eingesetzt. In Abhängigkeit von den Eigenschaften des Adsorptivs werden schwach oder stark polare Adsorbentien eingesetzt. Aktivkohle stellt einen Vertreter der hydrophoben unpolaren Adsorbentien mit großer innerer Oberfläche dar. Durch Oberflächenmodifikationen kann die Selektivität der Schadstoffabscheidung modifiziert werden, so daß der Einsatz zur Abtrennung vielfältiger Schadkomponenten möglich ist.

Die Beschreibung der Beladungsvorgänge erfolgt über sog. Adsorptionsisotherme, welche den Zusammenhang zwischen Gaskonzentration und Beladung der Adsorbentien wiedergeben. Im Bereich geringer Beladungen kann das Henry-Gesetz herangezogen werden, ansonsten wird der Verlauf der Isothermen mittels der Gleichungen von Freundlich, Langmuir oder BET bestimmt.

Adsorber werden in der Regel als Festbettsäulen ausgeführt. Der mit Adsorptiv beladene Gasstrom durchströmt die gesamte Koksschüttung, das Adsorptiv wird dabei an der Oberfläche der Schüttung abgelagert. Dabei wandert die Front der Maximalbeladung von der Gaseintrittsseite bis zur -austrittsseite. Ist der gesamte Filter weitgehend beladen, erfolgt die Regeneration des Filters am Betriebsstandort oder nach Austausch durch den Lieferanten.

Die Beladung von Aktivkohlefiltern wird allgemein durch hohe Drücke und niedrige Temperaturen begünstigt. Entsprechend kann durch Druckabsenkung und Temperaturerhöhung eine Desorption und Regeneration des Filtermaterials erfolgen. Die Regeneration kann über die Beaufschlagung mit Wasserdampf oder Inertgas (z.B. Stickstoff) erfolgen. Dabei werden die adsorbierten Komponenten aufgrund der Temperaturerhöhung abgetrennt bzw. durch Gas- bzw. Dampfmoleküle verdrängt. Sie können anschließend durch Kondensation abgeschieden werden. Die gereinigte Aktivkohle kann erneut zur Gasreinigung eingesetzt werden. Eine direkte Kondensation der Schadkomponenten aus dem belasteten Bodenluftstrom ist aufgrund der relativ geringen Schadkonzentrationen häufig nicht wirtschaftlich durchführbar. Beim Einsatz von (meist teurerem) Inertgas können Korrosionsprobleme innerhalb der Anlage sowie eine aufwendige Wasserreinigung umgangen werden.

Thermische Behandlung

Bei der Verbrennung werden die Schadkomponenten unter Zufuhr von Luftsauerstoff oxidiert. Durch den Einsatz von Katalysatoren kann hier die Effektivität der thermischen Prozesse gesteigert werden. Aus den vorgegebenen Konzentrationen für Roh- und Reingas können die für den Gasabzug benötigte Saugleistung zur Überwindung der Druckverluste, die Geräteabmessungen und die Arbeitstemperatur ermittelt werden. Die thermischen Verfahren sind wirtschaftlich nur bei höheren Schadstoffkonzentrationen einsetzbar.

Absorption
Die Absorption entspricht dem Auswaschen der unerwünschten Komponenten aus dem Gasstrom mittels einer Waschflüssigkeit. Mittels Desorptionsvorgängen kann der Schadstoff anschließend aus dem Waschmittel abgetrennt (Desorptions- oder auch Exsorptionsprozeß) und dieses erneut zur Gasreinigung eingesetzt werden. Für die Abtrennung von Kohlenwasserstoffen sind i.d.R. hochsiedende Kohlenwasserstoffe (Waschöle) einsetzbar.

Biologische Verfahren
In Biobeeten oder Biofiltern kann mittels mikrobieller Abbauvorgänge eine Umsetzung der Schadstoffe zu CO_2 und Wasser sowie Biomasse oder zu Metaboliten (Abbauprodukte) erfolgen, vgl. auch Kapitel 4.4, biologische Verfahren. Biobeete werden i.d.R. als Rindenmulch- oder Torfschüttungen ausgeführt, auf denen die Mikroorganismen immobilisiert sind. Biofilter können entweder als Suspensionsreaktoren (frei suspendierte Biomasse) oder Festbettschüttungen (auf Füllkörpern oder einer porösen Matrix immobilisierte Biomasse) ausgeführt werden. Die mikrobiellen Abbauprozesse laufen jeweils in der wässrigen Phase ab, eine ausreichende Befeuchtung ist daher in jedem Fall erforderlich. Hieraus ergibt sich auch die Anwendungsbegrenzung auf wasserlösliche und mikrobiell abbaubare Schadstoffe.

Kondensation
Die Möglichkeit der Abtrennung von Schadkomponenten durch Kondensation beruht auf der Temperaturabhängigkeit des Dampfdrucks chemischer Stoffe. Unterhalb des sog. Taupunktes liegt eine Komponente als Fluid vor, gleichzeitig ist die Gasphasensättigungskonzentration bei niedrigen Temperaturen geringer als bei höheren Temperaturen. Durch eine Temperaturabsenkung können Stoffe daher aus einem Gasstrom auskondensiert und als Flüssigphase abgezogen werden. Für viele organischen Lösungsmittel können beispielsweise die Vorgaben der TA Luft für zulässige Emissionskonzentrationen (75 mg/Nm^3) bei Temperaturen von ca. -20 bis -30 °C erreicht werden. Das Verfahren ist lediglich zur Behandlung hochkonzentrierter Abluftströme geeignet, da die Luft gleichfalls mit heruntergekühlt wird und der Energieeinsatz bei geringen Konzentrationen daher auf die Schadstoffmengeneinheit bezogen höher ist. Die Anlagen umfassen in der Regel die Elemente Kondensator, Separator, Wärmetauscher und Lösemittelverflüssiger.

Die Reichweite der Saugpegel ist von der Saugleistung und der vertikalen Plazierung der Sonde im Boden abhängig. Hahn (1988) gibt für Altdeponien eine Reichweite von ca. 10 - 20 m^3/Bohrung bei einem Gasvolumenstrom von ca. 200 m^3/h an. Thomé-Kozmiensky (1988) gibt für Gasvolumenströme von ca. 150 bis 250 m^3/h und Reichweiten von 50 bis 80 m an. Martinez (1994) weist darauf hin, daß bindige Böden Reichweiten bis auf ein oder wenige Meter reduzieren können. Durch Oberflächenabdeckungen im Bereich durchlässiger Oberböden kann die Reichweite des Saugpegels erhöht werden.

4.6.3.3 Sonderverfahren zur Behandlung der gesättigten Bodenzone und des Übergangsbereiches zwischen gesättigter und ungesättigter Bodenzone

In der gesättigten Zone ist der Bodenluftanteil wesentlich geringer als in der ungesättigten Zone. Eine Sanierung kann durch die Entnahme der (mit den Schadstoffen angereicherten) fließfähigen Wasserfraktion erfolgen (Hydraulische Sanierung). Im Übergangsbereich zwischen diesen Zonen ist die Fließfähigkeit des Grundwassers eingeschränkt; das enthaltene Wasser und damit auch die Schadgasfraktionen lassen sich nur schlecht mobilisieren. Zur Freisetzung der Schadstoffe in diesem Übergangsbereich sind daher spezielle Verfahren entwickelt worden.

Durch *Einblasen von Pressluft oder Sattdampf* bei ca. 130 - 180 °C mittels Lanzen können in der wassergesättigten Bodenzone ebenfalls die flüchtigen oder wasserdampflöslichen Schadstoffe erfaßt und abgezogen werden. Hierbei werden ebenfalls enthaltene Bodenluftanteile mitgerissen (mobilisiert) und gleichzeitig aufgrund des durch den Gasabzug gestörten Gleichgewichtes Schadstoffe aus der Fluid- oder Feststoffphase nachgelöst. Die abgezogenen Gase werden analog den Gasen aus der ungesättigten Bodenzone behandelt, wobei der Wasserabscheidung eine besondere Bedeutung zukommt.

Problematisch wirkt sich ein hoher Mangan- und Eisenanteil im Boden aus, da dann durch die zugegebene Luft eine Verockerung (Ausfällung von Eisen- oder Mangankomplexen) und daraus resultierend eine Verstopfung der Gaswege im Boden eintreten kann. Dieses ist bei den Dampf-Strippverfahren nicht der Fall.

Bei der *Wellpoint-Methode* erfolgt ein gleichzeitiges Absaugen von Bodenluft und Wasser mit anschließender ex-situ-Behandlung. Hierzu wird ein Filterrohr in den Grundwasserbereich eingebracht.

Nach *Wessling* kann die Bodenluftabsaugung bei Vorliegen einer KW-Kontamination mit einer in-situ-Oxidation kombiniert werden, indem ozonangereicherte Luft eingeblasen wird. Hierdurch werden die Kohlenwasserstoffe z.T. oxidiert und zu kürzeren, einem mikrobiellen Abbau zugänglichen Kettenlängen reduziert. Dieses Verfahren entspricht der Ozonierung bei der chemischen Grundwasserbehandlung (vgl. Kapitel 4.5).

Das UVB-Verfahren (Unterdruck-Verdampfer-Brunnen) ist gleichfalls für diesen Übergangsbereich geeignet. Hierbei wird ein (Mantel-)Rohr bis in das Grundwasser eingebracht, vgl. Abb. 4.23. Dieses Rohr ist im Bereich des Grundwasserspiegels und der Grundwassersohle offen und mit Filterkies durchlässig ausgeführt. Mittels einer in Höhe zwischen den Filtern angeordneten Pumpe wird eine Grundwasserzirkulation erzeugt, wobei das Wasser von unten zuströmt und durch die Filteröffnungen im oberen Bereich austritt.
Im Mantelrohr wird über entsprechende Ventilatoren ein Unterdruck erzeugt und dadurch auch der Grundwasserspiegel im Rohr angehoben. Innerhalb dieses Rohres liegt ein weiteres Rohr, über welches Frischluft angesaugt und auf der Höhe des Grundwasserspiegels durch eine aufschwimmende Düsenplatte eingeblasen wird. Es entsteht im Anhebungsbereich eine turbulente Verwirbelung der Fluide mit dem Gas. Die Schadkomponenten treten dabei in die Gasphase über und können mit dem Gasstrom einer Abgasreinigung (Aktivkohlefilter) zugeführt werden. Bei diesem Verfahren ergibt sich ein im Vergleich zu anderen Verfahren intensivierter Stoffaustausch und damit eine verbesserte Energiebilanz und Kosteneffektivität.

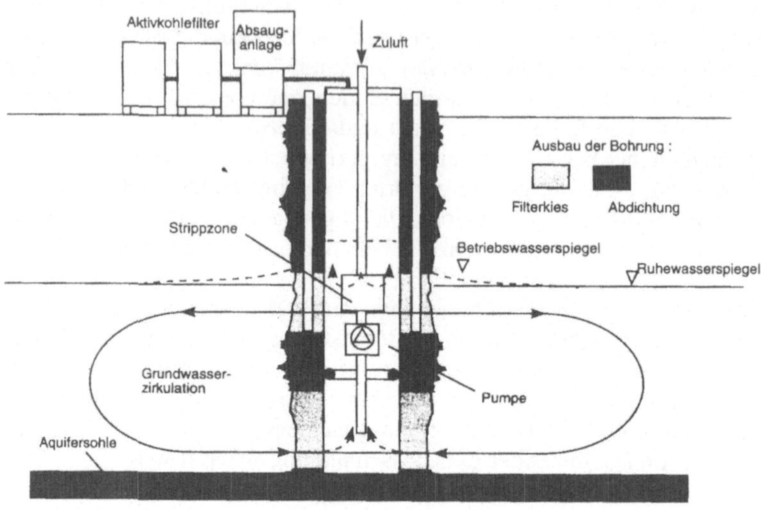

Abb. 4.23. Unterdruckverdampferbrunnen (Martinez 1994)

4.6.3.4
Zusammenfassende Bewertung der pneumatischen Verfahren

Verfahren zur Bodenluftabsaugung entsprechen dem Stand der Technik und werden von einer Vielzahl von Anbietern angeboten. Dabei wird i.d.R. auf bewährte Verfahrenselemente zurückgegriffen.

Als Reinigungsleistungen der Verfahren werden i.d.R. Werte um 90 % oder darüber angegeben. Nach Martinez (1994) müssen die zu entfernenden Stoffe einen hohen Partialdruck von mindestens 10 mbar und eine Sättigungskonzentration von mindestens 10 mg/m^3 in der Gasphase aufweisen, um die Bodenluftabsaugung einsetzen zu können. Dies ist bei den meisten CKW sowie BTEX gegeben. Nicht entfernt werden können alle schwerflüchtigen Komponenten (Schwermetalle, Mineralölkohlenwasserstoffe, PAK, PCB, SHKW).

Durch Wasserdampfeinblasen können wasserdampflösliche Verbindungen mit Siedepunkten zwischen 100 und 280 °C entfernt werden, beispielsweise Phenole, niedrigsiedende Komponeten der SHKW und PAK. Als Reinigungsleistungen werden hier ca. 20 bis 90 % angegeben.

Soweit heterogene *Untergrundverhältnisse* vorliegen, können sich Anwendungsgrenzen für die Bodenluftabsaugung ergeben, da sich bei unterschiedlicher Bodendurchlässigkeit bevorzugte Strömungsbahnen ergeben können (sog. Luftkurzschluß) und somit nicht alle belasteten Bodenbereiche gleichmäßig dekontaminiert werden. Angesogene Falschluft kann sich ebenfalls störend auf den Reinigungserfolg auswirken. Gleichfalls ist der Einsatz bei bindigen oder feuchten Böden mit hohen Wassergehalten problematisch, da dann der Partialdruck der Schadkomponenten gering und der Energieaufwand zur Ansaugung groß wird. Als

Maß für die Gaspermeabilität des Bodens kann die hydraulische Durchlässigkeit des Boden (vgl. auch hydraulische Behandlungsverfahren) herangezogen werden. Mindestwerte für K_f von 10^{-4} bis 10^{-5} m/s sind hier als Voraussetzung anzusehen.

In der Regel sind die Schadstoffkonzentrationen in der abgesaugten Bodenluft relativ gering, so daß nach Abgasreinigung die Einhaltung der *Reinluft-Grenzwerte* der TA Luft gegeben ist. Dazu müssen beladene Filtersysteme vor Erreichen der Durchbruchkonzentration ausgetauscht bzw. regeneriert werden. Die Maximaltemperaturen im Verdichter sollten unterhalb der Zersetzungstemperaturen der Schadstoffe liegen.

In Abhängigkeit vom gewählten Abluftreinigungsverfahren fallen spezifische Abfall- bzw. Abwassermengen an. Demnach ist eine allgemeingültige Angabe von Qualität und Quantität der *Reststoffe* und evtl. abzuführenden *Abwässer* nicht möglich. I.d.R. fallen lediglich belastete Filtermaterialien (bei Adsorptionsvorgängen) oder Kondensate an, welche einer Regeneration oder Entsorgung zuzuführen sind. Mischkondensate werden häufig einer thermischen oder extraktiven Stofftrennung zugeführt. Aktivkohlefilter können nach Regeneration wiedereingesetzt werden. Die dabei abgetrennten Schadstoffe müssen entsorgt oder einer Wiederverwertung zugeführt werden. Alternativ kann direkt eine Entsorgung der belasteten Filtermaterialien erfolgen.

Eine Überprüfung des Reinigungserfolges ist bei der Bodenluftbehandlung nur unzureichend möglich. Ein Absinken der Schadstoffkonzentrationen im geförderten Gasstrom stellt kein eindeutiges Indiz für eine abgeschlossene Dekontamination der Bodenmatrix dar. Durch verzögertes Nachlösen der Schadstoffe aus dem Grundwasser und dem Boden in die Gasphase kann sich eine erneute Belastung der Bodenluft und damit erneut eine Gefährdungssituation ergeben. Auch kann die ursprünglich vorhandene und mobilisierbare Schadstoffmenge nur schwer abgeschätzt werden. Eine langfristige Überwachung der jeweiligen Sanierungsfläche ist daher zu empfehlen (bodenluftanalytische Untersuchungen).

Bei Bodenluftbehandlungsanlagen kann die Zahl der pro Flächeneinheit niederzubringenden Brunnen über die Einzugsradien festgelegt werden, welche sich in Abhängigkeit von der jeweiligen Bodendurchlässigkeit ergeben. Die gesamt enthaltene Schadstoffmenge und der erzielbare Fördervolumenstrom legen die Dauer der Sanierung fest. Dabei muß auch eventuelle Stillstandszeit eingerechnet werden, um ein Nachdiffundieren der in der fluiden oder an der festen Phase gebundenen Schadstoffe in die Gasphase zu ermöglichen.

Die Dauer einer Bodenluftsanierung schwankt aufgrund der örtlichen Verhältnisse und kann einschließlich des Setzens der Pegel einige Wochen bis zu mehreren Jahren betragen. Eine Abschätzung der Sanierungsdauer allein auf Basis der ursprünglich mobilen Schadstoffmenge ist nicht möglich.

4.6.4 Elektrokinetische Techniken

4.6.4.1 Grundlagen und technische Ausführung

Die Einwirkung elektrischer Felder auf Bodensysteme führt nach derzeitigem Kenntnisstand neben einem elektrokinetisch induzierten *Transport* der Schadstoffe auch zu einer elektrochemischen *Umsetzung* der Schadkomponenten.

Ein elektrisches Feld und die hierdurch induzierte Ionenbewegung ist auch in den Bodenbereichen wirksam, die mittels einer konvektiven Strömung nicht erfaßt werden, beispielsweise die Bereiche feiner Poren. Somit ergeben sich Vorteile hinsichtlich der Einsatzbereiche der Technik gegenüber anderen in-situ-Sanierungstechniken, welche ausschließlich die rein konvektiven und diffusiven Stofftransporteffekte nutzen (z.B. Wasch- und Extraktionsverfahren, biologische Verfahren, welche an fluide Phasen gebunden sind).

Die Funktionsweise elektrokinetischer Verfahren erläutert Abb. 4.24. Die Bodenpartikel sind häufig an ihrer Oberfläche elektrisch negativ geladen. Hier lagern sich positiv geladenen Ionen, z.B. Schwermetalle, in einer überlagernden Schicht an. Diese gebundenen bzw. gelösten Kontaminationen können über elektrokinetische Effekte abgetrennt werden. Wird (belastetes) Bodenmaterial zwischen zwei über eine Spannungsquelle verbundene Elektroden gebracht, so ergibt sich zwischen den Elektroden im Boden ein Spannungsfeld und damit eine Elektronenwanderung. Daraus resultierend kann eine Wanderung von Bodenpartikeln hervorgerufen werden. Negativ geladene, in der Wasserphase gelöste Ionen (Anionen) bewegen sich aufgrund der elektrostatischen Anziehungskräfte in Richtung der (positiven) Anode, die (positiv geladenen) Kationen streben entsprechend der (negativen) Kathode zu. Dieser Effekt wird auch als "*Elektronenwanderung*" oder *Elektrolyse* bezeichnet.

Daneben wird durch das sich aufbauende elektrische Feld auch ein konvektiver Partikel- und Fluidstrom im Boden erzeugt. *Elektroosmose* bezeichnet dabei den Transport von Fluid, die *Elektrophorese* bezeichnet den Transport von (geladenen oder nicht geladenen) Teilchen, vgl. Abb. 4.24. Die Richtung des Stofftransportes ist an den elektrischen Feldlinien ausgerichtet. Die Elektroosmose kann als ein "Sekundäreffekt" der Wanderung von elektrisch geladenen Teilchen im Spannungsfeld verstanden werden: Die nicht geladenen Fluidfraktionen werden von den an den Partikeloberflächen angelagerten, in Richtung der Feldlinien beschleunigten Ionen aufgrund der Viskosität mitgerissen. Somit entsteht eine Propfenströmung in Richtung der Elektroden. Die Schadstoffe konzentrieren sich hier auf und können mit geeigneten Methoden entfernt werden. Die sich daraus ergebende Konzentrationsabnahme der Ionen in der Wasserphase wird durch Nachlösen aus der festen Phase ausgeglichen.

Eine elektrochemische Behandlung ist auch mit Sekundäreffekten wie einer Temperaturerhöhung im Boden sowie einer Entwässerung (aufgrund der Wasserelektrolyse) verbunden. Die Grundzüge der Verfahren sind als Übersicht in Tabelle 4.23 dargestellt.

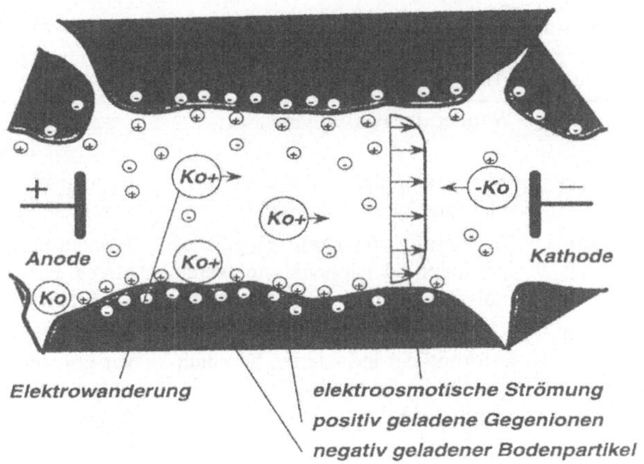

Abb. 4.24. Schema der elektrokinetischen Sanierung (Tondorf 1993)

Neben den elektrochemischen Effekten können auch andere, z.B. auf Konzentrationsgefällen oder Druckgradienten basierende Transportphänomene überlagert sein. So lassen sich durch gleichzeitig infiltrierte Spüllösungen Reinigungsleistungen verstärken. Hierdurch kann auch eine Entwässerung des Bodens aufgrund der Elektrodenreaktionen (Wasserelektrolyse, s. u.) verhindert werden.

Es zeigen sich Unterschiede in der Wanderungsgeschwindigkeit von Ionen (Elektrolyse), fluiden Phasen (Elektroosmose) und Partikeln (Elektrophorese). Die Wanderungsgeschwindigkeit von Ionen im elektrischen Feld wird durch die Höhe (Betrag) und Vorzeichen der elektrischen Ladung, die Feldstärke und die Ionenbeweglichkeit (Größe, Fluideigenschaften) beeinflußt. Die typische Wanderungsgeschwindigkeit von z.B. Zn^{2+}-Ionen im Boden beträgt ca. 0,5 m/Tag bei einer Feldstärke von 100 V/m. Zink kann auch zur Anode wandern, wenn es als (negativ geladener) Komplex vorliegt.

Die elektroosmotische Strömung ergibt sich als Produkt aus elektrischer Feldstärke, Stoffquotient aus Dielektrizitätskonstante und Viskosität der Fluides sowie dem Zeta-Potential (ζ) der Bodenmatrix. Letzteres beschreibt die elektromagnetischen Wechselwirkung von angelagerten Ionen und geladener Oberfläche und ist abhängig von der Ionenkonzentration, Ionenart und der Oberflächenladungen. Die Strömungsgeschwindigkeit ergibt sich damit zu

$$v = \frac{\varepsilon \varsigma E}{\eta}$$

mit v = elektroosmotische Wanderungsgeschwindigkeit
η = Viskosität des Fluids ε = Dielektrizitätskonstante
E = Elektrische Feldstärke ζ = Zeta-Potential

Tabelle 4.23. Elektrisch induzierte Transport- und Reaktionsmechanismen im Boden

Transportmechanismus	Prinzip	Erläuterung
Elektroosmose	Wanderung von Bodenwasser	geringe Wanderungsgeschwindigkeit
Elektrophorese	Wanderung elektrisch geladener oder ungeladener Partikel	geringe Wanderungsgeschwindigkeit
Elektronenwanderung (Elektrolyse)	Wanderung von elektrisch geladenen Ionen oder Ionenkomplexen, meist in der fluiden Phase gelöst	Wanderungsgeschwindigkeit um ca. Faktor 10 höher als bei Elektroosmose/-phorese
Elektrochemische Umsetzung	Reaktion von Molekülen im Boden aufgrund der induzierten Spannungen (Redox- oder Radikalreaktionen)	wissenschaftlich umstritten, verschiedene Erklärungsmodelle liegen vor: Redoxreaktionen, Radikalreaktionen, Aktivierung mikrobiologischer Prozesse

Das ζ-Potential liegt für Kaolinton bei pH 7 in Wasser bei ca. -10 mV. Damit ergeben sich für eine elektrische Feldstärke von 100 V/m z.B. elektroosmotische Wanderungsgeschwindigkeiten von ca. 0,06 m/d. In Versuchen ist jedoch bei einer 20fachen Erhöhung der elektrischen Feldstärke keine deutlich Verkürzung der erforderlichen Sanierungszeit ermittelt worden (Renaud 1991).

Im direkten Vergleich ergibt sich für Zink eine um den Faktor 10 höhere Elektronenwanderungsgeschwindigkeit gegenüber der elektroosmotischen Wanderung.

Für elektrisch ungeladene Schadstoffe im Boden ist jedoch die Elektroosmose oder Elektrophorese wirksam und nicht die Elektronenwanderung. Bei kreisförmigen Poren ist das Verhältnis von elektroosmotischer Wanderungsgeschwindigkeit zu hydraulischem Durchsatz umgekehrt proportional zum Quadrat des Porendurchmessers. Somit ergibt sich bei sinkendem Porendurchmesser eine effektivere (schnellere) Reinigung durch elektroosmotische als durch druckinduzierte Effekte.

In Fachkreisen derzeit nicht abschließend diskutiert ist der elektrochemisch induzierte Stoffumsatz im Boden. Döring (1994) ermittelte im Boden ablaufende, elektrochemisch induzierte Stoffumsätze von organischen Schadkomponenten zu Kohlendioxid und Wasser.

Im unmittelbaren Bereich der Elektroden finden elektrochemische Umsetzungen statt, welche die Verhältnisse im Boden verändern. So wird an der *Anode* Wasser zu Sauerstoff und H^+-Ionen unter Elektronenabgabe aufgespalten. Aus dieser Erhöhung der H^+-Ionenkonzentration resultiert eine Erniedrigung des pH-Wertes. Durch Wanderung der Ionen breitet sich diese pH-Wert-Änderung im Boden aus, entgegengesetzt zu einem Anstieg des pH-Wertes an der Kathode aufgrund der Bildung von Hydroxidionen (OH^-) sowie elementarem Wasserstoff. Diese pH-Änderungen können die Löslichkeit von Schadstoffen negativ verändern, indem die Komponenten ausgefällt werden. Durch entsprechende Maßnahmen im direkten Umfeld der Elektrode (Elektrodenraum) können solche Effekte verhindert und unerwünschte Reaktionsbedingungen im Bodenraum unterbunden werden. Hierzu kann beispielsweise die Elektrode in einem semipermeablen Rohr eingelassen und mit Wasser gespült werden. Das Spülwasser kann abgezogen und an der Geländeoberfläche zur Kreislaufführung aufgearbeitet werden. Aufgrund der stark korrosiven Eigenschaften der H^+-Ionen wird die Anode häufig aus inertem, korrosionsbeständigem Graphit ausgeführt.

Im Bereich der Kathode können Spülvorgänge auch durch den Einsatz von Kationenaustauschern unterstützt werden, um eine Einstellung der Milieubedingungen vornehmen zu können. Hier haben sich schwachsaure Kationenaustauscher bewährt (Stichnote 1995). Durch die beim Austausch freiwerdenden H^+-Ionen erfolgt gleichzeitig eine Abpufferung der an der Kathode entstehenden OH^--Ionen. Der Kationenaustauscher kann nach Erschöpfung der Kapazität oder Beendigung der Sanierung regeneriert werden.

Im Rahmen von Feldversuchen eingesetzte elektrochemische Anlagen bestehen im wesentlichen aus den in den Boden eingebrachten Elektroden, den Stromerzeugungsaggregaten, Abwasseraufbereitungsanlagen sowie Pumpen (in-situ-Verfahren). Es sind jedoch auch Konzepte entwickelt worden, wonach der Boden ausgekoffert, zwischengelagert und diskontinuierlich in einer mobilen on-site-Anlage eingebracht und behandelt wird. Anschließend kann der so gereinigte Boden am Standort verfüllt werden.

Zur Bestimmung der Anzahl der niederzubringenden Elektroden müssen die vorhandenen Untergrundbedingungen und schadstoffspezifischen Ionenwanderungsgeschwindigkeiten bekannt sein. Daneben ist auch die maximal verfügbare elektrische Leistung zur Erzeugung des elektrischen Feldes festzulegen.

Die Anoden und Kathoden können analog zu Brunnen bei hydraulischen Maßnahmen in Staffeln angeordnet werden. Die Elektroden können in beliebigen Tiefen angeordnet werden. Im Anoden- und Kathodenraum können über zirkulierende Fluidströme Schadstoffe abgeführt und an der Oberfläche aufbereitet werden. In der Regel wird hier Wasser mit Waschzusätzen wie z.B. Tensiden eingesetzt, welches nach Aufbereitung im Kreislauf geführt werden kann.

Typische Entfernungen der Kathodenreihen betragen 3 bis 6 Meter. Dazwischen wird die Anodenreihe angeordnet. Die wesentlichen Parameter einer elektrochemischen Umsetzung wurden bei Döring (1994) in einem Versuchsfeld ermittelt. Hierbei wurden die Elektroden in einem Raster von 6 x 9 m (± 10 %) bis auf Einbautiefen von 28 m eingebracht. Am Anodenpegel wurde ein Vakuum angelegt und die abgezogene Luft über einen Aktivkohlefilter abgesaugt. Gleichzeitig erfolgt ein Spülen des Anodenraumes mit CO_2 (280 Nl/h). Die oberirdischen Elemente der elektrokinetischen Anlagen sind häufig in Containern untergebracht.

4.6.4.2
Zusammenfassende Bewertung der elektrokinetischen Verfahren

Erfahrungen hinsichtlich der Anwendung elektrokinetischer Verfahren zur Bodenbehandlung liegen bereits für vielfältige Anwendungen vor, so bei der Entwässerung von Böden und dem Metallbergbau (Tondorf 1993), der Schadstoffentfernung aus Sonderabfalldeponien (Renaud 1991) sowie Feldversuche zur Behandlung von Böden in den Niederlanden und USA. In der Ukraine sollen derartige Verfahren zur Beseitigung der großflächigen Kontaminationen nach dem Reaktorunfall in Tschernobyl eingesetzt worden sein (Tondorf 1993). Die Anwendung ist bisher jedoch auf Einzelfälle beschränkt.

In der Praxis wurden in Feldversuchen Reinigungserfolge durch den elektrisch induzierten Schadstofftransport von Schwermetallen, insbesondere Cadmium (Stichnote 1995, Lagemann 1990a u. b), Blei (Lagemann 1990a u. b), Zink (Lagemann 1990a u. b), Quecksilber (Lagemann 1990a u. b), Kupfer (Lagemann 1990a u. b) und Arsen (Lagemann 1990a u. b) nachgewiesen. In der Literatur werden Reinigungsleistungen von 70 bis 90 % angegeben. Darüber hinaus sind theoretisch alle weiteren Schwermetallionen oder polaren Ionen mobilisierbar und damit entfernbar. In Versuchen wurden auch nichtpolare Ionen wie Trichlorethylen, Benzol, Toluol (ORDDE 1992), Phenol und Essigsäure (Probstein 1993) anodenseitig aufkonzentriert und vom Boden abgetrennt. Hier kann der Schadstoffabtransport über elektroosmotische Effekte durch den Einsatz von Spülflüssigkeiten (z.B. Tenside, Alkohole) um drei bis vier Zehnerpotenzen erhöht werden (Stichnote 1995).

Die elektrochemisch induzierte direkte Umsetzung organischer Kohlenwasserstoffverbindungen bzw. eine Stimulierung mikrobiologischer Abbauprozesse im Boden wird derzeit wissenschaftlich diskutiert; die bisher aufgetretenen Reinigungserfolge (Döring 1993 u. 1994) sind noch nicht eindeutig hinsichtlich der Reaktionsmechanismen geklärt. Die Parameter Bodentemperatur, Sauerstoff- und Nährstoffzufuhr sowie die Abfuhr unerwünschter Abbauprodukte müssen hinsichtlich ihres Einflusses berücksichtigt werden.

Das Verfahren ist weitgehend unabhängig von den Porendurchmessern im Boden einsetzbar und damit auch oder gerade für feinkörnige Böden geeignet, da die Bewegung der Ionen in der Hydrathülle um die Bodenpartikel erfolgt. Somit ist auch die Behandlung von tonigen und schluffigen Böden durchführbar, wobei eine durchgehend leitende Phase zwischen Anode und Kathode dabei vorausgesetzt wird. Hierzu reichen nach Untersuchungen 7% Bodenfeuchte aus (Untersuchungen in New Mexico, USA: Wanderung von Chromat-Ionen zur Kathode; ORDDE 1992). Problematisch wirkt sich jedoch eine hohe Ionenaustauscherkapazität und säurepuffernde Wirkungen von Böden aus, welche den Wirkungsgrad von elektrokinetischen Sanierungsmaßnahmen herabsetzt (z.B. Mergel).

Bei den elektrokinetischen Verfahren fällt i.d.R. keine belastete Gasphase an. In Abhängigkeit vom gewählten Abwasserreinigungsverfahren sind jedoch abluftseitige Maßnahmen zu ergreifen (z.B. bei Strippverfahren zur Wasserreinigung). Die bei einigen der vorgestellten elektrochemischen Stoffumsetzungen auftretenden *Abluftströme* aus der Bodenluftabsaugung (Elektrodenspülvorgänge mit CO_2) wiesen nach Durchlaufen des Aktivkohlefilters nur geringe Spuren an organischen Komponenten auf (Döring 1994). *Abwasser* fällt aufgrund durchgeführter Elektroden-Spülvorgänge an. Fluide (Wasser, tensidhaltige Lösungen) werden abgezogen und an der Standortoberfläche aufbereitet. Es lassen sich die gängigen Verfahren zur Abwasserreinigung einsetzen (Filtrations-, Fällungs- oder Strippverfahren). Als *Reststoff* fällt bei der Regeneration von Ionenaustauschern eine hochkonzentrierte Salzlösung an. Werden Spüllösungen eingesetzt, so ergeben sich hier in Abhängigkeit vom gewählten Abwasserreinigungsverfahren spezifische Rückstände. In der Regel fallen bei der Reinigung schwermetallbelasteter Böden Metallhydroxide oder stark konzentrierte Metallösungen als Reststoffe der Abwasserreinigung an. Die Reststoffmenge beträgt i.d.R. ca. 0,5 bis 1 % der gesamten Menge des zu behandelnden Bodenmaterials (Lagemann 1990).

Da Schwermetallkontaminationen sowie mobilisierbare organische Verbindungen an den Elektroden aufkonzentriert und entfernt werden, liegt als Endprodukt der elektrokinetischen Sanierung ein weitgehend schadstofffreier Boden vor. Zu prüfen ist jedoch, ob in der Sanierungsdauer tatsächlich an allen Orten im Boden die gewünschten Sanierungsziele erreicht worden sind. Dies ist wie bei den anderen in-situ-Maßnahmen auch nur stichprobenhaft möglich. Durch die Bildung bevorzugter lokal begrenzter Feldlinien können sich Schadstoffnester im Boden halten, welche nicht behandelt und auch nach Abschluß der Sanierungsmaßnahme nicht durch stichprobenartige Beprobung zur Kontrolle des Sanierungserfolges erfaßt werden.

Die postulierten Abbauvorgänge organischer Kohlenwasserstoffe zu CO_2 und Wasser im Boden konnten bisher nicht eindeutig nachgewiesen werden, eine Überwachung der möglicherweise erzielten Reinigungsleistungen gestaltet sich gleichfalls schwierig.

Bei der elektrokinetischen Sanierung werden Elektrodenpaare in vorgegebenen Abständen von mehreren Metern im Boden eingelassen. Eine Anpassung des pro Zeiteinheit sanierbaren Volumens ist über die verfügbare Elektrodenpaarzahl und die technisch erzeugbare Leistung (Feldstärke) unter standortseitigen Parametern möglich. Die Angabe einer maximalen Verarbeitungskapazität ist daher bei der elektrokinetischen Sanierung nicht möglich; sie hängt im starken Maße von den Standortbedingungen, Leistungen der Spannungsquelle und Elektrodenzahl (maximal erzeugbare Leistungsdichte im Boden) ab. Der Zeitbedarf für eine elektrokinetische Sanierung ist variabel und kann in Abhängigkeit von den Standortparametern einige Tage bis Monate betragen. Hier sind ebenfalls die maximal anzulegende Stromstärke, der Verunreinigungsgrad sowie bodenspezifische Parameter (Leitfähigkeit, Ionenaustauscherkapazität, Fremd- bzw. Störstoffe im Boden) von Bedeutung.

Die Sanierungskosten setzen sich aus den Anlagekosten sowie den variablen Kosten (vorrangig Stromkosten) zusammen. Das Verfahren ist vor Ort nicht personalintensiv. Die Kosten richten sich in hohem Maße nach der Sanierungsdauer. Angaben zum Energieverbrauch schwanken bei den Anbietern untereinander stark (0,4 bis 500 kWh/t Boden, vgl. Standortcharakteristika/Infrastruktur).

In der Literatur (Lagemann 1990a) werden zu einem Sanierungsfall Kostenspannen von 450 DM/t Boden bei schneller Sanierung innerhalb von 10 Tagen und unter 50 DM/t bei Sanierungszeiten von einem Jahr angegeben. Bei kurzen Sanierungszeiten zeigt sich hier ein deutlicher Einfluß der Anlagekosten auf die Gesamtkosten.

Das Verfahren kann sowohl in-situ als auch ex-situ eingesetzt werden. Im ersten Fall werden die Elektroden im Bereich der zu sanierenden Fläche in entsprechenden Abständen in den Boden eingelassen. Oberirdisch sind Aufbereitungsanlagen sowie Spannungsquelle in der Regel platzsparend in Containern montiert. Damit ist der Flächenbedarf für die Sanierungsanlagen mit dem der Bodenluftbehandlungsanlagen vergleichbar und im Vergleich zu anderen Verfahren gering.

Bei der ex-situ-Behandlung muß der Boden ausgekoffert und zu Mieten aufgeschüttet oder in Reaktionsräumen eingebracht werden. Großtechnisch werden die elektrokinetischen Sanierungsverfahren i.d.R. in-situ durchgeführt.

Zur elektrokinetischen Sanierung wurde für einen Versuchsreaktor ein Energiebedarf von ca. 5 - 53 kWh/t Boden ermittelt (Renaud 1991). Bei anderen Versuche wurden bis zu 160 kWh/t Boden benötigt (Lagemann 1990a), bei Döring (1993) z.B. nur 0,4 kWh/t Boden. Der benötigte Energiebedarf ist stark von den im Boden vorhandenen Fremdstoffen (Eisen- oder andere Metallobjekte) und der Pufferwirkung des Bodens abhängig. Hier kann in größerem Umfang Leistung eingebracht werden, ohne den gewünschten Schadstofftransport zu gewährleisten. In einem Sanierungsfall wurde derartigen Metallobjekten eine Verlängerung der Sanierungsdauer um 50 % zugeschrieben.

4.6.5 Zusammenfassende Bewertung der physikalischen Verfahren

Im Folgenden sollen die wesentlichen Aspekte der physikalischen Sanierungsverfahren *hydraulische*, *pneumatische* und *elektrokinetische* Verfahren zusammengefaßt werden.

Verfahrensbeschreibung: Die Verfahren werden in der Regel als in-situ-Maßnahme mit oberirdischen zentralen Ver- und Entsorgungseinheiten realisiert (Förderaggregate, Vorratstanks für Behandlungszusätze, Wasser- und Abluftaufbereitung). In der folgenden Tabelle 4.24. sind die Grundzüge der zugrundeliegenden Techniken dargestellt.

Die am Markt angebotenen Anlagen werden von einer Vielzahl von Firmen individuell zusammengestellt und auch in Mietsystem angeboten. Die Zusammenstellung von Entnahme-, Förder- und Abluft- bzw. Abwasserreinigungsstufen wird auf den jeweiligen Sanierungs-Einzelfall abgestimmt vorgenommen.

Die Konzepte der elektrokinetischen Verfahren sehen einen in-situ- oder onsite- Einsatz vor. Die Anlagen bestehen aus in Reihen niedergebrachten Elektroden und der zugehörigen Spannungsversorgung (Mobilisation der Schadstoffe), Förderaggregaten, Entnahmeeinrichtungen und Fluidreinigungsstufen.

Entwicklungsstand: Die bei der Bodenluftabsaugung und der aktiven hydraulischen Sanierung eingesetzten Anlagenteile (Filterrohre, Pumpen, Verdichter) sowie die hier einsetzbaren Abwasser- und Abluftaufbereitungsanlagen entsprechen dem Stand der Technik.

Die *elektrokinetischen* Verfahren befinden sich derzeit noch in der Entwicklungsphase. Erste Sanierungserfolge wurden bisher bei Standorten der Braunkohleveredelung und Holzimprägnierung erzielt, trotzdem liegen die meisten Informationen derzeit zu Labor- bzw. Pilotversuchen vor. Ergebnisse zu elektrochemischen Umsetzungen wurden bisher lediglich von wenigen Autoren publiziert, derzeit liegt noch kein schlüssiges, allgemeingültiges Modell zur Erklärung der auftretenden Effekte vor.

Dekontaminationsvermögen: Die *aktiven hydraulischen Verfahren* sind geeignet, gelöste Kontaminationen mit dem Grundwasser auszutragen (z.B. Metallsalze), auf dem Grundwasser aufschwimmende Phasen (z.B. Mineralöle, BTEX, LHKW) oder schwere, sich an der Grundwassersohle sammelnde Phasen (z.B. SHKW) abzuziehen und aufzubereiten. Die *pneumatischen Verfahren* sind in erster Linie zur Behandlung von organischen Lösemittelkontaminationen (BTEX, LHKW) sowie leichtflüchtigen Schwermetallen geeignet. Durch Verfahrensmodifikationen läßt sich dieses Spektrum erweitern. *Elektrokinetische Verfahren* sind bei im Grundwasser gelösten, in Ionenform oder polar vorliegenden Kontaminationen einsetzbar (Schwermetallionen, polare Kohlenwasserstoffe). Die elektrolytische Oxidation von Aliphaten und Aromaten unschädlichen Abbauprodukten ist nicht abschließend geklärt.

Zur Anwendungsprüfung bei hydraulischen und pneumatischen Sanierungsverfahren sind umfangreiche Voruntersuchungen erforderlich, da die vorliegenden Bodenverhältnisse einen starken Einfluß auf die Einsatzmöglichkeiten der Verfahren haben. Aktive hydraulische Maßnahmen erfordern in der Regel eine gut durchlässige Bodenmatrix. Diese sollte über den gesamten zu sanierenden Bereich weitgehend homogen sein, um eine gleichmäßige Reinigungsleistung zu erzielen und nicht bevorzugte Strömungslinien in gut durchlässigen Bereichen zu erhalten, was häufig mit schlecht durchspülten (und damit in geringerem Umfang dekontaminierten) Flächenbereichen einhergeht. Gleiches gilt sinngemäß auch für die pneumatischen Verfahren. Hohe Eisen- und Mangangehalte wirken sich gleichfalls negativ auf die physikalische Sanierung aus, da sie beim Kontakt mit Sauerstoff als schwerlösliche Oxide ausfallen und die Ex-situ-Prozesse stören können. In der Praxis werden die Untersuchungsergebnisse durch die Anwendung von mathematischen Modellen zur Simulation von Grundwasser- und Bodenluftströmungen ergänzt (Gläßer 1995).

Bei der elektrokinetischen Sanierung ist im wesentlichen die Ionenaustauscherkapazität sowie der Gehalt an metallischen Störstoffen im Boden (Eisenträger, Fässer etc.) entscheidend für die zum Schadstofftransport aufzubringende elektrische Leistung und damit für die Sanierungskosten und Dauer der Maßnahme. Es können insbesondere feinkörnige Böden gereinigt werden, da hier häufig ein kompakter elektrischer Leiter vorliegt. Grobkörnige Böden lassen sich hingegen eher durch Infiltration und Grundwassersanierung behandeln.

Emissionen / Reststoffe: Belastete *Abluftströme* treten bei der physikalischen Boden- und Grundwasserreinigung in Abhängigkeit vom gewählten Reinigungsverfahren zur Entfernung der Schadstoffe aus dem Transportmedium auf. Insbesondere bei der pneumatischen Sanierung fällt ein relativ großer zu behandelnder Volumenstrom an. Durch ausreichend dimensionierte Gasreinigungsanlagen, Anlagenabschaltung während der Filterreinigung oder redundante Filtersysteme in Wechselschaltung können die geltenden Grenzwerte der TA Luft eingehalten werden. Die Abluftreinigung erfolgt in der Regel über Aktivkohlefilter, u.U. ergänzt durch Kondensatabscheider zur Vermeidung von Korrosionseffekten innerhalb der Gebläse. Zur Behandlung gering belasteter, mikrobiell abbaubarer Verbindungen sind Biofilter geeignet.

Belastete *Fluidströme* fallen bei allen Verfahren nur in geringem Umfange an. Bei der hydraulischen Sanierung wird z.B. das an die Oberfläche gepumpte (Grund-)Wasser von gelösten und dispergierten bzw. emulgierten Schadkomponenten befreit und am Standort reinfiltriert. Die bei den elektrokinetischen Verfahren eingesetzten Elektrodenspüllösungen werden ebenfalls aufbereitet und wiedereingesetzt. Die bei den anderen Verfahren anfallenden Fluide sind eher den Reststoffen zuzuordnen.

Der *Reststoffanteil* richtet sich in hohem Maße nach dem gewählten Wasseraufbereitungsverfahren. Typischerweise fallen zu entsorgende schwermetallhaltige Fällungsprodukte, konzentrierte Metallösungen oder entwässerte organische Phasen an, welche zu entsorgen oder einer Wiederverwertung zuzuführen sind. Für elektrokinetische Verfahren beträgt der Reststoffanteil in Abhängigkeit von der vorliegenden Kontaminationssituation ca. 0,5 bis 1 % der aufgegebenen bzw. behandelten Bodenmasse.

Lärmintensive Apparate wie Pumpen und Verdichter sind i.d.R. in Containern eingehaust installiert, so daß keine erheblichen Lärmemissionen mit dem Betrieb der Anlagen verbunden sind.

Langzeitverhalten / Kontrollierbarkeit des Sanierungserfolges: Die Behandlung der Schadstoffe erfolgt lediglich in den Bereichen, welche durch die Feldwirkungen der Bodenluft- oder der Fluidströmungen oder der induzierten elektrischen Felder erfaßt werden. Die Kontrolle des Sanierungserfolges ist bei den hier vorgestellten Maßnahmen aufgrund des in-situ-Charakters erschwert, da die Bodenmatrix nicht entnommen wird und nur stichprobenhaft untersucht werden kann. Somit können einzelnen Bereiche nicht erfaßt werden, in denen u.U. aufgrund der lokalen Verhältnisse keine Dekontamination stattgefunden hat. Dies kann aufgrund lokaler Verdichtungen und daraus resultierenden geringeren Durchlässigkeiten der Bodenmatrix bei hydraulischen oder pneumatischen Maßnahmen erfolgen. Bei elektrokinetischen Maßnahmen können sich bevorzugte Feldlinien durch metallische Fremdkörper im Boden ergeben.

Eine Kontrolle des Sanierungserfolges durch Bilanzierung der im Rahmen der Sanierung abgetrennten Schadstoffe aus Abgas und Abwasser sowie ursprünglich im Grundwasser bzw. der Bodenluft nachgewiesenen Schadstoffe reicht nicht aus, da in Abhängigkeit von den standortbedingten Bodenzusammensetzungen und Art der vorliegenden Kontamination Nachlöseprozesse ablaufen. Die Bilanzierung muß daher alle Phasen des Untergrundes umfassen, sie basiert in jedem Falle jedoch auf Stichprobenanalysen.

In der Praxis werden Sanierungsanlagen solange betrieben, bis die abgeführten Fluid- oder Gasströme entsprechend der angestrebten Sanierungsziele nur geringe Mengen bzw. keine Schadstoffe mehr enthalten. Durch Kontrolluntersuchungen in der Bodenmatrix kann der Sanierungserfolg verifiziert werden.

Bei der Bodenluftabsaugung, den aktiven hydraulischen Maßnahmen und der elektrokinetischen Sanierung werden die Schadstoffe aus der Bodenmatrix entfernt. Somit ist ein weitestgehend nachhaltiger Sanierungserfolg gegeben, jedoch nur eingeschränkt für die o.g. Schadstoffgruppen. Soweit im Boden eine Umsetzung der Schadstoffe beispielsweise durch Ozonzugabe oder durch elektrochemische Umsetzungen erfolgt, ist die Bildung von Sekundärkontaminationen oder Metaboliten zu beachten, vgl. auch Kapitel 4.5.

Kapazität: Die Angabe einer anlagenbezogenen Kapazität ist für die hier behandelten in-situ-Techniken nicht möglich. Es handelt sich um modular erweiterbare, aus einzelnen Entnahmebrunnen oder Elektrodenpaaren bestehende Systeme, die entsprechend der (variablen) zur Verfügung stehenden Förder- bzw. Versorgungsleistungen modular in variabler flächenhafter Ausdehnung realisiert werden können. Die Zeitdauer der Sanierung ist im Vergleich zu anderen Techniken relativ groß und kann bis zu mehreren Monaten oder Jahren betragen.

Kosten: Die Sanierungskosten für die *hydraulische oder pneumatische Sanierung* setzen sich im wesentlichen aus den Betriebskosten für die Abwasser- bzw. Ablufterfassung und -aufbereitung sowie Kosten für die eventuell notwendigen horizontalen bzw. vertikalen Dichtwände zusammen. Für die Behandlung des Abwassers können mittlere Kosten von ca. 35 DM/m^3 angenommen werden (Mull 1993). Bei eingesetzten Dichtwänden reduzieren sich i.d.R. die zu fördernden Wassermengen und die Kosten der Wasseraufbereitung. Aufgrund der häufig sehr langen Betriebszeiten von bis zu mehreren Jahren übersteigen die Kosten für die Anmietung der Anlagen häufig die Investitionskosten, da ein hoher technischer Pflege- und Wartungsaufwand notwendig ist. Die eigentlichen Investitionskosten sind im Vergleich zu anderen Dekontaminationstechniken eher gering (Investitionskosten für Bodenluftabsaugeinrichtungen belaufen sich auf ca. 2.500,- bis 8.000,- DM zuzüglich Kosten für Gasreinigungseinrichtungen von ca. 2.000,- bis 150.000,- DM). Eine Angabe von Kosten pro Schadenseinheit ist nur für den jeweiligen Einzelfall anzugeben. Bei den in-situ-Maßnahmen ist es nicht möglich, genaue Kostenangaben pro Tonne zu kontaminierenden Bodens schon im Vorfeld einer Maßnahme zu machen. Für *elektrokinetischen Verfahren* liegen nur Angaben zu ersten Pilotanwendungen vor; die Kostenspanne reicht von 50,- bis zu 450,- DM/t Boden.

Standortcharakteristika/Infrastruktur: Infrastrukturseitig ist zum Betrieb der Anlagen i.d.R. die Versorgung mit Elektrizität ausreichend (Anschluß an ein bestehendes Elektrizitätsnetz oder Betrieb von Generatoren). Bei einer in-situ-Behandlung fallen umfangreiche Verkehrsbewegungen nicht an. Die Anlagen arbeiten weitgehend mit Kreislaufführungen für das abgepumpte Fluid, ein Anschluß an das Kanalisationssystem ist i.d.R. nicht erforderlich. Erhebliche Beeinträchtigungen der Umgebung sind nicht zu erwarten, da die wenigen lärmintensiven Aggregate in Containern eingehaust installiert sind. Häufig ist eine weitgehende Versiegelung der Fläche günstig, insbesondere bei der Bodenluftabsaugung (Vermeidung des Fremdluftzutritts).

Tabelle 4.24. Übersicht über aktive hydraulische, pneumatische und elektrokinetische Dekontaminationstechniken

Technik	Elemente	Prinzip	Entfernbare Schadstoffe	Medium	Bodencharakteristik
Aktive hydraulische Technik	on- site(Grundwasser);in-situ (Boden): Filterbrunnen/ Draingräben, Förderaggregate Abwasserbehandlung	Entnahme der flüssigen Phase, Reinigung des entnommenen Wassers und Reinfiltration/ Abtrennung und Entsorgung der Schadstoffe	MK, SHKW, BTEX, LHKW, im Grundwasser gelöste SM	Grundwasser, Stau- und Sickerwässer, Sickeröle in der gesättigten Bodenzone	gröbere, gut durchlässige Böden, homogener Untergrund, $K_f = 10^{-4}$ bis 10^{-5} m/s; geringe bis mittlere Eisen- bzw. Mangangehalte; zusammenhängender GW-Leiter
	Zusätzlich: Mobilisation über Infiltrationsflüssigkeiten	Auswaschen der Schadstoffe aus der nichtgesättigten Bodenzone	zusätzlich: SM, PAK in Abhängigkeit vom Lösungsmittel	gesättigte und ungesättigte Bodenzonen	
	Zusätzlich: Mobilisation über Geo-/ Hydroschock-Verfahren	Lösen der am Feststoff gebundenen Schadstoffe in die fluide Phase	zusätzlich: SM, PAK	gesättigte Bodenzone	
Aktive pneumatische Technik	on-site (Bodenluft); in-situ (Bodenmatrix/ Grundwasser): Gaserfassung (Filterrohre), Pumpen / Verdichter, Abluftreinigungsanlage (optional: Kondensatabscheider)	gasförmige Schadstoffe in der Bodenluft, aus der Bodenmatrix nachgelöste Schadstoffe	BTEX, LHKW	ungesättigte Bodenzone, Übergangsbereich zwischen gesättigter u. ungesättigter Bodenzone	gröbere, gut durchlässige Böden, homogener Untergrund, $K_f = 10^{-4}$ bis 10^{-5} m/s
	Wellpoint-Methode:	gleichzeitiges Absaugen von Bodenluft und Grundwasser		ungesättigte Bodenzone, Übergangsbereich zwischen	geringe bis mittlere Eisen- bzw. Mangangehalte
	Wessling-Verfahren:	in-situ-Ozonierung kombiniert mit Bodenluftabsaugung		ungesättigter und gesättigter Bodenzone	zusammenhängender GW-Leiter
Elektrokinetische Technik	on-site; in-situ: Ionentransport: Elektrodenreihen, Spülflüssigkeit/Förder- und Aufbereitungsanlagen (Fluidbehandlung)	Elektrolyse, Elektroosmose Elektrophorese; Verbesserung der Milieubedingungen für einen mikrobiellen Abbau	SM, polare Kohlenwasserstoffe	feuchte Bodenmatrix	mittlere bis geringe Durchlässigkeiten, geringe Ionenaustauscherkapazitäten
	Elektrochemische Umsetzung	Mineralisation zu CO_2 u. H_2O	KW	humide Bodenmatrix	

Tabelle 4.25. Übersicht der hydraulischen, pneumatischen und elektrokinetischen Behandlungsverfahren

	Kriterium		**hydraulische Verfahren**	**pneumatische Verfahren**	**elektrokinetische Verf.**
1	Verfahrensart	in-situ	X	X	X
2		on-site	X	X	X
3		off-site	--	--	--
4	Entwicklungsstand		ST	ST	P
5	Schadstoff-spezifisches Dekontaminations-vermögen	Schwermetalle	O[1]/--	O[2]/--	X
6		Cyanide	O[1]	--	--
7		Mineralöl-KW	X	O[2]	(?)
8		BTEX	X	X	(?)
9		PAK	O	O[3]/--	(?)
8		LHKW	X	X	(?)
9		SHKW	X	O[3]/--	(?)
10	Bodenspezifisches Dekontaminations-vermögen	grobkörnige Böden	X	X	--[4]
11		mittelkörnige Böden	O	O	O
12		feinkörnige Böden	--	O/--	X
13	Emissionen / Reststoffe	Abluft	X	O	O
14		Lärm	X	X	X
15		Abwasser	X	X	X
16		Abfall	O	X	O
17	Langzeitverhalten		X	X	O
18	Kontrollierbarkeit		O	--	--
19	Kapazitäten		O	--	--
20	Zeitbedarf		O/--	O/--	--
21	Kosten	Investitionskosten	X	X	X
22		Betriebskosten	X	X	O
23	Standortcharakteristika		X	X	X
24	Infrastrukturbedarf		X	X	X
25	Genehmigungsfähigkeit		X	X	X/O

BTEX	Benzol, Toluol, Ethylbenzol, Xylole (aromatische Kohlenwasserstoffe)	*GW*	Grundwasser
KW	Kohlenwasserstoffe	*LHKW*	Leichtflüchtige halogenierte Kohlenwasserstoffe
L	Laboranlage	*P*	Pilotanlage
PAK	Polycyclische aromatische Kohlenwasserstoffe	*SHKW*	Schwerflüchtige halogenierte Kohlenwasserstoffe
ST	Stand der Technik	*O*	mit Einschränkungen geeignet bzw. problematisch
(?)	Wirksamkeit nicht geklärt		
--	nicht geeignet / problematisch	*X*	geeignet / unprobematisch
1)	wasserlösliche Komponenten	*2)*	leichtflüchtige Komponenten
3)	bei Wasserdampfeinblasen	*4)*	ggf. zu geringe Feuchte

Genehmigungsfähigkeit: Die Genehmigungswahrscheinlichkeit für Bodenluftbehandlungsanlagen und aktive hydraulische Maßnahmen ist relativ hoch. Es müssen jedoch die Genehmigung nach Wasserrecht seitens der zuständigen Behörden bezüglich der Entnahme von Grundwasser vorliegen. Zum Betrieb der Anlagen ist keine Genehmigung nach BImSchG im Rahmen der 4. BImSchV erforderlich, abluftseitig sind jedoch die Grenzwerte der TA Luft einzuhalten. Zur Genehmigungspraxis bei elektrokinetischen Verfahren liegen aufgrund des derzeitigen Entwicklungsstandes nur wenig Praxiserfahrungen vor. In Abhängigkeit von der Art der Maßnahme (in-situ, ex-situ) sind entsprechend nur geringe bzw. bei der Bodenentnahme massenbezogene Anforderungen zu erfüllen.

Zusammenfassung: Zusammenfassend können die aktiven hydraulischen Maßnahmen sowie die Bodenluftabsaugung als kostengünstig einsetzbare Verfahren nach dem Stand der Technik eingestuft werden. Elektrokinetische Verfahren befinden sich noch im Entwicklungsstadium, von ersten erfolgreichen Anwendungen wird in der Literatur berichtet.

Für den Einsatz aller Verfahren müssen bestimmte Standortvorausetzungen sowie das eingeschränkt sanierbare Kontaminationsmuster beachtet werden. Die Verfahren sind insbesondere zur Behandlung leichtflüchtiger Schadstoffe (Bodenluftabsaugung) oder wasserlöslicher Kontaminationen geeignet und als in-situ- bzw. on-site-Verfahren auf der Fläche mit relativ geringem Aufwand zu installieren. Der Betrieb ist nicht personal- oder materialintensiv (Hilfsstoffe).

Die Verfahren arbeiten weitgehend emissionsfrei (Lärm, Luftschadstoffe, Abwasser), Reststoffe fallen in relativ geringem Umfange an. Der Infrastrukturbedarf der Anlagen ist gering, sie sind i.d.R. auch unabhängig von Stromversorgung und Kanalisation netzautark zu betreiben.

Zu beachten ist jedoch die selektive Wirkung der Verfahren für einzelne Schadstoffgruppen, welche die Anwendungsmöglichkeiten hinsichtlich vorliegender Mischkontaminationen stark einschränken.

Umfangreiche Untersuchungen sind im Vorfeld der eigentlichen Sanierungsdurchführung erforderlich. Dies gilt auch für die Bodenverhältnisse am Standort, an welche seitens der Verfahren verschiedene Voraussetzungen gestellt werden (z.B. Durchlässigkeit, Homogenität). Bei der elektrokinetischen Sanierung bestehen derzeit Unsicherheiten bezüglich eines Schadstoffabbaus im Boden.

4.7 Technologien zur Sicherung von Altlasten

4.7.1 Allgemeines

Sicherungsverfahren haben gegenwärtig eine nicht zu vernachlässigende Bedeutung in der Sanierungspraxis. Aufgrund des i.d.R. günstigeren Kostenrahmens werden viele sanierungsbedürftigen Altlastenflächen nicht dekontaminiert und somit die Schadensquelle (weitgehend) beseitigt, sondern es erfolgt häufig eine (nutzungsabhängige, schutzgutbezogene) *Unterbrechung der Gefährdungspfade* durch Sicherungsmaßnahmen. Dabei ist jedoch grundsätzlich davon auszugehen, daß Sicherungsmaßnahmen langfristig einer i.d.R. kostenintensiven Kontrolle bzw. Nachbesserung bedürfen. Der monetäre Vorteil ist somit nur zeitlich begrenzt; für die Zukunft ist mit nicht unerheblichen Folgekosten zu rechnen. Diese werden jedoch nicht immer bei der Maßnahmenplanung mit einbezogen.

Insbesondere zur Sanierung von Altlasten in den neuen Bundesländern wird derzeit aufgrund des hohen Handlungsdrucks eine kostengünstige und schnelle Neunutzung der Flächen angestrebt. Hier wird häufig die Sicherung als Verfahren der Wahl angesehen. Im wesentlichen werden gegenwärtig die folgenden Sicherungstechniken eingesetzt oder ihre Anwendung derzeit entwickelt:

- Kapselung der Altlast mittels Oberflächenversiegelung, seitlicher Spundung und/oder Untergrundabdichtung,
- Schadstoffimmobilisierung durch Verfestigung oder Bodenverdichtung und
- (passive) hydraulische Maßnahmen.

Im folgenden sollen diese Technologien erläutert werden. Die Auswahl eines geeigneten Sicherungsverfahrens richtet sich in erster Linie nach den vorhandenen geologischen und hydrodynamischen Untergrundverhältnissen sowie dem vorliegenden Schadstoffspektrum. Von Bedeutung sind dabei neben den Freisetzungspotentialen auch die jeweils gefährdeten Schutzgüter.

Oberflächenabdichtungen werden immer bevorzugt dann eingesetzt, wenn eine Freisetzung der Schadstoffe mit dem Sickerwasser vorliegt (z.B. Mobilisierung von Schwermetallen) und diese dann die Grundwasserqualität beeinflussen können. Die *seitliche Abdichtung* (Spundung) wird bevorzugt immer dann eingesetzt, wenn die Gefahr der Grundwassereinströmung in einen kontaminierten Bodenbereich besteht. *Untergrundabdichtungen* werden z.B. benötigt, wenn fluide, mobile Schadstoffe und eine weitgehend durchlässige Bodenmatrix vorliegen, so daß die Kontaminanten tiefer liegendes Schutzgut (Grundwasserleiter) beeinflussen können. In diesen Fällen kann der zusätzliche Eintrag von Sickerwasser mittels einer Oberflächenabdeckung verhindert werden. Häufig wird auch eine vollständige Kapselung vorgenommen, indem zusätzlich seitliche Wandungen errichtet werden, um auch den horizontalen Schadstoffaustritt zu verhindern. Liegen die Schadstoffe als fluide Phase vor, so kann über eine *Verdichtung* oder die Zugabe von Bindemitteln eine *Verfestigung* und Verringerung der Mobilitätsraten erfolgen. Sicherungsverfahren werden häufig auch durch *hydraulische Maßnahmen* unterstützt, indem z.B. der Grundwasserspiegel innerhalb einer gekapselten Altlast abgesenkt wird, um die Ausbreitung kontaminierter Fluide zu verhindern.

Als "*Sicherung mit Stoffentnahme*" wird in der Literatur auch die Auskofferung und Umlagerung von belastetem Bodenmaterial auf Deponien bezeichnet. In Anlehnung an die Einteilung des des Sachverständigenrates für Umweltfragen (SRU 1990, S. 120, vgl. auch Kapitel 4.1) ist die Auskofferung jedoch als weitere Technologiegruppe neben der Sicherung und Dekontamination gestellt. Sie wird daher im weiteren nicht näher betrachtet.

Tabelle 4.26. zeigt die Bedeutung der Sicherung im Rahmen der Altlastbehandlung. Sicherung und Dekontamination stehen demnach hinsichtlich der Anwendungszahlen nahezu gleichberechtigt gegenüber. An ca. 40 % aller Altlastenstandorte mit Sanierungsbedarf erfolgt derzeit lediglich eine Unterbindung der Gefährdungspfade und keine Dekontamination des Standortes. Die Sicherung wird bevorzugt zur Sanierung von Altablagerungen bzw. von Deponien eingesetzt (61 %); nur ca. 1/3 der Altstandorte werden durch Sicherung saniert. Diese Verhältnisse sind in den Grundzügen auch für die anderen Bundesländer typisch.
Tabelle 4.27 gibt die Anwendungshäufigkeiten für Sicherungsverfahren in Nordrhein-Westfalen wieder. Überwiegend werden Einkapselungsverfahren realisiert (ca. 78 %). Immobilisierungsverfahren gelangten bisher selten zum Einsatz.

Im folgenden sollen die oben angeführten Techniken zur Sicherung erläutert werden. Dabei werden zunächst die Techniken der "Barrierenbildung" wie Oberflächen-, Seiten- und Untergrundabdichtung vorgestellt und somit die vollständige oder partielle Einkapselung der Altlast "von außen" behandelt. Daran anschließend erfolgt die Darstellung der Immobilisierungs- und Verfestigungsmechanismen, mittels derer im Boden enthaltene Schadkomponenten "im Innern" festgehalten und somit Austragsraten verringert werden.

Tabelle 4.26. Bedeutung der Sicherung von Altlasten im Vergleich zur Dekontamination für Nordrhein-Westfalen

Eingesetzte Sanierungsverfahren	Altablagerungen		Altstandorte		Gesamt	
	Anzahl	%	Anzahl	%	Anzahl	%
Dekontamination insgesamt	91	38,9	323	70,4	414	59,7
Sicherung Gesamt	143	61,1	136	29,6	279	40,3
Summe	234	100,0	459	100,0	693	100,0

Tabelle 4.27. Stand der Anwendung von Sicherungsverfahren in Nordrhein-Westfalen Stand 31.12 1996

Sicherungs-Verfahren	Altablagerungen		Altstandorte		Gesamt	
	Anzahl	%	Anzahl	%	Anzahl	%
Einkapselung	104	72,7	115	84,6	219	78,5
Oberflächenabdichtungen	51	35,7	64	47,1	115	41,2
Oberflächenabdeckungen	43	30,1	44	32,4	87	31,2
Vertikale Abdichtung	10	7,0	6	4,4	16	5,7
Nachträgliche Basisabdichtung	0	0,0	1	0,7	1	0,4
Immobilisierung	4	2,8	7	5,1	11	3,9
Passiv hydraulische Verfahren	23	16,1	2	1,5	25	9,0
Passiv pneumatische Verfahren	12	8,4	12	8,8	24	8,6
Summe	143	100,0	136	100,0	279	100,0

4.7.2 Einkapselungsverfahren

Aufgrund der hohen Kosten und der häufig langen Verfahrensdauer bei Sanierungsmaßnahmen durch Dekontamination werden derzeit *Einkapselungsmaßnahmen* als *bautechnische Sicherungsmaßnahmen* zur Sanierung von Altlasten eingesetzt. Ihnen kommt insbesondere bei der Sanierung von Altablagerungen mit meist inhomogenem und komplexem Schadstoffinventar eine große Bedeutung zu, da in diesen Fällen Dekontaminationstechnologien nicht uneingeschränkt eingesetzt werden können. Einkapselungsmaßnahmen können in Abhängigkeit von Schadstoffmobilität und gefährdeten Schutzgütern die Errichtung der folgenden Systemelemente umfassen:

- Oberflächenabdeckung (Kapitel 4.7.2.1),
- vertikale Dichtwände (Kapitel 4.7.2.2) und
- nachträgliche Untergrundabdichtungen (Kapitel 4.7.2.3).

Häufig werden Einkapselungsmaßnahmen durch hydraulische Maßnahmen ergänzt, indem das Grundwasser innerhalb des eingekapselten Bereiches dauerhaft abgesenkt wird, um ein hydraulisches Gefälle zu erhalten und so den Austritt der Kontaminationen zu verhindern. Die unterschiedlichen Bauarten und Funktionen der vertikalen oder horizontalen Elemente werden im folgenden dargestellt.

4.7.2.1 Oberflächenabdeckung

Verfahrensbeschreibung: Oberflächenabdeckungen dienen in erster Linie dazu, den Zutritt von Oberflächenwasser in den kontaminierten Bereich zu verhindern. Diese Funktion kann im einfachsten Falle durch eine dünne wasserdichte Deckschicht, beispielsweise Asphalt, erreicht werden. Da jedoch an die Nutzungen der Fläche bestimmte Anforderungen gestellt werden (z.B. Pflanzenbewuchs, Bebauung) oder auch im Kontaminationsbereich Schadgase freigesetzt werden können, hat eine Deckschicht vielfältige weitere Funktionen zu erfüllen, die über diejenigen einer reinen Abdichtung hinausgehen. Dies sind:

- Vermeidung der Schadstoffeluation durch Minimierung des infiltrierten Regen- und Oberflächenwassers,
- Verhinderung von Kapillarbewegungen an die Oberfläche,
- Kontrolle und Ableitung der im Boden gebildeten (Schad-)Gase,
- Verhinderung von direktem Kontakt mit Schadstoffen an der Bodenoberfläche (Mensch, Tier, Pflanze),
- Verhinderung des Durchwachsens von Wurzeln durch das Abdecksystem und Vermeidung der Schadstoffaufnahme durch Pflanzen,
- Ermöglichung bzw. Unterstützung des Pflanzenwachstums,
- Verhinderung von Staubverwehungen,
- optische Wiedereingliederung in das Umfeld sowie
- Nutzungsmöglichkeit der Oberfläche.

Aufgrund dieser Funktionen wird häufig auch der Begriff "Abdeckung" anstelle von "Abdichtung" verwendet. Entsprechend diesem komplexen Anforderungsprofil handelt es sich bei Oberflächenabdichtungen i.d.R. nicht nur um eine Schicht aus bspw. Kunststoff oder verdichtetem mineralischem Bodenmaterial, sondern um ein komplexes, den jeweiligen Anforderungen angepasstes Mehrschichtsystem. Wird als Zielfunktion beispielsweise lediglich die Rückhaltung von Niederschlagswasser gefordert, reicht die Absicherung durch ein Hartdach oder eine Überbauung (Parkplätze, Gebäude) aus. Ist jedoch am Standort mit dem Entweichen leichtflüchtiger Gase zu rechnen oder können Setzungen im zu sichernden Körper auftreten, so sind weitere funktionale Anforderungen an die Abdekkung zu stellen. In solchen Fällen müssen häufig Mehrschichtsysteme eingesetzt werden, deren einzelne Schichten in der Summe dem gesamten Anforderungskatalog gerecht werden. Solche Mehrschicht-Abdecksysteme setzen sich typischerweise aus den folgenden Schichten zusammen (vgl. Abb. 4.25):

- Begrünung,
- Deckschicht,
- Wasserdränage,
- Dichtungsschicht,
- Gasdränage sowie
- Ausgleichs- und Schutzschicht.

Welche Funktionen erfüllen nun die Schichten im einzelnen? Die *Begrünung* besitzt in erster Linie landschaftspflegerische Funktionen. Sie dient dem Erosionsschutz und der Erhöhung der Evaporationsrate, d.h. der Verdampfung des Niederschlagswassers. Das darunterliegende *Decksubstrat* stellt den Wasser- und Nährstoffspeicher für die Begrünung dar. Sie schützt das Dichtungssysten vor mechanischer Beschädigung durch tiefwurzelnde Pflanzen sowie Frostschäden. Diese Deckschicht wird zur Vermeidung von Stauwasser in Schräglage mit einem Neigungswinkel von ca. 3 - 5 % eingebaut. In dieser Deckschicht befindet sich direkt über der eigentlichen Dichtschicht eine *Dränschicht* zur Abführung des infiltrierten Sickerwassers. Somit lassen sich hochliegende Stauwasserpegel vermeiden, die ansonsten aufgrund des statischen Druckes zu einer Infiltration von Sickerwasser in den zu sichernden Körper führen oder auch die Vegetation schädigen können. Die eigentliche *Dichtungsschicht* soll den Zutritt von Sickerwasser in die Altlast und den Gasaustritt aus der Altlast verhindern. Die darunter befindliche *Gasdränage* dient der Sammlung und kontrollierten Abfuhr der u.U. im Deponiekörper gebildeten Schadgase, um Gasüberdrücke zu verhindern. Um allzu starke geometrische Unterschiede zu vermeiden, welche das Aufbringen einer Deckschicht verhindern können, wird unterhalb der Gasdränage eine *Ausgleichsschicht* in der erforderlichen Dicke eingebracht. Das Gesamtsystem weist i.d.R. eine Dikke von mindestens 0,5 m auf.

Die Begrünung und die Deckschicht müssen zur Frostsicherheit der Dichtschicht mindestens 80 cm dick sein. Sollen höherwachsende Bäume angepflanzt werden, so sind Dicken von mindestens 2 m erforderlich. In diesem Fall muß mit möglicherweise auftretenden Setzungen innerhalb der Altlast aufgrund der herrschenden Gewichtskraft gerechnet werden. Die Dichtmassen können als rein mineralische Schichten oder auch als Dichtbahn ausgeführt werden. Mineralische Dichtmaterialien können die Sickerwasserraten auf ca. 2 % der ursprünglichen Mengen reduzieren. Es werden gepresste Lehmschichten oder Spezialmaterialien eingesetzt. Die Dicke der Schicht sollte mindestens 20 cm betragen, um ein Befahren mit schwerem Gerät zu ermöglichen. Der Einsatz von Kunststoffdichtbahnen kann diesen Wert noch weiter reduzieren, gleichzeitig steigen auch die Kosten der entsprechenden Dichtsysteme stark an. Die Dichtbahnen werden häufig aus HD-PE-, LD-PE- oder PVC-Bahnen von ca. 2,5 mm Stärke ausgeführt und anstelle des mineralischen Materials zwischen den Dränschichten eingelegt und verschweißt. In einigen Fällen wurden auch verschweißte Bitumendichtbahnen eingesetzt.

Die eigentliche Dichtschicht ist häufig unabhängig von der Bauausführung (mineralische Schicht oder Kunststoffdichtschicht) beidseitig von einem *Geotextil* als zusätzliche Schutzschicht umgeben.

Die Gaserfassung kann vertikal durch Brunnen oder auch zusätzlich horizontal mittels einer Dränschicht bestehend aus einer Schüttung mit höherem Lückengrad unterhalb der Dichtschicht erfolgen. Letztere Möglichkeit ist mit höheren Kosten verbunden.

Zur Errichtung der Deckschicht werden die Einsatzmaterialien per LKW angeliefert und anschließend mit Baugeräten und -fahrzeugen verteilt. Aufgetragene Kunststoffbahnen werden manuell verschweißt.

Als begleitende Maßnahme wird häufig eine Grundwasserabsenkung im Bereich der „überdachten" Altlast um einige Dezimeter vorgenommen. Hierdurch wird eine Inversionsströmung von außen zur Verhinderung eines horizontalen Schadstoffaustritts erzeugt. Aufgrund von diffusiven und konvektiven Strömungen im Untergrund könnte ansonsten die Ausbreitung der Schadstoffe im Untergrund erfolgen. Durch die Inversionsströmung wird praktisch auch die typischerweise bestehende Restdurchlässigkeit von Dichtwandungen auf nahezu den Nullwert reduziert, vgl. die Ausführungen zu den passiven hydraulischen Maßnahmen.

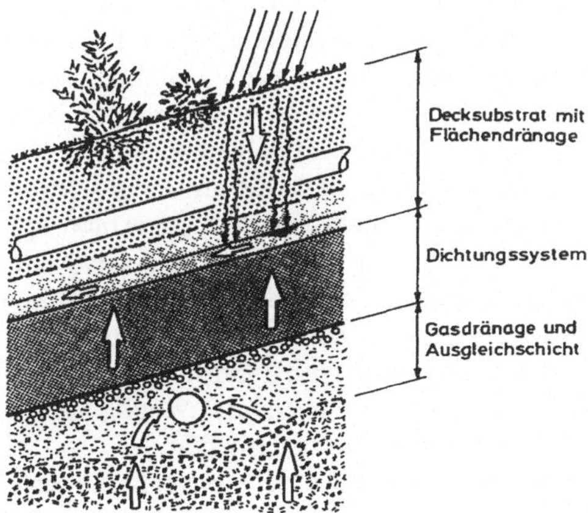

Abb. 4.25. Typischer Aufbau von Oberflächenabdichtsystemen (Weber/Neumaier 1993)

Entwicklungsstand: Oberflächenabdichtungen zur Sicherung schadstoffhaltiger Massen sind in den Grundzügen aus dem Deponiebau her bekannt. Nach der TA Abfall für Neudeponien ist von der Notwendigkeit eines mehrschichtigen Abdecksystems auszugehen (SRU 1993). Bei der Sanierung von Altlasten sind aufgrund der anders gearteten Zielmatrix (Nutzungsmöglichkeiten der Flächen) weitere Anforderungen zu berücksichtigen, aus denen sich andere Erfordernisse hinsichtlich der technischen Ausführung ergeben. Seit Mitte der 80er Jahre liegen Erfahrungen mit Mehrschichtsystemen vor; diese werden derzeit weiterentwickelt und optimiert. An verschiedenen Standorten von Altdeponien, Altstandorten oder Sonderabfalldeponien wurden und werden unterschiedliche Dichtsysteme vergleichend untersucht, so beispielsweise am Standort der Sonderabfalldeponie Gerolsheim oder der Deponie Georgswerder in Hamburg.

Sicherungsvermögen: Oberflächenabdichtungen dienen der Verhinderung des Zutritts eines flüssigen Transportmediums in den kontaminierten Bereich (unbelastetes Sickerwasser) und der Verhinderung des Gasaustritts. Die Auswahl des Dichtmaterials richtet sich nach den innerhalb der Altlast freigesetzten Gasen. Für die Abdecksysteme bei Sonderabfalldeponien werden in der TA Abfall k_f-Werte von 10^{-10} m/s gefordert. Die k_f-Werte stellen ein Maß für die Wasserdurchlässigkeit der Schichten dar. Es wird angegeben, inwieweit Fluide (i.d.R. Wasser) innerhalb eines bestimmten Zeitraumes durch das Wandsystem hindurchgelangen (Angabe in m/s). Zur Prüfung der Dichtwirkung sind die Dichtmaterialien auf folgende Parameter zu untersuchen: Optimaler Wassergehalt, Durchlässigkeitsbeiwert, Trockendichte, organischer Anteil, Verdichtungsgrad und Homogenität (Jessberger 1989).

(Boden-)Matrixseitig kann die Anwendbarkeit durch möglicherweise auftretende Setzungen beeinträchtigt werden, welche zu Rißbildungen und somit zur Zerstörung der Deckschicht führen können.

Emissionen/Reststoffe: Bei der Betrachtung von Emissionen muß zwischem dem Errichten der Abdeckung und der nachfolgenden Nutzungsphase unterschieden werden. Während der Errichtung der Abdeckung sind unabhängig vom gewählten Abdichtsystem aufgrund von Baufahrzeugbewegungen und Erdarbeiten Lärm- und Staubemissionen zu erwarten. Nach Abschluß der Arbeiten entfallen diese Emissionen jedoch. Durch die Oberflächenabdeckung werden (Schadstoff-)-Ausgasungen aus der Altlast verhindert; die im eingeschlossenen Bereich gebildeten Deponiegase werden mittels der Gasdränage erfaßt, ggf. gereinigt und kontrolliert abgeführt. Zur Gasreinigung werden i.d.R. Aktivkohlefilter eingesetzt.

Das in der Dränschicht aufgefangene Sickerwasser hat keinen Kontakt zu den Schadstoffen innerhalb der Altlast. Es ist unbelastet und kann daher in den Vorfluter abgeleitet werden. Trotzdem wird häufig eine Kontrolle der eingeleiteten Abwässer vorgenommen, um somit auch die Möglichkeit einer Kontamination durch Sickerwässer aus der Altlast auszuschließen.

Bei der Errichtung der Oberflächenabdeckung fallen baustellentypische Abfälle an. Im weiteren Betrieb evtl. vorhandener Gasreinigungssysteme sind Gasreinigungsmassen (Aktivkohle) nur in geringem Umfang zu entsorgen. Größere Abfallmengen können bei der Ertüchtigung der Abdecksysteme anfallen (Austausch von undicht gewordenen Abdeckungsmaterialien); hierbei handelt es sich zum überwiegenden Teil um Inertmaterial.

Langzeitverhalten, Kontrollierbarkeit des Sanierungserfolges: Die Dichtwirkung von Oberflächenabdeckungen unterliegen u.a. klimatischen Einflüssen (SRU 1995). Auftretende Setzungen, tiefwurzelnde Pflanzen oder grabende Kleintiere können zu Beschädigungen am Dichtsystem führen. Nach Erfahrungen aus dem Deponiebau können auch Verschlammungen oder Ausstrocknung auftreten. Zur Lebensdauer von Oberflächenabdeckungen liegen bisher noch keine langfristigen Erfahrungen vor. Eine langfristige Überwachung und Kontrolle des errichteten Bauwerkes ist daher unerläßlich. Zur Kontrolle auf mögliche Setzungen wird häufig die vergleichende Luftbildauswertung herangezogen. Die Auswahl eines geeigneten Abdecksystems sollte daher die Erfahrungen der vergleichenden Untersuchungen (vgl. die Ausführungen zum Entwicklungsstand) berücksichtigen. Ein weiteres Langzeitproblem stellt gerade bei großflächigen, abgedeckten Altlasten die fehlende Möglichkeit der Grundwasserneubildung dar.

Kapazität: Die Angabe einer minimalen oder maximalen "Kapazität" ist für die Oberflächenabdeckung nicht möglich. Abdeckungen können jedoch großflächig vorgenommen werden.

Kosten: Die Kosten für Oberflächenabdichtungen werden nach überbauter Fläche in DM/m^2 angegeben. Die eigentliche Dichtwandmasse macht einen Anteil von 30 - 40 % der gesamten Errichtungskosten aus, der Anteil einer horizontalen Gaserfassung liegt bei ca. 15 % (Müller-Kirchbauer 1993). Weitere Kosten fallen bei der Ableitung der nicht versickerten Niederschlagswässer in die Kanalisation an.

Die Gesamtkosten einer mineralischen Oberflächenabdeckung liegen bei ca. 100 - 150 DM/m^2, einschließlich der Baustelleneinrichtung, Bauhilfsmaßnahmen wie beispielsweise einer temporären Wassererfassung sowie Arbeitsschutzmaßnahmen. Dabei ist eine Deckschichthöhe von ca. 80 cm zugrundegelegt. Bei deutlich dickeren Deckschichten sind erheblich höhere Kosten anzusetzen. Nicht eingeschlossen sind die Kosten für die laufenden Überwachung nach Errichtung der Deckschicht.

Standortcharakteristika / Infrastruktur: Von wesentlicher Bedeutung für die grundsätzliche Eignung und technische Ausführung einer Oberflächenabdeckung sind neben der Niederschlagsmenge auch mögliche Setzungen im Bereich der Überdeckung. Durch die Gewichtskraft hoher Wassersäulen oberhalb der Dichtmasse kann sich deren Durchlässigkeit erhöhen. Hier ist auf eine ausreichende Neigung der Oberfläche zu achten, um Stauwasser zu vermeiden. Setzungen können sich durch Inhomogenitäten im Untergrund aufgrund hoher organischer Anteile im Boden oder durch Bergsenkungen ergeben. Daher ist eine umfangreiche Prüfung der örtlichen Verhältnisse vor Errichtung der Deckschicht erforderlich.

Fazit: Oberflächenabdichtungen sind zur Verhinderung des Sickerwassereintrages und der Ausgasung von Schadstoffen aus einem kontaminierten Bodenbereich geeignet. Es erfolgt jedoch keine Kontamination des Untergrundes, sondern lediglich eine Unterbrechung der Gefährdungspfade; Schadstoffe verbleiben im Boden. Emissionen fallen i.d.R. nur während der Errichtungsphase der Systeme an. Eine langfristige Überwachung zur Kontrolle der Dichtwirkung ist erforderlich.

4.7.2.2
Vertikale Dichtwände

Vertikale Abdichtsysteme dienen der Verhinderung des horizontalen Grundwasserzuflusses und damit auch der Verhinderung von Schadstoffverschleppungen mit dem Grundwasser. Die niederzubringenden Wände werden entweder aus einem Material oder im Mehrschichtprinzip (*Kombinationsdichtwände*) gefertigt. Letztere weisen i.d.R. eine verbesserte Dichtigkeit oder größere Langzeitbeständigkeit auf. Nach Müller-Kirchenbauer sind an Dichtwandsysteme die folgenden Anforderungen zu stellen:

- Dichtigkeit gegenüber den Schadkomponenten und dem Grundwasser,
- hohe Widerstandskraft gegenüber Chemikalien,
- hohe Materialqualität (geringe Fertigungstoleranzen hinsichtlich Durchlässigkeit im Körper- sowie Fugenbereich),
- Kontrollierbarkeit der Überlappung im Fugenbereich (Dichtwirkung),
- ausreichende Dichtigkeit der Wand im Einbindebereich zum Untergrund und
- ausreichende Dichtigkeit bei Inhomogenitäten im Untergrund.

Vollständig dichte Wände lassen sich technisch nicht realisieren. Auch bei einwandfreier Ausführung ist keine absolute Dichtheit zu erwarten, da fertigungsbedingt im Anschlußbereich zweier Elemete Spalten bleiben.
Diese *Fugenundichtigkeit* wird zum einen durch die Fertigungstoleranzen der einzelnen Elemente, zum anderen durch die Technik des Niederbringens in den Boden beeinflußt. Können die einzelnen Elemente nicht sehr dicht aneinander gebracht werden, so bilden die bestehenden Spalten Durchflußkanäle für Fluide. Im *Übergangsbereich* von Dichtwand zu (natürlicher) Untergrundabdichtung müssen Undichtigkeiten ebenfalls weitgehend ausgeschlossen werden. Dazu müssen die Wandkörper in den undurchlässigen Untergrund ausreichend tief eindringen. Als Maß zur Beurteilung der Dichtigkeit der Systeme kann der Durchlässigkeitsbeiwert k_f-Wert als Maß für die Fluid-Durchlaßgeschwindigkeit herangezogen werden. In der Praxis liegen die Werte der Wandungssysteme unter Einbezug der Fugenundichtigkeiten bei 10^{-7} m/s bis 10^{-15} m/s, vgl. unten. Die k_f-Werte werden i.d.R. für die Wasserpermeabilität bestimmt. In der Praxis zeigte sich, daß reale Sickerwässer (Beimengungen von organischen und anorganischen Zusätzen) höhere Durchlässigkeiten aufweisen als reines Wasser.

Neuerdings werden "Lecks" in Dichtwandsystemen gezielt eingesetzt, um bewegliche Fluide an diesen Stellen zu lenken aufzubereiten, vgl. die Ausführungen zu semipermeablen Wänden.

Verfahrensbeschreibung: Tabelle 4.27 stellt in einer tabellarischen Übersicht die wesentlichen Verfahren zur vertikalen Sicherung und ihre grundlegenden Eigenschaften dar. Als wesentliche Bauarten von Dichtsystemen kommen niederzubringende Dichtwandsysteme aus Stahl oder Beton sowie Dichtwandsuspensionen auf Zementbasis in Betracht. Es werden auch zementlose Suspensionen erprobt oder Kunststoffolien in die Systeme integriert. Zu den Einbauprinzipien wurden bisher ca. 20 Verfahrensvarianten entwickelt, ergänzt um verschiedenste Fugenabdichtungstechniken (SRU 1995). Im folgenden sollen nur die wesentlichen Verfahren vorgestellt werden.

Bedeutende Verfahren vertikaler Dichtwandsysteme sind nach dem *Aushubprinzip niedergebrachte Schlitzwände* sowie nach dem *Verdrängungsprinzip eingebrachte Rüttelbohlen-Schmalwände.* Durch die eingebrachten Wände und die erzielte Verdichtung der umliegenden Bodenbereiche wird eine reduzierte Wasserdurchlässigkeit erreicht.

I.d R. sind nach dem Stand der Technik k_f-Werte von 10^{-10}- 10^{-12} m/s erreichbar. Spund- und Schmalwände erreichen nach SRU minimale Durchlässigkeiten von 10^{-9} m/s; durch den Einsatz verschweißter HDPE-Bahnen können sogar k_f-Werte von bis zu 10^{-15} m/s erreicht werden. Die nach dem Stand der Technik maximal realisierbare Bautiefe der Verfahrenssysteme wird mit ca. 30 - 60 m angegeben, 100 m gelten als technisch "machbar" (SRU 1995, Nr. 483-487). Im folgenden werden die Dichtwandsysteme (Tabelle 4.28) kurz charakterisiert.

Stahlspundwände setzen sich aus einzelnen Metallbohlen zusammen, welche einzeln oder in Gruppen in den Boden gerammt oder gerüttelt werden. Sie sind über sog. Schlösser, d.h. ineinanderfassende "Haken", miteinander verbunden Diese Schlösser sind herstellungsbedingt nicht vollständig wasserdicht. Diese Lücken können sich u.U. jedoch durch eingespülte feinkörnige Bodenpartikel mit der Zeit zusetzen, so daß die Wasserdichtigkeit erhöht wird. Stahlspundwände sind ca. 2 cm dick und bis in Tiefen von 20 - 30 m niederzubringen.

Bohrpfähle bestehen aus der überschneidenden Aneinandereihung einzelner Betonpfeiler. Diese werden am Einbauort in vorbereitete Bohrlöcher gegossen. Die Dichtwirkung ergibt sich durch die *Überschneidung* der einzelnen Pfähle. Um Undichtigkeiten aufgrund der beim Bohren unvermeidlichen Bohrabweichungen zu vermeiden, wird zunächst nur jeder zweite Pfahl gesetzt, wobei deren Abstände kleiner als der Pfahldurchmesser sein muß. Dazwischen wird nach weitgehender Aushärtung der Pfähle dann die übrigen Bohrungen gesetzt, wobei auch Teile der bereits gesetzten Pfeiler aufgebohrt werden. Anschließend erfolgt das Setzen der fehlenden Pfeiler. Die Bohrungsdurchmesser betragen ca. 0,4 bis 1 m, die bisher maximalen Bohrtiefen ca. 40 m.

Zur Herstellung von *Schmalwänden* werden sogenannte Vortriebskörper, z.B. Spundwände, durch Rammen, Hochdruckspülen oder Vibration bzw. Rüttelverfahren in den Boden niedergetrieben. Beim Herausziehen dieser Körper wird aus an der Unterkante angebrachten Düsen eine aushärtende Dichtmasse in den entstandenen Hohlraum sowie umliegende Bodenbereiche eingespritzt. Als Dichtmassen werden Suspensionen von Zement, Ton bzw. Bentonit oder auch spezielle Dichtwandmittel eingesetzt. Schwalwände weisen eine Dicke von ca. 5 bis 20 cm auf und sind bis in Tiefen von 30 m niederzubringen; sie gelten als Verfahren mit relativ geringem Verbrauch an Dichtmaterial.

Tabelle 4.28. Wesentliche Konstruktionsprinzipien vertikaler Dichtwandsysteme (Müller-Kirchenbauer 1993)

Verfahren	Baustoffe	Dicke der Wand (m)	bislang größte erreichbare Tiefe (m)	Kontrollmöglichkeit auf Einhaltung der geforderten Einbindetiefe	Kontrollmöglichkeit während der Herstellung insbesondere auf Leckagen	Herstellbarkeit bei Hindernissen (z. B. Steinblöcke)	Lebensdauer 50 Jahre	chem. Beständigkeit	mittlere Kosten in DM je m^2 Dichtwand bei einschaliger Ausführung[m]
Spundwände	Stahl	0,01–0,02	15–20	–	–	–	0[k]	–	200,– ÷ 300,–
Bohrpfahlwände	Beton, Dichtwandsuspensionen[b]	0,6 –1,5	25–30[h]	+	0	0	+	+	400,– ÷ 450,–
Schmalwände	Dichtwandsuspensionen[b]	0,05–0,20	15–20	–	0	–	+	+	80,– ÷ 110,–
Schlitzwände Zweimassensystem	Beton, Dichtwandsuspensionen[b] neue Entwicklungen[c]	0,4 –1,5	> 50	+	+	+	+	+	400,– ÷ 600,–
Schlitzwände Einmassensystem	Dichtwandsuspensionen[b] Einsatz neuer Additive[d] u. neuer Bindemittel[e]	0,4 –1,5	20–30	+	+	+	+	+	200,– ÷ 300,–
Gerammte Schlitzwand[a]	Beton, Erdbeton	0,4	8–10	–	0	0	+	+	200,– ÷ 300,–
Injektionsdichtungen	Stabilisierte HOZ-Suspensionen, Dicht-Injektionsmassen, Chem. Lösungen, neue Entwicklungen[f]	1,0 bis beliebig[g]	> 100	0	0	+	+	+	350,– ÷ 450,–
Jet-Grouting-Verfahren	Dichtsuspensionen[b]	1,0 bis beliebig	20–30[i]	0	0	0	+	+	450,– ÷ 600,–
Kombinationsdichtungen mit Folie	Dichtwandsuspensionen[b] in Kombination mit HDPE-Folien	Folie ca. 0,002, Dichtwand 0,5–1,0	20–25[j]	+	0	+	?[l]	+	250,– ÷ 350,–

Nach bisherigen Erfahrungen:

+ durchführbar
0 begrenzt durchführbar
– nicht durchführbar

+ vorhanden
0 begrenzt vorhanden
? unbekannt

Schlitzwände werden ähnlich wie die beiden letztgenannten Verfahren in zwei Arbeitsgängen aus einzelnen Elementen gefertigt. Mittels des sog. Schlitzwandgreifers werden einzelne, mehrere Meter lange Gräben im Bereich der geplanten Dichtwand ausgehoben und mit der Dichtesuspension verfüllt (Primärlamellen). Die schnelle Verfüllung dient auch der Stabilität der Grabenwandungen. Nach dem die Suspension erstarrt ist, erfolgt der Aushub der zwischenliegenden Wandungsbereiche (Sekundärlamellen). Diese werden gleichfalls mit Dichtwandsuspension verfüllt. Die Breite der einzelnen Lamellen richtet sich nach der Greifweite der Schlitzwandbagger; sie beträgt i.d.R. zwischen 2,8 und 5,5 m bzw. bei ausreichender Stabilität der Schlitzwandungen auch bis zu drei Greifweiten. Nach dem Aushärten ergeben sich lediglich geringfügige Fugen zwischen den einzelnen Lamellen. Schlitzwände können im oben beschriebenen *Einmassenverfahren* oder im *Zweimassenverfahren* niedergebracht werden. Bei letzterem wird in die eingebrachte Stützsuspension anschließend die eigentliche Dichtwandmasse eingespritzt. Die dabei verdrängte Stützmasse wird für eine Wiederverwendung aufbereitet. Beim Einmassenverfahren werden als Stütz- bzw. Dichtwandsuspensionen Zemente, Tone/Bentonite oder spezielle Dichtwandmittel bzw. Bindemittel eingesetzt. Beim Zweimassenverfahren wird zusätzlich als Dichtmasse Beton eingebracht.

Mittels der Greifer können Wände bis in ca. 50 m Tiefe errichtet werden; mittels des Einsatzes von Fräsen sind maximale Tiefen von 170 m möglich. Die Wandstärken betragen 0,5 bis 1 m. Bei Setztiefen von max. 12 Metern ist auch die kontinuierliche Herstellung einer Wandung mittels sog. Tieflöffelbagger möglich.

Abb. 4.26. zeigt das Vorgehen bei der Herstellung einer Einmassenschlitzwand und Abb. 4.27. die Herstellung einer Zweimassendichtwand. Zweimassenschlitzwände können mittels Schlitzwandfräsen (sog. Hydrofräsen) hergestellt werden Hierbei wird das noch nicht ausgehärtete Material bearbeitet. Werden Schlitzwandgreifer eingesetzt, so ist die Verschalung des ausgehobenen Kernbereiches an den Stirnseiten mit Abschalrohren erforderlich. Beim Abteufen des Nachbarschlitzes können sich hier jedoch Undichtigkeiten ergeben, da der sich ablagernde Bentonitfilm keine ausreichende Dichtigkeit aufweist.

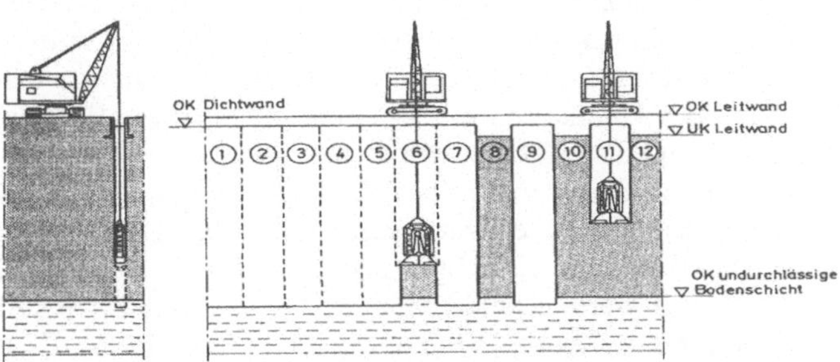

Abb. 4.26. Herstellung einer Einmassenschlitzwand (Müller-Kirchenbauer 1993)

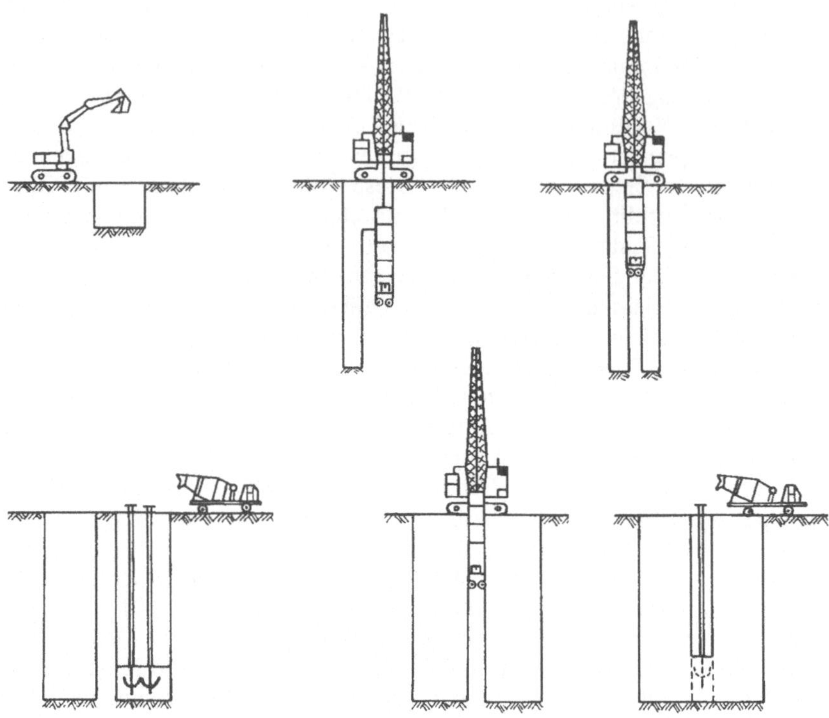

Abb. 4.27. Herstellung einer Zweimassenschlitzwand (Müller-Kirchenbauer 1993)

Ein Sonderverfahren stellt die Niederbringung von *Rammschlitzwänden* dar. Hierbei werden längliche Hohlkästen in den Boden eingerammt. Diese sind unten mit einer Metallplatte abgedichtet und miteinander über Schlösser verbunden, ähnlich wie Spundwände. Wenn drei oder vier dieser Kästen gesetzt worden sind, wird der zuerst gesetzte Kasten mit der Dichtwandsuspension gefüllt, von der Bodenplatte gelöst und unter Verlust selbiger wieder entnommen. Dies erfolgt mittels eines sog. Vibrationsbärens, welcher die Füllmassen verdichtet. Mit einer neuen Sohlenplatte versehen kann der Hohlkasten erneut eingesetzt werden. Rammschlitzwände sind ca. 4 cm dick und bis in Tiefen von 25 m einsetzbar.

Bei *Kombinationsdichtwänden* werden über Schlösser verbundene Kunststoffbauelemente in eine im Einmassenverfahren niedergebrachte Dichtwand eingebaut. Die Kunststoffplatten sind ca. 10 m breit und 2 - 3 mm dick. Die Dicke des gesamten Dichtsystems liegt wie bei Schlitzwänden bei ca. 0,4 bis 1 m. Als maximale Einsatztiefen werden derzeit ca. 30 m angegeben (Wille 1993). Es können auch zwei Kunststoffplatten in geringem Abstand parallel angeordnet werden. Durch die im Innern befindliche Dränschicht ist eine Prüfung der Dichtigkeit möglich.

Eine Neuentwicklung stellen die sog. *permeablen Behandlungswände* dar. Hierbei wird in eine doppelwandige Schalung ein Filtermedium eingebracht. Der natürliche Grundwasserstrom passiert diesen Wandungsbereich. Durch selektive Sorption bzw. Reaktion können hier Schadkomponenten zurückgehalten bzw. entfernt werden; weitgehend gereinigtes Wasser verläßt das System. Es handelt sich um eine Grundwassersanierung, welche nicht durch Abpumpen, sondern eher durch charakteristische Sicherungsmaßnahmen erzielt wird, indem eine Wand quer zur Schadstoffflußrichtung errichtet wird, in welcher die Abreinigung der Schadstoffe erfolgt. Diese Barriere kann als Graben in ihrer ganzen Breite durchlässig ausgeführt werden. Es können aber auch nur einzelne Teilbereiche permeabel und die übrigen Wandbereiche dicht ausgeführt sein. Hier ergibt sich eine gezielte Stromführung zu den Filterelementen entlang der Wandungen ("Funnel-and Gate"-Prinzip, vgl. Abb. 4.28.).
Die Filtermaterialien können zwischen Schalungsmauern eingefüllt werden. Zusätzlich sind diese von außen mit einer Kiesschicht umschalt. Die Auswahl der Filtermaterialien richtet sich nach dem im Grundwasser enthaltenen Schadstoffspektrum.
Mittels Eisenspänen können chlorierte Kohlenwasserstoffe reduziert werden; Adsorberharze und Ionenaustauscher ermöglichen die Abtrennung von Schwermetallen; Aktivkohle kann zur Abscheidung organischer Schadstoffe (BTEX, Mineralölkohlenwasserstoffe, PAK, auch CKW) eingesetzt werden. Zusätzlich werden i.d.R. pH-Regulatoren (z.B. Kalkstein) mit eingebaut (Beitinger 1996). Die Ionenaustauscherharze können nach Erreichen der Durchbruchkonzentration ausgetauscht werden. Angaben zu typischen Standzeiten liegen derzeit nicht vor.

Als Einbautiefen werden für offene Gräben ca. 10 m, für Spundwände ca. 20 m und für Sonderverfahren auch größere Tiefen angegeben (Beitinger 1996).

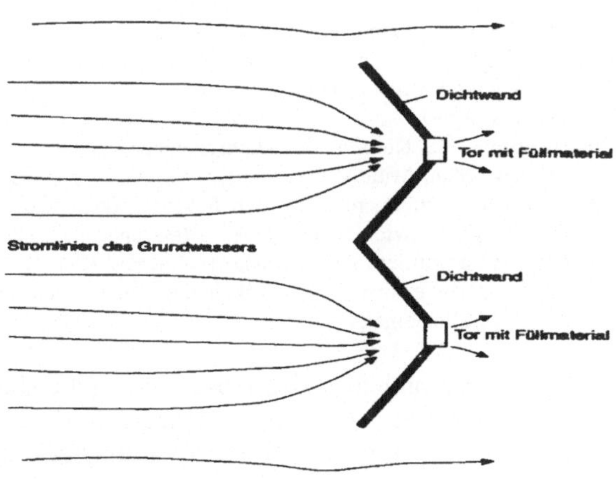

Abb. 4.28. "Funnel and Gate"-Prinzip (Beitinger 1996)

Mittels Hochdruck wird bei den Injektionsverfahren eine Dichtwandsuspension oder Wasser bei Drücken von ca. 1000 bar im Bereich der zu erstellenden Dichtwand eingepresst. Dabei verhärtet der gelöste Boden zu einer homogenen Masse mit geringeren Durchlässigkeitswerten (Wille 1993). Die Dicke der errichteten Dichtwände beträgt ca. 1 bis 2 m, die maximal erreichbare Tiefe ca. 20 bis 80 m.

Dichtwandmassen: Neben den Spundwänden weisen insbesondere die mineralischen Dichtwandmaterialien sowie die Kombinationsdichtwände eine große Bedeutung in der Praxis auf. Derzeitige Trends weisen auf einen vermehrten Einsatz von aufbereiten Mineralstoffen sowie organisch modifizierten anorganischen Bindemitteln hin (SRU 1995).

Die Auswahl des einsetzbaren Materials richtet sich nach den Einsatz- sowie Herstellungsbedingungen. Typische mineralische Dichtwände bestehen aus den folgenden Komponenten in unterschiedlicher Zusammensetzung:

- Bentonit (Na- oder Ca-Bentonit),
- Hydraulische Bindemittel,
- Mineralischen Füllstoffe (Hüttensand),
- Wasser und
- Zusatzmittel (Abbindeverflüssiger, -verzögerer, -beschleuniger).

In der Regel bestehen *Einmassendichtwände* aus einer Natriumbentonit-Zementmischung. Pro Kubikmeter Dichtwand werden 30 - 50 kg Natriumbentonit, 180 bis 220 kg Zement und ca. 900 kg Wasser benötigt. Der Feststoffanteil der Dichtwand liegt bei lediglich 10 % (i.d.R. maximal 500 kg/m^3), den größten Gewichtsanteil macht das in Hydraten oder frei eingebundene Wasser aus.

Bessere Dichteigenschaften werden durch die Erhöhung des Feststoffanteils und die Verwendung von Calciumbentonit anstelle des Natriumbentonits erzielt ($k_f = 10^{-11}$ m/s anstatt 10^{-9} m/s). Beim *Zweimassenverfahren* besteht die Dichtwand i.d.R. aus Bentonit, Tonmehl, Zement, Gesteinsmehl oder anderen Zuschlägen wie Sand oder anderen Mineralstoffen. Feststoffgehalte können hier bis zu 2000 kg/m^3 betragen. Die Durchlässigkeiten der *Wandkörper* liegt bei ca. 10^{-11} bis 10^{-12} m/s. Für das *Gesamtsystem* (incl. Fugen zwischen den einzelnen Körpern) ergibt sich jeweils ein um den Faktor 10 bis 100 schlechterer Wert.

Sehr geringe Restdurchlässigkeiten und hohe Chemikalienresistenz weisen gelgebundene Baustoffe auf, welche anstelle des Zementes als Bindemittel modifizierte Hydrosilikatgele verwenden (unter Zusatz von Organosilikaten oder quartären Ammoniumverbindungen). Die Beständigkeit dieser Verbindungen gegenüber einem mikrobiellen Abbau ist bisher nicht abschließend untersucht (SRU 1995, Nr. 484).

Kombinationsdichtwände: Bei Kombinationsdichtwänden können als Diffusionssperre Kunststoffbahnen eingesetzt werden. Mittels dieser Zusatzschicht kann die Durchlässigkeit der meisten Systeme für viele Schadkomponenten um den Faktor 1000 reduziert werden (Fischer 1993). Es wurden auch Konzepte entwickelt, bei denen Glaswände im Schutz einer mineralischen Dichtmasse niedergebracht wurden. Als Kunststoffbahnen werden LD-PE, HD-PE- oder PVC-Bahnen eingesetzt. Eine geringe Restdurchlässigkeit liegt im Bereich der unvermeidbaren Spalte zwischen den einzelnen Bahnelementen vor.

Entwicklungsstand: Im herkömmlichen Grundbau sind zahlreiche Verfahren zur Abdichtung mittels Dichtwänden erfolgreich eingesetzt worden, z.B. zum Trokkenhalten von Baugruben oder zum Talsperrenbau (Müller-Kirchenbauer 1993). Somit kann grundsätzlich auf eine lange Erfahrung in diesem Bereich zurückgegriffen werden. An die Sicherung von Altlasten werden jedoch strengere Maßstäbe hinsichtlich der Dichtigkeit der Wandungen angelegt, als dies im herkömmlichen Grundbau die Regel ist. Daher mußten und müssen die bestehenden Wandungssysteme weiterentwickelt und verbessert werden. U.a. werden derzeit betonlose Dichtwandmassen für die Schlitzwandverfahren auf Basis organischer Verbindungen entwickelt (Müller-Kirchenbauer 1993). In der Erprobung befinden sich das Jet-Grounding-Verfahren sowie das Verfahren der gerammten Schlitzwände. Der alleinige Einsatz von Spundwänden ist bisher in der Bundesrepublik nicht zur Sicherung von Altlasten realisiert worden. I.d.R. dienen sie der unterstützenden Sicherung z.B. bei der Auskofferung. In den Niederlanden wurden Sicherungsmaßnahmen durch alleinige Spundung durchgeführt (Mesek 1989).

Die permeablen Wandsysteme befinden sich derzeit noch im Entwicklungsstadium. Das Grundprinzip wurde in den USA entwickelt und in ersten Pilotversuchen in den USA und Kanada realisiert. In Deutschland ist das Prinzip noch nicht großtechnisch erprobt, sondern erst ansatzweise entwickelt worden.

Sicherungsvermögen: Eine *Dekontamination* findet bei Sicherungsmaßnahmen nicht statt. Die Effektivität der Maßnahme kann jedoch über das *Stoffrückhaltevermögen (Sicherungsvermögen)* der vertikalen Dichtwände beschrieben werden. Wesentliche Anforderungen werden in diesem Zusammenhang an die Dichtigkeit und die chemisch-physikalische Beständigkeit der Dichtwände gestellt.

Ein häufig verwendetes Maß für die Dichtigkeit stellt die stoffspezifische Restdurchlässigkeit für Wasser (der K_f-Wert) dar. Dieser Wert wird i.d.R. für reines Wasser angegeben; bei Vorhandensein von Schadstoffen als freie Phase oder als Bestandteile des Sickerwassers kann er jedoch um eine bis mehrere Zehnerpotenzen höher liegen (Müller-Kirchenbauer 1993). Daher sind in jedem Falle Laboruntersuchungen zur Auswahl der geeigneten Dichtwandmaterialien für den jeweiligen Praxisfall unerläßlich. Die Auswahl der zugrundezulegenden Sicherungsleistungen erfolgt auf Basis der Gefährlichkeit der einzuschließenden Schadstoffe, vgl. Kapitel 2, Sanierungsziele. So sind an eine Dichtwand für eine Sonderabfalldeponie mit einer Vielzahl problematischer Inhaltsstoffe höhere Anforderungen bezüglich der Dichtigkeit zu stellen als an die Abdichtung einer Deponie mit weitgehend inerten Ablagerungen. Grundsätzlich werden nahezu alle Kontaminanten durch die Wandungen zurückgehalten.

Die Durchlässigkeit der Wandungen für einzelne Verbindungen ist i.d.R. eine Funktion des Feststoffgehaltes der Wandung. Mit steigendem Feststoffanteil sinkt die stoffspezifische Durchlässigkeit des Systems, vgl. die Ausführungen zu Dichtwandmassen. Beim Einmassenschlitzwandverfahren betragen z.B. die maximal erreichbaren Dichten ca. 1,5 t/m^3, beim Zweimassenverfahren bis zu 1,8 t/m^3. Typische Werte für die Durchlässigkeiten und Einsatztiefen für die einzelnen Wandsysteme sind in Tabelle 4.28. wiedergegeben.

Nach dem Stand der Technik sind Bautiefen von ca. 30 - 60 m erreichbar. Die größten erreichbaren Sanierungstiefen wurden bislang mittels Injektionsverfahren erzielt (100 m). Ein- bzw. Zweimassenschlitzwände sowie Jet-Grounding-Verfahren sind ebenfalls für größere Tiefen geeignet. Hier ist das Setzen der Schlitze unproblematisch, das störungsfreie Verfüllen mit Dichtmasse in Tiefen von ca. 100 m aber problematisch. Die übrigen Verfahren erreichten in der bisherigen Praxis Einsatztiefen von lediglich ca. 20 m.

Maximale Dichtwirkungen werden über Kombinationsdichtungen mit integrierten Folien erreicht (k_f -Werte von bis zu 10^{-15} m/s). Spund-, Bohrpfahl- bzw. Schlitzwände erzielen deutlich höhere Durchlässigkeitswerte und somit geringere Dichtwirkungen ($k_f = 10^{-7}$ - 10^{-8} m/s). Dem Stand der derzeitigen Technik entsprechen Dichtwirkungen mit k_f-Werten von ca. 10^{-10} m/s (SRU 1995). Wandungen mit k_f -Werten von ca. 10^{-11} m/s und darunter werden als undurchlässig bezeichnet. Mittels des Einmassenschlitzwandverfahrens lassen sich nur wenig anspruchsvolle Dichtwirkungen erzielen. Das Zweimassendichtwandsystem ist geeignet, günstige Dichteigenschaften zu erreichen (SRU 1995).

Zur Festlegung der *physikalischen und chemischen Eigenschaften* der eingesetzten Baustoffe kann auf die Angaben in einschlägigen DIN-Normen zurückgegriffen werden, so z.B. für Bentonit die Beschreibung nach DIN 4127, für hydraulische Bindemittel nach DIN 1164 oder für Wasser nach DIN 4030 unter Angabe der Gesamt- und Carbonathärte. Dichtungsschmalwände können nur schlecht bei vorhandenen Hindernissen im Boden eingesetzt werden; solche Hindernisse müssen umgangen werden.

Fallbeispiel: Bei der ehemaligen Sonderabfalldeponie Breitscheid sollte ein langfristiges Sicherungskonzept entwickelt werden. Es handelte sich um eine mit Sonderabfällen verfüllte ehemalige Tongrube. Das zurückzuhaltende Sickerwasser aus der Deponie wies hohe Salzfrachten, Schwermetalle sowie organische Belastungen (z.B. PCB, HKW) auf. Aufgrund der Problematik der Inhaltsstoffe wurde ein Zielwert für die Dichtigkeit von $k_f > 10^{-9}$ m/s gefordert. Zur Auswahl geeigneter Dichtwandmaterialien wurden auf dieser Basis Laborversuche durchgeführt. Spundwände, Schmalwände und gerammte Schlitzwände schieden aufgrund unzulässiger Dichtigkeit aus. Zementhaltige Dichtwandmassen erreichten in Laborversuchen keine ausreichende Festigkeit bei Sickerwasserbeaufschlagung. Besser geeignet waren für diesen speziellen Fall zementfreie Dichtwandmassen (Düllmann 1993).

Emissionen/Reststoffe: Beim Einsatz von Sicherungsverfahren werden keine verfahrensbedingten *Luftpfademissionen* freigesetzt. Lediglich im Rahmen der Bautätigkeiten sind im Vergleich zu den meisten Dekontaminationsverfahren unwesentliche Emissionen (Baufahrzeuge) zu erwarten. In Abhängigkeit von der vorhandenen Oberflächenabdeckung und der Art der vorhandenen Schadstoffe ist die Ausgasung leichtflüchtiger Schadstoffe möglich.

Ausgehend vom Einsatz schweren Rammgerätes sind Lärmemissionen sowie Erschütterungen während des Niederbringens der Wandungen zu erwarten. Hierbei lassen sich i.d.R. keine passiven Schallschutzmaßnahmen ergreifen, da die Arbeiten im Freien ausgeführt werden und aufgrund des relativ schnellen Baufortschrittes keine Einhausung möglich ist.

Stahlspundwände sind nicht vollständig *wasserdicht.* Aus den fertigungstechnischen Toleranzen ergeben sich im Bereich der Schlösser Undichtigkeiten. Bei Bohrpfahlwänden ergibt sich aufgrund der Vielzahl von einzelnen "Schlössern" die Möglichkeit von Undichtigkeiten und damit des Austritts von Kontaminationen des Grundwasser, vgl. hierzu die Ausführungen im vorherigen Abschnitt zum Sicherungsvermögen. Undichtigkeiten ergeben sich auch im Übergangsbereich einzelner Wandelemente bei Schlitzwänden, Schmalwänden oder Bohrpfahlwänden (Müller-Kirchenbauer 1993).

Bei der Errichtung von Spundwänden fallen Erdaushub sowie baustellentypische *Abfälle* an. Da die Wandungen im nicht kontaminierten Bereich niedergebracht werden, können diese Abfälle i.d.R. auf Bauschuttdeponien verbracht werden. Beim Zweimassenverfahren fallen Stützsuspensionen an, welche u.U. auf Sonderabfalldeponien entsorgt werden müssen.

Langzeitverhalten/Kontrollierbarkeit des Sicherungserfolges: Eine Kontrolle des gewünschten Sicherungserfolges ist insgesamt nur schlecht möglich. Eine Zugänglichkeit der Dichtwände ist somit nicht gegeben; die Probenahme von Dichtwandmaterial muß wegen der dadurch erzielten Störung des Systems unterbleiben. Langfristig ergibt sich häufig eine zeitliche Veränderung des Schadstoffrückhaltevermögens der Systeme.

Bei *Stahlspundwänden* können sich die Schlösser mit der Zeit durch eingespülte Feinkornpartikel zusetzen. Daraus kann sich eine verbesserte Wasserdichtigkeit ergeben. Nach Müller-Kirchenbauer kann jedoch von einer zuverlässigen Sicherheit dieser Dichtwirkung nicht ausgegangen werden, insbesondere nicht über die gesamte Schloßlänge. Tabelle 4.29. zeigt typische Möglichkeiten für Undichtigkeiten bei Dichtwandsystemen. Leckagemöglichkeiten ergeben sich insbesondere sowohl im Anschlußbereich zu benachbarten Dichtwandsystemen als auch im Bereich der Basisabdichtung. Schlitzwände gewährleisten bei sorgfältiger Errichtung eine weitgehend leckagefreie Anbindung der Elemente untereinander und gegenüber der Untergrundabdichtung. Problematisch wirken sich hier jedoch Instabilitäten der Wandungen aus.

Bei allen *mineralischen Dichtsystemen* ist mit einer zeitlichen Veränderung der Durchlässigkeit auszugehen. Aufgrund von chemischen Reaktionen kann eine Reduzierung der Dichtwirkung auftreten. Langzeitversuche haben hier günstigere Eigenschaften für Calciumbentonite gegenüber Natriumbentoniten ergeben. Seit 1984 werden in diesem Zusammenhang auf der Deponie Malsch im Rahmen eines Großversuches verschiedene Dichtwandsysteme auf ihre Langzeitbeständigkeit hin untersucht, unter anderem auch in stark schadstoffhaltigem Untergrund. Für die meisten Dichtwandsysteme wird eine Lebensdauer von mindestens 50 Jahren angegeben (Müller-Kirchenbauer 1993). Stahlspundwände können diesen Zeitraum jedoch nur bei Verwendung schwerer Spundwandprofile erreichen, ansonsten ist korrosionsbedingt eine geringere Lebensdauer zu erwarten. Zur Lebensdauer eingebauter Kunststoffolien liegen bisher keine ausreichenden Erfahrungen vor.

Kapazität: Angaben zur Kapazität sind bei baulichen Maßnahmen wie horizontalen oder vertikalen Dichtwänden nicht möglich. Technisch lassen sich beliebig große Bereiche mit Dichtwänden einschließen. Maximale Bautiefen sind in Tabelle 4.28 dargestellt.

Einen weiteren Aspekt der vertikalen Sicherung stellt die Veränderung der Grundwassersituation dar. Dies ist jedoch nur bei großflächigen, eingekapselten Altlasten von Bedeutung.

Kosten: Wesentliche kostenrelevante Faktoren stellen die ausgewählten Materialien und die Anzahl der eingebauten Barrieresysteme dar. Für Mehrbarrierensysteme ist grob eine proportionale Kostenerhöhung zur Anzahl der Dichtwandsysteme zu erwarten, d.h. z.B. Verdoppelung der Kosten bei Errichtung einer zweiten Wandung u.s.w.. Aufgrund der hohen Kosten von Mehrbarrierensystemen wurden in Deutschland bisher überwiegend Einmassenverfahren realisiert (Müller-Kirchenbauer 1993). Die Kosten für Spundwände werden mit 80 - 280 DM/m^2 Wandfläche angegeben, für Schlitzwände mit 110 - 350 DM/m^2 und für Schmalwände mit 35 DM/m^2, vgl. auch Tabelle 4.28. Höhere Kosten für bessere Dichtwandsysteme (z.B. Mehrmassenschlitzwand) werden häufig durch geringere Betriebskosten aufgrund geringerer Pumpkosten gegenüber einfachen Systemen (z.B. Einmassenverfahren) aufgefangen.

Standortcharakteristika/Infrastruktur: Die Durchführung von Sicherungsverfahren ist nahezu unabhängig von den vorliegenden Untergrundverhältnissen. Voraussetzung für das Niederbringen von Spundwänden ist eine ausreichende Standfestigkeit des Bodens. Werden einzelne Lamellen ohne vorherigen Bodenaushub in den Boden getrieben, so können eventuell vorhandene größere Steine o.ä. die Lamellen zerstören bzw. ablenken. U.U. tritt so kein ausreichender Schluß zwischen den einzelnen Elementen auf.

Fazit: Dichtwandsysteme stellen eine effektive Möglichkeit zur vertikalen Abdichtung von Altlasten und damit zur Unterbrechung des Gefährdungspfades "Grundwasser" dar. Dabei ist jedoch zu berücksichtigen, daß es sich hierbei nicht um eine Dekontaminationsmaßnahme handelt und die Schadstoffe nicht zerstört werden. Somit erfolgt im wesentlichen lediglich eine Problemverlagerung in die Zukunft.

Die einzelnen vertikalen Sicherungstechnologien weisen unterschiedlich aufwendige Dichtwandsysteme und damit auch ein unterschiedliches Schadstoffrückhaltevermögen auf. Die Verfahren arbeiten entweder mit Bodenaushub und anschließender Verfüllung mit Dichtwandmaterial (Bohrpfahlwände, Ein- bzw. Zweimassenschlitzwände) oder dem Einrammen von Dichtwänden in den Boden (z.B. Spundwände, Rammschlitzwände, Schmalwände). Die Auswahl eines geeigneten Dichtwandsystems kann nur auf Basis von Laboruntersuchungen erfolgen.

Dichtwände können weitgehend unabhängig vom Schadstoffspektrum eingesetzt werden. Beim Setzen der Wandelemente sind eventuell störende Bodenparameter zu berücksichtigen (Störkörper, fehlende Stabilität des Untergrundes).

Umfangreiche Emissionen (Luftpfad, Abwasser und Abfall) sind nicht zu erwarten. Erschütterungen und Lärmemissionen treten jedoch während der Errichtung der Dichtwandsysteme auf. Die Kontrolle der Sicherungsleistung (analog zur Reinigungsleistung bei Dekontaminationsverfahren) ist schwierig zu gewährleisten. Hier werden in Abhängigkeit vom jeweiligen Verfahren nach spezifischen Lösungen gesucht. Die Wandsysteme bedürfen einer ständigen Überwachung; sie sind bezüglich ihrer Beständigkeit auf ca. 50 Jahre ausgelegt. Auf Basis von Untersuchungen sind bei Undichtigkeiten u.U. weitere Maßnahmen erforderlich (z.B. Erneuerung der Dichtwandsysteme oder Dekontamination der Bodenmassen).

Tabelle 4.29 Typische Möglichkeiten für Undichtigkeiten bei Dichtwandsystemen (Müller-Kirchbauer 1993)

Verfahren	Durch übliche Herstellungskontrollen nicht feststellbare Leckageursachen	
	im Anschlußbereich benachbarter Dichtungselemente	im Einbindebereich der Dichtungselemente (Fußbereich)
Spundwände	„Schloßsprengung"; Aufrollen von Spundbohlen beim Antreffen von Hindernissen	fehlende Anbindung an Basisdichtung; durchhaltende Sandlinsen am Spundwandfuß
Bohrpfahlwände	bei Vertikalitätsmessungen und Nachweis der Überschnitte theoretisch nicht vorhanden	bei kontinuierlicher Beobachtung des Bodenaushubs theoretisch nicht vorhanden
Schmalwände	bei Vertikalitätsmessungen und Nachweis der Überschnitte theoretisch nicht vorhanden	fehlende Anbindung an Basisdichtung; durchhaltende Sandlinse am Schmalwandfuß, ausreichende geotechnische Bewertung erforderlich
Schlitzwände Zweimassensystem	Einschlüsse von Sandnestern durch „Sandregen" oder von Stützsuspension im Fugenbereich	bei kontinuierlicher Beobachtung des Bodenaushubs theoretisch nicht vorhanden
Schlitzwände Einmassensystem	bei Vertikalitätsmessungen und Nachweis der Überschnitte theoretisch nicht vorhanden	bei kontinuierlicher Beobachtung des Bodenaushubs theoretisch nicht vorhanden
Gerammte Schlitzwände	„Schloßsprengung" durch Sand- und Bodeneintrieb zwischen benachbarten Kastenelementen	fehlende Anbindung an Basisdichtung; durchhaltende Sandlinse am Dichtwandfuß; Verschleppen grobkörniger Überlagerungsböden am Fuß der Kastenelemente bis in Basisabdichtung mit der Folge von Umläufigkeiten
Injektionsdichtungen	fehlender Überschnitt zwischen einzelnen Injektionskubaturen, wenn Reichweite nicht ausreichend (Überprüfung durch Kontrollbohrungen in Verbindung mit Wasserabpreßversuchen möglich; Nachinjektionen möglich)	bei ausreichender geotechnischer Bewertung und Probeentnahmen im Verlauf der Inj.-Bohrungen im Bereich der Einbindung theoretisch nicht vorhanden
Jet-Grouting-Verfahren	fehlender Überschnitt zwischen einzelnen Jet-Grouting-Elementen, wenn Reichweite nicht ausreichend; „Verschattung" des Jet-Grouting-Strahls durch Hindernisse, Reichweitenreduzierung bei übergroßem hydrostatischem Überdruck	grobe Überprüfung des geförderten Bodens möglich
Kombinationsdichtungen mit Folie (Schlitzwand)	„Schloßsprengung" bei bestimmten Schloßausbildungen für Folie	bei kontinuierlicher Beobachtung des Bodenaushubs theoretisch nicht vorhanden

Die Kosten für eine Sanierungsmaßnahme durch Sicherung lassen sich in DM/m^2 Dichtwand beziffern und nicht direkt mit den Dekontaminationsverfahren vergleichen. Häufig läßt sich derzeit jedoch die Teilkapselung einer kontaminierten Fläche kostengünstiger durchführen als eine Dekontamination. Dabei sind die unmittelbar aufzubringenden Kosten und nicht die Folgekosten für die Instandhaltung der Sicherungssysteme berücksichtigt.

Sicherungsverfahren sind bei bestimmten Kontaminationsmustern und unter bestimmten Rahmenbedingungen (fehlende Möglichkeit des Aushubs aufgrund der Gefahrenpotentiale oder bestehender Flächennutzung) geeignet, die Ausbreitung von Schadstoffen zu verhindern und so eine akute Gefährdung von Schutzgütern zu unterbinden. Hier ist jedoch auch immer die Alternativmöglichkeit einer in-situ-Sanierung zu prüfen.

4.7.2.3
Nachträgliche Untergrundabdichtungen

Nachträgliche Untergrundabdichtungen sind zur Verhinderung des Zutritts von nachdrückendem, tieferliegendem Grundwasser oder zur Verhinderung des Sickerwasseraustritts ebenfalls geeignet, um eine Kontamination einzuschließen und die Gefärdung von Schutzgütern zu vermeiden. Bisher wurden derartige Systeme jedoch lediglich im Forschungsstadium realisiert (Meseck 1989). Dies liegt in den immens hohen Kosten begründet, welche mit einer solchen Maßnahme verbunden sind. Häufig läßt sich auch durch Oberflächenabdeckungen und vertikale Wandungen eine ausreichende Immobilisierung der im Kontaminationsbereich vorhandenen Schadstoffe erreichen, so daß auf Untergrundabdichtungen verzichtet werden kann. Dichtwände werden bis zu einer (weitgehend undurchlässigen) Bodenschicht niedergebracht und so der Effekt einer Untergrundabdichtung erzielt wird.

Bisher wurden zwei grundsätzliche Verfahren der nachträglichen Untergrundabdichtung entwickelt, das *(Poren-)Injektionsverfahren* und das *bergmännische Verfahren*. In einem großtechnischen Projekt wurde die "*Weichgelinjektion*" erprobt, jedoch konnte hier kein eindeutiger Nachweis der Dichtwirkung erbracht werden (SRU 1995, Nr. 491), da schluffige Horizonte nicht gleichmäßig durchspült worden sind und durch die Probenahme Störungen des Systems hervorgerufen werden. Bergmännische Verfahren konnten bisher das Stadium der Pilotstudien nicht verlassen. Mittelfristig sind hier auch keine neuen Perspektiven zu erwarten (SRU 1995, Nr. 490). Die Kosten solcher Verfahren sind sehr stark einzelfallabhängig und daher nicht wie bei anderen Maßnahmen mit ausreichender Sicherheit pauschal anzugeben. Aufgrund der bisherigen Modellfälle sind Kosten von ca. 1000 DM/m^2 zu erwarten.

Die nachträglich vorgenommene Untergrundabdichtung ist weitaus schwieriger zu errichteten als die Untergrundabdichtung einer neuen Deponie. Die Vielzahl an technischen, organisatorischen und finanziellen Einzelprobleme haben bisher die Realisierung der nachträglichen Abdichtung in Deutschland verhindert.

4.7.3 Immobilisierungsverfahren

Mittels Immobilisierungsverfahren sollen die Eigenschaften eines Kontaminationskörpers (Bereich des Bodens, in welchem Kontaminationen vorliegen) dahingehend geändert werden, daß die Schadstoffaustrittsrate herabgesetzt wird. Dies erfolgt bei den Immobilisierungsverfahren durch Verringerung der Mobilität oder der Mobilisierbarkeit der Schadstoffe. Die Maßnahmen greifen dabei - in Gegensatz zu Dichtwänden oder Oberflächenabdeckungen - direkt an der kontaminierten Bodenmatrix durch Zugabe von Bindemitteln oder Verdichtung des Bodens.

Nach Wittland kann die Verfügbarkeit von im Boden befindlichen Schadstoffen durch folgende chemische, physikalische oder rein mechanische Prozesse herabgesetzt werden:

- *chemische Immobilisierung* durch Überführung der Schadstoffe in schwerlösliche Formen. Dieses wurde bereits in Kapitel 4.5, chemische Verfahren, dargestellt; eine Sonderform der chemischen Immobilisierung wird in diesem Kapitel vorgestellt (Zugabe mineralischer Bindemittel);
- *physikalische Immobilisierung* durch Einschließung der Kontaminationen mittels aushärtender Bindemittel ("Verfestigung");
- rein *mechanische Immobilisierung* durch Verdichtung des Untergrundes zur Reduzierung des Porenvolumens und damit der Durchlässigkeit des Bodens ("Verdichtung").

In der Regel werden die Verfahren bei vorhandenen "Öllinsen" oder bei der Sanierung von Altablagerungen angewandt, auf denen flüssige Sonderabfälle verbracht wurden. Die Verfahren können jedoch nicht nur bei flüssigen Schadkomponenten zum Einsatz gelangen; mittels geeigneter Bindemittel ist auch die Immobilisierung von z.B. Schwermetallen möglich.

Die Begriffe Immobilisierung, Verdichtung und Verfestigung sind in der Literatur nicht eindeutig belegt. Es finden sich unterschiedlichste Einteilungen, Zuordnungen und Definitionen. Im weiteren soll von der *Immobilisierung* als Bezeichnung für die übergeordnete Technologie gesprochen werden. Die *Verfestigung* (durch Bindemittelzusatz) und *Verdichtung* (durch mechanische Verdichtung) stellen dann einzelne Techniken dar.

Die Wirksamkeit von Immobilisierungsmaßnahmen ist sehr stark schadstoff- und matrixspezifisch. So werden leichtflüchtige Schadstoffe durch die Maßnahmen eher freigesetzt als eingeschlossen. Stark verdichtete Bodenbereiche mit bereits geringen k_f-Werten sind mit weniger Aufwand verdichtbar als z.B. durchlässige Bodenbereiche. Bei der Auswahl von zuzusetzenden Bindemitteln sind die zugrundeliegenden Bindungs- und Freisetzungsmechanismen zu beachten. Die wesentlichen, durch den jeweiligen Verfahrenseinsatz zu verändernden Bedingungen im Boden sind die Infiltrationsraten und das Eluationsvermögen.

Im allgemeinen werden folgende Effekte zur Reduzierung der Bioverfügbarkeit der Schadstoffe mittels Immobilisierungsverfahren angestrebt (SRU 1990, Nr. 528):

- Verringerung der Eluierbarkeit durch z.B. physikalische Einschließung der Schadstoffe oder chemische Umwandlung,
- Verringerung der spezifischen Oberfläche durch Agglomeration,
- Verminderung der Staubbildung und Eroierbarkeit,
- Reduzierung der Wasserdurchlässigkeit (Porösität),
- Überführung fließfähiger Schadstoffe in den festen Aggregatzustand und
- Verbesserung der Druckfestigkeit und der Lager- bzw. Tragfähigkeit.

Im folgenden werden die technischen Ausführungen von Verdichtung und Verfestigung in Bezug auf die o.g. Effekte näher erläutert.

Physikalische Immobilisierung - Verfestigung: Die Verfestigung erfolgt in der Regel am ausgehobenen Material oder auch in-situ durch Bindemittelzusatz; es kommen in erster Linie anorganische, selten organische Binder zum Einsatz. Technisch erfolgt ein in-situ-Einbringen der reaktiven Komponenten durch Verpressen in Hohlräume oder durch Injektion; Schlämme oder ausgehobene Bodenmaterialien werden ex-situ durch Vermischung mit Bindemitteln behandelt. Die Komponenten vernetzen und erstarren zu festen Körpern, welche die Schadstoffe umschließen. Die Verfestigung läßt sich z.T. nur schlecht von z.B. chemischen Techniken nach Kapitel 4.5 abgrenzen. In beiden Fällen wird durch Zugabe weiterer Stoffe der Effekt einer reduzierten Schadstofflöslichkeit oder der Verringerung der Auslaugung erreicht. Chemische Verfahren überführen die Schadstoffe in eine nicht oder nur schwer lösliche Form; die Verfestigung verändert die Bedingungen in der Bodenmatrix dahingehend, daß die Auslaugfähigkeit der Bodenmatrix reduziert wird. Die Verfahrensanbieter attestieren dem ausgehobenen, verfestigten Materialien i.d.R. eine unbedenkliche Wiederverwendbarkeit im Straßenbau (SRU 1990).

Die Immobilisierung erfolgt entweder durch die Zugabe von mineralischen Bindemitteln (z.B. Gips, Kalk, Beton), organischen Kunstharzen oder bituminösen Zubereitungen. Tabelle 4.30 zeigt die grundsätzlichen Möglichkeiten der Schadstoffimmobilisierung. Abb. 4.29 zeigt die ex-situ-Verfestigung anhand eines Verfahrensfließbildes.

Schadstoff- und bodenspezifisches Bindungsvermögen: Die Güte einer Verfestigung hängt in starkem Maße von der Eignung der Bindemittel für die spezifischen Schadstoffe bei spezifischen Bodenverhältnissen ab. Ziel ist jeweils die Reduzierung der Auslaugung der Schadstoffe aus der Bodenmatrix; erreicht wird dies durch chemische oder physikalische Bindung der Schadstoffe. Nicht jedes Bindemittel ist für jeden Schadstoff geeignet; in der Regel ist die Bindung der Schadstoffe auch nur unter bestimmten Bodenverhältnissen möglich. Den unterschiedlichen Charakteren der Schadstoffe sowie Beschaffenheiten der Bodenmaterialien muß dabei Rechnung getragen werden. So erfolgt die Bindung von Schwermetallen auf andere Weise als die von organischen, langkettigen Molekülen; die Bindung von Fluiden erfolgt anders als diejenige von (eluierbaren) Feststoffen. Bei sandigen, durchlässigen Böden müssen andere Mechanismen greifen als bei der Sicherung im Bereich bindiger, toniger Böden. Im jeweiligen Praxisfall sind Versuche zur Optimierung der Bindungsmöglichkeiten daher unvermeidbar, um die jeweiligen Verhältnisse zu berücksichtigen. Trotzdem lassen sich einige allgemeingültige Regeln erstellen, nach welchen die Bindemittel für den jeweiligen Praxisfall auszuwählen sind.

Tabelle 4.30. Übersicht der Verfestigungsverfahren

Verfahren	Prinzip	geeigneter Boden	geeignetes Stoffspektrum
CaO-Zugabe (bei Schwermetallen: Zugabe weiter Fällungsreagentien)	Einschluß der Schadstoffe in Carbonathülle; Koagulation der Bodenpartikel; chem. Veränderung reaktiver org. Bestandteile	bindige Böden	organische Schadstoffe in freier Phase (MK, Phenole, BTEX, SHKW), SM
Zugabe bituminöser Verbindungen / Verdichtung	physikalische Adhäsion (Einschluß der Schadkomponenten); Keine Zutrittsmöglichkeiten für flüssiges Transportmedium	nichtbindige Böden (Sand)	(Schwer)Metall, organische Verbindungen in geringer Konzentration
Zugabe bituminöser Vebindungen und CaO Verdichtung	Kombination von Carbonatisierung und Verbesserung der Adhäsion von Bodenpartikeln	nicht bindige Böden	Organische Komponenten, (Schwer)Metall, Mischkontaminationen
Zugabe von FHP (Formaldehyd-Harnstoff-Harze)	Großvolumiges Einbinden der Schadkomponenten in Kunstharz	k.A.	(Schwer)Metall, Cyanide, KW, PAK
Zugabe von Naturasphalt	Großvolumiges Einbinden in die Asphaltmasse	k.A.	stark ölhaltige Phasen in Altablagerungen bzw. Altstandorten

Häufig wird Calciumoxid (CaO) als Bindemittel eingesetzt. Dieses wird in Konzentrationen von 5 - 10 % zugegeben und reagiert mit Wasser zu Calciumhydroxid, welches mit CO_2 zu schwerlöslichen Carbonaten weiterreagiert. Diese Reaktion läuft an der Oberfläche der Calciumhydroxidpartikel ab, welche sich so mit einer "Inertschicht" überzieht. Ist dieses Calciumoxid mit Schadstoffen beladen, beispielsweise Sickerölen, so wird der Schadstoff in den entstehenden Hydroxidpartikeln fein dispergiert. Bei der anschließenden Carbonatbildung werden die Schadstoffe dann durch die entstehende Carbonathülle eingeschlossen.

Das Verfahren kann zur Fixierung von organischen, flüssigen Schadstoffen ebenso wie zur Bindung von Schwermetallen eingesetzt werden. Problematisch wirken sich vorhandene leichtflüchtige Kohlenwasserstoffe aus; sie werden durch die aufgrund der freiwerdenden Hydratationswärme entstehenden hohen Temperaturen (ca. 100 °C) freigesetzt. Das Verfahren ist insbesondere bei bindigen, tonhaltigen Böden einsetzbar (Bölsing 1993). Hier tritt zusätzlich zur Carbonatisierung eine Koagulation der bindigen Bodenbestandteile auf, welche so leicht verdichtet werden können. Somit reduziert sich die Wasserdurchlässigkeit und damit die Eluationsfähigkeit der enthaltenen Schadstoffkomponenten.

Bei nichtbindigen Böden kann der Einschluß von Schadstoffen durch bituminöse Bindemittel erfolgen. Diese können ebenfalls mit CaO gemischt und dem Boden zugegeben werden. Nach einer ausreichenden Reaktionszeit kann die Verdichtung des Bodens erfolgen, wodurch die freien, den Transportflüssigkeiten zugänglichen Oberflächen reduziert werden können. Als weiteres Verfahren wurde auch die Verwendung von Formaldehyd-Harnstoff-Harzen (FHP) untersucht, welche im Boden polymerisieren und so vorhandene Schadstoffe einschließen können. Da die Polymerisation nur im stark sauren pH-Bereich stattfindet, ist jedoch unter diesen Bedingungen die Freisetzung von Schwermetallen möglich. Außerdem ist eine erneute Freisetzung der eingebundenen Schadstoffe durch einen - derzeit diskutierten - biologischen Abbau der Harze möglich.

In der Regel werden die Verfahren ex-situ in verfahrenstechnischen Anlagen durchgeführt, es sind jedoch auch sog. Beet- oder Freilandverfahren dokumentiert (Bölsing 1993). Zur Behandlung in Anlagen wird der Boden in jedem Falle ausgekoffert und ggf. aufbereitet (klassiert, gemahlen). In einer Mischeinrichtung erfolgt die Homogenisierung des Bodens und die Mischung mit dem gemahlenen Calciumoxid. Hierzu werden bei kontaminierten Böden i.d.R. Pflugscharmischer eingesetzt. Bei Freilandverfahren können auch Fräsen und Streugeräte zur Vermischung verwendet werden (Bölsing 1993).

Die anschließende Hydratation erfolgt durch Wasserzugabe entweder am Freilandbeet oder innerhalb einer geschlossenen Anlage. Letztere besitzt nachgeschaltete Abluftreinigungs- bzw. periphere Steuer- und Regeleinrichtungen. Eine zusätzliche Verdichtung sollte innerhalb der nächsten 2 bis 12 Stunden vor Einsatz des Erhärtungsprozesses erfolgen.

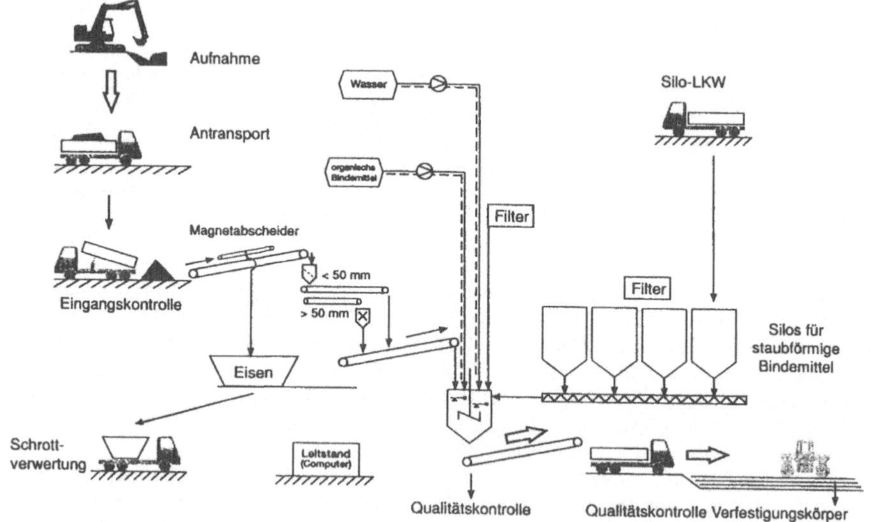

Abb. 4.29. Verfahrensfließbild zur ex-situ-Verfestigung (Beckefeld 1993)

Mechanische Immobilisierung - Verdichtung: Durch mechanische in-situ-Verdichtung der Bodenmatrix wird eine Verringerung des Porenvolumens und damit der Durchlässigkeit und der spezifischen Oberfläche erreicht. Die Verdichtung erfolgt durch Pressen oder Rütteln mittels Ramm- und Stampfgeräten, Flachrüttlern sowie Walzen. Schadstoffhaltige Stäube können durch Pelletierung verdichtet werden.

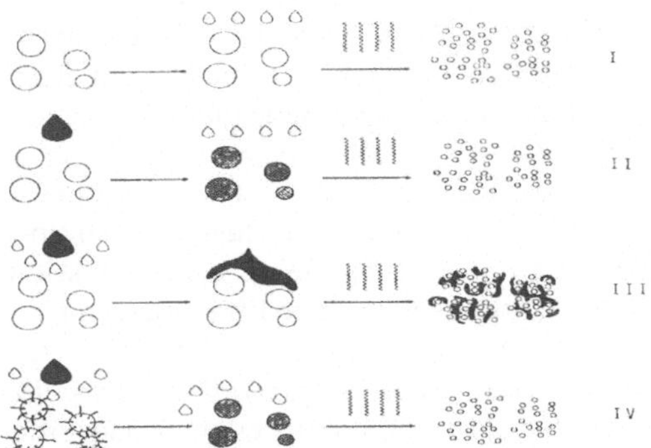

Abb. 4.30. Schematische Darstellung der Immobilisierung durch CaO-Zugabe (Bölsing 1993):
I: CaO, Wasserzugabe;
II: Mischung von CaO und hydrophobem Sickeröl, anschließend Wasserzugabe;
III: CaO und gleichzeitige Zugabe von Sickeröl und Wasser
IV: Zugabe von Hydrophobierungsmittel vor der Sickeröl/Wasserzugabe

Entwicklungsstand: Die derzeit bekannten Immobilisierungsfälle stellen Referenzfälle dar (SRU 1990, Nr. 533); die Methode ist somit großtechnisch nicht als Stand der Technik einzustufen.

Sicherungsvermögen: *Verfestigungsverfahren* wurden für verschiedene Kontaminationsmuster und unterschiedliche Bodenverhältnisse entwickelt. Bei bindigen Böden wird in erster Linie der Einsatz von Calciumoxid bevorzugt, bei nichtbindigen Böden wird eine Immobilisierung durch die Zugabe von bituminösen Bindemitteln und anschließende Verdichtung erreicht. Die Verfahren sind jedoch immer dann schwierig einsetzbar, wenn verschiedenartige Schadstoffe gleichzeitig im Boden vorhanden sind. In diesen Fällen sind Kombinationen beider Verfahren einsetzbar; hier kann jedoch die Zugabe von Immobilisierungshilfsmitteln für einen Stoff zur Mobilisierung eines anderen Stoffes führen (Achakzi 1988). Die Reversibilität der bei der Verfestigung ablaufenden chemischen Reaktionen kann unter bestimmten Bedingungen zur erneuten Freisetzung der eingebundenen Stoffe führen, ohne daß die verfestigte Struktur des Materials verlorengeht. In diesen Fällen wird eine spätere Dekontamination problematisch bzw. verteuert.

Anwendungsbeispiele liegen für verschiedene Altlasttypen vor, so z.B. für kokereispezifische Altlasten, schwermetallhaltige Schlämme, Teerschlämme oder Sickeröle aus Altablagerungen (SRU 1990).

Verdichtungsverfahren können zur Behandlung von kontaminierten, festen Materialien (Erdreich, Abfälle und Stäube) eingesetzt werden. Es handelt sich um ein weitgehend schadstoffunspezifisches Verfahren. Die Schadstoffe verbleiben im Boden; ihre weitere Freisetzung richtet sich nach den Umgebungsbedingungen und der Restdurchlässigkeit des Bodens für Transportmedien (Grundwasser, Bodenluft) oder flüssiger fluider Phasen. Bei letzteren sind eher andere Verfahren zur Behandlung der Kontamination geeignet. Problematisch ist die Erzeugung einer mechanischen Verdichtung in großen Tiefen. Oberflächennah ist dies eher unproblematisch.

Emissionen/Reststoffe: Wird zur Verfestigung Calciumoxid verarbeitet, so können beim Hydratationsvorgang erhebliche Staub- bzw. Rauchemissionen auftreten. Diese breiten sich bei Freilandverfahren ungehindert aus. Beim Betrieb von Hydratationsreaktoren in mobilen bzw. stationären Behandlungsanlagen werden dementsprechend Abluftreinigungsanlagen betrieben, in welchen durch Kondensation bzw. Nachbrenner Wasserdampf und organische Schadstoffe abgeschieden werden. Bei der *Verdichtung* treten i.d.R. erhebliche Lärmemissionen und Vibrationen auf. Abluft- und abwasserseitig treten keine wesentlichen Emissionen auf. Als Abfälle fallen Fehlchargen oder ausgeschleußte Metallfraktionen an.

Langzeitverhalten/Kontrollierbarkeit des Sicherungserfolges: Das Langzeitverhalten von im Boden verfahrenstechnisch immobilisierten Schadstoffen kann nur schlecht beurteilt werden. Über die Langzeitstabilität der erzeugten Verdichtungen bzw. Verfestigungen liegen derzeit nur wenig Erfahrungen vor. Von wesentlicher Bedeutung ist in diesem Zusammenhang die praxisnahe Simulation von Prüfbedingungen, um die Verhältnisse realer Sanierungsfälle mit der Zeit wiedergeben zu können, ohne diese durch Probenentnahme zu verändern. Derzeit existieren keine einheitlichen Prüfanforderungen für Immobilisierungstechniken; es wird überwiegend eine Prüfung der mechanischen Eigenschaften und weniger der chemischen Beständigkeit oder des Eluatiuonsverhaltens vorgenommen (SRU 1995).

Kapazität: Eine anlagenbezogene Kapazität kann bei Erdarbeiten wie der Verfestigung oder Verdichtung nicht angegeben werden. Die Verdichtung läßt sich großflächig mittels entsprechenden Walzenfahrzeugen realisieren. Die Verfestigung kann entweder am ausgehobenen und zu Beeten aufgeschichteten Boden oder in verfahrenstechnischen Anlagen (mobil oder stationär) erfolgen.

Kosten: Verfestigungs- und Verdichtungsverfahren sind im Vergleich zu Dekontaminationsverfahren kostengünstig einsetzbar. In einem Beispiel einer durchgeführten Verfestigung wurden Kosten von ca. 60 DM/t ermittelt (Bölsing 1993).

Standortcharakteristika / Infrastruktur: Hinsichtlich der vorhandene Infrastruktur bestehen keine Anforderungen; Strom-, Entsorgungs- und Frischwasserbedarf liegt nicht vor. Bezüglich der Anforderungen an die Bodenmatrix vgl. die Ausführungen zum (bodenspezifischen) Sicherungsvermögen.

Genehmigungsfähigkeit: Der Einsatz von Anlagen zur *Bodenverfestigung* von entnommenen Boden sind nach Bundesimmissionsschutzgesetz genehmigungspflichtig. Die zur Durchführung von *Verdichtungsarbeiten* notwendigen Genehmigungen werden auf Basis des Baurechtes erlassen. Es liegt keine nach dem Abfall- oder Immissionsschutzrecht erforderliche Genehmigungspflicht vor.

Zusammenfassung: Die Immobilisierung durch *Verfestigung* bindet die Schadstoffe mittels zugesetzter Chemikalien an die Bodenmatrix. Die Auswahl der Bindemittel erfolgt in Abhängigkeit vom Schadstoffspektrum und den örtlichen Bodenverhältnissen. Die Maßnahmen können u.U. mit Luftpfademissionen verbunden sein. Die in-situ-Immobilisierung durch mechanische *Verdichtung* verringert die Durchlässigkeit der Bodenmatrix für Transportmedien und Schadstoffkomponenten. Die Verfahren sind bei geringem Emissionspotential weitgehend unabhängig vom Kontaminationsmuster einsetzbar. Problematisch wirken sich die schlechten Kontrollmöglichkeiten der Sicherungsleistungen sowie die schwierige Beurteilung des Langzeitverhaltens der Maßnahmen aus. Eine erneute Freisetzung ist unter geänderten Milieubedingungen sowie aufgrund der Wechselwirkungen von Bindemittel mit Schadstoffkomponenten möglich.

4.7.4 (Passive) hydraulische Verfahren

Im Gegensatz zu aktiven hydraulischen Maßnahmen findet bei den passiven hydraulischen Maßnahmen keine Entnahme und Reinigung der kontaminierten Phase statt. Es werden lediglich die Grundwasserverhältnisse dahingehend geändert, daß der weitere Austrag der Kontaminationen mit dem Grundwasser verhindert wird. Eine direkte Sanierung der Bodenmassen findet nicht statt, lediglich indirekt durch Schadstoff-Auswaschvorgängen ins Grundwasser. Typischerweise werden der Gruppe der passiven hydraulischen Verfahren die folgenden Verfahren zugeordnet (vgl. Abb. 4.31):

- *Grundwasserabsenkung* innerhalb der Altlast und
- *Umlenkung* des Grundwassers im Anstrom um die Altlast herum.

Durch gezielte *Grundwasserabsenkung* im Bereich der Altlast kann ein Grundwasserstrom in Richtung auf die Kontamination erzeugt werden (Inversionsstrom), welcher den konvektiven horizontalen Sickerwasseraustritt verhindert. I.d.R. werden parallel dazu Oberflächenabdichtungsmaßnahmen oder vertikale Dichtwände installiert, um die abzupumpende Sickerwassermenge zu minimieren. Die Höhe der Inversionsströmung ergibt sich aus der Restdurchlässigkeit der vertikalen Dichtwandungen (k_f-Wert). Der diffusive Strom ist davon jedoch unbeeinflußt.

Eine gezielte, sperrwirksame Fluidinfiltration kann zu einer *Umlenkung der Grundwasserströme* führen und so einen sensiblen Bereich oder einzelne Objekte wie z.B. Brunnen aus dem kontaminierten Abstrom einer Altlast "herausnehmen". Hierzu kann sauberes Wasser an anderer Stelle abgepumpt und vor dem Objekt infiltriert werden, um das anströmende Grundwasser dann abzulenken.

Der Vorteil von hydraulischen Sicherungsverfahren ist die Möglichkeit einer nachträglichen Dekontamination der Altlast. Es werden nicht wie bei der Verfestigung weitere Materialien zugegeben. Von Nachteil ist jedoch wie auch bei anderen Sicherungsmaßnahmen die erforderliche langfristige Überwachung.

Einen wesentlichen Nachteil der Grundwasserumlenkung stellt die Tatsache dar, daß der umgeleitete Abstrom die Kontaminationen in bislang unbeeinträchtigte Grundwasserbereiche führt.

Entwicklungsstand: Die Entnahme von fluiden wässrigen Phasen im Rahmen von hydraulischen Bodensanierungsmaßnahmen entspricht dem Stand der Technik.

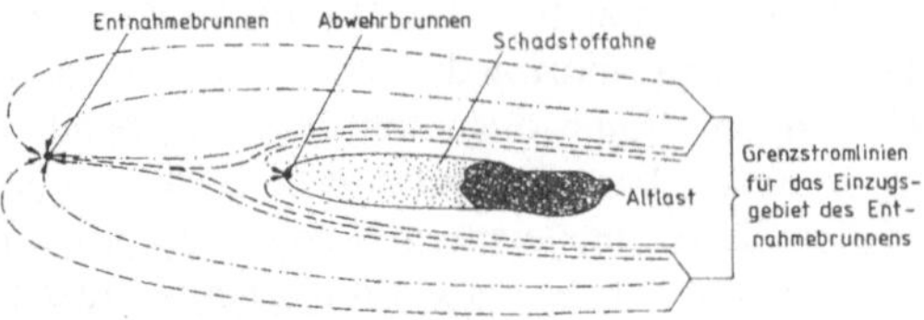

Beispiel einer Positionierung eines Abwehrbrunnens bei geringer Ausdehnung der Schadstoffahne

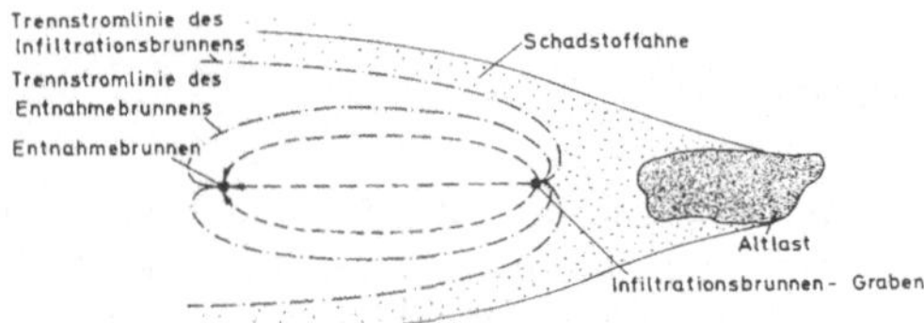

Infiltrationsbrunnen zum Objektschutz im Abstrombereich einer Altlast

Abb. 4.31. Passive hydraulische Sicherung durch Grundwasserinfiltration (Weber/Neumaier 1993)

Sicherungsvermögen: Das Verfahren der hydraulischen Grundwassersanierung kann in erster Linie bei gröberen, gut durchlässigen Böden eingesetzt werden. Da keine Reinfiltration des Grundwassers vorgenommen wird, ist im Gegensatz zu den aktiven hydraulischen Verfahren kein relativ homogener Untergrundaufbau gefordert (vgl. Kapitel 4.6). Die Grundwasserabsenkung führt zu einer Verhinderung des gesamten wasserlöslichen und fluiden Schadstoffspektrum im Bereich der Altlast. Es findet jedoch keine Dekontamination statt, die Schadstoffe verbleiben im Boden, so daß das Problem in die Zukunft verlegt wird.

Emissionen / Reststoffe: Das Emissionsaufkommen bei hydraulischen Sanierungsverfahren ist insgesamt gering. Schadstoffbelastete Emissionsströme treten lediglich bei der Aufbereitung des abgepumpten Grundwassers vor Einleitung in die Kanalisation oder andere Gewässer auf (z.B. Abluftströme beim Einsatz von Strippverfahren, beladene Adsorptionsmittel oder Fällungsprodukte).

Langzeitverhalten/Kontrollierbarkeit des Sanierungserfolges: Zur Durchführung einer hydraulischen Bodensanierungsmaßnahme sind umfangreiche Kenntnisse der örtlichen Untergrundverhältnisse erforderlich, um eine vollständige Inversionsströmung in allen Altlast-Randbereichen zu erreichen.

Kapazität: Die Kapazitäten der hydraulischen Behandlungsanlagen sind einzelfallspezifisch sehr unterschiedlich und können über die Förderleistungen der Brunnen in einem weiten Bereich variiert werden.

Kosten: Bei den passiven hydraulischen Verfahren handelt es sich um technisch anspruchslose Verfahren mit geringen Kosten für die Einrichtung und den betrieb der entsprechenden Brunnen.

Standortcharakteristika/Infrastruktur: Anlagen zur Grundwasserbehandlung weisen i.d.R. nur einen geringen Infrastrukturbedarf auf. Der Platzbedarf für eine evtl. vorhandene Wasserbehandlungsanlage und die Entnahmebrunnen ist i.d.R. eher gering. Zum Betrieb der Pumpen wird entweder ein Anschluß an ein Elektrizitätsversorgungsnetz benötigt oder auf diesel- bzw. benzinbetriebene Pumpen zurückgegriffen, für deren Betrieb ausreichend Brennstoff am Standort gelagert sein muß.

Zusammenfassung: Die passive hydraulische Sicherung kann eine unterstützende Funktion bei der Sanierung darstellen, z.B. bei der Einkapselung von Altlasten oder als Sofortmaßnahme vor oder während des Beginns einer Dekontamination. Vorausetzung für die Erzeugung eines hydraulischen Gefälles ist jedoch ausreichende Bodendurchlässigkeit und ein zusammenhängender Grundwasserleiter. Die Anlagen weisen meist einen geringen Infrastruktur- und Platzbedarf auf.

4.7.5
Zusammenfassende Bewertung der Sicherungstechnologien

Die Fixierung und Immobilisierung von Schadstoffen kann grundsätzlich mittels dreier Technologien erreicht werden: Durch die Einkapselung (vollständig oder partiell), die Immobilisierung oder durch passive hydraulische Maßnahmen. Grundsätzlich erfolgt keine Dekontamination der Altlast, sondern lediglich eine Unterbrechung der Gefährdungspfade; die Schadstoffe verbleiben im Boden. Derzeit werden Standorte häufig lediglich gesichert, um akute Gefährdungen kostengünstig zu unterbinden. Die Dekontamination wird somit auf einen späteren Zeitpunkt verschoben.

Verfahrensbeschreibung: Bei den Verfahren handelt es sich überwiegend um Maßnahmen mit Tiefbaucharakter. Zur Einkapselung werden Oberflächenabdichtungen, seitliche Wandungen oder Untergrundabdichtungen errichtet, welche die Schadstoffausbreitung verhindern sollen. Diese Barrieren können nach unterschiedlichsten Prinzipien konstruiert oder errichtet werden (Einschicht- oder Mehrschichtsysteme; Verfahren mit Bodenaushub oder Verdrängungs- bzw. Rammverfahren). Als Dichtmaterialien werden überwiegend mineralische Dicht- bzw. Abdeckmassen eingesetzt. Grundsätzlich werden in allen Fällen mittels entsprechendem schwerem Baugerät Aushub- und Verfüllungsarbeiten vorgenommen. Untergrundabdichtungen können nach dem bergmännischen Verfahren in Stollen verfüllt oder durch Hochdruckeindüsen von Dichtmassen erzeugt werden.

Bei der chemischen Immobilisierung werden am ausgehobenen Boden oder in-situ Bindemittel zum schadstoffbelasteten Boden gegeben. Nach Aushärtung liegt eine Masse vor, in welcher die Schadstoffe weitgehend fixiert sind und somit schlecht eluiert werden können. Bei der mechanischen Immobilisierung erfolgt lediglich eine Verdichtung der Bodenmatrix mit dem Ziel, den Zutritt von Sickerwasser zum Schadstoff zu verhindern.

Passive hydraulische Maßnahmen dienen dem Grundwasserschutz. Durch Grundwasserabsenkung im kontaminierten Bereich kann eine Inversionsströmung erzeugt und so der Austritt von schadstoffhaltigen Flüssigkeiten verhindert werden. Mittels Infiltrationsbrunnen in Abstromrichtung einer Altlast können die Grundwasserverhältnisse gezielt dahingehend verändert werden, daß Schutzgüter im Abstrom nicht beeinträchtigt werden (Grundwasserumlenkung).

Entwicklungsstand: Oberflächenabdeckungen sind im Deponiebau erprobt und entwickelt worden. Vertikale Dichtwandsysteme sind aus Wasserhaltungsmaßnahmen im Tiefbau abgeleitet und den speziellen Verhältnissen der Altlastbehandlung angepaßt worden (Korrosive bzw. chemisch aggressive Medien). Nachträgliche Basis- bzw. Untergrundabdichtungen sind bisher nicht großtechnisch in Serie vorgenommen worden. Die Entnahme von fluiden wässrigen Phasen im Rahmen von hydraulischen Bodensanierungsmaßnahmen entspricht dem Stand der Technik. Die Immobilisierung ist derzeit lediglich in wenigen Fällen zur Sicherung von Altlasten eingesetzt worden.

Dekontaminationsvermögen: Ein gemeinsames Merkmal der Sicherungsverfahren ist die weitgehend schadstoffunabhängige Anwendbarkeit der meisten Verfahren. Anwendungseinschränkungen bestehen jedoch dann, wenn leichtflüchtige Schadstoffkomponenten vorhanden sind. Hier können insbesondere bei der Bodenentnahme und der Verfestigung Schadstofffreisetzungen aufgrund von Ausgasungen auftreten. Bei der Auswahl von geeigneten Dichwandsystemen auf der Basis von k_f-Werten ist die höhere Durchlässigkeit für reale Sickerwässer gegenüber den Angaben für Wasser zu berücksichtigen. Während passive hydraulische und vertikale Dichtsysteme lediglich die Schadstoffausbreitung über den Grundwasserpfad unterbinden, wird über eine Oberflächenabdeckung auch die Emission leichtflüchtiger Schadstoffe über den Luftpfad verhindert.

Eine Abhängigkeit der Anwendbarkeit von der Bodenstruktur liegt bei den Sicherungsverfahren nur in geringem Umfang vor. Tiefliegende Kontaminationen können jedoch nicht oder nur unter hohem Kostenaufwand saniert werden. Bei der Verfestigung ist das Bindemittel in Abhängigkeit von der Bodenstruktur auszuwählen; bei niederzubringenden Wandungen ist eine ausreichende Stützwirkung der Wandungen zu beachten.

Emissionen/Reststoffe: Bei der Errichtung von Barrieresystemen bestehend aus einzelnen Lamellen ist systembedingt eine Restdurchlässigkeit vorhanden (Schloßbereiche zwischen den Wandungssystemen). Bei vertikalen Dichtwandungen kann somit eine horizontale Untergrundströmung kontaminierte Fluide austragen, bei Oberflächenabdeckungen liegt eine reduzierte Infiltrations- und Gasaustrittsrate vor. Dichtwandungen erreichen i.d.R. Durchlässigkeitsbeiwerte für die Restdurchlässigkeit von ca. 10^{-10} m/s bis 10^{-15} m/s. Für Sonderabfalldeponien sind in der TA Abfall entsprechende einzuhaltende Vorgaben getroffen. In Abhängigkeit von den Milieubedingungen ist die Freisetzung der immobilisierten Verdindungen gleichfalls möglich.

Lärm- und Luftpfademissionen sowie Vibrationen treten bei der Errichtung der Sicherungssysteme aufgrund des Einsatzes von schwerem Baugerät auf. Diese sind jedoch zeitlich eng begrenzt. Über längere Zeit eventuell ausgasende Schadstoffe sind innerhalb der Gasdränage der Oberflächenabdeckung zu erfassen und ggf. einer Dekontamination zuzuführen (Aktivkohlefilter).

Abfälle fallen typischerweise im Rahmen der Bautätigkeiten bei Errichtung und Ausbesserungsarbeiten an (Fehlchargen an Dichtmasse, baustellentypische Abfälle). Aufgrund des Einzelfallcharakters der Maßnahmen ist eine Mengenangabe im Zusammenhang mit Emissionen und Abfallaufkommen nicht möglich.

Langzeitverhalten, Kontrollierbarkeit des Sanierungserfolges: Das Langzeitverhalten der Dichtungsmaterialien bzw. der Immobilisate ist derzeit nur unzureichend bekannt, da nur wenig Erfahrungen hinsichtlich der Veränderung der Durchlässigkeit über einen großen Zeitraum vorliegen. Bei den meisten vertikalen Dichtwandsystemen wurde eine Abnahme der Durchlässigkeit mit der Zeit ermittelt. Typische Standzeiten liegen bei ca. 50 Jahren; danach sind erhöhte Durchlässigkeiten aufgrund von Korrosion zu erwarten.

Eine Kontrolle der Sicherungsleistung ist bei in-situ-Maßnahmen schwierig und kann nur an Referenzproben im Labor oder vor Ort erfolgen. Die Probenahme am jeweiligen Dichtwandsystem würde eine Störung des Dichtsystems darstellen und kann daher nicht vorgenommen werden.

Kapazität: Allgemeine Angaben zur Kapazität sind für Dichtwandsysteme, Oberflächen- und Untergrundabdichtungen nicht möglich. Es können nahezu beliebig große Areale eingeschlossen werden. Die Verfestigung von Bodenmassen kann ebenfalls großräumig in-situ erfolgen. Der Zeitbedarf zur Errichtung von Dichtwandsystemen, Immobilisierung von Schadstoffen mittels Bindemittelzusatzes und mechanischen Verdichtung ist im Vergleich zu anderen Sanierungsverfahren (Dekontaminationsverfahren) gering.

Kosten: Sicherungsmaßnahmen sind i.d.R. kostengünstig einsetzbar. Die Kosten richten sich nach der Komplexizität und Qualität des jeweiligen Systems. Für Oberflächenabdeckungen kann von ca. 100 DM/m^2 abgedichteter Fläche ausgegangen werden. Die Kosten für vertikale Wandungen betragen ca. 80 DM/m^2 Dichtwand bei Schmalwänden, ca. 200 DM/m^2 bei Schlitzwänden und bis zu ca. 600 DM/m^2 bei Injektionsverfahren. Für nachträgliche Untergrundabdichtungen liegen keine zuverlässigen Kostenprognosen vor. Immobilisierungsmaßnahmen werden für ca. 60 DM/t realisiert. Bei allen Einkapselungsmaßnahmen ist mit erheblichen Folgekosten aufgrund der notwendigen, laufenden Überwachung und ggf. erforderlicher Ausbesserungsarbeiten an Dichtwandsystemen zu rechnen.

Standortcharakteristika / Infrastruktur: Die Errichtung von Einkapselungsmaßnahmen bzw. Imobilisierungsmaßnahmen stellen nur geringe Anforderungen an den jeweiligen Standort. Mögliche Setzungen innerhalb der Altlast können zu einer Zerstörung der Oberflächenabdeckung führen. Bei der Errichtung vertikaler Dichtwandungen ist eine ausreichende Stabilität der umgebenden Bodenbereiche zu beachten. An Infrastrukturbedarf sind zur Ableitung und Behandlung von Sikkerwasser entsprechende Einrichtungen erforderlich (Sickerwasserbehandlungsanlage, Anschluß an das Kanalisationsnetz).

Tabelle 4.31. Übersicht der Sicherungsverfahren

#	Kriterium		Kapselung	Immobilisierung	passive hydraulische Beh.
1	Verfahrensart	in-situ	X	X	X (GW)
2		on-site	--	O	--
3		off-site	--	--	--
4	Entwicklungsstand		ST/P[8)]	P	ST
5	Schadstoff-	Schwermetalle	X	X	X (GW)
6	Spezifisches	Cyanide	X	X	X (GW)
7	Sicherungs-	Mineralöl-KW	X	X	X (GW)
8	Vermögen	BTEX	X	X	X (GW)
9		PAK	X	X	X (GW)
8		LHKW	--	--	X (GW)
9		SHKW	X	X	X (GW)
10	Bodenspezifisches	grobkörnige Böden	O	O	O[3)]
11	Sicherungs-	mittelkörnige Böden	O	O	O[3)]
12	vermögen	feinkörnige Böden	O	O	O[3)]
13	Emissionen /	Abluft	X	X[4)7)]	X
14	Reststoffe	Lärm	O	X[5)]/ --[6)]	X
15		Abwasser	X	X	O
16		Abfall	X	X	X
17	Langzeitverhalten		--	--	--
18	Kontrollierbarkeit		--	--	O
19	Kapazitäten		/	/	/
20	Zeitbedarf		X	X	X
21	Kosten	Investitions-K.	O	O	X
22		Betriebs-K.	X	X	X
23	Standortcharakteristika		X	X	X
24	Infrastrukturbedarf		X	X	X
25	Genehmigungsfähigkeit		X	X	X

BTEX Benzol, Toluol, Ethylbenzol, Xylole	*GW* Grundwasser	*KW* Kohlenwasserstoffe
L Laboranlage	*LHKW* Leichtflüchtige halogenierte Kohlenwasserstoffe	*n.B.* nicht bekannt / nicht untersucht
P Pilotanlage	*PAK* Polycyclische aromatische Kohlenwasserstoffe	*SHKW*: Schwerflüchtige halogenierte KW
ST Stand der Technik	*X* geeignet / unprobematisch	-- nicht geeignet / problematisch
O mit Einschränkungen geeignet / problematisch		

1) X bei Abwesenheit von Schwermetallen
3) Dekontamination durch Strippeffekt
4) bei der Belüftung des Untergrundes können Schadstoffe ausgasen
/) keine Angaben möglich
5) in situ
6) ex situ
7) während des Verdichtungsvorganges
8) Pilotanwendungen für nachträgliche Untegrundabdichtungen

Fazit: Sicherungsmaßnahmen stellen schnell und kostengünstig einsetzbare Technologien zur Unterbindung akuter Gefährdungen dar. Als problematisch ist jedoch die Tatsache einzuschätzen, daß die Schadstoffe im Boden verbleiben und langfristig eine erneute bzw. weitere Freisetzung möglich ist. Eine gezielte Kontrolle dieses Sachverhaltes ist nur schlecht möglich. Soll zu einem späterem Zeitpunkt eine Dekontamination vorgenommen werden, so stellt die Imobilisierung kein optimales Sicherungsverfahren dar. Schadkomponenten werden dabei mit Inertstoffen vermengt, so daß die kontaminierte Bodenmasse zunimmt und sich die gezielte Zugriffsmöglichkeit auf die Schadstoffe verschlechtert. Weiterhin liegt derzeit kein einheitliches Verfahren zur Prüfung der Immobilisierungswirkung vor; bisher wird überwiegend nur die mechanische Stabilität und weniger das Eluationsverhalten berücksichtigt (SRU 1995).

Vor der Realisierung von Sicherungsverfahren sollte immer die Alternative einer Dekontamination geprüft werden, da diese unter Kostenaspekten häufig mit einer effektiv ausgeführten Sicherung konkurrieren kann.

4.8 Zusammenfassender Vergleich der Dekontaminations- und Sicherungsverfahren

Das vorliegende Kapitel 4.8 soll die wesentlichen Informationen der vorangegangenen Kapitel 4.2 bis 4.7 zu einzelnen Sanierungstechnologien und -techniken zusammenfassend darstellen. Dabei liegt ein Schwerpunkt auf der Ableitung von Querbezügen zwischen den einzelnen Technologien, insbesondere auf einer Gegenüberstellung von Sicherung und Dekontamination als wesentliche Linien der Sanierung. Unterschiede der Verfahren einzelner Anbieter sollen weitgehend unberücksichtigt bleiben, hier sei auf die jeweiligen zusammenfassenden Bewertungen der einzelnen Kapitel verwiesen (Kapitel 4.2 bis 4.7).

4.8.1 Grundlegende Charakteristika der Sanierungstechnologien

Die in den Vergleich einbezogenen Sicherungs- und Dekontaminationstechnologien sowie zugeordnete Techniken sind in Tabelle 4.32. dargestellt. Nicht berücksichtigt ist die Umlagerung von Boden (kein Sanierungsverfahren) sowie Sanierungstechnologien, die derzeit keine Praxisbedeutung besitzen oder in naher Zukunft besitzen werden, da umfangreiche Arbeiten zur Verfahrensentwicklung notwendig sind oder starke Anwendungsrestriktionen im Laufe der bisherigen Entwicklung aufgetreten sind wie z.B. für makrobiologische Verfahren (Schadstoffakkumulation mittels Pflanzenanbaus oder für in-situ Einschmelzverfahren).

Ein Vergleich kann sinnvollerweise aufgrund der in den Kapiteln 4.2 bis 4.7 vorgestellten zusammenfassenden Übersichtstabellen des jeweiligen Dekontaminations- bzw. Sicherungsverfahrens erfolgen. Tabelle 4.33. faßt diese Informationen zusammen. Die Einstufungen der jeweiligen Kriterien wurden mittels Grautönen gekennzeichnet. Dunkelgraue Unterlegungen kennzeichnen negative Einstufungen, d.h. Anwendungsbeschränkungen. Weiße Felder kennzeichnen Anwendungseignung bzw. positive Einstufungen des jeweiligen Kriteriums für die entsprechende Technik bzw. Technologie. Die hellgrauen Felder kennzeichnen mittlere Einstufungen.

Tabelle 4.32. Betrachtete Technologien und Techniken zur Altlastensanierung

	Zugeordnete Techniken
Thermische Behandlung	Verbrennung Vergasung (Pyrolyse) Entgasung (als Sonderfall nicht in Tabelle, jedoch in textlicher Darstellung berücksichtigt)
Physikalische Behandlung	Bodenwäsche Extraktion Hydraulische Technik Pneumatische Technik Elektrokinetische Technik
Mikrobiologische Behandlung	Regenerationsmieten Bioreaktoren in-situ-Verfahren
Chemische Behandlung	Grundwassersanierung Chemische Bodenbehandlung in-situ Chemische Bodenbehandlung ex-situ
Sicherung	Kapselung (Oberflächenabdeckung, vertikale Abdichtung, nachträgliche Untergrundabdichtung) Immobilisierung passive hydraulische Techniken

Die Kriterien wurden in den vorangegangenen Kapiteln für die einzelnen Verfahren, Techniken bzw. Technologien ausführlich dargestellt und sollen an dieser Stelle vergleichend gegenübergestellt werden. Diese Kriterien sind im einzelnen (vgl. Tabelle 4.33):

1. Schadstoff- und bodenspezifisches Dekontaminationsvermögen bzw. Sicherungsvermögen,
2. Entwicklungsstand,
3. Langzeitverhalten (des behandelten Bodens) und Kontrollierbarkeit des Sanierungserfolges,
4. Emissionen / Reststoffe,
5. Infrastruktureinrichtungen / Standortcharakteristika,
6. Genehmigungsfähigkeit,
7. Kapazität der Anlagen / Zeitbedarf für die Behandlung und
8. Kosten.

Die Kriterien können insbesondere innerhalb der Sanierungsuntersuchung zur Auswahl eines geeigneten Sanierungsverfahrens herangezogen werden, vgl. Kapitel 3.2.

Unter den Begriffen des schadstoff- und bodenspezifischen Sanierungsvermögens (Sicherungs- bzw. Dekontaminationsvermögens) werden an dieser Stelle die entsprechenden Ausführungen zu Sicherungs- und Dekontaminationsvermögen der Technologien bzw. Techniken behandelt. Die *technische Machbarkeit*, d.h. die grundsätzliche schadstoffbezogene Sanierungseignung und bestehende Anwendungseinschränkungen durch die Bodenmatrix, stellt die Grundvoraussetzung für die Anwendbarkeit der Sanierungstechnologien dar. Nur wenn diese Voraussetzung erfüllt ist, lohnt der Aufwand einer weiteren, eingehenden Beschäftigung mit den Verfahren. Im Kapitel zur Sanierungsuntersuchung (Kapitel 3.2) ist die frühzeitige Berücksichtigung dieses Aspektes bei der Verfahrensauswahl dargestellt. Diese Eignung stellt auch ein sog. Ausschlußkriterium dar, d.h. eine Berücksichtigung muß in jedem Falle erfolgen und ist nicht optional vom Einzelfall abhängig.

Bei Dekontaminations- und Sicherungsvermögen handelt es sich um grundlegend verschiedene Kriterien. Da die Technologien zum selben Zwecke alternativ eingesetzt werden können (Unterbrechung der Gefährdungspfade im Rahmen der Sanierung), müssen jedoch Möglichkeiten eines Vergleiches geschaffen werden.

Sicherungsverfahren sind unter Berücksichtigung einer ausreichenden chemischen Beständigkeit der Dichtungsmaterialien weitgehend unabhängig vom Schadstoffinventar einsetzbar. Das *Sicherungsvermögen* ist für nahezu alle Schadstoffe nahezu ähnlich. Für vertikale Dichtwandsysteme entsprechen Durchlässigkeitsbeiwerte k_f von 10^{-10} m/s bis 10^{-12} m/s dem Stand der Technik. Wandungen mit k_f-Werten von 10^{-15} m/s sind als undurchlässig anzusehen. Bei der Auswahl von geeigneten Dichtwandsystemen auf der Basis von k_f-Werten ist die höhere Durchlässigkeit für reale Sickerwässer gegenüber den Angaben für Wasser zu berücksichtigen. Eine Abhängigkeit von der Bodenstruktur (Kornverteilung) ist nur in sehr geringem Umfang gegeben.

Einschränkungen ergeben sich auch, wenn leichtflüchtige Schadstoffkomponenten vorhanden sind, da diese im Zuge der Bodenentnahme bei der Errichtung von Dichtwandsystemen ausgasen können. Allzu große Kontaminationstiefen sind bzgl. einer Einkapselung als problematisch einzustufen (ca. 20 m). Die Immobilisierung weist lediglich einen aufschiebenden Charakter auf und sollte daher dann eingesetzt werden, wenn technische oder lokale Randbedingungen den Einsatz von Dekontaminationsverfahren verhindern.

Dekontaminationsverfahren stellen sich hinsichtlich des Dekontaminationsvermögens uneinheitlicher dar. Die zugrundeliegende Verfahrenstechnik bedingt bei fast allen Techniken Einschränkungen aufgrund der Bodenstruktur und des Schadstoffspektrums. Bei in-situ-Maßnahmen sind insbesondere die Bodeneigenschaften zu beachten. Hohe Feinkornanteile im Boden reduzieren die Durchlässigkeit der Bodenmatrix für fluide Reaktions- bzw. Spülmedien. Hohe Feinkornanteile wirken sich auch problematisch auf die Wirksamkeit von Waschverfahren und der thermischen Bodenbehandlung aus. Bei biologischen ex-situ-Maßnahmen und bei der extraktiven Bodenbehandlung sind die Bodeneigenschaften von untergeordneter Bedeutung.

Die thermischen Verfahren können ein breites Schadstoffspektrum aus der Bodenmatrix entfernen. Einschränkungen ergeben sich bei vorhandenen leichtflüchtigen halogenierten Kohlenwasserstoffen sowie Schwermetallen, welche bei Hochtemperaturverfahren z.T. in der Schlacke eingeschmolzen werden. Wasch- und Extraktionsverfahren sind gleichfalls für ein breites Schadstoffspektrum einsetzbar, wobei sich aufgrund der starken Bindung der Stoffe zu den Bodenpartikeln Einschränkungen bei Cyaniden und Schwermetallen ergeben. Mineralöl-Kohlenwasserstoffe, einfach aromatische Verbindungen sowie in eingeschränktem Maße auch PAK können mittels mikrobiologischer Prozesse abgebaut werden. Durch exakte Prozeßführung in z.B. Bioreaktoren lassen sich auch halogenierte organische Verbindungen behandeln.

Die chemische Grundwasserbehandlung ist zur Dekontamination der wasserlöslichen Verbindungen geeignet. Bei Bodenbehandlung durch Chemikalienzusatz wird in erster Linie eine Immobilisierung der Schadkomponenten durch Überführung in weniger mobile oder weniger toxische Verbindungen erreicht. In-situ sind die Schadstoffgruppen Schwermetalle und organische Nitroverbindungen behandelbar.

Tabelle 4.33. Zusammenfassende Matrix zur Charakterisierung der Sanierungsverfahren

BTEX	Benzol, Toluol, Ethylbenzol, Xylole (aromatische Kohlenwasserstoffe)	*GW*	Grundwasser
KW	Kohlenwasserstoffe	*LHKW*	Leichtflüchtige halogenierte Kohlenwasserstoffe
L	Laboranlage	*P*	Pilotanlage
PAK	Polycyclische aromatische Kohlenwasserstoffe	*SHKW*	Schwerflüchtige halogenierte Kohlenwasserstoffe
ST	Stand der Technik	*X*	geeignet / unprobematisch
--	nicht geeignet / problematisch	*O*	mit Einschränkungen geeignet bzw. problematisch

1)X bei Abwesenheit von Schwermetallen

2)Anlagen, die voraussichtlich weniger als 12 Monate am Standort betrieben werden, bedürfen keiner immissionsschutzrechtlichen Genehmigung nach BImSchG. Ansonsten ist in Abhängigkeit vom Behandlungsort (on- bzw. off-site-Behandlung) ein vereinfachtes Genehmigungsverfahren (§ 19 BImSchG) oder ein ausführliches Genehmigungsverfahren (§ 10 BImSchG) erforderlich.

3) Dekontamination durch Strippeffekt
4) bei der Belüftung des Untergrundes können Schadstoffe ausgasen
/) keine Angaben möglich
5) Ozonierung zur Vorbereitung eines mikrobiellen Abbaus
6) Wasserlösliche Komponenten
7) Leichtflüchtige Komponenten
8) bei Wasserdampfeinblasen
9) zu geringe Feuchte
(?) Wirksamkeit nicht geklärt
B) in situ
C) ex-situ
A) bei der Belüftung des Untergrundes können Schadstoffe ausgasen
D) während des Verdichtungsvorganges
E) Nachträgliche Untergrundabdichtung

Tabelle 4.33. Zusammenfassende Matrix zur Charakterisierung der Sanierungsverfahren (Fortsetzung)

			Verbrennung	Pyrolyse/	Bodenwäsche	Extraktion	Regenerations-mieten	Bioreaktoren	In-situ	Grundwasser-behandlung	Bodenbehandlung in-situ	Bodenbehandlung ex-situ	hydraulische Verfahren	pneumatische Verfahren	elektrokinetische Verfahren	Kapselung	Immobilisierung	passive hydraulische Beh.
1	Verfahrensart	in-situ	--	--	X	X	--	--	X	X	X	--	(X)*	X	X	X	X	X (GW)
2		on-site	O	O	X	X	X	O	--	X		X	X	(X)*	(X)*	--	O	--
3		off-site	X	X	X	X	X	X	--	--	--	--	--	--	--	--	--	--
4	Entwicklungsstand		ST	ST	ST	P	ST	P	P	ST	P	P	ST	ST	P	ST/P[E]	P	ST
5	Schadstoff-	Schwermetalle	O	-	O	n.B.	--	--	--	O	O	X	O[6]/--	O[7]/--	X	X	X	X (GW)
6	spezifisches	Cyanide	X	O	O	n.B.	O	O	O	--	--	X	O[6]	--	--	X	X	X (GW)
7	Dekontaminations-	Mineralöl-KW	X	X	X	X	X	X	X	O	O[5]	--	X	O7)	(?)	X	X	X (GW)
8	vermögen	BTEX	X	X	X	X	X[3]	X[1]	O	X	O[5]	--	X	X	(?)	X	X	X (GW)
9		PAK	X	X	X	X	O	O	O	X	O[5]	--	O	O[8]/--	(?)	X	X	X (GW)
10		LHKW	O	O	X[3]	X	O[3]	O[1]	--	X	O[5]	--	X	X	(?)	--	--	X (GW)
11		SHKW	O	O	O	n.B.	--	--	--	--	O[5]	--	X	O[8]/--	(?)	X	X	X
12	Bodenspezifisches	grobkörnige Böden	X	X	X	X	X	X	X	X	O	O	X	X	[9]--	O	O	O[3]
13	Dekontaminations-	mittelkörnige Böden	X	X	X	X	O/X	X	O	X	O	O	O	O	O	O	O	O[3]
14	vermögen	feinkörnige Böden	O/X	O	--	X	O	X	--	X	--	--	--	O/--	X	O	O	O[3]

Tabelle 4.33. Zusammenfassende Matrix zur Charakterisierung der Sanierungsverfahren (Fortsetzung)

			Verbrennung	Pyrolyse/	Bodenwäsche	Extraktion	Regenerations-mieten	Bioreaktoren	In-situ	Grundwasser-behandlung	Bodenbehandlung in-situ	Bodenbehandlung ex-situ	hydraulische Verfahren	pneumatische Verfahren	elektrokinetische Verf.	Kapselung	Immobilisierung	passive hydraulische Beh.
15	Emissionen /	Abluft	--	--	O	O	O	O	O[4)]/X	X	X	X	X	O	X	X	X[A)D)]	X (GW)
16	Reststoffe	Lärm	O	O	O	O	X	X	X	X	X	X	X	X	X	O	X[B)/--C)]	X
17		Abwasser	X	X	O	X	X	X	X	--	--	O	X	X	X	X	X	O
18		Abfall	--	--	--	O	X	X	X	X (In-situ) O (on-site)	X	O	O	X	O	X	X	X
19	Langzeitverhalten		X/O[1)]	X/O[1)]	X	X	O	O	O	O	O	O	X	X	O	--	--	--
20	Kontrollierbarkeit		X	X	X	X	O	X	--	-- in-situ O (on-site)	--	O	O	--	--	--	--	O
21	Kapazitäten		X	X	X	X	X	--	X	/)	/)	/)	O	--	--	/)	/)	/)
22	Zeitbedarf		X	X	X	X	--	O	--	O	O	O	O/--	O/--	--	X	X	X
23	Kosten	Investitions-K.	--	--	--	--	X	O	X	X	X	X	X	X	X	O	O	X
24		Betriebs-K.	--	--	O	O	X	O/X	X	O	O	O	X	X	O	X	X	X
25	Standort-charakteristika		--	--	O	O	O	O	X	O	O	O	X	X	X	X	X	X
26	Infrastrukturbedarf		--	--	--	--	X	O	X	X	X	X	X	X	X	X	X	X
27	Genehmigungsfähigkeit		--2)	--2)	--2)	--2)	--2)	--2)	--2)	X	X	--2)	X	X	X/O	X	X[2)]	X

Aktive hydraulische Verfahren werden zur Entfernung von auf dem Grundwasser aufschwimmenden Phasen, abgesunkenen Phasen oder von im Grundwasser gelösten Schadstoffen eingesetzt. Die hydraulische Behandlung ist in starkem Maße von der Untergrundbeschaffenheit abhängig: Die Bodenmatrix muß ausreichend durchlässig sein und der Grundwasserleiter annähernd zusammenhängend auftreten. Aufgrund der Kapillarwirkung kann nach der hydraulischen Behandlung jedoch eine erhebliche Menge an Schadstoffresten im Untergrund verbleiben. Die Bodenluftbehandlung ist naturgemäß zur Abtrennung leichtflüchtiger Verbindungen geeignet (BTEX, halogenorganische Verbindungen).

Für die elektrokinetische Behandlung konnte in experimentellen Untersuchungen die Aufkonzentrierung verschiedener Schwermetalle sowie nichtpolarer organischer Verbindungen im Boden unter Beweis gestellt werden. Der Abbau organischer Kohlenwasserstoffe durch elektrisch induzierte Oxidationsvorgänge ist derzeit nicht ausreichend belegt.

Entwicklungsstand: Nicht alle Technologien bzw. Techniken sind gleichermaßen weit zur großtechnischen Anwendungsreife entwickelt, daß sie dem Stand der Technik entsprechen. Bei den *Dekontaminationsverfahren* sind Verbrennungs-, und Pyrolyseverfahren, Bodenwaschverfahren, mikrobiologische Behandlung in Mieten oder Grundwasserbehandlung technisch entsprechend ausgereift. Bei Extraktionsverfahren, der mikrobiologischen Behandlung in-situ oder in Bioreaktoren, der physikalischen Bodenbehandlung (in-situ und ex-situ) sowie den elektrokinetischen Verfahren liegen zwar erfolgreiche Sanierungsanwendungen vor, diese jedoch lediglich in Einzelfällen oder im Labormaßstab. Bei den *Sicherungsverfahren* ist die Errichtung vertikaler Dichtsysteme und Oberflächenabdeckungen sowie die Entwicklung passiver hydraulischer Verfahren weitgehend ausgereift. Nachträgliche Untergrundabdichtungen sind derzeit lediglich theoretisch bzw. in Forschungsstadium entwickelt worden. Die Immobilisierung von Schadstoffen im Boden ist bereits in mehreren Fällen zur Sanierung angewandt worden. Hier stehen jedoch noch entsprechende Langzeitbeurteilungen der Sanierungserfolge sowie die Entwicklung einheitlicher Prüfbedingungen des Sicherungsvermögens aus.

Referenzanwendungen stellen häufig auch eine gute Informationsquelle zur tatsächlichen Anlagenverfügbarkeit dar. Je häufiger ein Verfahren zur Sanierung eingesetzt worden ist, desto weniger "Kinderkrankheiten" sind beim Einsatz zu erwarten. Eine Anwendung ohne umfangreiche Verfahrensmodifikationen bzw. Änderungen im Sanierungserfolg (z.B. Reinigungsgrad) ist i.d.R. immer dann gegeben, wenn das Verfahren bereits bei auf den anstehenden Sanierungsfall übertragbaren Standortbedingungen eingesetzt worden ist.

Langzeitverhalten: Das Langzeitverhalten der Sanierung ist als eine wesentliche Kenngröße anzusehen, häufig auch verknüpft mit der Kontrolle der Reinigungsleistung. Bei der Anwendung bestimmter Technologien werden die Schadstoffe nicht entfernt, sondern verbleiben im Boden. Es findet lediglich eine Unterbrechung relevanter Gefährdungspfade statt (so z.B. bei der Sicherung, bei Immobilisierungsverfahren oder verschiedenen in-situ eingesetzten Technologien). Hier stehen i.d.R. Langzeitversuche aus, welche die tatsächliche dauerhafte Unterbrechung der Gefährdungspfade bestätigen. Eine zeitlich verzögerte Freisetzung der Schadstoffe und daraus resultierende Gefährdung ist nicht auszuschließen. Durch die dann notwendige Nachbesserung bzw. Ertüchtigung der Anlagen wird der Kostenvorteil der Sicherung gegenüber der Dekontamination deutlich verringert.

Die physikalischen Behandlungsverfahren, thermische Behandlung (Pyrolyse, Verbrennung und Vergasung), Bodenwäsche, Bodenextraktion, pneumatische und hydraulische Verfahren weisen den sichersten Langzeiterfolg einer Sanierung auf. Bei diesen Verfahren wird der Schadstoffanteil bis zu einem verfahrensbezogenen Wert (häufig über 95 %) aus dem Boden entfernt. Hierbei ist der Stoffbezug der jeweiligen Reinigungsleistung zu beachten (vgl. Ausführungen zum Sanierungsvermögen).

Einschränkungen hinsichtlich des Langzeitverhaltens der durchgeführten Maßnahme ergeben sich bei der Anwendung mikrobiologischer, chemischer bzw. elektrokinetischer Technologien. Mittels dieser Verfahren werden die Schadstoffe nicht direkt aus dem Boden entfernt, sondern entweder mikrobiologisch bzw. chemisch zu anderen (unschädlicheren) Stoffen umgesetzt oder mittels des Zusatzes weiterer Stoffe "ausgetrieben". Schadkomponenten können im Boden verbleiben und damit den langfristigen Erfolg einer Sanierung in Frage stellen. Gleiches gilt für den Wiedereinsatz thermisch behandelten Bodens, in welchem vorhandene Schwermetalle eingeschmolzen und in Abhängigkeit von den Standortbedingungen freigesetzt werden können.

Bei der Durchführung von Sicherungsmaßnahmen verbleiben die Schadstoffe ebenfalls im Boden. Die Bauwerke bzw. Einrichtungen weisen eine begrenzte Lebensdauer auf (nach derzeitigen Erfahrungen: ca. 50 Jahre). Soweit die Schadstoffe bis dahin nicht im Boden abgebaut wurden, ist mit erneuten Gefährdungen zu rechnen.

Emissionen / Reststoffe: Die Anwendung einer Sanierungstechnologie an einem bestimmten Standort kann aufgrund der verfahrensbedingten Emissionssituation eingeschränkt oder gar nicht möglich sein. Bei der aktiven bzw. passiven Grundwasserbehandlung, der Bodenluftentnahme sowie der *Kapselung* ist dieses Problem von untergeordneter Bedeutung. Wesentliche Aspekte bei den anderen Techniken stellen *Lärm- bzw. Luftpfademissionen* dar. Bedeutsam ist der Baumaschinenlärm bei ex-situ-Verfahren (Bodenauskofferung) oder bei der Niederbringung von Wandungssystemen (Sicherungsverfahren). Anlageneinheiten zur Bodenvorbehandlung, wie sie auch zur thermischen Bodenbehandlung oder bei Waschverfahren zum Einsatz kommen, werden i.d.R. eingehaust, um so Lärmemissionen zu verhindern. Mit nur geringen, kurzfristigen Lärmemissionen ist beim Betrieb von biologischen Behandlungsanlagen zu rechnen. Bei der thermischen Behandlung sind die auftretenden Abgase über entsprechende Filteranlagen zu reinigen, um die Emission von organischen Kohlenwasserstoffen bzw. Halogenverbindungen zu vermeiden. Thermische Behandlungsanlagen müssen dazu die Abgasvorschriften der 17. BImSchV einhalten. Bei verschiedenen Anlagenanbietern werden hierzu jedoch keine Angabe gemacht.

Zur Behandlung des bei der Bodenbehandlung anfallenden *Abwassers* werden unabhängig von der Sanierungstechnologie i.d.R. Kreislaufsysteme installiert, welche die Abwässer aufarbeiten und somit einer Wiederverwendung zuführen.

Bei in-situ-Verfahren muß sichergestellt werden, daß keine Schadstoffverschleppungen auftreten, indem schadstoff- oder chemikalienhaltige Lösungen mit dem Grundwasser unkontrolliert verschleppt werden.

Neben dem gereinigtem Boden fallen zu entsorgende schadstoffhaltige *Abfälle* als Produkte der thermischen Bodenreinigung bzw. der Bodenwäsche an. Bei der thermischen Behandlung handelt es sich i.d.R. um wenige Prozent der aufgegebenen Bodenmasse, bei Waschverfahren in Abhängigkeit von Feinkornanteil des zu reinigenden Boden und des gewählten Verfahrens um 5 bis 40 %. Bei der Extraktion fällt der Schadstoffanteil weitgehend aufkonzentriert an. Eingeschränkt abfallrelevant sind die Extraktion, Grundwasserbehandlung und chemische Bodenbehandlung ex-situ sowie elektrokinetische Behandlungsverfahren. Keine oder nur geringe Mengen an Abfallstoffen fallen bei den in-situ-Verfahren, den pneumatischen und den Sicherungsverfahren an.

Standortcharakteristika: Die Emissionsproblematik ist, wie oben bereits geschildert, mit den Standortgegebenheiten verknüpft. Das Konfliktpotential ist vor der Errichtung einer großtechnischen Anlage daher genauestens zu analysieren, um daraus resultierende Verzögerungen bei der Inbetriebnahme zu verhindern sowie die Akzeptanz bei Betroffenen zu erhöhen. Weitere Untersuchungen umfassen z.B. bei Sicherungsverfahren mögliche Senkungen des Bodens, welche zu Instabilitäten und Zerstörungen der Dichtsysteme führen können. Auf ausreichende infrastrukturelle Anbindung ist z.B. bei der ex-situ-Bodenbehandlung zu achten (Verkehrswegeanbindung Straße / Schiene / Wasserstraße).

Genehmigungsfähigkeit: Im Rahmen einer Sanierung sind unabhängig von der eingesetzten Technik wasserrechtliche und baurechtliche Belange zu berücksichtigen. Darüber hinaus sind zum Betrieb einiger Technologien (z.B. großtechnische thermische Behandlungsanlagen) umfangreiche immissionsschutzrechtliche Regelungen nach Bundesimmissionsschutzgesetz zu beachten (vgl. Kapitel 4.1 und 3.3). Hier kann durch eine rasche Einleitung des Verfahrens und insbesondere durch gute Zusammenstellung der Unterlagen eine rasche Abwicklung des Genehmigungsverfahrens erreicht werden. Dies gilt insbesondere für die immissionsschutzrechtliche Genehmigung bei der thermischen bzw. biologischen Bodenbehandlung sowie bei Wasch- und Extraktionsanlagen, soweit es sich nicht um geringe Standzeiten unter 12 Monaten bzw. um Versuchsanlagen handelt.

Kapazitäten / Zeitbedarf: Der Zeitbedarf für die technische Bodenbehandlung incl. zugehöriger Aufbereitung ergibt sich i.w. aus der Kapazität der Anlage und der Durchlaufzeit des kontaminierten Gutes durch die Anlage. Die Gesamtdauer einer Sanierungsmaßnahme wird auch durch andere Zeitfaktoren stark beeinflußt (z.B. durch Planungsdauer, erforderliche Genehmigungsverfahren, Transportdauer etc.). Inwieweit die Dauer der eigentlichen Bodenbehandlung die Verfahrensauswahl beeinflußt, muß daher im Einzelfall entschieden werden.

Immer dann, wenn eine schnelle Sanierung gefordert ist, muß eine geringe Durchsatzzeit und hohe Verarbeitungskapazität gewährleistet sein. Bei der mikrobiologischen Behandlung ist bspw. eine relativ lange Behandlungszeit notwendig, um die Schadstoffe weitgehend abzubauen. Thermische Verfahren behandeln den Boden hingegen sehr schnell bei kurzen Anlagenverweilzeiten. Dieses Maß muß jedoch in Beziehung zur verfügbaren Anlagenkapazität gesetzt werden. Daraus ergibt sich für jede Anlage eine Verarbeitungskapazität, angegeben in Tonnen pro Zeiteinheit (z.B. pro Stunde oder pro Tag). Eine lange Behandlungsdauer ist bei der Anwendung mikrobiologischer Techniken sowie der Bodenluft- bzw. Grundwasserbehandlung zu erwarten.

Kosten: In jedem Falle werden auch die Kosten als eine wesentliche Einflußgröße zur Verfahrensbeurteilung herangezogen. Die Kosten für die eigentliche technische Maßnahme (Kernleistung der Boden- bzw. Grundwassersanierung ohne Bodenaushub, Sanierung von Boden bzw. Grundwasser) machen mit ca. 30 - 70 % der Gesamtkosten einer Sanierung den größten Einzelposten aus (SRU 1995). Grundsätzlich zeigt sich ein Kostenvorteil bei technologisch einfacheren in-situ-Maßnahmen (Mikrobiologische Behandlung, Verfestigung) bzw. bei der Sicherung. Technisch bzw. apparativ aufwendige Dekontaminationsverfahren mit hohen Reinigungsleistungen weisen die höchsten Kosten der Sanierungstechnologien auf (thermische bzw. extraktive Bodenbehandlung).

4.8.2 Fazit

Was zeigt nun ein solcher Vergleich von Technologien? Die einzelnen Technologien und Techniken weisen deutliche Stärken und Schwächen hinsichtlich einzelner Untersuchungskriterien auf. Eine grundsätzlich für jeden Sanierungsfall, unabhängig von den örtlichen Randbedingungen, anwendbare Sanierungstechnologie gibt es demnach derzeit nicht. Die einzelnen Technologien weisen stoff- oder bodenspezifisch zum Teil erhebliche Anwendungsbegrenzungen auf. Der derzeitige Entwicklungsstand verhindert z.T. den großmaßstäblichen Einsatz erfolgversprechender Technologien (z.B. Extraktionsverfahren). Beim Einsatz komplexer Großtechnologien (Thermik, Waschverfahren) sind häufig umfangreiche genehmigungsrechtliche Anforderungen zu erfüllen, welche bereits im Vorfeld der Sanierung zu berücksichtigen sind.
Die Sicherungstechnologien werden derzeit vielfach aufgrund des Kostenvorteiles den Sanierungsverfahren vorgezogen. Es zeigt sich jedoch, daß die Sicherung trotz ihrer in vielen Fällen vorliegenden Anwendbarkeit aufgrund der Unsicherheiten der Langzeitwirksamkeit und den daraus resultierenden Folgen ebenso wie in-situ-Verfahren auf lange Sicht nicht als das Verfahren der Wahl angesehen werden kann. Der z.Zt. herrschende Kostendruck führt aber dazu, daß derzeit eher gesichert als Dekontaminiert wird.

Insgesamt kann die Auswahl eines geeigneten Sanierungsverfahrens im Rahmen der Sanierungsplanung durch eine systematische Darstellung der Vor- und Nachteile zwar unterstützt, jedoch nicht automatisiert werden. Die Gewichtung der zu berücksichtigenden Kriterien muß im jeweiligen Einzelfall auf Basis der spezifischen Anforderungen erfolgen und liefert somit auch häufig eine individuelle Lösung, beispielsweise durch Anwendung von Verfahrenskombinationen oder durch eine angemessene Änderung von Rahmenbedingungen.

4.8.3 Perspektiven

Welche allgemeinen Trends zeigen sich derzeit hinsichtlich der Entwicklung von Sanierungstechnologien? Dazu sind bestehende Strukturen des "Sanierungsmarktes" und Entwicklungstendenzen zu betrachten.

Derzeit werden in Deutschland ca. 86 stationäre und eine Vielzahl mobiler Anlagen zur Bodenreinigung betrieben. Die *stationären* Anlagen setzen thermische, mikrobiologische oder physikalische Verfahren zur Bodenbehandlung ein und wiesen 1994 mit insgesamt ca. 2 Mio. Jahrestonnen eine hohe Verarbeitungskapazität auf, welche zu ca. 55 % ausgelastet war (Schmitz / Laun 1995). Diese Auslastung ist stark von der regionalen Situation und weniger von der Verfahrensart abhängig. Setzt man voraus, daß die jährlich zur Behandlung bereitgestellte Bodenmenge in einer Größenordnung von ca. 1 Mio. Tonnen in etwa konstant bleibt, so ist ein rechnerischer Bedarf an weiteren Anlagen nicht vorhanden. Geplant waren 1994 jedoch Anlagen mit weiteren 2 Mio. Jahrestonnen. Genaue Zahlen zu *mobilen* Anlagen liegen nicht vor. Aufgrund des einfachen Genehmigungsrechtes für mobile Anlagen und relativ geringen Verarbeitungskapazitäten ist zu erwarten, daß sich derartige Anlagen dem Markt besser anpassen können als großtechnische Anlagen. Hierbei sind jedoch auch Kostenaspekte zu beachten, d.h. die ggf. günstigeren spezifischen Kosten der Großanlagen.

Bei der derzeitigen Entwicklung von Bodenbehandlungsanlagen werden schwerpunktmäßig verschiedene Ziele verfolgt. Zum einen wird versucht, die Effektivität der Bodenreinigung zu steigern. Zum anderen sollen Reststoffmengen und Betriebskosten gesenkt werden. Durch Verfahrensmodifikationen sollen dazu z.B. Stoffübergänge intensiviert und Reststoffmengen reduziert werden. Weiterhin wird untersucht, inwieweit mittels Verfahrenskombinationen die Reinigungsleistungen erhöht werden können, ohne daß sich die höheren Betriebs- und Investitionskosten anwendungslimitierend auswirken. Diese Kombinationen werden sowohl innerhalb einer Technologie oder Technik als auch technologieübergreifend angedacht. Inwieweit sich jedoch Bodenbehandlungszentren als zentrale Großanlagen mit mehreren Technologiesträngen am Markt durchsetzen werden, ist derzeit offen. Die Einkapselungstechnik bemüht sich derzeit um die Verbesserung der Dichtwirkung bei optimiertem Materialeinsatz und minimaler Boden-Aushubmasse. Die Effektivität nachträglicher Untergrundabdichtung ist auch unter Kostenwirksamkeitsaspekten derzeit nicht nachgewiesen.

Durch technische Weiterentwicklung wurden in der Vergangenheit Prozeßwasserkreisläufe geschlossen, energetische Wirkungsgrade erhöht und Abfallmengen zugunsten verwertbarer Produkte (z.B. Schadstoff-Reinkonzentrate oder Stoffe mit Baumaterial-Qualität) reduziert. Aufgrund der Kostenwirksamkeit der getroffenen Maßnahmen sind hier weitere Entwicklungen zu erwarten.

Berücksichtigt man anstehende Ersatzbeschaffungen und die Innovation bestehender Anlagen, so ist nach wie vor die Entwicklung effektiver Technologien zur Dekontamination und Sicherung von Altlasten erforderlich.

5 "Wer zahlt die Zeche?": Finanzierungsmodelle zur Altlastensanierung

5.1 Grundlagen und rechtliche Zuständigkeiten

Nach Angaben des Umweltbundesamtes und der Länder wurden bis Ende 1998 im gesamten Bundesgebiet knapp *253.000 Altlasten und Altlastenverdachtsflächen* erfaßt, vgl. Tabelle 1.1. Bei einer Sanierungsquote von ca. 25 % (3 von 4 erfaßten Standorten werden nicht saniert) beläuft sich das zur Sanierung erforderliche Finanzvolumen auf ca. *75 bis 113 Mrd. DM* allein in den *neuen Bundesländern* (SRU 1989, S.20 / SRU 1995, S.158, S. 191). Dabei sind diese Schätzungen noch mit großer Vorsicht zu betrachten, da bis heute nur vorläufige Zahlen zum Umfang der Altlastenproblematik vorliegen. Als Kosten einer Sanierung fallen typischerweise 50.000,- bis 150.000,- DM pro Fläche für die Erkundung, 500.000,- bis 2,0 Mio. DM für die Gefahrenabwehr und 2 Mio. bis 10 Mio. DM für die Dekontamination bzw. Sicherung an. Angesichts allseits leerer Haushaltskassen muß man sich die dringende Frage stellen, wer nun "die Zeche zahlen" soll und auch kann? Grundsätzlicher Konsens besteht hinsichtlich des dringenden Handlungs- und Finanzierungsbedarfs; eine einheitliche Regelung ist trotz einiger sinnvoller Vorschläge nicht zustande gekommen.

Insgesamt läßt sich dabei feststellen, daß die Finanzierung der Altlastensanierung eng mit der Planung und Durchführung von Sanierungsmaßnahmen verknüpft ist. Wie das Verhältnis von Bund, Ländern und Gemeinden bei der Kostenübernahme von Sanierungsmaßnahmen gestaltet ist und welche Finanzierungsmöglichkeiten vor allem für die Gemeinden vorliegen, wird im folgenden betrachtet. Ein Blick in die USA stellt ein auch in der Bundesrepublik viel diskutiertes Lösungsmodell, den 'Superfund' vor. Eine besondere Situation stellt die Sanierungsfinanzierung von Rüstungsaltlasten dar, da einerseits das Ausmaß dieser Problematik erheblich ist und andererseits die Sanierungsverantwortlichkeit, gegenüber den sonstigen Altlastenfällen eine grundlegend andere ist. Zunächst sollen rechtliche Verantwortlichkeiten für die Altlastensanierung auf Basis des ab dem 1.3.1999 in Kraft getretenen Bodenschutzgesetzes vorgestellt werden.

Nach dem *Bundesbodenschutzgesetz* (BBodSchG) sind die Behörden zur Gefahrerforschung und Erkundung von Altlast-Verdachtsflächen im Rahmen von Amtsermittlungsverfahren verpflichtet (§9 BBodSchG). Bei hinreichendem Verdacht auf Vorliegen einer schädlichen Bodenveränderung kann die Behörde anordnen, daß Sanierungs- und Vorsorgepflichtige die notwendigen Untersuchungen zur Gefahrenerforschung kostenpflichtig durchführen (§9 Abs.1 Satz 1 und §24 Abs.1 BBodSchG). Bestätigt sich der Verdacht nicht, so sind den zur Untersuchung herangezogenen die Kosten zu erstatten. Bestätigt sich der Verdacht der schädlichen Bodenveränderung, so liegt nach §4 Abs. 3 Satz 1 BBodSchG (BBodSchG) eine Sanierungspflicht des Verantwortlichen vor (zur Beurteilung der Sanierungsnotwendigkeit vgl. Kapitel 2). Die Behörden können vom Sanierungspflichtigen die Vorlage eines Sanierungsplanes verlangen (§13 BBodSchG). Mit dem Sanierungsplan kann den Behörden gleichzeitig der Entwurf eines Sanierungsvertrages vorgelegt werden. Von dieser Privatisierung von Leistungen wird eine Beschleunigung der Sanierungsvorhaben und finanzielle Entlastung der Behörden erwartet. Für den Verpflichteten ergeben sich durch die behördliche Zustimmung zur Planungsmaßnahme Rechtssicherheit über das auf ihn zukommende Lastvolumen und den Umfang seiner rechtlichen Verantwortlichkeiten. Unkalkulierbare behördliche „Nachforderungen“ sind somit weitgehend ausgeschlossen (Steffen 1998). Mit der Aufnahme der privatwirtschaftlichen Verträge in das Gesetz wird die Praxiserfahrung berücksichtigt, daß komplexe, rechtliche wie technisch-naturwissenschaftliche Fragestellungen betreffende Problemlösungen derart besser zu lösen sind als mittels Ordnungsverfügungen der Behörden (Holzwarth et.al. 1998). Diesbezüglich positive Erfahrungen wurden bereits mit Vorhaben- und Erschließungsplänen und städtebaulichen Verträgen im Rahmen der Bauleitplanung gemacht, vgl. folgende Kapitel. Dabei ist auch der Einbezug Dritter (z.B. von Käufern) rechtlich möglich (§13 Abs.4 BBodSchG).

§4 Abs. 3 BBodSchG macht Aussagen zu Sanierungsverantwortlichen. Demnach können der Grundstückseigentümer, der Inhaber der tatsächlichen Gewalt, der Verursacher oder deren Rechtsnachfolger zur Sanierung einer Altlast herangezogen werden.

Handlungsstörer ist nach § 17 OBG (Ordnungsbehördengesetz) diejenige natürliche oder juristische Person, welche durch ihr 'Handeln' die Gefahr verursacht hat. Gerade bei belasteten Grundstücken ist es nicht selten der Fall, daß im Zuge der Rechtsnachfolge der Grundstückseigentümer gewechselt hat. Geht aber ein Eigentum, also z.B. ein Grundstück, von dem begründet eine Gefahr ausgeht, auf einen Dritten über, so wird dieser Dritte als neuer Eigentümer originär und unmittelbar kraft Gesetz zustandsverantwortlich (Papier 1988, S.222). Verantwortlich für einen kontaminierten Standort ist also auch der Eigentümer und/oder der Inhaber der tatsächlichen Sachherrschaft als sogenannter *Zustandsstörer* nach § 18 OBG. Kommen mehrere Verantwortliche in Betracht, so kann die Behörde in ihrem Ermessen einen Verantwortlichen für die Haftungsübernahme auswählen.

Dabei besteht kein prinzipieller Vorrang der Inanspruchnahme des Verhaltensstörers vor dem Zustandsstörer. Vielmehr soll die Auswahl unter dem Gesichtspunkt der schnellen und effektiven Gefahrenbeseitigung getroffen werden; dabei sind die Möglichkeiten der bürgerlich-rechtlichen Beziehungen der Beteiligten untereinander zu berücksichtigen, bspw. vertraglich festgeschriebene Haftungsausschlüsse etc.. Ein einem Störer zugesandter sicherheitsbehördlicher Bescheid legt nicht fest, daß dies der alleinige Störer ist; es besteht die zivilrechtliche Möglichkeit des Störerausgleichs (*Gesamtschuldnerausgleich*). Dieses Einklagen von

Ausgleichsansprüchen eines behördlich zur Sanierung Verpflichteten gegen (potentielle) Verursacher wird i.d.R. Schwierigkeiten bereiten, da die Anteile einzelner (z.B. Vor- oder Folgenutzer) an der Kontamination nachträglich nur sehr schwer nachzuweisen sind.

Nach §4 Abs. 3 BBodSchG kann auch zur Sanierung herangezogen werden, wer als Gesamtrechtsnachfolger bzw. aus handels- oder gesellschaftlichem Rechtsgrund für eine juristische Person einzustehen hat, welcher ein schadstoffhaltiges Grundstück gehört. Dieses ist insbesondere wichtig, da ansonsten Unternehmensabtretungen bzw. -verschmelzungen eine Inanspruchnahme verhindern können. So wurden in der Vergangenheit unterkapitalisierte Gesellschaften aus einer Muttergesellschaft „ausgegründet" und ihr die Altlast übertragen. In solchen Fällen ist nun der finanzielle „Durchgriff" auf die Muttergesellschaft möglich.

Häufig tritt die Kommune bei der Sanierung von Altlasten finanziell unter Einsatz öffentlicher Mittel in Vorleistung (*Ersatzvornahme*) . Den erzielten Wertzuwachs der Fläche durch die Sanierung kann die Behörde vom Eigentümer zurückfordern (Differenzbetrag des Flächenwertes nach erfolgter Sanierung, Endwert, und dem Wert der Fläche vor der Sanierung, Anfangswert). Maximal sind jedoch die tatsächlich angefallenen Sanierungsaufwendungen zu erstatten (§25 BBodSchG). Dabei wird zugrundegelegt, daß der Umfang der angeordneten Sanierungsmaßnahmen im Hinblick auf berechtigte Nutzerinteressen angemessen war. Im öffentlichen Interesse bzw. bei unbilliger Härte kann auf die Heranziehung zu den Kosten der Ersatzvornahme verzichtet werden, wenn dies im öffentlichen Interesse liegt.

Problematisch wird die Sanierungsfinanzierung in der Praxis vor allem durch die Tatsache, daß die Haftung der Handlungs- bzw. Zustandsstörer in der überwiegenden Zahl der Fälle nicht anwendbar ist. Entweder läßt sich für einen Großteil der ermittelten Flächen kein Verantwortlicher bestimmen oder er ist als Zustandsstörer nicht in der Lage, die zumeist hohen Kosten der Sanierung zu tragen. In anderen Fällen liegt es im Ermessen der zuständigen Behörde, ob sie aufgrund der wirtschaftlichen Situation des Betriebes auf eine Inanspruchnahme verzichtet.

Darüber hinaus befinden sich viele Flächen im Rahmen von städtebaulichen Maßnahmen im Besitz der Kommunen oder wie viele aufgegebene militärische Standorte in der Hand des Bundesvermögensamtes. Die Sanierungsfinanzierung muß in solchen Fällen und dann, wenn kein Verantwortlicher für eine Kostenübernahme der Altlastensanierung heranzuziehen ist, aus Mitteln der öffentlichen Haushalte, also als Gemeinlast, bestritten werden. Die kommunalen Haushalte stoßen jedoch mit ihren Ausgaben zumeist an die Grenze ihrer Belastbarkeit. Da der Bund gestützt auf Artikel 104a Abs. 1 des Grundgesetzes die Sanierungsverantwortlichkeit an die Länder zurückweist, sind in den Ländern jeweils unterschiedliche Modelle und Verfahren entwickelt worden, die eine Finanzierung der Altlastensanierung sichern sollen. Die Aufbringung der Finanzmittel wird in der Regel über *Abgabensysteme* erzielt (vgl. Tabelle 5.1).

Tabelle 5.1. Altlastenfinanzierungsmodelle in den alten Bundesländern (SRU 1995)

Abgabenlösung	
Abfall	Bremen
Sonderabfall	Berlin, Niedersachsen
Wasserentgelt	
Altlastenfonds/Abgabenlösung (auf Sonderabfall)	Baden-Württemberg, Bremen Hessen, Niedersachsen, Bremen (alle Abgabenmodelle vor 1999 ausgelaufen)
Lizenzgebührenlösung	Nordrhein-Westfalen
Kooperationsmodell	Bayern, Rheinland-Pfalz
Ohne Modell	Hamburg (Kooperation in Einzelfällen), Rheinland-Pfalz (seit 1.1.94), Saarland, Schleswig-Holstein

Diese Landesmittel werden in den Länder jeweils über die zuständigen Behörden oder Institutionen zur Sanierungsfinanzierung an die Gemeinden weitergeleitet. Je nach Einzelfall der zu sanierenden Fläche oder der angewandten Sanierungstechnologien bestehen auf Bundes- und EG-Ebene unterschiedlichste Finanzierungsmöglichkeiten für Altlastensanierungen. Die wichtigsten und von ihrem Volumen her größten Finanzmittel werden von Seiten des Bundes im Rahmen der Städtebauförderung, der Gemeinschaftsaufgabe und der Beteiligung an Forschungs- und Entwicklungsaufgaben für die Altlastensanierung aufgewendet.

Im Rahmen des erwähnten Artikel 104 des Grundgesetzes hat der Bund nach Absatz 4 die Möglichkeit, den Ländern Finanzhilfen für Investitionen in den Ländern oder Gemeinden zu gewähren. Auf dieser Basis stellt der Bund in einem Bund-Länder Programm für Maßnahmen der Städtebauförderung ca. 6 Mrd. DM zur Verfügung (Hüwels 1992, S.308). Diese Mittel stehen auch ausdrücklich für die Sanierung von Altlasten und die Revitalisierung von Brachflächen zur Verfügung.
Voraussetzung für die Inanspruchnahme von Mitteln für die *Städtebauförderung* ist das Vorliegen eines städtebaulichen Mißstandes. Diese Situation kann durch eine Altlast, von der eine konkrete Gefahr ausgeht oder die die Nutzung beeinträchtigt, gegeben sein.
Auf Grundlage des Artikel 91a des Grundgesetzes beteiligt sich der Bund mit der *Gemeinschaftsaufgabe* "Verbesserung der regionalen Wirtschaftsstruktur" an den Maßnahmen der Wirtschaftsförderung der Länder, wenn deren Wirtschaftskraft erheblich unter dem Bundesdurchschnitt liegt. Die Maßnahmen beinhalten unter anderem die Erschließung von neuen Industriegeländen und schließen auch die Sanierung von belasteten Flächen ein. Vor allem Regionen wie zum Beispiel das Ruhrgebiet sind durch solche Programme gefördert worden.
Eine weitere Förderung der Sanierungsfinanzierung mit Hilfe von Bundesmitteln erfolgt über die Beteiligung an der *Erforschung und Entwicklung neuer Technologien* zur Altlastensanierung. Als Beispiel sei hier das Forschungs- und Entwicklungsprogramm "Umweltforschung und Umwelttechnologie" des Bundesministeriums für Forschung und Technologie (BMFT) genannt. Mit diesen Geldern, der Bund hat für solche Aufgaben 180 Mio. DM investiert (Hüwels 1992, S.308), werden nur die Sanierungsanwendungen in sogenannten Pilotprojekten gefördert.

Jegliche Zuwendungen, welche von Seiten der öffentlichen Hand im Sinne des Gemeinlastprinzips für die Finanzierung von Sanierungsmaßnahmen gewährt werden, müssen letztlich über diverse Einnahmen in den öffentlichen Haushalten gedeckt werden. Eine ganz wesentliche Einnahmequelle der Mittelbeschaffung für Sonderprogramme, z.B. bereits erwähnte Finanzhilfen des BMFT, wie auch im Rahmen der Finanzierungsmodelle der Länder (s.u.) ist die Erhebung von Abgaben.

Unter dem Begriff *Abgaben* sind einmalige oder laufende Pflichtzahlungen aufgrund öffentlichrechtlichen Anspruchs an ein Gemeinwesen zu verstehen. Mit Abgaben werden im wesentlichen zwei Ziele verfolgt. Sie haben einerseits die Funktion der Finanzierung eines speziellen Zwecks, z.B. der Finanzierung von Altlastensanierungen und andererseits können sie Lenkungs- bzw. Anreizfunktionen haben. Die zu entrichtende Abgabenlast kann z.B. zum sparsamen Umgang mit Rohstoffen oder zur Vermeidung von Abfallstoffen anreizen.
Eine Form der Abgaben sind *Steuern*. Steuern sind nach § 3 Abs.1 der Abgabenordnung Geldleistungen, die keine Gegenleistungen für eine besondere Leistung darstellen und von einem öffentlich-rechtlichen Gemeinwesen zur Erzielung von Einkünften allen auferlegt werden. Es wird also, im Sinne einer Gemeinlast, alleinigst der Zweck verfolgt, Einkünfte für den Staat zu beschaffen, die dieser zur Erfüllung seiner Aufgaben benötigt. Sogenannte Zwecksteuern, welche für die Finanzierung einer bestimmten Aufgabe gedacht sind, dürfen nicht direkt für diese Aufgabe verwandt werden, sondern müssen in den allgemeinen Haushalt überführt werden. Erst über die allgemeine Verteilung des Haushaltsetats können Mittel für die Aufgabenerfüllung, z.B. die Finanzierung von Sanierungsmaßnahmen, bereitgestellt werden. Werden solche 'Zwecksteuern' eigenständig und zweckgebunden verwaltet, wie dies beispielsweise im Rahmen eines Altlastenfonds der Fall sein könnte, so sind diese Einnahmen im rechtlichen Sinne nicht als Steuern anzusehen.
Eine weitere Abgabenart sind *Gebühren* und *Beiträge* als sogenannte Vorzugslasten. Gebühren werden für eine Verwaltungstätigkeit erhoben, jedoch nur, wenn man sie auch in Anspruch nimmt, z.B. Telefongebühren. Beiträge sind hingegen für Verwaltungstätigkeiten zu entrichten auch wenn man diese Gegenleistung nicht in Anspruch nimmt, z.B. der Erschließungsbeitrag. Für die Altlastensanierung scheidet die Erhebung von Gebühren oder Beiträgen aus, da sie keine staatliche Leistung darstellt, die jedermann in Anspruch nehmen kann.
Des weiteren seien noch die *Sonderabgaben* erwähnt. Bei der Erhebung von Sonderabgaben bestehen per Gesetz Geldleistungspflichten für Personen, die in einem bestimmten z.B. wirtschaftlichen Zusammenhang stehen. Sonderabgaben dürfen also nur eine homogene Personengruppe betreffen. Die abgeschöpften Mittel dürfen darüber hinaus nur für eine klar umrissene Aufgabe verwendet werden, zu der die abgabenpflichtige Gruppe eine besondere Sachnähe aufweist. Beispielhaft seien z.B. Abwasserabgaben genannt.

Mit Aufkommen der Altlastenproblematik wurde versucht, die Industrie zur freiwilligen Einrichtung eines Solidarfonds zur Unterstützung der Sanierungsfinanzierung zu bewegen. Eine solche Lösung ist nicht zustandegekommen. Statt dessen wurde von verschiedenen Seiten ein gesetzlich geregelter *Altlastenfonds auf Bundesebene* gefordert. Vorbild für einen solchen Fonds war der 1980 in den USA eingerichtete 'Superfund' (s.u.).

Dabei stellte sich natürlich die Frage der Finanzierung dieses Fonds. Neben einer Abgaben auf bestimmte Grundchemikalien wie z.B. Rohöl oder petrochemische und anorganische Grundstoffe wurde die Einführung einer Abgabe auf Sonderabfälle diskutiert. Hiermit sollte ebenfalls eine 'problemnahe' Gruppe, die der Abfallproduzenten, zur Finanzierung herangezogen werden. Gleichzeitig sollte damit auch eine Verknüpfung der Altlastenproblematik mit der Entsorgung von Sonderabfällen, sozusagen zur Vermeidung zukünftiger Altlasten, geschaffen werden. Abgaben auf Sonderabfälle werden rechtlich als Sonderabgaben verstanden. Den Sonderabfallerzeugern wird nach den Ausführungen des Abfallgesetzes (KrwAbfG) eine spezifische Verantwortung für die Entstehung von Altlasten zugesprochen. Neben heftigen Protesten der Industrie insbesondere gegen eine Grundstoffabgabe hat sich auch die Bundesregierung gegen einen solchen Fonds auf Bundesebene ausgesprochen. Nach ihrer Auffassung sind die Länder für die Sanierung von Altlasten und deren Finanzierung zuständig. Diese Diskussion ist damit noch nicht beendet, wie die Erhebung von Abgaben auf Grundstoffe oder Abfälle in verschiedenen Finanzierungsmodellen der Länder zeigen (vgl.). Auch der Rat von Sachverständigen hält die Prüfung einer bundesweiten Abfallabgabe zur Finanzierung der Altlastenbehandlung in Form einer Beteiligung des Bundes für empfehlenswert (SRU 1995, S.91)

Es bleibt jedoch bei der Sonderabgabe auf Sonderabfall das Dilemma zwischen *Finanzierungs- und Lenkungsfunktion*. Greift der Anreizeffekt und es entsteht weniger Sonderabfall, werden gleichzeitig die Einnahmen geringer, die für die Sanierung von Altlasten zur Verfügung stehen sollten. Bleiben andererseits die Einnahmen konstant, tritt kein Verminderungseffekt bei den Sonderabfällen ein. Die folgende Tabelle 5.2 gibt einen Überblick über Finanzierungsmöglichkeiten, die in den anschließenden Kapiteln näher erläutert werden.

5.2 Kooperationsmodell

Schadstoffanreicherungen in Boden und Grundwasser sind im wesentlichen Auswirkungen industrieller Produktion. Aus diesem Grunde wird vielfach die Forderung an die Industrie gerichtet, sich dieser Verantwortung zu stellen und in den Fällen, in denen kein Verursacher mehr zahlungspflichtig gemacht werden kann, im Rahmen einer kollektiven Haftung eine Beteiligung an der Sanierungsfinanzierung zu leisten. Die Industrieverbände und Interessengruppen weisen eine solche kollektive Schuldzuweisung strikt zurück und lehnen eine generelle Haftungsübernahme ab.

Da die Durchsetzung staatlicher Zwangsmaßnahmen wenn überhaupt nur gegen erhebliche Widerstände der betroffenen Wirtschaftsverbände oder anderer Interessengruppen zu erreichen ist (SRU 1989, S.196), entschloß man sich in einigen Bundesländern, zur Sanierung von Altlasten auf der Basis von Vereinbarungen und Absprachen zwischen der Industrie auf der einen Seite und den Ländern und/oder den Kommunen auf der anderen Seite zu kooperieren.

Je nach länderspezifischen Gegebenheiten wurde der Grundgedanke des Kooperationsmodells unterschiedlich ausgestaltet. In *Rheinland-Pfalz* wurde nach einer ersten Phase 1986-1993 im April 1998 für weitere zehn Jahre ein Kooperationsvertrag zwischen Umweltministerium, der Landesvereinigung Rheinland-Pfälzischer Unternehmensverbände e.V. und der Arbeitsgemeinschaft der rheinland-pfälzischen Industrie- und Handelskammern abgeschlossen. Darin verpflichten sich das Land und die Wirtschaft, mit je 3,5 Mio. DM die Sanierung von Altlasten zu finanzieren, bei denen ein Verantwortlicher nicht feststellbar ist bzw. nicht zur Sanierung herangezogen werden kann. Die Mittelvergabe wird in einer Sanierungskommission bestehend aus je drei Vertretern beider Gruppen beschlossen; der Mitteleinsatz erfolgt nur nach Ausschöpfung aller Möglichkeiten der Verursacheranlastung.

Tabelle 5.2: Überblick über Finanzierungsmöglichkeiten (eigene Zusammenstellung)

Modell	Geltungs-Bereich	Verwaltung	Aufgaben des Verfahrens	Herkunft von Finanzmitteln	Finanzvolumen	Eigenanteil 1)	Gesetzliche Grundlagen
Kooperations-modell	B, RP	GAB, Sanierungs-komission (Industrie / Land)	Finanzmittelbeschaffung; Sanierungsplanung und –sanierung	bayrische Industrie; Land Bayern	6 Mio. DM jährlich (auf 10 Jahre befristet)	20%	keine gesetzliche Grundlage (freiwillige Kooperation)
Lizenzmodell	NW	AAV, Entsorger, Kommunen	Lizenzvergabe zur Behandlung von Sonderabfällen; Finanzmittelbeschaffung; Altlastensanierung und Aufgaben der Abfallent-sorgung; Maßnahmenfinanzierung	Lizenzentgelte; Mitgliedsbeiträge	ca. 50 Mio. DM jährlich	20%	Landesabfallgesetz (LAbfG) regelt Lizenzvergabe; AAV-Gesetz (Zwangsmitgliedschaft für Entsorger)
GF 'Ruhr` GF 'NW	KVR-Gebiet NW	LEG	Reaktivierung von Brachflächen durch:Ankauf; Durchführung eines Gesamtkonzeptes (Planung, Sanierung, etc.); Wiederveräußerung	Landesmittel; (Verkaufserlöse)	GF 'Ruhr`: 100 Mio. DM jährlich; GF 'NW`: 50 Mio. DM jährlich	-	keine gesetzliche Grundlage (initiiert im Rahmen des 'Strukturprogramms Ruhr`
'Public Private Partnership`	Bundesgebiet	Kommunen und Investoren	Einbeziehung von Investoren in Planungs- und Ausführungsprozeße; Investitionsförderung	Investoren	1986 Aufstockung auf 8,5 Mrd. US $	-	BGB (öffentlich - rechtliche Verträge)
Superfund	USA	Umweltbehörde EPA	Finanzmittelbeschaffung; akute Gefahrenabwehr; Sanierungsdurchführung und Finanzierung; 'Informationssystem`	Grundstoff-steuern; Bundes-haushalt	ehemals 1,6 Mrd. US $ auf 5 Jahre	-	SARA - Superfund Gesetz

GF: Grundstücksfond *1)* Antragsteller *B*: Bayern; *RP*: Rheinland-Pfalz; *KVR*: Kommunalverband Ruhrgebiet; *LEG*: Landesentwicklungsgesellschaft NRW; *AAV*: Abfallentsorgungs- und Altlastensanierungsverband NW; *GAB*: Gesellschaft zur Altlastensanierung in Bayern e.V.

In *Bayern* wurde die „Gesellschaft zur Altlastensanierung in Bayern mbH" (GAB) gegründet, Gesellschafter sind der Freistaat Bayern und die „Gemeinschaftseinrichtung zur Altlastensanierung in Bayern e.V." als Industrievertreter. Beide Gesellschafter stellten in der Vergangenheit jeweils 3 Mio. DM für Altlastenuntersuchung und -sanierung zur Verfügung. In einem Umweltpakt ist vereinbart worden, diese Summe zukünftig zu erhöhen. Ein ganz wesentlicher Baustein dieser Kooperationsvereinbarung ist der Beitragsschlüssel der Gemeinschaftseinrichtung der bayrischen Industrie. Um die finanziellen Belastungen möglichst gerecht auf die Unternehmen zu verteilen, hat man einen dreistufigen Beitragsschlüssel entwickelt. Zur Aufgabe der GAB gehört die Planung, Auftragsvergabe und die finanzielle Abwicklung der einzelnen Sanierungsfälle auf Altdeponien ebenso wie auf Industrie- und Gewerbeflächen. Die GAB übernimmt eine Sanierung allerdings nur, wenn von der Fläche eine Gefahr für Mensch und Umwelt ausgeht und wenn kein Verursacher für die Übernahme der Sanierungskosten herangezogen werden kann. Wertsteigerungen durch Sanierungsmaßnahmen der GAB werden so weit möglich abgeschöpft und für die Tätigkeiten in den Etat der GAB zurückgeführt.

Entscheidungen, wie z.B. die Dringlichkeit einzelner Sanierungsfälle, die Bestimmung des Sanierungsumfanges und die Finanzierung, werden in der GAB paritätisch von Land und Industrie getroffen.

Die finanzielle Beteiligung von Ländern und Industrie ist zumindest im Rahmen dieser Modelle in der Regel gleichwertig. Als vorteilhaft für eine industrielle Beteiligung ist z.B. im bayrischen Kooperationsmodell eine Einbeziehung der gesamten bayrischen Industrie zu sehen, ohne einzelnen Unternehmen oder Unternehmergruppen eine Verantwortung für das Altlastenproblem zuzusprechen. Darüber hinaus erwiesen sich Kooperationsmodelle in Bezug auf die sich entwickelnde Rechts- und Sachlage als flexibel und anpassungsfähig (SRU 1989, S.198). Aufwand und Kosten konnten in der Regel trotz einer hohen Effizienz niedrig gehalten werden (Lindemann 1991, S.89). Derartige Kooperationsvereinbarungen können nur sehr eingeschränkt zur Lösung des Finanzierungsproblems in anderen Bundesländern, insbesondere den neuen Ländern, beitragen. Die Länder, in denen das Kooperationsmodell bislang entwickelt wurde, weisen eine überwiegend agrarisch geprägte Wirtschaftsstruktur auf mit einer dementsprechend 'relativ' geringen Altlastenflächenzahl auf. Die finanzielle Belastung wird somit für die Unternehmerseite ebenfalls niedrig gehalten und in den jeweiligen Modellen auch zeitlich befristet. Vorteilhaft erwies sich für die chemische Industrie die freiwillige Beteiligung an dem Kooperationsmodell durch eine Akzeptanzsteigerung in der Bevölkerung (Zimmermann 1992, S.81). Für die vergleichsweise wenigen Unternehmer schien die freiwillige Beteiligung der insgesamt kostengünstigere Weg.

5.3 Lizenzmodell

Die Dimension der Altlastenproblematik ist in Nordrhein-Westfalen aufgrund seiner wirtschaftsgeschichtlichen Entwicklung ungleich höher als in vielen anderen Bundesländern. Die Finanzierung von Sanierungsmaßnahmen durch freiwillige Beteiligung der Industrie ist in der benötigten Größenordnung nicht möglich.

Die nordrhein-westfälische Landesregierung hat daher eine Lizenz als Berechtigungsvoraussetzung zur Behandlung und Ablagerung von Sonderabfällen eingeführt. Rechtlich wurde die Lizenzvergabe seit 1988 im Landesabfallgesetz (§ 10 ff LaAbfG NW) verankert. Für die Nutzung der Lizenz wird nach § 11 des LaAbfG NW eine Lizenzgebühr erhoben; das Gebührenaufkommen fließt nach Abzug der Verwaltungskosten dem Land zu. Als Instrumentarium zur Verwaltung der Mittel wurde der Abfallentsorgungs- und Altlastensanierungsverband Nordrhein-Westfalen, Hattingen (AAV) gegründet. Er soll folgende Aufgaben übernehmen:

- Die Sanierung von Altlasten, bei denen die eigentlichen Verantwortlichen nicht oder nicht vollständig zur Kostendeckung herangezogen werden können,
- behördliche Ersatzvornahmen bei akuter Gefahr,
- die Entwicklung neuer Technologien bei der Abfallvermeidung und -entsorgung sowie
- die Errichtung neuer Entsorgungsanlagen.

Darüber hinaus kommen dem AAV Aufgaben in Bereichen der zukünftigen Abfallbeseitigung zu: Der Verband soll für sog. ausgeschlossene Abfälle, also Abfälle und Reststoffe, die die entsorgungspflichtigen Körperschaften von ihrer Entsorgungspflicht ausgeschlossen haben (Rechtsgrundlage sind der § 3 Abs. 3 AbfG in Verbindung mit § 8 LaAbfG NW), die gegenwärtige und zukünftige Entstehung ermitteln und darüber hinaus Möglichkeiten für ihre Vermeidung und Entsorgung aufzeigen bzw. bei mittelständischen Unternehmen die Vorlaufkosten für die Errichtung von Entsorgungsanlagen ganz oder teilweise, je nach Ermessen, übernehmen. Der Verband kann auch allgemein zugängliche Entsorgungsanlagen errichten oder betreiben, wenn dies durch die Abfallerzeuger oder Entsorgungsunternehmen nicht erfolgt.

Der Verband kann zwar Maßnahmen der Gefahrenabwehr aufgrund von Altlasten durchführen, ordnungsrechtliche Befugnisse liegen jedoch weiterhin bei den zuständigen Behörden. Jedoch haben sich diese dem Verband gegenüber zu verpflichten, 20% der anfallenden Kosten zu übernehmen.

Die Lizenzentgelte werden vom Ministerium für Umwelt, Raumordnung und Landwirtschaft (MURL) mit einem Parlamentsausschuß abgestimmt in einer Rechtsverordnung festgesetzt. Die Höhe des Entgelts orientiert sich an den Gebühren der Abfallentsorger. 1992 wurde das Basisentgelt auf 1 - 35 DM je Tonne Sonderabfall festgesetzt. Auf Grundlage des § 11 LaAbfG NW werden für bestimmte Abfallarten feste Entgeltsätze erhoben. Der § 11 LaAbfG NW legt als jährliches Aufkommen durch die Lizenzvergabe eine Summe von 50 Mio. DM fest. Durch die Einführung der Lizenz verteuerte sich die Abfallbeseitigung um etwa 10%. Von Seiten der Landesregierung wurde dieser Effekt als Anreiz zur Vermeidung und Verwertung gesehen. Per Gesetz ist geregelt, daß der Verband zur Durchführung seiner Aufgaben 70 % des Lizenzentgeltaufkommens vom Land erhält. Das Lizenzentgeltaufkommen belief sich 1994 auf 46,8 Mio. DM. Eine weitere Finanzierung durch das Land ist nicht vorgesehen. Dennoch beläuft sich der jährliche *Haushaltsbeitrag* zur Altlastensanierung auf etwa 40 Mio. DM (1987/1988). Eine weitere Beteiligung der öffentlichen Hand ergibt sich daraus, daß jeweils 20% der Sanierungskosten von den Gebietskörperschaften getragen werden müssen. Neben dem Lizenzentgelt werden *Mitgliedsbeiträge* zur Finanzierung herangezogen.

Mitglieder des Verbandes sind Fremdentsorger (Betreiber der Unternehmen, welche ausgeschlossene Abfälle als 'Dritte' für Abfallerzeuger behandeln oder ablagern oder in Anlagen des Verbandes behandeln oder ablagern lassen), Eigenentsorger (Betreiber der Unternehmen, die als Abfallerzeuger ausgeschlossene Abfälle in eigenen Anlagen behandeln oder ablagern) sowie kreisfreie Städte, Kreise oder kreisangehörige Gemeinden. Beitragspflichtig sind jedoch nur die Fremd- und Eigenentsorger. Die Beitragslast wird dabei verhältnismäßig auf die Mitglieder verteilt, je nach den Vorteilen, die sie durch die Aufgaben des Verbandes haben oder haben werden. Als Vorteile wird auch die Erlassung einer Pflicht für ein Mitglied oder die Möglichkeit einer zweckmäßigen und wirtschaftlichen Nutzung von Maßnahmen des Verbandes gesehen.

Im Verfahren werden die zu bearbeitenden Flächen von Seiten der Städte und Gemeinden beim AAV angemeldet. Die Bereitschaftserklärung des AAV zur Übernahme des Altlastensanierungsprojektes wird nach vorhergehender Prüfung im Rahmen eines öffentlich-rechtlichen Vertrages zwischen der anmeldenden Behörde und dem Verband gegeben. Eine anschließende Vergabe von Sanierungsaufträgen erfolgt an die private Industrie. Die eigentliche Sanierungsentscheidung und die Prioritätensetzung bleibt bei diesem Vorgehen weiterhin in der Hand der zuständigen Behörde, wie z.B. der Kreise. Der AAV übernimmt im Vorfeld die Abstimmung mit den Kommunen, die Finanzierungsplanung sowie die ausschließliche Projektleitung. Nach Abschluß der Sanierung wird den Kommunen oder entsprechenden Besitzern die Fläche wieder übergeben.

Das Lizenzmodell NW ist bislang das einzige seiner Art geblieben. Als ganz wesentlicher Hemmfaktor für die Übernahme dieses Modells durch andere Bundesländer ist die noch immer nicht vollständig geklärte Rechtssituation bzgl. der zwangsweisen Erhebung von Lizenzentgelten anzusehen. Derzeit ist ein Normenkontrollverfahren anhängig, in dem vor dem Bundesverfassungsgericht BVG über die Rechtmäßigkeit der Sonderabfallabgabe entschieden wird. Diese Entscheidung wird für das Frühjahr 1999 erwartert. Lizenzentgelte werden weiterhin erhoben; soweit Zahlungswiderspruch eingelegt wurde, besteht die Möglichkeit der Erstattung in Abhängigkeit vom BVG-Beschluß.

5.4 Grundstücksfonds

Im Zuge der Diskussion um die Finanzierung von Altlastensanierungen und deren instrumenteller Umsetzung werden auch immer wieder Fondslösungen präferiert. Solche Lösungsansätzen werden dabei weniger von dem Gedanken der monetären Mittelverteilung geprägt, als eher von der Vorstellung eines *gebündelten Durchführungs- und Finanzierungsmodelles*. Die Sanierung, ihre Finanzierung und die Vorbereitung zur Wiedernutzung von zumeist Brachflächen soll dabei aus einer Hand erfolgen, um so typische Hemmnisse zu überwinden, die vielfach der Wiedernutzung von Brachflächen, insbesondere Industrie- und Gewerbebrachen entgegenstehen. In der Regel können Mittel aus den Länderhaushalten oder über den Weg von Sonderabgaben die Finanzierung sichern. Interessant werden Fondslösungen aus finanzieller Sicht aufgrund der wirtschaftlichen Effekte durch die

Brachflächenreaktivierung und durch die zu erzielenden Kostenersparnisse aufgrund einer organisatorischen Bündelung von Aufgaben.

Als Instrument der Strukturverbesserung wurde das „Aktionsprogramm Ruhr" 1979 von der Landesregierung Nordrhein-Westfalen mit dem Ziel der Intensivierung der Stadterneuerung verabschiedet. Es sah u.a. die Nutzbarmachung von brachliegenden Zechen- und Industriegeländen für Gewerbe- und Industrieansiedlungen vor. Für diese Aufgabe wurde 1980 der Bodenfonds 'Grundstücksfonds Ruhr' gegründet, über den in den Zuständigkeitsgrenzen des Kommunalverbandes Ruhrgebiet (KVR) nicht mehr marktgängige Brachflächen reaktiviert werden sollten. Darüber hinaus wurde 1984 der mit 50 Mio. DM ausgestattete „Grundstücksfonds Nordrhein-Westfalen" gegründet und die Zuständigkeit somit auf das gesamte Bundesland ausgedehnt. Obwohl die Fonds z.T. primär städtebauliche Ziele verfolgen sollen, ist auch eine Finanzierung von Sanierungsmaßnahmen im Rahmen der Nutzbarmachung von Flächen erfolgt.

Mit der Verwaltung des Fondvolumens von jährlich 100 Mio. DM ist treuhänderisch und weisungsgebunden die *Landesentwicklungsgesellschaft für Städtebau, Wohnungswesen und Agrarordnung (LEG)* betraut (Anerkanntes gemeinnütziges Siedlungsunternehmen des Landes NW; beteiligt sind mit 56% das Land NW, mit 42,65% öffentliche Banken und Versicherungen sowie auch Städte, Kreise, Verbände und Unternehmen (vgl. LEG (Hrsg.) 1987, S.6 ff).

In Betracht kommen für die Bearbeitung durch die LEG Flächen, deren gewerbliche, industrielle, bergbauliche oder verkehrliche Nutzung durch die Eigentümer aufgegeben wurde, die vornehmlich in zentralen innergemeindlichen Lagen die städtebauliche und strukturpolitische Entwicklung hemmen und ggf. umweltpolitische Probleme darstellen, mit deren Neuordnung und Wiedernutzung ein sonst notwendiger Freiraumverbrauch verhindert wird oder grobe Fälle zerstörter Landschaft bereinigt werden. Das eigentliche Verfahren des Fonds, wie es in den Richtlinien festgelegt ist, umfaßt im wesentlichen die Anmeldung der Flächen bei der Bezirksregierung, Ankauf der Fläche durch die LEG nach Zustimmung von Bezirksregierung und Landesministerien, Baureifmachung, zu der auch die Sanierung zu rechnen ist, und Wiederveräußerung der Fläche.

Bis 1988 standen beiden Fonds zusammen 772 Mio. DM zur Verfügung. Insgesamt wurden bis zu diesem Zeitpunkt 148 Flächen mit insgesamt 1.700 ha angekauft. Davon wurden 92 Flächen mit 1.250 ha durch den „Grundstücksfonds Ruhr" und 46 Flächen mit 250 ha durch den „Grundstücksfonds NW" angekauft. (Die verbleibenden 10 Flächen mit 220 ha wurden im Rahmen des Förderprogrammes 'Zukunftsinitiative Montanregion (ZIM)' angekauft.) Von diesen Flächen wurden bis 1988 lediglich 230 ha wiederveräußert. Die in die Fonds gesetzten Erwartungen sind damit sicherlich nicht gänzlich erfüllt worden. Einschränkungen mußten auch bei der erhofften Wiedernutzung der Flächen gemacht werden.

Nach Wunsch der Kommunen sollte eine Wiedernutzung zu 50% durch Gewerbe und Industrie, zu 45% durch Grün-, Freizeit- und Erschließungsflächen und zu 5% durch Wohnflächen erfolgen. Tatsächlich wurden die wiederveräußerten 230 ha nur zu 27% für Gewerbe und Industrie, 70% für Grün-, Freizeit- und Erschließungsflächen und zu 3% für Wohnflächen genutzt. Der geringe Anteil an wiederverkauften Flächen und der verhältnismäßig große Anteil an Grün-, Freizeit- und Erschließungsflächen zeigt, daß bei Investoren immer noch erhebliche Bedenken bestehen, ehemalige Industrieflächen zu erwerben. In den Fällen, in denen eine umfassende Sanierung aus technischen oder zumeist finanziellen Gründen zurückgestellt werden muß, beschränken sich die ergriffenen Sanierungsmaßnahmen auf die Sicherung der Fläche. In der Regel ermöglichen die Aufbringung von Oberboden oder von Sperrschichten lediglich eine anschließende Nutzung als Grün-, Freizeit- und Erschließungsfläche.

Ein wesentlicher Vorteil der Fonds ist die finanzielle und auch administrative Entlastung der Kommunen. Der Ankauf von Flächen durch öffentliche Gelder und die organisatorische Bündelung des Reaktivierungsverfahrens bei der LEG entlastet die Kommunen in ganz entscheidendem Maße, ohne daß sie jedoch ihr Mitspracherecht in dem Verfahren verlieren. Die nordrhein-westfälischen Grundstücksfonds sind derzeit die einzigen Instrumente in der Bundesrepublik, mit denen gezielt und umfassend die Reaktivierung von Industrie- und Gewerbebrachen gefördert wird. Unter Berücksichtigung dieser Aufgabe haben sich die Fonds durchaus bei der Sanierung von Altlasten bewährt.

5.5 Beteiligung privater Investoren

"Public Private Partnership"

Aufgrund der in vielen Kommunen angespannte Haushaltslage und der immer vielschichtiger gewordenen Aufgaben wurde in der Bundesrepublik die Beteiligung privater Investoren an der räumlichen Planung angestrebt. Die Kooperation von Staat, Wirtschaft und Bildung bietet die Möglichkeit, diesen Rahmen zu überwinden und erfolgreiche, arbeitsteilige Problemlösungen anzubieten. Traditionelle hierarchische oder konkurrierende Strukturen wie sie z.B. zwischen Staat und Antragsteller oder Gemeinden existieren, müssen für eine wirkliche Kooperation überwunden werden.
Mitte der 80er Jahre wurde für dieses Vorgehen der Begriff "Public Private Partnership" (PPP) auch in Deutschland populär. In Nordamerika hat man bereits seit Ende der 60er Jahre verstärkt Erfahrungen mit unterschiedlichsten Formen der Ausgestaltung von PPP-Ansätzen gewonnen, in Deutschland gewinnt in jüngster Zeit im Zusammenhang mit dem Brachflächenrecycling der *"Vorhaben- und Erschließungsplan"* sowie der *"städtebaulichen Vertrag"*, welche beide auf Erfahrungen und Vorgehensweisen bei PPP basieren, zunehmend an Bedeutung. Auf städtebauliche Verträge wird im Rahmen dieses Kapitels noch näher eingegangen.

"Puplic Private Partnership" wird hierzulande häufig synonym für Maßnahmen der Privatisierung oder z.B. für das informelle Aushandeln von Genehmigungen verwendet, bedeutet von seinem Ansatz her aber wesentlich mehr. Mit PPP werden "institutionalisierte Ansätze der freiwilligen Kooperation zwischen Akteuren verschiedener gesellschaftlicher Systeme zur Lösung komplexer lokaler, bestenfalls regionaler Probleme bezeichnet" (Kestermann 1993, S. 206). Es geht also nicht nur um das Vorverhandeln von bestimmten Maßnahmen, sondern um ein kooperatives Verfahren von der Zielfindung und Planung bis hin zur Projektdurchführung. Die Beteiligung verschiedenster Akteure dient dabei zwar dem Wohle der Allgemeinheit, dennoch verfolgen die Akteure letztlich ihren eigenen Vorteil.

Als Akteure für PPP's kommen alle für die Stadtentwicklung relevanten gesellschaftlichen Gruppen und Systeme in Betracht. Im Rahmen städtebaulicher Maßnahmen zur Reaktivierung von zumeist auch kontaminierten Gewerbe- und Industrieflächen beschränken sich Kooperationen meist auf die Kommune, Banken und finanzstarke Unternehmen, zumeist Investoren und Baufirmen. Je größer das Interesse der Beteiligten ist, und bei Unternehmen ist dies in der Regel eine Frage der Rentabilität, desto eher besteht auch die Bereitschaft der Teilnahme an einer solchen 'Partnerschaft'. Nicht zuletzt sind auch Imagefragen ausschlaggebend für eine Beteiligung.

Städtebauliche Verträge

Mit der Einführung des Investitionserleichterungs- und Wohnbaulandgesetz sollte unter anderem das Engagement von Investoren erleichtert werden, indem ihre Wünsche handhabbarer in den Planungsprozeß einbezogen werden können. Hierzu bedarf es für die Kommunen eines einfach anwendbaren Instrumentariums, welches in dem bisherigen Planungssystem nicht existierte. Aus diesem Grunde wurde in § 6 des Maßnahmengesetz zum Baugesetzbuch (BauGB-MaßnahmenG) erstmals der "städtebauliche Vertrag" eingehender geregelt. Die Anwendung vertraglicher Regelungen im Städtebau sollte grundsätzlich gefördert werden.

Im Rahmen der Altlastensanierung kommt diesem Instrument Bedeutung zu, da es in Bebauungsplänen bislang keine gesonderten Festsetzungsmöglichkeiten für Sanierungsmaßnahmen gibt und diese somit rechtlich nicht abgesichert sind. Per öffentlich-rechtlichem Vertrag können nun Kommunen und Investoren in beiderseitigem Interesse Regelungen zur Sanierung belasteter Flächen vor der weiteren Inanspruchnahme der Flächen vereinbaren. Die vertraglichen Festsetzungen können sich detailliert auf den Ablauf der Sanierungsmaßnahmen beziehen. Sanierungsvorgaben können ebenso gemacht werden wie Vereinbarungen zu Kostenübernahme oder zu zeitlichen Fristen.

Da die Verwaltungsverfahrensgesetze der Länder grundsätzlich Anwendung finden, ist den Vertragspartnern der Kommunen damit die Rechtssicherheit gewährleistet, daß städtebauliche Verträge zwingenden Rechtsvorschriften nicht entgegenstehen dürfen. Beispielsweise ist die Vereinbarung mit einem Bauwilligen über eine zu erbringende Leistung unzulässig, wenn er auch ohne diese Leistung einen Anspruch auf die Erteilung einer Genehmigung hätte. Städtebauliche Verträge werden wie sonstige öffentlich-rechtliche Verträge schriftlich aufgesetzt. Verpflichten sie zur Übernahme eines Grundstückes, so müssen sie notariell beurkundet werden. Von Seiten der Gemeinde bedarf es damit ein hohes Maß an Flexibilität gegenüber den Investoren.

Aus finanzieller Sicht ist dieses Verfahren interessant, da künftige Erlöse aus der Wiedernutzung der belasteten Flächen als privates Kapital zur Finanzierung der Sanierungsmaßnahmen mitgenutzt werden können. Zudem kann ein direkter Verkauf einer Fläche unter Umständen einen erheblichen Zeitgewinn bedeuten, der den teilweise hohen Wiedernutzungsdruck der zumeist innerstädtisch gelegenen Brachflächen mindern kann. Die Formulierung klarer entwicklungsplanerischer Festlegungen machen letztendlich die Risiken für die Investoren erst kalkulierbar. Einerseits können Kostenrisiken, wie z.B. die Aufwendungen zur Erreichung der Sanierungszielwerte, abgeschätzt werden, andererseits lassen sich darüber die Marktrisiken, die Realisierbarkeit der geplanten Erlöse durch eine Wiedernutzung, kalkulieren. Da es bislang jedoch wenig Erfahrungen mit einem solchen Ausschreibungsmodus gibt, sollten dem SRU zufolge zunächst durch Pilotprojekte geprüft werden, ob genügend Anbieter für eine gesicherte räumliche Entwicklung im Sinne der kommunalen Zielvorstellungen für solche Verträge zur Verfügung stehen. Befürchtungen, daß keine Investoren zu finden sind, hat der SRU jedoch nicht.

Kooperationsvereinbarungen im Rahmen von "puplic private partnership" wie auch die Anwendung von Verträgen haben sich als Instrumentarium in der städtebaulichen Planung etabliert. Zielgerichtet können so Vorhaben vereinfacht, beschleunigt oder überhaupt erst durch die Mithilfe von Investoren ermöglicht werden. Die kommunale Verwaltung kann organisatorisch und finanziell entlastet werden. Darüber hinaus können Kommunen flexibel auf Wünsche von Vorhabenträgern eingehen, gleichzeitig aber auch z.B. Sanierungsmaßnahmen verbindlich festlegen und rechtlich absichern. Zumeist sind diese Verfahren nur bei konkreten Einzelvorhaben sinnvoll anzuwenden. Kritisch muß sicherlich die Bevorzugung einer schnellen Planungsumsetzung im Rahmen des PPP gegenüber eines sinnvollen und einheitlichen gesamtstädtischen Konzeptes diskutiert werden. Gleichzeitig muß auch die schleichende Aushöhlung des bisherigen Planungsverfahrens mit seinen Sicherungselementen (Bürgerbeteiligungen etc.) gegenüber der Öffentlichkeit verhindert werden. Dennoch können die beschriebenen Verfahren wichtige Hilfen auch bei der Sanierung und Wiedernutzbarmachung von belasteten Flächen sein.

5.6 Rüstungsaltlasten und „Superfundmodell" der USA

Die Finanzierung von Rüstungsaltlasten

Die Problematik von Rüstungsaltlasten ist erst im Zuge der politischen Veränderungen Ende der 80er und zu Beginn der 90er Jahre deutlich ins Bewußtsein gerückt. Mit der Reduzierung der Truppenstärke der Bundeswehr und dem Rückzug der Alliierten Verbände aus der Bundesrepublik wurde eine Vielzahl von Übungsplätzen, Kasernen und sonstigen Flächen aufgegeben. Aufgrund der günstigen Lage und der Größe vieler Grundstücke bestand in der Regel ein großes Interesse an einer Folgenutzung, welche jedoch durch eine Belastung mit Schadstoffen beeinträchtigt wurde.

Der Rat von Sachverständigen geht alleine von fast 19 Mrd. DM für die Sanierung der Flächen aus, die von der Westgruppe der sowjetischen Truppen (WGT) aufgegeben wurden. Alleine für die Maßnahmen bis zur Gefährdungsabschätzung, also ohne die Kosten für eine Sanierung einzuberechnen, veranschlagt der Rat 45 Mio. DM für ehemalige Flächen der Nationalen Volksarmee (NVA) (SRU 1995,

S.191). Von Bedeutung ist dabei, ob es sich um ehemalige Standorte der deutschen oder der alliierten Streitkräfte handelt und, ob es sich um staatliche Flächen, wie z.B. um Kasernengelände, oder private Produktionsbetriebe, z.B. der Waffen- oder Kampfstoffherstellung, handelt.

Ehemalige alliierte Standorte fallen nicht in die Zuständigkeit bundesdeutscher Rechtsprechung, sondern es kommen Regelungen des Völkerrechts zum tragen. Im Falle des Abzugs der sowjetischen Truppen wurden zwischen der Bundesrepublik und dem Staat Rußland Verträge über die Sicherheit und Ordnung, welche auch Belange des Umweltschutz berücksichtigen, abgeschlossen. Ein offizielles Kontrollorgan gab es zwar nicht, aber im Zuge der Zusammenarbeit bestand eine de-facto Aufsicht. Auf Schadenersatzansprüche gegenüber Rußland hat die Bundesregierung im Rahmen der politischen Beziehungen allerdings verzichtet. Somit ist letztlich der Bund für diese Flächen verantwortlich. Die Sanierungsfinanzierung erfolgt also ausschließlich nach dem Gemeinlastprinzip.

Altstandorte der Militärproduktion sind zumeist private Unternehmen und werden in rechtlicher Hinsicht nicht anders behandelt als andere industrielle Altstandorte auch. Es wird in der Regel das eingangs beschrieben Verursacherprinzp angewandt. Jedoch lassen sich auch im Rahmen dieser Flächen selten Verantwortliche zur Kostenübernahme heranziehen.

Für die übrigen Flächen, ehemalige Standorte deutscher Streitkräfte, trägt nach Artikel 120 des Grundgesetzes grundsätzlich der Bund die Verantwortung. "Der Bund trägt die Aufwendungen für ...Kriegsfolgelasten...." (Art. 20 Abs.1 S.1 GG). Zwar bestehen Schwierigkeiten in der Abgrenzung der Reichweite des Begriffes Kriegsfolgelasten, in der Regel ist jedoch der Bund Grundstückseigentümer, so daß sich für ihn eine Zustandsverantwortlichkeit ergibt.

Wie bereits geschildert, besteht in vielen Fällen ein großes Interesse an einer Wiedernutzung dieser Flächen. Interessant sind zum einen die Größe der Flächen und darüber hinaus die häufig innerstädtische oder stadtnahe Lage. Der Bund als Eigentümer gibt Flächen, die von ihm nicht aus eigenem Zweck bevorratet werden, überwiegend an die Länder ab. In den neuen Bundesländern kann er diese unentgeltlich weitergeben oder bis zu 50 % unter ihrem Wert verkaufen. Durch Richtlinien des Finanzministeriums wird zwar eine Bindung der weiteren Verwendung der Flächen erzielt, ausgelassen wird jedoch die Behandlung von Altlasten. Die Altlastenproblematik wird somit durch die Weitergabe der Grundstücke gänzlich auf die Länder abgewälzt. Auch der Rat von Sachverständigen sieht diese Risikoweitergabe als bedenklich an, zumal er die Verantwortung für belastete militärische Altlasten dem Bund zuspricht.

Das Superfondsmodell der USA

In den USA wird ebenso wie in Deutschland das Verursacherprinzip angewendet. Nach einigen spektakulären Schadensfällen (z.B. Love Canal, New York State) wurde der amerikanische Umweltschutzbehörde "Environmental Protection Agency" (EPA) mit der Verabschiedung des "Comprehensive Environmental Response and Ciability Act" (CERCLA), oder auch kurz 'Superfund-Gesetz' bzw. des nachfolgenden Superfund Amendments and Reauthorization Act of 1986 – SARA zentrale und bundesweite Handlungskompetenzen für die Altlastensanierung eingeräumt.

Ziel der Gesetze ist es, rechtzeitige Handlungsmöglichkeiten bei tatsächlichen oder drohenden Gefährdungen durch unsachgemäß abgelagerte gefährliche Abfälle zu schaffen. Die oftmals notwendige Maßnahmen behindernde Frage der Haftpflicht und der finanziellen Verantwortlichkeit sollte erst nach der Gefahrenbeseitigung geregelt werden.

Im Falle einer Störung durch meldepflichtige gefährliche Substanzen ist nun die EPA auf Grundlage des CERCLA ermächtigt, sofortige Maßnahmen zur Gefahrenabwehr ("Removal Actions") oder Sanierungsmaßnahmen ("Remedial Actions") zu erlassen, wenn kein Verantwortlicher ausfindig gemacht werden kann oder dieser die erforderlichen Maßnahmen nicht durchführen kann oder will. Verantwortlichkeit erstreckt sich dabei neben Eigentümern oder Betreibern auch auf alle Personen, die mit der Produktion, Weiterverarbeitung, dem Transport und der Beseitigung gefährlicher Stoffe beschäftigt und für das Entweichen solcher Substanzen verantwortlich sind.

Die Auswahl zu sanierender Standorte erfolgt auf Grundlage der "National Priority List" (NPL). Das Gefährdungspotential der Standorte wird mit Hilfe des "Hazard Ranking System", einem Gefahren-Einstufungs-System abgeschätzt.

Da zu Beginn des CERCLA-Programmes die Sanierungen immer wieder durch langwierige Verhandlungen der EPA mit den Verantwortlichen verzögert wurden, wird in letzter Zeit häufiger die Durchsetzung mit Hilfe von Zwangsmaßnahmen und Klagen beschleunigt. Die Gesetzgebung bietet den zuständigen Behörden einen soliden rechtlichen Hintergrund für diese Strategie und trägt damit wesentlich dazu bei, daß die Finanzmittel des Fonds gezielt für die Flächen verwendet werden, bei denen kein finanzierungsstarker Haftpflichtiger belangt werden kann.

Die Kosten für Maßnahmen der Gefahrenabwehr und der Sanierung werden aus dem „Superfund" bzw. anderen Fundsystemen gedeckt (z.B. Fonds für undichte unterirdische Lagertanks, Haftpflichtfonds für die Sanierungsfinanzierung von kontaminierten Sodndermüllbeseitigungsanlagen). Gespeist wird der Superfund, der eine Summe von 1,6 Mrd. US $ (SARA: 8,5 Mrd. US $) umfaßt zu 13,75% durch Zuschüsse des Bundeshaushaltes. Wesentliches Kernstück ist allerdings die Finanzierung der verbleibenden 86,25%, die aus der Besteuerung von Mineralöl, Mineralölprodukten sowie von Grundchemikalien finanziert wird. Trotz erheblicher Widerstände der amerikanischen Industrie hält die US-Regierung an ihrem verursacherorientierten Modell fest.

Im Gegensatz zur Bundesrepublik, in der der politische Streit um geeignete Lösungen der Altlastenpoblematik bislang eine einheitliche Vorgehensweise verhindert hat, stellt sich das amerikanische Superfund-Modell bislang als schlagkräftiges Instrument dar, um zumindest den entstandenen Schaden durch kontaminierte Standorte zu begrenzen. Trotz der gewaltigen finanziellen Ausstattung reichen die vorhandenen Mittel für die Größenordnung der Altlastenproblematik in den USA nicht aus. Aus diesem Grunde wurden weitere Fonds auf bundesstaatlicher Eben für die Sanierungsfinanzierung eingerichtet. Die stringente Verfolgung des Prinzips der Rückerstattung von Sanierungskosten durch den Verursacher auf der Basis eines weitreichenden Haftpflichtrechtes führt zu einer spürbaren Entlastung der öffentlichen Finanzressourcen. Darüber hinaus erweist sich die demokratische und transparente Ausgestaltung des Verfahrens als ein wichtiger Faktor, wenn es um die Aktzeptanz von Sanierungsmaßnahmen in der Bevölkerung geht.

Tabelle 5.3. Mittelaufkommen nach dem neuen Superfund-Gesetz (Franzius 1989)

Besteuerung von inländischem Mineralöl	1,25 Mrd. $
Besteuerung von importiertem Mineralöl	1,50 Mrd. $
Besteuerung chemischer Grundstoffe	1,40 Mrd. $
Umweltbesteuerung für Unternehmen	2,50 Mrd. $
Mittel aus allg. Steueraufkommen (250 Mio. $ pro Jahr)	1,25 Mrd. $
Zinsen auf Superfund-Mittel und Rückflüsse von Verantwortlichen	0,60 Mrd. $
Gesamtmittel (SARA)	8,50 Mrd. $

6
Ökobilanzierung in der Altlastensanierung

Der Einsatz von Sanierungsverfahren ist durchaus ambivalent: Die belastete Fläche soll durch die Behandlung gereinigt oder gesichert und für eine Wiedernutzung verfügbar gemacht werden. Gleichzeitig ziehen aber Errichtung und Betrieb der angewandten Techniken durch Energieverbrauch, Abgase, Abwässer, Reststoffe oder Lärm Belastungen der Umwelt nach sich. Der Rat von Sachverständigen für Umweltfragen fordert eine Integration der unterschiedlichen Ziele des Umweltschutzes (SRU 1995, Nr. 447):

> "Eine positive Umweltbilanz sollte das Ziel aller Sanierungsmaßnahmen sein. In Anbetracht des erreichten technologischen Entwicklungsstandes und der in vielen Fällen vorhandenen Sanierungsalternativen wird dieses allgemeine Ziel noch zu wenig beachtet."

Mittels genauer Analyse der Material- und Energieströme sowie der Schadstoffemissionen im Rahmen von Ökobilanzen oder vergleichbarer Bilanzierungen lassen sich Umweltauswirklungen von Sanierungsmaßnahmen bestimmen. Eine Optimierung von Verfahren unter ökologischen Aspekten kann gleichfalls betriebswirtschaftlich sinnvoll sein, wenn Stoffstöme reduziert und Marketingaspekte berücksichtigt werden.

6.1
Das Modell der Ökobilanzierung

Die Entwicklung einer konsensfähigen Methodik zur Bewertung der Umwelteffekte von Produkten und Dienstleistungen (Ökobilanz, LCA) hat durch die Verabschiedung einer ISO-Norm zu grundlegenden Zielen, Elementen sowie methodischen Anforderungen an Ökobilanzen (ISO 14010, 1997) entscheidende Fortschritte gemacht.

Die Ökobilanz wird demnach definiert als „Zusammenstellung und Beurteilung der Input- und Outputflüsse und der potentiellen Umweltwirkungen eines Produktsystems im Verlaufe seines Lebensweges“ (ISO 14014:1997). Der Begriff Produkt schließt gleichfalls Dienstleistungen wie z.B. die Nutzbarmachung eines Standortes oder einen Verarbeitungsprozess mit ein. Folgende Bilanztypen können dabei unterschieden werden (IÖW 1992):

- Betriebsbilanz (Input-Output-Bilanz eines Wirtschaftsunternehmens (Betrieb),
- Prozeßbilanz (Bilanzierung eines betriebstechnischen (Herstellungs-/ Verarbeitungs-)Prozesses,
- Produktbilanz (Lebenszyklusstufen eines Produktes/Stoffes) und
- Standortbilanz (ein Betriebsstandort eines Wirtschaftsunternehmens).

Wesentliche Ziele der Ökobilanz sind

- die Prioritätensetzung bei der Auswahl der ökologisch günstigsten Variante aus mehreren Alternativen,
- das frühzeitige Aufzeigen von potentiellen Umweltauswirkungen (Umweltschäden) durch den betrachteten Bilanzgegenstand (hier: ein Sanierungsverfahren oder eine Sanierungsmaßnahme),
- das Aufzeigen seiner 'ökologischen Schwachstellen' und
- die ökologische Optimierung des Bilanzgegenstandes.

Die Methode der Ökobilanzierung wurde in ihrem Kern - wenn auch nicht unter dieser Bezeichnung - bereits Mitte der 80er Jahre entwickelt und genutzt. Die Vorgehensweisen unterscheiden sich v.a. in Auswahl und Umfang der Bilanzgegenstände. Einer der ersten umfassenden Ansätze war dabei die *Produktlinienanalyse* des Öko-Instituts Darmstadt (1987). Mit diesem Ansatz sollten neben den ökologischen Auswirkungen eines neu eingeführten Produktes auch dessen wirtschaftliche und soziale Auswirkungen beurteilt sowie die Bedarfsdiskussion geführt werden. *Andere Bilanzierungsmethoden* beziehen sich dagegen ausschließlich auf die ökologischen Auswirkungen und wurden überwiegend für „klassische" Produkte wie Verpackungssysteme entwickelt, so z.B. die „Lebensweganalyse", das „Ökoprofil", die „Life Cycle Analysis" oder das „Life Cycle Assessment". Die Anwendung wurde allerdings auch auf sogenannte Funktionsbilanzen, wie beispielsweise für die Dienstleistungen „Energiebereitstellung" und „Transport", für verschiedene Herstellungsverfahren, für Betriebsstandorte und sogar größere geographische Räume erweitert (Braunschweig 1988 u. 1993, Brunner 1990, Gebler 1992, UBA 1992, Anhang 8).

Typische *Umweltwirkungen* können darin bestehen, daß der natürlichen Umwelt etwas entnommen oder etwas zugeführt wird. Sie bezeichnen also die Freisetzung bzw. den Ausstoß von Stoffen (Emissionen) in die natürliche Umwelt oder die Durchführung von Aktivitäten darin, welche zu Zustandsveränderungen führen können, beispielsweise der Abbau von Rohstoffen oder die Emission von CO_2. *Umweltauswirkungen* oder *Umwelteinwirkungen* bezeichnen die Zustandsveränderungen, die durch den Bilanzgegenstand in der Umwelt hervorgerufen werden, beispielsweise der Ozonabbau, Gewässergüteverschlechterung u.a.m.. Häufig werden die Begriffe Umwelteinwirkung, -auswirkung und Umweltwirkungen synonym verwendet. Die Gesamtheit aller Umwelteinwirkungen und der daraus folgenden -auswirkungen eines Bilanzgegenstandes wird als seine *Umweltinanspruchnahme* bezeichnet.

6.2 Die Bausteine der Ökobilanzierung

Als wesentliche Elemente einer Ökobilanz sind im allgemeinen die folgenden Elemente anzusehen (UBA 1992, EN ISO14040):

1. Zieldefinition
2. Sachbilanz
3. Wirkungsbilanz/-abschätzung und
4. Bilanzbewertung.

6.2.1 Zieldefinition

In der *Zieldefinition* soll möglichst deutlich formuliert werden, welches Erkenntnisinteresse mit der Ökobilanz verbunden wird. Erst wenn die Ziele der Bilanzierung ausdrücklich und unmißverständlich formuliert sind, ist das Ergebnis der Bilanzierung nachvollziehbar. Dazu zählt etwa die Klärung der Fragen, welche Produkte untersucht, welche Aspekte außer acht gelassen, welche Untersuchungsräume gewählt werden und vor allem, wozu die Ökobilanz eingesetzt werden soll.

Die Beschreibung und Bewertung aller theoretisch zum Bilanzgegenstand hinzuzuzählenden Teilsysteme ist typischerweise aufgrund des resultierenden Bearbeitungsumfanges und der zumeist begrenzten Finanz- und Zeitressourcen i.d.R. nicht möglich. Die Kunst ist daher, den Rahmen und die Beurteilungskriterien so zu wählen, daß gleichzeitig der zeitliche, finanzielle und personelle Aufwand begrenzt wird und die Bilanzierung dennoch ihre Aussagekraft nicht einbüßt. Vollständigkeit, Nachvollziehbarkeit und Vergleichbarkeit einer Bilanzierung sind dabei nur dann gegeben, wenn Systemgrenzen, Bilanzrahmen und -zeit eindeutig und sachangemessen festgelegt sind. Dies wird einfacher, wenn einige "Abschneideregeln" eingehalten werden (vgl. UBA 1992):

- Diejenigen sog. Lebensphasen der betrachteten Alternativen, in welchen keine deutlichen Unterschiede zu erwarten sind, können von der Bilanzierung ausgeschlossen werden.
- Lebensphasen der betrachteten Alternativen, für die eine unzureichende Datenbasis vorliegt, sollten mit den vorhandenen Lücken zwar dokumentiert werden, aber nicht in die Beurteilung eingehen (im Sinne der Vergleichbarkeit v.a. auch dann, wenn nur eine der Alternativen betroffen ist).
- Prozeßströme bzw. Elemente nachrangiger Bedeutung sollten begründet unberücksichtigt bleiben.

Die *Abgrenzung des Bilanzrahmens* muß gleichwohl alle jeweils zur Zweckerfüllung einer Alternative notwendigen *funktionalen*, *räumlichen* und *zeitlichen* Zusammenhänge der einzelnen Varianten berücksichtigen. Grundlage dieser Abgrenzung muß die funktionale Äquivalenz der betrachteten Alternativen sein, um eine Vergleichbarkeit zu ermöglichen.

6.2.2 Sachbilanz

In der *Sachbilanz* wird die Datenbasis zur Ökobilanzierung bereitgestellt. Das Ergebnis der Sachbilanz ist eine Liste oder Matrix der quantifizierbaren Stoff- und Energiefüsse sowie sonstigen quantifizierbaren umweltbezogenen Daten, z.B. Einsatzstoffe, Emissionen, Flächeninanspruchnahme, Transportkilometer unter Angabe der entsprechenden Mengen sowie eine systematisierte Übersicht von lediglich qualitativ zu beschreibenden Umwelteinwirkungen (z.B. wenn kein ausreichendes Datenmaterial vorliegt).

Die *Auswahl der Daten* ist ein entscheidendes Element der Sachbilanz - wie im übrigen auch der weiteren Bausteine der Ökobilanzierung. Ein großes Problem von Ökobilanzen ist, daß oft die Quellen der Daten nicht nachvollziehbar und deren Vergleichbarkeit nicht gewährleistet ist, z.B. weil sie mit unterschiedlichen Methoden ermittelt wurden. Oft genug wird nicht auf zuverlässige und präzise Daten zurückgegriffen. "Es kann (...) sowohl von einer Inflation unterschiedlicher Daten (...) als auch von einem chronischen Mangel an allgemeinen und konsensfähigen Daten als gleichzeitig vorliegende Trends gesprochen werden" (UBA 1992, S. 41).

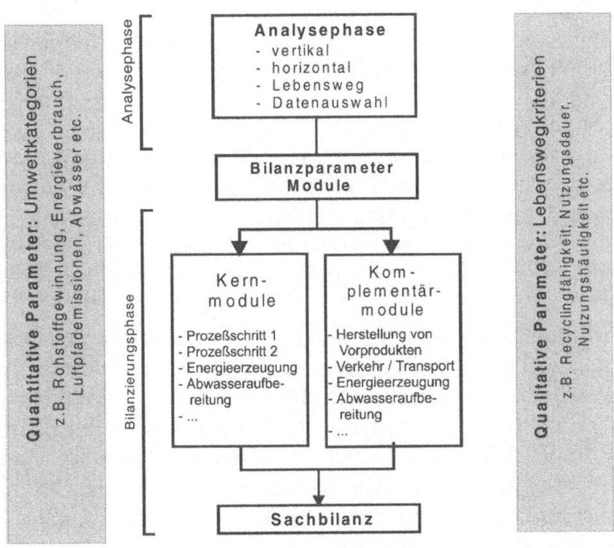

Abb. 6.1. Arbeitsschritte zur Erstellung einer Sachbilanz

In der Praxis lassen sich im wesentlichen zwei Datentypen finden: Spezifische, auf ein konkretes Herstellungsverfahren, eingesetzte Maschinen oder Aggregate bezogene und allgemeine, nicht verfahrensspezifische Daten. *Spezifische Daten* sind nicht selten wohlgehütete Betriebsgeheimnisse und daher nicht veröffentlichungsfähig bzw. oft nicht nachprüfbar. Hier ist eine Grenze für die Transparenz der Ergebnisse einer Ökobilanzierung gesetzt. Die *allgemeinen Daten* beziehen sich auf einzelne Phasen oder Module als Mittelwerte für vergleichbare Produktionsverfahren (z.B. der Energieerzeugung oder des Transports). Diese Daten können zum Teil öffentlich zugänglichen Datenquellen entnommen werden (z.B. Gemis, stat. Daten).

In der *Sachbilanz* erfolgt die Bilanzierung wesentlicher Umwelteinwirkungen der Elemente innerhalb der Bilanzgrenzen anhand relevanter *Bilanzparameter*. Dazu werden prozeßbezogene Daten ermittelt, die Auskunft über die Emission von stofflichen oder nicht-stofflichen Belastungen (z.B. Schall) in die Umwelt liefern. Es sind vorzugsweise quantifizierbare Bilanzparameter zu wählen, wie z.B. die Größe eines Stoffflusses. (So können beispielsweise CO_2-Emissionen aus Kraftwerksanlagen in die Bilanz aufgenommen werden. Der CO_2-Ausstoß aufgrund von Atemaktivitäten der beschäftigten Personen kann dagegen unberücksichtigt bleiben, da kein signifikanter Einfluß auf die Bilanzergebnisse erwartet werden kann.)

Versucht man, alle hinsichtlich ihrer Umweltwirkungen wesentlichen Parameter aufzunehmen, so wird man schnell an Grenzen hinsichtlich der Datenqualität stoßen. Zudem wird nicht für alle relevanten Parameter umfangreiches Datenmaterial zur Verfügung stehen. Es sollten daher nur diejenigen aufgenommen werden, für die eine ausreichende Datenbasis gegeben ist. Die vorhandenen Lükken sind wegen der notwendigen Vergleichbarkeit und Nachvollziehbarkeit der späteren Bewertung zu dokumentieren. Sie lassen sich bei fortschreitendem Erkenntnisstand ggf. zu einem späteren Zeitpunkt schließen.

Parameter der Sachbilanz

Die Bilanzparameter werden sinnvollerweise sachzugehörig zusammengefaßt und sollten sich an den *Umweltkategorien* orientieren, um inhaltliche Zusammenhänge deutlich zu machen. Umweltkategorien werden sowohl auf der Input- als auch der Output-Seite eines Prozesses zusammenfassend abgebildet. Für die Bilanzierung der meisten technischen Prozesse ist eine Einteilung gemäß der Darstellung in Abb. 6.2 sinnvoll.

Der Bilanzraum umfaßt bei dieser Einteilung vielfältige vorgeschaltete Prozesse wie Abbau, Transport und Aufbereitung *nichtenergetischer Ressourcen* (Erze, Metalle, Mineralien) zur Gewinnung oder Bereitstellung produktionsnotwendiger Rohstoffe. Sie sind häufig mit umfangreichen Umweltwirkungen verbunden (z.B. Landschaftszerstörung, Energieverbrauch, Verkehrsaufkommen, Materialumsetzung) und stellen eine Umweltinanspruchnahme dar, weil die Güter nur in begrenztem Umfang vorhanden sind bzw. gewonnen werden können. Die bei der Gewinnung hervorgerufenen Umwelteinwirkungen sind der betrachteten Maßnahme zuzurechnen (z.B. Landschaftsverbrauch, Abwasser).

Abb. 6.2. Funktionale Einteilung der Umwelteinwirkungen

Der *Verbrauch von Energie* ist eine der wichtigsten Größen in der Bilanzierung. Alle Arten der Energieerzeugung wirken in spezifischer Art und Weise auf die Umwelt ein (z.B. der Ausstoß von CO_2 aus Kohlekraftwerken). Bei der Nutzung fossiler Energieträger zur Elektrizitätserzeugung stellen die atmosphärischen Emissionen der Verbrennungsprozesse sowie die Abwärmeströme ein Hauptproblem dar. Weiterhin fallen feste Abfälle sowie Wasserverunreinigungen an. Eine ausschließliche Erzeugung aus regenerativen Energiequellen (Wasserkraft, Solarenergie, Geothermie) führt zu einer weitaus geringeren Umweltinanspruchnahme. Für alle genannten Arten der Energieerzeugung lassen sich spezifische Emissionsfaktoren pro erzeugter Kilowattstunde Strom bestimmen. Berücksichtigt man dann noch die Wirkungsgrade der Stromausbeute, so ergeben sich daraus entsprechende Emissionen pro Kilowattstunde erzeugter Elektrizität.

Der *Frischwasserbezug* (Kategorie *„Wasser"* als Input-Parameter in Abb. 6.2) ist aufgrund der Konsequenzen der Grundwasserförderung (z.B. Absenkung des Grundwasserspiegels, Verschmutzung des Grundwassers durch Fremdstoffeintrag), des notwendigen Aufwandes zur Wasseraufbereitung (z.B. Energiebereitstellung, Chemikalieneinsatz) sowie der Folgen eines umfangreichen Wasserverbrauches als wesentliche Parametergruppe in die Untersuchung einzubeziehen.

Die weiter fortschreitende *Flächenversiegelung* durch Straßen- und Hausbau (Kategorie *„Flächennutzung"* als Input-Parameter in Abb. 6.2) schränkt die natürlichen Funktionen des Bodens für Fauna und Flora ein. Diese Flächen sind nicht nur als Lebensraum für Pflanzen und Tiere verloren und verändern durch Wärmespeicher und Reflektionsverhalten das Mikroklima. Insbesondere in dicht besiedelten Bereichen ist durch eine fortschreitende Versiegelung mit einer Verschlechterung des lokalen Klimas zu rechnen (Braunschweig 1993). Auch bei der Durchführung einer Altlastensanierungen werden Flächen u.U. dauerhaft (Sicherung durch Oberflächenabdeckung) oder temporär versiegelt (für die Dauer der Sanierungsmaßnahme).

Emissionen über den Luftpfad aus industriellen Prozessen führen häufig zu einer negativen Veränderung der Umwelt. Bundesimmissionsschutzgesetz und die nachgeschalteten Verordnungen sowie die Verordnungen zum Wasserhaushaltsgesetz spiegeln diese Problematik wider, wenngleich sicherlich nicht alle bei der Durchführung einer technischen Maßnahme auftretenden Emissionen problematisch sind. Leider liegen bislang nur für einen Teil der emittierten Stoffe ausführliche Analysen ihrer Wirkung auf die Umwelt vor. Für andere fehlt derzeit eine wissenschaftliche Beurteilung. Dies bewirkt ein Grundproblem der Ökobilanzie-

rung: Nur diejenigen Stoffe, deren Auswirkungen bekannt und quantifizierbar sind, können hinreichend bewertet werden. Es bleibt eine relative Unsicherheit über diejenigen Stoffe, für die derzeit eine wissenschaftliche Grundlage nicht verfügbar ist. In einigen Jahren kann sich ihr Potential an Umwelteinwirkungen herausstellen (vgl. Ozon). Bleiben diese Stoffe in der Ökobilanz gänzlich unberücksichtigt, werden sie also nicht zumindest unter Angabe der Erkenntnislücken dokumentiert, können die Bilanzergebnisse wertlos sein.
Die bei Prozessen anfallenden *Abwässer* werden in der Regel in Gewässer eingeleitet oder über die öffentliche Kanalisation abgeführt und in den kommunalen Kläranlagen aufbereitet. Die Ableitung verschiedenster Stoffe und Stoffgruppen beeinträchtigt jedoch die Gewässergüte und erfordert daher eine Abreinigung auf der Fläche selbst oder die Behandlung in einer kommunalen Kläranlage. Soweit die Abwässer direkt in Gewässer eingeleitet werden, wird eine verschmutzungsabhängige Abwasserabgabe durch die Bundesländer erhoben.

Tabelle 6.1. Beispiel für Standardparameter der Sachbilanz im Bereich *Luftpfademissionen*

Parameter	*Erläuterung*
CO_2	*Die Emission von CO_2 führt zu einer Erwärmung der Erdatmosphäre.*
NO_x	*Die Emission von Stickoxiden führt zur Bildung von Salpetersäure und damit saurem Regen. Weiterhin ist NO_2 an der Bildung photochemischer Oxidantien und somit auch an der Ozonbildung beteiligt.*
SO_2	*SO_2-Emissionen können zu Schwefelsäure aufoxidiert werden, sie tragen somit zum sauren Regen bei.*
Kohlenwasserstoffe	*Die Stoffgruppe Kohlenwasserstoffe umfaßt in erster Linie die Lösemittel bei der Extraktion und Bodenwäsche sowie Kraftstoff-Emissionen. Über die Wirkung in der Umwelt ist bisher nur begrenztes Wissen vorhanden. Verschiedene Lösemittel können jedoch vom Menschen aufgenommen werden und weisen schleimhautreizende Eigenschaften auf oder schädigen Organe, Nerven oder die Blutbildung.*
Methan	*Methan ist ebenfalls ein Kohlenwasserstoff, wird aber aufgrund des Ozonbildungspotentials in der oberen Troposphäre gesondert behandelt. Methan trägt zum Treibhauseffekt bei.*
FCKW/Halone	*Chlorierte Kohlenwasserstoffe weisen eine hohe Persistenz und Verweildauer in den Umweltmedien auf. Sie sind gut fettlöslich und reichern sich daher in der Nahrungskette an. Darüber hinaus sind sie an der Bildung von pflanzenschädigenden und atemwegsreizenden Photooxidantien beteiligt.*
HCl	*HCl-Emissionen können an den Wassertröpfchen auskondensieren und tragen wie SO_2- und NOx-Emissionen zur Säureproblematik bei.*

Bodenbelastungen können z.B. durch unkontrolliert abgelagerte Abfälle, die Freisetzung betrieblicher Schadstoffe (Gewerbe, Landwirtschaft) oder Einträge über den Luftpfad hervorgerufen werden. Durch Schadstoffverschleppung und -transport können großflächige und tiefe, bis ins Grundwasser reichende Belastungen entstehen.

Abfälle fallen bei nahezu jeglicher Art von Produktion auf verschiedenen Prozeßstufen an. Die Ablagerung von Abfällen auf (in der Vergangenheit unkontrollierten) Deponien kann zu einer Freisetzung und Verteilung erheblicher Mengen toxischer Schadstoffe führen. In verschiedenen Fällen sind weitreichende Umweltverseuchungen durch 'undichte' Deponiekörper entstanden (vgl. Kapitel 2.2). Mittlerweile sind Deponiekapazitäten begrenzt und in vielen Fällen wird eine thermischen Behandlung präferiert. Hierbei fallen z.B. Luftpfad-Emissionen (Sikkerwasser, Abgase) an.

Bei Prozessen auftretende *Abwärme* wird, soweit sie nicht sekundär genutzt wird, an die Umgebung abgegeben und trägt zur Aufheizung der Atmosphäre und ggf. von Flüssen (Kühlwasser) bei.

Von Betriebsaktivitäten ausgehende *Schallemissionen und Erschütterungen* können zu einer Beeinträchtigung der Lebensqualität angrenzender Bewohner führen. Dabei stellt der betriebsbedingte Straßenverkehr eine der Hauptbelastungsquellen dar. Aber auch betriebliche Aggregate und mechanische Betriebsprozesse (z.B. Fallhammerwerke) können zu erheblichen Emissionen führen. Auch die Emission von *Strahlung und Licht* führt bekanntermaßen zu erheblichen Auswirkungen in der Umwelt.

Tabelle 6.2. Beispiel für Standardparameter im Bereich *Abwasser*

Parameter	*Erläuterung*
Abwassermenge	*Die Kapazitäten der kommunalen Klärlagen werden häufig entsprechend von Bedarfsprognosen auf Basis der Entwicklung von Einwohnerzahlen und der Gewerbestruktur ermittelt. Umfangreiche Sanierungsmaßnahmen oder andere Sondervorhaben können jedoch zu einem hohen zusätzlichen Abwasseraufkommen führen, wodurch Anlagen an die Grenzen ihrer Kapazitäten geraten. Daher sollte die Abwassermenge generell reduziert werden. Zur Abwasseraufbereitung werden weiterhin Chemikalien eingesetzt, es fallen Schlämme und geruchsintensive Abluft an.*
Feststoffgehalt (organisch/anorganisch)	*Feststoffe stören den Betriebsablauf der Kläranlage und müssen daher dort in einem ersten Reinigungsschritt abgeschieden werden.*
Organischer Kohlenstoffgehalt (DOC/TOC)	*Beim Abbau organischer Abwasserbestandteile wird der in den Gewässern enthaltene Sauerstoff verbraucht und steht nicht mehr für die natürlichen Lebensgemeinschaften zur Verfügung.*
Gesamtphosphat	*Erhöhte Phosphorkonzentrationen in den Gewässern führen zu einem verstärkten Algenwachstum und zur Eutrophierung der Gewässer.*
Chlorid/Sulfat	*Chloride/Sulfate führen zu einer Versauerung der Gewässer.*
Nitrat	*Stickstoffverbindungen führen zu einer Eutrophierung der Gewässer.*
Stickstoffverbindungen (organisch/NH_4^+)	*Stickstoffverbindungen führen zu einer Eutrophierung der Gewässer.*

Mindestparameterlisten für die Bilanzierung

Zur Begrenzung des Bearbeitungsaufwandes und zur Vergleichbarkeit verschiedener Bilanzen wurden konsensfähige Mindestparameterlisten vorgeschlagen. Die Parameter werden dabei zu Umweltkategorien zusammengefaßt; Tabelle 6.3 zeigt ein Beispiel.

Tabelle 6.3. Elemente der Stoff- und Energiebilanz für einen Unternehmensstandort (Braunschweig 1993)

	Position		
1	**Energieverbrauch (incl. Transport)**		
	Diesell	t/a	
	Benzin	t/a	
	Heizöl	t/a	
	Erdgas	MJ, KWh/a	
	Sonstige Brenngase	MJ, KWh/a	
	Kohle	KWh/a	
	Externe genutzte Wärmequellen	KWh/a	
2	**Bodenversiegelung**		
	Versiegelte Fläche	m^2/a	auch Teilzeitversiegelung
3	**(Frisch-)Waserverbrauch**	**m^3/a**	
4	Luftpfad-Emissionen		
	CO_2	kg/a	
	NO_X	kg/a	
	SO_2	kg/a	
	Kohlenwasserstoffe (ohne Methan)	kg/a	
	Methan	kg/a	
	FCKW	kg/a	
	HCl/HF	kg/a	
5	**Abwasser**		
	Abwassermenge	m3/a	Direkt-/Indirekteibleitung
	TOC	kg/a	
	DOC	kg/a	
	P-Gesamt	kg/a	
	Chlorid	kg/a	
	Nitrat	kg/a	
	Sulfat	kg/a	
	N / NH4+	kg/a	
6	**Abfälle**		
	Haushaltsähnliche Abfälle	kg/a	
	Überwachungsbedürftige Abfälle zur Entsorgung – Deponie -	kg/a	
	Überwachungsbedürftige Abfälle zur Verwertung – Verbrennung -	kg/a	
	Überwachungsbedürftige Abfälle zur Verwertung – Sonstige -	kg/a	Kategorisierung nach Vewertungsweg
7	**Straßenverkehr**		
	Kilometer LKW	km/a	
	Kilometer PKW/Kleinbus	km/a	

Modularer Aufbau der Sachbilanz

Ein modularer Aufbau dient der Systematisierung der Sachbilanz: Der Aufwand für die Ermittlung bestimmter Umwelteinwirkungen wird begrenzt und gleichzeitig die Vergleichbarkeit und Verwendbarkeit der Bilanzen für unterschiedliche Alternativen erhöht. In einer modalen Struktur lassen sich für einzelne Teilsysteme (z.B. Transport, Bodenentnahme, Bodenwäsche) unabhängig von den übrigen Stoff- und Energiebilanzen getrennt entwickeln. Die Module können schließlich

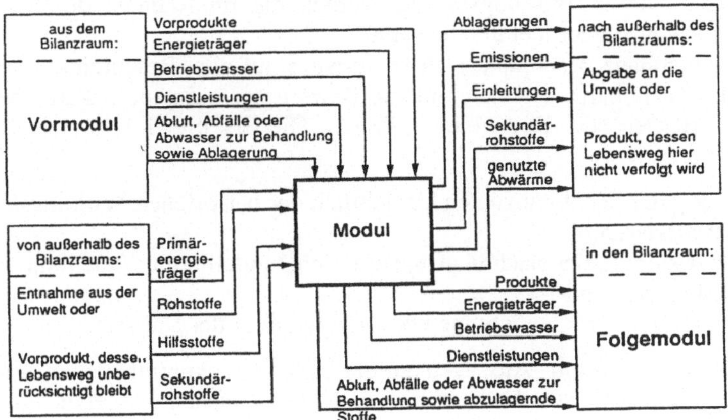

Abb. 6.3. Modularer Aufbau einer Ökobilanz (Fraunhofer 1992)

wie Puzzleteile in einer Ökobilanz zu einem Gesamtsystem zusammengefügt werden. Bei einer Verbesserung der Datenlage eines Moduls kann dieses modifiziert und in das Gesamtsystem neu "eingeklinkt" werden. Eine kontinuierliche Weiterentwicklung der Ökobilanzierung ist so gewährleistet, ohne daß mit einer verbesserten Datenlage in einem Teilbereich die Gesamtbilanz neu erstellt werden muß. Vorteil der modularen Struktur ist u.a. die Schaffung einer allgemeinen Datenbasis, auf die man sich bei der Erstellung einer Ökobilanz beziehen kann. Dabei muß jedoch berücksichtigt werden, daß die Datenqualität spezifischer prozeßbezogener Daten für den Einzelfall weitaus charakteristischer ist als die Einbindung typisierter Informationen, insbesondere bei der Anwendung in der Altlastensanierung. Bei Modellen zur EDV-gestützten Bilanzierung (z.B. GABI des IKP, Universität Stuttgart und UMBERTO des ifu, Institut für Umweltinformatik Hamburg GmbH) ist dieser modulare Aufbau und die Datenherkunft bzw. Qualität berücksichtigt.

Im Aufbau der Bilanz sind die Schnittstellen der Module genau zu definieren. Der Gesamtumfang der Bilanz läßt sich in verschiedene Lebensphasen (Module) unterteilen, jedes Modul hat dabei eigene, exakt definierte Ein- und Ausgänge, die gemäß der prozeßbedingten Verknüpfung mit denjenigen anderer Module verbunden sind (z.B. Bodenaushubmasse als Input der Bodenwäsche; m^3 Abwasser als Input der Abwasseraufbereitung).

6.2.3 Die Wirkungsabschätzung: Maßstab einer Ökobilanz

Die Wirkungsabschätzung soll die Beurteilung der in der Sachbilanz erfaßten Stoffstöme hinsichtlich ihrer potentiellen Wirkungen in der Umwelt leisten. Dazu müssen sogenannte Wirkungsindices festgelegt werden und in Listen dokumen-

tiert werden. Diesen Wirkungsindizes werden die im Rahmen der Sachbilanz erhobenen Daten zugeordnet und bewertet.
Die Wirkungsbilanz beschränkt sich keineswegs auf eine Beschreibung der Indikatoren der Sachbilanz, vielmehr soll sie Bewertungsmaßstäbe ableiten bzw. Bewertungsverfahren oder Bewertungen liefern. Die EN ISO 14040 sieht folgende Elemente vor:

- Zuordnung der Sachbilanzdaten hinsichtlich der betroffenen Wirkungskategorien (Klassifizierung),
- Charakterisierung der Sachbilanzdaten durch Modellierung innerhalb der Wirkungskategorien und
- Durchführung einer Gewichtung und Aggregierung der Daten.

Es handelt sich dabei um "Aussagen auf der Basis von experimentellen Wirkungsuntersuchungen nach Standardverfahren und theoretischen Modellen über Ursache-Wirkungs-Beziehungen, wie sie für Stoffe bereits national und international im Rahmen von Konventionen festgelegt worden sind. Ein Beispiel für Wirkungsuntersuchungen nach dem Standardverfahren ist der LD_{50}-Test zur Bewertung der Ökotoxizität von Stoffen. Beispiel für theoretische Modelle sind z. B. Klimamodelle" (UBA 1993, S. 54). Die Wirkungsbilanz ist damit ein *Maß zur Bewertung* der lokalen und globalen Umweltauswirkungen des Bilanzgegenstandes, die z.B. auch Auswirkungen auf den Artenbestand, die Wahrscheinlichkeit von Störfällen oder die Ressourcenbeanspruchung (z.B. Recyclingfähigkeit eines Produktes, Einsatz von Sekundärrohstoffen) berücksichtigen sollte - konkretisiert anhand der in der Sachbilanz aufgelisteten quantitativ und qualitativ zu beschreibenden Bilanzparameter.

Die Wirkungsbilanz ist damit eine "(...) die Ergebnisse der Sachbilanz ergänzende wirkungsbezogene Bilanzierung (...)" (UBA 1992, S. 53) in einem eigenständigen Untersuchungsschritt. Wirkungen treten typischerweise als *Wirkungskaskaden* auf. Seitens der SETAC wurde daher ein Wirkungsbilanzmodell angeregt, welches ausgehend von einem Stressor (Sachbilanz-Parameter, z.B. Schwefeldioxid-Emissionen) primäre Wirkungen erzeugten (z.B. sauren Regen), welche sekundäre Wirkungen erzeugen (z.B. versauerte Seen) welche tertiäre Wirkungen hervorrufen (z.B. Fischsterben) usw..

Allerdings ist davon auszugehen, daß gegenwärtig nur bestimmte Wirkungen in diesem Sinne beschrieben werden können. So sind die Umweltauswirkungen der allermeisten der mehr als einhunderttausend Chemikalien im Wirtschaftskreislauf in ihrem Gesamtumfang nicht bekannt. Zu vielfältig sind die Wechselwirkungen und Folgeprozesse in der natürlichen Umwelt, als daß eine vollständige Auflistung aller Wirkungsbeziehungen geleistet werden könnte.

Die Wirkungsbilanzempfehlungen weisen in jedem Fall einen gravierende Mangel auf: Sie beziehen sich auf den heutigen Stand des Wissens. "Die Wirkungsbilanz ist also die Stelle der Ökobilanz, an der das jeweils aktuelle, "(...)" stets vorläufige Wissen über den Stoffwechsel zwischen Mensch und Natur einfließt" (Schmidt-Bleek 1993, S. 281).

Beispielsweise wäre der Ozonabbau als Kriterium im UBA-Vorschlag vor zehn Jahren nicht in einer solchen Liste von Mindestparametern aufgeführt worden.

Tabelle 6.4 Beispiel für immissionsbezogene Kategorien der Wirkungsbilanz - Diskussionsvorschlag des UBA

	Wirkungskategorien	Indikatoren für die Wirkungskategorien	Beurteilung
1	Ressourceninanspruchnahme - abiotische Ressourcen - biotische Ressourcen - Wasser	Rohstoffäquivalente (kg), Unterscheidung nach endlichen und erneuerbaren Ressourcen	wissenschaftlich anerkannt; lokale/globale Zuordnung
2	Treibhauseffekt	GWP (Global Warming Potential, gemessen in CO_2-Äquivalenten) von z.B. CO_2, CH_4, N_2O, Frigene	wissenschaftlich anerkannt; globale Zuordnung
3	Ozonabbau	ODP (Ozon Decrease Potential, gemessen in CFC-Äquivalenten)	wissenschftlich anerkannt; globale Zuordnung
4	Gesundheitsgefährdung (Humantoxizität)	ADI-Werte	wissenschaftliche Diskussion erforderlich; lokale Zuordnung
5	Direkte Schädigung von Organismen (Ökotoxizität)	aquatisch/terrestrisch; z.B. NOEC-Werte	wissenschaftliche Diskussion erforderlich; regionale Zuordnung
6	Versauerung	Säurebildungspotential (gemessen in PO_4-Äquivalenten)	wissenschaftlich anerkannt; regionale Zuordnung
7	Nährstoffeintrag in Gewässer (Euthrophierung)	gemessen in PO_4-Äquivalenten	wissenschaftlich anerkannt; regionale Zuordnung
8	Bildung von Photooxidantien	POCP-Werte (gemessen in Ethen-Äquivalenten)	wissenschaftlich anerkann; regionale Zuordnungt
9	Flächenbedarf z.B. Deponie-, Waldfläche	Hemerobiemodelle, Klassifizierung der Nutzungsarten	wissenschaftliche Diskussion erforderlich; lokale/regionale Zuordnung
10	Belästigungen Geruch Lärm	...	wissenschaftliche Diskussion erforderlich; lokale Zuordnung
11	Gesundheitsgefährdung am Arbeitsplatz (Arbeitsschutz)	vgl. Humantoxizität; spezielle Betroffenengruppen	wissenschaftliche Diskussion erforderlich
12	Abwärme und Strahlung	z.B. Kraftwerksabwärme, radioaktive Strahlung	wissenschaftlich anerkannt; lokale Zuordnung
13	Abfall	keine Wirkungskategorie, bes. Problemfeld; in anderen Kategorien berücksichtigt (z.B. 2, 4,5,6,9)	wissenschaftlich anerkannt
14	Beeinträchtigung der Naturschönheit und der Artenvielfalt (Naturschutz)	Einzelbeschreibung; mit anderen Kategorien gekoppelt, z.B. 1, 9, 10 (Lärm), 12 (Abwärme),	wissenschaftliche Diskussion erforderlich

Erst in der jüngeren Vergangenheit ist dieses Kriterium in den Blickpunkt der Öffentlichkeit gerückt. Eine Liste der Bilanzparameter kann darum nie als vollständig bezeichnet werden, sondern muß fortschreibungsfähig und dynamisch gestaltet sein, um neue Erkenntnisse einfließen zu lassen. Das größte Problem bleibt auf absehbare Zeit, daß sich die Ökobilanzierung jeweils nur mit Einzelwirkungen anthropogener Aktivitäten befaßt. Wirkungsbilanzen stehen häufig in enger Beziehung zum Bewertungsschritt der Ökobilanzierung. So werden häufig Modelle der Bilanzbewertung im Rahmen der Wirkungsbilanzdiskussion behandelt (z.B. Methoden der Kritischen Flüsse). Die methodische Trennung ist hier weitaus schlechter transparent zu leisten als die Trennung der Bewertung zur Sachbilanz (die Sachbilanzierung kann durch die vorgenommenen Beschränkungen bei der Datenauswahl ebenfalls subjektive Einflüsse nicht ausschließen).

Trotz dieser methodischen Klippen ist für die Zukunft die Entwicklung sogenannter *Wirkungskompendien* geplant, in denen das verfügbare bilanzierungsrelevante Wissen um Wirkungszusammenhänge bereitgestellt wird.

Eine Wirkungsabschätzung kann grundsätzlich durch die Analyse von Frachten (Zulässige Emissionskontingente bzw. Inanspruchnahmeraten) oder von Konzentrationen (zulässige Grenzwerte) erfolgen. Diese müssen kategorisiert und über Indikatoren handhabbar, d.h. meßbar bzw. beschreibbar gemacht werden. Die folgende Tabelle zeigt eine Diskussionsvorschlag für solche Wirkungskategorien.

6.2.4 Die Bilanzbewertung: Gesamtbewertung der Umweltinanspruchnahme

Aus Sach- und Wirkungsbilanz verfügt man u.U. über außerordentliche Datenmengen. Die Sachbilanz allein listet als Bilanzparameter Zahlenwerte für Emissionen und Ressourcenverbräuche auf, ohne diese hinsichtlich ihrer spezifischen Umweltauswirkungen zu bewerten. Die Wirkungsbilanz liefert Maßstäbe zur Beurteilung, z.B. in Form von Beschreibungen von Wirkungszusammenhängen oder Grenz- und Richtwertlisten zur qualitativen Beschreibung von Wirkungszusammenhängen. Die Verknüpfung der quantifizierten Bilanzparameter mit den qualitativen Wirkungsbeschreibungen ist Gegenstand der *Bilanzbewertung*. Diese ist häufig direkt an die Erstellung der Wirkungsbilanz gekoppelt.

„Die Bewertung leistet die Verknüpfung der zugänglichen Informationen eines Sachverhaltes mit dem persönlichen Wertesystem zu einem Urteil über den entsprechenden Sachverhalt" (UBA-Texte 23/95, Teil 2, Seite 5). Die Art der gewählten Verknüpfung von Sachinformationen und Wertesystem wird als Bewertungsmethode bezeichnet.

Die Methoden der Bilanzbewertung lassen sich im wesentlichen auf fünf zugrundeliegende Bewertungslogiken zurückführen (UBA 1995): Nutzwertanalyse, Schaden-Nutzen-Ansatz, Ansatz der kritischen Mengen, verbal-argumentative Bewertungen und hirarchische Methoden.

Beim *nutzwertanalytischen Ansatz* werden einzelne Bilanzparameter bezüglich dem Grad ihrer Zielerfüllung von 0 bis 1 bewertet (z.B. anhand der minimal möglichen Emissionen nach dem Stand der Technik). Die einzelnen Bilanzparameter werden ihrer Bedeutung entsprechend subjektiv gewichtet. Die Aggregation der Daten kann sowohl für einzelne Bilanzparameter als auch für Umweltkategorien in einer (dimensionslosen) Gesamtbewertung erfolgen.

Bei der *Schaden-Nutzen-Analyse* werden für alle Bilanzparameter einheitliche Bewertungsäquivalente ermittelt (monetäre Einheiten) und auf die Bilanzgrößen angewandt. Durch Summenbildung werden die Ergebnisse aggregiert. Nach Ansicht des UBA erfordert diese "methodisch sehr schwierige Transformation unterschiedlicher Indikatoren in gleiche Bilanzierungseinheiten nach vorgegebenen, angeblich objektiven Kriterien, wie z.B. der Toxizität bestimmter Emissionen oder dem Marktpreis vermiedener Umweltbelastungen (...) eine Fülle von kontrovers beurteilten Operationen, für die derzeit keine Konventionen bestehen und auch in absehbarer Zeit nicht hergestellt werden können" (UBA 1993, S. 58).

Weite Verbreitung hat das Modell der *Kritischen Belastungen (kritische Volumina)* der Schweizer Umweltbehörde BUWAL gefunden. Das Verhältnis von Sachbilanzparametern (z.B. Emissionsmassentrömen M_i in Tonnen) zu Grenzwerten (z.B. angegeben in mg/m^3) werden als kritisches Volumen des Prozesses $V_{i,krit}$ definiert. Hohe Belastungen werden dann durch größere Verhältnisszahlen als kleinere Belastungen ausgedrückt. Die einzelnen medienbezogenen Kritischen Volumina können zu jeweils einem Gesamtvolumen addiert werden (Wasser, Luft, Abfall, Energie). Ein Problem bei der Anwendung dieses Modells ergibt sich aus fehlenden Bewertungsmaßstäben. So werden häufig Grenzwerte aus unterschiedlichen Grenzwertlisten herangezogen, die z.B. wegen zugrundeliegender Analysetechnik und Bezugsebene nur bedingt vergleichbar sind (z.B. MAK- und MIK-Werte).

Tabelle 6.5. Charakterisierung von Bewertungsverfahren nach UBA 1995

	Bewertungsverfahren		Transparenz	Flexibilität	Praktikabilität	Subjektivität
1	Modell der kritischen Belastung (CH)	KB	●●●	●	●●	Zielgrößenfestlegung
2	Ökopunkte-Modell (CH)	KB	●	●●	●●●	Aggregation
3	VNCI-Modell (NL)	SN/ KB	●●	●●	●●	Nutzwerte
4	EPS-Modell (S)	SN	--	●●	●	Intransparenz
5	Tellus-Modell (USA	NA	--	●●	●	Intransparenz
6	MIPS- / KEA-Modell (D)					Parameterauswahl
7	Interpretation von Sachbilanz-Ergebnissen	VA				Parameterauswahl

●: Bewertungspunkt; die Anzahl der Punkte gibt das Maß der Zielerfüllung wieder; --: geringe Zielerfüllung; *KB:* Methode der kritischen Belastung; *SN:* Schaden-Nutzen-Ansatz; *NA:* Nutzwertanalytischer Ansatz; *VA:* Verbal-Argumentativer Ansatz

Verbal-argumentative Bewertungsmethoden: Die Ergebnisse der Sachbilanz können auch anhand erklärter Zielsetzungen und festgelegter Bewertungskriterien qualitativ bewertet werden. Hierbei wird eine Differenzierung durch eine verbale und argumentative Beschreibung und Beurteilung der Ergebnisse der Sachbilanz anhand der ebenfalls ausführlich beschriebenen Bewertungskriterien vorgenommen. Die verbal-argumentative Bewertung kann auch durch Einberufen einer Expertenrunde aus unterschiedlichen Fachdisziplinen vorgenommen werden ("Expert Ranking Approaches").

Ein wesentliches Element der *hierarchischen Methoden* ist die Anordnung der Beurteilungskriterien nach geeigneten Ordnungsprinzipien. Aufgrund der auftretenden Unterschiede der betrachteten Alternativen und der Stellung der Kriterien in der Ordnung werden im Prozeß der Bewertung Beschränkungen auf zumeist nur wenige Kriterien vorgenommen (UBA 1995).

Auf Basis dieser Methoden werden derzeit im wesentlichen die in folgender Tabelle aufgelisteten Bewertungsverfahren angewendet und diskutiert (UBA 1995). Die in Deutschland größte Bedeutung besitzen dabei die Methoden der kritischen Belastung, das Ökopunkte-Modell und das VNCI-Modell, die anschließend beispielhaft erläutert werden.

Kritische Belastungen

Die Ermittlung der medial bezogenen kritischen Volumina ist vorn bereits erläutert worden (vgl. S.14). Wesentliche Kritikpunkte der Methode sind die Ermittlung der zugrundeliegenden Grenzwerte, die häufig politisch beeinflußt sind (fehlende Transparenz und Objektivität). Weiterhin wird das Heranziehen und Vermengen von Zielwerten unterschiedlicher Listen kritisiert (z.B. MIK, MAK). Die bestehende Hintergrundbelastung oder Vorbelastung findet keine Berücksichtigung im Modell, ebenso nicht der Charakter freigesetzter Substanzen (z.B. Persistenz und Abbauraten). Mittels Anwendung dieser Methode durchgeführte Ökobilanzen werden hinsichtlich ihrer Überbewertung energiebezogener Luftpfademissionen kritisiert (UBA 1995); als Ursache wird hier die Bezugnahme unterschiedlicher Grenzwertkategorien angeführt.

Ökopunkte-Modell

Bei diesem Modell werden die begrenzten Aufnahmekapazitäten eines Mediums oder Schutzgutes (z.B. Wasser, Luft, Mensch) für immittierte Stoffe bewertet. "Ökologische Knappheit will hier heißen, daß in einem gegebenen Bereich in einem gegebenen Zeitraum die einzelnen Elemente der natürlichen Umwelt nur in beschränktem Maße belastet werden dürfen, wenn man verhindern will, daß eine nicht vertretbare Zustandsverschlechterung des betreffenden Umweltgutes eintritt" (Braunschweig 1993).

Die *Ökologische Knappheit* ergibt sich aus dem qualitativen Verhältnis der Gesamtheit der Emissionsströme eines Stoffes in einem geographischen Raum (*Tatsächlicher Fluß*) und der zulässigen maximalen Aufnahmerate eines Mediums (*Kritischer Fluß*). Diese Aufnahmerate wird aus Grenzwertvorgaben, Umweltqualitätszielen und toxikologischen Daten festgelegt. Die Ökologische

Knappheit ist um so größer (also die Aufnahmekapazität eines Mediums um so geringer), je größer der tatsächliche Fluß im Verhältnis zum kritischen Fluß ist.

Als Grenzwerte zur Bestimmung der Aufnahmekapazitäten können z.B. herangezogen werden:

- Kommunale Umweltqualitätsziele hinsichtlich Luft-, Wasser oder Bodenqualität,
- Einleitergrenzwerte für kommunale Kläranlagen,
- Vorgaben nach Technischen Anleitungen zu Reinhaltung der Luft (TA Luft),
- Verwaltungsvorschriften zum Wasserhaushaltsgesetz,
- allgemein anerkannte technische Richtlinien (VDI-Richtlinien, ATV-Arbeitsblätter).

Der *Ökofaktor* beschreibt das quantitative Verhältnis von Tatsächlichem Fluß F zum Quadrat des Kritischen Flusses F_K und quantifiziert damit die Ökologische Knappheit. Multipliziert mit den jeweiligen Sachbilanzergebnissen erhält man einen der Belastung entsprechenden (dimensionslosen) Zahlenwert. Diese dimensionslosen Kennzahlen können aggregiert werden (Summenbildung der dimensionslosen Einzelpositionen).

Nach BUWAL (1994) werden für die Berechnung der Ökopunkte folgende Daten benötigt:

- Die spezifischen Emissionen oder Umweltinanspruchnahme durch die betrachtete Maßnahme,
- die gesamten Emissionen der betrachteten Umweltkategorien im geographischen Bezugsraum der Bewertung (Tatsächliche Flüsse) und
- die maximal tolerierbaren Stoffeinträge in diesem Raum, bei denen das betrachtete Ökosystem nicht nachhaltig geschädigt wird (Kritischen Flüsse).

Ein großes Problem stellt die Ermittlung der kritischen Flüsse als Bewertungsgrundlage der Ökobilanzierung dar. "Zulässige" Stoffeinträge in die Umwelt oder "zulässige" Flächenverbräuche sind nur schwer konsensfähig festzulegen. Weiterhin erfolgt eine Gewichtung der Problembereiche durch die Anzahl der jeweiligen Summanden: Im Ergebniss einer Datenaggregation wird der Bereich (bspw. Luftpfad) mit den meisten Positionen in dieser Summenbildung am stärksten berücksichtigt; Bereiche mit nur einem Summanden gehen in geringerem Maße in das Gesamtergebnis ein (Z.B. Flächenverbrauch).

VNLC-Modell (Niederlande)

Das vom niederländischen Verband der chemischen Industrie mitentwickelte Modell bildet Umweltauswirkungen in neun Wirkungsbilanzkategorien (J =1-9) ab. Ähnlich dem Modell der kritischen Flüsse wird dabei auch ein Bezug zu einem Raum (hier: Niederlande) hergestellt, indem jeweils der aktuelle Gesamteffekt der jeweiligen Kategorie J feststehen muß (ähnlich dem Tatsächlichen Fluß). Die Positionen der Sachbilanz (i=1-n) werden diesen Kategorien zugeordnet, wobei eine Zuordnung eines Sachbilanzdatums zu allen relevanten Wirkungsbilanzparametern stattfinden kann (maximal j Zuordnungen). Die einzelnen Parameter einer

Kategorie j (maximal i Positionen) werden aggregiert und in Beziehung zum jeweiligen Gesamt-Effekt der Kategorie J gesetzt (Umwelt-Effektindex).

Die einzelnen Umwelteffektindizes werden mit einem Gewichtungsfaktor (k=1-10) gewichtet und zu einem Gesamtergebnis aggregiert.

Weiterhin wird vorgeschlagen, beim Vergleich zweier Varianten auf der Ebene der Sachbilanzierung bereits Differenzen der Varianten zu bilden und im weiteren nur mit diesen Differenzen zu rechnen. Die Varianten lassen sich dabei aus der Differenzenbildung durch eine systematische Vorzeichenkennkonvention zuordnen.

Als Vorteil dieses Modells wird der starke Wirkungsbezug angesehen: Sachbilanzdaten können problemlos mehreren Wirkungsbilanzkategorien zugeordnet werden. Die Einführung des Gewichtungsfaktors sowie die Bewertung bezogen auf tatsächliche Flüsse wird als subjektive Komponente kritisch diskutiert.

6.3 Beispiele für die Anwendung der Ökobilanzierung bei der Behandlung von Altlasten

6.3.1 Ansätze zur Ermittlung und Bewertung der Umwelteinwirkungen der Altlastensanierung

Von verschiedenen Interessensstandpunkten wurde die Bewertung von Sanierungsalternativen bezüglich ihrer Umweltauswirkungen diskutiert. Einige Ansätze berücksichtigen die bei der Sanierung auftretenden Umwelteffekte bereits in einem frühen Stadium der Planung einer Sanierungsentscheidung (Wittland 1990, INFU 1991 und 1994, Neteler 1995). Hier findet in erster Linie eine als grob-qualitativ zu bezeichnende Analyse statt, in die nur in minimalem Umfang standort- bzw. verfahrensspezifische Daten einbezogen werden.

Ökobilanzen bzw. Stoff- und Energiebilanzen benötigen demgegenüber wesentlich mehr Eingangsdaten, die zu dem frühen Stadium der Verfahrensvorplanung nicht vorliegen. Die folgende Auflistung stellt einige dieser in der Literatur veröffentlichten Ansätze zur Umweltbilanzierung dar.

Diese Darstellungen sind aufgrund der unterschiedlichen Zielsetzung (Fallbeschreibung oder Verallgemeinerung/Methodendarstellung) und der dargestellten Rahmenbedingungen sehr verschieden. Eine direkte Vergleichbarkeit der Ergebnisse ist daher nicht gegeben.

Stahlke stellt die Bilanzergebnisse für ein Sicherungs- und ein Dekontaminationsmodell unter Einbezug von Bodenwaschanlage, Thermischer Bodenbehandlung sowie der untertägigen Deponierung vor. In der Bilanzierung werden Kostenaspekte berücksichtigt. Als Fazit wird formuliert, daß für die betrachtete Fläche und die geplante gewerbliche Folgenutzung eine Sicherung die nach Ergebnissen der Ökobilanzierung günstigere Lösung darstellt.

Tabelle 6.6. Veröffentlichte Ansätze zur Umweltbilanzierung von Sanierungsverfahren

Autoren / Datum	Titel	Veröffentlichung	Untersuchungsgegenstand
Stahlke	Vergleich der Umweltauswirkungen alternativer Sanierungskonzepte einer Altlast anhand von Ökobilanzen	1996	Thermische Bodenbehandlung Einkapselung (V, OF) Bodenwäsche
Kohler	Umweltbilanz bei der Altlastensanierung	1995, 1997	Sicherung gegenüber komb. Thermik, Mikrobiologie, Bodenwäsche
Quanz; Röhr	Ökobilanz der Bodensanierung durch Bodenluftabsaugung	1992	Bodenluftabsaugung
Bloser; Claus	Raumverträgliche Altlastensanierung	1994	in-situ, ex-situ
Diederichs et.al.	Optimierung des ökologischen Gesamteffektes einer Altlastensanierung	1996	Grundwasserbehandlung, Oberflächenfreimachung
Seeger	Ökobilanzen für planende Sanierungsmaßnahmen	1994	Oberflächenabdichtung

Bei *Kohler* findet sich eine Vorstellung der modularen Gliederung der Sachbilanz und der betrachteten Bilanzparameter. Die Wirkungsabschätzung erfolgt auf Basis von Sachbilanzdaten und von daraus berechneten wirkungsbezogenen Parametern. Der Wirkungsabschätzung liegen zur Bewertung der Humantoxizität Grenzwerte aus Baden-Württemberg zugrunde; Ressourceninanspruchnahmen werden auf Basis der prognostizierten statistischen Reichweite abgeschätzt. Die Bewertung erfolgt für die Einzelkriterien im Paarvergleich.

Quanz grenzt den Bilanzraum der Bodenluftabsaugung sehr eng ab und bilanziert im wesentlichen den erforderlichen Energieaufwand und die gewonnenen Schadkomponenten (Lösungsmittel) über die Zeit für einen konkreten Sanierungsfall. Daraus werden Hinweise zur Optimierung der Anlagendimensionierung und Anlagenbetriebsdauer abgeleitet.

Bloser untersucht raumbezogene Risiken beim Einsatz von Sicherungs- und Sanierungsverfahren unter Einbezug von Empfindlichkeiten der umliegenden Nutzungen. Als Grundlage der Durchführung sollte neben den allgemeinen Sachbilanzparametern insbesondere eine differenzierte Betrachtung räumlicher Empfindlichkeiten vorliegen (z.B. durch Ableitung von Umweltqualitätszielen, Leitbilderstellung). Eine Bewertung erfolgt qualitativ für die unterschiedlichen Belastungswirkungen und Empfindlichkeiten (Stoffe, Flächenverlust, Nutzungseinschränkungen, Lärm u.a.).

Die Sanierung LCKW-belasteter Grundwässer mittels Stripp-Anlagen wird bei *Diederichs* bilanziert. Dazu werden in drei Bilanzen der Verbleib der Schadkomponente LCKW in den Phasen Abwasser, Grundwasser und Abluft bzw. Abfällen, die Bilanzierung der über die Betriebszeit der Anlagen verbrauchten Energie und der Hilfsmitteleinsatz (Stoffbilanzierung) berücksichtigt. Aus den Ergebnissen dieser (Sach-)Bilanzen werden technische Empfehlungen für eine umweltorientierte Optimierung abgeleitet. Ergänzend werden für einen anderen Sanierungsfall Energieverbräuche verschiedener Methoden zu Freimachungsarbeiten (Abräumen von Gebäuden und Abtragen von Asphaltschichten) vergleichend gegenübergestellt. Erhebliche Energieeinsparungen haben sich als Ergebnis der Bilanzierung durch die Begrenzung der Transportentfernungen ergeben.

Bei *Seeger* werden verschiedene Sicherungsvarianten einer Null-Variante vergleichend gegenübergestellt. Die Bewertung der in der Sachbilanz erhobenen und aggregierten Stoff- und Energieflüsse erfolgt für die Kategorien Immissionsbelastung, Gesundheitsbelastung, Treibhauspotential und krebserzeugende Substanzen.

Allen Vergleichen von Sicherung und Sanierung ist gemein, daß vordergründig die Umweltauswirkungen der Sicherung als geringer gegenüber der Dekontamination eingeschätzt werden. Sinnvoll beurteilt werden können die Aussagen jedoch nur unter Einbezug der jeweiligen Bilanzabgrenzung, des Sachbilanzparameterumfanges und der jeweiligen Wirkungsabschätzung.

Grundsätzlich wird von allen Autoren die Übertragung von Ergebnissen als problematisch eingeschätzt, da die spezifischen Randbedingungen wie Kontaminationsverteilung und –höhe, Bodenbeschaffenheit und Zeitrahmen die Emissionsseite bzw. Umweltbeanspruchung wesentlich beeinflussen. Dem Instrument Ökobilanzierung muß trotzdem nicht zwingend die Anwendungseignung bei der Altlastensanierung abgesprochen werden; vielmehr sollte auf eine Typisierung der erforderlichen Module hingearbeitet werden, die ergänzt um standortspezifische Daten auf den jeweiligen Anwendungsfall adaptiert werden können.

6.3.2 Methodik der Ökobilanzierung – praxisbezogene Hinweise zur Durchführung

Im folgenden sollen einige methodischen Probleme diskutiert werden, die bei der Anwendung der Ökobilanzierung in der Altlastensanierung auftreten. Bezugsgröße ist i.d.R. der kontaminierte Boden. Die Ausführungen lassen sich gleichfalls auf kontaminiertes Grundwasser bzw. Bodenluftsanierungen übertragen.

Systematik: Zur Bilanzierung der Altlastensanierung muß eine geeignete Bezugsgröße festgelegt werden, analog zur Bilanzierung z.B. bei Verpackungsssystemen für einen Liter Getränk. Bei der Bilanzierung unterschiedlicher Dekontaminationsvarianten kann dabei der Aufwand pro Tonne gereinigten Bodens bzw. pro Volumen als Maßstab dienen. Werden Sicherungs- und Dekontaminationsmaßnahmen verglichen, so muß eine andere Bezugsgröße gewählt werden, da zu sichernde und zu dekontaminierende Bereiche nicht zwingend gleiche Ausmaße haben (Vertikale Sicherungen müssen unter Umständen bis zum gewachsenen Boden hinab und damit ggf. über das kontaminierte Volumen hinaus niedergebracht werden). Hier kann als Bezugsgröße z.B. die „wiedernutzbare" Fläche dienen.

Sanierungszielfestlegung: Die Festlegung von Sanierungszielwerten und tolerierbaren Restgehalten von Schadstoffen im Boden beeinflußt die Auswahl von Sanierungsverfahren; Mittels in-situ-Verfahren können im Rahmen der Sanierung gezielt bestimmte Schadstoff-Restgehalte „angesteuert" werden. Ex-Situ-Sanierungstechniken erreichen i.d.R. eine weitgehende Abreinigung der Schadstoffe vom Boden.

Modularer Aufbau / Interne Prozeßmodule: Wesentlicher Bestandteil der Bilanzierung stellt die systematische Analyse der Gesamtmaßnahme „Sanierung" dar. Grundlage ist hier die Gesamtmaßnahme im Umfang der im Sanierungsplan vorgesehenen Leistungen, für die Sachbilanzdaten zu erheben sind. Hierzu zählen z.B.

- Aufwand zur Baustelleneinrichtung
- Aufwand zur Auskofferung von Bodenmaterial
- Notwendiger Aufwand zur Wasserhaltung während der Maßnahme
- Eigentlicher Prozeß der Dekontamination/Sicherung (z.B. Betrieb der Bodenwaschanlage, Erstellung von Dichtwänden)
- Transportaufwand (Bodentransport bei ex-situ-Maßnahmen, Anlieferung der on-site-verwendeten Materialien
- Standortinterne Emissionsminderungsmaßnahmen (zur Einhaltung von geltenden Grenzwerten beim Betrieb der jeweiligen Anlagen)

Modularer Aufbau / Periphere Module: Neben den eigentlichen Prozeßmodulen müssen in bestimmtem Umfang vor- oder nachgeschaltete Prozesse berücksichtigt werden, da diese zwar nur indirekt mit dem Ort der Altlast oder dem Standort der Sanierungsanlage im Zusammenhang stehen, jedoch signifikant zur Umweltbeanspruchung der Sanierung beitragen können. Hierzu zählen

- *Vorstufen* (Arbeitsschritte zur Erzeugung von Einsatzmaterialien, z.B. Herstellung und Bereitstellung von im Rahmen der Maßnahme einzusetzenden Maschinen und Apparaten, Chemikalien, die Herstellung und Bereitstellung von Vertikal- und Horizontalabdichtungen bei Sicherungsmaßnahmen)
- *Nachstufen* (zur Kontrolle des Sanierungserfolges)
- *infrastrukturelle Versorgung:* Hierunter fallen diejenigen infrastrukturellen Rahmenbedingungen, die im Vorfeld bereitzustellen sind, um Betriebsbereitschaft der Tätigkeiten zur Sanierung auf allen Stufen (Vor-, Haupt- und Nachstufen) sicherzustellen. Insbesondere umfaßt dies die Bereitstellung von Energie (Elektrisch, Treibstoff, Gas) und Wasser. Die Bereitstellung von elektrischer Energie kann über entsprechende Emissionsmodelle (z.B. GEMIS, UCPTE) Berücksichtigung finden; die Bereitstellung von Frischwasser aus dem Trinkwassernetz ist nur schwer zu verallgemeinern, da Wasserwerke häufig standortspezifische Profile der Umweltinanspruchnahme aufweisen. Die Frischwasserbereitstellung ist bei den meisten Sanierungstechnologien von eher untergeordneter Bedeutung. Im Einzelfall können jedoch Wasch- oder Kühlwasser benötigt werden. Bei der Aufbereitung des Wassers werden verschiedene Chemikalien eingesetzt, beispielsweise Chlorverbindungen, Silber, Ozon sowie Fällungschemikalien. Zu prüfen ist im Einzelfall, ob die Umwelt-

inanspruchnahme durch den Chemikalieneinsatz bei der Wassergewinnung bedeutend und damit bilanzierungsrelevant ist.

- Die *infrastrukturelle Entsorgung* umfaßt die im Nachgang eines Sanierungsprozesses erforderlichen Schritte zur Abfallbehandlung und –ablagerung, die Ableitung von Abwässern und damit verbundene Umwelteffekte (Aufbereitung von indirekt eingeleiteten Abwässern, Schadstofffrachten von Direkteinleitungen in Gewässer). Die Entsorgung dient der kontrollierten Ablagerung oder Verwertung problematischer Reststoffe der Sanierung. Allerdings ist eine Entsorgung ohne Umwelteinwirkungen bislang nicht möglich. Verkehrsbedingte Emissionen durch den Transport von Rückständen aus der thermischen Verwertung (z.B. Schlacken, Flugaschen) oder der Abwasserbehandlung (z.B. schwermetallhaltige Schlämme) sind ebenso einzubeziehen wie die Umwelteinwirkungen ihrer Deponierung (z.B. Landschaftsverbrauch, Sickerwasser, Entgasung).

Tabelle 6.7. Module der on-site- und off-site-Sanierung (vereinfachte Darstellung)

	Prozeßschritt	**on-site-Behandlung**	**off-site-Behandlung**
1	Anlagentransport	X	-
2	Transport von Aushubgerät	X	X
3	Errichtung von Anlagen und Betriebseinheiten	X	-
4	Bodenaushub und –verladung	(X)	X
5	Bodentransport (Hin- und Rücktransport)	-	X
6	Betrieb der Anlage	X	X
7	Betrieb eines Zwischenlagers für Bodenaushub	X	X
8	Abwasserbehandlung (Klärstufen)	X	X
9	Energieerzeugung (Kraftwerke)	X	X
10	Reststoffbehandlung/-transport (Deponie/Verbrennungsanlage)	X	X
11	Wiedereinbau des gereinigten Bodens	X	X
12	Abbau von Anlagen und Betriebseinheiten	X	-

6.3.3 Abgrenzung des Bilanzrahmens - Beispiele

Auf einer ca. 130.000 qm umfassende Fläche eines ehemaligen Betriebes der chemischen Grundstoffindustrie sind Bodenkontaminationen mit chlorierten Kohlenwasserstoffen, PAK, BTEX sowie Phenolen nachgewiesen worden. Die Überschreitung der Handlungswerte einschlägiger Richt- und Grenzwertlisten machen eine Sanierung des Geländes unumgänglich, zumal eine Wiedernutzung des innenstadtnahen, brachliegenden Grundstückes vorgesehen ist.
Zu reinigen sind ca. 310.400 t verunreinigte Bodenmassen. Um eine Sanierung in einem für die Grundstücksverwertung vertretbaren Zeitaufwand zu gestalten wird für die Sanierungsdauer ein Zielhorizont von ca. eineinhalb Jahren angestrebt. Für die Anlage bedeutet dies den Durchsatz von ca. 60 t/h bei einer Betriebsdauer von 5173 Stunden (Wittland 1990). Die Sanierung soll in jedem Fall "on-site" erfolgen, da aufgrund der innenstadtnahen Lage verkehrsbedingte Beeinträchtigungen der umliegenden Wohnbebauung vermieden werden sollen. Aufgrund des Schad-

stoffinventars und der lokalen Rahmenbedingungen werden die *Extraktion* sowie die *biologische Bodenbehandlung* präferiert. Hinsichtlich des Vergleiches der Umweltinanspruchnahme dieser Technologien sind zu Beginn der Sachbilanz die Bilanzparameter und Bilanzmodule festzulegen.

1. Beispiel: Extraktive Bodenbehandlung
Aufgrund der vorliegenden schadstoff- und flächenspezifischen Verhältnisse wurde in einer Verfahrensvorauswahl ein extraktives Waschverfahren ausgewählt, bei dem die Schadstoffe unter Hochdruck vom Boden abgetrennt werden. Zur Anwendung dieses Hochdruck-Waschverfahrens sind zunächst die belasteten Bodenmassen auszukoffern. Nach der Zerkleinerung größerer Bestandteile wird der Boden durch Entfernen der metallischen Fraktionen und Wasserzugabe homogenisiert. In einem Strahlrohr erfolgt die Abtrennung der Schadstoffe von der Bodenmatrix durch Dampfinjektion und Wassereindüsen bei 350 bar. Anschließend werden Phasen getrennt: Die Gasphase wird in die Abluftreinigung geführt, die gereinigten Bodenmassen werden in einer mehrstufigen Anlage klassiert. Die verschiedenen Bodenfraktionen können rückverfüllt werden. Darüber hinaus fallen Leichtstoffe und Schlämme an. Diese sind zu entsorgen bzw. einer Abwasserbehandlung zuzuführen. Als Reststoffe fallen in der mehrstufigen Abwasserbehandlung deponiefähige, entwässerte Schlämme sowie eine organische Leichtfraktion, welche einer Sondermüllverbrennung zuzuführen ist.
Der Prozeß der Bodenbehandlung kann in die folgenden *Module* eingeteilt werden:

- Bodenaushub,
- Bodenverladung/-transport,
- Homogenisieren (Separieren, Sieben, Brechen),
- Hochdruck-Extraktion,
- Klassieren (Siebe, Stromklassierer, Zyklone),
- Abluftreinigung,
- Abwasseraufbreitung/Schlammentwässerung,
- Reststoffbehandlung (Deponierung, Verbrennung),
- Bodenverfüllung,
- Infrastruktur auf der kontaminierten Fläche (Wagenwaschplätze etc.),
- Transport, Errichtung, Abbau der Anlage (vor- und nachgeschaltete Stufen der Sanierung).

Die *Bilanzparameter* werden aus der verfahrenstechnischen Betrachtung abgeleitet. Es handelt sich um mediale Emissionen (Luft, Lärm, Abwasser und Reststoffe) sowie Ressourcenverbräuche (Energie, Betriebsmittel, Fläche). Folgende Bilanzparameter sind im Rahmen der Sachbilanz zu erfassen:
Energie: Energieverbrauch aus dem Anlagenan- und -abtransport (Dieselkraftstoffverbrauch), Energieverbrauch beim Bodenaushub mittels Radlader (Dieselkraftstoffverbrauch), Energieverbrauch für die Bodenbehandlungsanlagen (wie Brecher, Klassierer, Hochdruckpumpe etc.), Energieverbrauch für die Erzeugung des benötigten Prozeßdampfes und der Gebäudebeheizung (z.B. Ölheizung).
Flächenversiegelung: Es wird angenommen, daß die Fläche aufgrund des nach Behandlung verbleibenden geringen Restschadstoffgehaltes nicht versiegelt werden muß. Die Versiegelung für Anlagenstandorte (z.B. Fundamente, Fahrwege) im Rahmen der Maßnahme ist bei einer 1½ jährigen Betriebsdauer vernachlässigbar.
Luftpfademissionen: Das Prozeßabgas enthält Restgehalte an leichtflüchtigen Kohlenwasserstoffen. Es wird über die installierten Aktivkohlefilter weitgehend abgereinigt, so daß hier keine bilanzrelevanten Emissionen auftreten. Die Emissionen des zur Erzeugung von Prozeßdampf und Prozeßwärme notwendigen externen Energieeinsatzes (z.B. elektrischer Strom) wird der Maßnahme gemäß ihrem Anteil an der Gesamtverbrauchsmenge zugerechnet (mittels Transferfunktionen). Diffuse Emissionen aus den einzelnen Prozeßstufen werden vernachlässigt, da diese bislang nur anlagenspezifisch nach Betrieb der Anlage ermittelt werden können. (Anmerkung:

Derzeit werden die diffusen Emissionen aus Betriebseinheiten und Anlagenkomponenten (z.B. ausgehend von Flanschverbindungen) untersucht) (UBA).
Abwasser: Abwässer aus Waschplätzen (an der Grenze des Schwarz/Weiß-Bereiches), Prozeßabwässer der Abwasserbehandlung mit Verunreinigungen (z.B. Sulfate und Restgehalte organischer Bestandteilen) werden gemäß der geltenden Rechtsnormen konditioniert abgeleitet; häusliche Abwässer (berechnet nach durchschnittlichem Aufkommen pro Tag und Person).
Abfälle: Aktivkohle aus der Abluft- und Abwasseraufbereitung, Schlämme aus der Abwasseraufbereitung, organische Phase aus der Abwasseraufbereitung (leichtflüchtige Bestandteile).
Lärm: Lärmemissionen der LKW und Radlader, Lärmemissionen der Maschinen (z.B. Lüftungsaggregate und Brecher).
Als weitere *Umwelteinwirkungen* gehen folgende Parameter in die Bilanzierung ein:
Betriebsmittelverbrauch, Versiegelungsgrad, Inertstoff-Ablagerungen, Fahrzeugemissionen, Emissionen der Heizungsanlagen
über Transferfunktionen zu ermitteln: *Energiebereitstellung* (*Elektrizität*), externe *Abwasseraufbereitung*, Entsorgung haushaltsähnlicher *Abfälle*, *Sonderabfallentsorgung*.

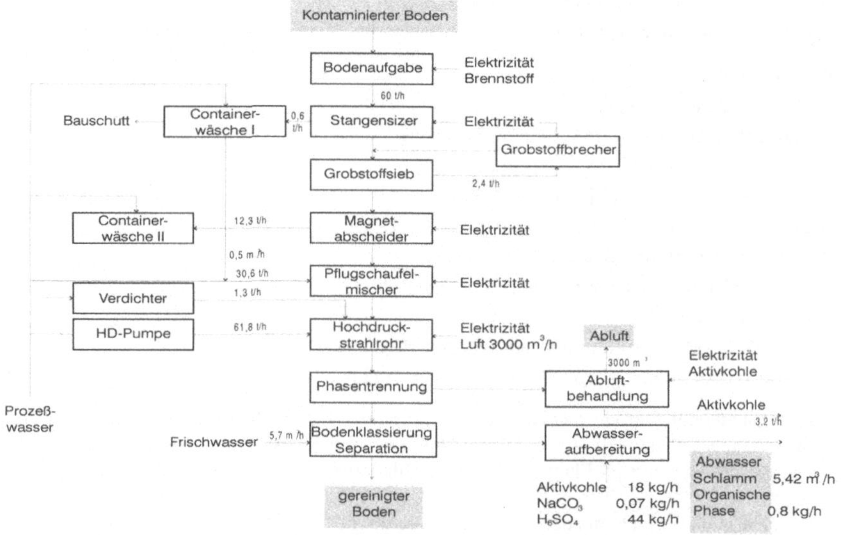

Abb. 6.4. Verfahrensfließbild eines Hochdruck-Bodenwaschverfahrens

2. Beispiel: Biologische Bodenbehandlung (on-site)
Alternativ zum vorgenannten Beispiel wird im folgenden die Bilanzierung für eine biologische Bodenbehandlung vorgestellt. Dabei wird ein Abbau der Schadstoffe in Regenerationsmieten vorgenommen (vgl. Abb. 6.5 sowie Kapitel 4.4). In der Literatur werden ca. 1000 - 1500 t Behandlungsmasse als Grenzchargengröße angegeben, oberhalb der eine on-site-Behandlung des Bodens unter Aspekten der Emissionsminderung sinnvoll erscheint.
Aufgrund der meist vorliegenden heterogenen Bodenstruktur wird der eigentlichen biologischen Behandlung eine Homogenisierung der Bodenmassen vorgeschaltet. Dies geschieht durch mechanische Aufbereitung (Separieren, Sieben, Brechen, Homogenisieren). Um die für den optimalen biologischen Abbau notwendigen Bedingungen des Bodens hinsichtlich der Feuchte, Substratgehalt und Struktur des Bodens einzustellen, werden Zuschlagstoffe zugesetzt. Der

Boden wird in Mietenkörpern aufgeschichtet, belüftet und in regelmäßigen Abständen umgewälzt. In der Abluft enthaltene Schadstoffe werden abgereinigt. Sickerwässer aus den Mieten werden über eine Drainage erfaßt, aufbereitet und größtenteils erneut zur Befeuchtung eingesetzt. Die Mieten müssen in der Regel temperiert werden, um eine Schädigung der Mikroorganismen zu verhindern und den biologischen Abbau nicht unnötig zu verlangsamen.
Die biologische Bodenbehandlung erfordert eine Berücksichtigung der folgenden Positionen in der Ökobilanz:

- Bodenaushub,
- Bodenverladung/-transport,
- Homogenisieren (Separieren, Sieben, Brechen, Homogenisieren),
- Konditionierung,
- Betrieb der Mieten (Umschichten, Zuluft),
- Sickerwasseraufbereitung,
- Abluftkonditionierung,
- Bodentransport und Einbringen auf der Fläche,
- Infrastruktur der Anlage (Waschplätze etc.).

Die B*ilanz* umfaßt alle genannten Aktivitäten auf der Sanierungsfläche (Standort der Sanierungsanlage). Die Bereitstellung der notwendigen Energie wird in die Kernbilanz der Sanierung einbezogen. Ein Transport verunreinigter Bodenmassen außerhalb der Fläche fällt nicht an. Dienstfahrten werden mit Ausnahme des Zulieferverkehrs für Betriebsmittel sowie des An- und Abtransportes der Anlage nicht angesetzt. Die notwendige Versiegelung des Anlagestandortes sowie bestimmter Infrastrukturbereiche (Wagenwaschplatz) müssen zumindest zeitweilig versiegelt werden und gehen folglich in die Bilanzierung ein. Täglichen Anfahrten von ca. 10 Beschäftigten werden in die Bilanzierung mit aufgenommen.
Die *Bilanzparameter* werden aus der verfahrenstechnischen Betrachtung abgeleitet. Es handelt sich i.w. um mediale Emissionen (Luft, Lärm, Abwasser und Reststoffe) sowie Ressourcenverbräuche (Energie, Betriebsmittel, Fläche). Folgende relevante Bilanzparameter sind im Rahmen der Sachbilanz zu erfassen:
Energie: Energieverbrauch beim Bodenaushub (Dieselkraftstoffverbrauch), Energieverbrauch aus dem Bodentransport mittels Radlader (Dieselkraftstoffverbrauch), Energieverbrauch für die Bodenbehandlungsanlagen (wie Siebe, Separatoren, Brecher und Mischer, Lüftungsaggregate), Energieverbrauch für die Erzeugung des u.U. benötigten Prozeßdampfes (Beheizung der Mieten) und der Gebäudebeheizung (z.B. Ölheizung).
Flächenversiegelung: Es wird angenommen, daß die Fläche aufgrund des nach Behandlung verbleibenden geringen Restschadstoffgehaltes nicht versiegelt werden muß. Die Versiegelung für Anlagenstandorte ist aufgrund der geringen Größe vernachlässigbar.
Luftpfademissionen: Der Abgasstrom der Prozesse enthält leichtflüchtige Kohlenwasserstoffe, welche ausgestrippt werden. Über die installierten Aktivkohlefilter werden diese Schadstofffraktionen zwar abgereinigt, aufgrund des bedeutenden Abluftvolumens (gemäß Grenzwertvorgaben nach TA Luft) ist jedoch der Massestrom der Restschadstoffe im Abgas zu berücksichtigen (chlorierte Kohlenwasserstoffe, BTEX). Die Emissionen des zur Erzeugung von Prozeßdampf und Prozeßwärme notwendigen externen Energieeinsatzes (z.B. elektrischer Strom) wird der Maßnahme gemäß ihrem Anteil an der Gesamtverbrauchsmenge zugerechnet (mittels Transferfunktionen). Diffuse Emissionen aus den einzelnen Prozeßstufen werden vernachlässigt, da davon ausgegangen werden kann, daß die Abluft durch die prozeßintegrierte Gaserfassung weitgehend erfaßt und der Filteranlage zugeführt wird.
Abwasser: Abwässer aus Waschplätzen (an der Grenze des Schwarz/Weiß-Bereiches),
Verunreinigte Prozeßabwässer der Sickerwasserbehandlung (z.B. Restgehalte an organischen Bestandteilen und nicht abgebauten Substratzusätzen wie Phosphor- und Stickstoffverbindungen sowie ausgewaschene Halogenkohlenwasserstoffe) werden gemäß den geltenden Rechtsnormen

konditioniert abgeleitet. Daraus ergibt sich über den Abwasserstom die relevante abgeleitete Menge an Schadstoffen (Feststoffgehalt, Phosphor, Chlorid, Nitrat/Nitrit, Stickstoff).
Häusliche Abwässer (berechnet nach durchschnittlichem Aufkommen pro Tag und Person).
Abfälle: Aktivkohle aus der Abluft- und Abwasseraufbereitung, Schlämme aus der Sickerwasseraufbereitung.
Lärm: Lärmemissionen der LKW und Radlader, Lärmemissionen der Maschinen (z.B. Lüftungsaggregate und Brecher).
Als weitere *Umwelteinwirkungen* gehen folgende Parameter in die Bilanzierung ein: *Betriebsmittelverbrauch*, *Fahrzeugemissionen*, *Emissionen* der Heizungsanlagen, der *Energiebereitstellung* (*Elektrizität*) und der *Wasserbereitstellung*.

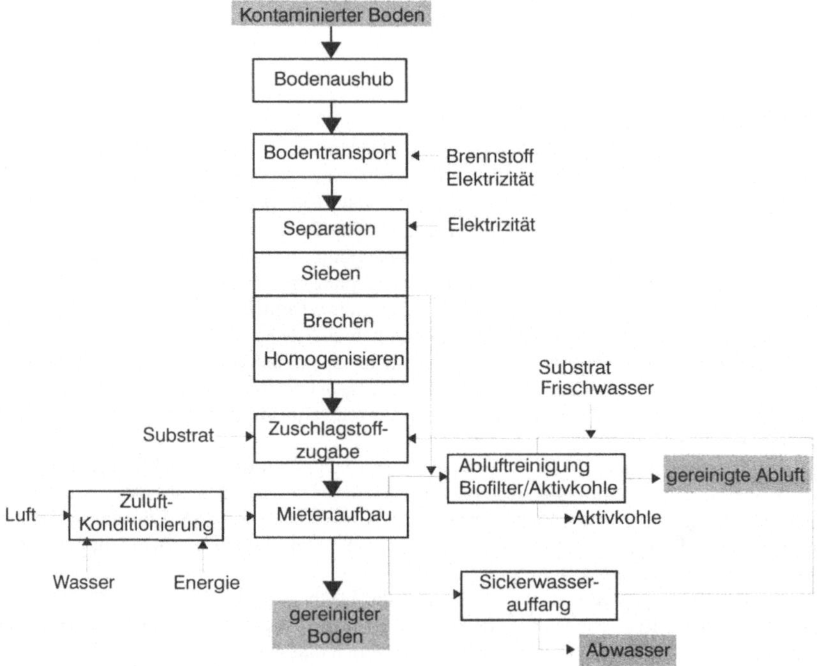

Abb. 6.5. Blockfließbild der biologischen Bodenbehandlung in Mieten

6.3.4 Allgemeine Bilanzierungsmodule zur Altlastensanierung - Beispiele

Da bei fast jeder Sanierungsmaßnahme Energie verbraucht und Verkehr erzeugt wird, sollen als Beispiel für Bilanzierungsmodule im folgenden die 'Energiebereitstellung' und der 'Transport' mit ihren zu erwartenden Umwelteinwirkungen vorgestellt werden. Für beide Module gilt, daß sie sehr heterogen sind, auf unterschiedlichen Energieträgern bzw. unterschiedlichen Fahrzeugsystemen basieren, wodurch die Betrachtung eines sogenannten "Energie-Mixes" oder eines "Transport-Mixes" notwendig wird.

Beispiel 1: Bilanzierungsmodul 'Energiebereitstellung'

Bei Einsatz verschiedener Sanierungstechnologien wird Energie für die Prozeßwärme durch Öl-oder Gasbrenner selbst erzeugt (z.B. bei der thermischen Bodenbehandlung; vgl. Kapitel 4.2). Für die Mehrzahl der Technologien wird allerdings elektrischer Strom aus dem öffentlichen Netz bezogen. Der aus dem öffentlichen Netz abgegebene Strom stammt überwiegend aus fossil oder nuklear betriebenen Kraftwerken und zum Teil aus regenerativen Quellen; oftmals sind regionale Spezifika in der Elektrizitätserzeugung vorzufinden (z.B. typische 'Braunkohlereviere'). Unterschiede zeigen sich auch in der Abnahmemenge: Die Grundlast wird z.B. in einem bestimmten Raum durch Kernenergie, Braunkohle und Wasserkraft, die Mittellast durch den Einsatz von Steinkohle und Spitzenlastkapazitäten durch Öl- und Erdgasverbrennung gedeckt. Die Stromverfügbarkeit wird europaweit durch ein entsprechendes Verbundnetz gewährleistet.

Eine detaillierte, regionalspezifische Aufschlüsselung der Energiebereitstellung ist mithin sehr aufwendig (*spezifische Daten*). Es kann jedoch zumindest eine landesweite Mittelwertbildung (z.B. für die Energieerzeugung in Nordrhein-Westfalen) erzielt werden, die für die Ökobilanzierung in der Regel ausreichend ist. Auch besteht ein europäisches Verbundnetz der UCPTE (Union pour la coordination de la production et du transport de l`électricité, Europäischer Verbund zur Erzeugung und zum Transport von Energie) zur Deckung von Spitzenverbräuchen, so daß im Sinne der Bereitstellung *allgemeiner Daten* ggf. die Erzeugungsstrukturen˙ auf europäischer Ebene zur Ermittlung der Umwelteinwirkungen durch die Stromerzeugung herangezogen werden kann. Ein bedeutender Anteil der Energieerzeugung wird nach wie vor durch fossile Energieträger gedeckt. Europaweit wird nach BUWAL 1991 im westeuropäischen Stromverbundsystem UCPTE die in Tabelle 6.8 dargestellte Erzeugungsstruktur für das Jahr 1988 zugrundegelegt.

Das Hauptproblem der Elektrizitätserzeugung durch Verbrennung fossiler Energieträger stellen die Luftpfad-Emissionen sowie die Abwärme dar. Weiterhin fallen feste Abfälle sowie Wasserverunreinigungen an. Die beim Verbrauch der Energie auftretenden Umwelteinwirkungen (Abwärme, Lärm von Aggregaten, Elektrosmog) werden an anderer Stelle behandelt und nicht dem Modul Energiebereitstellung zugeordnet. Eine Erzeugung aus regenerativen Energiequellen (Wasserkraft, Solarenergie, Geothermie) führt in der Regel zu einer geringeren Umweltinanspruchnahme. Grundlage des Einsatzes eines Bilanzierungsmoduls 'Energiebereitstellung' ist jedoch eine detaillierte Betrachtung und Bilanzierung der Umwelteinwirkungen durch die Umwandlungsprozesse der einzelnen Energieträger, da diese z.T. deutliche Unterschiede hinsichtlich der relevanten Bilanzparameter (und entsprechend ihrer Umwelteinwirkungen) aufweisen. Für alle genannten Arten der Energieerzeugung sind spezifische Emissionen pro erzeugter Kilowattstunde Strom zu bestimmen.

Tabelle 6.8. Energieverbrauchsstruktur UCPTE 1991

Konvektionell thermisch		42,9 %
Kohle, davon		25,6 %
Steinkohle	16,6 %	
Braunkohle	9,0 %	
Heizöl S		9,3 %
Erdgas		8,0 %
nuklear		36,9 %
hydraulisch		20,2 %
Summe		100 %

Tabelle 6.9. Schadstoff-Emissionen verschiedener Energieträger und Erzeugungsstrukturen (UBA 1993)

	Angaben in g/kWh				
	Stein-kohle	Braunkohle	Heizöl S	Gas	UCPTE 1988
SO_2	2,0	0,8	5,6	0,02	2,50
NO_x	2,3	1,3	2,0	1,14	1,236
Staub	0,15	0,05	0,14	0,0008	0,2
CO_2	950	1100	800	640	441,7
CO	0,17	0,11	0,03	0,01	0,348
HC	0,03	0,03	0,07	0,006	
Aldehyde					0,0026
Sonst. KW					0,0047

Es ergeben sich für die unterschiedlichen Energieträger charakteristische 'Bilder der Umweltinanspruchnahme' (Emissionsströme, Ressourcenverbräuche), die angepaßt an die jeweilige Erzeugungsstruktur des Bezugsraumes zu einem Gesamtbild der Umweltinanspruchnahme des 'Bilanzierungsmoduls Energiebereitstellung' zusammengefügt werden müssen. Tabelle 6.9 zeigt wesentliche Bilanzparameter für unterschiedliche Energieträger und Erzeugungsstrukturen.

Der zugrundegelegte Kraftwerkswirkungsgrad einschließlich Eigenverbrauch und Leistungsverlusten beträgt 34 %. Quellen: Energiebilanz 1989 der Bundesrepublik Deutschland (alte Bundesländer, Energiebilanzen der BRD Bnd. III; AG Energiebilanzen, Verlags- und Wirtschaftsgesellschaft der Elektrizitätswerke, Frankfurt; Daten des Umweltbundesamtes.

Aber nicht nur durch den Energieträger werden Unterschiede in punkto Umwelteinwirkungen erzeugt, auch die unterschiedlichen Wirkungsgrade der Kraftwerke (Primärenergieausnutzung) führt zu erheblichen Differenzen. In den alten Bundesländern beträgt der Wirkungsgrad derzeit ca. 34 %, wobei Eigenleistungen und Leistungsverluste berücksichtigt sind. 34 % der eingesetzten Primärenergie gelangt demnach an die Verbraucher (UBA 1993). Berücksichtigt man die spezifischen Wirkungsgrade der „Stromausbeute", so ergeben sich daraus entsprechende Emissionen pro Kilowattstunde erzeugter Elektrizität, die der Bilanzierung der Umwelteinwirkungen zugrunde gelegt werden können. Für die Stromerzeugung im Rahmen des europäischen Netzverbundes UCPTE ergeben sich damit die folgenden Daten:

Der mittlere Wirkungsgrad der zugrundegelegten Verbrauchsstruktur im westeuropäischen Energieverbund beträgt ca. 38%. Je gelieferter Kilowattstunde Elektrizität werden damit 2,65 kWh an Primärenergie eingesetzt, 1,65 kWh werden als Abwärmeverluste abgegeben.

An atmosphärischen Emissionen fallen je erzeugter Kilowattstunde Elektrizität 1,24 g NO_X, 2,5 g SO_2, 442 g CO_2, 2,12 g Kohlenwasserstoffe an.

Die Abwasseraufbereitung ist je erzeugter Kilowattstunde Elektrizität mit der Emission von 4,8 mg DOC, 0,017 mg Cl-, 0,316 mg NO_3, 0,282 mg SO_4, 0,619 mg NH_4 verbunden.

An festen Abfällen fallen ca. 49 g/kWh an.

Setzt man also den westeuropäischen Energieverbund als Modul in der Ökobilanz ein - in der Form allgemeiner Daten - so kann man je kWh erzeugter Energie die genannten Emissionen bilanzieren.

Beispiel 2: Bilanzierungsmodul 'Transport'

Derzeit wird häufig unterschätzt, welche Bedeutung das Teilsystem „Transport" in Ökobilanzen besitzt. Betrachtet man die Durchführung einer Sanierungsmaßnahme, so sind Transportvorgänge bei der Anlieferung von Material und Geräten, zur Anlieferung von Betriebsmitteln sowie zum Transport belasteter bzw. gereinigter Bodenmassen von Bedeutung. Wesentliche Aspekte bei der Beurteilung der Transportaktivitäten sind die genutzten Transportmittel, Transportentfernungen und Transportmassen bzw. -volumina.

Der "Modal Split", d.h. der jeweilige Anteil von Straßen-, Schienen- und Wasserstraßenverkehr, beeinflußt die Emissionsraten wesentlich. Dabei spielen die Art der Güter und die unterschiedlichen mittleren Transportstrecken eine erhebliche Rolle. Dies wird sich bei Transportbewegungen in der Altlastensanierung entsprechend wiederfinden. Zur Beurteilung sind hier Angaben zum eingesetzten Fahrzeugpark (z.B. Kleintransporter mit Otto-Motor, Sattelzug mit Dieselantrieb, Diesel- oder Elektroantrieb für den Bahntransport) sowie zur technischen Ausstattung der eingesetzten Fahrzeuge notwendig (Katalysatortechnik, Lärmminderungsmaßnahmen).

Analog dem Vorgehen bei der Energiebereitstellung sind die Umwelteinwirkungen auf eine vergleichbare Einheit zu beziehen. Sinnvollerweise ist dies der "Tonnenkilometer", da so eine gemeinsame Bezugsgröße für alle Verkehrsarten genutzt werden kann - unabhängig von Fahrzeugart, Kraftstoffart oder Transportmassen. Den spezifischen Energieverbrauch sowie die Luftpfademissionen je Tonnenkilometer für unterschiedliche Verkehrsarten zeigt Tabelle 6.10.

Tabelle 6.10. Spezifischer Energieverbrauch und Luftschadstoff-Emission für verschiedene Verkehrsmittel des Güterverkehrs (UBA 1998)

		Emissionen in g/tkm					
	Energieverbrauch kJ/tkm[1)]	CO	HC	SO_2	NO_X	CO_2	Partikel
Eisenbahn	677	0,05	0,02	0,08	0,17	0,35	0,01
Binnenschifffahrt	423	0,13	0,06	0,04	0,70	0,40	0,02
Straßengüterverkehr	2.890	1,79	0,27	0,08	1,48	1,78	0,09

Angaben in Gramm pro Tonne und Kilometer. Quelle: Umweltbundesamt UBA 1998 (TREMOD)
1): Angaben 1989

6.4 Ökobilanzierung und Umwelt-Audit

Sehr häufig wird eine methodische Nähe der Ökobilanzierung zu Aktivitäten der Zertifizierung bzw. Akreditierung von Standorten nach ISO oder EMAS gesehen. Im folgenden sollen Parallelen und Gemeinsamkeiten der Instrumente kurz dargestellt werden.

"Das Umwelt-Audit ist ein Managementinstrument, das einer systematischen, dokumentierten, periodischen und objektiven Beurteilung dient, wie gut Umweltschutzorganisation, Umweltmanagement und Umwelteinrichtungen funktionieren, um den Schutz der Umwelt zu fördern, durch: Erleichterung der Kontrolle von Umweltschutzmaßnahmen durch die Unternehmensführung, Feststellung der Erfüllung unternehmenspolitischer Vorgaben, was auch die Einhaltung behördlicher Vorgaben umfaßt" (Todenhöfer/Braun 1994, S. 2 f).

Als praktische Ziele eines Umwelt-Audits nennen Todenhöfer/Braun (1994):

- Die Entwicklung einer ausgearbeiteten Datengrundlage für die Wasser-, Abfall- und Luftströme (= Dokumentation des Ist-Zustandes),
- die Ermittlung und Beschreibung der Umwelt- und Sicherheitsrisiken,
- die Erhöhung der Rechtssicherheit hinsichtlich der Umweltgesetzgebung,
- die Abschätzung des Risikos betrieblicher Umwelthaftung,
- die Minimierung des Risikos durch technische Nachbesserungen,
- Wettbewerbsvorteile durch das Umwelt-Audit (Imageverbesserung).

Ein *Umwelt-Audit* basiert auf einem Soll-Ist-Abgleich des Unternehmens auf der Betriebs- und Managementebene (die sog. *Umweltprüfung).* Dazu ist in einem ersten Schritt eine systematische Aufbereitung der Umweltanforderungen seitens des Gesetzgebers und des Unternehmens selbst erforderlich (*Soll-Festlegung*). Mittels Checklisten wird die Erhebung der relevanten Betriebsdaten und anschließend der Soll-Ist-Abgleich durchgeführt, in dem die erhobenen Informationen mit den Gesetzesvorgaben und den vom Unternehmen selbst festgelegten Zielen abgeglichen wird (Umweltprüfung). Abschließend werden die Ergebnisse in einem Bericht zusammengefaßt. Dieser enthält sachlich, zeitlich und organisatorisch gestaffelte Handlungsvorschläge für die Behebung vorhandener Defizite (sog. *Umweltprogramm oder Umwelterklärung*).

Das Umweltprogramm dient dem Aufbau eines *Umweltmanagementsystems* und richtet sich an alle Hierarchieebenen des Betriebes (z.B. Managementebene, Mitarbeiterweiterbildung, Umsetzungskontrolle). Das Umweltmanagementsystem ist dabei integraler Bestandteil des Betriebsmanagements.

Die *Umwelterklärung* des Unternehmens ist Gegenstand der Prüfung durch unabhängige Gutachter. Ziel ist die Erteilung eines Umweltzertifikates (*Begutachtung / Zertifizierung*). Ist ein Unternehmen zertifiziert, darf dieses der Öffentlichkeit mitgeteilt werden. Solch eine Veröffentlichung hat für das Unternehmen einen nicht zu unterschätzenden Wert, insbesondere für das Marketing des Unternehmens. In regelmäßigen Abständen (höchstens drei Jahre) wird die Umsetzung der empfohlenen Maßnahmen geprüft (*Umweltbetriebsprüfung*). Das Umweltmanagementsystem wird aufgrund der Ergebnisse dieser Prüfung ggf. angepaßt. Die aktualisierte Umwelterklärung ist wiederum Gegenstand der nächsten Begutachtung bzw. Zertifizierung. So wird die kontinuierliche Weiterentwicklung und Verbesserung der umweltbezogenen Unternehmensziele angestrebt.

Aufgrund der methodischen Nähe kann die Ökobilanzierung als das zentrale methodische Element der Umweltbetriebsprüfung in der Startphase eines Öko-Audits eingesetzt werden und damit das Dilemma der bisher fehlenden Standardisierung des Umwelt-Audits verringern. Dies würde eine umfassende Erhebung und Bewertung aller relevanten Umwelteinwirkungen gewährleisten, damit die bestehenden Unterschiede der Bewertung deutlich verringern und im Gegenzug die Akzeptanz von Umwelterklärungen beträchtlich fördern. "Die Betriebs-Ökobilanz erweist sich als hervorragendes Instrument zur Erfassung der betrieblichen Umweltauswirkungen" (Gellrich 1994, S. 15).

Die Sanierung von Altlasten wird in der Regel von privatwirtschaftlichen Unternehmen durchgeführt, die um Marktanteile konkurrieren. Dies betrifft den gesamten Sanierungsprozeß von der Sanierungsplanung bis zur technischen Ausführung. Wenn ein Unternehmen seine Arbeitsweise und technische Ausrüstung per Umwelt-Audit zertifizieren läßt, können sich daraus Verbesserungen hinsichtlich der Umweltinanspruchnahme durch die gewählten Verfahren ergeben. Weiterhin kann dies als Nachweis der Umweltschonung für ein Sanierungsverfahren werbewirksam eingesetzt werden.

Literatur

1. Bericht des DECHEMA-Arbeitskreises "Umweltbiotechnologie - Boden"; in: Handbuch d. Altlastensanierung; Hrsg.: Franzius, V.; Stegmann, R.; Wolf, K.; Brandt, E.; Heidelberg 1992

AAV 1994: Jahresbericht des Abfallentsorgungs- und Altlastensanierungsverbandes Nordrhein-Westfalen, AAV Wetter, 1994

Abs, M.: Die Bedeutung von Industrieflächen aus tierökologischer Sicht; in: LÖLF-Mitteilungen, Nr. 2/1992, S. 27-31

Achakzi, D.; Schaar, H.; Lühr, H.-D.; Pöppinghaus, K. (Hrsg.): Statusbericht zur Altlastensanierung - Technologien und F+E-Aktivitäten; Bonn: BMFT-Sonderdruck anläßlich des 2. Internationalen TNO/BMFT-Kongresses (FKZ: 146 05 05 3)

Aden, W.: Genehmigungsverfahren und Technikakzeptanz für Anlagen zur Reinigung kontaminierter Böden im Vergleich Niederlande und NRW, INFU, Dortmund 1990

Ahbe, S.; Braunschweig, A., Müller-Wenk, R.: Methodik der Ökobilanzierung auf der Basis ökologischer Optimierung. BUWAL-Schriftenreihe Umwelt, Band 133, Herausgeber: Bundesamt für Umwelt, Wald und Landwirtschaft BUWAL, Bern, Schweiz 1990

Alef, K (Hrsg.): Biologische Bodensanierung - ein Methodenbuch, Weinheim u.a. 1994

Allgemeine Verwaltungsvorschriften nach § 7a WHG, Mindestanforderungen an das Einleiten von Abwässern in Gewässer, Hinweise und Erläuterungen.

Altlasten: Recht und Technologie der Umweltsanierung; Schriftenreihe Recht, Ökonomie und Umwelt, Band 3; Baden-Baden 1990

Bachmann, G.: Boden - Schutz, Nutzung, Belastung. Einige Grundtatsachen; In: Arbeitskreis Kritische Ökologie des Bundes Demokratischer Wissenschaftlerinnen und Wissenschaftler (Hrsg.), Boden. Dokumentation der Jahrestagung 1989, Forum Wissenschaft, Studienheft 7 Marburg 1989, S. 7 ff

Bachmann, G.: Bodensanierung in den USA, in: Rosenkranz, D.; Bachmann, G.; Einsele, G.; Harreß, H.-M. (Hrsg.): Bodenschutz Bd. 1, Berlin 1988

Baumheier, R., Wiegandt C.C.: Altlastenbetroffenheit in der Risikogesellschaft, in: Bundesforschungsanstalt für Landeskunde und Raumordnung (Hrsg.), Informationen zur Raumentwicklung, Heft 8.1992, Bonn 1992

Beck, U.: Gegengifte. Die organisierte Unverantwortlichkeit. Frankfurt/Main 1988

Beck, U.: Risikogesellschaft. Auf dem Weg in eine andere Moderne, Frankfurt/Main 1986

Beckefeld, P.: Grundlagen und Einsatzmöglichkeiten der Schadstoffeinbindung durch Verfestigung; in: Jessberger, H.L. (Hrsg.): Sicherung von Altlasten – Berichte vom 9. Bochumer Atlasten Seminar 1993/ 4. Leipziger Altlasten Seminar 1993 / 3. Regensburger Altlasten seminar 1993; A.A. Balkema-V., Rotterdam 1993

Beitinger, E.; End, C.; Knoppe, S.: Durchströmte Wände zur in-situ-Grundwassersanierung; in: Terra-Tech 2/1996, S. 48-51; Mainz 1996

Beleites, M.: Altlast WISMUT - Ausnahmezustand, Umweltkatastrophe und das Sanierungsproblem im deutschen Uranbergbau, Frankfurt a.M. 1992

Bieske, E: Bohrbrunnen; München, Wien 1992

Björnsen Beratende Ingenieure 1989: Altlast Dhünnaue/Rheinallee/In den Kämpen, Gutachten 1989

Bloser, M.; Claus, F.: Raumverträgliche Altlastensanierung, in: Entsorgungspraxis 11/1994, S. 27 - 31

Blume, H.-P.: Handbuch des Bodenschutzes: Bodenökologie und –belastung, Vorbeugende und abwehrende Schutzmaßnahmen, 2. Aufl. Landsberg/Lech 1992
Bodenschutz- und Altlastenverordnung BodschV (Entwurf), Bundesministerium für Umwelt, Naturschutz und Reaktorsicherheit, September 1998
Bölsing, F.: Verfestigen; in: Altlasten: Erkennen, Bewerten, Sanieren; Hrsg.: Weber, H. H., Neumaier, H.; 2. Auflage; Berlin, Heidelberg, New York 1993
Borgmann, A./Claus, F./Krein, B./Leist, St.: Kommunale Sanierungsplanung für Altlasten; GRÜNE/Alternative in den Räten e.V. (Hrsg.), Essen 1990
Brandt, E. / Wagner, K.: Rechtsfragen bei der Zulassung von Bodenbehandlungsanlagen im Bereich der Altlastensanierung, in: Franzius/Stegmann/Wolf/Brandt (Hrsg.), Handbuch der Altlastensanierung, Berlin/Hamburg/Heidelberg 1989-1995
Brandt, E.: Altlastenrecht. Ein Handbuch, Heidelberg 1993
Brandt, E.: Finanzbedarf und Finanzierungsansätze, in: Brandt, E. (Hrsg.): Altlasten - Bewertung, Sanierung, Finanzierung, Taunusstein 1990
Brandt, E.: Möglichkeiten der Finanzierung der Altlastensanierung, in: Rosenkranz, D.; Bachmann, G.; Einsele, G.; Harreß, H.-M. (Hrsg.): Bodenschutz Bd. 1, Erich Schmidt-Verlag, Berlin 1988
Braunschweig, A.: Die ökologische Buchhaltung als Instrument der städtischen Umweltpolitik, Chur/Schweiz 1988
Braunschweig, A.; Müller-Wenk, R.: Ökobilanzen für Unternehmungen, Bern u.a. 1993
Brunner et.al.: RESUB. Der regionale Stoffhaushalt im Unteren Bünztal. Dübendorf 1990
Bundesbodenschutzgesetz (BBodSchG) vom 17.März 1998, BGBl I S.502 vom 24.3.1998
Bundesumweltministerium (BMU): Ökologischer Aufbau - Altlastensanierung, Bonn 1994
Burgbacher, G.: Thermische Abfallbehandlung und -verwertung, Ehningen 1989
BUS- Bundesamt für Umweltschutz, Bern/Schweiz (Hrsg.): Ökobilanzen von Packstoffen, in: Schriftenreihe Umweltschutz - Nr. 24, Bern 1984
Chlench-Scheffczyk, A.; Thiesen, D.: Altlastensanierung im Ruhrgebiet - rechtliche Grundlagen und Finanzierung, Diplom-Arbeit am Fachbereich Raumplanung, Universität Dortmund, Dortmund 1988
Claus, F.: Altlasten; in Friege, H./Claus, F. (Hrsg.) Chemie für wen?, Reinbek bei Hamburg, 1988, S. 61 ff
Claus, F.: Sanierungsplanung - Grundsätze und Verfahren zur Erarbeitung von Sanierungszielen unter Mitwirkung der Bürger; in: Rosenkranz, D. et.al., Bodenschutz. Ergänzbares Handbuch der Maßnahmen und Empfehlungen für Schutz, Pflege und Sanierung von Böden, Landschaft und Grundwasser, E. Schmidt-Verlag Berlin 1988, Abschnitt 6420
Crößmann, G.; liphard, K.G.; Eustermann, K.: Polycyclische aromatische Kohlenwasserstoffe in Böden und Pflanzen, Kommunalverband Ruhrgebiet (Hrsg.) Essen 1992
Dahn, A.: Chemisch-biologisches Verfahren zur Entsorgung von Treibmitteln aus delaborierter Schützenwaffenmunition; in: Verfahren zur Sanierung von Rüstungsaltlasten; Hrsg.: Spyra et al.; Berlin; 1992
DECHEMA 1992: Behrens, D.; Wiesner, J.: Mikrobiologische Reinigung von Böden; Beiträge des 9. DECHEMA-Fachgespräches Umweltschutz am 27. u. 28 Februar 1991 in Frankfurt a.M. und 1. Bericht des interdisziplinären Arbeitskreises der DECHEMA „Umweltbiotechnologie-Boden", Frankfurt 1991
Der Rat von Sachverständigen für Umweltfragen (SRU): Altlasten, Sondergutachten Dezember 1989, Stuttgart 1990
Der Rat von Sachverständigen für Umweltfragen (SRU): Altlasten II, Sondergutachten Februar 1995, Stuttgart 1995
Dettmar, J.: Vegetation auf Industrieflächen. Die Bedeutung von Industrieflächen für den Naturschutz aus floristischer und vegetationskundlicher Sicht; in: LÖLF-Mitteilungen, Nr. 2/1992, S. 20-26
Diederichs, C. J., Rüller, G.: Arbeitshilfen zur Beauftragung von Planern, Gutachtern und Firmen mit der Sanierung von Altlasten, Wuppertal 1992

Diederichs, Claus Jürgen, Rüller, Gerhard: Arbeitshilfen zur Beauftragung von Planern, Gutachtern und Firmen mit der Sanierung von Altlasten, DFG-Forschungsprojekt an der U-GH Wuppertal, FB Bautechnik, Wuppertal 1992

Diederichs, Claus Jürgen, Breitenborn, Lothar, Rüller, Gerhard: Arbeitshilfen zur Beauftragung von Planern, Gutachtern und Firmen mit der Sanierung von Altlasten II, Wuppertal 1996

Discher, H., Kraus, S.: Sanierung bewohnter Altlasten, Dortmunder Beiträge zur Raumplanung Nr. 56, Dortmund 1991

Doetsch, P.; Dreschmann, P.:Verfahrensdokumente zur thermischen Bodenbehandlung; in: Handbuch der Altlastensanierung; Hrsg.: Franzius, V.; Stegmann, R.; Wolf, K.; Brandt, E., Heidelberg 1992/1993

Domenico, A. di: Management of accidents working group; in: Bretthauser, E./Kraus, H.W./Domenico, A. di: Dioxin Perspectives. A Pilot Study on International Information Exchange on Dioxins and Related Compounds, New York 1991, S. 629-639

Döring, F.: Erste Erfahrungen bei der in-situ-Sanierung tiefgründiger organischer Bodenverunreinigungen

Döring, F.: Untersuchungen zur elektrochemischen Bodensanierung am Beispiel der Sanierung eines Schwelereigeländes; TerraTech 2/1994, S. 52-56; Mainz 1994

Drecker, P.F./Sudhoff, B./Vedder, A.: Biologische Aspekte von Industriebrachen und deren Berücksichtigung im Planungsprozeß; in: Genske/Noll (Hrsg.): Brachflächen und Flächenrecycling, Berlin 1995, S. 95-106

Düllmann, H.; Geil, M.; Zirfass, J.: Einkapselung von Sonderabfalldeponien; in: Jessberger (Hrsg.): Sicherung von Altlasten, Rotterdam 1993

Dungs, H., Nehring, Ch.: Thermische Reinigungsanlagen: Konzeption und Planung der schwimmenden mobilen Anlage, "System TAA"; in: Sanierung kontaminierter Standorte 1989; Hrsg.: Franzius, V., Berlin 1990

Ehrig, H.-J.: Stau- und Sickerwasserbehandlungsverfahren - ein Überblick; in: Franzius, V. (Hrsg.); Handbuch der Altlastensanierung; Heidelberg 1988

Eikmann, T; Kloke, A..: Nutzungs- und schutzgutbezogene Orientierungswerte für (Schad-)Stoffe in Böden; in: Rosenkranz, D. et.al., Bodenschutz. Ergänzbares Handbuch der Maßnahmen und Empfehlungen für Schutz, Pflege und Sanierung von Böden, Landschaft und Grundwasser, E. Schmidt-Verlag Berlin 1993, Abschnitt 3590

Elsner, T.; Wegmann, D.: Der Vorhaben und Erschließungsplan, in: Raumplanung Heft 66, Dortmund 1994

Entwicklung von Handlungsempfehlungen und Sanierungsszenarien für das Gelände des ehemaligen Bundesbahnausbesserungswerkes in Köln-Nippes. Im Auftrag der Stadt Köln; 1994 (unveröffentlicht)

Ermittlung des Sanierungspotentials von 10 ausgewählten Altstandorten in städtischen Planungsprogrammen ("Gewerbeflächenbereitstellungsprogramm" und "Sozialer Wohnungsbau 2000" der Stadt Köln). Im Auftrag der Stadt Köln; (INFU / TÜV Rheinland);1991

Ermittlung des Sanierungspotentials von Altstandorten in Köln - Humbold/Gremberg, Abschlußbericht; Institut für Umweltschutz der Universität Dortmund, TÜV Rheinland; Dortmund August 1991

Europäische Norm EN ISO 14040: Umweltmanagement – Ökobilanz – Prinzipien und allgemeine Anforderungen; Juni 1997

Evers, A./Nowotny, H.:Über den Umgang mit Unsicherheit. Die Entdeckung der Gestaltbarkeit von Gesellschaft, Frankfurt/Main 1987

Fabig, K. R.:Vietnam und seine Folgen; in: Dioxin, Tatsachen & Hintergründe; Hrsg.: Arbeitskreis Chemische Industrie Köln, Katalyse Umweltgruppe Köln e.V., Robin Wood; Köln 1984

Fehlau, K.-P.: Podiumsdiskussion "Sanierungsziele", in: Franzius, V. (Hrsg.): Sanierung kontaminierter Standorte 1994, Berlin 1994, S. 15 f.

Fichtner, Bochum: Ermittlung von verunreinigtem Boden und Abfall aus der Altlastensanierung nach Art, Menge und Anfallraum für den Zeitraum 1987 - 1991; im Auftrag des Abfallentsorgungs- und Altlastensanierungsverbandes Nordrhein-Westfalen, März 1993 (AAV 1993)

Fiebig, K. H./Ohligschläger, G.: Altlasten in der Kommunalpraxis. Ergebnisse einer bundesweiten Umfrage, Deutsches Institut für Urbanistik (Hrsg.), Berlin 1989

Filip, Z.; Biologische Verfahren; in: Altlasten: Erkennen, Bewerten, Sanieren; Hrsg.: Weber, H.H.; Neumaier H.; Springer Verlag Berlin Heidelberg 1993

Fischer, J.: Kombinationsdichtwände: Idee, Ausführung und Entwicklungstendenzen; in: Jessberger (Hrsg.): Sicherung von Altlasten, Rotterdam 1993

Fischer; Köchling (Hrsg.): Praxisratgeber Altlastensanierung - systematische Anleitung für eine erfolgreiche Sanierung belasteter Flächen, Augsburg 1995

Fleischer, G.: Aus dem Leben einer Milchtüte - Die Bilanz des Abfalls, Funkkolleg Technik, Deutsches Institut für Fernstudien an der Universität Tübingen (Hrsg.), Tübingen 1994 (Fleischer 1994a)

Fleischer, G.: Methodik des Vergleichs von Verwertungs-/Entsorgungswegen im Rahmen der Ökobilanz, in: AbfallwirtschaftsJournal, 6 (1994), Nr. 10, S. 697 - 701, Berlin 1994 (Fleischer 1994b)

Follmann, Franz-Josef; Schröder; Thomas: Berücksichtigung des Umweltrechnungswesens bei der Beurteilung von Sanierungsverfahren und Sanierungszielen; in: Problemkreis Altlasten: von der Ausschreibung bis zur Folgenutzung; H.-W. Borries... (Hrsg.), S. 120-129; Berlin; Heidelberg; New York; Springer 1995

Forschungsbericht Modellvorhaben 'Povel', Nordhorn 1995

Förstner, U.: Umweltschutztechnik, 5. Auflage, Berlin u.a. 1995

Fortmann,J., Jahns,P.: Thermische Behandlung; in: Altlasten: Erkennen, Bewerten, Sanieren; Hrsg.: Weber, H. H., Neumaier, H.; 2. Auflage; Berlin, Heidelberg, New York 1993

Fortunati, G.U.: Individual Protection in the Seveso Cleanup; in: Bretthauser, E./Kraus, H.W./Domenico, A. di: Dioxin Perspectives. A Pilot Study on International Information Exchange on Dioxins and Related Compounds, New York 1991, S. 677-684

Franzius, V.: Neuregelung des "Superfund"-Gesetzes zur Altlastensanierung in den USA, in: Jessberger, H.-L. (Hrsg.): Erkundung und Sanierung von Altlasten – Berichte vom 5. Altlasten Seminar, Bochum 29. März 1989, A.A. Balkema-V., Rotterdam 1989

Franzius, V.; Stegmann, R.; Wolf, K.; Brandt, E. (Hrsg.): Handbuch der Altlastensanierung. Loseblattsammlung, Heidelberg, Stand Juli 1995

Franzius, Volker: Altllastensituation und Finazierungsbedarf in den neuen Bundesländern; in: Handbuch der Altlastensanierung , Franzius et.al. (Hrsg.), Text 1843

Fritz, W.: Reinigung von Abgasen. Gesetzgebung zum Immissionsschutz, Maßnahmen zur Verhütung von Emissionen.

Gahmann, M.; / Dahlmann, K.: Sanierung einer großflächigen Industriebrache in Bochum - Anspruch und Wirklichkeit, in Franzius, V. (Hrsg.): Sanierung kontaminierter Standorte 1994, Berlin 1994

Gebler, W.: Ökobilanzen in der Abfallwirtschaft: Methodische Ansätze zur Durchführung einer Programm-Umweltverträglichkeitsprüfung. 2.Aufl., Bielefeld 1992

Gehrke, D.: Ökonomische und ökologische Bewertungsfaktoren für Sanierungsentscheidungen; in: Sanierungs kontaminierter Standorte, V. Franzius (Hrsg.); S. 183 – 214; Berlin 1994

Gellrich, C., Fichtner, K.: Mit Öko-Controlling zum zertifizierbaren Umweltmanagementsystem, in: IÖW/VÖW - Informationsdienst 6/94, Seite 14 – 15, 1994

Genske, D.D.: Bausteine der Sanierungsplanung, in: Genske / Noll, Brachflächen und Flächenrecycling, Berlin 1995

Gerdes, H.: Grundwasserhydraulische Sicherungs- und Sanierungsmaßnahmen bei kontaminierten Standorten; in: Gossow, V.: Altlastensanierung, Wiesbaden 1992

Gesetz zur Vermeidung, Verwertung und Beseitigung von Abfällen (Kreislaufwirtschafts- und Abfallgesetz - KrW-/AbfG) vom 24. Juni 1994, Bundestagsdrucksache BR-Drs. 654/94)

Gläser, E., Beitinger, E.: Thermische Reinigung kontaminierter Böden; in: Sanierung kontaminierter Standorte 1988; Hrsg.: Franzius, V., 1. Aufl. Berlin 1988; 2. Aufl. im C.F. Müller-Verlag erschienen

Gläser, E., Beitinger, E.: Thermische Reinigung von kontaminierten Böden aus Gaswerks- und Kokereigeländen - Versuchsdurchführung und erste Ergebnisse am Beispiel Dortmund-Dorstfeld-Süd; in: Sanierung kontaminierter Standorte 1987; Hrsg.: Franzius, V., Berlin 1987

Gläßer, W; Meyer, D.E.; Wohnlich, S.: Handbuch für die Umweltsanierung: Hydro- und ingenieurgeologische Methoden bei der Boden- und Grundwassersanierung im Altlastenbereich; Berlin 1995
Gossow, V.; Venhorst, G.: Privatwirtschaftliche Entscheidungshilfen zur Altlastensanierung, in: Gossow, V. (Hrsg.): Altlastensanierung, Genehmigungsrechtliche, bautechnische und haftungsrechtliche Aspekte, Wiesbaden/Berlin 1992
Grahl, B.: "Methodik der Ökobilanz und Produktlinienanalyse", Vortrag Trainingsseminar Aus- und Weiterbildung, FFU/UETP Ruhr, Wetter 1995
Gronholz, C.: Neu entwickelte Technologie zur Quecksilberentfernung aus Boden und Schlamm - Darstellung der Ergebnisse aus der Praxis; in: Sanierung kontaminierter Standorte 1992; Hrsg.: Franzius, V. Berlin 1992
Grundmann, E.: Modellierung und Optimierung eines nutzungsbezogenen Sanierungskonzeptes, Diplomarbeit am Lehrstuhl für Anlagentechnik der Universität Dortmund, Dortmund 1993 (unveröffentlicht)
Habersatter, K: Ökobilanz von Packstoffen - Stand 1990, BUWAL-Schriftenreihe Umwelt, Band 132, Herausgeber: Bundesamt für Umwelt, Wald und Landwirtschaft BUWAL, Bern, Schweiz 1991
Harreß, H.M.; Munz, K.-H.; Schöndorf, Th.: Bodenluftabsaugung; in: Altlasten: Erkennen, Bewerten, Sanieren; Hrsg.: Weber, H. H., Neumaier, H.; 2. Auflage; Berlin u.a. 1993
Heimhard, H.-J.: Waschen. In: Weber, H.-H.; Neumaier, H.(Hrsg.): Altlasten: Erkennen, Bewerten, Sanieren, 2. Aufl. Berlin 1993, S. 239 - 270
Henkel, M.J.: Amtshaftung bei überbauten Altlasten. Folgerungen für die Stadtplanung; in: Informationen zur Raumentwicklung, Heft 8, 1992, S. 629-636
Henning, Dr. Roland, Grundlagen der Qualitätssicherung, in: NORDAC (Hg.): Qualitätssicherung in der Altlastensanierung, Bonn 1995, S. 27 - 30
Henning, R.: Konzept und Realisierung von innovativen chemisch-physikalischen Bodenreinigungsanlagen; in: Sanierung kontaminierter Standorte 1993, Franzius, V. (Hrsg.), Berlin 1993
Herkt, S.: Reaktivierung von Industriebrachen - Eine Analyse des Grundstücksfonds Ruhr am Beispiel Duisburg/Mevissen, Diplom-Arbeit am Institut für Geographie, Universität Münster, Münster 1989
Hessische Industriemüll GmbH (HIMASG), Bereich Altlastensanierung: Jahresbericht 1992, Wiesbaden 1993
Hinweise für das Einleiten von Abwasser in eine öffentliche Abwasseranlage. Novellierte Fassung des ATV-Arbeitsblattes A-115 (Stand 26.3.1982) des ATV-Fachausschusses 2.3.
Hinweise zur Ermittlung und Sanierung von Altlasten; Hrsg.: Ministerium für Umwelt, Raumordnung und Landwirtschaft des Landes Nordrhein-Westfalen; Düsseldorf 1987
Hinzen, A./Ohligschläger, G.: Stadtplanung und Bodenkontaminationen. Zum Umgang der Stadtplanung mit belasteten Böden; Umweltbundesamt (Hrsg.), UBA-Texte 23/87, Berlin 1987
Hochtief Umwelt GmbH; Verfahrensdokument Altlastensanierung 1993
Holzapfel, A. Flächenrecycling bei Altlasten. Sanierung und Wiederverwendung brachliegender Industrie- und Gewerbeflächen an Beispiel des Ruhrgebietes, Berlin 1992
Holzwarth, F; Radtke, H; Hilger, B: Bundes-Bodenschutzgesetz; Handkommentar, E.-Schmidt-Verlag, Berlin 1998
Hötzel, H.; Wohnlich, S.: Sickerwasserreduzierung am Beispiel der Oberflächenabdichtung der Deponie Dreieich-Buehschlag; in: Handbuch der Altlastensanierung; Franzius, V.; Stegmann, R.; Wolf, K.; Brandt, E. (Hrsg.); Loseblattsammlung, Heidelberg 1993
Hüwels, H.: Altlastensanierung und ihre Finanzierung, in: Gossow, V. (Hrsg.): Altlastensanierung, Wiesbaden 1992
Immissionsschutz in der Bauleitplanung - Erläuterungen zum Abstandserlaß: Hrsg.: Ministerium für Umwelt, Raumordnung und Landwirtschaft des Landes Nordrhein-Westfalen; Düsseldorf 1990
in-situ-Extraktion von Schadstoffen aus Sondermülldeponien

Institut für Landes- und Stadtentwicklungsforschung des Landes Nordrhein Westfalen (ILS) (Hrsg.): Gewerbegebiete auf Flächen mit Bodenbelastungsverdacht, Arbeitshilfe für die Bauleitplanung, Düsseldorf 1994

Institut für Umweltschutz Universität Dortmund, INFU: Harmonisierung der Verfahrens- und Genehmigungsabläufe bei Sanierungstechnologien, Hattingen 1992 (unveröffentlicht)

Jessberger, H. L.; Geil, M.: Eigenschaften und Anforderungen an mineralische Abdichtungsmaterialien bei Oberflächenabdichtungen; in: Handbuch der Altlastensanierung; Franzius, V.; Stegmann. R.; Wolf, K.; Brandt, E. (Hrsg.); Loseblattsammlung, Heidelberg 1989

Jessberger, H.L. (Hrsg.): Sicherung von Altlasten; Balkema, Rotterdam 1993

Jörissen, J.; Socher, M.; Meyer, R.: TA- Projekt "Grundwasserschutz und Wasserversorgung", Teilbericht "Grundwassersanierung", Büro für Technologiefolgenabschätzung beim Deutschen Bundestag, TAB-Arbeitsbericht Nr. 17, Teilbericht IV; Bonn 1993

Kalmbach, S.; Schmölling, J.: Technische Anleitung zur Reinhaltung der Luft: TA Luft mit Erläuterungen, 4. neubearb. Auflage, Berlin 1994

Kanczarek, A.: Boden-Schwelanlage; in: Sanierung kontaminierter Standorte 1986; Hrsg.: Franzius, V., Berlin 1986

Katalyse e.V. (Hrsg.): Das Umweltlexikon, Köln 1993

Kestermann, R.: Public-Private-Partnership - Anmerkungen zur Rezeption eines Modebegriffes, in: Raumplanung Heft 62, Dortmund 1993

Kilger, R.: Erste Teilsanierung der Bille-Siedlung in Hamburg, in Franzius, V. (Hrsg.): Sanierung kontaminierter Standorte 1993, Berlin 1993, S. 207 ff.

Kohler, Wolfgang: Umweltbilanzierung bei der Altlastensanierung; in: Sanierungs kontaminierter Standorte und Bodenschutz, V. Franzius (Hrsg.); S. 311 – 321; Berlin 1997

Kohler, Wolfgang: Umweltbilanzierung von Altlast-Sanierungsverfahren; in: Problemkreis Altlasten: von der Ausschreibung bis zur Folgenutzung; H.-W. Borries... (Hrsg.), S. 193-211; Berlin; Heidelberg; New York; Springer 1995

Kohlmeier, E.: Möglichkeiten zur biologischen in-situ-Entfernung von Schadstoffen am Beispiel einer ehemaligen Chemiefabrik; in: Altlastensanierung; Hrsg.: Gossow, V.; Wiesbaden, Berlin 1992

Kommunalverband Ruhrgebiet, KVR (Hrsg.): Erfassung möglicher Bodenverunreinigungen auf Altstandorten. Arbeitshilfe zur Erhebung und Auswertung von Informationen über produktionstypische Bodenbelastungen auf stillgelegten Industrie- und Gewerbeflächen. Essen 1989

Körbitzer, B., Rosenstock, F.: Konzeption einer Sanierungstechnik zur Behandlung TNT-kontaminierter Böden; in: Sanierung kontaminierter Standorte 1991; Hrsg.: Franzius, V., Berlin 1991

Kowollik, G.: Konstruktion, Bau und Erprobung eines transportablen Drehrohrofens zur thermischen Behandlung verunreinigter Böden; in: Sanierung kontaminierter Standorte 1986; Hrsg.: Franzius, V. Berlin; 1986

LAbfG NW, Gesetz über die Gründung des Abfallentsorgungs- und Altlastensanierungsverbandes NW vom 21. Juni 1988

Lageman, R.: In-situ Bodensanierung durch elektrokinetischen Schadstofftransport; in:. Franzius, V (Hrsg.): Sanierung kontaminierter Standorte 1989; Berlin 1990 (Lageman 1990a)

Lagemann, R., Pool, W.; Seffinga, G.A.: Elektrosanierung. Sachverhalt und zukünftige Entwicklungen; in: Arendt, F. u.a.: Altlastensanierung ´90; Dritter internationaler KfK/TNO-Kongreß über Altlastensanierung, 10. - 14. Dezember 1990, Karlsruhe (Lageman 1990b)

Landesanstalt für Umweltschutz Baden-Württemberg LfU (Hrsg.): Handbuch für die Einkapselung von Altablagerungen; Materialien zur Altlastenbearbeitung Band 4, Karlsruhe 1990

Landesanstalt für Umweltschutz Baden-Württemberg LfU (Hrsg.): Branchenkatalog zur historischen Erhebung von Altstandorten. 1992

Landesanstalt für Umweltschutz Baden-Württemberg LfU (Hrsg.): Handbuch Bodenwäsche; Materialien zur Altlastenbehandlung, Band 11; Karlsruhe 1993

Landesanstalt für Umweltschutz Baden-Württemberg LfU (Hrsg.): Hydraulische und pneumatische in-situ-Verfahren; Materialien zur Altlastenbearbeitung Band 16, Karlsruhe 1995

Landesanstalt für Umweltschutz Baden-Württemberg LfU (Hrsg.): Immobilisierung von Schadstoffen in Altlasten; Materialien zur Altlastenbearbeitung Band 15, Karlsruhe 1994

Landesanstalt für Umweltschutz Baden-Württemberg, Eingehende Erkundung für Sanierungsmaßnahmen/Sanierungsvorplanung (E3-4), Karlsruhe 1994

Landesanstalt für Umweltschutz Baden-Württemberg, Handbuch Bodenwäsche, Karlsruhe 1993

Landesanstalt für Umweltschutz, Baden-Württemberg (Hrsg.): Handbuch Mikrobiologische Bodenreinigung, Karlsruhe, April 1991

Landesumweltamt Nordrhein-Westfalen (Hrsg.): Anforderungen an Gutachter, Untersuchungsstellen und Gutachten bei der Altlastenbearbeitung. Reihe: Materialien zur Ermittlung und Sanierung von Altlasten, Band 11, Düsseldorf 1995

Landtag Nordrhein-Westfalen: Landtags-Drucksache 10/2887, 10.02.1988

Landtag NW, Drucksache 40/4070 vom 20.02.1989, S.3

Laßl, M.: Leitfaden zur Auswahl von Sanierungsverfahren für Altlasten; in: Selke, W.; Hoffmann, B. (Hrsg.): Wiedernutzung von Industriebrachen, Ecomed Verlag GmbH, Bonn 1995

Lassonczyk, B., Grupe, M.: Umweltaudit aus Sicht des Bodenschutzes, in: Sietz, Manfred (Hrsg.): Umweltschutz-Management und Öko-Auditing, Berlin 1993

Lehmann, G.: Betriebserfahrungen mit der Pyrolyse-Anlage auf dem Gelände der ehemaligen Kokerei Königsborn; in: Sanierung kontaminierter Standorte 1989; Hrsg.: Franzius, V., Berlin 1989

Leidraad bodemsanering, Staatsuitgeverej 's Gravenhage, 1988, in: Rosenkranz, D. et.al., Bodenschutz. Ergänzbares Handbuch der Maßnahmen und Empfehlungen für Schutz, Pflege und Sanierung von Böden, Landschaft und Grundwasser, E. Schmidt-Verlag Berlin 1990, Abschnitt 8935

Lindemann, M.: Kosten und Finanzierung, in: Lindemann, M.; Ruppe, J.: Altlasten - Praxisleitfaden zur Erfassung, Erkundung, Bewertung und Sanierung, Reihe: Abfallwirtschaft in Forschung und Praxis Nr. 35, Berlin 1991

Margesin, R.; Schneider, M.; Schinner, F. (Hrsg.); Praxis der mikrobiologischen Bodensanierung; Berlin Heidelberg 1995

Martin, A.: Entwicklung und Konzeption der thermischen Bodenreinigungsanlage BORAN im Berliner Westhafen; in: Sanierung kontaminierter Standorte 1992; Hrsg.: Franzius, V., Berlin 1992

Martinetz, D.: Entsorgung chemischer Kampfstoffe aus Rüstungsaltlasten; in: Verfahren zur Sanierung von Rüstungsaltlasten; Hrsg.: Spyra et al.; Berlin; 1992

Martinetz, D.: Sanierung von Industrie- und Rüstungsaltlasten; Thun; Frankfurt a.M. 1994

Mathews, T., Heitfeld, M.: Sanierungsuntersuchungen, in: Genske / Noll, Brachflächen und Flächenrecycling, Berlin 1995

Mattheß, G., Weßling, E.: Chemische Fixierung; in: Altlasten: Erkennen, Bewerten, Sanieren; Hrsg.: Weber, H. H., Neumaier, H.; 2. Auflage; Berlin u.a. 1993

Meiners, Dr. H.G.; Sanierungsuntersuchung in der Praxis; in: AHU-Umwelttexte, Texte zu Hydrogeologie und Umweltschutz, Aachen 1995

Meiners, H.G.: Sanierungstechniken in der Bewährung - eine kritische Bestandsaufnahme, in: Brandt, E. (Hrsg.): Altlasten - Bewertung, Sanierung, Finanzierung, Eberhard Blottner Verlag, Taunusstein 1993

Meseck, H.; Knüpfer, J.: Generelle Verfahren der Einkapselung von Altlasten - Überblick; in: Handbuch der Altlastensanierung; Franzius, V.; Stegmann, R.; Wolf, K.; Brandt, E. (Hrsg.); Loseblattsammlung, Heidelberg 1989

Michel-Kim, H.: Spülgasdestillation ölverseuchter Erden; in: Sanierung kontaminierter Standorte 1986; Hrsg.: Franzius, V., Berlin 1986

Michels, W.: Modelle zur Vermeidung künftiger Altlasten, in: Ernst; Hoppe; Thoss (Hrsg.): Beiträge zum Siedlungs- und Wohnungswesen und zur Raumplanung, Münster 1987

Ministerium für Umwelt, Raumordnung und Landwirtschaft des Landes Nordrhein-Westfalen (MURL) (Hrsg.): Altlasten-ABC, Düsseldorf 1991

Ministerium für Umwelt, Raumordnung und Landwirtschaft des Landes Nordrhein-Westfalen: Alt!asten ABC, Düsseldorf 1992

Minster für Ernährung, Landwirtschaft und Forsten des Landes Nordrhein-Westfalen: Hinweise zur Ermittlung von Altlasten. Erfassung, Erstbewertung und Beurteilung von Altablagerungen und Altstandorten, Düsseldorf 1985

Möller, F.: Ökobilanzen erstellen und anwenden, Entwicklung eines Untersuchungsmodells für die Umweltverträglichkeit von Verpackungen, München 1992

Mull, R.: Hydraulische Maßnahmen; in: Altlasten: Erkennen, Bewerten, Sanieren; Hrsg.: Weber, H. H., Neumaier, H.; 2. Auflage; Berlin u.a. 1993

Müller-Kirchenbauer, H. et.al.: Gefahrenabwehr; in: Altlasten: Erkennen, Bewerten, Sanieren; Hrsg.: Weber, H. H., Neumaier, H.; 2. Auflage; Berlin, Heidelberg, New York 1993

Mussel, C., Philipp, U.: Beteiligung von Betroffenen bei Rüstungsaltlasten, Arbeitsberichte Gesamthochschule Kassel, Heft 22, Kassel 1993

Näser, K.-H.; Lempe, D.; Regen, O.: Physikalische Chemie für Techniker und Ingenieure; 18. Aufl.; Leipzig; 1988

Neese, Th.; Grohs, H.: Die Aufbereitungstechnik des Bodenwaschens. Aufbereitungstechnik 31 (1990) 12, S. 658-662, Wiesbaden 1990

Neteler, Thomas: Bewertungsmodell für die nutzungsbezogene Auswahl von Verfahren zur Altlastensanierung, Bochum 1995

Neumüller, O.-A.: Römpps Chemie-Lexikon; 7. Aufl.; Stuttgart 1972

Odensass, M.: Grundlegende Aspekte zur Sanierungsuntersuchung/Sanierung - Vortrag auf der "Planübung Altlasten" im Zentrum für Aus- und Weiterbildung in der Wasser- und Abfallwirtschaft; Manuskript, Essen 1994

Odensaß, M.: Sanierungsuntersuchungen - Methodik und Ziele, in: Kompa/Fehlau: Altlasten 1989, Köln 1989

Office of Research and Development U.S.Department of Energy, ORDDE: Proceedings of the Elektrokinetics Workshop. Atlanta Januar 1992

Papier, H.-J.: Die rechtliche Verantwortlichkeit für die Sanierung von Altlasten, in: Kompa, R.; Fehlau, K.-P. (Hrsg.): Forum Umweltschutz - Altlasten und kontaminierte Standorte, Köln 1988

Pöppinghaus, K.: Technologieregister (TERESA) Sanierungsverfahren von Altlasten; in: IWS-Schriftenreihe Band 10, Symposium Neuer Stand der Sanierungstechniken von Altlasten; Aachen, 8. und 9. März 1990; Berlin 1991

Prinz, H.: Abriß der Ingenieursgeologie, Stuttgart 1992

Probstein, R.F.; Hicks, R.E.: Removal of contaminants from soils by electric fields. in: Science (1993), Vol.260, S. 498-503

Püttner, G.: Besonderes Verwaltungsrecht, Düsseldorf 1979

Quanz, Klaus-Peter; Röhr, Christian: Ökobilanz der Bodensanierung durch Bodenluftabsaugung; in: WLB Wasser Luft und Boden 1/2 1992,S. 72-74

Rahner, D.; Günzig, H.: Studie zur elektrochemischen Sanierung kontaminierter Böden; Terra-Tech 6/1995, S. 57-61, Mainz 1995

Raijer, H.: Das rätselhafte Sterben der Frösche, in: die tageszeitung vom Dienstag, 30. Mai 1995, 17. Jahrgang, Nr. 4631, Berlin 1995

Rammstedt, O.: Betroffenheit - was heißt das?; in: Politische Vierteljahrsschrift, 22. Jg., 1981, S. 452 - 463

Raumverträglichkeit von Sanierungsvarianten; in: Handbuch kommunales Altlastenmanagement – ein praktischer Leitfaden; Umweltbundesamt UBA (Hrsg.); UBA-Berichte 3/94, Berlin 1994

Rebbe, G.: Vom täglichen Leben mit "gegebenem Gift", in: Bundesforschungsanstalt für Landeskunde und Raumordnung (Hrsg.), Informationen zur Raumentwicklung, Heft 8.1992, Bonn 1992

Reiß-Schmidt, St.: Städtebauliche Planungskonzepte für den Umgang mit Industrieflächen; in: LÖLF-Mitteilung, Nr. 2/1992, S. 32-43

Renner, J.: Großtechnische Anwendung eines kombinierten chemisch-physikalischen und thermischen Verfahrens zur Behandlung kontaminierter Böden; in: Sanierung kontaminierter Standorte 1991, Hrsg.: Franzius, V.; Berlin 1992

Rietma, K: Performance and design of hydrocyclones, Chem.Eng.Sci. 15 (1961) 3/4, Part I, S. 298-302, Part II S. 303-9, Part III S. 310-9 und Part IV, S. 320-5

Scheffer, F.; Schachtschnabel, P.: Lehrbuch der Bodenkunde; 13. Aufl.; Stuttgart 1992

Schlegel, H.G.: Allgemeine Mikrobiologie; 6. Auflage; Stuttgart, New York 1995

Schlipköter, H.-W.: Gutachten zur Frage des Gesundheitsrisikos durch Bodenverunreinigungen in Dortmund-Dorstfeld, Untersuchungen der Bevölkerung, Düsseldorf 1986
Schmidt-Bleek, F.: Wieviel Umwelt braucht der Mensch?; MIPS - das Maß für ökologisches Wirtschaften, Berlin u.a. 1993
Schmitz, H.J., Laun, M.: Die Jagd nach dem Boden geht weiter. in: TerraTech, Nr. 3/1995 (4), S. 34 - 47, Mainz 1995
Schmitz, Hans Joachim: Umweltbilanzierung bei der Altlastensanierung; in: Terra-Tech 2/1997, S.38-39; 1997
Schneider: Planung und Aufbau eines Sanierungszentrums mit thermischer Behandlungsstufe in Schwarze Pumpe; in: Sanierung kontaminierter Standorte 1993, Hrsg: Franzius, V.; Berlin 1993
Schubert, H.: Aufbereitung fester mineralischer Rohstoffe, Bnd. III, 2.Auflage, Leipzig 1984
Schubert, H.: Aufbereitung fester mineralischer Rohstoffe, Bnd. I, 2.Auflage, Leipzig 1989
Schulte, W.: Die Bedeutung von Industriebrachen im Rahmen der Stadtbiotopkartierungen; in: LÖLF-Mitteilungen, Nr. 2/1992, S. 13-19
Schulz, S., Lütge, Ch.: Untersuchungen zur Bodensanierung mittels Hochdruckextraktion, in: Sanierung kontaminierter Standorte 1993, Franzius, V. (Hrsg.), Berlin 1993
Schulz, S.; Lütge, Ch.; Schleußinger, A.; Reiß, I.: Bodensanierung durch Hochdruckextraktion, Universität Dortmund, Uni-Report, Heft 20/Winter 1994, S. 29-39, Dortmund 1994
Schwefer, H.J.; Weirich G.: Biologische in situ-Sanierung -Anwendungsbeispiele aus Europa und USA; in: Altlasten 2; Hrsg.: Thomé-Kozmiensky, K.J.; Berlin 1988
Seeger, Klaus-Jochen: Den Teufel mit dem Belzebub austreiben? Ökobilanzen für planende Sanierungsmaßnahmen am Beispiel „Oberflächenabdichtung von Altablagerungen"; in: UVP-Report 2/94, S.110-112; Hamm 1994
Siemes, Chr./Bungert, S./Dolfen, St.: Auf Tauchstation im Stahlkochtopf. Wie aus einem alten Hüttenwerk in Duisburg ein Tauchparadies des Ruhrpotts wird; in: Die ZEIT - magazin, Nr. 30 - 21.07.1995, S. 18-23
Sietz, M. (Hrsg.): Umweltbetriebsprüfung und Öko-Auditing, Berlin u.a. 1994
Sondermann 1989
Sondermann, W.D.: Umweltrechtliche Zulassung für Sanierungsverfahren; in: Erkundung und Sanierung von Altlasten, Jessberger, H.L. (Hrsg.); Rotterdam 1989
Spyra, W., Lohns, K. u.a.: Verfahren zur Sanierung von Rüstungsaltlasten, Berlin 1992
Stahlke, Niels H.: Vergleich der Umweltauswirkungen alternativer Sanierungskonzepte einer Altlast anhand von Ökobilanzen; in: Handbuch der Altlastensanierung, Nr. 12412; V. Franzius... (Hrsg.); 2.Aufl. Heidelberg 1996,
Statistisches Bundesamt, Wiesbaden (Hrsg.): Statistisches Jahrbuch der Bundesrepublik Deutschland 1994, Wiesbaden 1994
Steffen, U.: Das neue Bodenschutzrecht, TerraTech 9/1998 S23ff
Stichnote, H.; Czediwoda, A.; Schönbucher, A.: Fortschritte bei der elektrokinetischen Bodensanierung; in: TerraTech 5/1995, S. 57-60; Mainz 1995
Stolpe, H.: Deponien von morgen: Altlasten von Übermorgen? Standortwahl und Risikoabschätzung für zukünftige Deponien, in: Forum Wissenschaft, Jahrestagung Boden, 1989, Arbeitskreis Kritische Ökologie, Studienheft 7, S. 40-42.
Stubenrauch, S./ Hempfling, R./Simmleit, N./Doetsch, P.: Abschätzung der Schadstoffexposition in Abhängigkeit von Expositionsszenarien und Nutzergruppen. 4-teilige Artikelserie in: Zeitschrift für Umweltchemie und Ökotoxikologie im Jahre 1994
Taschenbuch der Industrieabwasserreinigung; Hrsg.: Rüffer, H.; Rosenwinkel, K.-H.; München, Wien; 1991
Todenhöfer, K.; Braun, A.: Umweltauditing in einem Modellbetrieb der Druck- und papierverarbeitenden Industrie unter besonderer Berücksichtigung des betrieblichen Abfallwirtschaftskonzeptes. In: Sietz, M. (Hrsg.): Umweltbetriebsprüfung und Öko-Auditing, Berlin 1994
Tondorf, S.: Grundlagen der Elektrosanierung; in: TerraTech 4/1993; S 64-69; Mainz 1993
UBA-Texte 23/95: Methodik der produktbezogenen Ökobilanzierung – Wirkungsbilanz und Bewertung – Umweltbundesamt (Hrsg.); Forschungsbericht 101 01 102 und 101 01 103, Berlin 1995 BU 96/141 (UBA 1992b)

Ulrici, Wolfgang, Hachmann, Rainer: Maßnahmen zur Konfliktminderung bei der Altlastensanierung; in: Franzius et. al.: Handbuch der Altlastensanierung, Loseblatt-Sammlung, Bd. 1, Abschnitt 1.5.5.0, 19. Lieferung, 1994

Umweltbundesamt (Hrsg.): Technologieregister zur Sanierung von Altlasten (TERESA), erarbeitet an Forschungsinstitut für Wasser- und Reststofftechnologie; RWTH Aachen, im Auftrag des Bundesministeriums für Forschung und Technologie, Berlin 1991

Umweltbundesamt (UBA, Hrsg.): Ökobilanzen für Produkte. Bedeutung - Sachstand - Perspektiven, Berlin 1992 (UBA-Texte 38/92) (UBA 1992a)

Umweltbundesamt: Handbuch: Kommunales Altlastenmanagement - Ein praktischer Leitfaden -, Berlin 1994

Umweltministerkonferenz (UMK)vom 26.02.1985, Pkt. 226

VDI-Gesellschaft Energietechnik (Hrsg.): Kumulierte Energie- und Stoffbilanzen - ihre Bedeutung für Ökobilanzen, Tagung München 30.11. - 1. 12. 1993, München 1993

Verwaltungsvorschrift über Orientierungswerte für die Bearbeitung von Altlasten und Schadensfällen, einschließlich Erläuterungen; Erlaß des SM und des UVM , Baden-Württemberg, vom 16. Sep. 1993, in der Fassung vom 01.Mrz.1998; März 1998

Vesteyl, L.-A.: Haftung und strafrechtliche Verantwortung für zivile und militärische Altlasten, in: Thomé-Kozmiensky (Hrsg.): Kreislaufwirtschaft, Berlin 1994

Warrelmann, V.: Planung, Ausschreibung und Begleitung von Sanierungsmaßnahmen, in: Franzius u.a., Handbuch der Altlastensanierung, Kap. 5.0.2.0, Heidelberg, 1992

Weber, H.-H.; Neumaier, H.(Hrsg.): Altlasten: Erkennen, Bewerten, Sanieren, 2.Aufl. Berlin 1993

Weßling, E.: Extrahieren. In: Weber, H.-H.; Neumaier, H.(Hrsg.): Altlasten: Erkennen, Bewerten, Sanieren, 2. Aufl. Berlin 1993, S. 271 - 279

Wichert, H.-W.: Altlasten - Alte Lasten - neue Aufgabe!, in Gossow, V. (Hrsg.): Altlastensanierung, Wiesbaden/Berlin 1992

Wiegandt, C.: Altlastensanierung und Wiedernutzung von Brachflächen - das Fallbeispiel Povel in Nordhorn, in Brandt, E. (Hrsg.): Altlasten, Taunusstein 1993 s. 230 ff.

Wiegandt, C.-C.: Reaktivierung von Gewerbe- und Industriebrachen - Das Modell einer Fondslösung am Beispiel des Grundstücksfonds in Nordrhein-Westfalen, in: Rosenkranz, D.; Bachmann, G.; Einsele, G.; Harreß, H.-M. Hrsg.): Bodenschutz Bd. 2, Erich Schmidt Verlag, Berlin 1988

Wiegandt, C.-C.; Zwafelink, W.: Altlastensanierung und städtebauliche Erneuerung Nordhorn Povelgelände, in: Bundesminister für Raumordnung, Bauwesen und Städtebau (Hrsg.): Forschungsvorhaben des Experimentellen Wohnungs- und Städtebaus, Bonn 1990

Wiegandt, C.-Ch.:Altlasten und Stadtentwicklung. Eine Herausforderung für eine kommunale Umwelt- und Planungspolitik, Basel Boston Berlin 1989

Wild, A.: Umweltorientierte Bodenkunde; Heidelberg, Berlin 1995

Wille, F.: Bodensanierungsverfahren: Grundlagen und Anwendungen, Würzburg 1993

Winkler, Bärbel; Wollmann, Helmut: Altlasten - Hemnisse des Gewerbebrachenrecyclings; S. 63-72; Basel, Boston, Stuttgart 1993

Winkler, H. E.: Sanierung von Grundwasser; in: Altlasten: Erkennen, Bewerten, Sanieren; Hrsg.: Weber, H. H., Neumaier, H.; 2. Auflage; Berlin u.a. 1993

Wittland, C.: Altlastensanierung, Systematisierte Vorgehensweise zur Verfahrensauswahl und Entwicklung eines Sanierungskonzeptes, unveröffentlichte Diplomarbeit am FB Chemietechnik, Universität Dortmund 1990

Wolf, K.: Problematik der Altlasten am Beispiel der Deponie Georgswerder, in: Thomé-Koszmiesky (Hrsg.); Altlasten, Berlin 1987, S. 708 - 718

Zimmermann, H. (Hrsg.): Organisation und Finanzierung der Altlastensanierung in den neuen Bundesländern, in: Schriftenreihe zur angewandten Umweltforschung Bd. 2, Analytica, Berlin 1992

Sachverzeichnis